Norbert Franz und Hans-Jürgen Müller

Nachhaltige Landwirtschaft – sichere Ernährung

Die Autoren

Norbert Franz (Jahrgang 1954) arbeitete zunächst als Buchhändler und als Industriearbeiter. Danach betreute er seine Kinder, machte das Abitur nach und studierte an der Universität Trier Geschichte und Germanistik. Dort wurde er 1998 promoviert und 2006 für die Fächer Neuere und Neueste Geschichte sowie Geschichtliche Landeskunde habilitiert. Er lehrte an der Universität Trier, am Institut d'Études Politiques de Paris in Nancy sowie an der Universität Luxemburg und forschte an den Universitäten Trier und Luxemburg. 2011 wurde er zum außerplanmäßigen Professor ernannt. Seit 2020 lebt er im Ruhestand als freier Forscher und Autor.

Hans-Jürgen Müller (Jahrgang 1957) stammt aus einer Bauernfamilie in der Lüneburger Heide. Er machte eine Landwirtschaftslehre und studierte an der Gesamthochschule Kassel (heute Universität Kassel) in Witzenhausen Landwirtschaft. Nach Abschluss von Studium und Zivildienst baute er mit einer Freundin und einem Freund einen landwirtschaftlichen Betrieb auf, der ökologisch bewirtschaftet wurde. Gleichzeitig war er für die Vereinigung Ökologischer Landbau (VÖL) in Hessen tätig. Er ist Mitbegründer und Vorstandsmitglied des Verbandes der Landwirte mit handwerklicher Fleischverarbeitung (vlhf). Seit 2019 ist er Mitglied der Fraktion der Grünen im Hessischen Landtag.

Norbert Franz und Hans-Jürgen Müller

Nachhaltige Landwirtschaft – sichere Ernährung

Die große Transformation der deutschen Agrarwirtschaft

Metropolis-Verlag
Marburg 2025

Umschlagfoto: Nachhaltige Weidewirtschaft auf dem Scheuerhof in Wittlich (Foto: Uli Müller)

Bibliografische Information Der Deutschen Nationalbibliothek
Die Deutsche Nationalbibliothek verzeichnet diese Publikation in der Deutschen Nationalbibliografie; detaillierte bibliografische Daten sind im Internet über <https://portal.dnb.de> abrufbar.

Metropolis-Verlag für Ökonomie, Gesellschaft und Politik GmbH
https://www.metropolis-verlag.de

ISBN 978-3-7316-1608-5

Inhaltsübersicht

Einleitung

Positionen

Berlin, 30. November 2019: Landwirtinnen und Landwirte demonstrieren – gegen die Düngeverordnung, gegen neue Regeln für die Vergabe von Fördermitteln, gegen Einschränkungen bei der Schweinehaltung, für höhere Preise. Sie kämpfen gegen die Geringschätzung ihrer Arbeit, gegen die Regelungswut anonymer Bürokratien, gegen eine verständnislose Öffentlichkeit. Sie sind hoch qualifiziert und arbeiten sehr viel. Trotzdem sind viele von ihnen überschuldet und stehen vor dem Ruin. Sie sind verzweifelt und wütend.[1]

Berlin, 18. Januar 2020: Landwirtinnen und Landwirte demonstrieren gemeinsam mit vielen anderen Menschen gegen das Billigfleischsystem, für mehr Klimaschutz in der Landwirtschaft, für eine Lebensmittelerzeugung ohne Gentechnik, ohne synthetische Düngemittel und Pestizide. Auch sie kämpfen um ihre Existenz. Sie fordern eine selbstbestimmte, sozial-, natur- und klimagerechte Landwirtschaft. Sie „haben es satt!".[2]

Im Januar 2024 demonstrieren Landwirtinnen und Landwirte in der ganzen Bundesrepublik gegen geplante Streichungen von Steuerprivilegien der Landwirtschaft.[3] Damit erregen ihre Anliegen erneut die Aufmerksamkeit von Politik und Öffentlichkeit. Alle sind sich einig: Die Landwirtschaft ist in eine Krise geraten. Sie hat ein Problem. Doch die Vorstellungen der Landwirte, wie das Problem zu lösen ist, widersprechen sich.

[1] So am 30. November 2019 in Berlin, https://www.bundesregierung.de/resource/blob/975954/1701724/9303c41982401b5fa716f7d57d777ab2/146-6-bmel-bauern demo-data.pdf?download=1 (Abfrage vom 19.1.2022).

[2] Wir haben Agrarindustrie satt! https://www.wir-haben-es-satt.de/informieren/rueckblick/demo-2020/ (Abfrage vom 12.9.2023).

[3] Tagesschau, Aktionen von Landwirten. Wo die Bauern heute protestieren, 11.1. 2024, https://www.tagesschau.de/inland/bauernproteste-donnerstag-bundeslaender-100.html (Abfrage vom 18.1.2024).

Abbildung 1: Wir haben es satt-Demonstration am 18. Januar 2020 in Berlin

Foto: Alexander Puel/www.wir-haben-es-satt.de

Das Ausmaß des Problems Landwirtschaft

Bevor wir in diese Debatte einsteigen, müssen wir uns vor Augen führen, wie groß das Problem Landwirtschaft in Deutschland tatsächlich ist. Die deutsche Landwirtschaft ist dort ein Problem, wo sie industriell arbeitet. Das heißt, wenn sie bei Ackerbau und Viehhaltung Massenproduktion betreibt.[4] Herstellung, Transport und Betrieb ihrer Anlagen, Maschinen und Fahrzeuge verbrauchen sehr viel fossile Energie. Gleiches gilt für ihre Betriebsstoffe, Düngemittel und Pestizide. Dies wiederum trägt erheblich zur Erwärmung des Weltklimas bei, unter der gerade auch die Landwirtschaft selbst immer stärker leidet.[5] Ihre syn-

[4] Wir verwenden „industrielle Landwirtschaft" als neutralen Fachterminus der Agrarwissenschaften und der Agrargeschichte, nicht moralisch wertend, wie in manchen politischen Debatten zu beobachten ist.

[5] Die deutsche Landwirtschaft hatte 2023 einen Anteil von 7,7 Prozent an den Emissionen von klimawirksamen Gasen in Deutschland, vgl. Umweltbundesamt, Beitrag der Landwirtschaft zu den Treibhausgas-Emissionen, 6.5.2024, https://www.umweltbundesamt.de/daten/land-forstwirtschaft/beitrag-der-landwirtschaft-zu-den-treibhausgas#treibhausgas-emissionen-aus-der-landwirtschaft (Abfrage vom 28.12.2024).

thetischen Pestizide beschleunigen das Aussterben vieler Tier- und Pflanzenarten. Ähnlich wirken sich ihre Düngemittel aus.[6] Hinzu kommt, dass viele dieser Stoffe und ihre Abbauprodukte in Gewässern und Böden zurückbleiben und die Nahrungspflanzen belasten, die auf diesen Böden wachsen. In Europa, wo die Landwirtschaft unter besonders günstigen Bedingungen arbeitet, verschmutzt sie über ein Fünftel des Wassers, das aus Oberflächengewässern und Grundwasser stammt, weltweit sogar mehr als zwei Drittel. Aber nicht nur das Süßwasser – auch die Weltmeere werden durch den Eintrag von Düngemitteln und anderen Schadstoffen aus der Landwirtschaft erheblich belastet. Auf dieses Weise schädigt die industrielle Landwirtschaft massiv die Umwelt. Sie gefährdet aber auch ihre eigene Existenz und die sichere Ernährung der Menschen, indem sie ihre wichtigsten Ressourcen verschwendet, verschmutzt und zerstört: den fruchtbaren Boden und das Süßwasser.[7]

Viele Probleme, die von der industriellen Landwirtschaft ausgehen, haben mit der Haltung von Nutztieren zu tun, durch die sie etwa die Hälfte ihrer Wertschöpfung erzeugt.[8] Obwohl der größte Teil der deutschen Getreideernte als Tierfutter verwendet wird, reichen die in Deutschland vorhandenen landwirtschaftlichen Flächen nicht aus, um diese Tiere zu ernähren. Daher verfüttern die deutschen Viehhalter große Mengen Futtermittel, die aus anderen Weltregionen stammen. Sie kommen überwiegend aus Nord- und Südamerika, wo sie auf den Flächen der ehemaligen Prärien, Pampas und tropischen Regenwälder angebaut werden. Manche dieser Futterpflanzen – vor allem Mais und Soja – werden gentechnisch so verändert, dass sie den Einsatz bestimm-

[6] Christine Vogt, Globales Artensterben mit dramatischem Ausmaß, Umweltinstitut München 2023, https://umweltinstitut.org/landwirtschaft/artensterben-voegel/ (Abfrage vom 28.12.2024).

[7] Wege aus der Hungerkrise. Die Erkenntnisse des Weltagrarberichts und seine Vorschläge für eine Landwirtschaft von morgen, https://www.weltagrarbericht.de/themen-des-weltagrarberichts/wasser.html (Abfrage vom 28.12.2024).

[8] 2023 erreichte die deutsche Landwirtschaft einen Produktionswert von 76,1 Mrd. Euro, Bundesministerium für Ernährung und Landwirtschaft, Statistik und Berichte, https://bmel-statistik.de/landwirtschaft/tabellen-zur-landwirtschaft/ (Abfrage vom 28.12.2024).

ter Pestizide überleben.[9] Doch schädigen diese Gifte die Gesundheit vieler Menschen, die mit ihnen arbeiten oder in den Regionen leben, in denen sie massenhaft eingesetzt werden. Sie belasten dort auch die Böden und Gewässer und dezimieren viele Tier- und Pflanzenarten.[10] Die industrielle Landwirtschaft kann also nur bestehen, weil sie wichtige Ressourcen anderer Weltregionen nutzt und einen bedeutenden Teil der Schäden, die sie verursacht, dorthin abwälzt.

Andererseits ist sie sehr produktiv – pro Flächeneinheit, pro Nutztier und pro Arbeitskraft. Sie erzeugt mit wenigen Arbeitskräften auf großen Flächen viele Millionen Tonnen Getreide, Kartoffeln oder Raps.[11] Und sie hält viele Millionen Tiere.[12] Dabei nutzt sie leistungsstarke Maschinen, Geräte und Anlagen, die häufig digital gesteuert werden. Sie fördert das Wachstum ihrer Pflanzen und Tiere, indem sie große Mengen organischer und synthetischer Düngemittel einsetzt.[13] Pflanzenschädlinge und Tierkrankheiten bekämpft sie mit syntheti-

[9] Lange dominierte das Monsanto-Produkt „Roundup“ mit dem Wirkstoff „Glyphosat“ den Soja-Markt, vgl. die kritische Untersuchung der Journalistin Marie-Monique Robin, Mit Gift und Genen.

[10] BUND, Pestizide gefährden Bäuer*innen bei der Anwendung, https://www.bund.net/umweltgifte/gefahren-fuer-die-gesundheit/baeuerinnen/ (Abfrage vom 28.12.2024).

[11] 2023 kamen in der deutschen Landwirtschaft, auf Vollarbeitskräfte umgerechnet, 2,8 Arbeitskräfte auf 100 Hektar Nutzfläche. 1900 waren es noch 30,6 Arbeitskräfte, Statista, Entwicklung von Wirtschaftskennziffern der deutschen Landwirtschaft in den Jahren 1900, 1950, 2000 und 2021, https://de.statista.com/statistik/daten/studie/658759/umfrage/wirtschaftskennzahlen-der-landwirtschaft-in-deutschland/ (Abfrage vom 25.8.2023). – Bundesministerium für Ernährung und Landwirtschaft, Landwirtschaftliche Arbeitskräfte, https://www.bmel-statistik.de/landwirtschaft/landwirtschaftliche-arbeitskraefte (Abfrage vom 28.12.2024).

[12] 2023 hielt die deutsche Landwirtschaft 11 Mio. Rinder, 21 Mio. Schweine, 1,6 Mio. Schafe und über 167 Mio. Hühner und anderes Geflügel, vgl. Bundesministerium für Ernährung und Landwirtschaft, Statistik und Berichte des BMEL. Landwirtschaft. Tierhaltung, https://www.bmel-statistik.de/landwirtschaft/tierhaltung (Abfrage vom 28.12.2024).

[13] 2019 verbrauchte die deutsche Landwirtschaft 2,4 Mio. Tonnen Düngemittel. Dieser Wert ist noch immer sehr hoch, liegt aber 1,9 Mio. Tonnen unter dem Wert von 1990, vgl. Sandra Ahrens, Verbrauch von Düngemitteln in der Landwirtschaft in Deutschland nach Nährstoffarten in den Jahren 1990 bis 2019, 30.5.2023, https://de.statista.com/statistik/daten/studie/161842/umfrage/verbrauch-ausgewaehlter-duenger-in-der-landwirtschaft-in-deutschland/ (Abfrage vom 25.8.2023).

schen Pestiziden und Medikamenten.[14] Auf diese Weise erzeugt sie jene billigen Nahrungsmittel, die viele Konsumentinnen und Konsumenten verlangen. Und sie ist betriebswirtschaftlich erfolgreich – allerdings nur unter zwei Voraussetzungen: Erstens, sie wird massiv durch Steuermittel unterstützt. Und vor allem zweitens, die Schäden, die sie auf Natur, Klima, Tier, Mensch und andere Weltregionen abwälzt, fließen *nicht* als Kosten in die Erfolgsrechnungen der landwirtschaftlichen Betriebe, ihrer Zulieferer und Abnehmer ein. Anderenfalls wäre die deutsche Landwirtschaft längst bankrott. Für 2021 schätzt die „Zukunftskommission Landwirtschaft" diese „externalisierten" Kosten auf etwa 90 Mrd. Euro.[15] Das ist das Anderthalbfache des Gesamtwerts der landwirtschaftlichen Produktion in diesem Jahr.[16] Würden diese Kosten in die Lebensmittelpreise einfließen, wären Preiserhöhungen von durchschnittlich 43 Prozent die Folge.[17] Die industrielle Landwirtschaft ist daher auch ökonomisch ein Irrweg.

Noch schwerwiegender sind allerdings die existenziellen Gefahren, die von ihr ausgehen: Sie bedroht Gesundheit und Leben der Menschen und vieler anderer Lebewesen. Sie gefährdet ihre eigene Existenz und damit die Versorgung der Menschen mit Nahrung. Und sie ist ein Risiko für den Fortbestand der menschlichen Zivilisation, weil

[14] Christine Chemnitz et al., Der Pestizidatlas 2022, Berlin 2022, www.boell.de/pestizidatlas (Abfrage vom 28.12.2024). – Bundesinformationszentrum Landwirtschaft, Antibiotika in der Nutztierhaltung, 16.3.2023, https://www.landwirtschaft.de/diskussion-und-dialog/tierhaltung/antibiotika-in-der-nutztierhaltung/ (Abfrage vom 28.12.2024).

[15] Zukunftskommission Landwirtschaft. Eine gesamtgesellschaftliche Aufgabe, Empfehlungen der Zukunftskommission Landwirtschaft, Rangsdorf 2021, S. 140. – Allgemeiner zum Problem der externalisierten Kosten vgl. Stephan Lessenich, Neben uns die Sintflut.

[16] Der Wert der Gesamtproduktion der deutschen Landwirtschaft betrug 2021 59 Mrd. Euro, vgl. https://de.statista.com/statistik/daten/studie/223426/umfrage/gesamtproduktionswert-landwirtschaftlicher-erzeugnisse-in-deutschland/ (Abfrage vom 25.8.2023). In dieser Zahl sind Dienstleistungen und Nebentätigkeiten nicht enthalten.

[17] Dieser Wert gilt für 2016, vgl. Marie C. Mehrens-Raizner, Tobias Gaugler, Was kosten Lebensmittel unter Einbeziehung von Umwelt-Folgekosten? in: Die Unternehmung, 76(2) 2022, S. 143-163, doi.org/10.5771/0042-059X-2022-2-143, https://www.nomos-elibrary.de/10.5771/0042-059X-2022-2/die-unternehmung-jahrgang-76-2022-heft-2?page=1 (Abfrage vom 15.9.2023).

sie im Übermaß Boden und Wasser verschmutzt, Ökosysteme zerstört und die Klimaerwärmung verstärkt. Diese Form der Landwirtschaft ist ein existenzielles Problem: für sich selbst, für Mensch, Umwelt und Klima – in Deutschland, in Europa, weltweit.

Fragestellung

Gemeinsam mit vielen anderen suchen wir nach Lösungen für die Probleme, die von der industriellen Landwirtschaft ausgehen. Dabei dienen uns vier Fragen als Richtschnur:

Warum ist die industrielle Form der Landwirtschaft entstanden und welchen Interessen dient sie? Welche Schäden richtet sie an? Welche Wege werden beschritten, um sie in eine nachhaltige Agrarwirtschaft umzubauen? Wer setzt sich für diese Transformation ein?

Wie wir nach Antworten suchen

Diese Fragen können wir nicht umfassend für alle Staaten und Weltregionen beantworten. Allein schon wegen der Fülle der vorliegenden Forschungsarbeiten aus unterschiedlichsten Wissenschaftsdisziplinen und der zugänglichen Quellen konzentrieren wir uns auf Deutschland. Doch können wir die deutschen Entwicklungen nur verstehen, wenn wir auch die europäischen und globalen Verflechtungen der Produktion, des Vertriebs und des Konsums von Nahrungsmitteln beachten. Daher betrachten wir die Transformation der industriellen Landwirtschaft im Zusammenhang des gesamten Agrar- und Ernährungssystems: den Einfluss der Hersteller und Händler von Landtechnik, Agrochemie und Saatgut, der Lebensmittelindustrie, der großen Einzelhandelsunternehmen, der Verbraucherinnen und Verbraucher und die Wechselbeziehungen zwischen all diesen Akteuren. Und schließlich berücksichtigen wir den wachsenden Einfluss von Politik und Verwaltung auf die Transformation der deutschen Landwirtschaft.

Antworten auf unsere Fragen suchen wir bei den Forschungsergebnissen der Agrarwissenschaften, der Geographie, der Geschichtswissenschaft, der Biologie, der Ernährungswissenschaft und anderer Disziplinen, die sich mit der Landwirtschaft und dem Ernährungssektor insgesamt befassen. Besonders hilfreich sind dabei Publikationen, in denen sich Fachwissenschaftlerinnen und -wissenschaftler an „Entscheidungsträger, Behörden, Umweltorganisationen, Studenten sowie interessierte Laien“ wenden.[18] Doch nutzen wir auch Texte, die in den Geschichtswissenschaften „Quellen“ genannt werden, wie internationale Abkommen, Richtlinien und andere Vorgaben der Europäischen Union, einzelstaatliche Gesetze und Verordnungen, amtliche Verlautbarungen und Statistiken, die Publikationen von Behörden und Verbänden oder auch persönliche Texte von Akteurinnen und Akteuren der Transformation sowie die Interviews, die wir mit einigen von ihnen geführt haben. Besonders wichtig ist für uns der Bericht der Zukunftskommission Landwirtschaft, die 2020 von der deutschen Bundesregierung eingesetzt wurde. Sie teilt weithin die Problemanalyse und Fragestellung unseres Buchs und zeigt Wege auf, die zu einer nachhaltigen Landwirtschaft führen.[19] Hilfreich waren schließlich auch jene Publikationen, die wir „aktivistische Literatur“ nennen. Diese Veröffentlichungen haben eine primär politische Zielsetzung und argumentieren häufig mit großem Sachverstand. Andererseits führen sie die politische Debatte mit rhetorischen Überzeichnungen.[20] Wir selbst vermeiden dies, weil wir unsere Ergebnisse und Argumente auch mit jenen diskutieren wollen, die zu anderen Schlussfolgerungen kommen als wir selbst. Besonders sorgfältig halten wir uns an das entscheidende Merkmal von Wissenschaft: Die Argumente, mit denen wir unsere Thesen begründen, müssen nachprüfbar sein. Um dies zu erleichtern, achten wir darauf, dass diese Quellen möglichst gut zugänglich sind. Unsere Motivation dagegen ist politisch: Wir wollen selbst dazu bei-

[18] Wie beispielsweise Jozé L. Lozán, Siegmar W. Breckle, Hartmut Graßl, Dieter Kasang (Hgg.), Warnsignal Klima. Boden und Landnutzung (Geo Wissenschaftliche Auswertungen), Hamburg 2021, Zitat: am Anfang des Buchs, ohne Seitenzahl.

[19] Zukunftskommission Landwirtschaft, 2021. – Zur „transformativen Wissenschaft“ vgl. Uwe Schneidewind, Die große Transformation. Eine Einführung in die Kunst gesellschaftlichen Wandels.

[20] Exemplarisch sei für diesen Quellentyp genannt: Ute Scheub, Stefan Schwarzer, Die Humusrevolution. Wie wir den Boden heilen, das Klima retten und die Ernährungswende schaffen, 3. Auflage, München 2017.

tragen, dass die Landwirtschaft nachhaltig arbeitet. Daher verstehen wir unsere Arbeit als „transformative Wissenschaft".[21]

Wie man dieses Buch lesen kann

Wir haben uns bemüht, ein gut lesbares Buch zu schreiben. Deshalb haben wir auch darauf geachtet, dass sich alle Menschen angesprochen fühlen. Wir bezeichnen die biologischen Geschlechter mit den jeweiligen grammatischen Formen und alle Varianten biologischen und kulturellen Geschlechts durch die gleichzeitige Verwendung der weiblichen und der männlichen Form. Da dies oft sperrig wirkt, verwenden wir abwechselnd neben dem generativen Maskulinum auch das generative Femininum, um alle Geschlechtervarianten zu bezeichnen. Sonderzeichen aller Art, die diese Aufgabe ebenfalls erfüllen, nutzen wir nicht, weil sie sich nicht immer problemlos in die Satzstruktur einfügen lassen. Wir freuen uns natürlich, wenn Leserinnen und Leser unser Buch ganz durchlesen. Sie können sich aber auch auf einzelne Teile beschränken, die sie besonders interessieren. Indem wir den „Roten Faden" von Fragestellung und These auf jeder Gliederungsebene sichtbar machen, möchten wir das erleichtern.

Unser Buch ist in drei Teile gegliedert. In den drei Kapiteln des ersten Teils untersuchen wir, wie und warum die industrielle Landwirtschaft entstanden ist, welche gesellschaftlichen Kräfte und Interessen sie prägten und welche Schäden sie anrichtet – an Boden, Wasser, Klima und Lebewesen. Der Schwerpunkt unseres Buchs liegt auf dem zweiten Teil, in dem wir in drei Kapiteln Lösungen der Probleme vorstellen, die wir im ersten Teil geschildert haben. Wir beginnen mit dem ökologischen Landbau und anderen Formen nachhaltiger Landwirtschaft. Abschließend beschreiben wir einige Möglichkeiten, die industrielle Landwirtschaft nachhaltiger zu machen. Damit möchten wir jenen Landwirtinnen und Landwirten, die industriell arbeiten, eine Brücke hin zur Nachhaltigkeit bauen. Im dritten Teil unseres Buchs zeigen wir zunächst, welche Akteure der Transformation eher konservative Reformen der industriellen Landwirtschaft befürworten. Danach

[21] Uwe Schneidewind, Mandy Singer-Brodowski, Transformative Wissenschaft. Klimawandel im deutschen Wissenschafts- und Hochschulsystem.

stellen wir ausgewählte zivilgesellschaftliche Akteure vor, die die Große Transformation der Landwirtschaft Zug um Zug vollziehen. Im Schlussfazit präsentieren wir die Thesen, die unsere Leitfragen beantworten. Jenseits unserer wissenschaftlichen Analyse, aber als Konsequenz unserer Ergebnisse, formulieren wir abschließend politische Forderungen, die der angestrebten Transformation neue Impulse geben können.

Im Anhang finden besonders interessierte Leserinnen und Leser Nachweise der gedruckten Quellen und der Forschungsliteratur, die wir verwendet haben, die aber nicht über eine einfache Internetrecherche aufzufinden sind. Alle anderen Nachweise sind in den Fußnoten aufgeführt. Die verwendeten Internetquellen können über die Links, die auf der Website des Metropolis-Verlags angegeben sind[22], direkt angesteuert werden. Die einzelnen Kapitel sind in sich abgeschlossen und können unabhängig voneinander gelesen werden. Wir freuen uns über Rückmeldungen und Kritik.[23]

[22] https://www.metropolis-verlag.de/Nachhaltige-Landwirtschaft---sichere-Ernaehrung/1608/book.do

[23] Sie erreichen uns über den Verlag: info@metropolis-verlag.de

Erster Teil: Agrarindustrialisierung

In den drei Kapiteln des ersten Teils unseres Buchs fragen wir danach, warum und auf welche Weise sich die deutsche Landwirtschaft industrialisierte und welche Schäden sie anrichtet. Zugleich interessieren wir uns für die gesellschaftlichen Kräfte und Akteure, die den Industrialisierungsprozess der Landwirtschaft vorantrieben und für die ersten Schritte der Agrarpolitik, die eine Nachhaltige Entwicklung[1] der deutschen Landwirtschaft einleiteten und weiterverfolgten. Im ersten Kapitel beschreiben wir die Anfänge, die Durchsetzung und die Verstetigung der industriellen Landwirtschaft. Dabei bleiben wir weitgehend im Bezugsrahmen der deutschen Politik. Im zweiten Kapitel analysieren wir die Gemeinsame Agrarpolitik der Europäischen Union und ihrer Vorläuferorganisationen. Dabei blicken wir immer wieder auf die internationale Ebene sowie auf den Bund, die Länder und die Gemeinden als Akteure der Industrialisierung der Landwirtschaft und deren Transformation hin zur Nachhaltigkeit. Im dritten Kapitel verweisen wir auf die größten Schäden, die von der industriellen Landwirtschaft an Lebensgrundlagen und Lebewesen verursacht werden.

[1] Die „Brundtland-Kommission“ der UNO definierte in ihrem Bericht von 1987 „Nachhaltige Entwicklung“ als eine gesellschaftliche Transformation, „die den Bedürfnissen der heutigen Generation entspricht, ohne die Möglichkeiten künftiger Generationen zu gefährden, ihre eigenen Bedürfnisse zu befriedigen und ihren Lebensstil zu wählen“. Zitiert nach Uwe Schneidewind, Die Große Transformation. Eine Einführung in die Kunst gesellschaftlichen Wandels, S. 34.

1. Kapitel: Anfänge, Durchsetzung, Verstetigung

Warum industrialisierte sich die deutsche Landwirtschaft? Wie setzte sie sich durch? Welche Rolle spielte der Staat dabei? Wir beginnen dieses Kapitel mit den Anfängen der Agrarindustrialisierung und schildern anschließend den wachsenden Zugriff des Staates im Verlauf des Zeitalters der Weltkriege. In einem dritten Schritt untersuchen wir die Durchsetzung der Agrarindustrialisierung seit der Mitte des 20. Jahrhunderts auf nationaler Ebene. In einem letzten Unterkapitel skizzieren wir die Bedeutung jener Akteure der Wertschöpfungskette des Ernährungssektors, die der Landwirtschaft vor- und nachgelagert sind.

1.1 Anfänge

Die Agrarindustrialisierung bedeutete eine grundlegende Umwälzung der landwirtschaftlichen Produktion. Der Historiker Hans-Ulrich Wehler nannte diesen grundlegenden Strukturbruch eine „Industrialisierung der Agrarwirtschaft" und eine „zweite Agrarrevolution".[1] Dieser zweiten Agrarrevolution waren tiefgreifende Reformen vorausgegangen, die in der Forschung auch als „Agrarmodernisierung" bezeichnet werden.[2] Diese brachten eine Form der Landwirtschaft hervor, die ähnlich nachhaltig wirtschaftete wie heute der ökologische Landbau. Nach der Befreiung der Bauern von den Lasten der seit dem Mittelalter bestehenden Grundherrschaften, der sogenannten „Bauernbefreiung", arbeiteten die Bäuerinnen und Bauern im Westen und Süden Deutschlands auf ihrem eigenen Land. In Ostdeutschland hielten sich noch immer

[1] Hans-Ulrich Wehler, Deutsche Gesellschaftsgeschichte. Fünfter Band. Bundesrepublik und DDR 1949-1990, S. 84. – Joachim Radkau, Natur und Macht, S. 287.
[2] Ulrich Pfister, Einführung: Agrarmodernisierung, in: Karl Ditt, Rita Gudermann, Norwich Rüße (Hgg.), Agrarmodernisierung und ökologische Folgen.

Reste der Gutsherrschaft. Zugleich verstärkte sich die Präsenz des Staates in der ländlichen Gesellschaft.[3] Freie Bauern und Gutsbetriebe produzierten so viele Nahrungsmittel, dass die Hungerkrisen „alten Typs“, die nicht durch moderne Kriege verursacht worden waren, nach der Mitte des 19. Jahrhunderts verschwanden. Die letzte dieser großen Krisen wütete 1846 und 1847 insbesondere in Irland, aber auch in weiten Teilen des europäischen Kontinents. Danach florierte die Landwirtschaft so sehr, dass die Forschung von ihren fünfzig „Goldenen Jahren“ spricht.[4] Warum revolutionierte sich die Landwirtschaft dennoch erneut? Warum wurde sie industriell? Wir beginnen unsere Analyse mit den Anfängen der Agrarindustrialisierung und beschreiben danach die verschiedenen Strategien, mit denen die deutsche Landwirtschaft auf die Herausforderungen des Weltmarkts reagierte. Schließlich zeigen wir, wie sie sich in Verbänden organisierte, um ihre Interessen in Politik und Öffentlichkeit zu vertreten.

1.1.1 Der Globalisierungsschub als Anstoß

Den Anstoß zur Industrialisierung der deutschen Landwirtschaft gab ein regelrechter Globalisierungsschub: Zwischen 1860 und 1870 wurde das Grundnahrungsmittel Getreide, insbesondere Weizen, zum Gegenstand des globalen Handels.[5] Nahezu gleichzeitig ermöglichten die neue Kühltechnik und die Dampfschifffahrt, dass auch Fleisch weltweit vertrieben werden konnte. Für die Agrarrevolution entscheidend war aber zunächst der Welthandel mit Getreide. Es wurde in verschiedenen Weltregionen produziert, vorzugsweise auf Flächen, die sehr fruchtbar waren und zuvor entweder überhaupt nicht landwirtschaftlich genutzt worden waren oder nur für eine extensive Weidewirtschaft: in den ehemaligen Grassteppen Nord- und Südamerikas, Eurasiens und Ozeaniens. Zu Beginn des 20. Jahrhunderts war Russland der weltweit größte Getreideexporteur, es folgten Argentinien, die USA,

[3] Rainer Prass, Grundzüge der Agrargeschichte, Bd. 2, S. 149-193. – Christof Dipper, Die Bauernbefreiung in Deutschland 1790-1850.

[4] Hans-Ulrich Wehler, Deutsche Gesellschaftsgeschichte, Bd. 3, S. 179.

[5] Ernst Langthaler, Landwirtschaft, in: Reinhard Sieder, Ernst Langthaler (Hgg.), Globalgeschichte 1800-2010, S. 135-169, hier S. 143.

Rumänien, Australien und Neuseeland. Für Deutschland bedeuteten diese Importe eine regelrechte „Getreideinvasion“.[6] Wie wirkte sich dieser Globalisierungsschub auf die deutsche Landwirtschaft aus?

Die Folge war zunächst, dass in West- und Mitteleuropa die Nahrungsmittel billiger wurden. Dies verbesserte die Lage der breiten Bevölkerung erheblich, aber seit den 1870er-Jahren kam es zu einer tiefen und lang andauernden Agrarkrise: Die einheimischen Getreideproduzenten konnten nicht mehr kostendeckend produzieren. Innerhalb von zwei Jahrzehnten halbierten sich die Getreidepreise nahezu.[7] Die Reaktion der deutschen Reichsregierung und anderer Regierungen Europas lautete: Einfuhrzölle auf Getreide. Diese Maßnahmen dämpften den Rückgang der Getreidepreise deutlich. Davon profitierten vor allem Betriebe, die in großem Maßstab Getreide produzierten. Sie befanden sich häufig im Besitz adeliger und bürgerlicher Eliten.[8]

Trotz dieser Abwehrmaßnahmen blieb der Preisdruck des Importgetreides weiter sehr stark. Hinzu kamen die Folgen der Industrialisierung der gewerblichen Wirtschaft: Viele ländliche Arbeitskräfte wanderten zu den besser bezahlten Arbeitsplätzen in die rasch wachsenden Industriestädte ab. Der Preisdruck des Weltgetreidemarkts und der zunehmende Mangel an landwirtschaftlichen Arbeitskräften waren daher nicht nur Auslöser der Industrialisierung der Landwirtschaft, sondern blieben auch in den folgenden Jahrzehnten die treibenden Kräfte dieser Grundtendenz. Über die Schutzzollpolitik gegen die billigen Getreideimporte aus Übersee und Russland versuchten Deutschland und andere Staaten Mitteleuropas erstmals systematisch, auf die landwirtschaftliche Produktion Einfluss zu nehmen.[9]

[6] Kevin O’Rourke, The European Grain Invasion, S. 775-801. – Ernst Langthaler, Landwirtschaft, S. 140. – Hans-Ulrich Wehler, Deutsche Gesellschaftsgeschichte, Bd. 3, S. 57f. – Gunter Mahlerwein, Agrargeschichte, Bd. 3, S. 157-159.

[7] Hans-Ulrich Wehler, Deutsche Gesellschaftsgeschichte, Bd. 3, S. 685f.

[8] Alois Seidl, Deutsche Agrargeschichte, S. 222-225. – Gunter Mahlerwein, Grundzüge der Agrargeschichte, Bd. 3, S. 171. – Hans-Ulrich Wehler, Deutsche Gesellschaftsgeschichte, Bd. 3, S. 39-57. – Kiran Klaus Patel, Europäisierung wider Willen, S. 26f.

[9] Ernst Langthaler, Landwirtschaft, S. 143-146. – Hans-Ulrich Wehler, Deutsche Gesellschaftsgeschichte, Bd. 3, S. 510-513, 689. – Werner Baumann, Peter Moser, Bauern im Industriestaat, S. 103.

Die Anfänge der Industrialisierung der Landwirtschaft im deutschsprachigen Mitteleuropa gingen also einher mit der Globalisierung[10] des Handels mit Grundnahrungsmitteln und den Anfängen der staatlichen Agrarpolitik.

1.1.2 Die Modernisierung der Produktionsmethoden

Wie antwortete die deutsche Landwirtschaft auf die Globalisierung des Getreidemarkts und die Abwanderung ländlicher Arbeitskräfte in die gewerbliche Industrie? Sie modernisierte ihre Produktionsmethoden. Eine zentrale Rolle spielten dabei die Neuerungen in der Agrartechnik.

Diese neuen Arbeitsmittel setzten zunächst nur einzelne Großbetriebe ein. Doch schließlich griffen auch immer mehr mittlere und kleine Betriebe auf diese landwirtschaftlichen Maschinen und Geräte zurück, beispielsweise auf die dampfgetriebene Dreschmaschine. Nun konnten die Betriebe eine ganze Getreideernte innerhalb weniger Tage dreschen. Doch leisteten zahlreiche Landarbeiterinnen und Landarbeiter Widerstand gegen die Einführung dieser Technik, weil sie ihre Arbeitsplätze gefährdet sahen. 1907 verfügte die deutsche Landwirtschaft über 947.000 Maschinen dieser Art.[11]

Viele weitere Maschinentypen kamen in diesen Jahrzehnten zum Einsatz, so etwa die Drillmaschinen: 1895 gab es in Deutschland über 140.000 dieser besonderen Form von Sämaschinen für die Aussaat in Reihen. Im selben Jahr waren 30.000 Mähmaschinen im Einsatz. Vor allem aber trugen moderne Pflüge erheblich zur Steigerung der landwirtschaftlichen Produktivität bei. Besonders spektakulär waren die Dampfpflüge, die über mehrere Pflugscharen verfügten. Ein anderes Großgerät, der Mähdrescher, war bereits 1836 in den USA erfunden worden, wurde aber in Mitteleuropa erst im 20. Jahrhundert eingesetzt.

[10] Kiran Klaus Patel, Europäisierung wider Willen, S. 25.

[11] Walter Achilles, Deutsche Agrargeschichte, S. 240-252. – Alois Seidl, Deutsche Agrargeschichte, S. 180-184, 217. Hans-Ulrich Wehler, Deutsche Gesellschaftsgeschichte, Bd. 3, S. 697.– Reiner Prass, Grundzüge der Agrargeschichte, Bd. 2, S. 182. – Gunter Mahlerwein, Agrargeschichte, Bd. 3, S. 181f. – Eberhard Schulze, Deutsche Agrargeschichte, S. 103.

Die Milchzentrifuge wurde dagegen schon sehr früh wichtig, weil sie für die Ausweitung der Milchwirtschaft einen qualitativen Sprung bedeutete. 1907 verfügte die deutsche Landwirtschaft über rund 337.000 derartige Geräte.[12] Die fortschreitende Technisierung war bereits in dieser frühen Phase eine tragende Säule der Industrialisierung der deutschen Landwirtschaft.

Neben der Technisierung trieb der wachsende Einsatz von Mineraldünger die Industrialisierung der deutschen Landwirtschaft voran.[13] Schon vor dem 19. Jahrhundert waren 45 verschiedene Formen von Handelsdünger in Gebrauch.[14] Nun kamen Mineraldünger hinzu, die auf der Grundlage naturwissenschaftlicher Forschung entwickelt worden waren. Bereits 1804 hatte der Schweizer Naturforscher Théodore de Saussure herausgefunden, wie die Photosynthese funktioniert. In den 1830er- und 1840er-Jahren erkannten Carl Sprengel und Justus von Liebig die Bedeutung des Stickstoffs und anderer Mineralien für das Pflanzenwachstum. Liebigs Schüler Hermann Hellriegel erforschte, wie die Knöllchenbakterien an den Wurzeln der Leguminosen – Erbsen, Bohnen oder Linsen – Stickstoff aus der Luft gewinnen und den Pflanzen zur Verfügung stellen. Viele dieser Zusammenhänge hatten die Bauern bereits über Jahrtausende hinweg als Erfahrungswissen weitergegeben und für ihre Arbeit genutzt.[15]

Der erste Dünger, der in größerer Menge auf den Feldern Mitteleuropas ausgebracht wurde und nicht aus der eigenen Produktion der Betriebe stammte, war noch ein natürliches organisches Produkt: „Guano“ besteht im Wesentlichen aus den verfestigten Ausscheidungen von Seevögeln, insbesondere Kormoranen und Pinguinen, die sich mit Kalkstein verbunden haben. Er weist hohe Anteile von Phosphor

[12] Alois Seidl, Deutsche Agrargeschichte, S. 217. – Ernst Bruckmüller, Eine „Grüne Revolution“ (18.-19. Jahrhundert), S. 223. – Eberhard Schulze, Deutsche Agrargeschichte, S. 103. – Hans-Ulrich Wehler, Deutsche Gesellschaftsgeschichte, Bd. 3, S. 687.

[13] Walter Achilles, Deutsche Agrargeschichte, S. 234. – Zur Tierproduktion vgl. Eberhard Schulze, Deutsche Agrargeschichte, S. 92-96.

[14] Frank Uekötter, Im Strudel, S. 120.

[15] Justus Liebig, Die Chemie in ihrer Anwendung auf Agrikultur und Physiologie, Braunschweig 1840. – Alois Seidl, Deutsche Agrargeschichte, S. 153. – Eberhard Schulze, Deutsche Agrargeschichte, S. 90f. – Joachim Radkau, Natur und Macht, S. 24.

und Nitrat auf. Dieser Vogelkot wurde auf den Chinchia-Inseln gewonnen, die zu Peru gehörten.[16] Der erste industriell hergestellte Dünger war das „Thomasmehl“ – ein Abfallprodukt der Eisenindustrie in jenen Revieren, die phosphorreiche Erze verarbeiteten. Über bedeutende Vorkommen von Kali, einem anderen wichtigen Mineral, das die Pflanzen zum Wachstum benötigen, verfügte das Elsass. Den notorischen Stickstoffmangel beseitigte eine grundlegende wissenschaftlich-technische Erfindung: Das „Haber-Bosch-Verfahren“ bindet Stickstoff und Wasserstoff aus der Luft in einer Synthese zu Ammoniak. Dieses Erzeugnis kann man nicht nur als Dünger verwenden, sondern auch für die Produktion von Sprengstoff und Giftgas.[17]

Vor diesen technisch-industriellen Innovationen war der verstärkte Anbau von neuen Feldfrüchten prägend für die Agrarrevolutionen der Neuzeit: Kartoffeln und Mais kamen aus Amerika und wurden im Laufe des 19. Jahrhunderts zu Grundnahrungsmitteln der breiten Bevölkerung. Bei der Getreidezüchtung eröffneten wiederum wissenschaftliche Erkenntnisse wie die Mendelsche Vererbungslehre neue Möglichkeiten.[18] Eine wichtige Rolle spielte die Zuckerrübe. Lange vor der Chemisierung[19] und Mechanisierung der Landwirtschaft wurde sie verstärkt angebaut, anfangs vor allem im Sommer auf den Brachen des traditionellen Mehrfeldersystems („Besömmerung“).[20] Während der Kontinentalsperre Napoleons gegen Großbritannien erfuhr die Zuckerindustrie in Europa zunächst einen starken Aufschwung, brach aber nach deren Ende wieder ein. Erst in den 1830er-Jahren begann sie

[16] Frank Uekötter, Im Strudel, S. 119-132.

[17] Ernst Langthaler, Landwirtschaft, S. 140. – Ernst Bruckmüller, Eine „Grüne Revolution“ (18.-19. Jahrhundert), S. 222. – Hans-Ulrich Wehler, Deutsche Gesellschaftsgeschichte, Bd. 3, S. 698. – Frank Uekötter, Im Strudel, S. 278-292.

[18] Justus Liebig, Die Chemie in ihrer Anwendung auf Agrikultur und Physiologie, Braunschweig 1840. – Alois Seidl, Deutsche Agrargeschichte, S. 153. – Eberhard Schulze, Deutsche Agrargeschichte, S. 90f. – Joachim Radkau, Natur und Macht, S. 24. – Juri Auderset, Peter Moser, Metamorphosen der Züchterblicke, S. 185-198.

[19] Zu diesem Fachterminus der Agrar- und Ernährungsgeschichte vgl. u.a. Roman Rossfeld, Ernährung im Wandel, S. 28 oder Hans-Ulrich Wehler, Deutsche Gesellschaftsgeschichte, Bd. 5, S. 83.

[20] Reiner Prass, Grundzüge der Agrargeschichte, Bd. 2, S. 91, 164. – Eberhard Schulze, Deutsche Agrargeschichte, S. 84.

erneut zu wachsen. Die britische Konkurrenz war sehr stark, der Kapitalbedarf hoch. Die Betriebe wurden immer größer. Während 1837 noch etwa 26.000 Tonnen Rüben verarbeitet wurden, waren es um die Jahrhundertmitte bereits eine Million und in den 1880er-Jahren 10 Millionen. Um 1900 war Deutschland der weltweit größte Zuckerexporteur. Zentren des Zuckeranbaus waren die Magdeburger Börde und die Region Quedlinburg. Bei allzu intensiver Monokultur ermüdeten die Böden allerdings. Ein weiteres Problem war der große Bedarf an Arbeitskräften. Er wurde zunächst durch deutsche, später durch polnische Wanderarbeiterinnen und -arbeiter gedeckt. Angesichts des Zuckerbooms organisierten sich zahlreiche Unternehmen als Genossenschaften oder Aktiengesellschaften.[21]

Bereits vor der Agrarindustrialisierung hatte auch die Viehzucht erhebliche Produktivitätsfortschritte gemacht. Für den wachsenden Kartoffel- und Rübenanbau waren große, starke Pferde nötig. Zum Teil wurden diese Tiere aus Belgien importiert, andere kamen aus dem Salzburger Land. In der Rinderzucht verbreitete sich das holländisch-friesische schwarzbunte Rind über den gesamten Norden Deutschlands. Im Süden dominierte das Simmertaler Fleckvieh, in Franken war das Gelbvieh verbreitet. Aber auch alte Rinderrassen wie das Harzer oder vogtländische Rotvieh blieben erhalten – insbesondere in den Mittelgebirgen. Für die Bullen wurden „Körordnungen" eingeführt, die der planmäßigen Zucht dienten. Die Schweinezucht kämpfte mit dem Problem, dass für das traditionell gehaltene Weideschwein nicht mehr genug freie Flächen zur Verfügung standen. Dies lag vor allem daran, dass die Forstwirtschaft von einer sehr vielfältigen Nutzung – einschließlich der Wald-Schweinemast – zur überwiegenden Holzproduktion überging.[22] Andererseits verbesserte sich die Versorgungslage bei Schweinefutter durch den vermehrten Kartoffel- und Rübenanbau erheblich. Daher wurden britische Schweinerassen eingeführt, die wiederum von Schweinen aus Ostasien abstammten. Besonders rasch entwickelte sich die Schafzucht, insbesondere auf der Grundlage von Merino-Schafen, die ursprünglich aus Spanien kamen. Bei der Anschaffung dieser Schafe halfen Regierungen deutscher

[21] Eberhard Schulze, Deutsche Agrargeschichte, S. 84, 101. – Frank Uekötter, Im Strudel, S. 45.

[22] Bernd-Stephan Grewe, Der versperrte Wald.

Staaten mit Subventionen. Die Merinos wurden insbesondere in Süddeutschland mit einheimischen Rassen gekreuzt. Auch die Hühnerzucht machte Fortschritte. 1852 wurde in Görlitz ein „Hühnerologischer Verein" gegründet. Fischzucht wurde zunehmend in eigens dafür angelegten Teichen betrieben. Die Imkerei arbeitete nach der Erfindung beweglicher Wabensysteme und modularer Bienenkästen viel produktiver als zuvor.[23] Und nach dem Ende der herkömmlichen Hungerkrisen stieg die Nachfrage nach Fleisch stark an, insbesondere in den Städten.[24]

Mechanisierung und Chemisierung, neue Feldfrüchte und biologische Erkenntnisse über die Nutztier- und Pflanzenzucht hätten nur unzureichend wirken können, wenn die landwirtschaftlichen Nutzflächen nicht neu organisiert worden wären. Daher spielte auch die sogenannte „Flurbereinigung" eine entscheidende Rolle bei der Industrialisierung der deutschen Landwirtschaft. Bereits seit dem letzten Drittel des 19. Jahrhunderts arbeiteten Staat und Landwirtschaft daran, das zersplitterte Kulturland zusammenzulegen. Denn besonders in jenen Gebieten, in denen seit Jahrhunderten die „Realteilung" praktiziert wurde – die Aufteilung des Besitzes unter den Erben –, waren die landwirtschaftlichen Flächen der verschiedenen Eigentümer häufig sehr klein und stark zersplittert. Diese Situation erschwerte den Einsatz der Landmaschinen, die immer größer wurden. Vielfach waren die Landwirtinnen und Landwirte aber auch gar nicht an einer Konzentration ihrer Flächen interessiert, weil ihre Verteilung das Risiko von Ernteausfällen verringerte. Dies war eine alte bäuerliche Überlebensstrategie.[25]

Insgesamt trugen alle diese Neuerungen dazu bei, dass die Produktivität der Landwirtschaft Mitteleuropas im Laufe des 19. Jahrhunderts beträchtlich wuchs: Die wichtigsten Getreidearten – Weizen, Roggen, Sommergerste und Hafer – brachten Anfang des 20. Jahrhunderts mindestens doppelt so hohe Erträge pro Flächeneinheit wie 100 Jahre zuvor. In dieser ersten Phase der Agrarindustrialisierung verdoppelten

[23] Eberhard Schulze, Deutsche Agrargeschichte, S. 92-94. – Alfred Bauer, Ländliche Gesellschaft und Agrarwirtschaft im Hunsrück zwischen Tradition und Innovation (1870-1914), S. 301-312.

[24] Veronika Settele, Deutsche Fleischarbeit, S. 32-35.

[25] Gunter Mahlerwein, Agrargeschichte, Bd. 3, S. 22f. – Eberhard Schulze, Deutsche Agrargeschichte, S. 80f.

sich auch die Einkommen der Landwirte.[26] Neben Mechanisierung und Chemisierung war die Flurbereinigung ein weiteres zentrales Element der Industrialisierung der deutschen Landwirtschaft. Die gestiegene Nachfrage nach Fleisch, die anbau- und viehhaltungstechnischen sowie betriebswirtschaftlichen Neuerungen und die Verbesserungen der Pflanzen- und Viehzucht führten zu einer erheblichen Steigerung der Produktion wichtiger Ackerfrüchte und des Viehbestands. Sie gaben der Agrarindustrialisierung ähnlich starke Impulse wie die breite Nutzung neuer Feldfrüchte. Hinzu kamen die verbesserte Ausbildung der Landwirte, ein höherer Kapitaleinsatz, die Herausbildung einer verarbeitenden Industrie und die Ausweitung des Landhandels.

1.1.3 Die Anfänge der Agrarlobby

Welche sonstigen Möglichkeiten boten sich der deutschen Landwirtschaft bei ihrem Kampf gegen die Folgen der Globalisierung der Agrarmärkte?

Sie wurde auf dem Feld der Politik aktiv. Insbesondere die Großgrundbesitzer im Osten Deutschlands wirkten erfolgreich auf die Regierung des Deutschen Reiches ein, damit diese billiges Importgetreide durch Schutzzölle verteuerte.[27] Andere Landwirte organisierten sich, um *gegen* diese Schutzzollpolitik zu protestieren. Stark war die Bewegung, die für eine *Senkung* der Getreidezölle eintrat, in katholischen Regionen Nordwestdeutschlands. Hier herrschte Veredelungswirtschaft vor: intensive Viehhaltung. Diese Landwirte waren in hohem Maße von den Preisen für Futtermittel abhängig und daher an *niedrigen* Getreidepreisen interessiert. Da sie zumeist katholisch waren, fanden sie in der Zentrumspartei einen politischen Verbündeten.[28]

[26] Walter Achilles, Deutsche Agrargeschichte, S. 223. – Gunter Mahlerwein, Agrargeschichte, Bd. 3, S. 113. – Alfred Bauer, Ländliche Gesellschaft und Agrarwirtschaft, S. 290-301.

[27] Gunter Mahlerwein, Agrargeschichte, Bd. 3: Moderne, S. 193f. – Kiran Klaus Patel, Europäisierung wider Willen, S. 30f. – Stefan Schwaneck, Lobbyismus und Transparenz, S. 11-42.

[28] Gunter Mahlerwein, Agrargeschichte, Bd. 3: Moderne, S. 174. – Peter Exner, Ländliche Gesellschaft und Landwirtschaft in Westfalen, S. 190-193.

Die Landwirte Nordwestdeutschlands vertrat seit 1862 der „Westfälische Bauernverein“. In den 1880er-Jahren folgten die „Christlichen Bauernvereine“ und der „Deutsche Bauernbund“. Auf der anderen Seite des Kampfes um die Schutzzölle auf Getreide stand der „Bund der Landwirte“, der 1893 gegründet wurde. Durch seine enge Zusammenarbeit mit den konservativen Parteien übte er starken politischen Einfluss aus und hatte großen Zulauf. In diesem Verband waren die großen Getreideproduzenten besonders einflussreich, obwohl sie nur eine kleine Minderheit der Mitglieder stellten. Da diese Großgrundbesitzer protestantisch waren, stand der Deutsche Bauernbund auch in einem konfessionellen Gegensatz zu den Christlichen Bauernvereinen und den anderen Organisationen der nordwestdeutschen Viehzüchter. Die unterschiedlichen wirtschaftlichen Interessen entsprachen häufig der konfessionellen Ausrichtung der Landwirte und ihrer Funktionäre. Als Dachverband der deutschen Landwirtschaft wurde 1872 der „Deutsche Landwirtschaftsrat“ gegründet. Er war der Zusammenschluss der Landwirtschaftlichen Zentralvereine und anderer Organisationen der Landwirte und hatte seinen Sitz in Berlin. Seine Aufgabe war insbesondere, die politischen Interessen seiner Mitglieder wahrzunehmen. Für fachliche Fragen der Landwirtschaft und für Ausstellungen war dagegen die „Deutsche Landwirtschaftsgesellschaft“ (DLG) zuständig, die 1885 gegründet wurde.[29]

Die Organisation der Landwirte in Berufs- und Lobbyverbänden machte somit im betrachteten Zeitraum erhebliche Fortschritte. Die landwirtschaftlichen Verbände unterschieden sich durch die besonderen ökonomischen Interessen ihrer maßgeblichen Mitglieder. Sie hatten vielfach unterschiedliche politische und religiöse Orientierungen und zeichneten sich häufig durch eine große Nähe zu konservativen politischen Strömungen aus.

[29] Gunter Mahlerwein, Agrargeschichte, Bd. 3: Moderne, S. 174f. – Kiran Klaus Patel, Europäisierung wider Willen, S. 31-33. – Eberhard Schulze, Deutsche Agrargeschichte, S. 83, 100f. – Peter Exner, Ländliche Gesellschaft und Landwirtschaft in Westfalen, S. 190-193. – Hans-Ulrich Wehler, Deutsche Gesellschaftsgeschichte, Bd. 3, S. 1060-1065.

1.1.4 Zwischenfazit

Die Agrarrevolution, die zur Industrialisierung der Landwirtschaft führte, war somit die Antwort der Landwirtschaft auf die Globalisierung der Getreidemärkte. Zugleich war sie eine Reaktion auf die Folgen der gewerblichen Industrialisierung, die zahlreiche Arbeitskräfte aus der Landwirtschaft abzog. Die Landwirtschaft reagierte, indem sie ihre Produktionsmethoden modernisierte. Dabei nutzte sie die neueren technischen Möglichkeiten und die Erkenntnisse der Chemie und der Biologie. Die Zusammenlegung von Nutzflächen im Zuge der Flurbereinigung erleichterte den Einsatz moderner Produktionsmittel. Darüber hinaus übten Landwirte politischen Einfluss aus, indem sie sich in Vereinen und Verbänden organisierten. Dabei gelang es den Getreideproduzenten, eine Schutzzollpolitik durchzusetzen. Diese Politik ging zulasten der Lebensmittelkonsumentinnen und -konsumenten sowie jener Landwirte, die vor allem Veredelungswirtschaft betrieben. Diese wiederum nutzten ihre guten Beziehungen zur katholischen Zentrums-Partei, um ihrerseits politischen Druck aufzubauen – gegen die Schutzzollpolitik. Doch konnten sie sich gegen die protestantisch-konservativen Kräfte nicht durchsetzen. Insgesamt war die Agrarindustrialisierung bereits in ihrer ersten Entwicklungsphase eng mit politischen Steuerungsversuchen verbunden.

1.2 Der Zugriff des Staates auf die Landwirtschaft im Zeitalter der Weltkriege

Wie aber kam es dazu, dass die Landwirtschaft *dauerhaft* von staatlichen Vorgaben geprägt wurde? Welche Motive und Interessengruppen standen hinter der Agrarpolitik? Wir beschreiben zunächst, wie die Politik während des Ersten Weltkriegs immer stärker in die Landwirtschaft eingriff, den Mangel verwaltete und Zwangsarbeiterinnen und Zwangsarbeiter einsetzte. Dann beschreiben wir die Erholung in der Nachkriegszeit und den erneuten Zugriff des Staates während der NS-Zeit, insbesondere während des Zweiten Weltkriegs.

1.2.1 Landwirtschaft und Nahrungsmangel im Ersten Weltkrieg

Für die massive Verstärkung des staatlichen Einflusses auf die Landwirtschaft im betrachteten Raum ist ganz wesentlich der Erste Weltkrieg verantwortlich. Warum und in welcher Weise griff der Staat nun in die Landwirtschaft ein?

Die „Urkatastrophe des 20. Jahrhunderts“[30] wirkte sich von Anfang an ganz erheblich auf die Landwirtschaft Mitteleuropas aus: Etwa zwei Drittel der männlichen Arbeitskräfte in der deutschen Landwirtschaft – rund zwei Millionen Männer – wurden zum Militärdienst eingezogen. Allein schon aus diesem Grund sank die landwirtschaftliche Produktion. Die Blockade der Lebensmittelimporte durch die Kriegsgegner Deutschlands und Österreich-Ungarns verschärfte die Versorgungslage weiter. 1915 kam es zu regelrechten Hungerunruhen. Die zuständigen Verwaltungen waren auf diese Situation nicht vorbereitet und reagierten mit drastischen Maßnahmen auf die Krise: Ein Gesetz legte Höchstpreise für Getreide und Kartoffeln fest. Es wurde verboten, Vieh mit Brotgetreide zu füttern. Die Folge war, dass viele Millionen Schweine nicht mehr ernährt werden konnten. Daher verfügte die Regierung Massenschlachtungen, die den Schweinebestand bis 1917 um mehr als die Hälfte auf 11 Millionen Tiere halbierten. Zugleich wurde das Militär mit Rationen versorgt, die einen erheblich höheren Fleischanteil hatten als jene der Zivilpersonen. Die Tagesration eines Durchschnittsverbrauchers von Lebensmitteln sank auf 1000 bis 1.200 Kalorien – das ist die Hälfte dessen, was Erwachsene im Durchschnitt für ihre Ernährung brauchen.[31] Das bedeutete Hunger für einen Großteil der Bevölkerung.

Unter dem Eindruck dieser Ernährungskatastrophe verstärkte der Staat seine Zwangsmaßnahmen. Da Frauen und Kinder die Arbeitskraft der zum Militär eingezogenen Männer nicht hinreichend ersetzen konnten, zwang die politische Führung 1916 durch das „Gesetz über

[30] George F. Kennan, The Decline of Bismarck's European Order, S. 3.

[31] Alois Seidl, Deutsche Agrargeschichte, S. 227-230. – Ulrich Kluge, Agrarwirtschaft und ländliche Gesellschaft, S. 13. – Karl Eckhart, Agrargeographie Deutschlands, S. 67-76. – Veronika Settele, Deutsche Fleischarbeit, S. 35f, 48f. – Claudia Müller, Wie viele Kalorien braucht der Mensch? https://landeszentrum-bw.de/,Lde/Startseite/wissen/wie-viele-kalorien-braucht-der-mensch (Abfrage vom 28.1.2022).

den vaterländischen Hilfsdienst“ Hunderttausende nicht ausgebildeter Arbeitskräfte zur Arbeit in der Landwirtschaft. Auch Kriegsgefangene wurden herangezogen: Gegen Ende des Krieges waren es allein in der preußischen Landwirtschaft über 930.000. Hinzu kamen zahlreiche zivile Zwangsarbeiterinnen und Zwangsarbeiter: 300.000 Saisonarbeitskräfte in den östlichen Teilen Preußens, die aus den russischen Teilen Polens kamen, durften nach Kriegsbeginn nicht mehr in ihre Heimat zurückkehren und mussten in Deutschland weiterarbeiten. Vielfach unter Anwendung von Zwang wurden über eine weitere halbe Million Arbeitskräfte in jenen Teilen Polens rekrutiert, die von den deutschen und österreichischen Truppen im Laufe des Krieges besetzt worden waren. Die Arbeits- und Lebensbedingungen dieser Menschen waren sehr schlecht.[32]

Um die Versorgung der Bevölkerung mit Lebensmitteln besser zu organisieren, richtete die Reichsregierung 1916 ein „Kriegsernährungsamt“ ein. Diese neue Institution verfügte zwar über einen weitverzweigten Verwaltungsapparat, es gelang es ihr jedoch nicht, die Ernährungslage der Bevölkerung zu verbessern.[33]

Insgesamt starben in Deutschland während des Ersten Weltkriegs etwa eine Dreiviertelmillion Menschen an den Folgen des Hungers – vor allem Alte und Kinder. Die Versuche des Staates, dies zu verhindern, blieben erfolglos. Bei Kriegsende im November 1918 war die landwirtschaftliche Produktion auf zwei Drittel der Vorkriegsmengen geschrumpft.[34] Die Erfahrungen des Ersten Weltkriegs führten in Politik und Öffentlichkeit zu der Erkenntnis, dass die Versorgung der eigenen Bevölkerung durch die Landwirtschaft von strategischer Bedeutung war. Versorgungssicherheit und nationale Sicherheit sollten künftig eng verbunden bleiben.

[32] Gunter Mahlerwein, Agrargeschichte, Bd. 3: Moderne, S. 194f. – Ulrich Kluge, Agrarwirtschaft und ländliche Gesellschaft, S. 13. – Eberhard Schulze, Deutsche Agrargeschichte, S. 116. – Karl Eckhart, Agrargeographie Deutschlands, S. 72.

[33] Alois Seidl, Deutsche Agrargeschichte, S. 229. – Karl Eckhart, Agrargeographie Deutschlands, S. 67. – Hans-Ulrich Wehler, Deutsche Gesellschaftsgeschichte, Bd. 4, S. 88f.

[34] Kiran Klaus Patel, Europäisierung wider Willen, S. 36.

1.2.2 Die deutsche Landwirtschaft in der Zwischenkriegszeit

Wie lange dauerte es, bis sich die deutsche Landwirtschaft von den Auswirkungen des Ersten Weltkriegs erholt hatte? Wie entwickelte sich die Industrialisierung der Landwirtschaft in dieser Zeit? Wie wirkte sich die nationalsozialistische Agrarpolitik auf die Agrarindustrialisierung aus?

Noch lange nach dem Ende des Krieges litt die deutsche Landwirtschaft unter den Kriegsfolgen. So wurde der Mineraldünger knapp, weil nun die Lieferungen von phosphatreichem Thomasmehl aus den abgetretenen Gebieten Oberschlesiens und Lothringens ebenso fehlten wie die Kalivorkommen des nun wieder französisch gewordenen Elsass.[35] Arbeitskräfte in der Landwirtschaft blieben trotz hoher Arbeitslosigkeit knapp. Die ausländischen Arbeitskräfte reichten aufgrund der restriktiven Arbeitsmigrationspolitik nicht aus.[36]

Es dauerte über ein Jahrzehnt, bis die deutsche Agrarproduktion wieder das Niveau erreichte, das sie vor dem Ersten Weltkrieg gehabt hatte.[37] Und erneut setzte die Landflucht ein und verschärfte den Arbeitskräftemangel in der Landwirtschaft.[38] Andererseits verstärkte die Regierung ihre Bemühungen um die Ausbildung der Landwirte. Im Laufe der 1920er-Jahre stieg die Zahl der Landwirtschaftsschulen um über das Doppelte im Vergleich zu 1914.[39]

Günstig für den schließlich erneut einsetzenden Aufschwung war darüber hinaus, dass das Düngerproblem großtechnisch zumindest für Friedenszeiten gelöst war: Die fehlenden Grundstoffe für Mineraldünger konnten importiert werden. Die chemische Industrie produzierte nun Düngemittel anstelle von Explosivstoffen. Um die Technisierung

[35] Ulrich Kluge, Agrarwirtschaft und ländliche Gesellschaft, S. 12-14. – Ernst Hanisch, Die Politik und die Landwirtschaft, S. 14-17, 90f. – Alois Seidl, Deutsche Agrargeschichte, S. 227-230, 232. – Gunter Mahlerwein, Agrargeschichte, Bd. 3: Moderne, S. 195. – Eberhard Schulze, Deutsche Agrargeschichte, S. 116.

[36] Karl Eckhart, Agrargeographie Deutschlands, S. 77-84. – Hans-Ulrich Wehler, Deutsche Gesellschaftsgeschichte, Bd. 4, S. 274-277.

[37] Kiran Klaus Patel, Europäisierung wider Willen, S. 37.

[38] Ulrich Kluge, Agrarwirtschaft und ländliche Gesellschaft, S. 19-21. – Gunter Mahlerwein, Agrargeschichte, Bd. 3, S. 55. – Gunter Vogt, Entstehung und Entwicklung des ökologischen Landbaus, S. 31. – Hans-Ulrich Wehler, Deutsche Gesellschaftsgeschichte, Bd. 4, S. 276.

[39] Hans-Ulrich Wehler, Deutsche Gesellschaftsgeschichte, Bd. 4, S. 280.

zu fördern, beschleunigten Agrarpolitik und Vertreter der Landwirtschaft die Flurbereinigung, die das stark zersplitterte Kulturland in größere, maschinengerechtere Einheiten aufteilen sollte.[40]

Der Neuaufschwung wurde begleitet von einem weiteren Technisierungsschub, der allerdings über kurzfristige Kredite finanziert wurde, die die Betriebe in der Regel bei US-amerikanischen Banken aufnahmen. Zugleich verschärfte sich die Konkurrenz auf dem Weltmarkt. Massive Getreideexporte der USA und der Sowjetunion zu niedrigen Preisen drückten auf die deutschen Getreidepreise. Dieser Preisverfall erfasste auch andere Agrarprodukte. Die Landwirtschaft geriet erneut in eine Krise.[41]

Daher nahmen die demokratischen Regierungen die Zollpolitik des Kaiserreiches wieder auf und begünstigten damit erneut die Getreideproduzenten östlich der Elbe. Die deutschen Agrarzölle stiegen zwischen 1927 und 1931 von 27 Prozent auf 83 Prozent.[42] In den Jahren nach 1929 sorgte diese Zollpolitik dafür, dass die inländischen Getreidepreise doppelt so hoch waren wie jene des Weltmarkts – sehr zum Schaden der großen Masse der Lebensmittelkonsumenten, aber auch der Veredelungswirtschaft insbesondere Nordwestdeutschlands, die auf Futtermittelimporte angewiesen war. Zugleich blieb die Steuerlast hoch.[43]

Angesichts dieser Problemlagen radikalisierten sich viele Landwirte: Der „Bund deutscher Landwirte" vereinigte sich 1921 mit anderen Verbänden zum „Reichs-Landbund", der zunächst politisch eng mit der rechtskonservativen „Deutschnationalen Volkspartei" zusammenarbeitete. Auf der Gegenseite standen noch immer die katholischen Bauernvereine Nordwestdeutschlands, deren Einfluss auf die Agrarpolitik allerdings nach wie vor gering war. Als die Reichsregierung angesichts der Krise Ende der 1920er-Jahre ihre Zollpolitik massiv verschärfte, vereinigten sich die verschiedenen Verbände der Landwirtschaft zur „Grünen Front". Diese drang allerdings nicht in allen

40 Ulrich Kluge, Agrarwirtschaft und ländliche Gesellschaft, S. 19-21. – Gunter Mahlerwein, Agrargeschichte, Bd. 3, S. 55.

41 Alois Seidl, Deutsche Agrargeschichte, S. 234-238. – Ulrich Kluge, Agrarwirtschaft und ländliche Gesellschaft, S. 20-24. – Gunter Mahlerwein, Agrargeschichte, Bd. 3, S. 115-117. – Kiran Klaus Patel, Europäisierung wider Willen, S. 35f.

42 Kiran Klaus Patel, Europäisierung wider Willen, S. 37.

43 Gunter Mahlerwein, Grundzüge der Agrargeschichte, Bd. 3, S. 171. – Eberhard Schulze, Deutsche Agrargeschichte, S. 118.

Regionen bis an die Basis durch, insbesondere dort, wo die Bauernvereine stark waren. Viele Landwirte radikalisierten sich jenseits der Verbandspolitik. Ihnen bot die rechtsradikale „Landvolkbewegung“ einen organisatorischen Rahmen. Viele Mitglieder dieser überwiegend protestantisch geprägten Organisationen wandten sich schließlich dem Nationalsozialismus zu. Auch die katholischen Bauernvereine rückten in dieser Zeit deutlich nach rechts und arbeiteten regional mit dem „Reichs-Landbund“ zusammen, in dem schließlich der nationalsozialistische Einfluss dominierte.[44]

Die Weltwirtschaftskrise in den Jahren nach 1929 traf Deutschland sehr hart, weil die kurzfristigen US-Kredite nicht mehr zur Verfügung standen. Viele Bauern radikalisierten sich bis hin zu offenem Terrorismus. Bereits 1928 waren antidemokratische Bauernparteien in den Reichstag eingezogen. Bei den Moselwinzern und in Neumünster kam es zu Unruhen. 1933 waren in Deutschland sechs Millionen Menschen arbeitslos. Auf dem Höhepunkt dieser Krise ernannte Reichspräsident von Hindenburg Adolf Hitler zum Reichskanzler.[45]

Obwohl die Nationalsozialisten das Bauerntum in ihrer völkisch-rassistischen Ideologie zur „Quelle der nationalen Fruchtbarkeit“ überhöhten, hatte die Landwirtschaft in ihrer Programmatik bis zu diesem Zeitpunkt kaum eine Rolle gespielt.[46] Nun verfolgten sie zwei Ziele: Angesichts der Erfahrungen des Ersten Weltkriegs strebten sie die Autarkie Deutschlands bei den wichtigsten landwirtschaftlichen Produkten an. Zugleich kündigten sie ein neues System mit garantierten, „gerechten“ Preisen für landwirtschaftliche Produkte an. Das Ziel der Autarkie erreichte die NS-Agrarpolitik nie: Die landwirtschaftliche Produktion Deutschlands wuchs in den wenigen Friedensjahren der NS-Herrschaft lediglich um 8 Prozent. Der Viehbestand sank sogar. Die Einkommen der Landwirte stiegen nur in den ersten beiden

[44] Gunter Mahlerwein, Agrargeschichte, Bd. 3: Moderne, S. 175. – Ulrich Kluge, Agrarwirtschaft und ländliche Gesellschaft, S. 19-22, 24-26. – Kiran Klaus Patel, Europäisierung wider Willen, S. 40f.

[45] Alois Seidl, Deutsche Agrargeschichte, S. 234-238. – Ulrich Kluge, Agrarwirtschaft und ländliche Gesellschaft, S. 22-24. – Josef Mooser, Verschwinden des Bauern, S. 24. – Eberhard Schulze, Deutsche Agrargeschichte, S. 119f. – Ulrich Herbert, Geschichte Deutschlands im 20. Jahrhundert, S. 298-301.

[46] Ebenda, S. 270-324. – Kiran Klaus Patel, Europäisierung wider Willen, S. 43, Zitat ebenda.

Jahren der NS-Herrschaft erheblich – um über ein Fünftel. Doch die Beschäftigten in der Landwirtschaft verdienten noch immer deutlich weniger als jene in der gewerblichen Industrie. Und auf dem Weltmarkt war die deutsche Landwirtschaft nach wie vor nicht wettbewerbsfähig.[47]

Das zweite Ziel der NS-Agrarpolitik resultierte aus der völkisch-rassistischen Bauerntums-Ideologie Richard Walther Darrés: Gemäß der Denkfigur „Blut und Boden" sollte ein „gesundes Bauerntum" entstehen, das auf ausgesuchten Höfen wirtschaftete. Diese Bauernfamilien sollten eine neue Elite bilden, einen neuen Adel der „deutschen Volksgemeinschaft".[48] Daher schuf die nationalsozialistische Agrarpolitik das System der „Erbhöfe". Betriebe, die 7,5 bis 100 ha Land bewirtschafteten, konnten als „Erbhof" anerkannt werden, wenn die Betriebsleiter die rassistischen Kriterien der Nationalsozialisten erfüllen, sich zum NS-Staat bekannten und sich strengen Effizienzregeln unterwarfen. Erbe eines solchen Hofs sollte der älteste Sohn des Bauern sein.[49] Österreich führte noch vor seinem „Anschluss" an das Deutsche Reich eine ähnliche Konzeption ein.

Doch das Hauptproblem blieben die fehlenden Arbeitskräfte. Die Einkommen der Landwirte Deutschlands und Österreichs fielen auch unter der NS-Herrschaft weiter hinter jene der gewerblichen Industrie zurück.[50] Zugleich intensivierte sich die staatliche Steuerung der Landwirtschaft. Vorrangiges Ziel der Agrarpolitik war die Versorgung der Bevölkerung. Den Landwirten war verboten, ihre Produkte selbst zu vermarkten. Hinzu kamen Ablieferungspflichten und Vorschriften für

[47] Ulrich Kluge, Agrarwirtschaft und ländliche Gesellschaft, S. 31. – Hans-Ulrich Wehler, Deutsche Gesellschaftsgeschichte, Bd. 4, S. 741-747. – Veronika Settele, Deutsche Fleischarbeit, S. 51.

[48] Alois Seidl, Deutsche Agrargeschichte, S. 248f. – Ulrich Kluge, Agrarwirtschaft und ländliche Gesellschaft, S. 27. – Gunter Mahlerwein, Agrargeschichte, Bd. 3, S. 51f. – Kiran Klaus Patel, Europäisierung wider Willen, S. 43.

[49] Alois Seidl, Deutsche Agrargeschichte, S. 250-253. – Ulrich Kluge, Agrarwirtschaft und ländliche Gesellschaft, S. 29. – Gunter Mahlerwein, Agrargeschichte, Bd. 3, S. 40f. – Eberhard Schulze, Deutsche Agrargeschichte, S. 121-123.

[50] Ulrich Kluge, Agrarwirtschaft und ländliche Gesellschaft, S. 29-32. – Ernst Hanisch, Die Politik und die Landwirtschaft, S. 132. – Hans-Ulrich Wehler, Deutsche Gesellschaftsgeschichte, Bd. 4, S. 711-713. – Roman Sandgruber, Die Landwirtschaft in der Wirtschaft, S. 263.

Anbau, Lagerung und Verarbeitung landwirtschaftlicher Erzeugnisse. Zugleich sollte die Nutztierhaltung rationalisiert werden. Die NS-Agrarpolitik zielte somit auf eine tiefgreifende Transformation der Agrarstruktur – und verweist damit auf die forcierte Agrarindustrialisierung der Nachkriegsjahre: Die Vollbauernhöfe sollten gestärkt und technisiert werden. Die kleinen Höfe sollten verschwinden.[51]

Als zentrales Instrument dieser Politik diente die Dachorganisation aller Betriebe des Ernährungssektors: der „Reichsnährstand". Diese Zwangsgemeinschaft von Landwirten, weiterverarbeitenden Betrieben und Lebensmittelhandel wurde 1933 gegründet. Sie umfasste bis zu 16 Millionen Menschen. An ihrer Spitze stand „Reichsbauernführer" Darré, der zugleich das Amt des Reichsministers für Landwirtschaft und Ernährung ausübte.[52] Die möglichen Sanktionen für Bauern, die das Regime nicht zufriedenstellten, reichten von politischem und sozialem Druck über den Verlust des Hofes bis zur Einweisung in ein Konzentrationslager.[53]

Insgesamt bedeutete die Zwischenkriegszeit eine schwierige Phase für die Landwirtschaft. Die Folgen des Ersten Weltkriegs belasteten sie noch lange. Die Agrarmodernisierung machte kaum Fortschritte. Der Neuaufschwung mündete in einer erneuten Krise. Die Politik der Nationalsozialisten führte dazu, dass die deutsche Landwirtschaft zwar noch immer über den Weltmarktpreisen produzierte, sich zugleich aber stärker an den Interessen der Konsumentinnen und Konsumenten orientierte. Die Kluft zwischen agrarischen und industriellen Einkommen vergrößerte sich daher weiter. Und die deutsche Chemieindustrie produzierte erneut Sprengstoffe statt Dünger.[54] Ökonomisch zahlte sich die ideologische Überhöhung des Bauerntums für die Landwirtinnen und Landwirte kaum aus. Die „Erbhöfe" standen unter strenger Aufsicht durch Staat und Partei.

[51] Alois Seidl, Deutsche Agrargeschichte, S. 253-260. – Ulrich Kluge, Agrarwirtschaft und ländliche Gesellschaft, S. 27f. – Josef Mooser, Verschwinden des Bauern, S. 31. – Hans-Ulrich Wehler, Deutsche Gesellschaftsgeschichte, Bd. 5, S. 84. – Veronika Settele, Deutsche Fleischarbeit, S. 52.

[52] Ulrich Kluge, Agrarwirtschaft und ländliche Gesellschaft, S. 28. – Gunter Mahlerwein, Agrargeschichte, Bd. 3, S. 161-164, 176. – Kiran Klaus Patel, Europäisierung wider Willen, S. 44f.

[53] Ulrich Kluge, Agrarwirtschaft und ländliche Gesellschaft, S. 30.

[54] Kiran Klaus Patel, Europäisierung wider Willen, S. 46f.

1.2.3 Staatlich gelenkte Kriegslandwirtschaft

Wie veränderte der Zweite Weltkrieg die Verhältnisse in der deutschen Landwirtschaft? Mit Kriegsbeginn verstärkten Staat und Parteiorganisationen den Druck auf die Landwirtschaft: Sie wurde nun konsequent auf die Bedürfnisse des Militärs und der deutschen Bevölkerung ausgerichtet. Ein umfassendes Rationierungssystem verwaltete den Mangel. Wie bereits im Ersten Weltkrieg sank die Produktion – insbesondere bei Hackfrüchten, Gemüse und Vieh. Auch die bebaute Fläche ging zurück. Erneut fehlten die Arbeitskräfte in der Landwirtschaft, die Kriegsdienst leisten mussten. Wieder konnten sie Frauen, Alte, Kinder und Kriegsgefangene nur unzureichend ersetzen. Dieses Problem sollte der Einsatz von Zwangsarbeiterinnen und Zwangsarbeitern lösen, der das Ausmaß des Ersten Weltkriegs weit übertraf: Schließlich leistete jede zweite Arbeitskraft, die in der Landwirtschaft des „Großdeutschen Reiches" beschäftigt war, Zwangsarbeit. Doch nicht einmal durch diese drastischen Maßnahmen konnten die fehlenden regulären Arbeitskräfte vollständig ersetzt werden.[55]

Nach der Kriegswende im Januar 1943 verschlechterte sich die Versorgungslage in Deutschland erheblich. Um sich die Loyalität der eigenen Bevölkerung zu sichern, kürzte das Regime die Rationen von Kriegsgefangenen und KZ-Häftlingen auf ein Maß, das zum Hungertod führen musste. Und es plünderte die besetzten Teile Europas noch stärker aus als zuvor. Besonders im Osten überließ die deutsche Besatzung die einheimische Bevölkerung systematisch dem Hungertod. Die erzwungenen Lebensmittellieferungen aus der Ukraine, Polen oder Weißrussland, aus Südost-, Nord- und Westeuropa deckten etwa 45 Prozent des Bedarfs an Getreide und 42 Prozent des Fleischbedarfs der deutschen Bevölkerung. Dieses System der Ernährung zulasten der Menschen in den besetzten Gebieten brach mit dem Schrumpfen des deutschen Herrschaftsbereichs zusammen. Lediglich die rasche Nieder-

[55] Ulrich Kluge, Agrarwirtschaft und ländliche Gesellschaft, S. 32f. – Gunter Mahlerwein, Grundzüge der Agrargeschichte, Bd. 3, S. 171f, 195-198. – Eberhard Schulze, Deutsche Agrargeschichte, S. 123.

lage der Wehrmacht verhinderte eine Hungerkatastrophe in Deutschland, Böhmen, Mähren und Österreich noch während des Krieges.[56]

Gemessen an ihren Zielen scheiterte die nationalsozialistische Agrarpolitik umfassend: Die Landwirte wurden entgegen der ideologischen Überhöhung des Bauerntums besonders straff geführt, kontrolliert und einem starken Produktionsdruck unterworfen. Das Ziel der Selbstversorgung der eigenen Bevölkerung mit den wichtigsten Lebensmitteln wurde ebenso wenig erreicht wie die Modernisierung der Nutztierhaltung. Hungerkatastrophen in Deutschland und Österreich konnten nur vermieden werden, indem das Regime die besetzten Gebiete ausplünderte. Osteuropäische Länder wie Polen, Weißrussland und die Ukraine litten darunter besonders. Die Zahl der Hungertoten und unterernährten Menschen lässt sich nicht präzise ermitteln. Doch ist sicher, dass dieser Politik viele Millionen Menschen zum Opfer fielen. Besonders zahlreich unter diesen Opfern waren Juden und sowjetische Kriegsgefangene. Aber auch für große Teile der nicht verfolgten oder internierten Zivilbevölkerung Polens und der westlichen Ukraine bedeuteten die von der deutschen Besatzungsmacht verordneten Rationen permanenten Hunger, Krankheit und Tod.

1.2.4 Zwischenfazit

Im Zeitalter der Weltkriege geriet die deutsche Landwirtschaft somit dauerhaft unter die sehr weitgehende Kontrolle des Staates. In der Zwischenkriegszeit mobilisierte erneut die Zollpolitik die Landwirte politisch – mal pro und mal contra Schutzzölle auf Getreide. Diese Auseinandersetzungen prägten insbesondere die Weimarer Republik: Die demokratische Republik setzte die Zollpolitik des Kaiserreichs zugunsten der großen Getreideproduzenten fort. Sie schützte die Bauern *nicht* vor den Folgen der großen Weltwirtschaftskrise. Im Übrigen machten Mechanisierung und Flurbereinigung in der ersten Phase der Zwischenkriegszeit weitere Fortschritte.

[56] Ulrich Kluge, Agrarwirtschaft und ländliche Gesellschaft, S. 34f. – Eberhard Schulze, Deutsche Agrargeschichte, S. 124. – Christian Gerlach, Krieg Ernährung, Völkermord, S. 167-257.

Im Zweiten Weltkrieg wurden Landwirtschaft und Lebensmittelversorgung im deutschen Machtbereich zur strategischen Waffe in der Hand eines Regimes, das rassistisch motivierten Völkermord verübte. Die Landwirtschaft sollte vor allem die Versorgung der eigenen Bevölkerung sichern: Das war das vorrangige Ziel der NS-Agrarpolitik. Das zweite Hauptmerkmal dieser Politik, die rassen-ideologische Überhöhung „des Bauerntums“, brachte den Bäuerinnen und Bauern kaum Vorteile. Sie wurden gegängelt, kontrolliert und mit strengen Strafen bedroht. Dennoch erreichte die NS-Agrarpolitik ihr Hauptziel nicht: die ausreichende Ernährung der deutschen Bevölkerung. Nur durch die systematische Ausplünderung des besetzten Europas gelang die Versorgung der Bevölkerung des „Großdeutschen Reiches“. Diese Politik kostete Millionen Menschen Gesundheit und Leben. Erst nach dem Krieg kehrte der Hunger für einige Jahre auch nach Deutschland zurück.

1.3 Die industrielle Agrarrevolution auf nationaler Ebene

In diesem Unterkapitel verfolgen wir die Beschleunigung, Durchsetzung und Verstetigung der Agrarindustrialisierung von den ersten Nachkriegsjahren bis zur jüngsten Vergangenheit. Wir schauen dabei besonders auf die Agrarpolitik – zunächst der Besatzungsmächte, dann der beiden deutschen Staaten im Zeichen des Kalten Krieges und schließlich auf die Landwirtschaftspolitik des vereinigten Deutsch lands. Wir fragen, wie und warum sich die Agrarindustrialisierung in Deutschland durchsetzte und verstetigte. Die Agrarpolitik der Europäischen Wirtschaftsgemeinschaft und ihrer Nachfolgeorganisationen streifen wir hier nur am Rande, weil wir sie im nächsten Kapitel unseres Buchs gesondert behandeln.

1.3.1 Auch in Friedenszeiten: politische Steuerung der Landwirtschaft

Unter dem NS-Regime dominierte der Staat die Landwirtschaft. Nach dem Untergang des NS-Reiches bildeten sich zwei deutsche Staaten heraus, die sich als Teile der beiden feindlichen Machtblöcke gegenüberstanden. Wie wirkte sich das auf die Agrarindustrialisierung aus?

Nach der Kapitulation der Deutschen Wehrmacht litt auch in Deutschland ein Großteil der Bevölkerung Hunger. Die westlichen Besatzungsmächte hielten am System der Lebensmittelkarten fest. Zahlreiche Vertreter des „Reichsnährstands" übten bis 1948 ihre Funktionen weiter aus.[57] In der sowjetischen Besatzungszone verschärfte die „Bodenreform" die Hungerkrise. Die Besatzungsmacht enteignete bis zur Gründung der Deutschen Demokratischen Republik im Jahre 1949 über 7.000 Güter und knapp 10.000 großbäuerliche Betriebe ohne Entschädigung. Gleichzeitig wurden etwa 210.000 neue Betriebe geschaffen.[58] Doch diese bewirtschafteten im Durchschnitt nur acht Hektar Kulturland und arbeiteten weniger für den Markt als für den eigenen Bedarf. Wegen dieser Eingriffe erreichte die landwirtschaftliche Produktion in der sowjetischen Besatzungszone 1946 nur noch die Hälfte des Niveaus von 1936.[59]

Auch in den drei Westzonen deckte die landwirtschaftliche Produktion noch zwei Jahre nach Kriegsende lediglich die Hälfte des Bedarfs. Nur die Lebensmittellieferungen der USA und anderer westalliierter Staaten verhinderten eine Hungerkatastrophe.[60] Die Mittel, die aus dem Marshallplan in die westdeutsche Landwirtschaft flossen, und die umfangreichen Lieferungen von Rohstoffen aus den USA verhalfen der westdeutschen Landwirtschaft zu einem regelrechten Modernisierungsschub.[61] 1952 erreichte auch die Agrarproduktion der Bundesrepublik wieder die Größenordnung der Jahre vor dem Zweiten Weltkrieg.[62]

[57] Kiran Klaus Patel, Europäisierung wider Willen, S. 54.

[58] Hans-Ulrich Wehler, Deutsche Gesellschaftsgeschichte, Bd. 5, S. 101.

[59] Gunter Mahlerwein, Agrargeschichte, Bd. 3, S. 30-33. – Ulrich Kluge, Agrarwirtschaft und ländliche Gesellschaft, S. 35f. – Hans-Ulrich Wehler, Deutsche Gesellschaftsgeschichte, Bd. 5, S. 102.

[60] Kiran Klaus Patel, Europäisierung wider Willen, S. 49f.

[61] Melanie Kröger, Die Modernisierung der Landwirtschaft, S. 97-100. – Alois Seidl, Deutsche Agrargeschichte, S. 269. – Ulrich Kluge, Agrarwirtschaft und ländliche Gesellschaft, S. 34f.

[62] Eberhard Schulze, Deutsche Agrargeschichte, S. 135f. – Melanie Kröger, Die Modernisierung der Landwirtschaft, S. 265f. – Alois Seidl, Deutsche Agrargeschichte, S. 269. – Ulrich Kluge, Agrarwirtschaft und ländliche Gesellschaft, S. 36. – Rebecca Belvederesi-Kochs, Paul Thomes, Der Marshall-Plan, in: Themenportal Europäische Geschichte, 2010, https://www.europa.clio-online.de/essay/id/fdae-1526 (Abfrage vom 19.11.2020). – Kiran Klaus Patel, Europäisierung wider Willen, S. 50.

Ostdeutschland dagegen war von diesem Programm ausgeschlossen, weil die Sowjetunion die Teilnahme am Marshallplan für ihren Machtbereich abgelehnt hatte.[63]

In Ost und West griff der Staat nach wie vor massiv in die landwirtschaftliche Produktion ein. Auch in Westdeutschland galten die Regeln einer freien Marktwirtschaft nach wie vor nur eingeschränkt. Die westdeutschen Marktordnungsgesetze von 1950 und 1951 formulierten eine Absatzgarantie für Fleisch, Fette, Milch, Getreide und Zucker.[64] Der Staat setzte Einfuhr- und Vorratsstellen ein, schöpfte eingeführte Produkte ab und erhöhte oder senkte ihre Preise auf Inlandsniveau. Die im Inland erzeugten Agrarprodukte, die nicht abgesetzt werden konnten, kaufte er zu einem „Interventionspreis" auf. Wie schon im Zeitalter der Weltkriege verfolgte die Agrarpolitik zwei Ziele. Erstens und vor allem: die Versorgung der Bevölkerung mit den wichtigsten Lebensmitteln; zweitens: die Sicherung eines hinreichenden Einkommens der landwirtschaftlichen Erzeugerbetriebe.[65]

Die Flurbereinigung wurde fortgeführt, sodass die Ackerfluren zunehmend den Anforderungen moderner Agrartechnik entsprachen. Zahlreiche Betriebe wurden vergrößert, viele aus den Dörfern heraus verlegt und „ausgesiedelt", weil in der freien Flur mehr Raum zur Verfügung stand. Da Arbeitskräfte erneut knapp waren, blieb die verstärkte Technisierung der Produktion als einziger Ausweg. So verfügte die westdeutsche Landwirtschaft 1949, dem Jahr der Gründung der Bundesrepublik Deutschland, über rund 77.000 Traktoren. 1975 waren es rund 1,2 Mio.[66] Zugleich sank die Zahl der Beschäftigten bis Mitte der 1970er-Jahre um zwei Drittel auf 1,6 Mio. Das waren nur noch 7 Prozent aller Erwerbstätigen.[67]

[63] Karl Eckart, Agrargeographie Deutschlands, S. 197-206, 318-333.

[64] Kiran Klaus Patel, Europäisierung wider Willen, S. 55.

[65] Ulrich Kluge, Agrarwirtschaft und ländliche Gesellschaft, S. 38. – Eberhard Schulze, Deutsche Agrargeschichte, S. 135f. – Gunter Mahlerwein, Grundzüge der Agrargeschichte, Bd. 3, S. 172. – Kiran Klaus Patel, Europäisierung wider Willen, S. 50, 55.

[66] Hans-Ulrich Wehler, Deutsche Gesellschaftsgeschichte, Bd. 5, S. 83.

[67] Ebenda, S. 82. – Melanie Kröger, Die Modernisierung der Landwirtschaft, S. 266-272. – Alois Seidl, Deutsche Agrargeschichte, S. 287-290. – Gunter Mahlerwein, Grundzüge der Agrargeschichte, Bd. 3, S. 167. – Ulrich Kluge, Agrarwirtschaft und ländliche Gesellschaft, S. 38.

Die politische Führung der DDR vollzog nach der Staatsgründung 1949 einen radikalen Kurswechsel: Sie setzte nun nicht mehr auf kleinbäuerliche Betriebe, sondern auf die Kollektivierung der Landwirtschaft nach dem Vorbild der Sowjetunion. Zahlreiche Großbetriebe kamen unter staatliche Regie. Vor allem aber wurden seit 1952 Landwirtschaftliche Produktionsgenossenschaften (LPGs) eingerichtet. Obwohl die LPGs formell selbstständig waren, übte die SED großen Einfluss auf sie aus. Auch die Mitgliedschaft in diesen Genossenschaften war nicht freiwillig. Ende 1960 war die Kollektivierung der Landwirtschaft abgeschlossen: Über 92 Prozent der landwirtschaftlichen Nutzfläche wurden von Kollektivierung und Verstaatlichung erfasst.[68]

Wie die westdeutsche setzte auch die ostdeutsche Führung auf beschleunigte Industrialisierung der Landwirtschaft. Doch war der staatliche Anteil in Ostdeutschland umfassend: So baute der Staat Maschinen-Traktoren-Stationen auf, in denen die anspruchsvolle Agrartechnik lagerte. Er übernahm das landwirtschaftliche Kreditwesen und die Versorgung mit Saatgut. Ackerbau, Viehzucht und die Verteilung landwirtschaftlicher Erzeugnisse unterlagen der staatlichen Wirtschaftsplanung. Die Hoffnung, dass die Kollektivierung der Landwirtschaft rasch zu wesentlich mehr Produktion führen würde, erfüllte sich allerdings nicht. Die Fluchtbewegung vieler ostdeutscher Bäuerinnen und Bauern in den Westen, die bereits in der Phase der Kollektivierung begonnen hatte, setzte sich fort. Eine weitere Kollektivierungswelle vollzog sich in den 1960er- und 1970er-Jahren. Es entstanden riesige landwirtschaftliche Kombinate: 1975 bewirtschafteten über 1.200 Großbetriebe knapp vier Fünftel der landwirtschaftlichen Nutzfläche. Sie hatten im Durchschnitt mehr als 4.000 Beschäftigte. Zugleich wurde der Pflanzenanbau von der Tierhaltung getrennt. Die riesigen Mengen Gülle aus den großen Tierhaltungsfabriken verseuchten Böden, Wasserläufe und Grundwasser ebenso wie die reichlich eingesetzten Mineraldüngemittel und Pestizide.[69]

[68] Ebenda, S. 37f. – Gunter Mahlerwein, Agrargeschichte, Bd. 3, S. 27, 34-37, 166. – Aus der Perspektive des in der DDR sozialisierten Agrarwissenschaftlers: Eberhard Schulz, Deutsche Agrargeschichte, S. 154-159. – Hans-Ulrich Wehler, Deutsche Gesellschaftsgeschichte, Bd. 5, S. 225-227.

[69] Ulrich Kluge, Agrarwirtschaft und ländliche Gesellschaft, S. 37f. – Gunter Mahlerwein, Agrargeschichte, Bd. 3, S. 37. – Hans-Ulrich Wehler, Deutsche Gesellschaftsgeschichte, Bd. 5, S. 102-104.

Eine Trennung von Ackerbau und Viehhaltung mit ähnlichen Folgen für Böden und Grundwasser entwickelte sich später auch im westdeutschen Nordwestniedersachsen, hier aber aufgrund der Orientierung an Marktmechanismen. Zwischen den Häfen in Niedersachsen und den großen Verbrauchsgebieten für Fleisch im Ruhrgebiet entstanden zahlreiche spezialisierte Viehhaltungsbetriebe, die industriell wirtschafteten. Über die Überseehäfen wurden große Mengen Tierfutter aus Übersee eingeführt und auf „halbem Weg“ zu den Konsumenten zu Fleisch und Milch veredelt. Die Futtermittel, die zu großen Teilen nicht im eigenen Betrieb produziert worden waren, erzeugten einen Überhang an Gülle, der zu einer massiven, bis heute anhaltenden Belastung des Grundwassers mit Nitrat führte.[70]

Diese Beschleunigung der Industrialisierung der Landwirtschaft in beiden Teilen Deutschlands hat der Historiker Josef Mooser als „forcierte Agrarmodernisierung“ bezeichnet.[71] Sie bedeutete Mechanisierung und Spezialisierung der landwirtschaftlichen Produktion sowie eine *Intensivierung* durch den Einsatz von synthetischen Dünge-, Unkraut- und Schädlingsbekämpfungsmitteln, durch neue Sorten, Kraftfutter und gezielte Züchtung. Die Betriebe konzentrierten sich immer mehr auf wenige Kulturpflanzen, die auf immer größeren Flächen angebaut wurden. Die Pflanzenzüchtung wurde zunehmend zur Aufgabe spezialisierter Unternehmen, die begannen, ihr „Züchtungswissen eigentumsrechtlich einzuhegen“.[72] In der Tierhaltung praktizierten die Betriebe eine immer stärkere Arbeitsteilung und Massenproduktion. Die umweltschädlichen Folgen dieser Spezialisierung traten in Ostdeutschland besonders deutlich hervor. Im Westen beteiligten sich immer mehr Investoren, die nicht aus der Landwirtschaft kamen, an diesem Intensivierungsprozess, insbesondere in der Schweine- und der Geflügelhaltung.[73]

[70] Karl Eckart, Agrargeographie Deutschlands, S. 286-291. – Nicole Adler et al., Umweltschutz in der Landwirtschaft, S. 22-26, insbesondere S. 24, Abb. 2.

[71] Josef Mooser, Einführung: Moderne Landwirtschaft. Bemerkungen zu langfristigen Weichenstellungen und Phasen der agrarischen Modernisierung seit dem 18. Jahrhundert, S. 17.

[72] Juri Auderset, Peter Moser, Metamorphosen der Züchterblicke, S. 185-198, Zitat: S. 195.

[73] Eckehard Niemann, Das Interessengeflecht des Agrobusiness, S. 188.

Die Zugehörigkeit zu den jeweiligen Machtblöcken nach 1945 entschied zwar über die Agrarpolitik – im Westen halfen die Marshallplangelder der Landwirtschaft relativ rasch aus der Nachkriegskrise; die ostdeutsche Landwirtschaft litt erheblich unter den Interventionen des Staates –, doch sind bei allen Unterschieden die Gemeinsamkeiten in Ost und West besonders bemerkenswert. In beiden deutschen Staaten industrialisierte sich die Landwirtschaft. Sowohl die westliche als auch die östliche Agrarpolitik setzte auf größere Betriebe. Und in beiden Teilen Deutschlands wurde die Landwirtschaft in hohem Maße staatlich gesteuert: Trotz aller Bekenntnisse zu einer freien und sozialen Marktwirtschaft gab es auch im Westen *keine* freien Agrarmärkte.

1.3.2 Staatliche Lenkungsmaßnahmen und ihre Folgen

Welche Instrumente setzten die politischen Führungen der beiden deutschen Staaten ein, um ihre Ziele zu erreichen? In der Bundesrepublik griff der Staat durch direkte Lenkungsmaßnahmen in die landwirtschaftliche Produktion ein. In den 1960er-Jahren stellte er die mittleren und größeren Betriebe ins Zentrum seiner Förderpolitik. Viele kleine Betriebe gaben auf. Gleichzeitig führte die Agrarpolitik *beider* deutscher Staaten in den „Boomjahren" der 1950er bis 1970er-Jahre zu einer Revolution beim Einsatz von Agrartechnologie. Die Folge waren erhebliche Steigerungen der landwirtschaftlichen Produktion. Die nationale Landwirtschaftspolitik im Rahmen der gemeinschaftlichen Agrarpolitik förderte eine starke Spezialisierung immer größerer Betriebe. Weizen und Mais wurden zu den dominierenden Feldfrüchten. Gleichzeitig verarmten die Agrarlandschaften ökologisch, indem Hecken und die Vegetation der Fluss- und Bachauen der intensiven landwirtschaftlichen Nutzung wichen.[74] Pestizide ermöglichten die Bewirtschaftung von Monokulturen auf großen Flächen – beispielsweise mit Getreide, Zuckerrüben oder Mais.[75]

Der Anteil von Mais als Viehfutter explodierte regelrecht. Rückläufig waren dagegen die Flächen, auf denen andere Futterpflanzen angebaut

[74] Alois Heißenhuber, Friedhelm Taube, Vom Bauernhof zum spezialisierten Agrarindustrieunternehmen … und zurück?

[75] Gunter Mahlerwein, Grundzüge der Agrargeschichte, Bd. 3, S. 167.

Abbildung 2: Industrielle Landwirtschaft – intensiver Zuckerrübenanbau

Foto: iStock.com/Yevhen Smyk

wurden, insbesondere Gras, Klee und Futterrüben. Beim Getreide – vor allem Weizen und Gerste – überwog der Anteil des Futtergetreides gegenüber dem Brotgetreide. Die Viehhaltung intensivierte sich. Insbesondere im südlichen Oldenburg bildete sich eine regelrechte agroindustrielle Tierhaltungsregion heraus. Hier wurde nun eine „flächenunabhängige Veredelung" mithilfe von Futtermitteln praktiziert, die nicht im eigenen Betrieb, sondern in anderen Regionen erzeugt worden waren. Immer mehr Futtermittel wurden sogar per Schiff aus Übersee eingeführt. Viele Kapitalgeber für die neu gebauten Ställe kamen von außerhalb der Landwirtschaft, darunter aus den unmittelbar vor- oder nachgelagerten Gewerben wie der Futtermittel- oder der Fleischindustrie. Es entstand die sogenannte „Vertragslandwirtschaft", bei der sich die formal noch selbstständigen Landwirte zur Abnahme bestimmter Produktionsmittel verpflichteten, wie etwa Viehfutter. Zugleich mussten sie die erzeugten Schlachttiere anliefern. Nach dem Vorbild der USA wurden die Produktionsschritte vor und nach der Landwirtschaft vollständig in agroindustriellen Komplexen integriert. Die riesigen

Mengen Gülle, die diese Form intensiver Massentierhaltung hervorbrachte, wurden zulasten der Böden und Gewässer entsorgt.[76] Auch der massive Einsatz von Medikamenten, die die Landwirte ihren Tieren vielfach prophylaktisch verabreichten, wurde zum Problem, weil er bei den bekämpften Krankheiten zu Resistenzen führte. Daher standen auch der Humanmedizin immer weniger wirksame Antibiotika zur Verfügung.[77]

In der DDR verringerte sich zwischen 1949 und 1989 die Zahl der landwirtschaftlichen Betriebe aufgrund einer systematischen Kollektivierungspolitik. Aber auch in Westdeutschland ging sie in dieser Zeit stark zurück – von über 1,6 Mio. auf noch rund 650.000. Man sprach von einem regelrechten „Höfesterben". Von den verbliebenen Betrieben waren nur noch weniger als die Hälfte Vollerwerbsbetriebe. Auch die Zahl der Beschäftigten sank erheblich: 1950 hatten noch 5 Mio. Menschen – 23 Prozent aller Arbeitskräfte – in der Land- und Forstwirtschaft gearbeitet. 1989 waren es in diesem Sektor nur noch gut 1 Mio. oder 3,7 Prozent aller Arbeitskräfte. Der Anteil der Landwirtschaft am Bruttoinlandsprodukt sank auf 1,5 Prozent. Bis zu zwei Drittel ihrer Wertschöpfung stammten aus staatlichen Transferleistungen.[78]

Diese reizten die Produktion an und sorgten vielfach für Überschüsse, die im Binnenmarkt nicht mehr abzusetzen waren. Es blieb der Export auf den Weltmarkt. Da die Produkte der europäischen Landwirtschaft zu teuer waren, um sich auf dem Weltmarkt durchzusetzen, wurden einige Überschussprodukte durch Subventionen künstlich verbilligt. Nicht lagerfähige Produkte wie Obst und Gemüse wurden sogar in großen Mengen vernichtet. Die Förderpolitik orientierte

[76] Ebenda, S. 55f. – Eckehard Niemann, Das Interessengeflecht des Agrobusiness, S. 188.

[77] Frank Brendel, Andreas Striezel, Antibiotika reduzieren – Reserveantibiotika bei Nutztieren vermeiden. Vergleich von Strategien in verschiedenen europäischen Staaten (im Auftrag der Grünen im Europaparlament), Wiesbaden 2023, https://www.martin-haeusling.eu/presse-medien/publikationen.html (Abfrage vom 26.5.2023).

[78] Melanie Kröger, Die Modernisierung der Landwirtschaft, S. 287-292. – Alois Seidl, Deutsche Agrargeschichte, S. 282-285. – Gunter Mahlerwein, Agrargeschichte, Bd. 3, S. 23-29. – Hans-Ulrich Wehler, Deutsche Gesellschaftsgeschichte, Bd. 5, S. 168-171, zum Anteil der Transferleistungen an der Wertschöpfung der Landwirtschaft ebenda, S. 169f.

sich an der Produktionsmenge und später am Umfang der Nutzfläche. Dies führte dazu, dass zahlreiche kleine Familienbetriebe aufgaben. Größere Betriebe konnten aufgrund immenser Rationalisierungseffekte immer kostengünstiger produzieren.[79] Somit führte die Agrarindustrialisierungspolitik die Landwirtschaft Westdeutschlands in eine Situation, die geprägt war von Überproduktion, sinkenden Preisen für Agrarprodukte, Höfesterben und ausufernden Agrarsubventionen.

Die DDR-Agrarpolitik versuchte dagegen, ihre Ziele durch politisch-organisatorischen Druck zu erreichen. Dabei setzte auch sie auf Spezialisierung, Mechanisierung und den verstärkten Einsatz synthetischer Produktionsmittel. Die Mechanisierung wurde allerdings durch einen erheblichen Mangel an technischen Geräten behindert. Vor allem Traktoren fehlten. Dies wirkte sich erheblich auf die Gesamtproduktion von Lebensmitteln aus. Hinzu kam, dass die Spezialisierung der Landwirtschaftlichen Produktionsgenossenschaften auf Tierhaltung oder Pflanzenproduktion zu einer einseitigen Versorgung mit Wirtschaftsdünger führte. Da Agrarpolitik und -verwaltungen erheblichen Druck ausübten und immer wieder mit neuen Maßnahmen und Richtungsänderungen auf die Landwirtschaft einwirkten, war dieses System sehr instabil.[80]

Daher konnte die Landwirtschaft der DDR die erhofften Erträge nicht erwirtschaften. Agrartechnik und Agrarchemie reichten nicht aus, um die Arbeitsproduktivität wesentlich zu steigern. Die Viehhaltung litt häufig unter den Auswirkungen des Mangels an Futtermitteln für die politisch gewollte Massenproduktion von Milch und Fleisch. Auch hier machte sich die relativ strikte Trennung der LPGs in die Bereiche Tierhaltung und Pflanzenproduktion negativ bemerkbar. Darüber hinaus überforderte sie die zusätzliche Belastung mit nicht-agrarischen Aufgaben, beispielsweise im Sozialsektor. Trotz dieser Widrigkeiten gelang es der DDR-Landwirtschaft, Grundnahrungsmittel in hinreichender Menge zu produzieren. Bei Fleisch, Eiern, Gemüse, Obst und Milchprodukten reichte die Produktion allerdings nicht aus.

[79] Melanie Kröger, Die Modernisierung der Landwirtschaft, S. 114. – Ulrich Kluge, Agrarwirtschaft und ländliche Gesellschaft, S. 44. – Gunter Mahlerwein, Agrargeschichte, Bd. 3, S. 119.

[80] Eberhard Schulze, Deutsche Agrargeschichte, S. 159-161. – Ulrich Kluge, Agrarwirtschaft und ländliche Gesellschaft, S. 46. – Gunter Mahlerwein, Agrargeschichte, Bd. 3, S. 80-83, 108, 112.

Um diese Lücken zu verkleinern, erlaubte die Staatsführung eine private Kleinproduktion: Viele Menschen hielten Geflügel und Mastkaninchen und zogen in ihren Hausgärten Gemüse. Der Notwendigkeit, Dünger, Saatgut und Futtermittel zu importieren, stand der permanente Mangel an Devisen entgegen. Ökonomisch war dieses System nicht erfolgreich: Die riesigen Agro-Kombinate und die LPGs machten erhebliche Verluste.[81]

Die Probleme der DDR-Landwirtschaft waren somit vor allem Folgen einer wenig sachgerechten Planwirtschaft. Doch auch in Westdeutschland führten die agrarpolitischen Maßnahmen oft zu neuen Problemen. Somit führte die Politik der Agrarindustrialisierung in Ost und West zu sozialen, wirtschaftlichen und ökologischen Problemen, die ohne eine radikale Wende unlösbar erschienen.

1.3.3 Deutsche Agrarpolitik nach dem Ende des Kalten Krieges

Welche Versuche, diese Probleme zu lösen, unternahm die Agrarpolitik des vereinten Deutschlands nach dem Ende des Kalten Krieges? Ein starker Impuls in Richtung eines Systemwechsels in der deutschen Landwirtschaft ging von der BSE-Krise aus, die in den frühen 2000er-Jahren ihren Höhepunkt erreichte. Bundesagrarminister Funke (SPD) versuchte, die Gefahr herunterzuspielen, und musste schließlich zurücktreten.[82] Unter seiner Nachfolgerin Renate Künast (Grüne) versuchte die Bundesregierung, eine „Agrarwende" anzustoßen. Sie forderte mehr Transparenz – eine „gläserne Kette vom Hof bis zur Ladentheke", die Versorgung der Verbraucherinnen und Verbraucher mit sicheren Lebensmitteln, eine „Abkehr von den Agrarfabriken". Bis 2011 sollte

[81] Ebenda, S. 991, 130-133. – Eberhard Schulze, Deutsche Agrargeschichte, S. 162f. – Ulrich Kluge, Agrarwirtschaft und ländliche Gesellschaft, S. 46. – Hans-Ulrich Wehler, Deutsche Gesellschaftsgeschichte, Bd. 5, S. 103f.

[82] FAZ, Rücktritte. BES-Krise bringt zwei Minister zu Fall, 9.1.2001, https://www.faz.net/aktuell/politik/ruecktritte-bse-krise-bringt-zwei-minister-zu-fall-11268990.html (Abfrage vom 7.2.2025). – Eckehard Niemann, Interessengeflecht des Agrobusiness, S. 195f. – Robert Koch Institut, Antworten auf häufig gestellten Fragen zu CJK/vCJK [Creutzfeldt-Jakob-Krankheit / variante Creutz feldt-Jakob-Krankheit], 5.7.2024, https://www.rki.de/SharedDocs/FAQs/DE/CJK/CJK.html?nn=16911038 (Abfrage vom 20.2.2025).

jeder fünfte Betrieb in der deutschen Landwirtschaft ökologisch wirtschaften. Dieses Ziel formulierte auch die nationale Nachhaltigkeitsstrategie der Bundesregierung von 2002. Von dieser Neuausrichtung der Agrarpolitik fühlten sich viele Landwirtinnen und Landwirte angegriffen, die als Familienbetriebe zwar industriell wirtschafteten, aber nicht zu den großunternehmerisch organisierten Betrieben gehörten.[83] Den Befürworterinnen und Befürwortern einer grundlegenden Wende der Landwirtschaft hin zu einer nachhaltigen Wirtschaftsweise gelang es nicht, die große Mehrheit der Aktiven in der Landwirtschaft für eine Agrarwende zu gewinnen.

Dieser Gegenimpuls verstetigte sich in den 16 Jahren der Regierungszeit Angela Merkels. Die Agrarpolitik betrieb im Wesentlichen eine konservative Agrarreform, die das bestehende System nicht grundlegend änderte. Sie konzentrierte sich auf den Kampf gegen Lebensmittelskandale und Tierseuchen und auf den Gesundheitsschutz der Verbraucherinnen und Verbraucher. Die Umsetzung der Reform der Gemeinsamen Agrarpolitik von 2013 mit dem Ziel, die negativen Umweltwirkungen der Landwirtschaft zu verringern, verlief in Deutschland wenig ambitioniert. Unter Landwirtschaftsminister Christian Schmidt scheiterte 2017 der Versuch, Glyphosat in der EU zu verbieten, am Votum Schmidts im Ministerrat.[84]

Schmidts Nachfolgerin Julia Klöckner reagierte auf die Mahnungen, die Landwirtschaft nachhaltiger zu gestalten, mit dem Ausbau technischer Kompetenzen. Über das Bundesamt für Landwirtschaft und Ernährung (BLE) finanzierte ihr Ministerium umfangreiche Forschungen zur nachhaltigen Entwicklung der Landwirtschaft im Zeichen

[83] Die Bundesregierung, Ein Kompass für die Zukunft. Die deutsche Nachhaltigkeitsstrategie, 10.8.2023, https://www.bundesregierung.de/breg-de/themen/nachhaltigkeitspolitik/die-deutsche-nachhaltigkeitsstrategie-318846 (Abfrage vom 7.2.2025). – Monika Simon, Auch in Deutschland 20 Prozent Ökolandbau? Welche Faktoren waren hinderlich? Ein Blick aus Österreich nach Bayern, S. 2.

[84] Bundesministerium für Ernährung und Landwirtschaft, Aus der Geschichte des Ministeriums, https://www.bmel.de/DE/ministerium/geschichte/geschichte-seit1949.html (Abfrage vom 21.1.2022). – Lena Kampf, Robert Roßmann, Elisa Simanthke, Streit um Unkrautvernichter. Schmidts Ministerium hat Glyphosat-Alleingang monatelang vorbereitet, 28.11.207, https://www.sueddeutsche.de/politik/streit-um-unkrautvernichter-minister-schmidt-hat-glyphosat-alleingang-monatelang-geplant-1.3769947 (Abfrage vom 21.1.2022).

des Klimawandels. Auf der anderen Seite wurden Mittel im „Bundesprogramm Ökologischer Landbau“ gekürzt.[85] Doch 2020 wurde auf Initiative von Bundeskanzlerin Merkel die „Zukunftskommission Landwirtschaft“ eingesetzt. Sie sollte einvernehmliche Lösungen für den Problemkomplex industrielle Landwirtschaft finden. 2021 legte sie ihren Abschlussbericht vor, der zahlreiche Möglichkeiten einer „Ökologisierung“ der Landwirtschaft aufzeigte.[86]

Dennoch trieb der fortgesetzt starke finanzielle Anreiz zur Massenproduktion die Agrarindustrialisierung unter allen Regierungen seit 1990 weiter an: Die Zahl der Betriebe sank stetig. Hatte 1950 ein in der Landwirtschaft Beschäftigter in Mitteleuropa noch zehn weitere Menschen ernährt, waren es 2017 140.[87]

Der zögerliche Kurs bei den Agrarreformen in Deutschland hat auch damit zu tun, dass es zwei staatliche Ebenen gibt. So werden die beiden Säulen der EU-Agrarpolitik teils auf Bundes-, teils auf Länderebene organisiert. Die Umsetzung der Ersten Säule regelt ein Bundesgesetz. Für die Zweite Säule – die ländliche Entwicklung – sind im Wesentlichen die Länder verantwortlich, die in diesem Rahmen auch die Agrarumweltmaßnahmen (AUM) planen. Dabei zeigen sich immer wieder Abstimmungsprobleme zwischen Bundes- und Länderebene – zum Beispiel bei den „Eco-Schemes“ („Öko-Regelungen“, freiwillige Maßnahmen für den Umwelt- und Klimaschutz). Diese werden bundesweit einheitlich vergeben, berühren dabei jedoch die Agrarumweltprogramme der Länder. Tendenziell fließen diese Mittel eher in jene Regionen, in denen günstige Bedingungen herrschen.[88]

Da der ökologische Landbau schon weitgehend als nachhaltige und förderwürdige Form der Landwirtschaft anerkannt war, baute die Bun-

[85] Wilfried Bommert, Zukunftsallianz Ökolandbau, S. 118-122.

[86] Zur geförderten Nachhaltigkeitsforschung vgl. die Forschungsprojekte „Klimaschutz in der Landwirtschaft und Anpassung der Agrarproduktion an die Folgen der Erderwärmung“. Sie wurden von einem Team der Universität Potsdam – KlimAgrar – unter der Leitung von Hubert Wiggering koordiniert.

[87] Bundesministerium für Ernährung und Landwirtschaft 2020, Angaben aus Wiesbadener Kurier vom 15.6.2020, S. 6.

[88] Maren Birkenstock, Norbert Röder, Die Reform der Gemeinsamen Europäischen Agrarpolitik – eine Chance für effektive agrarumweltpolitische Instrumente? Thünen-Institut, Wirtschaftsdienst 99 (10): 675-679, hier S. 678, DOI:10.1007/s10273-019-2513-x.

desanstalt für Landwirtschaft und Ernährung dafür ein eigenes Informationsportal auf: das Portal „www.oekolandbau.de". Es wird vom Bundesinformationszentrum Landwirtschaft betrieben, das mit Expertinnen und Experten aus der Bio-Branche zusammenarbeitet. Finanziert wird die Plattform von der Bundesanstalt für Landwirtschaft und Ernährung (BLE) über das „Bundesprogramm Ökologischer Landbau" (BÖL) und andere Formen nachhaltiger Landwirtschaft.[89] Das BÖL sollte zunächst einmal feststellen, wo Forschung nötig ist und dann entsprechende Forschungsprojekte anregen und betreuen. Bei diesen Projekten ging es um die Produktion, Verarbeitung und Vermarktung von Lebensmitteln. Die Ergebnisse dieser Forschungen sollen so aufgearbeitet werden, dass sie von Interessierten gut rezipiert werden können. Darüber hinaus bietet das BÖL Informationen an, organisiert Wettbewerbe und Messeauftritte des ökologischen Landbaus und unterstützt andere Formen nachhaltiger Landwirtschaft.

Das BÖL ist eng verbunden mit der Zukunftsstrategie ökologischer Landbau (ZöL) der Bundesregierung, durch die erreicht werden sollte, dass bis 2030 ein Fünftel der landwirtschaftlichen Nutzfläche Deutschlands ökologisch bewirtschaftet wird. Die ZöL wurde bis 2024 zur „Bio-Strategie 2030" weiterentwickelt. Diese „[…] will dazu beitragen, alle beteiligten Akteurinnen und Akteure entlang der gesamten Wertschöpfungskette zu motivieren und zu mobilisieren, an der Entwicklung einer ökologischen Land- und Lebensmittelwirtschaft ebenso wie am Erreichen des 30-Prozent-Ziels mitzuwirken." Deshalb will sie Gemeinwohlleistungen angemessen honorieren, „nachhaltiges Wirtschaften entlang der Wertschöpfungsketten stärken", „den Bio-Anteil in der Außer-Haus-Verpflegung stärken", „die Entwicklung der ökologischen Land- und Lebensmittelwirtschaft durch mehr Forschung, Wissenstransfer und Daten unterstützen".[90]

[89] Ökolandbau.de. Das Informationsportal, Wir über uns, https://www.oekolandbau.de/service/ueber-uns/ (Abfrage vom 11.1.2022). – Bundesprogramm ökologischer Landbau (BÖL), https://www.bundesprogramm.de/ (Abfrage vom 7.2.2025).

[90] Bundesministerium für Ernährung und Landwirtschaft, Bio-Strategie 2030. Nationale Strategie für 30 Prozent ökologische Land- und Lebensmittelwirtschaft bis 2030, S. 14, 38, Zitate: ebenda, https://www.bmel.de/SharedDocs/Downloads/DE/Broschueren/bio-strategie-2030.pdf?__blob=publicationFile&v=10 (Abfrage vom 7.2.2025).

Parallel zu diesen Reformversuchen tritt Deutschland wie auch andere Länder Mitteleuropas als wichtiger Exporteur auf den Weltagrarmärkten auf. 2017 exportierte Deutschland Lebensmittel und andere landwirtschaftliche Erzeugnisse im Wert von 60,4 Mrd. Euro.[91] Hauptabnehmer der deutschen Agrarexporte sind die Länder der EU.[92] Das Übergewicht der Importe war bis dahin erheblich gesunken: Noch 1991 betrugen diese annähernd das Doppelte der Exporte. 2015 lag Deutschlands Agraraußenhandel hinter den USA und China weltweit an dritter Stelle.[93] An den deutschen gesamten Exporten dieses Jahres hatten Produkte der Landwirtschaft einen Anteil von knapp 6 Prozent.[94]

Die deutsche Agrarpolitik seit dem Ende des Kalten Krieges ist somit widersprüchlich. Einerseits förderte sie die Industrialisierung der Landwirtschaft weiter, insbesondere den Export von deutschen Agrargütern. Gleichzeitig stärkte sie die Bemühungen um die Ausrichtung der deutschen Landwirtschaft auf eine nachhaltige Wirtschaftsweise. Doch insgesamt dominierten noch immer die agrarindustriellen Ansätze und Lösungsvorschläge, insbesondere in den Fachverwaltungen. Noch immer wurde der Großteil der staatlichen Subventionen an die Landwirtschaft pro Flächeneinheit und nicht für konkrete Leistungen der Landwirtinnen und Landwirte gezahlt. In den frühen 2020er-Jahren machten sie in der Regel etwa die Hälfte der Wertschöpfung ihrer Betriebe aus, je nach Struktur der Betriebe konnte dieser Wert bis auf 90 Prozent steigen.[95] Dennoch hat sich die deutsche Agrarpoli-

[91] Josef Koch, Deutsche Exporte markieren neuen Rekord, 18.1.2018, https://www.agrarheute.com/markt/deutsche-agrarexporte-markieren-neuen-rekord-541931 (Abfrage vom 7.2.2025).

[92] Bundesministerium für Ernährung und Landwirtschaft, Referat 723, 26.3.2020.

[93] Bundesministerium für Ernährung und Landwirtschaft, Agrarexporte 2017. Daten und Fakten, S. 7, 8, 12, 15, https://www.bmel.de/SharedDocs/Downloads/DE/Broschueren/Agrarexporte2017.pdf?__blob=publicationFile&v=2 (Abfrage vom 20.8.2022).

[94] Bundesministerium für Ernährung und Landwirtschaft, Deutscher Agraraußenhandel 2015. Daten und Fakten, S. 7, https://www.bmel-statistik.de/fileadmin/SITE_MASTER/content/Aussenhandel/Broschuere_DE-Agraraussenhandel-2015.pdf (Abfrage vom 30.11.2024).

[95] Olaf Zimke, Was wäre, wenn die Bauern keine Agrar-Subventionen mehr bekommen? agrarheute 22.10.2020, https://www.agrarheute.com/management/finanzen/waere-bauern-keine-agrar-subventionen-mehr-bekommen-574145 (Abfrage vom 1.2.2022).

tik nach dem Ende des Kalten Krieges – langsam, nicht sehr konsequent, aber doch wahrnehmbar – für eine grundlegende Transformation der Landwirtschaft hin zur Nachhaltigkeit geöffnet.

1.3.4 Zwischenfazit

Am Anfang des Durchbruchs zur industriellen Landwirtschaft stand eine *Mangel*gesellschaft: Die Hungerjahre nach dem Zweiten Weltkrieg stießen einen grundlegenden Umbau der deutschen Landwirtschaft an. Ergebnis dieses radikalen Umbaus war die sehr weitgehende Industrialisierung der deutschen Agrarproduktion. Auf diese Weise wurde die industrielle Landwirtschaft nach dem Zeitalter der Weltkriege zur dominanten Form des Landbaus in Deutschland. Sie war das Ergebnis eines politischen Willens, der je nach Staatssystem durch direkte staatliche Eingriffe oder mithilfe beträchtlicher Subventionen wirksam wurde. Bemerkenswert ist dabei: Die Landwirtschaft in beiden Teilen Deutschlands industrialisierte sich mit recht ähnlichen sozialen, wirtschaftlichen und ökologischen Ergebnissen – trotz der politisch-ideologischen Differenzen der Agrarpolitiken der rivalisierenden Systeme. Beide Varianten industrieller Landwirtschaft in Deutschland gerieten rasch in eine sozio-ökonomische Krise und trugen in hohem Maße zur ökologischen Krise bei. In Westdeutschland blieb es auch unter den Vorzeichen von Demokratie und Marktwirtschaft bei der sehr weitgehenden staatlichen Steuerung der Landwirtschaft. In den Jahrzehnten nach der deutschen Vereinigung vollzog die deutsche Agrarpolitik eine halbe Wende hin zur Nachhaltigkeit – zwischen konservativer Reform und grundlegender Transformation.

1.4 Wirtschaftliche Akteure der Agrarindustrialisierung jenseits der Landwirtschaft

Jenseits von Landwirtschaft und Politik wirken weitere wirtschaftliche Akteure maßgeblich auf die Agrarindustrialisierung ein: Dazu zählen Unternehmen, die der Landwirtschaft Betriebsmittel liefern, ihre Produkte kaufen und verarbeiten, die ihre Investitionen finanzieren und die Lebensumstände ihrer Beschäftigten absichern. Nicht mehr zum

Agrarsektor, aber zur Wertschöpfungskette der Lebensmittel gehören jene Unternehmen, die diese Produkte an die Verbraucherinnen und Verbraucher verkaufen. Wie stark sind diese Unternehmen – gemessen an Beschäftigten und Wertschöpfung? Wie vertreten sie ihre Interessen in Politik und Öffentlichkeit?

Wie stark diese Unternehmen sind, zeigt ein einfacher Vergleich: Anfang der 1970er-Jahre erzielte die deutsche Landwirtschaft bei der Produktion von Lebensmitteln etwa die Hälfte der Verkaufserlöse der Nahrungsmittel-Wertschöpfungskette. Seit Mitte der 2000er-Jahre liegt ihr Anteil nur noch bei einem Fünftel bis einem Viertel.[96] 2020 erwirtschafteten die Wirtschaftsbereiche, die der Landwirtschaft vorgelagert sind, mit 232.000 Beschäftigten einen Bruttowert von 26,4 Mrd. Euro, die nachgelagerten mit 3.761.000 Beschäftigten 154,3 Mrd. Euro. Die Landwirtschaft selbst – einschließlich der Fischerei – erwirtschaftete in diesem Jahr mit 541.000 Beschäftigten 23,3 Mrd. Euro.[97]

Wir behandeln zunächst die Industrien, die der Landwirtschaft vor- und nachgelagert sind. Dann stellen wir Agrarhandel und -handwerk vor sowie die Dienstleistungen des Agrarsektors. Es folgen der Lebensmitteleinzelhandel und eine Skizze der Lobbyorganisationen der relevanten wirtschaftlichen Akteure.

1.4.1 Der Landwirtschaft vor- und nachgelagerte Industrien

Der Landwirtschaft vor- und nachgelagert sind die Landtechnikindustrie, die agrochemische Industrie, zu der auch Teile der Pharmaindustrie gehören, und die Nahrungsmittelindustrie. Welche Bedeutung haben diese Sparten für die Landwirtschaft? Wie ist ihr wirtschaftliches Gewicht einzuschätzen?

Die Landtechnikindustrie stellt die Maschinen und Anlagen her, die die Landwirtschaft nutzt. Sie ist ein Teilbereich des Maschinen-, Anlagen- und Fahrzeugbaus und ein bedeutender Wirtschaftssektor: 2018 setzte sie weltweit über 100 Mrd. Euro um. Diese Umsätze entfielen

[96] Zukunftskommission Landwirtschaft, 2021, S. 33.

[97] BMEL, Agrarpolitischer Bericht der Bundesregierung, Kabinettsbeschluss vom 8. November 2023, Deutscher Bundestag, 20. Wahlperiode, Drucksache 20, S. 36, Übersicht 13.

im Wesentlichen auf fünf Großunternehmen. Zu dieser Sparte rechnen wir auch jene Unternehmen, die Tierhaltungstechnik und Ställe herstellen.[98]

Der weltweit umsatzstärkste Landmaschinenhersteller ist die Deere Company. Dieser weltweit aktive Großkonzern mit Sitz in Moline (Illinois/USA) machte 2018 mit mehr als 74.000 Beschäftigten einen Umsatz von über 37 Mrd. US-Dollar. Für Deutschland war die Übernahme des traditionsreichen Landmaschinenherstellers Heinrich Lanz durch John Deere im Jahre 1958 besonders wichtig.[99] Der zweitgrößte Landtechnikkonzern der Welt ist CNH-Industrial, zu dem wichtige Marken wie Steyr, New Holland, Ford oder FiatAgri gehören. 2019 machte er mit 63.000 Beschäftigten einen Umsatz von mehr als 28 Mrd. US-Dollar, davon 11 Mrd. Dollar mit Agrartechnik.[100] Weitere große Agrartechnikunternehmen sind der japanische Konzern Kubota, der US-Konzern AGCO und das deutsche Unternehmen Claas.[101] Allein diese fünf Unternehmen setzten 2018 mit rund 170.000 Beschäftigten 83 Mrd. US-Dollar mit Agrartechnik um.[102]

[98] Vgl. hierzu und zu den folgenden Abschnitten: Maya Rychlik, Agrarheute, https://www.agrarheute.com/technik/milliardengeschaefte-5-groessten-landtechnik hersteller-weltweit-531719 (Abfrage vom 13.11.2020).

[99] John Deere, Annual Report 2018, https://www.annualreports.com/HostedData/AnnualReportArchive/d/NYSE_DE_2018.pdf (Abfrage vom 10.2.2025).

[100] CNH Industries Annual Report 2019, https://www.cnh.com/-/media/CNHi/cnhicorporate/Investor-relation/on_highway_demerger/demerger_documents/annexes/docs/CNH_Industrial_IFRS_Annual_Report_2019.pdf?rev=-1 (Abfrage vom 10.2.2025).

[101] Kubota Annual Report 2019, https://www.google.com/search?clientFe3e3e=firefox-b-d&q=Kubota+annual+ report+2019 (Abfrage vom 10.2.2025). – AGCO Annual Report 2019, https://investors.agcocorp.com/static-files/ee8cea5d-6381-4713-bf89-f798d8230cde (Abfrage vom 10.2.2025). – Claas Annual Report 2019, https://www.claas.com/caas/v1/media/18856/data/cd0b0655a7683887e0e7a5e93 62a30a3 (Abfrage vom 10.2.2025). – BDI, Zwischen Hightech und Landidylle, https://bdi.eu/themenfelder/wirtschaft-und-gesellschaft/superlative-made-in-ger many/der-groesste-landmaschinenhersteller-deutschlands/ (Abfrage vom 25.7.2022).

[102] Eigene Berechnung auf Grundlage der Jahresberichte dieser Firmen.

Abbildung 3: Bayer CropScience in Monheim am Rhein

Foto: shutterstock.com/nitpicker

Die zweite wichtige Branche der Agroindustrie, die Agrochemie, stellt Stoffe bereit, die die Landwirtschaft nutzt, insbesondere Düngemittel, Hormone, Medikamente, Pestizide, Futtermittel und Saatgut.[103] Auch diesen Wirtschaftszweig beherrschen weltweit einige wenige Konzerne. Marktführer ist die Bayer AG. Als das Unternehmen 2018 für über 62 Mrd. US-Dollar seinen Konkurrenten Monsanto kaufte, wurde es nicht nur zum weltweit größten Agrochemie-Konzern, sondern musste nun auch die zahlreichen Prozesse um das umstrittene Pflanzengift „Roundup"[104] mit dem Wirkstoff Glyphosat führen. Dies hatte einen regelrechten Kurseinbruch der Bayer-Aktie zur Folge – von 102 Mrd. Euro Mitte 2017 auf 53 Mrd. Euro Ende März 2019.[105] 2021 erwirtschafteten über 99.600 Bayer-Beschäftigte weltweit einen Umsatz von über 44 Mrd. Euro, knapp 3 Mrd. mehr als im Vorjahr. Über ein Drittel

[103] Lexikon der Geographie, Agrochemie, https://www.spektrum.de/lexikon/geographie/agrochemie/192 (Abfrage vom 27.8.2022).

[104] Marie-Monique Robin, Mit Gift und Genen, S. 97-122.

[105] Elisabeth Dostert, Monsanto-Übernahme: Die Chronik eines Desasters, 2019, https://www.sueddeutsche.de/wirtschaft/bayer-monsanto-zusammenfassung-1.4419987 (Abfrage vom 25.1.2023).

der Mitarbeiterinnen und Mitarbeiter von Bayer arbeitete in den agroindustriellen Geschäftsbereichen. Sie erwirtschafteten 2021 einen Gesamtumsatz von über 20 Mrd. Euro.[106] Auch der zweite große Akteur dieser Sparte, die BASF, ist in weiten Teilen ein Agrochemie-Konzern. 2021 machte die BASF weltweit mit 119.000 Beschäftigten 78 Mrd. Euro Umsatz.[107] Der chinesische Staatskonzern ChemChina machte 2018 weltweit mit 48.000 Beschäftigten einen Umsatz von 23 Mrd. US-Dollar.[108] Der US-Konzern DowPont setzte 2020 mit 21.000 Beschäftigten durch sein Tochterunternehmen Contreva Agriscience, das auf Agrochemie und Saatgutproduktion spezialisiert war, weltweit rund 14 Mrd. US-Dollar um.[109] Die Agrochemie-Sparte unterliegt einem starken Konzentrationsprozess: 2020 erreichten vier Konzerne einen Anteil von 70 Prozent an diesem Markt: Bayer, Syngenta, das zu ChinChem gehörte, Corteva als Tochterunternehmen von DowPont und BASF. 1994 hatte der Marktanteil dieser Unternehmen am Weltpestizidmarkt noch 29 Prozent betragen.[110]

Der Landwirtschaft nachgelagert ist die Nahrungsmittelindustrie. Dazu gehören Schlachtereien sowie jene Betriebe, die das geschlachtete Vieh zu Fleisch- oder Wurstwaren weiterverarbeiten.[111] Ende der 2000er-Jahre war die Fleischindustrie mit einem Anteil von etwa einem Fünftel der wichtigste Teilbereich der deutschen Ernährungsindustrie.[112] In Deutschland gab es 2019 sieben Fleisch-Konzerne, die über 1 Mrd. Euro Umsatz erzielten. An der Spitze stand Tönnies mit 7,3 Mrd. Euro Umsatz. Mit 16,7 Mio. Schweinen erreichte der Konzern einen Marktanteil von über 30 Prozent in Deutschland, ist damit aber global

[106] Bayer Geschäftsbericht für 2021, S. 28, Zitat ebenda, S. 59, S. 75f.

[107] BASF Annual Report 2019. – BASF-Bericht 2021, S. 194, Gewinn- und Verlustrechnung.

[108] https://www.handelsblatt.com/unternehmen/industrie/syngenta-china-formt-den-groessten-agrochemie-konzern-der-welt/25391650.html?ticket=ST-11929580-K5QtlKe6dnjCs4NkHYR4-ap4 (Abfrage vom 17.12.2020).

[109] Boerse.de, Cortreva agriscience, https://www.boerse.de/fundamental-analyse/Corteva-Aktie/US22052L1044 (Abfrage vom 10.2.2025).

[110] Christine Chemnitz et al., Der Pestizidatlas 2022, Berlin 2022, www.boell.de/pestizidatlas (Abfrage vom 21.10.2022).

[111] Karl Christian Führer, Das Fleisch der Republik.

[112] Achim Spiller, Birgit Schulze, Vorwort, in: dies. (Hgg.), Zukunftsperspektiven der Fleischwirtschaft. Verbraucher, Märkte, Geschäftsbeziehungen, S. V-VII.

ein eher kleiner Player. Da die Fleischkonzerne auf großen Flächen Futtermittel produzieren, erhalten sie hohe Subventionen aus den Agrarfonds der Europäischen Union.[113]

Auch die größten deutschen Milchkonzerne sind im globalen Vergleich deutlich kleiner als beispielsweise Lactalis (Frankreich) mit einem Milchumsatz von 24 Mrd. US-Dollar oder Nestlé (Schweiz) mit 21 Mrd. US-Dollar im Jahr 2020. Das Deutsche Milchkontor und Müller verzeichneten lediglich 6,5 Mrd. und 5 Mrd. Euro Umsatz.[114] Die Backwarenbranche generierte 2020 rund 19,7 Mrd. Euro Umsatz.[115] Die größte Lieferbäckerei Deutschlands, die Harry Brot GmbH, erzielte 2021 mit über 4.000 Mitarbeiterinnen und Mitarbeitern einen Umsatz von über 1 Mrd. Euro.[116] Eng mit der Bäckereiindustrie verbunden ist die Mühlenindustrie. Die Zahl der Mühlen sank zwischen 1925 und 2010 von 35.000 auf 270. 2010 vermahlten diese Betriebe durchschnittlich fast 31.000 Tonnen Getreide, 1950 waren es noch rund 450 Tonnen gewesen.[117]

In den rund 1.500 Betrieben des deutschen Brauereigewerbes arbeiteten Anfang der 2020er-Jahre annähernd 27.000 Menschen und erwirtschafteten mit einem Absatz von 87 Mio. Hektoliter Bier einen

[113] Shefali Sharma, Die Fleischindustrie: Wer schlachtet in Europa? Heinrich-Böll-Stiftung, 6. Januar 2021 https://www.boell.de/de/2021/01/06/die-fleischindustrie-wer-schlachtet-europa (Abfrage vom 2.8.2022). – Zum Umsatz von Tönnies 2019 vgl. auch https://de.statista.com/statistik/daten/studie/459072/umfrage/umsatz-von-toennies-weltweit/ (Abfrage vom 15.11.2022). – Wolfgang König, Geschichte der Konsumgesellschaft, S. 145-159.

[114] Milchindustrieverband e.V. (MIV), TOP 20 Molkereien der Welt 2021, https://milchindustrie.de/wp-content/uploads/2021/08/TOP_Molkereien_Welt_Homepage-Rabobank-vs-IDF.pdf (Abfrage vom 3.8.2022).

[115] EHI handelsdaten.de, Nettoumsatz der Großbäckereien (Herstellung von Backwaren ohne Dauerbackwaren) in Deutschland 2000 bis 2021, https://www.handelsdaten.de/baeckereien/umsatz-grossbaeckereien-herstellung-backwaren-ohne-dauerbackwaren-zeitreihe (Abfrage vom 10.2.2025).

[116] Die deutsche Wirtschaft, Die 1000 größten Familienunternehmen Deutschlands, https://die-deutsche-wirtschaft.de/famu_top/harry-brot-gmbh-schenefeld-umsatz-mitarbeiterzahl/ (Abfrage vom 3.8.2022).

[117] Gunter Mahlerwein, Grundzüge der Agrargeschichte, Bd. 3, S. 168.

Umsatz von etwa 8,9 Mrd. Euro.[118] Radeberger, der größte deutsche Braukonzern, produzierte 2024 mit etwa 7.000 Beschäftigten über 11 Mio. Hektoliter Bier und machte dabei einen Umsatz von 2,1 Mrd. Euro.[119] Auch er ist im Vergleich zu dem weltweit größten Brauerei-Konzern, der Anheuser-Busch InBv (467 Mio. Hektoliter) und anderen internationalen Konkurrenten eher klein.[120] Doch die gesamte deutsche Nahrungsmittelindustrie ist eine große Wirtschaftssparte. 2020 erwirtschafteten ihre 6.100 Betriebe mit über 600.000 Beschäftigten einen Umsatz von rund 185 Mrd. Euro.[121]

Die der Landwirtschaft vor- und nachgelagerten Industrien sind somit äußerst starke wirtschaftliche Akteure, die ein erhebliches Interesse am Weiterbestehen und am Ausbau der industriellen Landwirtschaft haben. Sie arbeiten international und werben hoch professionell für ihre Produkte. Über die Förderung von Wissenschaften und Künsten sind sie auch kulturell sehr einflussreich.[122]

118 Wolfgang König, Geschichte der Konsumgesellschaft, S. 149-151. – Deutscher Brauer Bund e. V., Biernation aus Leidenschaft, https://brauer-bund.de/unsere-brauer/daten-und-fakten/ (Abfrage vom 8.1.2025). – Deutscher Brauer Bund e. V., Deutsche Brauwirtschaft in Zahlen, https://brauer-bund.de/wp-content/uploads/2022/04/STATIST-2021b.pdf (Abfrage vom 6.12.2022. – Statista, Umsatz der Brauwirtschaft in Deutschland in den Jahren 2008 bis 2023, https://de.statista.com/statistik/daten/studie/28529/umfrage/brauwirtschaft-umsatzentwicklung/ (Abfrage vom 7.2.2025).

119 Radeberger, Presse- und Bildmaterial, https://www.radeberger-gruppe.de/presse/pressematerial-und-downloads.html (Abfrage vom 7.2.2025).

120 BartHaas, Top 40 Brauereien, https://www.about-drinks.com/wp-content/uploads/2021/06/Top40_Brauereien_Tabelle.pdf (Abfrage vom 5.8.2022).

121 BVE-Jahresbericht 2020-21, S. 24-26.

122 Nach Einschätzung des Lebensmittelverbands hat die Werbung allerdings nur geringen Einfluss auf das Käuferverhalten, vgl. https://www.lebensmittelverband.de/de/lebensmittel/werbung (Abfrage vom 22.1.2024). – Zur Tradition der Wissenschaftsförderung durch Technologieunternehmen vgl. Horst Kant, Aus den Anfängen der Wissenschaftsförderung durch wissensbasierte Wirtschaft – Hermann Helmholtz, Werner Siemens und andere, in: Gesellschaft für Wissenschaftsforschung (Hg.), Wissenschaftsforschung Jahrbuch 2001, S. 129-142, http://wissenschaftsforschung.de/JB01_129-142.pdf (Abfrage vom 22.1.2024). – Frederik Hanssen, Kulturförderung durch Unternehmen: Immer mehr Firmen fördern Kunstprojekte, https://www.tagesspiegel.de/kultur/immer-mehr-firmen-fordern-kunstprojekte-4111399.html (Abfrage vom 22.1.2024).

1.4.2 Handwerk, Handel und Dienstleister des Agrarsektors

Auch Fachhandwerk, Handel und Dienstleister sorgen für das Funktionieren der industriellen Landwirtschaft. Landtechnikhandel und -handwerk versorgen die landwirtschaftlichen Betriebe mit Technik und halten sie funktionsfähig. Dabei soll es vorgekommen sein, dass große Landtechnikhersteller Händler und Werkstätten durch besondere Konditionen veranlassen, ausschließlich Produkte aus ihrem Konzern anzubieten.[123] Bei den sehr großen und teuren Traktoren, Mähdreschern und Häckslern bieten sie beim Verkauf den Service gleich mit an. 2020 gab es in diesem Wirtschaftszweig annähernd 3.700 Fachbetriebe. Die überwiegend kleinen bis mittelgroßen Unternehmen erwirtschafteten in diesem Jahr mit ihren 43.000 Beschäftigten annähernd 11 Mrd. Euro Umsatz.[124]

Der „Landwarenhandel" oder kurz „Landhandel"[125] liefert der Landwirtschaft Betriebsmittel und verkauft ihre Erzeugnisse weiter. Genossenschaften spielen bei diesen Großhandelsunternehmen eine wichtige Rolle: 2010 gab es in Deutschland 330 Bezugs- und Absatzgenossenschaften und 157 Kreditgenossenschaften, die auch mit Waren handelten. In den 2010er-Jahren teilten sich sechs Hauptgenossenschaften bei Milch rund zwei Drittel des Marktes und bei Getreide die Hälfte.[126] Einer der ganz großen Akteure dieser Branche ist die BayWa, die 1923 als Bayerische Warenvermittlung landwirtschaftlicher Genossenschaften AG gegründet wurde.[127] 2021 erwirtschaftete die BayWa mit 21.000 Beschäftigten fast 20 Mrd. Euro.[128] Ein weiterer großer Akteur, allerdings mit Schwerpunkt im norddeutschen Raum, der aus dem Zu-

[123] Mitteilung eines Betroffenen an Hans-Jürgen Müller.

[124] Landbautechnik, Jahresbericht 2021, S. 96.

[125] Willy Schneider, Was ist Landhandel? https://wirtschaftslexikon.gabler.de/definition/landhandel-38765 (Abfrage vom 10.8.2024).

[126] Eckehard Niemann, Interessengeflecht des Agrobusiness, S. 189. – Gunter Mahlerwein, Grundzüge der Agrargeschichte, Bd. 3, S. 165f. – Karl Eckart, Agrargeographie Deutschlands, S. 197-316.

[127] Baywa, Verbundenheit schafft Erfolg, Über uns, Historie, https://www.baywa.com/konzern/historie/historie (Abfrage vom 7.9.2022).

[128] Baywa, Nachhaltigkeitsbericht 2021, S. 4, https://www.baywa.com/binaries/pdf/content/documents/baywacms/downloadcenter/nachhaltigkeitsberichte/nachhaltigkeitsbericht-2021/nachhaltigkeitsbericht-2021/baywacms%3Adownloadpdf/BayWa_Nachhaltigkeitsbericht_2021_d.pdf (Abfrage vom 10.2.2025).

sammenschluss von ehemals kleinen selbstständigen Genossenschaften hervorgegangen ist, ist die Agravis Raiffeisen AG. Sie machte 2023 mit über 6.800 Beschäftigten einen Umsatz von 8,8 Mrd. Euro.[129]

Die Dienstleistungen für die Landwirtschaft reichen vom Agrarkredit über die Versicherungen bis zu den Wissenschaften und Bildungsanstalten, die für die Landwirtschaft bedeutsam sind. Entscheidend für das Geschäft mit Krediten für die Landwirtschaft ist die Deutsche Zentral-Genossenschaftsbank (DZ-Bank). 2020 erwirtschaftete sie mit 31.000 Beschäftigten rund 600 Mrd. Euro. Zum Konzern gehören auch die Bausparkasse Schwäbisch Hall, die DZ-Privatbank in Luxemburg und die R+V-Versicherung.[130]

Am Beginn des landwirtschaftlichen Versicherungswesens stand eine Hagelversicherung.[131] Heute werden Mehrgefahrenversicherungen angeboten, die landwirtschaftliche Kulturen auch gegen Hitze, Trockenheit, Frost, Sturm und Starkregen versichern. Landwirtschaftliche Betriebe können sich gegen den Verlust von Betriebsgebäuden, Fahrzeugen und Erträgen, elektronischen Geräten und landwirtschaftlichen Maschinen versichern. Personenversicherungen helfen bei Unfällen und sichern den Lebensstandard der Landwirtinnen und Landwirte sowie ihrer Familien ab.[132] Die größten Anbieter in Deutschland waren 2023 die Allianz, die Munich Re-Gruppe, Talanx und R+V.[133] Besonders Versicherungen gegen die Folgen der Klimaerwärmung werden immer wichtiger: 2022 kritisierten Umweltschützer, der Vorstandsvorsitzende des Rückversicherers Munich Re „freue“ sich auf

[129] Agravis Kennzahlen 2023, https://www.agravis.de/media/medien/ueber-agravis/investor-relations/bilanz-2023/agravis-kennzahlen-2023.pdf (Abfrage vom 28.3.2024).

[130] Arnd Holger Kluge, Geschichte der deutschen Bankgenossenschaften. – DZ-Bank, Die Geschichte der DZ-Bank. Die genossenschaftlichen Werte, https://www.dzbank.de/content/dzbank/de/home/die-dz-bank/profil/historie.html (Abfrage vom 25.8.2022).

[131] Peter Koch, Versicherungswirtschaft, S. 261-268.

[132] Transparent beraten, Agrarversicherung, https://www.transparent-beraten.de/agrarversicherung/ (Abfrage vom 4 12.2024).

[133] Statista, Größte Versicherungen in Deutschland nach den Beitragseinnahmen im Jahr 2023, https://de.statista.com/statistik/daten/studie/1901/umfrage/top-20-der-deutschen-versicherungen/ (Abfrage vom 10.2.2025).

die Profite, die sein Unternehmen durch die Schäden erziele, die durch die Klimaerwärmung verursacht werden.[134]

Auch die Wissenschaften sind wichtige Dienstleister des Agrarsektors. Betriebe der Agrar- und der Pharmaindustrie verstehen sich vielfach als Wissenschaftsunternehmen. Dabei geht es insbesondere um Bodenfruchtbarkeit und Schädlingsbekämpfung.[135] Auch die Ernährungswissenschaft ist für die Produktion von Lebensmitteln sehr wichtig. Ernährungswissenschaftlerinnen und -wissenschaftler entwickeln heute in betriebseigenen Laboren der Nahrungsmittelindustrie neue Produkte und modifizieren ältere.[136] Zugleich ist Qualitätskontrolle eine wichtige wissenschaftliche Aufgabe.

Eine zentrale Frage ist die Finanzierung der Agrarforschung. Um die Jahrtausendwende stammten etwa zwei Drittel der Gelder, die für Agrarforschung ausgegeben wurden, von der Wirtschaft.[137] In der Regel arbeiten Forschungsinstitute der staatlichen Hochschulen intensiv mit den jeweiligen Industrien zusammen. Große Überschneidungen gibt es auch mit dem Gesundheits- und Life-Science-Sektor – also Medizin, Medizintechnik, Biomedizin, Biochemie, Molekularbiologie, Biophysik, Bioinformatik, Pharmakologie, Agrochemie und Ernährungswissenschaften. Die Anteile des Agrosektors lassen sich aus den vorliegenden Daten nicht ermitteln. Doch ist dieser Wirtschaftsbereich riesig. Allein in der Medizintechnik waren in Deutschland um 2020 über 12.000 Unternehmen aktiv, 500 in der Pharmakologie und 800 in der Biotechnologie. 40 Hochschulen boten Studiengänge in diesen Be-

[134] Hans Häuser, Klimaktivisten protestieren vor der Munich Re in München, https://www.br.de/nachrichten/bayern/protest-von-extincition-rebellion-vor-der-munich-re-in-muenchen,T4H9yRc (Abfrage vom 4.12.2024).

[135] Joachim Radkau, Natur und Macht, S. 96f. – Lexikon der Geographie, Agrochemie, https://www.spektrum.de/lexikon/geographie/agrochemie/192 (Abfrage vom 27.8.2022). – Industrieverband Agrar (IVA), Beizen – damit junge Pflanzen unbeschadet bleiben, IVA-Magazin, 12.10.2006, http://www.iva.de/iva-magazin/umwelt-verbraucher/beizen-damit-junge-pflanzen-unbeschadet-bleiben (Abfrage vom 31.10.2022). – Garten-Schlüter, Gebeiztes Saatgut – was bedeutet das? 5.2.2015, https://www.garten-schlueter.de/ratgeber/saatgut/gebeiztes-saatgut/ (Abfrage vom 31.10.2022).

[136] Ibrahim Elmadfa, Claus Leitzmann, Ernährung des Menschen, S. 23-31. – Roman Rossfeld, Ernährung im Wandel, S. 31.

[137] Steffi Ober, Agrarforschung in Deutschland, S. 8, Abb. 1.

reichen an. Darüber hinaus sind in diesem Forschungsfeld das Robert-Koch-Institut, das Paul-Ehrlich-Institut, die Helmholtz-Gemeinschaft deutscher Forschungszentren und die Leibniz-Gemeinschaft aktiv.[138] Eng vernetzt mit staatlichen Forschungseinrichtungen ist auch die Landtechnikindustrie, in der zahlreiche Physiker, Chemiker, Maschinenbau- und Systemingenieure oder Informatiker tätig sind.[139] Darüber hinaus spielen die Agrarwissenschaften eine zentrale Rolle bei Forschung und Ausbildung im Agrarbereich. Über zwanzig deutsche Hochschulen boten Anfang der 2020er-Jahre Studiengänge in dieser Wissenschaftsdisziplin an. Hinzu kamen Nachbardisziplinen wie Agrarbiologie, Nachwachsende Rohstoffe und Bioenergie.[140]

Insgesamt sind somit Handwerk und Handel, die der Landwirtschaft vor- und nachgelagert sind, bedeutende Wirtschaftszweige, die freilich sehr unterschiedlich strukturiert sind. Handel und Handwerk im Bereich der Landtechnik sind mittelständisch geprägt. Bei großer wechselseitiger Abhängigkeit stehen sie zur Landwirtschaft in einem partnerschaftlichen Verhältnis. Der Landhandel wird dagegen von Großunternehmen beherrscht, die einen Großteil des Preisdrucks, dem sie selbst unterliegen, an die Landwirtschaft weitergeben – obwohl sie teilweise genossenschaftlich organisiert sind. Darüber hinaus stützt sich die gesamte Wertschöpfungskette des Agrarsektors auf zahlreiche Wissenschaften, insbesondere natur- und ingenieurwissenschaftliche Disziplinen. Der größte Teil der Forschungsmittel dieser Wissenschaftsbereiche wird von den Unternehmen des Agrosektors bereitgestellt,

[138] Vgl. u.a. die Websites dieser Hochschulen sowie https://centurionlgplus.com/de/gesundheits-life-sciences-sektor/; https://www.rwth-aachen.de/go/id/bnev; https://www.maschinenbau.tu-darmstadt.de/fachbereich/ueber_den_fachbereich/die_geschichte_des_maschinenbaus/index.de.jsp (Abfragen vom 30.8.2022).

[139] Ingenieur.de, Wachsende Landtechnik-Branche sucht Ingenieure, AGRI TECHNICA 2011, https://www.ingenieur.de/technik/fachbereiche/produktion/wachsende-landtechnik-branche-sucht-ingenieure/ (Abfrage vom 30.8.2022).

[140] Hochschulkompass, https://www.hochschulkompass.de/studium/studiengangsuche/erweiterte-studiengangsuche.html?tx_szhrksearch_pi1%5Bsearch%5D=1&tx_szhrksearch_pi1%5Bstudtyp%5D=3&tx_szhrksearch_pi1%5BQUICK%5D=1&tx_szhrksearch_pi1%5Bfach%5D=Agrarwissenschaften (Abfrage vom 30.8.2022). – https://www.uni-hohenheim.de/studiengaenge?gclid=EAIaIQobChMI15G5sqDu-QIVso1oCR0eNgIGEAAYASABEgLx8vD_BwE (Abfrage vom 30.8.2022).

was Ziele und Inhalte der Forschung wesentlich mitbestimmt. Agrarhandwerk, Agrarhandel und Agrardienstleister sind starke und einflussreiche wirtschaftliche Akteure, die erheblichen Einfluss auf die Landwirtschaft ausüben.

1.4.3 Jenseits des Agrarsektors: der Lebensmittelhandel

Die Wertschöpfungskette der menschlichen Nahrungsmittel überschreitet die Grenzen des Agrarsektors, denn sie werden von Betrieben des Lebensmittelhandels an die Verbraucherinnen und Verbraucher verkauft. Wir konzentrieren uns im Folgenden auf die wichtigsten Akteure des Lebensmitteleinzelhandels.

Die verstärkte Nachfrage in den städtischen Zentren im Zuge der Industriellen Revolution und der Urbanisierung führte seit dem späten 19. Jahrhundert zu einer flächendeckenden Verbreitung kleiner Lebensmittelgeschäfte.[141] Viele von ihnen schlossen sich zu Einkaufsgenossenschaften zusammen. Die bekannteste ist die EDEKA, die 1911 als „Einkaufszentrale der Kolonialwarenhändler" aus dem „Verband deutscher kaufmännischer Genossenschaften" hervorging. Neben diesen Händlergenossenschaften entstanden bereits Mitte des 19. Jahrhunderts die ersten Konsumvereine. In der Weimarer Republik hatten sie einen Marktanteil von rund 10 Prozent des Lebensmitteleinzelhandels.[142] Der Boom seit den 1950er-Jahren beschleunigte den Konzentrationsprozess im Einzelhandel. Nun schlossen sich auch Groß- und Einzelhändler zusammen, wie die SPAR-Gruppe. Supermärkte mit Selbstbedienung entstanden und siedelten sich vielfach an den Ortsrändern an. Discountergeschäfte boten ihre Waren wegen ihrer einfachen Ausstattung und eines Minimums an Personal besonders günstig an. In den 1970er-Jahren beschleunigte der Konkurrenzkampf den Konzentrationsprozess im Lebensmitteleinzelhandel. Daher verschwanden

[141] Vgl. hierzu die Regionalstudie Heike Lützenkirchen, Lebensmittelhändler im Bergischen Land, S. 93. – Hans-Jürgen Teuteberg, Zum Problemfeld Urbanisierung und Ernährung im 19. Jahrhundert, S. 11-21.

[142] Gunter Mahlerwein, Grundzüge der Agrargeschichte, Bd. 3, S. 169. – Gunter Hirschfelder, Europäische Esskultur, S. 190.

nicht nur zahlreiche landwirtschaftliche Betriebe, sondern auch viele kleine, oftmals spezialisierte Lebensmittelgeschäfte.[143]

2020 setzte der Lebensmitteleinzelhandel in Deutschland mit 1.018.900 Beschäftigten in 24.206 Unternehmen 210 Mrd. Euro um.[144] Das entspricht etwa 6,1 Prozent des Bruttoinlandsprodukts in diesem Jahr[145] und einem Anteil an der Gesamtzahl der Erwerbstätigen in Deutschland von 2,2 Prozent.[146] Der größte Einzelhandelskonzern in Deutschland war 2019 die EDEKA-Gruppe mit einem Umsatz von 37,6 Mrd. Euro. Es folgten die REWE-Gruppe mit 24,7 Mrd. Euro, Lidl mit 20,1 Mrd. Euro und Aldi-Süd mit 15,8 Mrd. Euro.[147] Insgesamt hatten die fünf größten Konzerne einen Marktanteil von 67,3 Prozent des Lebensmitteleinzelhandels in Deutschland. Der Motor dieses Konzentrationsprozesses ist ein permanenter Preiskampf zwischen den einzelnen Großkonzernen. Er drückt die Erzeugerpreise der Landwirt-

[143] Nele Oevermann, Potenziale im Lebensmitteleinzelhandel. Leistungsmerkmale und Entwicklungsmöglichkeiten aus Verbrauchersicht auf Basis einer empirischen Untersuchung, S. 17-26. – Marita Wiggerthale, Eine kurze Geschichte des Lebensmittelhandels, 3.5.2022, https://www.meine-landwirtschaft.de/informieren/aktuelles/detail/news/eine-kurze-geschichte-des-lebensmittelhandels/ (Abfrage vom 31.8.2022). – Thomas Krüger et al., Qualifizierte Nahversorgung im Lebensmitteleinzelhandel. Endbericht, Hamburg, Regensburg 2013, S. 7, https://www.hcu-hamburg.de/fileadmin/documents/Professoren_und_Mitarbeiter/Projektentwicklung__-management/Forschung/Qualifizierte_Nahversorgung_HCU-IREBS_Endbericht__Langfassung__Maerz_2013.pdf (Abfrage vom 31.8.2022).

[144] BMEL, Ernährungsgewerbe, Lebensmitteleinzelhandel, Tabelle 4103500-0000.xlsx Unternehmen, Umsatz, Beschäftigte, Rohertrag und Investitionen im Ernährungseinzelhandel, https://www.bmel-statistik.de/ernaehrung/ernaehrungsgewerbe/lebensmitteleinzelhandel (Abfrage vom 11.8.2024).

[145] 2020 betrug das deutsche Bruttoinlandsprodukt 3.449 Mrd. Euro, https://de.statista.com/statistik/daten/studie/1251/umfrage/entwicklung-des-bruttoinlandsprodukts-seit-dem-jahr-1991/ (Abfrage vom 11.8.2024).

[146] 2020 waren in Deutschland 44,9 Mio. Menschen erwerbstätig, https://de.statista.com/statistik/daten/studie/3267/umfrage/anzahl-der-erwerbstaetigen-in-deutschland-seit-dem-jahr-1991/ (Abfrage vom 11.8.2024)

[147] LP-Lebensmittelpraxis, EHI Handelsdaten, Lebensmittelhandel: stabiles Wachstum, 9.7.2020, https://lebensmittelpraxis.de/handel-aktuell/27853-ehi-handelsdaten-lebensmittelhandel-stabiles-wachstum-2020-07-09-11-01-58.html (Abfrage vom 31.8.2022).

schaft dauerhaft unter das Niveau, das für die Existenz der meisten Betriebe erforderlich wäre.[148]

Die Landwirtschaft ist eindeutig das schwächste Glied in dieser Kette, nicht zuletzt wegen der hohen Anzahl und des vergleichsweise schlechten Organisationsgrads der Betriebe. Besonders deutlich lässt sich das am Beispiel der Milcherzeugung darstellen. Der Milchpreis rückte wegen seiner Bedeutung für den Endverbraucher immer wieder in Form eines Preisunterbietungswettbewerbs in den Fokus der Einkäufer der Lebensmitteldiscounter. Aufgrund ihrer Marktmacht gelang es den Discountern immer wieder, den Milchpreis gegenüber den Molkereien abzusenken. Am Ende der Verhandlungen mussten die Molkereien extrem niedrige Milchpreise akzeptieren, um der Gefahr der Auslistung zu entgehen. Um wirtschaftlich bestehen zu können, geben sie die niedrigen Preise an die milcherzeugenden Landwirtinnen und Landwirte weiter. Diese müssen in der Regel wegen einer vertraglich bestehenden Andienungspflicht jeden Auszahlungspreis akzeptieren. Nur eine auch politisch gewollte Stärkung der Milcherzeuger, beispielsweise durch vorgeschriebene feste Preise in Verbindung mit der Andienungspflicht, könnte diese Ungleichheit auflösen.[149]

In den frühen 2020er-Jahren beherrschten einige wenige große Akteure den Markt. Mit seinem beachtlichen Anteil am gesamten Bruttoinlandsprodukt und nahezu einer Million Beschäftigter hat der Lebensmitteleinzelhandel erhebliches politisches, wirtschaftliches und kulturelles Gewicht. Der extreme Preiswettbewerb dieser Branche schlägt sich direkt auf die Erzeugerpreise der Lebensmittel nieder. Daher gehört der Lebensmitteleinzelhandel zu den wichtigsten wirtschaftlichen Akteuren, die auf die industrielle Landwirtschaft einwirken. Die massive Preiskonkurrenz hat hier zu einer Konzentration dieses Marktes

[148] Statista, Marktanteile der führenden Unternehmen im Lebensmittelhandel in Deutschland in den Jahren 2009 bis 2023, https://de.statista.com/statistik/daten/studie/4916/umfrage/marktanteile-der-5-groessten-lebensmitteleinzelhaendler/ (Abfrage vom 10.2.2025).

[149] Thomas Spinnler, Wie wenig Bauern vom Lebensmittelpreis bleibt, 19.1.2024, https://www.tagesschau.de/wirtschaft/verbraucher/landwirte-agrarprodukte-bauern-preise-handelskonzerne-milchpreis-100.html (Abfrage vom 2.4.2024). – Olaf Zinke, Milchmarkt in Aufruhr Aldi und Norma drücken Milchpreise, 15.2.2024, https://www.agrarheute.com/markt/milch/milchmarkt-aufruhr-aldi-norma-druecken-milchpreise-603510 (Abfrage vom 2.4.2024).

auf wenige riesige Handelsunternehmen geführt, die aufgrund ihrer Marktmacht erheblichen Einfluss auf die Preisgestaltung der Agro- und der Nahrungsmittelindustrie, des Landhandels und der Landwirtschaft ausüben. Die niedrigen Preise wiederum sind der Motor, der die fortgesetzte Agrarindustrialisierung treibt.

1.4.4 Die Lobby der nicht-agrarischen Akteure des Agrosektors

Wie aber vertreten diese wirtschaftlich und kulturell so mächtigen Akteure des außerlandwirtschaftlichen Agrarsektors und des Lebensmitteleinzelhandels ihre Interessen in Politik und Öffentlichkeit? Wie andere gesellschaftliche Gruppen und Unternehmen: durch ihre Verbände und Lobbyorganisationen. Wir werden sie im Folgenden kurz vorstellen. Angesichts der Debatten um die Schädlichkeit von Pestiziden widmen wir dabei der agrochemischen Industrie besondere Aufmerksamkeit. Die übrigen erwähnen wir exemplarisch am Anfang dieses Abschnitts.

Die deutsche Landtechnikindustrie wird in Wirtschaft, Politik und Öffentlichkeit vom einflussreichen Verband Deutscher Maschinen und Anlagenbau e. V. (VDMA) vertreten.[150] Um die Interessen der deutschen Nahrungsmittelindustrie kümmern sich in Politik und Öffentlichkeit zwei Verbände: der Lebensmittelverband Deutschland und die Bundesvereinigung der deutschen Ernährungsindustrie.[151] Einzelsparten vertreten der Verband der Fleischwirtschaft e. V.[152] oder der Milchindustrie-Verband, der 2022 etwa 90 Prozent der Milchindustrieunternehmen Deutschlands repräsentierte.[153] Für die Interessen des deutschen Landtechnikhandels und des Landtechnikhandwerks setzt sich der Bundesverband Landbautechnik ein.[154] Auf europäischer Ebene vertritt der

[150] VDMA, Der Verband, https://www.vdma.org/der-verband (Abfrage vom 10.2.2025).

[151] Lebensmittelverband Deutschland, Unsere Verbandsgeschichte, https://www.lebensmittelverband.de/de/verband/geschichte (Abfrage vom 10.2.2025).

[152] Verband der Fleischwirtschaft e. V., Aufgaben und Leistungen, https://www.v-d-f.de/der-verband/aufgaben.html (Abfrage vom 2.8.2022).

[153] Milchindustrieverband, Historie des Milchindustrie-Verbandes, https://milchindustrie.de/ueber-uns/geschichte/ (Abfrage vom 3.8.2022).

[154] LandBauTechnik Bundesverband, Jahresbericht 2021, S. 12, https://www.bufamot.de/6079-2/ (Abfrage vom 10.2.2025).

Dachverband CLIMMAR die Interessen des Landtechnikhandels- und -handwerks.[155] Den Handel mit Agrarprodukten vertritt der Bundesverband Agrarhandel (BVA).[156] Der deutsche Lebensmitteleinzelhandel hat sich im Bundesverband des Deutschen Lebensmittelhandels e. V. (BDLH) unter dem Dach des Handelsverbands Deutschland organisiert. Er richtet auch die größte Nahrungsmittelschau der Welt aus: die Allgemeine Nahrungs- und Genussmittel-Ausstellung (ANUGA).[157]

Die agrochemischen Konzerne stehen besonders im Fokus der Öffentlichkeit. So konnte Monsanto und später Bayer immer wieder die Zulassung des Pestizid-Wirkstoffs Glyphosat durchsetzen. Die EU-Zulassungsbehörde – die Europäische Behörde für Lebensmittelsicherheit (EFSA) – schloss sich der Position an, dass Glyphosat bei vorschriftsmäßiger Anwendung für Menschen unbedenklich sei.[158] Dies widersprach den Untersuchungsergebnissen zahlreicher unabhängiger Studien, auf die sich das Urteil der Internationalen Agentur für Krebsforschung (International Agency für Research on Cancer, IARC) stützte. Diese stufte Glyphosat 2015 auf der Grundlage von unabhängigen, geprüften und publizierten Studien an Ratten und Mäusen als „wahrscheinlich krebsfördernd“ ein.[159] Allein für seine Lobbyarbeit im Europäischen Parlament gab Bayer 2021 knapp 7 Mio. Euro aus.[160] Bayers Lobbyarbeit schließt auch wissenschaftliche Gutachten ein, bei denen es um Bayer-Produkte geht. So finanzierten Monsanto und danach Bayer Stu-

155 CLIMMAR, https://www.climmar.com/ (Abfrage vom 18.8.2022).

156 Bundesverband Agrarhandel e. V., https://www.bv-agrar.de/ (Abfrage vom 10.2. 2025).

157 Handelsverband Lebensmittel (BVLH), Über den Verband, https://www.bvlh.net/verband (Abfrage vom 31.8.2022). – ANUGA, Daten und Fakten, https://www.anuga.de/die-messe/anuga/daten-fakten/ (Abfrage vom 6.12.2022).

158 Bundesministerium für Ernährung und Landwirtschaft, Überblick zum EU-Genehmigungsverfahren zu Glyphosat, 14.12.2023, bhttps://www.bmel.de/DE/themen/landwirtschaft/pflanzenbau/pflanzenschutz/neubewertung-glyphosat-verfahren.html (Abfrage vom 4.12.2024).

159 Isabelle Baldi, Aaron Blair, Gloria M. Calaf, Peter P. Egeghy, Some Organosphosphate Insecticides and Herbicides (International Agency for Research on Chancer, Monographs on the Evaluation of Carcinogenic Risks to Humans, 122, 2015, S. 398f, https://publications.iarc.fr/549.

160 Florian Zandt, So viel geben Firmen für EU-Lobbyismus aus, 19.7.2022, https://de.statista.com/infografik/17833/ausgaben-von-unternehmen-fuer-lobbyarbeit-in-der-eu/ (Abfrage vom 28.7.2022).

dien zu Glyphosat, die vom Institut für Agribusiness in Gießen und dem britischen Beratungsunternehmen RSK Adas durchgeführt wurden.[161]

Die agrochemische Industrie ist in Deutschland im Verband der chemischen Industrie (VCI) mit Sitz in Frankfurt am Main organisiert. Allein der Bayer-Konzern ist dort mit sechs Firmen vertreten. Der VCI ist eine sehr effiziente Lobby-Organisation. So berichtete das Magazin Der Spiegel, dass es dem VCI 2021 gelang, auf den damaligen Wirtschaftsminister Altmeier so einzuwirken, dass besonders energieintensive Firmen die EEG-Umlage nicht zahlen mussten.[162] Angesichts des hohen Energieaufwands der Chemieindustrie war dies ein bedeutsamer wirtschaftlicher Vorteil. Der VCI wirkt im Bundesverband der deutschen Industrie (BDI) mit, im europäischen Chemieverband European Chemical Industrie Council (ECIC) und im Weltverband International Council of Chemical Associations.[163]

Neben diesen offiziellen Lobby-Organisationen der Agrochemieindustrie gib es aber auch Einrichtungen, die ihre Lobbytätigkeit für diese Branche eher verdeckt ausführen. So wird das International Life Science Institut (ILSI) von Nicht-Regierungsorganisationen als Lobbyorganisation dieses Sektors eingeschätzt.[164] Die NGOs Corporate Europe Observatory, Earth Open Source und PAN Europe berichteten, dass die europäische Unterorganisation von ILSI personell eng mit der Europäischen Behörde für Lebensmittelsicherheit (EFSA) verbunden sei und sich an industriefreundlichen Vorschlägen beteiligt habe. Wegen dieser personellen Verflechtungen rügte das Europäische Parlament im

[161] Verdeckte Einflussnahme? Monsanto finanzierte Glyphosat-Studien, 5.1.2019, https://www.faz.net/aktuell/wirtschaft/unternehmen/monsanto-finanzierte-glyphosat-studien-verdeckte-einflussnahme-16520583.html (Abfrage vom 23.11.2022). – Uwe Ritzer, Glyphosat. Monsanto finanzierte weitere verdeckte Studien, 12.3.2020, https://www.sueddeutsche.de/wirtschaft/glyphosat-studie-monsanto-1.4842045 (Abfrage vom 23.11.2022).

[162] Frank Dohmen, Die Milliarden-Abzocke beim Strom, Der Spiegel 44 (2021), https://www.spiegel.de/wirtschaft/unternehmen/bayer-evonik-und-daimler-umgingen-eeg-umlage-die-milliarden-abzocke-a-5aba20ea-0b94-41a9-9725-6386706887f8 (Abfrage vom 28.7.2022).

[163] Lobbypedia von LobbyControl, Bayer, https://lobbypedia.de/wiki/Bayer (Abfrage vom 7.10.2022).

[164] International Life Science Institut (ILSI), https://ilsi.org/ (Abfrage vom 27.2.2023).

Jahre 2012 die EFSA und verweigerte etliche Monate die Entlastung des Haushalts dieser Lebensmittelkontrollbehörde. Im Ergebnis wurde Wissenschaftlern untersagt, zugleich für EFSA und ILSI tätig zu werden. Eng mit ILSI verbunden und ähnlich ausgerichtet ist das Health and Environmental Science Institute (HESI). Die beiden Institute arbeiteten beispielsweise im „Risk 21-Projekt“ zusammen, das sich für weniger strenge Zulassungsprüfungen für Chemikalien einsetzte.[165]

Die Lobbyverbände der nicht-agrarischen Teile des Agrarsektors sowie des Einzelhandels sind somit einflussreiche Sachwalter der Interessen ihrer jeweiligen Branchen. Sie sind untereinander ebenso gut vernetzt wie mit regionalen, staatlichen und suprastaatlichen[166] Ebenen der Politik. Vor allem die Interessenvertreter der agrochemischen Industrie treten gegenüber der Politik überaus selbstbewusst auf. Sie nehmen erfolgreich Einfluss auf die Gestaltung des gesetzlichen Rahmens, in dem sie selbst agieren.

1.4.5 Zwischenfazit

Die Unternehmen des Agrarsektors, die selbst keine Landwirtschaft betreiben, sind somit ganz wesentlich für das Fortbestehen der industriellen Landwirtschaft verantwortlich. Sie profitieren von ihr und dominieren sie. Das wirkungsvollste Instrument dieser Dominanz ist in der Regel der Preis, und die vergleichsweise niedrigen Preise landwirtschaftlicher Produkte wiederum fördern die Agrarindustrialisierung. Der entscheidende Hebel für die politische Durchsetzung der Interessen dieser Akteure der Agrarindustrialisierung ist ihre Lobbyarbeit, die in der Regel Lobbyverbände leisten, die miteinander und mit politischen Akteuren gut vernetzt sind.

[165] Helmut Burtscher-Schaden, Die Akte Glyphosat, S. 171-174. – Health and Environmental Sciences Institute (HESI), https://hesiglobal.org/ (Abfrage vom 27.2.2023).

[166] Die Europäische Union ist – wie ihre Vorläuferorganisationen – ein „Suprastaat“. Wir erläutern diesen Begriff im 2. Kapitel.

1.5 Fazit des 1. Kapitels

Die Industrialisierung der deutschen Landwirtschaft war eine Agrarrevolution. Sie setzte im ausgehenden 19. Jahrhundert ein als Antwort auf die Globalisierung des Handels mit wichtigen Grundnahrungsmitteln, insbesondere mit Getreide. Die Antwort der Landwirtschaft lautete zunächst: Technisierung, Chemisierung und Ausweitung der bewirtschafteten Flächen. Wegen der beiden Weltkriege konnte sich die Industrialisierung der deutschen Landwirtschaft erst seit den 1950er-Jahren entfalten, und zwar in Ost- und Westdeutschland gleichermaßen, ungeachtet der konträren politisch-ideologischen Vorzeichen. Sie setzte sich im Verlauf von nur zwei Jahrzehnten so breit durch, dass sich die überwältige Mehrheit der Landwirtinnen und Landwirte, deren Betriebe diese Agrarrevolution überstanden hatten, an ihr orientierte. Die Agrarindustrialisierung wurde möglich, weil die Agrarpolitik sie systematisch förderte, die gewerbliche Industrie und die Wirtschaft insgesamt in einem beispiellosen Maße boomte und – wenn auch unter der Kriegsgefahr im Zeichen des Kalten Krieges – Friede herrschte in Europa.

Das Besondere und Neue dieser Phase des Durchbruchs und der Verstetigung der industriellen Landwirtschaft war ihre schwer zu erschütternde Dominanz. Neue Agrartechniken kamen zum Einsatz, aber es gab auch erhebliche Kontinuitäten zu der langen Anfangsphase der Agrarindustrialisierung. Dies gilt vor allem für die politische Steuerung der Landwirtschaft. Auch sie reicht bereits in die Frühphase der industriellen Landwirtschaft zurück und erhielt ihre entscheidenden Prägungen in der Zwangsverwaltung der Lebensmittelproduktion während der beiden Weltkriege. Das erste Ziel der Agrarpolitik war die Versorgung der Bevölkerung mit preisgünstigen Nahrungsmitteln. Das zweite Ziel – die Erhaltung der bäuerlichen Landwirtschaft mithilfe von Preisen, die die Existenz der Landwirtinnen und Landwirte sicherten – trat dagegen zunehmend in den Hintergrund. Die Ausrichtung der Agrarförderung auf große Betriebe, die auf den Weltmärkten erfolgreich sein sollten, vollzog die Politik bereits in den 1960er-Jahren. Das Besondere an dieser Entwicklung ist die Massenproduktion von Fleisch und ganz allgemein die Produktion billiger Nahrungsmittel.

Entscheidenden Einfluss auf die Industrialisierung der Landwirtschaft nahmen auch jene Industrie- und Handelsunternehmen, die der

Landwirtschaft vor- und nachgelagert sind. Je weiter die Agrarindustrialisierung voranschritt, desto stärker wurden sie. Von ihnen ging der Preisdruck auf die landwirtschaftlichen Erzeugnisse aus, der das Höfesterben besonders beförderte. Durch ihre Lobbyarbeit gelang es ihnen weithin, Politik, Berufsbildung, Wissenschaft und öffentliche Meinung von der Notwendigkeit des Fortschreitens und der Verstetigung der Agrarindustrialisierung zu überzeugen. Insgesamt setzte sich die industrielle Landwirtschaft in der zweiten Hälfte des 20. Jahrhunderts in Deutschland durch, weil die Agrarpolitik sie ebenso wollte wie die dominanten Akteure der Lebensmittel-Wertschöpfungskette.

2. Kapitel: Gemeinsame Agrarpolitik zwischen Agrarindustrialisierung und Transformation

Deutsche Agrarpolitik ist seit Jahrzehnten keine ausschließlich nationale Angelegenheit mehr. Denn die Bundesrepublik gehört zu den sechs westeuropäischen Staaten, die 1957 die Europäische Wirtschaftsgemeinschaft (EWG) gründeten. Deren wichtigste gemeinschaftliche Aufgabe war die gemeinsame Agrarpolitik. Seither vollzieht sich die nationale Agrarpolitik in diesem Rahmen.[1] Wir fragen in diesem Kapitel, welche Bedeutung die Europäische Wirtschaftsgemeinschaft für die beschleunigte Industrialisierung der westdeutschen Landwirtschaft hatte und wie sich der suprastaatliche Rahmen der Agrarwirtschaft nach dem Ende des Kalten Krieges und der Integration der ostdeutschen Landwirtschaft weiterentwickelte. Und wir fragen nach Motivationen und Inhalten des grundlegenden Kurswechsels dieser Politik seit den frühen 1990er-Jahren. Zunächst stellen wir die Gemeinsame Agrarpolitik vor, von ihren Anfängen bis zum Ende des Kalten Krieges. Im nächsten Schritt skizzieren wir die Wende in den EU-Agrarreformen von der Marktsteuerung zum Prinzip der Direktzahlung und die Weiterentwicklung der gemeinsamen Agrarpolitik zu einer Förderung der Nachhaltigkeit. Im dritten Unterkapitel untersuchen wir die Umsetzung der gemeinsamen Agrarpolitik in Deutschland.

[1] Wilfried Loth, Europas Einigung. Eine unvollendete Geschichte, Frankfurt am Main, New York 2014.

2.1 Die gemeinsame Agrarpolitik bis zur Integration der ostdeutschen Landwirtschaft

Welche Bedeutung hatte die europäische Integration für die Industrialisierung der westdeutschen Landwirtschaft? Welche neuen Dynamiken, Zwänge und Chancen brachte die gemeinsame Landwirtschaftspolitik hervor? Wir beginnen mit einer Analyse der ersten Jahrzehnte der gemeinsamen Agrarpolitik. Dann wenden wir uns dem Problem der Agrarüberschüsse zu und skizzieren die Integration der ostdeutschen Landwirtschaft in den Gemeinsamen Markt.

2.1.1 Die Anfänge der gemeinsamen Agrarpolitik

Die Gründer der Europäischen Wirtschaftsgemeinschaft schufen keine „Vereinigten Staaten von Europa“, wie es das Ziel großer Teile der Europabewegung gewesen war.[2] Sie gründeten keinen Bundesstaat wie die USA oder die Bundesrepublik Deutschland, sondern etwas völlig Neues: einen „Suprastaat“, dem die Mitgliedsstaaten zur Erledigung gemeinschaftlicher Aufgaben Souveränitätsrechte übertrugen. Doch den Kern der Souveränität, die „Kompetenz-Kompetenz“ behielten sie.[3] Daher können sie auch aus der Gemeinschaft wieder austreten – was das Vereinigte Königreich von Großbritannien und Nordirland 2020 auch getan hat. Die Mitgliedsstaaten blieben Herren der Verträge.[4] Dennoch ging die Zusammenarbeit in der EWG weit über das lockere Zusammenwirken von Staaten im Rahmen eines Staatenbundes hinaus. Historisch völlig neu war der europäische „Suprastaat“, weil er Staaten integrierte, die nicht nur selbst demokratisch verfasst

[2] Jürgen Mittag, Kleine Geschichte der Europäischen Union, S. 36, 46, 55-61. – Michael Gehler, Europas Weg, S. 53. – Wilfried Loth, Europas Einigung, S. 9-25.

[3] „Die Gemeinschaft darf aber nur aufgrund des Prinzips der begrenzten Einzelermächtigung tätig werden und hat dabei das Subsidiaritätsprinzip zu beachten. Daher fehlt es ihr an der für einen Staat typischen Kompetenz-Kompetenz.“ Zitat: Winfried Veil, Volkssouveränität und Völkersouveränität in der EU, S. 25. Anders als Veil sollte man hier jedoch nicht „einen Staat“ formulieren, sondern „einen *souveränen* Staat“.

[4] Die Herren der Verträge, Das Urteil des Bundesverfassungsgerichts vom 12. Oktober 1993 zu den Maastrichter Verträgen. Leitsätze des Urteils (Wortlaut), in: Blätter für deutsche und internationale Politik, Ausgabe November 1993, S. 1404.

waren, sondern auf dieser Grundlage in gemeinsamen Institutionen demokratisch zusammenwirkten.

Die gemeinsame Agrarpolitik bildete jahrzehntelang den Kernbereich der suprastaatlichen Integration. Welche Ziele verfolgte die Agrarpolitik der Gemeinschaft? Sie hatte die gleiche zentrale Zielsetzung wie bereits die westdeutsche und andere nationale Agrarpolitiken der frühen 1950er-Jahre: die Versorgung der Bevölkerung mit Lebensmitteln zu angemessenen Preisen sowie auskömmliche Einkommen der Landwirtinnen und Landwirte.[5] Dies wollte die Gemeinschaft erreichen, indem sie zum einen die Produktivität der Landwirtschaft erhöhte. Daher förderte sie den agrartechnischen Fortschritt und die Rationalisierung der landwirtschaftlichen Produktion. Zum anderen versuchte sie, die Agrarmärkte zu stabilisieren. Die Partnerländer übertrugen der Europäischen Kommission das Recht, Initiativen für Rahmenregelungen zu ergreifen und die betreffenden Maßnahmen zu finanzieren. Zugleich hielten die Mitgliedsstaaten am politisch-ideologischen Leitbild des bäuerlichen Familienbetriebs fest. Darauf einigten sie sich 1958 im italienischen Stresa.[6] Industrialisierung der Landwirtschaft auf der Grundlage mittelständischer Familienbetriebe war und blieb der Kern der europäischen Agrarpolitik. Darüber hinaus einigten sich die Partnerstaaten darauf, die Agrarpreise oberhalb des Weltmarktniveaus zu halten, um den Landwirten ein ausreichendes Einkommen zu sichern. 1961 vereinbarten sie, die landwirtschaftlichen Produkte im europäischen Binnenmarkt frei zu handeln.[7]

Ein zentrales Problem der westdeutschen Landwirtschaft war, dass ihre Getreidepreise wesentlich höher waren als die Preise auf dem Weltmarkt. Konrad Adenauer zeigte Verständnis dafür, „daß Befürch-

[5] Vertrag zur Gründung der Europäischen Wirtschaftsgemeinschaft, Rom, den 25. März 1957 (Artikel 38-43, hier Artikel 39 (a)), https://eur-lex.europa.eu/legal-content/DE/TXT/PDF/?uri=CELEX:11957E/TXT&from=EL (Abfrage vom 23.5. 2020).

[6] Zur Konferenz von Stresa: Europäische Wirtschaftsgemeinschaft, Kommission, Informationen, Landwirtschaftskonferenz der Mitgliedsstaaten der Europäischen Wirtschaftsgemeinschaft, in: Amtsblatt der Europäischen Gemeinschaften, 1.8.58, S. 281-283, insbesondere S. 281.

[7] Jürgen Mittag, Kleine Geschichte der Europäischen Union, S. 126-128. – Winfried von Urff, Agrarmarkt und Struktur des ländlichen Raums in der Europäischen Union, S. 209f.

tungen laut geworden sind, die Europäische Wirtschaftsgemeinschaft könnte für die deutsche Landwirtschaft schädliche Folgen haben." Er versicherte, dass ihr auch in Zukunft geholfen werde. Dabei sollte der bäuerliche Familienbetrieb erhalten bleiben.[8]

Unter dem Einfluss des Deutschen Bauernverbands spielte die Bundesrepublik in der Gründungsphase der Europäischen Wirtschaftsgemeinschaft die Rolle eines „Vetospielers", der den Integrationsprozess erheblich verzögerte. Erst 1962 einigten sich die Partnerstaaten auf ein einheitliches Preissystem, das aus drei Grundpreisen bestand: Der *Richtpreis* drückte die Preisvorstellung der EWG aus. Der *Interventionspreis*, zu dem sie überschüssige Produkte aufkaufte, lag 5 bis 10 Prozent niedriger und wurde jedes Jahr neu festgelegt. Damit erhielten die Landwirte de facto eine Garantie, dass ihnen ihre gesamte Produktion abgekauft werden würde, unabhängig von der tatsächlichen Nachfrage. Um den Binnenmarkt vor billigen Importen aus dem Ausland zu schützen, wurde ein *Schwellenpreis* eingeführt. Dieser ergab sich aus der Differenz zwischen den niedrigen Weltmarktpreisen und den hohen Preisen in der EWG. Er wurde wie Zölle an den Außengrenzen der Gemeinschaft erhoben. Um dieses Preissystem zu finanzieren, wurde 1962 der Europäische Ausrichtungs- und Garantiefonds für die Landwirtschaft (EAGFL) eingerichtet. Der Preis dieser Politik war hoch: 1970 hatten die Ausgaben für Agrarpolitik einen Anteil an den Gesamtausgaben der Wirtschaftsgemeinschaft von annähernd 90 Prozent.[9]

[8] Union in Deutschland. Informationsdienst der Christlich Demokratischen und Christlich Sozialen Union, Jahrgang 15, Nr. 28, 13. Juli 1961, S. 1f, Zitat: ebenda, S. 1, https://www.kas.de/documents/252038/253252/7_dokument_dok_pdf_24747_1.pdf/8b9dc2fd-0413-ffe1-93ca-8970c80858bb?version=1.0&t=1539711011101 (Abfrage vom 5.11.2024).

[9] AgriLexikon, GAP, Definition, https://www.ima-agrar.de/wissen/agrilexikon/gap (Abfrage vom 16.3.2022). – AgriLexikon, Richtpreis, Definition, sowie https://www.ima-agrar.de/wissen/agrilexikon/richtpreis (Abfrage vom 16.3.2022). – Verordnung Nr. 25 über die Finanzierung der Gemeinsamen Agrarpolitik, in: Amtsblatt der Europäischen Gemeinschaften, 20.4.1962, S. 991-993, https://eur-lex.europa.eu/legal-content/DE/TXT/PDF/?uri=CELEX:31962R0025 (Abfrage vom 5.11.2024). – Kiran Klaus Patel, Europäisierung wider Willen, S. 114f. – Zur Entwicklung der Agrarausgaben der Gemeinschaft vgl. Peter Weingarten, Agrarpolitik, in: Akademie für Raumforschung und Landesplanung (Hg.), Handwörterbuch der Stadt- und Raumentwicklung, https://literatur.thuenen.de/digbib_extern/dn059502.pdf (Abfrage vom 16.3.2022).

Als weiteres Grundproblem der europäischen Agrarpolitik erwies sich die Zielvorstellung eines mittel- bis großlandwirtschaftlichen Betriebs, der von einer Familie geführt wurde und komplexe Agrartechnik sowie Agrarchemie einsetzte. Denn in den Regionen der sechs Partnerstaaten herrschten sehr unterschiedliche Bedingungen für die Landwirtschaft. Dies räumte der EWG-Vertrag auch ein.[10] Den unterschiedlichen Bedingungen in den Mitgliedsstaaten kamen nationale Regelungen entgegen.[11] Dennoch hielt die EWG am Ziel eines nach industriellen Maßstäben durchrationalisierten Betriebs fest, der von einer Familie geführt wird.

Zugleich setzte sie auf immer größere Betriebseinheiten mit industrieller Produktion und hohem Kapitaleinsatz. Der nach dem niederländischen Vorsitzenden der Agrarkommission der EWG, Sicco Leendert Mansholt, benannte „Mansholt-Plan“ von 1968 sah vor, das Ziel einer von Großbetrieben dominierten Landwirtschaft direkt anzusteuern. Bis zum Jahr 2000 sollten die landwirtschaftlichen Betriebe „mechanisierungswürdige“ Mindestgrößen aufweisen. Ackerbaubetriebe sollten mindestens 80 bis 100 Hektar Land bearbeiten, Milchbetriebe 40 bis 60 Kühe halten, Rindfleischproduzenten 150 bis 200 Rinder, Geflügelmäster 100.000 Tiere pro Jahr, Eierproduzenten 10.000 Legehennen, Schweinefleischproduzenten 450 bis 600 Tiere. Mansholt setzte auf das Prinzip der bodenunabhängigen Tierproduktion mit zugekauften Futtermitteln. Obwohl dieser Plan letztlich wegweisend war für die Agrarindustrialisierung in den Mitgliedsstaaten der EWG, scheiterte er nicht zuletzt am Widerstand der deutschen Agrarpolitik und des Deutschen Bauernverbands. Bundeslandwirtschaftsminister Höcherl argumentierte, dass sich in den USA die durchschnittliche Größe der landwirtschaftlichen Betriebe seit 1940 auf 140 Hektar verdoppelt habe, die Betriebe dort aber trotzdem von hohen staatlichen Subventionen abhängig geblieben seien. Dennoch lief die Politik der Gemeinschaft auf eine Einzelförderung immer größerer Betriebseinheiten hinaus, nach dem Prinzip „wachse oder weiche“.[12]

[10] Vertrag zur Gründung der Europäischen Wirtschaftsgemeinschaft (Artikel 39 (b)).

[11] Ulrich Kluge, Agrarwirtschaft und ländliche Gesellschaft, S. 41. – Gunter Mahlerwein, Grundzüge der Agrargeschichte, Bd. 3, S. 172.

[12] Eberhard Schulze, Deutsche Agrargeschichte, S. 138f. – Kiran Klaus Patel, Europäisierung wider Willen, S. 427-432, 474.

Dabei flossen die Subventionen im Wesentlichen nicht für die Produkte der Landwirtschaft selbst, sondern für die Erzeugnisse der Nahrungsmittelindustrie – für verarbeitete Milch, Butter, Käse, Schlachthälften oder die Getreidegroßpartien des Landhandels. Neben „den Agrarproduzenten gehörte in zunehmendem Maße die Lebensmittelindustrie zu den Gewinnern des Systems“, so der Historiker Kiran Klaus Patel.[13] Dennoch war ein Hauptziel der nationalen und der gemeinschaftlichen Agrarpolitik 1978 erreicht: In diesem Jahr betrug der Selbstversorgungsgrad der Gemeinschaft 100 Prozent.[14]

Obwohl also der auskömmlich wirtschaftende bäuerliche Familienbetrieb von Anfang an Ziel der gemeinschaftlichen und auch der westdeutschen Agrarpolitik gewesen war, setzten sich somit mit fortschreitender Industrialisierung zunehmend größere Betriebseinheiten durch, die kaum noch als „bäuerlich“ zu bezeichnen waren. Das Ziel der Ernährungssicherheit der Bevölkerung der EWG wurde bereits nach wenigen Jahren erreicht. Doch sollten weitere Produktionssteigerungen rasch eine strukturelle Überproduktion bei wichtigen Lebensmitteln hervorrufen – und damit in die erste Krise der gemeinsamen Agrarpolitik führen.

2.1.2 Das Problem der Überschüsse

Die Überschussproduktion der Landwirtschaft wurde zu einem Kernproblem der Europäischen Wirtschaftsgemeinschaft. Wie versuchte die Gemeinschaft, dieses Problem zu lösen und wie wirkten sich diese Versuche aus? Welche Folgen hatte die europäische Agrarpolitik auf dem Weltmarkt und für Wirtschaft, Politik, Gesellschaft und nichtmenschliche Umwelt in Deutschland?

In den Krisenjahrzehnten der 1970er- und 1980er-Jahre dominierten Überproduktion und explodierende Kosten der gemeinsamen Agrarpolitik. Die Überschüsse wurden immer größer, insbesondere bei Milch und Milchprodukten. Sie wurden unter hohen gemeinschaftlichen Kosten gelagert oder verkauft. Aber auch bei anderen Grundnahrungsmitteln entstanden erhebliche Überschüsse. So hatte die Gemeinschaft

13 Zitat: Kiran Klaus Patel, Deutscher Bauernverband, S. 176.

14 Eberhard Schulze, Deutsche Agrargeschichte, S. 139.

1983 zum Interventionspreis aufgekauft und eingelagert: 8,9 Mio. Tonnen Getreide, 0,4 Mio. Tonnen Rindfleisch, knapp 1 Mio. Tonnen Magermilchpulver, 0,85 Mio. Tonnen Butter sowie bis zu 30 Mio. Hektoliter Wein. Hinzu kamen noch die Kosten der Vernichtung von Obst und Gemüse, die nicht lange gelagert werden konnten.[15] Böden und Wasser wurden durch die industrielle Landwirtschaft erheblich belastet. Die protektionistische Agrarpolitik der EWG hob den nationalen Protektionismus ihrer Mitgliedsstaaten auf das Niveau des europäischen Suprastaats. Dadurch hatte sie ein größeres Gewicht in der Weltwirtschaft. Um 1960 lebten in der EWG über 172 Mio. Menschen[16], während die Bundesrepublik damals nur rund 56 Mio. Einwohner hatte und eine landwirtschaftliche Nutzfläche von rund 130.000 Quadratkilometern.[17] Die EWG-Staaten verfügten über eine landwirtschaftliche Nutzfläche von mehr als 730.000 Quadratkilometern.[18] Um die Agrarüberschüsse zu verwerten, blieb als einziger Ausweg der Export. Dabei entstand ein neues Problem: Damit die teureren Agrarprodukte der Gemeinschaft auf dem Weltmarkt konkurrieren konnten, flossen erneut Subventionen, und zwar als Exporterstattungen. Damit geriet die Gemeinschaft in Konflikte mit den anderen Akteuren auf dem Weltmarkt, insbesondere mit den USA.[19] Zudem schwächten die subventionierten Exporte die Landwirtschaft in den sogenannten Entwicklungsländern und behinderten deren Selbstversorgung. Auch wenn der Mansholt-Plan gescheitert war, antwortete die Kommission der EWG auf diese Probleme im Sinne seiner Vorschläge: mit einer noch stärkeren Förderung industriell wirtschaftender Großbetriebe. Immer mehr kleine Betriebe gaben auf.[20]

[15] Eberhard Schulze, Deutsche Agrargeschichte, S. 139.

[16] Statista, Entwicklung der Einwohnerzahl der Europäischen Union (EU) und ihrer historischen Vorgänger in den Jahren 1960 bis 2020, https://de.statista.com/statistik/daten/studie/1281290/umfrage/einwohner-der-eu-und-ihrer-vorgaenger formen/ (Abfrage vom 17.3.2022).

[17] Bundeszentrale für politische Bildung, Bevölkerungsentwicklung, 10.8.2020, https://www.bpb.de/kurz-knapp/zahlen-und-fakten/soziale-situation-in-deutsch land/61532/bevoelkerungsentwicklung/ (Abfrage vom 5.11.2024).

[18] Ulrich Kluge, Agrarwirtschaft und ländliche Gesellschaft, S. 40f.

[19] Ebenda, S. 41.

[20] Ebenda. – Gunter Mahlerwein, Grundzüge der Agrargeschichte, Bd. 3, S. 173.

Auf nationaler Ebene führte die Gemeinsame Agrarpolitik zu tiefgreifenden Problemen. Auch in Westdeutschland vollzog sich ein Wandel, den die historische Forschung als „Deagrarisierung“ bezeichnet hat.[21] Da die Produktivität der Landwirtschaft pro Arbeitskraft doppelt so schnell stieg wie in den übrigen Sektoren der Wirtschaft, verringerte sich die Zahl der Betriebe von 1949 bis 1973 um etwa ein Drittel. Die Beschäftigtenzahl in der Landwirtschaft ging von 4,8 auf 2,7 Millionen zurück. Der Einfluss der Landwirte in der ländlichen Gesellschaft nahm ab. Die Dörfer verloren zunehmend ihren bäuerlichen Charakter.[22]

Eine Neuorientierung der Agrarpolitik sorgte schließlich dafür, dass zumindest die Überschüsse zurückgingen. Im April 1984 führte die Gemeinschaft ein Quotensystem für die Milchproduktion ein. In der Bundesrepublik entsprach diese Quote einer Milchmenge, die 7 Prozent unter der Menge lag, die 1983 an die Molkereien geliefert worden war. Diese Menge wurde von den Bundesländern auf die einzelnen Betriebe aufgeteilt. Wenn ein Betrieb die ihm zugeteilte Produktionsmenge überschritt, musste er eine Abgabe von 75 Prozent des Milchpreises entrichten. Erfolg dieser Maßnahme war, dass die Überschüsse tatsächlich zurückgingen, ebenso die Zahl der Milchkühe. Die auf Basis einer bestimmten Liefermenge in einem Referenzjahr zugeteilten Milchquoten konnten verpachtet und verkauft werden. Das nutzen vor allem kleinere Betriebe zu einem Ausstieg aus der Milchviehhaltung. Dadurch sank innerhalb von zwei Jahren auch die Zahl der Betriebe, die Milchkühe hielten, um fast 12 Prozent. 1986 führte die Europäische Gemeinschaft Obergrenzen für die Förderung von Viehhaltern ein. So wurden Betriebe, die mehr als 120 Milchkühe hatten, nicht mehr gefördert.[23]

Die Beitritte Großbritanniens, Irlands, Dänemarks, Griechenlands, Portugals und Spaniens zur Gemeinschaft in den Jahren 1973 bis 1986 verschärften die Lage weiter. Die EWG senkte den Getreidepreis und den Stützpreis für Rindfleisch und legte ein Flächenstilllegungsprogramm auf.[24] Trotz dieser Rückzugsbewegungen trieb die Gemeinsame

[21] Jürgen Osterhammel (Hg.), Deagrarisierung.

[22] Kiran Klaus Patel, Europäisierung wider Willen, S. 470f.

[23] Eberhard Schulze, Deutsche Agrargeschichte, S. 140f.

[24] Seidl, Deutsche Agrargeschichte, S. 294.

Agrarpolitik die Agrarindustrialisierung insgesamt voran. Dabei lassen sich zwei Phasen unterscheiden: Von ihren Anfängen bis 1982 kennzeichnete ein System der *Preisstützung* die gemeinschaftliche Agrarordnung. Von 1984 bis 1992 versuchte die europäische Agrarpolitik dagegen, die *Mengen* zu steuern, die auf den Märkten ankamen.[25] Beide Formen der Agrarsubventionierung stießen rasch an systemische Grenzen.

Mit dem Ende des Kalten Krieges und der Spaltung Deutschlands stellten sich der Gemeinsamen Agrarpolitik völlig neue Aufgaben. Die Europäische Gemeinschaft reagierte darauf, indem sie ihr Regelwerk 1993 im Vertrag von Maastricht weiterentwickelte. Die Mitgliedsstaaten übertrugen ihr Kompetenzen, die weit über die ursprüngliche Wirtschaftsgemeinschaft und die Zusammenarbeit bei der Montanindustrie und der friedlichen Nutzung der Kernenergie hinausgingen. Seither nennt sich die Gemeinschaft „Europäische Union".[26]

Die Entwicklung der Gemeinsamen Agrarpolitik bis zum Ende des Kalten Krieges lässt sich also in zwei Phasen einteilen: Bis zu den 1960er-Jahren standen Ernährungssicherheit und Stützung der landwirtschaftlichen Einkommen sowie die Steigerung der Produktivität und die Stabilisierung der Märkte im Zentrum der Bemühungen. Die 1970er- und 1980er-Jahre wurden von den negativen Folgen dieser Politik geprägt: Überproduktion und Vernichtung bäuerlicher Existenzen, hohe öffentliche Aufwendungen für die Agrarmärkte und Konflikte mit anderen Akteuren auf dem globalen Agrarmarkt. Und es mehrten sich die Proteste gegen die starke Belastung von Boden, Wasser und Ökosystemen durch die Einträge der Landwirtschaft. Die Lösungsversuche der Agrarpolitik verschärften die Krise weiter.

[25] Guido Nischwitz, Patrick Chojnowski (unter Mitarbeit von Annika Eller), Verflechtungen und Interessen des Deutschen Bauernverbandes (DBV), S. 15.

[26] Vertrag über die Europäische Union, Amtsblatt der Europäischen Gemeinschaften, Nr. 191, 29.7.1992, https://eur-lex.europa.eu/legal-content/DE/TXT/PDF/?uri=CELEX:11992M/TXT&from=DE (Abfrage vom 17.3.2022). – Ulrich Herbert, Geschichte Deutschlands im 20. Jahrhundert, S. 1180-1193.

2.1.3 Die Integration der ostdeutschen Landwirtschaft

Durch den Beitritt der DDR zur Bundesrepublik Deutschland galt die Agrarordnung der Europäischen Gemeinschaft auch für die fünf „neuen Länder“ in Ostdeutschland. Wie wirkte sich der Umbau einer Planwirtschaft zu einer gelenkten Marktwirtschaft auf Agrarstruktur, Betriebe und Beschäftigte aus?

Die ostdeutsche Landwirtschaft wurde rasch in den europäischen Binnenmarkt integriert. Dabei kam ihr zugute, dass die Europäische Union dies als Sonderfall einstufte – als Erweiterung des Territoriums eines Mitgliedsstaates und nicht als Beitritt eines Drittlandes.[27] Dass die Eigentumsverhältnisse, die vor den Enteignungen durch das kommunistische Regime bestanden hatten, in der Regel nicht wiederhergestellt wurden, erleichterte die Integration. Etwa 2.900 Betriebe arbeiteten 1996 in einer anderen Rechtsform weiter. Etwa ein Drittel der 4.500 Landwirtschaftlichen Produktionsgenossenschaften (LPG), die 1989 existiert hatten, löste sich auf. Gleichzeitig durchlief die ostdeutsche Landwirtschaft einen tiefgreifenden Rationalisierungsprozess: Obwohl die meisten Betriebe weiter existierten, verloren dadurch vier von fünf Beschäftigten ihre Arbeitsplätze. Die landwirtschaftliche Nutzfläche schrumpfte um etwa ein Fünftel auf 5,6 Mio. Hektar.[28]

Bereits am Vorabend der deutschen Vereinigung hatte sich die Landwirtschaft der DDR in einer tiefen Krise befunden und stand betriebswirtschaftlich vor dem Zusammenbruch. Die Preise für Milch und Fleisch stürzten regelrecht ab. Nach dem Beitritt der DDR zur Bundesrepublik kam es zu schweren Konflikten zwischen Alteigentümern, den Nachfolgeunternehmen der LPGs und deren ehemaligen Genossen. Die vormaligen Mitglieder der LPGs wurden mehrheitlich für ihre verlorenen Anteile *nicht* entschädigt. Die weiter dominierenden Großbetriebe wurden vielfach von ehemaligen Agrarfunktionären der DDR-Zeit fortgeführt. Um die Jahrtausendwende existierten in Ostdeutschland noch rund 1.500 Nachfolgeunternehmen der früheren Landwirtschaftlichen Produktionsgenossenschaften. Eine Minderheit ehemaliger LPG-Genossen, erhielt das Kulturland, das sie in eine LPG eingebracht hatten, nach der Vereinigung Deutschlands als „Wieder-

[27] Johannes Warbeck, Die Umwandlung der DDR-Landwirtschaft im Prozess der deutschen Wiedervereinigung, S. 153f.

[28] Ebenda, S. 214-217, 224-231.

einrichter" zurück. Viele dieser bäuerlichen Betriebe bewirtschafteten im Haupterwerb durchschnittlich 125 ha Nutzfläche. Andere arbeiteten im Nebenerwerb und waren wesentlich kleiner. Kapital und Technik aus Westdeutschland trafen nach dem Beitritt der DDR auf schon ausgeräumte Kulturlandschaften mit Feldern, die für westdeutsche Verhältnisse riesig waren. Deshalb stärkte die Deutsche Vereinigung die industrielle Landwirtschaft Ostdeutschlands. Teilweise wurde sie in westdeutsche Agrargroßunternehmen integriert.[29]

Den Preis für die rasche und relativ reibungslose Integration der ostdeutschen Landwirtschaft in das Agrarsystem der EU zahlten die Beschäftigten: Nur jeder fünfte Arbeitsplatz blieb erhalten. Dies lag vor allem daran, dass durch den Beitritt zur Bundesrepublik nach Artikel 23 des Grundgesetzes auch in Ostdeutschland alle Regelungen der gemeinschaftlichen Agrarpolitik galten. Sie wurden nun ohne die sonst üblichen Übergangsregelungen in den neuen Ländern angewandt. Darüber hinaus vollzog die EU-Agrarpolitik in dieser Zeit einen tiefgreifenden Richtungswechsel: Die Reform von 1992 ersetzte schrittweise die Stützpreise durch direkte Hilfen für die Betriebe. Diese Zahlungen richteten sich nach der bewirtschafteten Fläche, setzten aber voraus, dass die jeweiligen Betriebe 15 Prozent ihrer Nutzfläche stilllegten. Ähnliche Regelungen galten für die Rinderhaltung. Kapitalgesellschaften wurde der Zugang zur einzelbetrieblichen Förderung eröffnet.[30]

Im Jahrzehnt nach der deutschen Vereinigung stabilisierte sich die ostdeutsche Landwirtschaft, während die Zahl der Betriebe in Westdeutschland weiter abnahm. Den ostdeutschen Großbetrieben kamen die flächenbezogenen Direktzahlungen der EU zugute. Das betriebliche Entscheidungsrecht lag wieder bei den Eigentümern der Betriebe und den Mitgliedern der verbliebenen Produktionsgenossenschaften.[31] Die Zahl der Betriebe in Gesamtdeutschland sank bis 2023 auf 255.000. Sie beschäftigten rund 875.000 Personen. 89 Prozent der Betriebe wurden von Männern geleitet.[32]

[29] Ulrich Kluge, Agrarwirtschaft und ländliche Gesellschaft, S. 46-48.

[30] Eberhard Schulze, Deutsche Agrargeschichte, S. 177f.

[31] Alois Seidl, Deutsche Agrargeschichte, S. 309.

[32] Statista, Anzahl der landwirtschaftlichen Betriebe und Bauernhöfe in Deutschland bis 2023, https://de.statista.com/statistik/daten/studie/36094/umfrage/landwirt

Die Landwirtschaft in den neuen Bundesländern legte somit einen weiten und sozial äußert harten Weg der Integration in das System der gemeinschaftlichen Agrarpolitik zurück. Ihn kennzeichnete zum einen ein tiefgreifender Wandel des rechtlichen Rahmens, insbesondere der Eigentumsverhältnisse. Zum anderen aber blieb die überwiegend großagrarische Grundstruktur der ostdeutschen Landwirtschaft erhalten, die sich gut mit den Zielvorstellungen der europäischen Agrarpolitik vereinbaren ließ. Im Lauf von drei Jahrzehnten erreichte sie im Vergleich zur westdeutschen Landwirtschaft eine Vorreiterrolle. Der Preis dieser Transformation war hoch: Vier Fünftel der Beschäftigten in der Landwirtschaft der vormaligen DDR verloren ihren Arbeitsplatz.

2.1.4 Zwischenfazit

Die Europäische Wirtschaftsgemeinschaft und ihre Nachfolgeorganisationen verstärkten und beschleunigten die Industrialisierung der westdeutschen Landwirtschaft, die bereits vor ihrer Gründung eingesetzt hatte. Sie sicherten die Landwirtschaft der alten Bundesrepublik über die nationalen Möglichkeiten und Grenzen hinaus ab. Die gemeinsame Agrarpolitik orientierte sich bis zum Ende des Kalten Krieges im Wesentlichen an den nationalen Agrarpolitiken im Jahrzehnt vor der Gründung der EWG. Aber sie setzte diese Maximen in immer größeren Teilen Europas durch. Daher war sie auch für die negativen Folgen dieser Politik verantwortlich: für das Höfesterben, die Kosten der planmäßig herbeigeführten Überschüsse und die großen Umweltschäden. Die Gemeinschaft trat auf den Weltagrarmärkten als ein Akteur auf, der viel gewichtiger war als die schlichte Summe der Mitgliedsstaaten. Das forderte die anderen großen Akteure des Weltmarkts für Agrarprodukte heraus, insbesondere die USA. Die Reaktionen und das politische Gewicht dieser Konkurrenten verstärkten den Druck, der auf der gemeinschaftlichen Agrarpolitik lastete. Nach dem Ende des Kalten Krieges standen die Agrarmärkte des östlichen Europas

schaft-anzahl-der-betriebe-in-deutschland/ (Abfrage vom 3.12.2024). – Bundesministerium für Ernährung und Landwirtschaft, Landwirtschaftliche Arbeitskräfte, https://www.bmel-statistik.de/landwirtschaft/landwirtschaftliche-arbeitskraefte (Abfrage vom 3.12.2024).

offen. Die Landwirtschaft Ostdeutschlands integrierte sich in die gemeinsame Agrarpolitik und verlor dabei die große Mehrheit ihrer Arbeitsplätze. Dadurch wurde sie im Vergleich zu Westdeutschland zu einem Vorreiter der Agrarindustrialisierung.

2.2 Die Wende der EU-Agrarreformen: von der Marktsteuerung zur Direktzahlung

Die Integration der ostdeutschen Landwirtschaft und weiterer Beitrittsländer in Mittel-, Ost- und Südosteuropa vollzog sich im Zusammenhang mit einer ganzen Serie von Reformen, die eine grundlegende Neuausrichtung der Gemeinsamen Agrarpolitik bedeuteten. Wie veränderte sich der suprastaatliche Rahmen der Agrarwirtschaft nach dem Ende des Kalten Krieges? Welchen Reformkurs steuerte die Gemeinschaft und welche Gestaltungsspielräume blieben dabei der nationalen Ebene? Wie schwer wog das Gewicht der finanziellen Aufwendungen der EU für ihre Landwirtschaftspolitik? Wir beginnen mit den Reformen nach dem Ende des Kalten Krieges und loten danach die Gestaltungsspielräume der Mitgliedsstaaten innerhalb des suprastaatlichen Rahmens aus. Danach diskutieren wir das finanzielle Gewicht der Gemeinsamen Agrarpolitik.

2.2.1 Die Reformen der EU-Agrarpolitik nach dem Ende des Kalten Krieges

Die Erweiterungswellen der Europäischen Union nach der Überwindung der Spaltung des Subkontinents endeten nicht mit der Integration der ehemaligen DDR. 1995 traten vier neutrale Staaten der Gemeinschaft bei, es folgten zwei Mittelmeerstaaten sowie zahlreiche ehemalige Sowjetrepubliken und Satellitenstaaten der Sowjetunion. 2013 hatte die EU mit dem Beitritt Kroatiens ihre bislang größte Ausdehnung erreicht. Welche Auswirkungen hatten diese politischen Veränderungen auf die Gemeinsame Agrarpolitik?

Die räumliche Erweiterung der Gemeinschaft zwang sie zu weitgehenden Reformen ihrer inneren Organisation. Mit dem Vertrag von Amsterdam, der Anfang Mai 1999 in Kraft trat, richtete die Europäische Union die Beratungs- und Beschlussverfahren der Gemeinsamen Agrarpolitik neu aus: An diesen Verhandlungen beteiligten sich die Europäische Kommission, das Europäische Parlament und der Europäische Rat der Agrarminister im „Trilog“.[33] Doch auch inhaltlich setzte die Union neue Akzente: Bereits beim Beitritt Österreichs mit seinem besonders hohen Anteil ökologischer Landwirtschaft hatte sich gezeigt, dass nicht mehr einfach nur die Produktion preiswerter Lebensmittel Ziel der Agrarpolitik der EU sein konnte. Zunehmend rückten die unerwünschten Folgen der industriellen Landwirtschaft in den Fokus der gemeinschaftlichen Agrarpolitik: die schwindende Artenvielfalt, die beschädigten Ökosysteme, die Erderwärmung, der Tierschutz und die Sicherheit von Lebensmitteln.[34]

Abbildung 4: Industrielle Landwirtschaft – Getreideanbau mit Fahrgassenmarkierung für Düngung und Pflanzenschutz

Foto: pixabay.com/Catkin

[33] EUR-Lex, Trilog, https://eur-lex.europa.eu/DE/legal-content/glossary/trilogue.html (Abfrage vom 21.8.2024).
[34] Ulrich Kluge, Agrarwirtschaft und ländliche Gesellschaft, S. 56f.

Die bereits 1992 mit der „MacSharry-Reform“ eingeleitete Wende hin zu einer nachhaltigeren Landwirtschaft mündete in das 1999 verabschiedete Reformprogramm „Agenda 2000“. Damit rückte die Union ab von dem System der Preisstützungsmaßnahmen, indem sie es zunächst abschwächte: Die Stützpreise für Getreide und Fleisch sanken schrittweise um ein Drittel. Ihre Interventionspreise senkte die EU auf das Niveau des Weltmarkts und schaffte sie dadurch im Kern ab. Die frei gewordenen Mittel flossen nun in Form von flächen- und tiergebundenen Ausgleichszahlungen direkt an die landwirtschaftlichen Betriebe. Sie waren mit obligatorischen Flächenstilllegungen verbunden. Je größer die Flächen waren, die die Betriebe kultivierten, und je mehr Vieh sie hielten, desto höher fielen die Zahlungen der EU aus. Das gleiche Prinzip galt auch für die Tierprämien. Je mehr Tiere gehalten wurden, für die Prämien vorgesehen waren, desto höher fielen auch hier die Zahlungen aus.[35] Die polemisch „Herodesprämie“ genannte Prämie für die Tötung von maximal 20 Tage alten Kälbern zur anschließenden Vernichtung oder Verarbeitung zu Tiermehl, die einige Mitgliedsstaaten vergaben, lehnte die Bundesregierung aus ethischen Gründen ab. Dies führte allerdings dazu, dass Tausende Tiere aus Mitgliedsstaaten, die diese Form der Agrarförderung ablehnten, in andere, die ihr zugestimmt hatten, transportiert wurden, z.B. von Deutschland nach Frankreich. Diese Transporte verursachten den Tieren große Qualen.[36]

Mit den Prämien für Produktionsverzicht verband die EU erstmals Maßnahmen des Umweltschutzes mit ihrer Förderpolitik, indem sie umweltgerechte Produktionsverfahren förderte und Anreize schuf, Flächen aus der landwirtschaftlichen Produktion herauszunehmen oder aufzuforsten.[37] Vor allem aber kämpfte sie gegen das Überangebot von landwirtschaftlichen Produkten auf dem gemeinsamen Agrarmarkt,

[35] Peter Weingarten, Bettina Rudloff, Die Gemeinsame Agrarpolitik, in: Peter Becker, Barbara Lippert (Hgg.), Handbuch Europäische Union, Wiesbaden 2018, https://doi.org/10.1007/978-3-658-17436-1_33-1 (Abfrage vom 13.12.2024).

[36] https://www.welt.de/print-welt/article651948/Qualvoller-Tiertransport-fuer-Herodes-Praemie.html (Abfrage vom 12.7.2022).

[37] https://www.bmel.de/DE/themen/landwirtschaft/eu-agrarpolitik-und-foerderung/gap/gap-geschichte.html#doc9800bodyText3 (Abfrage vom 12.7.2022).

das dazu geführt hatte, dass 70 Prozent der gemeinschaftlichen Ausgaben in die Landwirtschaft flossen.[38]

2003 wurde eine weitere Agrarreform wirksam. Die Gemeinschaft löste ihre Direktzahlungen an die Landwirte von der Produktionsmenge ab. Diese Flächen- und Tierprämien wurden an die Einhaltung von bestimmten Standards gekoppelt. Diese „Cross-Compliance"-Regelung umfasste die Grundanforderungen an die Betriebsführung (GAB). Diese wiederum ergaben sich aus insgesamt 13 europäischen Rechtsakten aus den Bereichen Umweltschutz, Lebens- und Futtermittelsicherheit, Tierkennzeichnung, Tierseuchenbekämpfung, Tierschutz und „Pflanzenschutzmittel"-Einsatz. Zusätzlich mussten sieben Standards aus dem Umweltbereich zur Erhaltung landwirtschaftlicher Flächen in „gutem landwirtschaftlichen und ökologischen Zustand" (GLÖZ) eingehalten werden. Die Einhaltung der Cross-Compliance-Regeln wurde durch zuständige Behörden stichprobenmäßig kontrolliert und bei Verstößen durch empfindliche Kürzungen bei den Direktzahlungen sanktioniert. Diese oft kurzfristig angesetzten oder gänzlich unangemeldeten Cross-Compliance-Kontrollen führten in der landwirtschaftlichen Praxis wegen des bürokratischen und zeitlichen Aufwands zu großem Unmut und erzeugten eine Welle von „Bürokratieverdrossenheit".[39] Trotz aller Einschränkungen stiegen die landwirtschaftlichen Erträge wegen technischer Fortschritte beim Ackerbau und großer Erfolge bei der Viehzucht weiter an. Zugleich wurden die Wirkungen von Reformschritten der EU durch nationale Sonderleistungen abgeschwächt oder ganz zunichtegemacht.[40]

So blieben die Aufkäufe agrarischer Überschüsse, die nicht im gemeinsamen Markt abgesetzt werden konnten, ein wichtiges Element der EU-Agrarpolitik. Auf der anderen Seite wuchs das Gewicht der direkten Subventionsleistungen an die Betriebe. Gleichzeitig begannen wegen der neuen Aufgaben, die die Gemeinschaft übernommen

[38] Agrarhaushalt, in: Kurt G. Baldenhofer, Lexikon des Agrarraums, Friedrichshafen (Online-Lexikon: https://www.agrarraum.info/lexikon-a.html#agrarhaushalt (Abfrage vom 17.11.2020).

[39] BMEL, Cross Compliance, 4.7.2019, https://www.bmel.de/DE/themen/landwirtschaft/eu-agrarpolitik-und-foerderung/direktzahlung/cross-compliance.html (Abfrage vom 18.4.2024).

[40] Ulrich Kluge, Agrarwirtschaft und ländliche Gesellschaft, S. 56f. – Gunter Mahlerwein, Grundzüge der Agrargeschichte, Bd. 3, S. 173f.

hatte, die relativen Anteile der Agrarpolitik am Gesamthaushalt der Union zu sinken: 2005 machten sie mit 53,1 Mrd. Euro nur noch etwas mehr als die Hälfte der Gesamtausgaben der EU aus.[41]

Rasch folgten weitere Agrarreformen: 2006 teilte die Gemeinschaft den „Europäischen Ausrichtungs- und Garantiefonds für Landwirtschaft“ (EAGFL) neu auf und schuf den „Europäischen Landwirtschaftsfonds für die Entwicklung des ländlichen Raums“ (ELER).[42] Darüber hinaus richtete sie für die Erste Säule der Gemeinsamen Agrarpolitik einen „Europäischen Garantiefonds für die Landwirtschaft“ (EGFL) ein.[43] 2008 erfolgten weitere Reformschritte, die mit einer Erhöhung der Umschichtung von Finanzmitteln aus der Ersten in die Zweite Säule einhergingen. Die zusätzlichen Mittel wurden für Maßnahmen in den Bereichen Klimawandel, erneuerbare Energien, Wassermanagement, biologische Vielfalt und für Begleitmaßnahmen bei der Abschaffung der Milchquote eingesetzt. Zudem wurde die 1993 eingeführte Flächenstilllegung ausgesetzt und 2009 ganz abgeschafft. Die Reform von 2013 hielt an diesem zweigleisigen Kurs der gemeinschaftlichen Agrarpolitik fest: Zum einen stärkte sie die Marktorientierung der Landwirtschaft, zum anderen aber auch die Zweite Säule der Agrarpolitik für Umwelt- und Klimaschutz.[44] In die Zweite Säule flossen 2019 etwa ein Viertel der Fördermittel von EU und Mitgliedsstaaten.[45]

Diese Agrarreform verband die Agrarförderung stärker mit der Entlohnung gesamtgesellschaftlich wichtiger Leistungen der Landwirt-

[41] Winfried von Urff, Agrarmarkt und Struktur des ländlichen Raums in der Europäischen Union, S. 210f.

[42] Verordnung (EG) Nr. 1974/2006 der Kommission vom 15. Dezember 2006, https://eurlex.europa.eu/LexUriServ/LexUriServ.do?uri=CONSLEG:2006R1974:20100216:DE:PDF (Abfrage vom 13.12.2024).

[43] Verordnung (EG) Nr. 1290/2005 des Rates vom 21. Juni 2005 über die Finanzierung der Gemeinsamen Agrarpolitik, Amtsblatt der Europäischen Union L 209, https://eur-lex.europa.eu/legal-content/DE/TXT/?uri=CELEX:32005R1290 (Abfrage vom 12.12.2024).

[44] Peter Weingarten, Bettina Rudloff, Die Gemeinsame Agrarpolitik.

[45] Bundeszentrale für politische Bildung, 2021, Die zwei Säulen der Gemeinsamen Agrarpolitik der Europäischen Union, https://www.bpb.de/system/files/dokument_pdf/Dossier_Landwirtschaft_S%C3%A4ulenstruktur_der_Gemeinsamen_Agrarpolitik.pdf (Abfrage vom 21.8.2024).

schaft. Sie stärkte die Anforderungen des Umweltschutzes ebenso wie die Förderung der ländlichen Entwicklung. Sie sollte erreichen, dass die landwirtschaftlichen Betriebe Nahrungsmittel rentabel erzeugten und zugleich natürliche Ressourcen schonten und das Klima schützten. Sie verband nun Direktzahlungen nicht nur mit den Cross-Compliance-Regeln aus der Agrarreform von 2003, sondern führte zusätzlich das sogenannte „Greening“ ein. Das bedeutete, dass ein Teil der Zahlungen an die landwirtschaftlichen Betriebe nur dann erfolgten, wenn gleichzeitig bestimmte Umweltleistungen erbracht wurden. Dazu gehörten die Erhaltung von Wiesen und Weiden, ein erweitertes Spektrum von Feldfrüchten, die in den Betrieben angebaut werden mussten, sowie ökologische Vorrangflächen, die aus Zwischenfrüchten oder Brachflächen bestehen konnten. Angesichts ihrer hohen Umweltstandards wurden anerkannte Ökobetriebe von der Verpflichtung zum Greening ausgenommen.[46]

Nach dem Ende des Kalten Krieges vollzog die Gemeinsame Agrarpolitik somit eine deutliche Neuausrichtung ihrer Fördermaßnahmen. Nun wurden den landwirtschaftlichen Betrieben auch zahlreiche Umweltleistungen honoriert. Allerdings waren sie für die Betriebe mit einem hohen Verwaltungsaufwand verbunden. Dennoch bedeuteten diese Maßnahmen einen wichtigen Schritt auf dem Weg der Nachhaltigen Entwicklung der europäischen Landwirtschaft.

2.2.2 Die EU zwischen konservativer Reform und Großer Transformation

Im Zuge ihrer Reformanstrengungen entwickelten sich die EU und ihre Mitgliedsstaaten zu mehr oder weniger engagierten Akteuren der Transformation der Landwirtschaft hin zur Nachhaltigkeit. Woran lässt sich das festmachen?

Ein herausragendes Projekt auf dem Weg einer grundlegenden Transformation der Landwirtschaft waren die unter Kommissionspräsidentin von der Leyen im Mai 2020 verkündete Biodiversitätsstrategie und

[46] Deutscher Bauernverband, Fakten zum Greening, https://www.bauernverband.de/fileadmin/user_upload/dbv/themendossiers/EU-Agrarfoerderung/Kurz-Broschuere_Fakten_zum_Greening_final_18.01.2016.pdf (Abfrage vom 21.8.2024).

die „Farm-to-Fork-Strategie“, zu Deutsch: „Vom Hof auf den Tisch“. Beide Strategien waren eingebettet in den 2019 veröffentlichten „Europäischen Green Deal“, der das Ziel verfolgte, Europa zum ersten klimaneutralen Kontinent zu machen.[47] Der „Green Deal“ schloss an die Agenda 2030 der UNO für Nachhaltige Entwicklung an. Er bedeutete „eine neue Wachstumsstrategie, mit der die EU zu einer fairen und wohlhabenden Gesellschaft mit einer modernen, ressourceneffizienten und wettbewerbsfähigen Wirtschaft werden soll, in der im Jahr 2050 keine Netto-Treibhausgasemissionen mehr freigesetzt werden und das Wirtschaftswachstum von der Ressourcennutzung abgekoppelt ist.“[48] In diesem Zusammenhang sollte die Farm-to-Fork-Strategie für eine sichere und nachhaltige Versorgung mit Lebensmitteln sorgen. Unter anderem sollte der Einsatz von Pestiziden um 50 Prozent reduziert und der Anteil des Ökolandbaus in der EU auf 25 Prozent gesteigert werden.[49]

Als es um die Umsetzung dieser Strategien in Gesetze – Richtlinien und Verordnungen – der EU ging, bauten sich sofort Widerstände auf. Das Europäische Parlament nahm im Juli 2023 einen Gesetzesvorschlag der Europäischen Kommission mit knapper Mehrheit an: das Gesetz zur Wiederherstellung der Natur. Dabei waren die Widerstände erheblich – insbesondere aus den Reihen der Europäischen Volkspartei. Der Deutsche Bauernverband bezeichnete das Gesetz „als eine Belastung für die Landwirtschaft“. Bundeslandwirtschaftsminister Cem

[47] Europäische Kommission, EU-Biodiversitätsstrategie. Die Natur zurück in unser Leben bringen, Luxemburg 2020, https://commission.europa.eu/system/files/2020-05/env-20-002_factsheet1-vbo-de-c.pdf (Abfrage vom 12.2.2024). – Europäische Kommission, Europe direct, Farm to Fork – Strategie: Europäische Kommission legt Aktionsplan für eine nachhaltige Lebensmittelproduktion vor, 12.6.2020, https://europainfo.at/farm-to-fork-strategie-europaeische-kommission-legt-aktionsplan-fuer-eine-nachhaltige-lebensmittelproduktion-vor/ (Abfrage vom 12.2.2024).

[48] Europäische Kommission, Mitteilung der Kommission an das Europäische Parlament, den Europäischen Rat, den Rat, den Europäischen Wirtschafts- und Sozialausschuss und den Ausschuss der Regionen, Brüssel 11.12.2019, S. 2, Zitat: ebenda, https://eur-lex.europa.eu/resource.html?uri=cellar:b828d165-1c22-11ea-8c1f-01aa75ed71a1.0021.02/DOC_1&format=PDF (Abfrage vom 23.4.2024).

[49] European Commission, Farm to Fork Strategy, 2020, https://food.ec.europa.eu/system/files/2020-05/f2f_action-plan_2020_strategy-info_en.pdf (Abfrage vom 23.4.2024).

Özdemir (Grüne) begrüßte dagegen die Verabschiedung. Dabei betonte er, dass sich die Europäische Volkspartei „gegen das Vernunftprinzip von Schützen und Nutzen" und damit gegen das Projekt ihrer Parteikollegin, Kommissionspräsidentin Ursula von der Leyen, gestellt habe. Ähnlich äußerten sich die Europaabgeordneten Maria Noichl (SPD) und Martin Häusling (Grüne). Nachdem sich Parlament und Rat über einige Ausnahmeregelungen verständigt hatten, verabschiedete der Ministerrat das Gesetz im Juni 2024.[50] Die grundsätzlich eher konservativ-reformerische als transformative Haltung des Deutschen Bauernverbands und der CDU/CSU-Abgeordneten, die der EVP-Fraktion angehörten, schlug in der Auseinandersetzung um dieses Gesetz durch. Grüne, aber auch die SPD erwiesen sich in diesem Fall als konsequente Verfechter einer Großen Transformation. Ähnliches gilt für die geplante EU-Verordnung „Sustainable Use Regulation", kurz SUR genannt. Sie ist Teil der Biodiversitäts- und der Farm-to-Fork-Strategie und zielt darauf ab, die Einsatzmenge von Pestiziden in der EU unter Berücksichtigung der jeweiligen Risiken um 50 Prozent zu senken.[51]

Als wichtige Akteure der Transformation erwiesen sich der Europäische Rechnungshof und der Europäische Gerichtshof. Im September 2021 kritisierte der Europäische Rechnungshof den verschwenderischen Umgang mit Wasser. Er verwies auf die Wasserrahmenrichtlinie aus dem Jahr 2000, der zufolge sich alle „Wasserkörper" in den Mitgliedsstaaten bis spätestens 2027 in einem „guten Zustand" befinden sollen. Der Rechnungshof kritisierte, dass in den Mitgliedsstaaten zahlreiche Ausnahmegenehmigungen erteilt wurden, und zwar auch in Regionen, die unter akutem Wasserstress litten.[52] Martin Häusling, Abgeordneter der Grünen im Europäischen Parlament, wies darauf hin, dass der Europäische Rechnungshof im März 2018 kritisiert hatte,

[50] Unabhängige Bauernstimme (FebL/PM), EU-Parlament beschließt Naturwiederherstellungsgesetz, 19.7.2023, Zitate: ebenda, https://www.bauernstimme.de/news/details/default-739400f8fa (Abfrage vom 11.9.2023).

[51] Umweltbundesamt, Neue EU-Verordnung: Weniger Pestizide geht nur mit Anreizen für die Landwirtschaft, 23.6.2022, https://www.umweltbundesamt.de/presse/pressemitteilungen/neue-eu-verordnung-weniger-pestizide-geht-nur (Abfrage vom 12.2.2024).

[52] Europäischer Rechnungshof, Sonderbericht Nachhaltige Wassernutzung in der Landwirtschaft: GAP-Mittel fördern eher eine stärkere als eine effizientere Wassernutzung, Luxemburg 2021, S. 31-33 (Abfrage vom 13.9.2022).

dass die gesamte Konstruktion eher „einer Ausgaben- und nicht einer Leistungskultur folgt“. Die Ziele seien nicht klar formuliert und der „Mehrwert“ kaum zu erkennen. Gleichzeitig machte der Rechnungshof umfangreiche Verbesserungsvorschläge.[53] Der Europäische Gerichtshof (EUGH) als oberste gerichtliche Instanz der EU entschied 2018 in einem wegweisenden Urteil (Rechtssache C-528/16), dass auch jene Organismen, die durch neue gentechnische Verfahren entstanden sind, der Regulierung durch die EU-Gentechnikgesetze unterliegen.[54]

Die Europäische Union trägt auch dazu bei, dass Neuerungen aus Wissenschaft und Technologie schneller in der landwirtschaftlichen Praxis ankommen. Hierzu dienen Förderprogramme wie die „Europäischen Innovations-Partnerschaften für Landwirtschaftliche Produktivität und Nachhaltigkeit“ (EIP-AGRI). Diese sollen landwirtschaftliche Betriebe und agrarwissenschaftliche Forschung zusammenbringen und auf diese Weise ein bedeutendes Hindernis für die Verbesserung der „Guten fachlichen Praxis“ und den schonenderen Umgang mit den natürlichen Ressourcen in der Landwirtschaft beseitigen. In Deutschland organisieren die Landesregierungen diese Programme.[55]

Insgesamt wurde die EU seit den 1990er Jahren zu einem wichtigen Akteur der Transformation. Dabei schwankte sie zwischen konservativen und weitergehenden Reformansätzen. Konservative Reformkräfte setzten immer wieder Ausnahmeregelungen und erhebliche Spielräume für die Mitgliedsstaaten durch. Konsequenter als der Suprastaat insgesamt forderten der Europäische Rechnungshof und der Europäische Gerichtshof eine konsequente Umsetzung der Reformen. Damit stärk-

[53] Martin Häusling, Europäischer Rechnungshof vermisst Mehrwert der EU-Agrarpolitik, Pressemitteilung, 20.3.2018, Zitat: ebenda, https://martin-haeusling.eu/presse-medien/pressemitteilungen/1885-europaeischer-rechnungshof-vermisst-mehrwert-der-eu-agrarpolitik-gap.html (Abfrage vom 12.2.2024).

[54] Europäischer Gerichtshof, Urteil des Gerichtshofes (Große Kammer) in der Rechtssache 528/16, 25.7.2018, https://curia.europa.eu/juris/document/document.jsf;jsessionid=E190FF654E84BD06B6A25EA30ADBC71F?text=&docid=204387&pageIndex=0&doclang=DE&mode=req&dir=&occ=first&part=1&cid=1054372 (Abfrage vom 12.2.2024).

[55] https://ec.europa.eu/eip/agriculture/en/node (Abfrage vom 21.7.2022). – https://umwelt.hessen.de/landwirtschaft/foerderungen/innovation-und-zusammenarbeit/eip-agri (Abfrage vom 21.7.2022).

ten sie jene Kräfte, die auf eine grundlegende Transformation der Landwirtschaft in Richtung der Nachhaltigkeit hinarbeiteten.

2.2.3 Die Gemeinsame Agrarpolitik seit 2023

Die große Reform der europäischen Agrarpolitik für die Zeit von 2023 bis 2027 vollzog sich unter starkem politisch-gesellschaftlichem Druck gegen die negativen Auswirkungen der industriellen Landwirtschaft. Welche Elemente dieser Reform sind eher konservativ-reformerisch? Welche zielen auf eine Große Transformation der deutschen Landwirtschaft hin zur Nachhaltigkeit?

Die Mitgliedsstaaten erhielten wieder mehr Gestaltungsmöglichkeiten. Unmittelbar einkommenswirksam blieb nach diesem Reformschritt die Basisprämie in der Ersten Säule. Als sozialpolitische Komponenten dieser Basisprämie dienten die „Junglandwirteprämie", die eine erhöhte Förderung für Landwirtinnen und Landwirte unter 40 Jahren vorsah, und die „Umverteilungsprämie", die eine erhöhte Flächenprämie für die ersten Hektare der Flächenprämie gewährte und damit kleinen und mittleren Betrieben einen höheren Anteil an der Basisprämie sichern sollte. Nach wie vor mussten für den Erhalt der Basisprämie bestimmte Anforderungen eingehalten werden: die sogenannten „Konditionalitäten". Sie umfassen den Erhalt des „guten und ökologischen Zustands" der Flächen (GLÖZ) und die Grundanforderungen an die Betriebsführung (GAB). Beide Anforderungen wurden durch eine Konditionalitätenverordnung geregelt.[56]

Auf den guten ökologischen Zustand der Agrarflächen (GLÖZ) zielten folgende Anforderungen: Dauergrünland sollte erhalten bleiben, Feuchtgebiete und Moore geschützt werden. Stoppelfelder durften nicht abgebrannt werden. Entlang von Wasserflächen sollten drei Meter breite Pufferstreifen geschaffen werden, auf denen weder Düngemittel noch Pestizide ausgebracht werden dürfen. Erosion sollte durch Auflagen für die Bodenbearbeitung begrenzt werden. In den sensibelsten Zeiten des Jahres sollten mindestens 80 Prozent des Ackerbodens mit Pflanzen bedeckt sein. Der Fruchtwechsel musste Mindestanforde-

[56] GAP-Konditionalitäten-Verordnung vom 7.12.2022, BGBl I, S. 2249 (Nr. 49), https://www.buzer.de/GAPKondV.htm (Abfrage vom 7.8.2024).

rungen genügen. Mindestens 4 Prozent des Ackerlands sollten nicht mehr bewirtschaftet und das Dauergrünland in Fauna-Flora-Habitaten und Vogelschutzgebieten nicht mehr umgebrochen werden.[57]

Unter dem Druck der Landwirtschaftsverbände änderte die EU-Kommission Anfang 2024 eine wichtige Regelung des GLÖZ: Die Landwirte waren nicht mehr verpflichtet, 4 Prozent ihres Kulturlandes brach liegen zu lassen („GLÖZ 8“). Stattdessen durften sie auf diesen Flächen auch Leguminosen oder Zwischenfrüchte anbauen, wenn sie dort keine Pestizide einsetzten. Diese Anforderung sollte 2025 abgeschafft werden.[58] Auch der Mindeststandard beim Fruchtwechsel wurde wieder in Frage gestellt („GLÖZ 7“).[59] Neu hinzu kamen Fördermittel aus der Ersten Säule: die „gekoppelte Tierprämie“ für Mutterkühe, Mutterschafe und Mutterziegen.[60]

Als ein neues Steuerungsinstrument für die Umweltleistungen aus der Ersten Säule wurden die „Öko-Regelungen“ („Eco-Schemes“) eingeführt. Dabei handelt es sich um Maßnahmen des Umwelt- und Klimaschutzes, an denen sich die Landwirtinnen und Landwirte freiwillig beteiligen. Sie konnten damit ihre „Basisprämie“ aufstocken. Die dafür vorgesehenen Fördermittel machen 25 Prozent der Ersten Säule der EU-Agrarförderung aus und mussten alljährlich neu beantragt werden. Sie wurden gezahlt für die Bereitstellung von Flächen zur Verbesserung der Biodiversität und der Erhaltung von Lebensräumen, für den Anbau vielfältiger Kulturen, für Agroforsten und Dauergrün-

[57] Agravis, GAP 2023. Gemeinsame Agrarpolitik. So klappt es mit der EU-Förderung, https://www.agravis.de/de/pflanzenbau/pflanzenbauberatung/gap/#greening_text6 (Abfrage vom 14.3.2024).

[58] Robert Lehmann, Landwirte in der EU müssen 2024 keine Ackerflächen stilllegen. Die EU-Kommission hat eine umfassende Ausnahmeregelung erlassen, Agrarheute 13.2.2024, https://www.agrarheute.com/politik/eu-agrarpolitik-kommission-setzt-pflichtbrache-2024-616419 (Abfrage vom 14.3.2024).

[59] Bundesministerium für Ernährung und Landwirtschaft, EU-Agrarförderung: BMEL vereinfacht nach Verhandlungen mit EU-Kommission Fruchtwechselregelung ab 2025, Pressemitteilung, 30.7.2024, https://www.bmel.de/SharedDocs/Pressemitteilungen/DE/2024/080-gloez7.html (Abfrage vom 16.12.2024).

[60] Infodienst Landwirtschaft – Ernährung – Ländlicher Raum, Gekoppelte Einkommensstützung für Mutterschafe und -ziegen sowie für Mutterkühe (Tierprämie), 3/2024, https://foerderung.landwirtschaft-bw.de/,Lde/Startseite/Foerderwegweiser/Gekoppelte+Einkommensstuetzung+fuer+Mutterschafe+und+_ziegen+sowie+fuer+Mutterkuehe+_Tierpraemie_ (Abfrage vom 16.12.2024).

land, für die Extensivierung von Dauergrünland oder für den Verzicht auf Pestizide.[61] Angesichts der großen Handlungsspielräume der Mitgliedsstaaten befürchteten allerdings Expertinnen und Experten, dass einzelne Staaten die Ziele der „Eco-Schemes" zu niedrig ansetzen und dadurch anstatt einer Steuerung Mitnahmeeffekte ausgelöst würden.[62]

Weiterhin bestehen blieb die Förderung von Agrarumwelt- und Klimamaßnahmen, die wie zuvor zur Zweiten Säule der EU-Agrarpolitik gehörten. Die Mitgliedsstaaten konnten freiwillig noch mehr Gelder von der Ersten Säule in die Zweite Säule umschichten, so dass diese zukünftig knapp ein Drittel der Gelder ausmachen konnten, die im Rahmen der EU-Agrarförderung zu vergeben waren. Voraussetzung für die Verwendung der Gelder aus der Zweiten Säule war aber, dass sich die Einzelstaaten mit einem Eigenanteil an der Finanzierung der Maßnahmen beteiligten. In Deutschland stellten dafür Bund und Länder Kofinanzierungsmittel zur Verfügung. Geregelt wurde das im Rahmenplan der Gemeinschaftsaufgabe „Verbesserung der Agrarstruktur und des Küstenschutzes" (GAK-Rahmenplan).[63]

Die Agrarwissenschaftler Alois Heißenhuber und Friedhelm Taube charakterisieren das Ergebnis der neu ausgerichteten gemeinsamen Agrarpolitik folgendermaßen: Zwar subventionierten Gemeinschaft und Nationalstaat die Agrarexporte nicht mehr, die aufgrund des deutlich überschrittenen Selbstversorgungsgrads notwendig geworden waren. Doch stützen Staat und Suprastaat die Landwirtschaft nach wie vor – nun durch direkte Zahlungen, unabhängig von der Produktion. Doch würden diverse Folgewirkungen der so subventionierten industriellen Landwirtschaft zunehmend in Wissenschaft und Öffentlichkeit kritisiert: die „ausgeräumte" Kulturlandschaft, die Bodenerosion, die Verschmutzung der Gewässer, der Rückgang der Artenvielfalt (als Folge der „vereinfachten" Fruchtfolge und des Einsatzes von Pestizi-

[61] Agravis, GAP 2023. Gemeinsame Agrarpolitik. So klappt es mit der EU-Förderung, https://www.agravis.de/de/pflanzenbau/pflanzenbauberatung/gap/#greening_text6 (Abfrage vom 14.3.2024).

[62] Maren Birkenstock, Norbert Röder, Eine moderne, umweltfreundliche und ethische Agrarpolitik, S. 676f.

[63] Bundesministerium für Ernährung und Landwirtschaft, Gemeinschaftsaufgabe „Verbesserung der Agrarstruktur und des Küstenschutzes", 4.11.2024, https://www.bmel.de/DE/themen/laendliche-regionen/foerderung-des-laendlichen-raumes/gemeinschaftsaufgabe-agrarstruktur-kuestenschutz/gak.html (Abfrage vom 16.12.2024).

den), der Nährstoffüberschuss und die Belastung des Grundwassers (als Folgen importierter Futtermittel), die klimaschädlichen Emissionen der intensiven Tierhaltung und die nicht-artgerechten Bedingungen der industriellen Tierhaltung. Und sie kritisieren die Berechnung der staatlichen Direktzahlungen auf der Basis der bewirtschafteten Fläche. Sie kommen zu dem Schluss, „dass die Landwirtschaft zwar unter Außerachtlassung der sozialen Kosten, z.B. in Form der Behebung von Umweltschäden durch die Landwirtschaft, sehr kostengünstig produziert, aber mit der Belastung der natürlichen Ressourcen und mit einer Tierhaltung, die zu wenig auf das Tierwohl achtet, auf zunehmend weniger Akzeptanz seitens der Bevölkerung stößt. Die Kritik an der Landwirtschaft wird also auch deshalb so vehement geübt, weil die Landwirtschaft nicht nur in erheblichem Maße Direktzahlungen erhält, sondern noch zusätzlich durch die Umweltbelastung erhebliche volkswirtschaftliche Kosten entstehen. Trotz der umfangreichen Direktzahlungen sind die Landwirte selbst mit dem Einkommen unzufrieden. Das Fazit lautet: ein ‚weiter so‘ ist keine Option.“[64]

Dennoch handelte die EU immer wieder als eher „konservative Reformerin“, wie etwa beim Freihandelsabkommen zwischen der EU und Mercosur. Dieser südamerikanische Staatenverbund ist nach dem Vorbild der Europäischen Union organisiert und mit ihr durch ein Assoziationsabkommen verbunden. Seit 1999 diskutierten die EU und Mercosur ein Handelsabkommen, das eine Freihandelszone für 700 Mio. Menschen schaffen sollte. Im Sommer 2019 verkündete die EU-Kommission, dass dieses Abkommen ausverhandelt sei. Es scheiterte jedoch im folgenden Jahr an der Ablehnung durch die österreichische Regierung. Im Dezember 2023 standen die Verhandlungen erneut vor dem Abschluss, nicht zuletzt dank der Regierung Scholz/Habeck. Bis zum 9. Dezember sollte es von den Staats- und Regierungschefs der Mercosur beschlossen werden, einen Tag vor dem Amtsantritt des neu gewählten argentinischen Präsidenten Javier Milei, der Mercosur ablehnte.[65]

[64] Alois Heißenhuber, Friedhelm Taube, Vom Bauernhof zum spezialisierten Agrarindustrieunternehmen … und zurück? S. 305f, Zitat: ebenda.

[65] Armin Paasch, EU-Mercosur Abkommen kurz vor dem Abschluss: ein Kuhhandel auf Kosten von Klima und Menschenrechten, 28.11.2023, https://blog.misereor.de/2023/11/28/eu-mercosur-abkommen-kurz-vor-dem-abschluss-ein-kuhhandel-auf-kosten-von-klima-und-menschenrechten/#comment-98994 (Abfrage vom 2.12.2023).

Gegen das Abkommen waren zahlreiche Einwände erhoben worden. So kritisierte DBV-Präsident Joachim Rukwied, dass es die Wettbewerbsfähigkeit der deutschen Landwirtschaft gefährde.[66] Umweltschutz- und Menschenrechtsorganisationen kritisierten, dass der verstärkte Import von Bio-Treibstoffen zur Ausweitung der Flächen führe, die mit Zuckerrohr bepflanzt würden. Die Ausweitung der Importe von Soja und Rindfleisch durch Europa verstärke die Treibhausgasemissionen, die Vertreibung indigener Völker und die Zerstörung des tropischen Regenwalds. Überdies würden in Mercosur-Staaten massiv Pestizide eingesetzt, zulasten von Leben und Gesundheit vieler Menschen in diesen Regionen.[67] Da der Vertrag den Export europäischer Industrieprodukte erheblich begünstige, drohe überdies der massive Verlust von Arbeitsplätzen in den Industrien der Mercosur-Staaten. Auch gegen die überarbeitete Fassung des Handelsvertrags regte sich Widerstand: In den Zivilgesellschaften der Mercosur- und EU-Staaten, vor allem aber bei den Landwirtinnen und Landwirten.[68]

Insgesamt ist die Gemeinsame Agrarpolitik für die Jahre seit 2023 somit widersprüchlich. Das Mercosur-Abkommen stärkt eher die industrielle Landwirtschaft. Innerhalb der EU erhielten die Mitgliedsstaaten größere Kompetenzen bei den Umweltschutzmaßnahmen und bei Verwaltung und Kontrolle dieser Maßnahmen. Die Agrarreform beließ die Entscheidung, ob die staatliche Förderung der Landwirtschaft die bisherigen Pfade weiterverfolgen oder stärker auf Umwelt- und Klimaschutz setzen würde, im Wesentlichen bei den Mitgliedsstaaten. Diese mussten sich dafür aber weiterhin in einem von der EU vorgegebenen Rahmen bewegen. Er bestand wie bisher aus dem Zwei-Säulen-System, bei dem auch in der Ersten Säule zunehmend höhere Anforderungen aus dem Umweltbereich eingehalten werden mussten.

[66] dpa, Deutsche Bauern halten Mercosur-Abkommen für bedrohlich, 28.2.2023, https://www.zeit.de/news/2023-02/28/deutsche-bauern-halten-mercosur-abkommen-fuer-bedrohlich (Abfrage vom 2.12.2023).

[67] Thomas Fritz, EU-Mercosur-Abkommen. Risiken für Klimaschutz und Menschenrechte. Im Auftrag von Misereor, Greenpeace, Dreikönigsaktion, Juni 2020, https://www.greenpeace.de/publikationen/greenpeace-misereor-dka-studie-eu-mercosur-abkommen-0620.pdf (Abfrage vom 2.12.2023).

[68] Norbert Lehmann, Freihandel mit Mercosur: Widerstand formiert sich, Bauern in Wut, 9.12.2024, https://www.agrarheute.com/politik/freihandel-mercosur-widerstand-formiert-bauern-wut-umfrage-629805 (Abfrage vom 16.12.2024).

Der Richtungswechsel der Gemeinsamen Agrarpolitik im Zuge der aktuellen Reform ist also recht deutlich zu erkennen. Radikal ist er jedoch nicht. Die sozial-ökologischen Reformbemühungen betreffen nur den kleineren Teil der Agrarwirtschaft. Noch immer hat die agrarindustriell geprägte „konventionelle Landwirtschaft“ mit ihren überkommenen Förderlogiken ein deutliches Übergewicht gegenüber den ökologischen Teilen der Landwirtschaft. Dies zeigt sich insbesondere bei den nach wie vor dominierenden Direktzahlungen nach dem Kriterium der Fläche, die ein Betrieb bewirtschaftet. Nach den „Rollbacks“ durch die Proteste der Landwirte in den Jahren 2023 und 2024 schwankt die Gemeinsame Agrarpolitik zwischen konservativer Reform und Großer Transformation der Landwirtschaft.

2.2.4 Die Kosten der Gemeinsamen Agrarpolitik

Die Gemeinsame Agrarpolitik ist teuer. Ihre hohen Kosten müssen immer wieder gerechtfertigt werden. Welchen Umfang hatten die Ausgaben der EU für die Gemeinsame Agrarpolitik? Wie entwickelte sich ihr Gewicht innerhalb des gesamten EU-Haushalts?

Die hohen Agrarsubventionen bewirkten, dass die Ausgaben für den Agrarsektor auch nach dem Ende des Kalten Krieges lange der bedeutendste Posten im Haushalt der Europäischen Gemeinschaften und später der Europäischen Union blieben. Die Aufwendungen für die Gemeinsame Agrarpolitik der 12 Mitgliedsstaaten hatten Anfang der 1980er-Jahre umgerechnet noch gut 11 Mrd. Euro jährlich betragen, was einem Anteil am Gesamthaushalt der Gemeinschaft von annähernd 65 Prozent entsprach. Bis 2021 stiegen die GAP-Aufwendungen auf 55,3 Mrd. Euro. Davon wurden 40,8 Mrd. im Rahmen der Ersten Säule vergeben, 14,6 Mrd. in der Zweiten Säule. Wegen des erheblich angewachsenen Gesamtvolumens des EU-Haushalts machten die Ausgaben für die Gemeinsame Agrarpolitik aber nur noch 25 Prozent der gesamten Aufwendungen der Gemeinschaft aus.[69]

[69] Agrarhaushalt, in: Kurt G. Baldenhofer, Lexikon des Agrarraums, Friedrichshafen (Online-Lexikon: https://www.agrarraum.info/lexikon-a.html#agrarhaushalt (Abfrage vom 18.12.2024). – Vera Millicevic, Die Finanzierung der Gemeinsamen Agrarpolitik. Zahlen und Fakten, Oktober 2023, https://www.europarl.europa.eu/

In der gesamten Förderperiode 2014 bis 2021 zahlte die EU etwa 447 Mrd. Euro an landwirtschaftliche und andere Betriebe sowie an öffentliche Einrichtungen. Davon flossen 53 Mrd. nach Deutschland. Die einzelnen Bundesländer profitierten von diesen Leistungen in sehr unterschiedlichem Maße: Viele Mittel flossen in die großen Flächenländer, insbesondere Bayern, Nordrhein-Westfalen und Niedersachsen sowie nach Ostdeutschland, relativ niedrig waren die Subventionen für Hessen, Rheinland-Pfalz, das Saarland und die Stadtstaaten Berlin, Hamburg und Bremen.[70] Auch die sozialen Unterschiede waren erheblich. So erhielten die größten Betriebe und Einrichtungen die meisten Fördermittel, während die Hälfte der Empfänger nur 5 Prozent der Subventionen erhielt. Spitzenreiter der einzelnen Empfänger war in Deutschland der Landesbetrieb für Hochwasserschutz des Landes Sachsen-Anhalt, der für Hochwasserschutzmaßnahmen zwischen 2014 und 2021 fast 100 Mio. Euro erhielt. Sie flossen aus der Zweiten Säule (ELER) der Gemeinsamen Agrarpolitik. Auch an Regierungsinstitutionen flossen Mittel aus ELER. So erhielt Sachsens Umwelt- und Landwirtschaftsministerium 2020 und 2021 25 Mio. Euro, die es für technische Hilfe einsetzte – für Personal und IT-Ausstattung, die dazu diente, die ELER-Mittel in Sachsen zu verteilen. Unter den großen privaten Unternehmen erhielt die Aschra Landwirtschaftsgesellschaft mbH 2020 und 2021 insgesamt über 2 Mio. Euro aus der Ersten Säule der GAP. Aschra ist ein Tochterunternehmen der ADIB Agrargesellschaft, die wiederum einer Stiftung des Aldi-Nord-Konzerns gehört. Aldi-Nord gehörten allein in Mitteldeutschland sieben landwirtschaftliche Unternehmen, die 2020 und 2021 rund 5,9 Mio. Euro Subventionen der EU erhielten, und zwar aus der Ersten Säule der GAP.[71]

factsheets/de/sheet/106/die-finanzierung-der-gemeinsamen-agrarpolitik-zahlen-und-fakten (Abfrage vom 18.12.2024).

[70] Sebastian Langer, Agrarsubventionen. Seenplatte ganz vorne, 20.1.2023, https://www.nordkurier.de/mecklenburg-vorpommern-brandenburg/so-viel-eu-geld-fliesst-in-die-landwirtschaft-2051089701.html?utm_source=pocket-newtab-global-de-DE (Abfrage vom 23.1.2023).

[71] Leonhard Eckwert, David Straub, Datenanalyse EU-Subventionen, Januar 2023, https://www.mdr.de/nachrichten/deutschland/politik/eu-agrar-subventionen-landwirte-aldi-hochwasser-100.html?utm_source=pocket-newtab-global-de-DE (Abfrage vom 25.1.2023).

Insgesamt war die Zeit nach dem Ende des Kalten Krieges von Reformbemühungen und dem schwindenden relativen Gewicht der Gemeinsamen Agrarpolitik geprägt. Peter Weingarten unterscheidet mehrere Entwicklungsphasen, die eng mit den verschiedenen Reformschritten verknüpft waren. Die erste war die MacSharry-Reform, die 1992 wirksam wurde: Sie sorgte dafür, dass die Agrarüberschüsse reduziert, die Einkommen der Landwirte sowie das Agrarbudget der Gemeinschaft und ihrer Mitgliedsstaaten stabilisiert wurden. Darüber hinaus finanzierte die EU verstärkt Maßnahmen des Umweltschutzes aus dem GAP-Budget. Von 2003 bis 2014 führte sie weitere Reformschritte durch und reagierte auf neue Problemlagen. Sie stärkte Wettbewerbsfähigkeit, ländliche Entwicklung und Umweltschutz, Marktorientierung und Verbraucherschutz. Zugleich verbesserte sie die Übereinstimmung ihrer Fördermaßnahmen mit den Regeln der Welthandelsorganisation. 2014 hob sie die Produktionsbeschränkungen auf und stärkte Umweltschutzmaßnahmen sowie Forschung und Innovation im Agrarsektor.[72] Mit der Agrarreform von 2021, die für den Zeitraum von 2023 bis 2027 gilt, wird dieser Trend weiter verstärkt: Das Gewicht der Zweiten Säule hat zugenommen, auch wenn die Förderung pro Flächeneinheit und gehaltenes Stück Vieh noch immer dominiert.[73]

Die Entwicklung der agrarpolitischen Finanzaufwendungen der Europäischen Union folgt somit einem klaren Trend: Die Exportsubventionen sowie die Aufkäufe überschüssiger Agrarprodukte, die bis 1992 noch 90 Prozent der Aufwendungen der Gemeinschaft für die Landwirtschaft umfasst hatten, wurden abgebaut und durch direkte Zahlungen an die Betriebe ersetzt. Ziel aller EU-Agrarreformen war es, die staatlichen Stützungsmaßnahmen für die Agrarpreise zu reduzieren und die Agrarpreise dem Niveau des Weltmarktes anzunähern. So hatten in den späten 1980er-Jahren die landwirtschaftlichen Erzeugerpreise in der Gemeinschaft noch 70 Prozent über dem Weltmarkt-

[72] Peter Weingarten, Bettina Rudloff, Die Gemeinsame Agrarpolitik, in: Peter Becker, Barbara Lippert (Hgg.), Handbuch Europäische Union, Wiesbaden 2018, https://doi.org/10.1007/978-3-658-17436-1_33-1 (Abfrage vom 13.12.2024).

[73] Vgl. die Verordnungen (EU) 2021/2115, 2021/2116 und 2021/2117 des Europäischen Parlaments und des Rates vom 2. Dezember 2021, in: Amtsblatt der Europäischen Union, L 435, 6.12.2021.

niveau gelegen, in den frühen 2010er-Jahren dagegen nur noch um 5 Prozent. Dabei wurden die Leistungen für Umweltschutzmaßnahmen und für die Förderung des ländlichen Raumes immer wichtiger. Das Volumen der GAP hat sich in den drei Jahrzehnten seit dem Ende des Kalten Krieges verdoppelt, zugleich halbierte sich sein Anteil am Gesamthaushalt der Union. Die Landwirtschaft hatte ihre beherrschende Stellung in der Politik des Suprastaates verloren, blieb aber – auch nach rein fiskalischen Maßstäben – ein existenzieller Teil seiner Aufgaben.

2.2.5 Zwischenfazit

Um die Ernährung der Bevölkerung und der Landwirtschaft ein gutes Auskommen zu sichern, setzte die Gemeinsame Agrarpolitik auch nach dem Ende des Kalten Krieges auf Wachstum der landwirtschaftlichen Produktivität. Die Differenz zwischen den Weltagrarpreisen und den Preisen des europäischen Binnenmarkts fingen Ausgleichszahlungen der Gemeinschaft und der Mitgliedsstaaten auf. Die daraus resultierenden Konflikte mit anderen Agrarexportmächten und die Schäden auf den Absatzmärkten nahmen sie lange in Kauf. Einen grundlegenden Wandel ihrer Subventionspolitik vollzog die Gemeinschaft, indem sie ihre untauglichen Instrumente der Marktsteuerung durch Direktzahlungen an die landwirtschaftlichen Betriebe und weitere Akteure des Agrarsektors ersetzte. Dabei flossen immer größere Anteile der Fördermittel über eine Zweite Säule für Aufgaben im Sinne des Gemeinwohls – für mehr Umwelt- und Klimaschutz, für eine Verbesserung des Wassers, der Luft und für Maßnahmen gegen das Artensterben. Da ein Großteil der Fördermittel noch immer die großen Betriebe begünstigte, waren die kleineren und mittleren Betriebe Verlierer dieser Reformpolitik. Dies wurde durch die Zweite Säule etwas abgemildert. Dennoch förderte die EU-Agrarpolitik auch in dieser Reformphase im Wesentlichen die fortgesetzte Industrialisierung der deutschen Landwirtschaft. Die deutsche Agrarpolitik nutzte die Spielräume, die ihr die Gemeinschaft bei der nachhaltigen Entwicklung ließ, nur ansatzweise. Der relative Anteil der Gemeinsamen Agrarpolitik am Gesamthaushalt der EU sank in dieser Reformphase deutlich ab. Die absoluten Aufwendungen blieben dagegen auf dem erreichten Niveau. Insgesamt vollzog die europäische Agrarpolitik seit den 1990er-Jahren eine halbherzige Wende hin zur Förderung einer nachhaltigen Produktionsweise.

2.3 Die Umsetzung der EU-Agrarpolitik in Deutschland

Wir haben gesehen, dass der europäische Gesetzgeber den Mitgliedsstaaten in jüngerer Zeit erhebliche Spielräume bei der Ausgestaltung seiner Vorgaben eröffnete. Aufgrund ihres föderativen Staatsaufbaus gilt dies im Fall der Bundesrepublik Deutschland für zwei staatliche Ebenen: den Bund und die 16 Bundesländer. Wir fragen im Folgenden, wie Bund und Länder diese Spielräume für eine Transformation hin zur Nachhaltigkeit nutzen. Zunächst zeigen wir, wie die beiden jüngsten Reformen der Gemeinsamen Agrarpolitik national gestaltet wurden. Danach skizzieren wir den nationalen Strategieplan und exemplarisch die Umsetzung zweier wichtiger Richtlinien. Dann untersuchen wir die Rolle von Ländern und Kommunen und stellen abschließend die Reformpläne der „Ampel"-Regierung vor.

2.3.1 Die nationale Ausgestaltung der EU-Agrarreformen von 2014 und 2022

Die Mitgliedsstaaten der Union regelten die Direktzahlungen durch eigene Gesetze und Verordnungen. Dabei mussten sie sich an bestimmte Vorgaben strikt halten, bei anderen hatten sie Spielräume.[74] Wir konzentrieren uns auf die beiden Agrarreformen, die 2014 und 2022 auf den Weg gebracht wurden. Im Zentrum steht dabei die Leitfrage dieses Unterkapitels: Wie nutzten die staatlichen Ebenen der Bundes-

[74] In Deutschland: Direktzahlungen-Durchführungsgesetz vom 9. Juli 2014 (BGBl. I S. 897), das zuletzt durch Artikel 2 Absatz 27 des Gesetzes vom 20. Dezember 2022 (BGBl. I S. 2752) geändert worden ist, https://www.gesetze-im-internet.de/direktzahldurchfg/BJNR089700014.html (Abfrage vom 18.12.2024), die Direktzahlungen-Durchführungsverordnung vom 3. November 2014 (BGBl. I S. 1690), die zuletzt durch Artikel 1 der Verordnung vom 3. November 2022 (BGBl. I S. 1974) geändert worden ist, https://www.gesetze-im-internet.de/direktzahldurchfv/BJNR169000014.html (Abfrage vom 18.12.2024).

republik ihre Spielräume im Sinne einer nachhaltigen Entwicklung der Landwirtschaft?

Keinerlei Spielräume hatten die Mitgliedsstaaten bei der sogenannten „Basisprämie“. Frei stand ihnen allerdings, die Gruppe der Empfangsberechtigten dieser Subventionen in einem bestimmten Rahmen zu beschränken. Deutschland nutzt diese Möglichkeiten dahingehend, dass Betriebe mit weniger als 1 ha Betriebsfläche von Zahlungen ausgeschlossen wurden. Andere Möglichkeiten zur grundsätzlichen Einschränkung der Empfangsberechtigten, insbesondere die Negativliste gemäß Artikel 9 Direktzahl-VO 1307/2013, wurden in Deutschland nicht genutzt. Überdies wurden von dieser „Basisprämie“ die Zahlungen für andere mögliche Subventionen innerhalb der Ersten Säule abgezogen. Der Erhalt der Basisprämie wurde aber an die Einhaltung bestimmter Standards aus den Bereichen Umwelt-, Gesundheits- und Tierschutz geknüpft („Cross Compliance“). Nicht durch die Mitgliedsstaaten beeinflussbar waren dabei der Punkt Einhaltung der Grundanforderung an die Betriebsführung (GAB), der sich direkt aus dem Unionsrecht ergab.[75]

Spielräume hatten die Mitgliedsstaaten aber bei der Ausgestaltung der Standards des „Guten landwirtschaftlichen und ökologischen Zustands (GLÖZ-Standard)“. Diese betrafen Pufferzonen entlang von Wasserläufen, den Umfang der Bewässerung, den Schutz des Grundwassers vor der Einleitung von Mineralölprodukten und Pflanzenschutzmitteln sowie die Lagerung von Silage und Festmist. Sie betrafen weiter die Bodenbedeckung brachliegender Flächen durch Selbstbegrünung oder Aussaat, Maßnahmen zur Begrenzung von Bodenerosion, die Erhaltung organischer Substanz im Boden sowie den Schutz von Landschaftselementen wie Hecken, Baumreihen oder Feldrainen. Für den GLÖZ-Standard gabt es ebenfalls Mindestanforderungen der EU, die aber durch die Mitgliedsstaaten ergänzt und erhöht werden konnten. Lorenz Dilling kommt zu dem Schluss, dass die Bundesregierung von ihren Möglichkeiten, diese Mindeststandards zu über-

[75] Lorenz Dilling, Rechtlicher Gestaltungsspielraum der Mitgliedsstaaten in der GAP, S. 8-12, https://www.uni-goettingen.de/de/document/download/1297f170187bf928ee3d86c8279ec09b.pdf/Dilling%20L.%20Rechtlicher%20Gestaltungsspielraum%20der%20Mitgliedstaaten%20in%20der%20GAP.pdf (Abfrage vom 6.1.2025).

treffen, bislang kaum Gebrauch gemacht habe. Dafür würden oftmals rechtliche Argumente in der politischen Debatte herangezogen, die er als bloßen Vorwand bewertet. Er sieht dagegen insbesondere in Deutschland generell die Tendenz zu wenig politischem Willen bei der Erhöhung ordnungsrechtlicher Vorgaben. Als Ursache dafür nennt er vielschichtige Gründe: Lobbyismus, Klientelpolitik oder die Besetzung wichtiger Gremien durch Agrarfunktionäre.[76]

Neben den Cross-Compliance-Regeln wurden 2014 zwei weitere Maßnahmen innerhalb der Ersten Säule zu Voraussetzungen für den Bezug von Direktzahlungen: Greening und Junglandwirteförderung. Im Rahmen des Greening wurden die Empfänger von Direktzahlungen dazu verpflichtet, weitere klima- und umweltschutzrelevante Bewirtschaftungsmethoden anzuwenden. Das betrifft eine gewisse Anbaudiversifizierung, den Erhalt von Dauergrünland und die Ausweisung von ökologischen Vorrangflächen. Ökobetriebe waren von den Greeningmaßnahmen befreit, ohne den daraus resultierenden Prämienanspruch zu verlieren. Sie galten als „Green per Definition“.[77]

Für die obligatorische Einführung einer Prämie für Junglandwirte durften maximal 2 Prozent der nationalen Obergrenze an finanziellen Mitteln eingesetzt werden. Deutschland setzte dafür die Hälfte der möglichen Gelder ein. Mit der Junglandwirteprämie wurden Betriebsleiter fünf Jahre lang besonders unterstützt, die nicht älter als 40 Jahre waren und erstmals als Selbstständige einen landwirtschaftlichen Betrieb leiteten. Die Prämie bestand aus einer erhöhten Förderung von bis zu 90 Hektar bei den Direktzahlungen aus der Ersten Säule.[78]

Zusätzlich zu den genannten obligatorischen Maßnahmen konnten die Mitgliedsstaaten freiwillig weitere Maßnahmen einführen oder ausgestalten. Deutschland nutzte die Umverteilungsprämie, in deren Rahmen ein Teil der Zahlungen auf die ersten Hektare der Direktzahlungsempfänger umverteilt werden konnte. Davon profitierten die kleineren Betriebe. Deutschland führte bundeseinheitlich eine um 50 Euro erhöhte Prämie für die ersten 30 Hektar ein und für die nächsten 16 Hektar

[76] Ebenda, S. 12-15.

[77] Norbert Röder, Greening: Wie weiter? Überlegungen zur Effizienz des Greenings, S. 101-109.

[78] Francesco Tropea, Europäisches Parlament, Gemeinsame Agrarpolitik 2014-2020. Direktzahlungen, S. 9-11, 25-30.

eine Erhöhung um 30 Euro. Weitere nationale Gestaltungsmöglichkeiten ergaben sich bei dieser GAP-Reform durch mögliche Prämien für Gebiete mit naturbedingten Benachteiligungen und durch an bestimmte Produktionszweige gekoppelte Zahlungen. Diese beiden Instrumente nutzte Deutschland nicht.[79]

Gegenstand vieler agrarpolitischer Diskussionen war in Deutschland die von der EU eingeräumte Möglichkeit einer Umschichtung zwischen den Säulen. Dadurch wäre es möglich gewesen, einen größeren Anteil der Agrarförderung für die besonders umweltfreundlichen Maßnahmen in der Zweiten Säule zu nutzen. Insbesondere die Ökoanbauverbände und die Umweltverbände machten sich für eine hohe Umschichtung stark, während der Bauernverband hier auf der „Bremse" stand. Deutschland schichtete am Ende nur 4,5 Prozent der Mittel von der Ersten in die Zweite Säule um. Bis zu 15 Prozent wären möglich gewesen.[80]

Insgesamt sind die Handlungsspielräume der Mitgliedsstaaten bei Direktzahlungen aus der Ersten Säule der GAP gering. Deutschland hat die ihm verbliebenen Spielräume bisher vor allem für die Förderung kleiner Betriebe (Umverteilungsprämie) und von Junglandwirten genutzt. Dabei war die deutsche Agrarpolitik von der Absicht geleitet, möglichst wenige Mittel von der Basisprämie abzuziehen.[81] Dieses Ziel verfolgten vor allem der Deutsche Bauernverband und ihm nahestehende politische Parteien.

Mehr Spielräume boten dagegen die Direktzahlungen von Fördermitteln aus der Zweiten Säule der Gemeinsamen Agrarpolitik. Rechtsgrundlage war die EU-Verordnung Förderung Ländlicher Raum (ELER) Nr. 1305 von 2013. Diese Fördermaßnahmen sollten die Wettbewerbsfähigkeit der Landwirtschaft und ländliche Regionen stärken sowie dazu beitragen, dass die Landwirte mit natürlichen Ressourcen nachhaltig und klimafreundlich umgehen. Zur Durchführung der Fördermaßnahmen mussten die Mitgliedsstaaten Siebenjahresprogramme

[79] Lorenz Dilling, Rechtlicher Gestaltungsspielraum der Mitgliedsstaaten in der GAP, S. 16f, https://www.uni-goettingen.de/de/document/download/1297f170187bf928ee3d86c8279ec09b.pdf/Dilling%20L.%20Rechtlicher%20Gestaltungsspielraum%20der%20Mitgliedstaaten%20in%20der%20GAP.pdf (Abfrage vom 6.1.2025).

[80] Ebenda, S. 17f.

[81] Ebenda, S. 12-18.

entwickeln und die einzelnen Maßnahmen mit teilweise unterschiedlichen Sätzen kofinanzieren. Dabei hatten sie erhebliche Spielräume, weil sie unter den zahlreichen Maßnahmen auswählen konnten, die die EU-Verordnung 1305 vorgibt. Insgesamt 35 Prozent der verfügbaren Mittel mussten sie für Umwelt- und Klimaschutz verwenden. Dazu gehörten auch Fördermittel, die aus dem älteren „LEADER"-Programm stammten, das inzwischen in die Zweite Säule integriert ist. Deutschland wickelte diese Förderung bundeslandspezifisch in 13 Programmen ab. Diese förderten beispielsweise Agrarumwelt- und Klimaschutzmaßnahmen mit Zahlungen von 450 bis 900 Euro pro Hektar und Jahr, ebenso den ökologischen Landbau. Für den Erhalt bedrohter Nutztierrassen flossen 200 Euro pro Großvieheinheit. Die Verluste beim Nutzungsverzicht in Schutzgebieten können mit Zahlungen zwischen 50 und 500 Euro ausgeglichen werden. Der Ausgleich für benachteiligte Gebiete, wie zum Beispiel Gebirgsregionen, lag zwischen 25 und 450 Euro. Gefördert wurden Maßnahmen des Tierschutzes. Mit 40 bis 75 Prozent der Aufwendungen wurden tierschutzgerechte Stallbauten oder emissionsarme Güllebehälter gefördert. Und über das „LEADER"-Programm unterstützte die EU Initiativen der lokalen Bevölkerung zur Entwicklung des ländlichen Raumes. Insgesamt eröffneten die Fördermöglichkeiten aus der Zweiten Säule den deutschen Bundesländern zahlreiche Spielräume, die fließenden Mittel entsprechend den regionalen und lokalen Gegebenheiten einzusetzen.[82]

Die von den Bundesländern beschlossenen Maßnahmen mussten in bundeslandspezifischen Entwicklungsplänen dargelegt und von der EU notifiziert werden. Dabei wurde auch das Verbot der Doppelförderung überwacht. Das bedeutete, dass keine Förderung für etwas erfolgen durfte, was schon im Rahmen eines anderen Programms gefördert wurde. Selbstverständlich durfte auch nichts gefördert werden, was schon durch Gesetze oder Verordnungen vorgeschrieben war. Bei der Entwicklung und Aufstellung der Pläne hatte die EU auch organisatorische Vorgaben gemacht. So mussten diese im Rahmen eines ELER-Begleitausschusses durch die Wirtschafts-, Sozial- und Umweltpartner begleitet werden. Zu den Vorgaben gehörte ferner eine umfängliche Evaluierung der Entwicklungspläne und der einzelnen Förderprogramme. Insgesamt zogen die Förderungen aus der Zweiten Säule

[82] Ebenda, S. 19-23.

einen großen bürokratischen Aufwand für alle Beteiligten nach sich. Die zunehmende Bürokratie bei den Programmen der Zweiten Säule war immer wieder Thema in den Begleitausschüssen und in der allgemeinen begleitenden politischen Diskussion. Manche Bundesländer gingen deshalb dazu über, Programme aus der ELER-Förderung der Zweiten Säule herauszunehmen und nur mit Landesmitteln zu finanzieren. Die Kofinanzierung der ELER-Mittel erfolgte in Deutschland gemeinsam durch Bund und Länder. Grundlagen dafür wurden im Rahmenplan für die „Gemeinschaftsaufgabe Verbesserung der Agrarstruktur und des Küstenschutzes" (GAK-Rahmenplan) festgelegt.[83]

Bund und Bundesländer hatten somit bei der Ausgestaltung der Gemeinsamen Agrarpolitik im Sinne einer nachhaltigen Entwicklung der Landwirtschaft beachtliche Handlungsspielräume. Dies gilt insbesondere für die Mittel aus der Zweiten Säule der Gemeinsamen Agrarpolitik. Der deutsche Staat nutzte diese Optionen allerdings nur sehr zurückhaltend, wie sich bei den kaum ausgeschöpften Möglichkeiten zeigt, Fördermittel von der Ersten in die Zweite Säule umzuschichten. Entscheidend war hier der Einfluss einer eher transformationsskeptischen Lobby.

2.3.2 Der nationale Strategieplan zur Umsetzung der Gemeinsamen Agrarpolitik

Die Planungen der Gemeinsamen Agrarpolitik für die Jahre 2023 bis 2027 verpflichteten die Regierungen der Mitgliedsstaaten, nationale Strategiepläne auszuarbeiten, die die Reformen der Gemeinschaft auf einzelstaatlicher Ebene verwirklichen sollten. Erstmalig wurden damit die Maßnahmen der Ersten und der Zweiten Säule in einem gemeinsamen Rahmenplan zusammengefasst, allerdings ohne die Zwei-Säulen-Struktur grundsätzlich infrage zu stellen. Der nationale Strategieplan ersetzte damit auch die bisherigen Entwicklungspläne der einzelnen Bundesländer. Deutschland stand dabei vor einer besonderen Herausforderung. Die GAP-Reform wurde unter Beteiligung des Ministerrates noch unter einem CDU-geführten Landwirtschaftsministerium erarbeitet. Während dieser Arbeit zeichnete sich durch die Ergebnisse

[83] Ebenda, S. 24-26.

der Bundestagswahl im Herbst 2021 bereits eine Änderung bei der Besetzung des Landwirtschaftsministeriums ab. Diese wurde dann endgültig mit dem Koalitionsvertrag der „Ampel"-Regierung vollzogen. Der neue Landwirtschaftsminister Cem Özdemir musste nun diese Arbeit vollenden und gleichzeitig dem Anspruch genügen, in kürzester Zeit noch Richtungsänderungen für die Agrarpolitik der „Ampel"-Regierung einzuflechten. Intensiv wurde deshalb auch über eine weitere Verschiebung der GAP-Reform nachgedacht.[84] Welche Ziele verfolgte dieser nationale Strategieplan als Kernelement der Umsetzung der jüngsten Agrarreform und welche finanziellen Mittel stellte er für die Nachhaltige Entwicklung der deutschen Landwirtschaft bereit?

Das EU-Recht gab folgende allgemeine Ziele vor: Die Förderung eines krisenfesten und diversifizierten Agrarsektors, der die langfristige Ernährungssicherheit gewährleistete, sowie die Unterstützung und Stärkung von Umwelt- und Klimaschutz einschließlich der biologischen Vielfalt und die Stärkung des sozioökonomischen Gefüges in ländlichen Gebieten. Dabei sollten die Strategien der EU zur Entwicklung des Ökolandbaus, die Biodiversitätsstrategie und die Farm-to-Fork-Strategie Berücksichtigung finden. Aufbauend auf dieser Zielsetzung wurden eigene Strategien und Ziele der Bundesregierung in den Plan integriert. Dazu gehörte beispielsweise die nationale Zukunftsstrategie ökologischer Landbau (ZöL). Diese sollte Hemmnisse für die Weiterentwicklung des Ökolandbaus entlang der Wertschöpfungskette identifizieren und beseitigen helfen.[85]

Zur Finanzierung der Maßnahmen standen Deutschland vom 1. Januar 2023 bis zum 31. Dezember 2027 aus dem Haushalt der Europäi-

[84] BMEL, GAP als Kerninstrument für nachhaltige Transformation der Landwirtschaft weiterentwickeln, Pressemitteilung Nr. 181/2022, 16.12.2022, https://www.bmel.de/SharedDocs/Pressemitteilungen/DE/2022/181-gap-begleitausschuss-strategieplan.html (Abfrage vom 6.11.2023). – Die Bundesregierung, Reform der Gemeinsamen Agrarpolitik, 16.12.2022, https://www.bundesregierung.de/breg-de/themen/nachhaltigkeitspolitik/nationaler-gap-strategieplan-2007118 (Abfrage vom 6.11.2023).

[85] Vgl. zu diesem und den folgenden Absätzen: Bundesministerium für Ernährung und Landwirtschaft, Den Wandel gestalten. Zusammenfassung zum GAP-Strategieplan 2023-2027, Stand: März 2023, https://www.bmel.de/SharedDocs/Downloads/DE/_Landwirtschaft/EU-Agrarpolitik-Foerderung/gap-strategieplan-kurzueberblick.pdf?__blob=publicationFile&v=2 (Abfrage vom 6.5.2024).

schen Union pro Jahr rund 6 Mrd. Euro zur Verfügung. Etwa die Hälfte dieser Mittel sollte in den Klima-, Umwelt- und Artenschutz fließen. Über diesen Anteil wurde auf EU-Ebene lange gestritten. Schließlich machte die EU folgende Vorgaben für die Verwendung dieser Mittel:

Mindestens 25 Prozent der Mittel der korrigierten nationalen Obergrenze für die Direktzahlungen (nach Abzug der Umschichtung in die Zweite Säule) sollten für Öko-Regelungen in der Ersten Säule bereitgestellt werden, wobei die Mitgliedsstaaten auf diesen Prozentsatz Ausgaben anrechnen konnten, wenn sie in der Zweiten Säule erhebliche Mittel für Agrarumwelt- und Klimamaßnahmen ausgaben. Mindestens 10 Prozent dieser Mittel mussten für die Umverteilungseinkommensstützung verwendet werden, soweit der Mitgliedsstaat nicht bestimmte andere Instrumente anwandte. Maximal 13 Prozent (sogar 15 Prozent, wenn 2 Prozent der Mittel für die Förderung des Sektors Eiweißpflanzen verwendet wurden) der Fördermittel aus der korrigierten nationalen Obergrenze konnten für gekoppelte Einkommensstützungen verwendet werden. Mindestens ein Betrag, der 3 Prozent der Mittel der nationalen Obergrenze für die Direktzahlungen vor der Umschichtung entsprach, musste für die Unterstützung von Junglandwirtinnen und Junglandwirten über Förderungen der Ersten oder Zweiten Säule eingesetzt werden. Mindestens 35 Prozent der EU-Mittel für die Zweite Säule dienten dem Umwelt-, Klima- und Tierschutz. Mindestens 5 Prozent der EU-Mittel für die Zweite Säule waren für die Entwicklung des ländlichen Raumes („LEADER") zu verwenden. Maximal 4 Prozent der EU-Mittel für die Zweite Säule wurden als sogenannte „technische Hilfe" für die Unterstützung der Durchführung des GAP-Strategieplans eingesetzt.

Damit ist der finanzielle Rahmen beschrieben, in dem Bund und Länder ihre Maßnahmen auf der Grundlage des nationalen Strategieplans durchführen konnten. „Mit dem GAP-Strategieplan unterstützen wir den notwendigen Transformationsprozess der Landwirtschaft, stärken die Resilienz der landwirtschaftlichen Betriebe und helfen der Landwirtschaft, die Folgen der Klimakrise zu bewältigen. Wir stärken die ökologisch nachhaltige Agrarwirtschaft, um auch in Zukunft unsere

Ernährung zu sichern und gleichzeitig die natürlichen Ressourcen zu schützen.“ So der Bundeslandwirtschaftsminister im Dezember 2022.[86]

Die Erste Säule der GAP, wie sie von der Bundesregierung umgesetzt wird, besteht allerdings nach wie vor zum größten Teil aus Direktzahlungen, die pro Flächeneinheit als „Einkommensgrundstützung“ gezahlt werden. Ein kleiner Teil dieser Prämie wird so umgeschichtet, dass für die ersten Hektare eine etwas höhere Prämie gezahlt wird. Damit sollen besonders klein- und mittelbäuerliche Betriebe unterstützt werden. Aus der Ersten Säule kommen zusätzlich die Zahlungen für die bereits oben erwähnten „Öko-Regelungen“ („Eco-Schemes“), die Landwirtschaftsbetriebe für die freiwillige Erbringung bestimmter ökologischer Leistungen beantragen können. Eine besonders gut angenommene Ökoregel ist der Nachweis von bestimmten Kennarten im Grünland. Damit wird insofern ein neuer vielversprechender Weg begangen, als die Förderung der Kennarten ergebnisorientiert erfolgt. Das heißt, der Antragsteller muss das Vorhandensein der Kennarten nachweisen können. Außerdem erfolgen die Unterstützungen für junge Landwirtinnen und Landwirte aus Mitteln der Ersten Säule. Die Zahlungen aus der Zweiten Säule liegen weiter in der Hand der Bundesländer und müssen kofinanziert werden. Sie knüpfen in der Umsetzung an die bisher durchgeführten Länderprogramme an und fördern Maßnahmen des Umwelt- und Klimaschutzes wie den Pestizidverzicht, den ökologischen Landbau, das Anlegen von Altgrasstreifen im Grünland und eine vielfältige Fruchtfolge unter Beteiligung von Leguminosen. Auch unterschiedlich ausgestattete Weidetierprämien für Wiederkäuer finden sich in den Förderprogrammen wieder. Aus Mitteln der Zweiten Säule werden aber auch ganz allgemein Programme zur Förderung der Attraktivität ländlicher Regionen ausgestattet.[87]

Ende 2022 setzte die Bundesregierung den deutschen „Begleitausschuss Nationaler GAP-Strategieplan“ ein. Dort konnten alle Institutionen und gesellschaftlichen Gruppen, die für diese Reformen wichtig waren, ihre Kompetenzen einbringen. Im nationalen Begleitausschuss

[86] Die Bundesregierung, Reform der Gemeinsamen Agrarpolitik, 16.12.2022, https://www.bundesregierung.de/breg-de/themen/nachhaltigkeitspolitik/nationaler-gap-strategieplan-2007118 (Abfrage vom 6.11.2023), Zitate: ebenda.
[87] Ebenda.

waren Fachbehörden des Bundes und der Länder vertreten, aber auch die EU-Kommission und Forschungseinrichtungen wie das Thünen-Institut sowie Wirtschafts-, Sozial- und Umweltinstitutionen und -verbände. Der Begleitausschuss sollte die Umsetzung des GAP-Strategieplans für die Jahre 2023 bis 2027 steuern und begleiten und arbeitete eng mit den 13 Begleitausschüssen auf Länderebene zusammen. Er prüfte die Verwirklichung des Strategieplans der Gemeinsamen Agrarpolitik und den Aufbau hierfür notwendiger Verwaltungen; und er nahm Stellung zu Methoden, Plänen und Berichten. Die ähnlich zusammengesetzten regionalen Begleitausschüsse erfüllten diese Aufgaben bei den Vorhaben der Zweiten Säule der Gemeinsamen Agrarpolitik.[88]

Die Verwirklichung der Ziele dieses nationalen Strategieplans bildet die bereits beschriebenen Reformen der EU-Agrarpolitik ab. Sie würde einen wichtigen Schritt auf dem Weg der Großen Transformation der deutschen Landwirtschaft bedeuten. Es ist aber auch klar geworden, wie kompliziert die Umsetzung der EU-Agrarpolitik in den Mitgliedsstaaten durch die Reformprozesse geworden ist. Allein das Festhalten an dem Zwei-Säulen-System bindet enorme Kräfte in Ministerien und Verwaltung, die den Reformprozess formal richtig gestalten müssen. Denn die neuen Eco-Schemes beschreiben Maßnahmen, die zum Teil auch schon über Länderprogramme gefördert wurden. Diese mussten nun angepasst werden, damit es nicht zu einer unzulässigen Doppelförderung durch Programme der Ersten und Zweiten Säule kommt. Für die Anwender in der landwirtschaftlichen Praxis ergab sich dadurch ein schwer zu durchschauender „Förder-Dschungel", der mit außerordentlich viel Bürokratie verbunden war. Die Kritik über zu viel Bürokratie nutzen konservative Kräfte in der agrarpolitischen Diskussion für ihre Forderung nach einer grundsätzlichen Abkehr von umweltpolitischen Gesichtspunkten bei der Agrarförderung. Auch im Vorfeld der Wahlen zum Europäischen Parlament wurden deshalb auf

[88] Bundesministerium für Ernährung und Landwirtschaft, Begleitausschuss „Nationaler GAP-Strategieplan", 29.3.2023, https://www.bmel.de/DE/themen/landwirtschaft/eu-agrarpolitik-und-foerderung/gap/gap-strategieplan_begleitausschuss.html (Abfrage vom 7.11.2023). – Exemplarisch für die Länderebene: Hessisches Ministerium für Umwelt, Klimaschutz, Landwirtschaft und Verbraucherschutz, GAP Strategieplan. Regionaler Begleitausschuss, https://umwelt.hessen.de/laendliche-raeume/eler-foerderung/eler-2023-2027/regionaler-begleitausschuss (Abfrage vom 7.11.2023).

Druck von Berufsorganisationen, die durch teilweise von Gewalt begleiteten Bauerndemonstrationen gestützt wurden, schon einige Maßnahmen durch die EU-Kommission im April 2024 zurückgenommen. Dazu gehört auch die Verpflichtung zur Flächenstilllegung. Die Forderung nach einer schlankeren GAP mit einer Abkehr vom Zwei-Säulen-System bei der Betrachtung der letzten GAP-Reform ist plausibel. Die für eine Transformation der Landwirtschaft so dringend notwendigen Umweltregelungen und Förderprogramme könnten besser und unbürokratischer in einer Fördersäule gesteuert werden.

2.3.3 Die Umsetzung der Nitrat- und der UTP-Richtlinie in Deutschland

Am Beispiel zweier Richtlinien werden wir im folgenden Abschnitt Probleme und Chancen der Umsetzung von Vorgaben der Gemeinsamen Agrarpolitik in Deutschland anschaulich machen: Zunächst stellen wir die „Nitrat-Richtlinie“ vor und im Anschluss daran die „UTB-Richtlinie“. Dabei fragen wir nach den Gründen für Erfolg und Misserfolg bei der Verwirklichung der Vorschriften auf nationaler Ebene.

Angesichts der gesundheitlichen Risiken für die Bevölkerung heißt es in der „Nitrat-Richtlinie“: „Zum Schutz der menschlichen Gesundheit und der lebenden Ressourcen und Ökosysteme der Gewässer sowie zur Sicherung sonstiger rechtmäßiger Nutzungen der Gewässer ist es deshalb notwendig, die durch Nitrat aus landwirtschaftlichen Quellen verursachte oder ausgelöste Gewässerverunreinigung zu reduzieren und einer weiteren Verunreinigung vorzubeugen. Hierzu ist es wichtig, Maßnahmen betreffend die Lagerung und das Ausbringen sämtlicher Stickstoffverbindungen auf landwirtschaftlichen Flächen sowie hinsichtlich bestimmter Bewirtschaftungsmethoden zu ergreifen.“ Die Richtlinie verpflichtete die Mitgliedsstaaten daher, Flächen, deren Oberflächenwasser in Gewässer fließt oder Grundwasserkörper beeinflusst, die stark durch Nitrat belastet sind, als gefährdete Gebiete auszuweisen. Sie sollten diese Gefährdung mithilfe von Aktionsprogrammen auf wissenschaftlicher Basis reduzieren, deren Wirkung im Grund- und Oberflächenwasser messen und überwachen, der Europäischen

Kommission über die Durchführung der Richtlinie berichten und die Landwirte informieren und schulen.[89]

Betroffen waren vor allem die Gebiete Deutschlands mit intensiver Viehhaltung. Die Bundesregierung kam ihrer Verpflichtung, die Nitrat-Richtlinie umzusetzen, erst mit großer Verspätung nach. Am 26. Januar 1996 erließ die Bundesregierung die „Verordnung über die Grundsätze guter fachlicher Praxis beim Düngen (Düngeverordnung)". Sie galt für landwirtschaftlich und gartenbaulich genutzte Flächen, nicht aber für Hausgärten, Nutzgärten und Flächen, die für geschlossene und bodenunabhängige Kulturen genutzt wurden. Sie legte fest, dass Düngemittel nach den Regeln „Guter fachlicher Praxis" dann ausgebracht werden sollen, wenn die Pflanzen die Nährstoffe „weitestgehend" ausnutzen können und „weitestgehend" vermieden werden kann, dass sie in Gewässer gelangen. Damit der im Boden verbliebene Stickstoff verbraucht werden konnte, empfahl die Verordnung auch den Anbau von Zwischenfrüchten. Die Mengen von tierischem Wirtschaftsdünger und die Zeiten, zu denen sie ausgebracht werden durften, wurden begrenzt. Gülle durfte auf nicht bestelltem Ackerland nur dann ausgebracht werden, wenn sie rasch in die Böden eingearbeitet wurde. Hinzu kamen Vorschriften zur Ermittlung des Düngerbedarfs und zur Ausbringung des Düngers.[90]

Die Bundesregierung schwächte die Wirkung dieser Regelungen stark ab, indem sie von der sogenannten „Derogationsregelung" Gebrauch machte, die die Richtlinie den nationalen Regierungen einräumte. Diese sah Ausnahmen von der Begrenzung des Einsatzes von Wirtschaftsdüngern vor. Diese Ausnahmeregelung war immer sehr umstritten, weil gerade in den viehstarken Gebieten Nordwestdeutschlands und in Teilen von Bayern und Schleswig- Holstein die Probleme am größten waren. Der Deutsche Bauernverband und die Agrarminister aus den Reihen der CDU/CSU sorgten dafür, dass diese Ausnahmeregelung Bestand hatte, obwohl die EU-Kommission Deutschland immer

[89] Richtlinie 91/676/EWG des Rates vom 12. Dezember 1991 zum Schutze der Gewässer vor Verunreinigung durch Nitrat aus landwirtschaftlichen Quellen (91/676/EWG), in: Amtsblatt der Europäischen Gemeinschaften vom 31.12.1991, Nr. L 375, S. 1-5, Zitat: S. 5.

[90] Verordnung über die Grundsätze der guten fachlichen Praxis beim Düngen (Düngeverordnung), in: Bundesgesetzblatt, Jg. 1996, Teil I, Nr. 6, Bonn, 6. Februar 1996, S. 118-121.

wieder darauf hinwies, dass die Umsetzung der Nitrat-Richtlinie unzureichend sei.[91]

Erst 2009 ersetzte der deutsche Gesetzgeber das alte Düngemittelgesetz von 1977. Das neue Gesetz sollte die Ernährung von Nutzpflanzen sicherstellen und die Fruchtbarkeit des Bodens erhalten oder nachhaltig verbessern, insbesondere seinen Humusgehalt. Und es sollte Gefahren für die Gesundheit von Menschen und Tieren sowie für den Naturhaushalt abwenden, die von Düngemitteln ausgehen. Es regelte Zuständigkeiten von Behörden und staatlichen Ebenen, Kontrollbefugnisse und Strafen bei Verstößen.[92] Über dieses Gesetz hinaus setzte auch § 62 Absatz 1 des Wasserhaushaltsgesetzes von 2009 die Nitrat-Richtlinie der Gemeinschaft um. Er enthielt Vorschriften zur Lagerung von Gülle und Silage.[93] Die neue Rechtslage schlug sich allerdings nicht in den Messwerten an den Referenzbrunnen nieder: Sie verbesserten sich zunächst kaum. Erst nach 2015 sanken die Werte geringfügig. 2008 wurde der Grenzwert von 50 Milligramm pro Liter an 36,7 Prozent der Messstellen überschritten. 2022 waren es noch immer 33,6 Prozent.[94]

Die auf Drängen der EU-Kommission überarbeitete Düngeverordnung von 2017 regelte „die Gute fachliche Praxis bei der Anwendung von Düngemitteln, Bodenhilfsstoffen, Kultursubstraten und Pflanzenhilfsmitteln auf landwirtschaftlich genutzten Flächen, […] das Vermindern von stofflichen Risiken durch die Anwendung von Düngemitteln,

[91] Einen guten Einblick in die Argumentation des Deutschen Bauernverbands in den 2010er Jahren bietet: Deutscher Bauernverband, Antworten des Deutschen Bauernverbandes. Fragen an die öffentliche Anhörung des Ausschusses für Ernährung und Landwirtschaft im Deutschen Bundestag zum Thema „Änderung des Düngerechts“ am 14.3.2016, https://www.bundestag.de/resource/blob/413490/d700d8f6a0d1762863f966a37c8fe258/Stellungnahme-DBV.pdf (Abfrage vom 19.12.2024)

[92] Düngegesetz vom 9. Januar 2009 (BGBl. I S. 54, 136), das zuletzt durch Artikel 277 der Verordnung vom 19. Juni 2020 (BGBl. I S. 1328) geändert worden ist.

[93] Gesetz zur Ordnung des Wasserhaushalts (Wasserhaushaltsgesetz – WHG) vom 31. Juli 2009, § 62,1, in: Bundesgesetzblatt Jg. 2009, Teil I, Nr. 51, Bonn 6. August 2009, S. 2602.

[94] Umweltbundesamt, Anteil der Messstellen mit Überschreitung des Grenzwertes für Nitrat im Grundwasser, https://www.umweltbundesamt.de/sites/default/files/medien/5929/bilder/dateien/de_indikator_aqua-04_nitrat-grundwasser_2024-01-16.pdf (Abfrage vom 8.5.2024).

Bodenhilfsstoffen, Kultursubstraten und Pflanzenhilfsmitteln auf landwirtschaftlich genutzten Flächen […].“ Der Bedarf der Pflanzen an Nitrat- und Phosphor-Dünger sollte möglichst exakt ermittelt und bei der Düngung nicht überschritten werden, ebenso sollte der richtige Zeitpunkt für das Düngen ermittelt werden. Gleichzeitig sollten direkte Einträge und Ausschwemmungen von Düngemitteln in Gewässer und benachbarte Räume vermieden werden. Organische und organisch-mineralische Düngemittel mussten unverzüglich in den Boden eingearbeitet werden. Ausnahmen galten für Festmist von Huf- oder Klauentieren, für Kompost und für organische und organisch-mineralische Düngemittel mit weniger als 2 Prozent Trockenmasseanteil. Dabei durfte ein Gesamtstickstoffanteil von 170 kg pro Hektar und Jahr nicht überschritten werden. Darüber hinaus wurden Düngeverbote für bestimmte Zeiträume erlassen. Weitere Verbote betrafen die Kopfdüngung durch flüssigen Wirtschaftsdünger im Gemüsebau oder die Verwendung von Ammoniumcarbonat als Düngemittel, Bodenhilfsstoff, Kultursubstrat oder Pflanzenhilfsmittel.[95]

Da auch die neue Düngeverordnung die Missstände nicht beseitigte, setzte die Europäische Kommission ihr „schärfstes Schwert“ ein und verklagte die Bundesrepublik Deutschland vor dem Europäischen Gerichtshof. Im Juni 2018 bestätigte der EUGH die Kritik der Kommission. Deutschland besserte daraufhin 2020 seine Düngeverordnung nach, was der EU-Kommission erneut nicht ausreichte. Nun drohte ein Vertragsverletzungsverfahren gegen Deutschland mit einer Vertragsstrafe von 11 Mio. Euro und einem Zwangsgeld von 850.000 Euro pro Tag. Daraufhin veränderte die Bundesregierung ihre Maßnahmen so, dass die EU-Kommission einverstanden war und im Juni 2023 das Vertragsverletzungsverfahren einstellte.[96]

Begleitet wurden diese Vorgänge von massiven Bauernprotesten gegen diese Einschränkungen bei der Düngung wehrten. Im Zuge der Proteste wurde das Messstellennetz – zu Unrecht – infrage gestellt und die Verantwortung der Landwirtschaft heruntergespielt. Auf der Suche

[95] Düngeverordnung vom 26. Mai 2017 (BGBl. I S. 1305), die durch Artikel 1 der Verordnung vom 28. April 2020 (BGBl. I S. 846) geändert worden ist, Zitat: § 1.

[96] BMEL, Fragen und Antworten zum Düngerecht. Wie hängen Düngegesetz und Verordnungen zusammen? https://www.bmel.de/SharedDocs/FAQs/DE/faq-duengerecht/FAQList.html (Abfrage vom 8.5.2024).

nach anderen möglichen Verursachern für die Nitratbelastung ließ die Hessische Landesregierung 2021 auf Druck des Hessischen Bauernverbands und einiger CDU-Politiker ein eigenes Gutachten erstellen. Agrarwissenschaftler der Justus-Liebig-Universität Gießen und das Ingenieurbüro Unger kamen zu dem Ergebnis, dass „die Landwirtschaft, die rund 43 Prozent der Fläche Hessens einnimmt, mit 89 Prozent die Haupteintragsquelle von Nitrat in das Grundwasser darstellt, lediglich 11 Prozent entfallen auf nicht-agrarbedingte Einträge“. Als Hauptursache machten sie dafür den Stickstoffüberschuss bei der landwirtschaftlichen Düngung aus.[97]

Autorinnen und Autoren des Kritischen Agrarberichts hatten bereits 2019 verschiedene Unzulänglichkeiten der letzten Düngeverordnung moniert. Sie machten aber auch Vorschläge, wie einzelne Mängel zu beseitigen wären. So bewerteten sie die einheitlichen Stickstoffbedarfszahlen für unterschiedliche Kulturen kritisch. Die vorgeschriebene Ausbringungstechnik – Schleppschlauch, Schleppschuh, Schlitztechnik – vermindere zwar die Geruchsbelastung und die Emissionen von Methan. Doch gleichzeitig erhöhe sie den Ausstoß anderer klimaschädlicher Gase, verschmutze die Pflanzen verstärkt, schade der Bodenstruktur und verschlechtere die Qualität des Futters. Stattdessen schlugen sie Methoden der „Gülleveredelung“ – mit Mikroorganismen und ökologischen Hilfsstoffen – vor, um die Nitrat-Verluste bei der Gülledüngung zu vermindern. Weiter forderten sie, dass jene Betriebe von den Verpflichtungen der Düngeverordnung befreit werden sollten, die so wenig Vieh halten und so wenig Mineraldünger einsetzen, dass keine Düngemittel ausgewaschen werden. Diese Forderung erhoben auch die Ökoanbauverbände. Sie wiesen darauf hin, dass bei Ökobetrieben keine Gefahr der Überdüngung bestehe. Zudem bemängelte der Kritische Agrarbericht, dass die Verordnung nicht den Notwendigkeiten des Wasserschutzes genüge, „weil langjährig angewandte und

[97] Martin Bach, Lutz Breuer, Lukas Knoll, Joachim Kilian, Agrarbedingte und nicht-agrarbedingte Nitrateintragsquellen in das Grundwasser in Hessen, in: Wasser und Abfall 11/2021, https://www.springerprofessional.de/agrarbedingte-und-nicht-agrarbedingte-nitrateintragsquellen-in-d/19846572 (Abfrage vom 8.5.2024), Zitat: ebenda.

anerkannte Standards der Wasserschutzberatung unberücksichtigt bleiben.“[98]

Weniger Probleme als die Nitrat-Richtlinie machte die Umsetzung der Richtlinie aus dem Jahr 2019, die unlautere Handelspraktiken in den Geschäftsbeziehungen zwischen Unternehmen in der Agrar- und Lebensmittelversorgung verhindern sollte („UTP-Richtlinie“).[99] Sie sollte auch landwirtschaftliche Betriebe vor der Dominanz der Großabnehmer schützen. Im Juni 2021 verabschiedete der Bundestag das Zweite Gesetz zur Änderung des Agrarmarktstrukturgesetzes, das die UTP-Richtlinie in Deutschland umsetzte. Beispielsweise wurden die Käufer nun verpflichtet, eine Zahlungsfrist für verderbliche Güter von maximal 30 Tagen einzuhalten (§ 11). Vereinbarungen, dass die Käufer nicht verkaufte Waren unentgeltlich und für sie kostenlos an den Verkäufer zurückgeben durften, sollten künftig unwirksam sein (§ 12). Kurzfristige Abbestellungen oder Lieferverträge über verderbliche Waren waren nicht zulässig (§ 13), ebenso die Kostenbeteiligung der Lieferanten an der Lagerung beim Käufer (§ 14) oder für Kosten, die ohne ihr Verschulden entstehen (§ 16), oder einseitige Vertragsänderungen (§ 15).[100]

Bei der Umsetzung der UTP-Richtlinie der EU in Deutschland stießen marktideologische Zielvorstellungen vorwiegend konservativer Agrarpolitik auf die Tendenz relativ unregulierter Märkte zur Herausbildung von Oligopolen. Daher wurde sie zügig verwirklicht. Die Umsetzung der Richtlinien zur Begrenzung des Eintrags von Nitrat in Böden sowie Oberflächen- und Grundwasser wurden dagegen sehr zögerlich aufgenommen. Ausschlaggebend dafür war, dass die betrieblichen Erfordernisse den hartnäckigen Widerstand der Landwirtinnen und Landwirte gegen die Versuche bewirkten, die Nitratmengen, die

[98] Onno Poppinga, Peter Hamel, Andrea Eiter, Silke Reimund, Jahr eins mit der novellierten Düngeverordnung. Erste praktische Erfahrungen und eine Übersicht der Stellungnahmen, in: Kritischer Agrarbericht 2019, S. 171-181.

[99] Richtlinie (EU) 2019/633 des Europäischen Parlaments und des Rates vom 17. April 2019 über unlautere Handelspraktiken in den Geschäftsbeziehungen zwischen Unternehmen der Agrar- und Lebensmittelversorgungskette, Amtsblatt der Europäischen Union, 25.4.2019, L 111/59-72.

[100] Zweites Gesetz zur Änderung des Agrarmarktstrukturgesetzes vom 2. Juni 2021, Bundesgesetzblatt Jahrgang 2021 Teil I Nr. 28, ausgegeben zu Bonn am 8. Juni 2021, S. 1278-1292.

die Landwirtschaft ausbrachte, zu begrenzen. Bei ihrem Widerstand wurden sie von Düngemittelherstellern und Händlern unterstützt.

2.3.4 Beiträge von Ländern und Kommunen zur Agrarreform

Neben der EU und dem Bund sind auch die Bundesländer und Kommunen wichtige Akteure der Transformation. Wir zeigen dies im Folgenden an einigen Beispielen. So sprach sich die Regierung Mecklenburg-Vorpommerns, die im November 2021 von SPD und Linken gebildet wurde, dafür aus, den Umbau der Landwirtschaft hin zur Nachhaltigkeit zu stärken. Unter dem Kapitel „Eine Landwirtschaft mit Zukunft" setzte sie sich in ihrem Regierungsprogramm für „eine regional verankerte Landwirtschaft mit hohen sozialen und ökologischen Standards" ein. Deren Produkte sollten regional verarbeitet und vermarktet werden. Die Agrarwirtschaft sollte „die Versorgung mit gesunden, bezahlbaren Lebensmitteln" ebenso gewährleisten wie einen „guten Lebensunterhalt" für die Landwirtinnen und Landwirte. Politik und Land- sowie Ernährungswirtschaft seien „feste Partner" auf „dem Weg ins Zeitalter des Klimaschutzes, Artenschutzes, sauberen Wassers und einer gesunden Lebensweise".[101]

Die Koalitionspartner wollten Familienbetriebe stärken und den Boden physisch, aber auch gegen ungebremste Spekulation schützen. Sie wollten die Umstellung auf emissionsärmere Produktionsmethoden unterstützen und die Zahl der gehaltenen Tiere pro Flächeneinheit begrenzen. Sie wollten die ökologische Landwirtschaft auf mindestens ein Fünftel der Agrarfläche des Landes ausweiten und die Weiterbildung im Bereich des ökologischen Landbaus ausbauen. Sie wollten den Aufbau von Agroforstsystemen als landwirtschaftliche Tätigkeit und als Agrarumwelt- und Klimamaßnahme anerkennen, Umwelt- und Klimaschutz in der Agrarwirtschaft nach dem Grundsatz „öffentliches Geld für öffentliche Leistung" finanziell honorieren und Einrichtungen der Agrarforschung weiterentwickeln. Zugleich machte sich die

[101] Aufbruch 2030. Koalitionsvereinbarung Mecklenburg-Vorpommern 2021-2026, S. 36, Zitate: ebenda, https://spd-mvp.de/uploads/spdLandesverbandMecklenburgVorpommern/Downloads/Koalitionsvertrag-SPD-DIE-LINKE-MV-2021-2026.pdf (Abfrage vom 27.12.2024).

Regierung stark für die Rückgewinnung von Phosphor, für neue Züchtungsmethoden und die Digitalisierung der Landwirtschaft. Auch den Einsatz von Pflanzenschutzmitteln wollte sie verringern.[102]

Darüber hinaus setzte sich die Landesregierung ein für eine tierwohlorientierte Kennzeichnung der tierischen Lebensmittel, für die Vermeidung von Tiertransporten über lange Strecken und die Begrenzung auf eine Dauer von maximal vier Stunden, gegen den Export von Tieren für die Schlachtung aus Mecklenburg-Vorpommern, für dezentrale Schlachtbetriebe und für den Erhalt der genetischen Vielfalt von Nutztierrassen. Sie wollte die Verschwendung von Lebensmitteln bei Produktion und Handel bekämpfen. Und sie wollte auf Bundesebene dafür sorgen, dass der Lebensmitteleinzelhandel verpflichtet wird, noch genießbare Lebensmittel mit abgelaufenem Mindesthaltbarkeitsdatum an wohltätige Einrichtungen abzugeben. Darüber hinaus wollte die Landesregierung Mecklenburg-Vorpommerns Maßnahmen des Boden-, Wasser-, Natur- und Verbraucherschutzes ergreifen.[103]

Ein wichtiges Gestaltungsinstrument der Bundesländer sind die Gelder aus der Zweiten Säule der EU-Agrarpolitik. Die Voraussetzungen, die Wirkweise und die Rolle der Bundesländer dabei haben wir bereits beschrieben. Finanzstarke Bundesländer können auch Förderprogramme in Eigenregie finanzieren. Aber diese Programme dürfen den Zielsetzungen der EU-Agrarpolitik nicht widersprechen. Im Bundesland Hessen wurde beispielsweise in einer Koalition von CDU und Grünen ein „Ökoaktionsplan" mit zahlreichen kleinteiligen Maßnahmen beschlossen, der mit Landesmitteln finanziert wurde. Dieser Plan sollte das Bundesland bei der Erreichung des Ziels eines 25-Prozent-Anteils des Ökolandbaus bis 2025 unterstützen. Bereits der Ökoaktionsplan 2014 bis 2019 hatte dazu beigetragen, dass sich die neu umgestellte Fläche in diesem Zeitraum nahezu vervierfachte. Ende 2019 erreichte Hessen mit 15 Prozent Ökoanbaufläche einen Spitzenplatz im Vergleich der Bundesländer.[104]

[102] Ebenda, S. 37.

[103] Ebenda, S. 38-42.

[104] Hessisches Ministerium für Umwelt, Klimaschutz, Landwirtschaft und Verbraucherschutz, Ökoaktionsplan Hessen. Baustein für eine nachhaltige Landwirtschaft in Hessen, Wiesbaden 2020, S. 5, https://umwelt.hessen.de/sites/umwelt.hessen.de/files/2021-06/oekoaktionsplan_hessen_2020-2025.pdf (Abfrage vom 24.5.2024).

Darüber hinaus bestimmen die Bundesländer aber auch über die Umsetzung bestimmter Rechtsrahmen von EU und Bundesgesetzgebung maßgeblich mit. Beispielhaft sei hier auf die zentrale Rolle der Bundesländer bei der Umsetzung der Düngegesetzgebung von EU und Bund hingewiesen. In jedem Bundesland gibt es dazu eigene Länderverordnungen.[105] Analog dazu gibt es Zuständigkeiten im Naturschutz, im Tierschutz und im Verbraucherschutz, bei denen es primär um die Umsetzung geltenden Rechts geht, das auf der Ebene des Bundes oder der Europäischen Union beschlossen wurde. Meinungsbildung und Absprachen zur Umsetzung erfolgen regelmäßig in Agrarministerkonferenzen (AMK) und Umweltministerkonferenzen (UMK). Bei diesen Konferenzen ist es die Regel, dass die jeweils zuständigen Ministerinnen und Minister ihre Vorstellungen ohne Rücksicht auf ihre eventuell vorhandenen Koalitionspartner einbringen. Bei den Ministerkonferenzen finden zwar auch Abstimmungen statt, diese sind aber meistens nur Appelle an höhergestellte Ebenen und Absichtserklärungen. Bei Abstimmungen im Bundesrat müssen die zuständigen Ministerinnen und Minister allerdings die Linie der jeweiligen Landesregierungen vertreten. Gibt es hier keine Einigung zwischen den Koalitionspartnern, enthält sich das Bundesland in der Regel der Stimme. Solche Regelungen finden sich in den meisten Koalitionsvereinbarungen.[106]

Wichtig sind auch die Zuständigkeiten der Bundesländer bei der Aufstellung von Landesentwicklungsplänen, die wiederum Basis für die regionalen Raumordnungspläne sind, die auf kommunaler Ebene aufgestellt werden. Diese Pläne machen Vorgaben für die Landnutzung, die Bereitstellung von Flächen für Energiegewinnung, Wohnungs-, Gewerbe und Industriebau und für Vorbehalts- und Vorrangflächen für die Landwirtschaft. Damit greifen sie weit in die mögliche Land-

[105] Beispielsweise für Hessen: Hessische Landesregierung, Der Ministerpräsident Bouffier, Die Ministerin für Umwelt, Klimaschutz, Landwirtschaft und Verbraucherschutz Hinz, Verordnung über ergänzende Vorschriften zur Anwendung von Düngemitteln, Bodenhilfsstoffen, Kultursubstraten und Pflanzenhilfsmitteln nach § 13 der Düngeverordnung (Ausführungsverordnung zur Düngeverordnung) vom 16. Dezember 2020, in: Gesetz- und Verordnungsblatt des Landes Hessen Nr. 68, S. 964f, https://starweb.hessen.de/cache/GVBL/2020/00068.pdf (Abfrage vom 27.12.2024).

[106] Agrarminsterkonferenz, Geschäftsordnung, Dokumente u.a., https://www.agrarministerkonferenz.de/Startseite.html (Abfrage vom 21.5.2024).

nutzung ein und sind ein bedeutender Teil des politischen Diskurses auf Länderebene: Dies betrifft beispielsweise die zunehmende Versiegelung der Böden oder das Bereitstellen von Ersatzflächen aus der Landwirtschaft als Ausgleichsmaßnahme für städtebauliche Entwicklung.[107]

Viele dieser Impulse der übergeordneten staatlichen Ebenen würden allerdings wirkungslos bleiben, wenn die Kommunen sie nicht verwirklichen würden: Die Gemeinden und Gemeindeverbände spielen als „Staat vor Ort“ eine zentrale Rolle in der staatlichen Organisation, auch bei der Transformation der Landwirtschaft. Wie sich die Kommunen hierbei einbringen können, hat die SPD-nahe Friedrich-Ebert-Stiftung im Rahmen ihres „Klimahandbuchs für Kommunen“ aufgezeigt. Die Ausgabe für Hessen fordert für dieses Bundesland eine Ernährungswende und eine nachhaltige Landnutzung. Hier wiederum spielt die Landwirtschaft eine wichtige Rolle. Das Handbuch stellt in dem betreffenden Kapitel zunächst fest, dass das Ernährungssystem und die Veränderungen der Landnutzung weltweit etwa 30 Prozent zum Klimawandel beitragen. Dabei identifiziert sie – neben der Ernährungswende – die Ausweitung des ökologischen Landbaus auf 30 Prozent der landwirtschaftlich genutzten Fläche als ein zentrales Instrument für die Erreichung der Klimaneutralität in Deutschland. Es fordert den Verzicht auf mineralische Dünger und eine verbesserte Fähigkeit des Bodens, Kohlenstoff zu speichern. Die Autorinnen und Autoren stellen fest: „Kommunen können über Richtlinien und Vorgaben v.a. für eigene Flächen, über Eingriffs- und Ausgleichsregelungen sowie über eine gesicherte Abnahme regionaler und saisonaler Lebensmittel in öffentlichen Einrichtungen Einfluss auf die landwirtschaftliche Produktion nehmen.“ Die Tierbestände sollen vermindert werden. Der Verzehr von Fleisch- und Fleischprodukten soll auf 300 Gramm pro Person und Woche sinken. Regionale Produktion und Verarbeitung, Direktvermarktung und ökologischer Landbau können über Einkaufstrategien kommunaler Einrichtungen und Küchen gefördert werden. Darüber hinaus haben die Kommunen viele Möglichkeiten, gegen Lebensmittelverschwendung vorzugehen, die allein pro Person und

[107] Vgl. beispielsweise für Hessen: Landesplanung, Landesenwicklungsplan (LEP), https://landesplanung.hessen.de/landesplanung/landesentwicklungsplan-lep (Abfrage vom 21.5.2024).

Jahr für fast eine halbe Tonne Treibhausgase verantwortlich ist. Und schließlich können sie durch verbesserte Informationen und ihre Gestaltungsmöglichkeiten auf den eigenen Flächen für eine Wiedervernässung von Mooren, einen geringeren Anbau von Energiepflanzen, den Humusaufbau und nachhaltige Waldwirtschaft sorgen.[108]

Diese Beispiele zeigen, dass Bundesländern und Kommunen eine zentrale Rolle bei der Verwirklichung der Großen Transformation der deutschen Landwirtschaft zukommt. Die übergeordneten Ebenen des Suprastaats und des Bundes setzen in der Regel nur den Rahmen. Die Länder und Kommunen verwirklichen diese Regelungen in der Praxis: Sie sind die Akteure der Transformation in der Region und vor Ort.

2.3.5 Agrarreformen der „Ampel"-Koalition

Das Regierungsbündnis von Sozialdemokraten, Grünen und Freien Demokraten vom September 2021 einigte sich in seinem Koalitionsvertrag auf Schritte und Maßnahmen, die die Transformation der industriellen Agrarwirtschaft in Deutschland beschleunigen sollten.

Ziel der „Ampel"-Regierung war „eine nachhaltige, zukunftsfähige Landwirtschaft, in der die Bäuerinnen und Bauern ökonomisch tragfähig wirtschaften können und die Umwelt, Tieren und Klima gerecht wird." Dies sollte auch einer gesunden Ernährung dienen. Sie wollte das Bodenschutzrecht auf Klimaschutz, Klimaanpassung und den Erhalt der Biodiversität ausrichten, sich für verbesserten Schutz des Bodens einsetzen und den Flächenverbrauch reduzieren.[109]

[108] Anika Bingart, Sabine Hafner, Lena Kopp, Lisa Maschke, Manfred Miosga, Janis Schiffner, Das Klima-Handbuch für Kommunen in Hessen. Den solidarisch-ökologischen Wandel erfolgreich gestalten, Friedrich-Ebert-Stiftung, Landesbüro Hessen, 2021, S. 24, http://library.fes.de/pdf-files/bueros/hessen/18324.pdf, S. 24f. (Abfrage vom 29.11.2021).

[109] Mehr Fortschritt wagen. Bündnis für Freiheit, Gerechtigkeit und Nachhaltigkeit. Koalitionsvertrag zwischen SPD, Bündnis 90/Die Grünen und FDP, 24. November 2021, S. 26, 41f, Zitat: S. 26, https://www.bmel.de/SharedDocs/Downloads/DE/Broschueren/gffa_2022_hintergrundpapier.pdf;jsessionid=65304757747F65E81B3FA4349D5881CE.live832?__blob=publicationFile&v=8 (Abfrage vom 27.12.2024).

An erster Stelle der Maßnahmen der „Ampel"-Koalition stand der Tierschutz. Ihm sollte eine verbindliche Kennzeichnung für Produkte aus der Tierhaltung dienen, aus der auch die Herkunft der Tiere hervorgeht. Den Landwirten sollte geholfen werden, ihre Nutztiere artgerecht zu halten. Die staatliche Förderung sollte sich an anspruchsvollen Kriterien der Tierhaltung ausrichten. Die Zahl der gehaltenen Tiere sollte sich an den Flächen orientieren, die den jeweiligen Betrieben für die Tierhaltung zur Verfügung stehen und den Anforderungen des Klima-, Gewässer- und Emissionsschutzes gerecht werden. Darüber hinaus wollte die Regierung für Planungs- und Investitionssicherheit sorgen sowie für Verfahren der Prüfung und Zulassung von Stallsystemen und für serienmäßig hergestellte Betäubungsanlagen bei der Schlachtung. Das Tierschutzgesetz sollte verbessert und dabei „Qualzucht" konkret benannt werden. Die Anbindehaltung sollte beendet, der Einsatz von Antibiotika erfasst und gesenkt werden. Tiertransporte über Land in Drittstaaten sollten nur gestattet werden, wenn sie Routen nutzen, auf denen sich tierschutzgerechte Einrichtungen zur Versorgung der Tiere befinden. Die Regierung wollte eine dezentrale und mobile Schlachtung fördern und die Kontrolle von Schlachthöfen ebenso verschärfen wie das Tierschutzrecht.[110]

Im Kampf gegen das Artensterben wollte das Regierungsbündnis den Einsatz von Pflanzengiften „auf das notwendige Maß beschränken". Um Umwelt- und Ressourcenschutz sollte sich die gesamte Landwirtschaft bemühen. Damit der ökologische Landbau bis 2030 einen Anteil von 30 Prozent erreichen könne, sollten die Fördermittel für den Ökolandbau und die Forschungen über ökologische Wirtschaftsweisen erhöht werden – und zwar in der gesamten Bio-Wertschöpfungskette. Nebenwirkungen des Pflanzenschutzes auf Mensch, Umwelt und Biodiversität sollten vermieden werden. Die Zulassung von Pflanzenschutzmitteln sollte wissenschaftlich, rechtssicher und transparent sein und rasch vollzogen werden. Digitale Hilfsmittel sollten helfen, die eingesetzten Mittel zielgenau auszubringen. Alternativen zu synthetischen Pflanzenschutzmitteln sollten verbessert und gestärkt werden. Ähnlich wie beim Einsatz von Pestiziden in Naturschutzgebieten sollten die Betriebe in Trinkwasserschutzgebieten einen finanziellen Ausgleich bekommen, wenn sie auf diese Gifte verzichteten. Glyphosat sollte bis Ende 2023

[110] Ebenda, S. 44.

vom Markt genommen werden. Die Kontrolle all dieser Maßnahmen sollte durch ein digitales Herkunfts- und Identifikationssystem für Nährstoffe und Pflanzenschutz verbessert werden. Darüber hinaus beabsichtigte die Regierung, die Züchtung von Pflanzensorten zu unterstützen, die den Folgen des Klimawandels angepasst sind. Und sie wollte die Digitalisierung der Landwirtschaft fördern, indem sie die notwendigen Daten auf einer Plattform zur Verfügung stellte.[111]

Die „Ampel“-Regierung kündigte an, dass sie sich für einen „fairen Wettbewerb mit fairen Preisen“ einsetzen und gegen unfaire Handelspraktiken und Dumpingpreise vorgehen werde. Sie wolle eine rechtliche Grundlage für die Zusammenarbeit von Naturschutz und Landwirtschaft schaffen. Sie unterstützte die Bemühungen um die Schaffung einer Boden-Richtlinie der EU. Die landwirtschaftlich genutzten Grundstücke, die sich im Besitz der Bodenverwertungs- und Verwaltungsgesellschaft der Treuhand befinden, sollten für Klima- und Artenschutz sowie für Ausgleichs- und Ersatzmaßnahmen eingesetzt werden. Diese Flächen sollten nicht verkauft, sondern bevorzugt an nachhaltig und ökologisch wirtschaftende Betriebe verpachtet werden.[112]

Über die Verwirklichung ihrer Planungen berichtete die Bundesregierung im November 2023. Sie begrüßte die neue Förderperiode der Gemeinsamen Agrarpolitik als ersten „Schritt in Richtung Transformation der Agrar- und Ernährungssysteme hin zu mehr Umwelt- und Klimaschutz.“ Sie nahm zur Kenntnis, dass die einjährigen freiwilligen Förderungsangebote über die „Öko-Regelungen“ („Eco-Schemes“) von den Betrieben nur sehr zurückhaltend angenommen wurden. Daher wollte sie in einem zweiten Schritt „die bisherigen Direktzahlungen in eine einkommenswirksame Honorierung von Gemeinwohlleistungen des Klima-, Umwelt- und Naturschutzes“ überführen und die überwiegend flächenbezogene Förderung durch die Förderung nachhaltiger Wirtschaftsweisen ersetzen.[113]

Das Düngermanagement sollte verbessert, die Tierhaltung umgebaut, die Betriebe energieeffizienter werden. Im Rahmen des „Aktions-

[111] Ebenda, S. 46.

[112] Ebenda, S. 47f.

[113] BMEL, Agarpolitischer Bericht der Bundesregierung, Kabinettsbeschluss vom 8. November 2023, Deutscher Bundestag, 20. Wahlperiode, Drucksache 20, S. 7, Zitat: ebenda.

programms Natürlicher Klimaschutz“ sollte Kohlenstoff im Boden gespeichert, Moore geschützt und wiedervernässt, Wälder umgebaut und entwaldete Flächen aufgeforstet, die Senkenfunktion natürlicher Ökosysteme genutzt, die genetische Vielfalt für Ernährung und Landwirtschaft gestärkt werden. Die Bundesregierung wollte die Belastung des Grundwassers weiter verringern und die Stickstoffdüngung weiter begrenzen. Europaweit sollte der Einsatz von Pestiziden bis 2030 halbiert werden. Die Bundesregierung wollte „eine breite Streuung des Bodeneigentums, den Vorrang von Landwirtinnen und Landwirten beim Flächenerwerb, die Vermeidung marktbeherrschender Positionen, die wirtschaftliche Stabilität ländlicher Regionen, die Begrenzung von Spekulation mit landwirtschaftlichen Flächen und die Verbesserung der Transparenz.“[114]

Erzeugerinnen und Erzeuger von Lebensmitteln sollten gegenüber den vor- und nachgelagerten Branchen gestärkt, regional hergestellte Lebensmittel gefördert werden. Langfristig sollte die Wettbewerbsverzerrung auf Kosten der Umwelt aufgehoben werden, indem die Umwelt- und Klimakosten der Produktion in die Preise einfließen sollten. Hierzu diente der geplante Abbau überflüssiger, unwirksamer und umwelt- und klimaschädlicher Subventionen. Die Regierung wollte gesunde Ernährung fördern und die Lebensmittelabfälle stark reduzieren. Gemeinschaftsverpflegungen sollten verstärkt regional und ökologisch erzeugte Produkte anbieten. Die ländlichen Räume sollten als „Lebens-, Arbeits-, Erholungs- und Naturräume“ gesichert und weiterentwickelt werden.[115]

Ein Konflikt entstand unter den Koalitionspartnern bei der Verabschiedung der Bio-Strategie 2030. Diese sollte ursprünglich eine Strategie der gesamten Bundesregierung sein. Die Bundesministerin für Bildung und Forschung Stark-Watzinger (FDP) bestand aber auf einer Öffnungsklausel für den Ökolandbau hinsichtlich der neuen Gentechnik (NGT), obwohl die EU-Ökoverordnung und die Ökobranche diese Methoden für den Ökolandbau ablehnen. Der Streit ließ sich nicht auflösen, sodass der zuständige Landwirtschaftsminister Cem Özdemir (Grüne) diesen Plan im November 2023 lediglich als Strategie des Bundesministeriums für Landwirtschaft vorstellte. Ein weiterer Kon-

[114] Ebenda, S. 8-10, Zitat: S. 10.

[115] Ebenda, S. 11f.

fliktpunkt war die Finanzierung des Umbaus der Tierhaltung, den die Zukunftskommission Landwirtschaft angeregt hatte. Zwar trat am 23. August 2023 das Gesetz zur Tierhaltungskennzeichnung in Kraft, aber woher das notwendige Geld für den gleichzeitig gewünschten Umbau der Tierhaltung kommen sollte, blieb ungewiss. Seit März 2024 gab es ein „Bundesprogramm Umbau der Tierhaltung", aber es umfasste lediglich Beihilfen für ganz bestimmte Verbesserungen bei der Schweinehaltung. Bundeslandwirtschaftsminister Özdemir legte einen Vorschlag für einen sogenannten Tierwohlcent[116] vor, zeigte sich aber auch offen für eine Finanzierung über die Mehrwertsteuer. Doch gelang keine Einigung mit dem FDP-geführten Bundesfinanzministerium. Auch bei den mancherorts „Mini-GAP-Reform" genannten Veränderungen bei der gerade erst in Kraft getretenen GAP-Reform zeichneten sich unterschiedliche Auffassungen der „Ampel"-Koalition ab, welche am Ende zu einer Enthaltung Deutschlands im Ministerrat bei den Beschlüssen zur Abschwächung der GLÖZ-Standards führten.[117] Aber es sind auch einige neue Förderprogramme und Strategien im Sinne der Nachhaltigkeit auf den Weg gebracht worden. Dazu gehören die Förderung von Biowertschöpfungsketten[118], das Initialisierungsmanagement zur Stärkung der regionalen Wertschöpfung[119] und die Förderung der Energieeffizienz und CO_2-Einsparung in Landwirtschaft

[116] BMEL, Özdemir zum ZKL-Zukunftskommission Landwirtschaft-Vorschlag zur Finanzierung des Umbaus der Tierhaltung, 10.4.2024, https://www.bmel.de/SharedDocs/Meldungen/DE/Presse/2024/240410-zkl.html (Abfrage vom 21.5.2024).

[117] Norbert Lehmann, Mini-Agrarreform in Brüssel beschlossen – GLÖZ-Lockerungen kommen, Agrarheute, 13.5.2024, https://www.agrarheute.com/politik/mini-agrarreform-bruessel-beschlossen-gloez-lockerungen-kommen-620437 (Abfrage vom 21.5.2024).

[118] BMEL, Richtlinie zur Förderung von Biowertschöpfungsketten im Rahmen des Bundesprogramms Ökologischer Landbau und andere Formen nachhaltiger Landwirtschaft (BÖLN), in: Bekanntmachung. Veröffentlicht am Dienstag, 6. August 2019, Bundesanzeiger AT 06.08.2019 B1, https://www.bundesprogramm.de/fileadmin/2-Dokumente/Richtlinien_und_Antraege/BAnz-AT-06082019-B1.pdf (Abfrage vom 21.5.2024).

[119] Vgl. z.B. in Sachsen: Lotta De Carlo, Ina Volkhardt, Stärkung regionaler Wertschöpfungsketten, Ernährungs-Umschau, 15.5.2024, https://www.ernaehrungs-umschau.de/print-artikel/15-05-2024-staerkung-regionaler-wertschoepfungsketten/605508/ (Abfrage vom 21.5.2024).

und Gartenbau.[120] Weiterhin wurde ein Modellwettbewerb „Ernährungswende in der Region“[121] ausgerufen und der „Bundeswettbewerb Ökologischer Landbau“[122] fortgeführt.

Insgesamt hätte eine Verwirklichung der ursprünglichen Ziele des Regierungsbündnisses von Sozialdemokratie, Grünen und Liberalen einen wichtigen Schritt bedeutet hin zu einer nachhaltigen Landwirtschaft und einem schonenden Umgang mit den natürlichen Ressourcen, von denen gerade auch die Agrarwirtschaft selbst abhängt. Das Programm der neuen Regierung verband Ökonomie und Ökologie, orientierte sich an den 17 Nachhaltigkeitszielen der Vereinten Nationen und sah wirksame Maßnahmen gegen das Artensterben vor. Allerdings wurden einige dieser Ziele bis zum Bruch der Koalition und den vorgezogenen Neuwahlen nicht verwirklicht. Die grundsätzlichen Unterschiede der regierungstragenden Parteien traten immer wieder hervor und prägten sowohl die öffentliche Debatte als auch die Auseinandersetzungen innerhalb der Koalition, wenn es um die richtigen Schritte zur Umsetzung der Ziele ging. So verhinderte das Veto des liberalen Koalitionspartners das Verbot von Glyphosat auf EU-Ebene.[123]

Das sind nur zwei Beispiele, die zeigen, dass die „Ampel“-Koalition erhebliche Schwierigkeiten hatte, die ambitionierten Ziele ihres Koalitionsvertrags zu erreichen.

[120] BMEL, Richtlinie zur Förderung der Energieeffizienz und CO_2-Einsparung in Landwirtschaft und Gartenbau, https://www.ble.de/SharedDocs/Downloads/DE/Projektfoerderung/BuPro_Energieeffizienz/A-Richtlinie.pdf?__blob=publicationFile&v=3 (Abfrage vom 21.5.2024).

[121] Bundesanstalt für Landwirtschaft und Ernährung, Modellregionenwettbewerb: Richtlinie veröffentlicht, https://www.ernaehrungswende-in-der-region.de/ (Abfrage vom 21.5.2024).

[122] Bundeswettbewerb Ökologischer Landbau, https://www.bmel.de/DE/themen/landwirtschaft/oekologischer-landbau/bundeswettbewerb-oekologischer-landbau.html (Abfrage vom 27.12.2024).

[123] Simon Michel-Berger, Glyphosat: So stimmten Deutschland und andere Länder über Zulassung ab, agrarheute 13.10.2023, https://www.agrarheute.com/politik/glyphosat-so-stimmten-deutschland-andere-laender-ueber-zulassung-ab-612034 (Abfrage vom 14.3.2024).

2.3.6 Zwischenfazit

Es überrascht nicht, dass die Umsetzung der Gemeinsamen Agrarpolitik in Deutschland in erster Linie von den jeweiligen politischen Mehrheiten abhängt. Die ambitionierten Pläne der Koalition von SPD, Grünen und FDP wurden nur zögerlich verwirklicht. Die neuesten Reformschritte der Gemeinsamen Agrarpolitik wurden 2023 eingeleitet, im April 2024 jedoch nach massiven Bauernprotesten wieder zurückgenommen. Das Kernproblem blieb die Belastung von Böden und Gewässern durch Nitrat und Pestizide. Der überwiegende Teil der Direktzahlungen von Staat und Suprastaat an die landwirtschaftlichen Betriebe orientierte sich noch immer an deren Fläche und weniger an den Leistungen im Interesse des Gemeinwohls. Die „Eco-Schemes" wurden von den Betrieben nur sehr zurückhaltend angenommen. Die Proteste aus Anlass der Streichung der Steuerfreiheit für den Agrardiesel zeigten einmal mehr, dass die Große Transformation ohne die entschlossene Mitwirkung der betroffenen, überwiegend industriell ausgerichteten Landwirtinnen und Landwirte nur sehr kleine Fortschritte machen kann.

2.4 Fazit des 2. Kapitels

Wir haben im zweiten Kapitel unseres Buchs gezeigt, dass die staatliche Steuerung der Landwirtschaft auch im Rahmen der Gemeinsamen Agrarpolitik ein zentrales Element des deutschen Agrarsystems ist. Die suprastaatliche Agrarpolitik setzte den Kurs fort, den die Einzelstaaten seit den 1950er-Jahren verfolgt hatten: Mithilfe von Subventionen und agrartechnischen Modernisierungsanreizen griff sie in die Agrarstruktur ein. Dies gilt auch für die Zeit nach dem Ende des Kalten Krieges. Oberstes Ziel dieser Politik war die Versorgung der Bevölkerung mit billigen Nahrungsmitteln. Die Agrarpolitik blieb daher in wesentlichen Teilen Konsumpolitik. Den Landwirten ein Einkommen zu sichern, das nicht allzu weit hinter industrielle Einkommen zurückfiel, war das zweite Ziel der Agrarpolitik. Die Instrumente, mit denen diese beiden Ziele verfolgt wurden, führten zu Überschüssen, die entweder vernichtet oder zu Dumpingpreisen auf dem Weltmarkt verkauft wurden. Dies wiederum rief mächtige Konkurrenten auf den Plan. Und es schädigte durch heruntersubventionierte Dumpingpreise die Landwirtschaft ärmerer Länder. Auch verstieß die Fortsetzung der vormals nationalstaatlichen Schutzzollpolitik auf EU-Niveau massiv gegen das Prinzip des freien Welthandels, zu dem sich die europäische Staatengemeinschaft prinzipiell bekannte. Die Vorgaben der europäischen Agrarpolitik förderten darüber hinaus das Höfesterben. Sie führten zur weitgehenden Industrialisierung der Landwirtschaft mit ihren schädlichen Auswirkungen auf Böden, Grundwasser und Gesundheit von Tier und Mensch. Die Korrekturversuche in Richtung einer nachhaltigeren Landwirtschaft wirkten angesichts der nach wie vor dominierenden Förderung der Betriebe nach Flächengröße nur sehr begrenzt. Erst die Reformen der Gemeinsamen Agrarpolitik in den 2000er-Jahren rückten in Teilen von diesem Kurs ab und stärkten ökologischen Landbau, Umwelt- und Klimaschutz. Zugleich erhöhte sich der Druck auf die nationalen Regierungen, die Rahmensetzungen der Union zu beachten. Die mit der Umstellung der Agrarförderung von hohen Garantiepreisen zu Flächenzahlungen verbundene Absenkung der Getreidepreise ermöglichte eine intensive Tierhaltung und machte Tier und Mensch zu Nahrungskonkurrenten. So wurden in Deutschland 2023 über 51 Prozent des Getreides an Tiere verfüttert. Nur 21 Prozent dienten als menschliche Nahrung.[124] Grundsätzlich gilt, dass die frühe Phase der europäischen Integration der Agrarwirtschaft von einer Strategie der Marktsteuerung über die Höhe der Agrarpreise geprägt war. In den Reformphasen seit der Jahrtausendwende steuerte die Gemeinschaft um zu immer höheren Direktzahlungen an die Landwirte, die als materielle Anerkennung für bestimmte Leistungen im Interesse des Gemeinwohls dienten. Dies war, trotz aller Zugeständnisse an protestierende Landwirtinnen und Landwirte, ein wichtiger Schritt auf dem Weg der Transformation der deutschen Landwirtschaft hin zu einem nachhaltigen Umgang mit den natürlichen Ressourcen.

[124] Bundesministerium für Ernährung und Landwirtschaft, Versorgungsbilanzen Getreide, Getreidebilanz 2023/2024, https://www.bmel-statistik.de/ernaehrung/versorgungsbilanzen/getreide (Abfrage vom 10.1.2025).

3. Kapitel: Schäden

Die meisten Menschen in Mitteleuropa leben in einem urbanen Umfeld. Viele von ihnen haben aus dem Blick verloren, dass unser aller Leben davon abhängt, ob es fruchtbaren Boden und sauberes Wasser gibt. Dass wir auch ein erträgliches Klima brauchen, erleben wir dagegen während der immer heißeren Sommer gerade in Städten besonders intensiv. Die Praktiken der industriellen Landwirtschaft schädigen diese drei Lebensgrundlagen. Darüber hinaus schädigen oder vernichten sie direkt oder indirekt Leben ganz unterschiedlicher Art – vom einzelligen Bodenlebewesen über Pflanzen und Tiere bis zum Menschen. Daher fragen wir in diesem Kapitel, auf welche Weise und in welchem Maße die industrielle Landwirtschaft Lebensgrundlagen und Lebewesen schädigt. Wir beginnen unsere Analyse mit den Schäden an den Lebensgrundlagen Boden, Wasser und Klima. Wir setzen sie fort mit den Schäden an nicht-menschlichem Leben und beenden sie mit den Schäden an der menschlichen Gesundheit und in der ländlichen Gesellschaft.

3.1 Lebensgrundlagen

Die Schäden, die die industrielle Landwirtschaft an den Lebensgrundlagen anrichtet, behandeln wir zuerst. Wir beginnen mit dem fruchtbaren Boden, der die Nahrungspflanzen hervorbringt, von denen Menschen ebenso leben wie pflanzenfressende Tiere. Dann widmen wir uns dem Wasser als dem wichtigsten Lebensmittel. Und schließlich fragen wir nach dem Beitrag der industriellen Landwirtschaft zur raschen Erwärmung des Weltklimas.

3.1.1 Boden

Zunächst müssen wir uns klarmachen, was Boden überhaupt ist und was ihn fruchtbar macht. Was schädigt ihn und auf welche Weise verschwindet er durch Erosion?

Das Bundes-Bodenschutzgesetz von 1998 definiert das folgendermaßen:

> „Boden im Sinne dieses Gesetzes ist die obere Schicht der Erdkruste [...] einschließlich der flüssigen Bestandteile (Bodenlösung) und der gasförmigen Bestandteile (Bodenluft), ohne Grundwasser und Gewässerbetten. (2) Der Boden erfüllt im Sinne dieses Gesetzes 1. natürliche Funktionen als a) Lebensgrundlage und Lebensraum für Menschen, Tiere, Pflanzen und Bodenorganismen, b) Bestandteil des Naturhaushalts, insbesondere mit seinen Wasser- und Nährstoffkreisläufen, c) Abbau-, Ausgleichs- und Aufbaumedium für stoffliche Einwirkungen aufgrund der Filter-, Puffer- und Stoffumwandlungseigenschaften, insbesondere auch zum Schutz des Grundwassers, 2. Funktionen als Archiv der Natur- und Kulturgeschichte sowie 3. Nutzungsfunktionen als a) Rohstofflagerstätte, b) Fläche für Siedlung und Erholung, c) Standort für die land- und forstwirtschaftliche Nutzung, d) Standort für sonstige wirtschaftliche und öffentliche Nutzungen, Verkehr, Ver- und Entsorgung.“[1]

Diese Definition ist sehr weit gefasst. Wenn wir im Folgenden von „Boden“ sprechen, meinen wir damit *fruchtbaren* Boden oder auch „Mutterboden“.

Ein durchschnittlicher Boden besteht hauptsächlich aus mineralischen Bestandteilen (45 Prozent), Wasser (23 Prozent) und Luft (25 Prozent). Die restlichen 7 Prozent sind organische Substanzen. Von diesen wiederum sind 85 Prozent Humus – das sind im Wesentlichen abgestorbene und umgewandelte Reste von Pflanzen und Tieren sowie Abbauprodukte und Mikroorganismen. Weitere 9 Prozent der organischen Bestandteile des Bodens entfallen auf Pflanzenwurzeln. 6 Prozent beträgt der Anteil der Bodenlebewesen – des „Edaphons“. Die Zusammensetzung kann je nach Bodentyp stark variieren.[2] Boden ist fruchtbar, weil Mikroorganismen und größere Lebewesen ihn bevölkern, dort ihre Nahrung finden, sie fressen, verdauen und schließlich

[1] Bundes-Bodenschutzgesetz vom 17. März 1998 (BGBl. I S. 502), das zuletzt durch Artikel 7 des Gesetzes vom 25. Februar 2021 geändert worden ist, Zitat: §2, Absatz 1 und 2.

[2] Bayerisches Staatsministerium für Umwelt, Gesundheit und Verbraucherschutz (Hg.), Lernort Boden. Was ist Boden? ohne Ort, ohne Jahr, S. 22, https://www.stmuv.bayern.de/themen/boden/lernort_boden/doc/modul_a.pdf (Abfrage vom 17.2.2023).

selbst gefressen und verdaut werden. Das Zusammenspiel dieser Prozesse in Kombination mit den mineralischen Bestandteilen lockert den Boden auf und speichert pflanzenverfügbares Wasser. Schließlich entstehen aus den organischen Abbauprodukten und den mineralischen Bestandteilen pflanzenverfügbare Nährstoffe. Auch Pilze sind sehr wichtig für die Bodenfruchtbarkeit: Vier Fünftel aller Pflanzen, die nicht im Wasser leben, tun dies in einer Symbiose mit Pilzen.[3]

Über die Hälfte des Kohlenstoffs, der im Boden enthalten ist, stammt aus den Körpern von Lebewesen. Er ist Teil des Kohlenstoffkreislaufs, der mit der Photosynthese beginnt. Dabei nehmen die Pflanzen mithilfe von Sonnenenergie Kohlenstoff aus der Luft auf. Zusammen mit dem Wasser, das sie dem Boden entnehmen, machen sie daraus Zucker, den sie als Nährstoff verwenden. Sie bilden Blätter und Wurzeln aus und geben Sauerstoff an die Luft ab. Wirbeltiere ernähren sich von Pflanzen oder anderen Tieren, deren Nährstoffe sie in ihre Körper einbauen. Wenn sie sterben, dienen ihre Körper anderen Lebewesen als Nahrung – vom Mikroorganismus bis zum großen Aasfresser. In einem tiefen Stück fruchtbaren Bodens von der Größe 1 Quadratmeter mal 30 Zentimeter finden sich eine Billion Bakterien, 10 Milliarden Strahlenpilze, eine Milliarde Pilze und eine Million Algen. All diese Pflanzen und Pilze bilden die Bodenflora. Hinzu kommen ungezählte Tiere: eine Million Fadenwürmer, 50.000 Springschwänze, 25.000 Rädertiere, 10.000 Borstenwürmer, 100 Zweiflüglerlarven, 300 Hundert- und Tausendfüßler, 100 Käfer, 50 Spinnen, 50 Asseln, 50 Schnecken und 80 Regenwürmer. Alle diese Tiere bilden die Bodenfauna, die gemeinsam mit der Bodenflora und dem Humus den Boden fruchtbar macht.[4]

Der Kohlenstoff gelangt vor allem über die Wurzeln der Pflanzen in den Boden. Sie werden dabei von Pilzen unterstützt. Die „Mykorrhiza", die Symbiose von Pflanzen und Pilzen, ermöglicht den Pflanzen, aus einem viel größeren Bereich Wasser und Nährstoffe aufzunehmen. Je mehr abgestorbene Wurzeln im Boden bleiben, desto größer wird der

3 Wulf Amelung et al., Scheffer, Schachtschabel, Lehrbuch der Bodenkunde, S. 105-126.

4 Universität Münster, Hypersoil, Bodenleben, Anzahl und Biomasse der Bodenorganismen, https://hypersoil.uni-muenster.de/0/06/07.htm (Abfrage vom 16.12. 2024).

Anteil des Humus und damit der Biomasse, die im Boden gespeichert ist. Eine Tonne in Biomasse gebundener Kohlenstoff – das sind etwa zwei Tonnen Humus – entzieht der Atmosphäre 3,67 Tonnen des Klimagases CO_2.[5] Dem Zuwachs an Kohlenstoff durch Humusaufbau stehen Verluste gegenüber, die durch Ernte oder Erosion entstehen. Zugleich kann Humus Wasser und Nährstoffe sehr gut speichern, was die Bedingungen des Pflanzenwachstums weiter verbessert.[6] Fruchtbarer Boden ist somit ein eigenes Ökosystem und ein natürlicher Kohlenstoff- und Wasserspeicher.

Abbildung 5: Durchwurzelter Boden im Querschnitt

Foto: iStock.com/Yurij Drovnin

Bodenschäden sind vielfältig und haben eine lange Geschichte: Sehr viel Boden verschwindet einfach dadurch, dass er überbaut wird. 1997 bis 2000 wurde in Deutschland täglich eine Fläche von 129 Hektar

[5] Anita Idel, Die Kuh ist kein Klima-Killer, S. 31.

[6] Heinz Flessa et al., Humus in landwirtschaftlich genutzten Böden Deutschlands, S. 7f.

überbaut. 2017 bis 2020 betrug dieser Wert nur noch 54 Hektar. Die Bundesregierung hatte 2002 beschlossen, ihn bis 2030 auf weniger als 30 Hektar zu reduzieren.[7] An diesen Bodenschäden hat die Landwirtschaft einen vergleichsweise geringen Anteil, doch geht auch durch Neubauten landwirtschaftlicher Anlagen und Gebäude „auf der grünen Wiese“ viel fruchtbarer Boden verloren.

Weltweit sinkt die Qualität der Böden – gemessen an ihren Humusanteilen. Dies gilt für ein Viertel der Ackerflächen, für ein Drittel des Weidelands und für knapp ein Viertel der Waldflächen.[8] Eine Agrarforschungseinrichtung des Bundes, das Thünen-Institut, kam nach einer umfassenden Bodenzustandserhebung zu dem Ergebnis, dass der Humusverlust in ganz Deutschland erheblich ist, insbesondere bei Ackerflächen.[9]

Darüber hinaus richtet die wachsende Verdichtung des Bodens großen Schaden an. Verantwortlich für die zunehmenden Bodenverdichtungen sind immer schwerere Landmaschinen sowie die Bearbeitung der Böden in nassem Zustand. Hinzu kommt, dass harte, wenig durchlässige „Pflugsohlen“ oftmals dort im Boden entstehen, wo die Reichweite der Pflüge endet. Sie wirkt sich negativ auf das Bodenleben aus und damit auch auf den Humusgehalt. Die Folgen sind schlechtere Durchlässigkeit von Wasser, geringeres Wachstum der Wurzeln und die verminderte Fähigkeit der Pflanzen, Nährstoffe und Wasser aufzunehmen. In der Folge entweichen besonders bei stark gedüngten Flächen große Mengen Lachgas – ein hochwirksames Klimagas.[10]

Besonders stark gefährdet ist der Boden durch Erosion. Das bedeutet, dass seine Bestandteile durch Wind, abfließendes Wasser, Schnee-

[7] Umweltbundesamt, Siedlungs- und Verkehrsfläche, 23.3.2022, https://www.umweltbundesamt.de/daten/flaeche-boden-land-oekosysteme/flaeche/siedlungs-verkehrsflaeche#-das-tempo-des-flachen-neuverbrauchs-geht-zuruck (Abfrage vom 15.12.2022).

[8] Ephraim Nkonya, Alisher Mirzhabaev, Joachim von Braun (Hgg.), Economics of Land Degradation and Improvement. – Ute Scheub, Stefan Schwarzer, Die Humusrevolution, S. 44f.

[9] Heinz Flessa et al., Humus in landwirtschaftlich genutzten Böden Deutschlands, S. 31.

[10] Gunter Mahlerwein, Agrargeschichte, Bd. 3, S. 19. – Helmut Frese, Hans-Jürgen Altemüller, Über einige morphologische Beobachtungen an Pflugsohlen. – Gunter Vogt, Entstehung und Entwicklung des ökologischen Landbaus, S. 33f.

schmelze und Bodenverlagerungen abgetragen werden. Bodenerosion ist vielfach auf den Einfluss des Menschen zurückzuführen. Doch ist Erosion auch ein natürlicher Vorgang und zugleich eine Grundbedingung für die Existenz von Leben: Von Erosion spricht man auch, wenn Steine verwittern und auf diese Weise Nährstoffe in den Boden gelangen. Die Erosion von fruchtbarem Boden dagegen bedeutet den Verlust der lebendigen Grundlage jeder Land- und Forstwirtschaft. So führte die Rodung von Wäldern in Mittelalter und Früher Neuzeit zu großen Verlusten an fruchtbarem Boden. Bei Starkregen auf ungeschützten Boden und Hanglage werden häufig in kürzester Zeit große Mengen Bodenmaterial abgetragen. Doch verläuft Bodenerosion zumeist relativ langsam. Eine wichtige Rolle spielt dabei, ob der Boden mit Pflanzen bedeckt ist und im Boden ausreichend Humus vorhanden ist. Geneigte Ackerflächen ohne schützende Pflanzendecke sind besonders erosionsgefährdet. Bei starken Regenfällen wird auf ungeschützten Flächen vor allem die fruchtbare obere Bodenschicht abgetragen. Pflanzen werden verletzt, entwurzelt oder ganz vernichtet. Saatgut sowie Dünge- und Pflanzenschutzmittel werden weggespült und landen in Gewässern und Böden, wo sie sich anreichern und weitere Schäden bewirken.[11]

Auch bei der Bodenerosion, die von Wind verursacht wird, ist jener Boden besonders gefährdet, der auf großen Flächen nicht von Pflanzen bedeckt ist.[12] Das ist je nach Kultur kurz vor oder nach der Aussaat der Fall. Winderosion hat zugenommen, weil viele Hecken und Waldstreifen gerodet wurden, um die Anbauflächen der Bearbeitung mit Großmaschinen anzupassen. Der Staubsturm, der am 8. April 2011 Mecklenburg heimsuchte, ist ein Beispiel für die Folgen. Ein extremes Beispiel ist die Katastrophe der US-amerikanischen Landwirtschaft in den 1930er-Jahren, als große Teile der Präriestaaten in den USA durch Staubstürme in eine sogenannte „Dust-Bowl" verwandelt wurden. Hunderttausende Bauern verloren ihre Existenz. Ähnliche Extremereignisse

[11] Bundesinformationszentrum Landwirtschaft, Boden in Gefahr: Erosion in der Landwirtschaft, https://www.landwirtschaft.de/landwirtschaft-verstehen/wie-funktioniert-landwirtschaft-heute/boden-in-gefahr-erosion-in-der-landwirtschaft (Abfrage vom 8.9.2022). – Peter Laufmann, Boden, S. 137-145. – Sächsisches Landesamt für Umwelt, Landwirtschaft und Geologie, Was ist Bodenerosion? https://www.boden.sachsen.de/bodenerosion-19040.html (Abfrage vom 8.9.2022).

[12] Ebenda.

werden in Zentralafrika und in Asien beobachtet. Dem Weltagrarbericht von 2008 zufolge fielen damals weltweit jährlich 24 Mrd. Tonnen Boden der Erosion zum Opfer. In der EU waren es knapp 1 Mrd. Tonnen.[13] Auch in Deutschland ist ein großer Teil der landwirtschaftlichen Nutzfläche von Erosion betroffen.[14]

Abbildung 6: Bodenerosion nach Starkregen bei unbedecktem Boden

Foto: iStock.com/JJ Gouin

[13] Zukunftsstiftung Landwirtschaft, Wege aus der Hungerkrise, Themen des Weltagrarberichts, S. 32f, Berlin 2013, https://www.weltagrarbericht.de/themen-des-weltagrarberichts/bodenfruchtbarkeit-und-erosion.html (Abfrage vom 8.9.2022). – Gunter Mahlerwein, Agrargeschichte, Bd. 3, S. 19. – Zahlenangaben: Peter Laufmann, Boden, S. 146-148.

[14] Zum Ausmaß der Bodenerosion in Deutschland vgl. eine Karte, die von der Bundesanstalt für Geowissenschaften und Rohstoffe erstellt wurde, https://www.bgr.bund.de/DE/Themen/Boden/Ressourcenbewertung/Bodenerosion/Bod_Erosion_Ackerboeden.html;jsessionid=65B17D4970B8B8357A1CFA2B16E7FB04.2_cid331?nn=4795680 (Abfrage vom 8.9.2022).

Übermäßiger Einsatz von Mineraldüngern versauert die Böden. Außerdem reichern insbesondere die gängigen Phosphordüngemittel die Böden mit unerwünschten Schwermetallen wie Arsen, Kupfer, Blei oder Uran an.[15] Im Jahr 2005 wies die Bundesforschungsanstalt für Landwirtschaft (FAL) darauf hin, dass sich durch die Aufarbeitung von Rohphosphaten zu den gängigen Handelsdüngern Superphosphat und Triple-Superphosphat der Gehalt des toxischen Radionuklids Uran im Ausgangsmaterial auf 85 bis 191 mg/kg erhöht. Die Wissenschaftler der FAL berechneten daraus, dass bei einer üblichen Phosphat-Düngung etwa 10- bis 22-mal mehr toxisches Schwermetall in den Boden gelangt, als üblicherweise durch die Ernte ausgetragen wird.[16] Stickstoffdünger wird vielfach nicht sachgerecht und in zu großen Mengen ausgebracht. Die Nitratsalze beeinträchtigen das Bodenleben. So schädigen sie die Pilzfäden an den Wurzeln, die die Nährstoffe des Bodens für die Pflanzen nutzbar machen.[17]

Auch die Versalzung des Bodens als Folge falscher Bewässerung ist weltweit in Trockengebieten eine Form der Bodenschädigung, wenn sie auch in Deutschland nicht häufig vorkommt. Wenn Boden bewässert wird und ein Teil des Wassers nicht in den Boden einsickert, sondern verdunstet, bildet sich an der Oberfläche eine Schicht aus verschiedenen Salzen, die zuvor im Wasser gelöst waren. Die meisten Pflanzen halten einen hohen Salzgehalt im Boden nicht aus. Viele Böden sind dann nicht mehr zu bewirtschaften. Unter diesem Phänomen leiden etwa 50 Prozent aller bewässerten Nutzflächen – was einem Anteil von 20 Prozent aller landwirtschaftlichen Flächen entspricht.[18]

[15] Barbara Dittrich, Ralf Klose, Bestimmung und Bewertung von Schwermetallen in Düngemitteln, Bodenhilfsstoffen und Kultursubstraten (Schwermetalle in Düngemitteln, Schriftenreihe der Sächsischen Landesanstalt für Landwirtschaft, Heft 3/2008).

[16] SCINEXX.de. das wissensmagazin, Uran auf dem Acker. Phosphatdünger können große Mengen an Uran enthalten, 16.2.2005, scinexxhttps://www.scinexx.de/news/geowissen/uran-auf-dem-acker/ (Abfrage vom 8.1.2025).

[17] Deutsche Gesellschaft für Mykologie, Bedroht Gülledüngung unsere heimischen Pilze? https://www.dgfm-ev.de/naturschutz-und-kartierung/rote-liste/pilze-und-guelleduengung (Abfrage vom 10.1.2025).

[18] Peter Laufmann, Boden, S. 148f.

Weltweit gehen täglich etwa 2.000 Hektar fruchtbaren Bodens durch Versalzung verloren.[19]

Auch die Ausbringung von Bioabfallkompost und Klärschlamm kann den Boden schädigen. Bioabfallkompost stammt aus Haushalten und Betrieben, Gärten und Parks, der Nahrungsmittelindustrie und der Landwirtschaft. Klärschlamm fällt in den gewerblichen und kommunalen Kläranlagen an. Sowohl Bio-Kompost als auch Klärschlämme enthalten wertvolle Pflanzennährstoffe, insbesondere Stickstoff, Phosphor und Kalium. Sie verbessern den Humusgehalt des Bodens und können Torf und synthetische Düngemittel ersetzen. Angesichts der begrenzten Phosphorvorkommen folgt die Wiedergewinnung dieses Elements durch die Klärschlämme dem Prinzip der Ressourcenschonung durch Kreislaufwirtschaft.[20] Andererseits verursacht insbesondere der Klärschlamm auch große Probleme: Er kann große Mengen giftiger organischer Stoffe enthalten, wie Dioxin, Polychlorierte Biphenyle (PCB), Perfluorierte Tenside (PFT), Rückstände von Arzneimitteln, Krankheitserreger, giftige Schwermetalle wie Blei, Cadmium oder Quecksilber und Mikroplastik. Im Ökolandbau, auf Dauergrünland, im Forst sowie im Obst- und Gemüseanbau ist der Einsatz von Klärschlamm als Düngemittel gänzlich verboten. Deshalb wird der überwiegende Teil kommunaler Klärschlämme heute nicht mehr landwirtschaftlich eingesetzt, sondern thermisch verwertet. Aufgrund dieser Entwicklung hat sich in den vergangenen vier Jahrzehnten die Schwermetallbelastung der Böden durch Klärschlamm erheblich vermindert.[21] Weniger problematisch ist der Einsatz von Kompost. Je nachdem aus welcher Quelle der Kompost entstanden ist, können aber auch hier Umweltbelastungen entstehen. Häufig landen große Mengen Plastik aus den

[19] Pflanzenforschung, 2.000 Hektar am Tag. Die Versalzung der Böden entzieht der Landwirtschaft fruchtbare Böden, 4.11.2014, https://www.pflanzenforschung.de/de/pflanzenwissen/journal/2000-hektar-am-tag-die-versalzung-der-boeden-entzieht-d-10337 (Abfrage vom 5.9.2022).

[20] Umweltbundesamt, 22.6.2022, https://www.umweltbundesamt.de/themen/boden-landwirtschaft/umweltbelastungen-der-landwirtschaft/kompost-klaerschlamm#einfuhrung (Abfrage vom 12.9.2022).

[21] Andrea Roskosch, Patric Heidecke, Klärschlammentsorgung in der Bundesrepublik Deutschland, Umweltbundesamt, Dessau-Rosslau 2018, https://www.deutsche-phosphor-plattform.de/wp-content/uploads/2018/07/180425_uba_fb_klaerschlamm_bf_low.pdf (Abfrage vom 10.4.2024).

Verpackungen nicht verkaufter Lebensmittel oder schlecht sortierter Bioabfalltonnen im Kompost. Für den Einsatz von Biokompost im Ökolandbau gibt es deshalb über die gesetzlichen Regelungen der Düngeverordnung hinaus verschärfte Vorschriften und Qualitätsanforderungen, um den Fremdeintrag von unerwünschten Stoffen gering zu halten.[22]

Weitere Bodenschäden entstehen durch den Einsatz von Pestiziden. Sie werden oft als „Pflanzenschutzmittel" bezeichnet. Wir verwenden dieses Wort nicht gerne, weil es die Tatsache verharmlost, dass diese Stoffe zumeist hochwirksame Gifte sind. Es handelt sich um chemische oder biologische Stoffe, die Organismen wie Tiere, Pilze, Pflanzen und Mikroorganismen abtöten oder in ihrer Schadwirkung hemmen sollen. „Pestizid" ist die Bezeichnung, die das Chemikalienrecht der EU für diese Stoffe verwendet. Pestizide umfassen die Stoffgruppen *Pflanzenschutzmittel*, Biozide und etliche Arzneimittel. Diese Gifte gelangen in großen Mengen in die Böden.[23]

Das weltweit am häufigsten eingesetzte Pestizid ist das Herbizid „Roundup Ready" des Bayer-Konzerns. Es steht im Zentrum der Debatte um die Schädlichkeit des Wirkstoffs Glyphosat. Öffentlich wurde häufig über das mögliche Entstehen von Krebs durch Kontakt mit dem Unkrautvernichter diskutiert. In zweiter Linie ging es dann auch um Auswirkungen auf die Biodiversität. In der Öffentlichkeit weitgehend unbeachtet blieb aber bisher die unmittelbare Auswirkung auf das Bodenleben. Inzwischen haben Wissenschaftler sich auch mit diesem Thema beschäftigt und kommen dabei zu dramatischen Erkenntnissen. Glyphosat kann die Zusammensetzung und Aktivität von Mikroorganismen verändern, negative Effekte auf Regenwürmer und andere Bodenorganismen haben und die symbiotischen Beziehungen zwischen Pflanzen und Pilzen in den bereits erwähnten Mykorrhiza stören.[24] Die

[22] Ralf Gottschall, Einsatz von Biogutkomposten im ökologischen Landbau, S. 73.

[23] Umweltbundesamt, Wissenswertes über Pflanzenschutzmittel, 9.12.2024, https://www.umweltbundesamt.de/themen/chemikalien/pflanzenschutzmittel/wissenswertes-ueber-pflanzenschutzmittel#Was%20sind%20Pflanzenschutzmittel? (Abfrage vom 16.12.2024).

[24] Ariena H. C. van Bruggen et al., Environmental and health effects of the herbicide glyphosate, in: Science of The Total Environment, 2018, S. 255-268, 616-617, DOI: 10.1016/j.scitotenv.2017.10.309. – Johannes G. Zaller et al., Glyphosate

Agrarwissenschaftlerin Maria Finckh berichtet in einem Interview mit dem Deutschlandfunk auch über den Verdacht, dass Glyphosat an der Entstehung von multiresistenten Keimen beteiligt ist. Denn Glyphosat selbst ist ein Antibiotikum, welches ursprünglich als solches einen Patentschutz innehatte.[25]

Abbildung 7: Ackerfrüchte im Pestizid-Sprühnebel

Foto: pixabay.com/hpgruesen

Die industrielle Landwirtschaft schädigt somit den Boden durch zahlreiche ihrer Techniken und Wirtschaftsweisen: Mineraldünger und organische Düngemittel, Pestizide, Bodenverbrauch, Bodenverdichtung sowie großflächige maschinengerechte Nutzung von Kulturland, die

herbicide affects belowground interactions between earthworms and symbiotic mycorrhizal fungi in a model ecosystem. Scientific Reports, 8(1) 2018, S. 1-10. DOI: 10.1038/s41598-018-21193-2. – Magdalena Druille et al., Glyphosate reduces spore viability and root colonization of arbuscular mycorrhizal fungi. Applied Soil Ecology, 64 (2013), S. 99-103. DOI: 10.1016/j.apsoil.2012.10.007.

[25] Jessica Sturmberg, Glyphosat: „Es gibt beängstigende Daten über Kreuzresistenz mit Antibiotika", Interview mit Maria Finckh, 28.11.2024, https://www.deutschlandfunk.de/glyphosat-es-gibt-beaengstigende-daten-ueber-kreuzresistenz-100.html (Abfrage vom 27.12.2024).

keine Gehölz- oder Grünstreifen mehr zulässt, verursachen erhebliche Bodenschäden bis hin zur Erosion durch Wasser und Wind. Insgesamt trägt sie damit erheblich zum Verlust ihrer eigenen Existenzgrundlage bei.

3.1.2 Wasser

Wie und in welchem Maße verschwendet, verschmutzt und belastet die industrielle Landwirtschaft Wasser? Der Europäischen Umweltagentur zufolge entnahm die Landwirtschaft Anfang der 2020er-Jahre annähernd ein Viertel des Wassers, das in der EU verbraucht wurde.[26] Ihr Anteil am gesamten Wasserverbrauch in Deutschland liegt angeblich bei zwei Prozent. Diese Angabe beruht vielfach auf Selbstauskünften, die nicht systematisch kontrolliert werden. Überdies werden auf diese Wasserentnahmen in den meisten Bundesländern keine oder nur sehr geringe Gebühren erhoben. Der deutsche Wert ist daher wahrscheinlich zu niedrig. In Frankreich liegt er bei 10 Prozent, in Dänemark bei 50 Prozent.[27]

Der Europäische Rechnungshof kritisierte im September 2021 den verschwenderischen Umgang mit Wasser. Er fand heraus, dass die Mitgliedsstaaten zahlreiche Ausnahmegenehmigungen erteilt hatten – auch in Regionen, die unter akutem Wasserstress litten. Er bemängelte, dass das Prinzip der Kostendeckung im Bereich Wasserversorgung nicht durchgesetzt, die in der Wasserrichtlinie beschlossenen Maßnahmen nicht schnell genug verwirklicht würden und die Direktzahlungen der Gemeinschaft an die Landwirte nicht an eine nachhaltige Nutzung des Wassers gebunden seien.[28]

[26] Europäischer Rechnungshof, Sonderbericht Nachhaltige Wassernutzung in der Landwirtschaft: GAP-Mittel fördern eher eine stärkere als eine effizientere Wassernutzung, Luxemburg 2021, S. 8, https://www.eca.europa.eu/Lists/ECA Documents/SR21_20/SR_CAP-and-water_DE.pdf (Abfrage vom 13.9.2022.

[27] Annika Joeres et al., Wassermangel: Konsum der Landwirtschaft offenbar massiv unterschätzt, 2.2.2023, https://correctiv.org/aktuelles/klimawandel/2023/02/02/wasser-konsum-der-landwirtschaft-unterschaetzt/?utm_source=pocket-new tab-global-de-DE (Abfrage vom 6.2.2023).

[28] Europäischer Rechnungshof, Sonderbericht Nachhaltige Wassernutzung in der Landwirtschaft, S. 52f.

Besonders viel Wasser wird für die Fleischproduktion verbraucht. Der World Wildlife Found (WWF) hat berechnet, dass in einem Kilogramm Rindfleisch rund 6,5 Kilogramm Getreide, 36 Kilogramm Heu oder Silage und 155 Liter Wasser stecken. Der „Wasser-Fußabdruck“ gibt an, wie viel Wasser bei der Herstellung eines Produkts oder einer Dienstleistung verbraucht wird. Mit dieser Methode arbeitete eine Studie, die der WWF Deutschland 2009 publizierte. Sie berechnete den Wasserverbrauch auf Grundlage der produzierten und konsumierten Produkte, des Verbrauchs der Haushalte, des Gewerbes und der Industrie. Sie kam zu dem Ergebnis, dass Deutschland in den 2000er-Jahren jährlich rund 159,5 Kubikkilometer Wasser verbrauchte. Die Landwirtschaft hatte daran einen Anteil von annähernd drei Vierteln. Nur die Hälfte dieser Wassermenge wurde allerdings in Deutschland selbst verbraucht. Die andere Hälfte stammte aus Erzeugnissen, die importiert wurden. Über die Hälfte der 117,6 Kubikkilometer Wasser, die die Landwirtschaft verbrauchte, fiel in jenen Ländern an, aus denen landwirtschaftliche Produkte – insbesondere Futtermittel – importiert wurden. Häufig liegen diese Länder im globalen Süden und leiden unter Wasserknappheit. Die Kultivierung von Pflanzen hatte mit 83 Kubikkilometer den größten Anteil am Wasser-Fußabdruck der Landwirtschaft. 33,8 Kubikkilometer entfielen auf die Tierhaltung. Bei den Kulturpflanzen stammte der deutlich größere Teil (49,2 Kubikkilometer) aus dem Ausland, bei der Tierhaltung überwog der inländische Verbrauch (21,1 Kubikkilometer).[29] Die Landwirtschaft hat also – wenn wir die Berechnung des WWF zugrunde legen – den bei weitem größten Anteil am Wasserverbrauch in Deutschland. Das liegt insbesondere an der industriellen Tierhaltung. Die Hälfte seines Wasser-Fußabdrucks hat Deutschland über seine Importe von Nahrungs- und Futtermitteln in andere Weltregionen verlagert.

Ein bedeutender Anteil der Wasserverschmutzung durch die industrielle Landwirtschaft wird von Düngemitteln verursacht. Hierfür ist insbesondere die industrielle Tierhaltung verantwortlich. Die Ausscheidungen dieser Tiere werden in Form von Gülle und Jauche als Wirtschaftsdünger auf die landwirtschaftlichen Flächen ausgebracht.

[29] WWF Deutschland (Hg.), Der Wasserfußabdruck Deutschlands, Frankfurt am Main 2009, S. 7, 11f, https://www.wwf.de/fileadmin/fm-wwf/Publikationen-PDF/wwf_studie_wasserfussabdruck.pdf (Abfrage vom 14.9.2022).

Da viele Betriebe deutlich mehr Nutztiere halten, als sie mit den Erzeugnissen ihrer eigenen Flächen ernähren können, müssen sie Futter zukaufen, das zu bedeutenden Teilen aus anderen Ländern und Weltregionen stammt. Daher produzieren die industriell gehaltenen Tiere – Rinder, Schweine, Geflügel – viel mehr organischen Dünger, als die Pflanzen aufnehmen können, die auf den Flächen ihrer Halter wachsen. So entstehen erhebliche Überschüsse an Stickstoff und Phosphat, die in Oberflächengewässer und Grundwasser gelangen.[30]

Neben dem organischen Wirtschaftsdünger trägt der synthetische Mineraldünger erheblich zur Wasserverschmutzung bei. Auch diese Düngemittel können die Kulturpflanzen nur zum Teil aufnehmen. Da der exakt richtige Zeitpunkt der Düngung kaum zu treffen ist, bringen die Betriebe oft überreichlich Dünger aus. Die überschüssigen Nitratmengen, die in den Düngemitteln enthalten sind, gelangen vor allem in das Grundwasser. In Deutschland ist die Nitrat-Belastung des Oberflächen- und Grundwassers besonders hoch.[31] Hier werden 70 Prozent des Trinkwassers aus Grundwasservorräten gewonnen. 2020 überschritten 18 Prozent der Messstellen der Grenzwert von 50 Milligramm pro Liter.[32] Eine Studie, die im Auftrag der EU erarbeitet wurde, schätzt die gesamten Kosten, die allein das von der Landwirtschaft ausge-

[30] Wissenschaftlicher Beirat für Düngungsfragen beim Bundesministerium für Ernährung und Landwirtschaft (WBD), Standpunkt: „Anwendung von organischen Düngern und organischen Reststoffen in der Landwirtschaft“, Oktober 2015, https://www.bmel.de/SharedDocs/Downloads/DE/_Ministerium/Beiraete/duengung/OrgDuengung.pdf?__blob=publicationFile&v=3 (Abfrage vom 10.1.2025).

[31] Peter Laufmann, Boden, S. 152f. – Umweltbundesamt, Stickstoff, Einführung, 20.12.2021, https://www.umweltbundesamt.de/themen/boden-landwirtschaft/umweltbelastungen-der-landwirtschaft/stickstoff#einfuhrung (Abfrage vom 10.1.2025). – Umweltbundesamt, FAQs zu Nitrat im Grund- und Trinkwasser, 16.9.2024, https://www.umweltbundesamt.de/themen/wasser/grundwasser/nutzung-belastungen/faqs-zu-nitrat-im-grund-trinkwasser#welche-messstellennetze-werden-zur-uberwachung-der-nitratgehalte-des-grundwassers-in-deutschland-herangezogen-und-sind-diese-reprasentativ- (Abfrage vom 10.1.2025).

[32] DIW Berlin, Nitratbelastung im Grundwasser überschreitet Grenzwert seit Langem – mehr Transparenz und Kontrolle der Düngepraxis notwendig, (DIW Wochenbericht, 9 2020), S. 119-130, https://www.diw.de/de/diw_01.c.740783.de/publikationen/wochenberichte/2020_09_1/nitratbelastung_im_grundwasser_ueberschreitet_grenzwert_seit___mehr_transparenz_und_kontrolle_in_der_duengepraxis_notwendig.html (Abfrage vom 2.9.2024).

brachte Nitrat ökologisch verursacht, je nach Berechnung, auf 70 bis 320 Mrd. Euro pro Jahr. Diese Kosten fließen in die Wirtschaftsrechnung der Agrarindustrien, der Landwirtschaft und des Lebensmittelhandels *nicht* ein.[33]

Überschüsse aus der Phosphordüngung landen häufig in Fließgewässern und belasten auf diesem Wege auch Seen und Meere, insbesondere die Ostsee und die Nordsee. Dort kommt es immer wieder zu erhöhtem Wachstum von einzelligen Algen, Phytoplankton. Wenn diese in großen Massen wachsen und schließlich absinken, führt dies zu Sauerstoffmangel und toxischen Gasen, wodurch andere Wasserlebewesen absterben oder stark beeinträchtigt werden.[34]

Besonders gefährlich ist die Belastung des Süßwassers durch eine andere Gruppe landwirtschaftlicher Betriebsmittel: die Pestizide. Sie werden aus den Flächen, auf denen sie ausgebracht wurden, ausgewaschen und gelangen so in die Gewässer.[35] Einige Pestizide sind extrem langlebig. So lässt sich der bereits 1991 in Deutschland verbotene Herbizidwirkstoff Atrazin immer noch im Grundwasser nachweisen.[36] 2022 betrug der Inlandsabsatz an Pestiziden einschließlich ihrer „Beistoffe“ 109.849 Tonnen. Die größten Anteile hatten die Herbizide mit 48.269 Tonnen, die Fungizide, Bakterizide und Virizide mit 30.072 Tonnen und die Insektizide, Akarizide und Pheromone mit 20.239 Tonnen.

[33] Mark A. Sutton et al., European Nitrogen Assessment, Technical Summary, Cambridge 2011, https://www.cambridge.org/core/books/abs/european-nitrogen-assessment/summary-for-policy-makers/8C71929358438A6F1BDBEADB38E44E67 (Abfrage vom 19.12.2022). – Für Frankreich wurden diese Kosten berechnet, vgl. Le traitement de l’eau polluée aux pesticides coûte 54 milliards d’euros par an, 3 novembre 2011, http://www.vedura.fr/actualite/6935-traitement-eau-polluee-pesticides-coute-54-milliards-euros-an (Abfrage vom 17.12.2022).

[34] Umweltbundesamt, Eutrophierung, 17.5.2024, https://www.umweltbundesamt.de/themen/wasser/gewaesser/meere/nutzung-belastungen/eutrophierung#eutrophierung-was-bedeutet-das (Abfrage vom 16.12.2024).

[35] Umweltbundesamt, Pestizide, 15.4.2020, https://www.umweltbundesamt.de/themen/wasser/fluesse/zustand/pestizide-0#--2 (Abfrage vom 15.9.2022).

[36] Bundesministerium Land- und Forstwirtschaft, Regionen und Wasserwirtschaft [Österreich], Pestizide im Grundwasser, https://info.bml.gv.at/themen/wasser/wasserqualitaet/grundwasser/pestizidegrundwasser.html (Abfrage vom 10.1.2025).

Der Absatz von Pestiziden in Deutschland stagniert seit Jahren auf einem hohen Niveau.[37]

Pestizide und ihre Abbauprodukte bleiben für Oberflächengewässer und Grundwasser eine große Belastung. Daher formulierte der „Green Deal" der europäischen Agrarpolitik das Ziel, diese Belastung um die Hälfte zu reduzieren. Für die zulässigen Konzentrationen von Pestiziden im Trinkwasser gilt gemäß der Trinkwasserverordnung aus dem Jahre 2001 EU-weit ein Grenzwert von 0,1 Mikrogramm pro Liter für die Einzelstoffe und 0,5 Mikrogramm für die Gesamtsumme.[38] 2019 wurde bei einem Viertel aller Messstellen mindestens ein Pestizid mit höherer Konzentration gemessen, als zulässig war. Zwischen 2013 und 2019 bewegten sich diese Werte zwischen 13 und 30 Prozent. Beim Grundwasser lagen sie bei 3 bis 7 Prozent. In Deutschland meldeten 38 Prozent der 250 Oberflächengewässer-Messstellen Überschreitungen der zulässigen Konzentrationen, beim Grundwasser waren es 4 Prozent. Zwar filtern die Klärwerke Pestizide weitgehend aus dem Wasser heraus. Doch wird der Aufwand dafür mit zunehmender Belastung der Gewässer und des Grundwassers größer und kostspieliger. Immer mehr ins Visier der Umweltwissenschaft geraten auch die diversen Abbauprodukte, auch Metabolite genannt, die sich noch zahlreicher als die Ausgangsstoffe in den Gewässern wiederfinden. Deren Einfluss auf Natur und Umwelt ist noch nicht ausreichend erforscht. Das trifft auch auf die Wechselwirkungen der verschiedenen Pestizidwirkstoffe untereinander zu. Die EU-Kommission kritisierte im Mai 2020, dass die Mitgliedsstaaten die Pestizidrichtlinie aus dem Jahre 2009 nur sehr zögerlich umsetzten und prüfte die Eröffnung von Vertragsverletzungsverfahren. Zugleich stellte sie fest, „dass das Risiko

[37] Zahlen aus: Bundesamt für Verbraucherschutz und Lebensmittelsicherheit, Absatz an Pflanzenschutzmitteln in der Bundesrepublik Deutschland. Ergebnisse der Meldungen gemäß § 64 Pflanzenschutzgesetz für das Jahr 2022, Braunschweig, 31.1.2024, S. 9. – Umweltbundesamt, Pflanzenschutzmittelverwendung in der Landwirtschaft, 15.10.2024, https://www.umweltbundesamt.de/daten/land-forstwirtschaft/pflanzenschutzmittelverwendung-in-der#absatz-von-pflanzenschutz mitteln (Abfrage vom 16.12.2024).

[38] Bundesministerium der Justiz, Trinkwasserverordnung in der Fassung der Bekanntmachung vom 10. März 2016 (BGBl. I S. 459), die zuletzt durch Artikel 1 der Verordnung vom 22. September 2021 (BGBl. I S. 4343) geändert worden ist, https://faolex.fao.org/docs/pdf/ger25914.pdf (Abfrage vom 10.1.2025).

für die menschliche Gesundheit und die Umwelt durch die in der Europäischen Union verkauften Pflanzenschutzmittel seit dem Inkrafttreten der Nachhaltigkeitsrichtlinie gesunken ist."[39]

In der industriellen Tierhaltung werden zahlreiche Medikamente verabreicht. Hervorzuheben sind dabei die Antiparasitika. Sie werden gegen Endoparasiten eingesetzt, die in den Körpern ihrer Wirte leben, sowie gegen Ektoparasiten, die außerhalb dieser Organismen leben. Antibiotika bekämpfen bakterielle Infektionen. Bis zum Verbot dieser Praxis 2006 in der EU wurden Antibiotika auch zur Beschleunigung des Wachstums der Tiere verwendet. Bevor Medikamente für die Tierhaltung zugelassen werden, prüft sie das Umweltbundesamt. Einen Großteil der eingesetzten Wirkstoffe – 60 bis 80 Prozent – scheiden die Tiere wieder aus. Diese gelangen über die Weidehaltung oder mit der Gülle und Gärresten in Böden, Oberflächengewässer und Grundwasser.[40]

Die Belastung des Wassers durch Medikamentenrückstände ist in den nordwestdeutschen Zentren der industriellen Tierhaltung besonders hoch.[41] Doch waren die Bemühungen, den Einsatz von Antibiotika in der Tierhaltung zu reduzieren, erfolgreich: Das Bundesinformationszentrum Landwirtschaft gab im März 2023 bekannt, dass ihre Menge

[39] EU-Kommission, Bericht der Kommission an das Europäische Parlament und den Rat über die Erfahrungen der Mitgliedsstaaten bei der Verwirklichung der in ihren nationalen Aktionsplänen festgelegten Ziele und über die Fortschritte bei der Umsetzung der Richtlinie 2009/128/EG über die nachhaltige Verwendung von Pestiziden, Brüssel, den 20.5.2020, Zitat ebenda, https://eur-lex.europa.eu/legal-content/DE/TXT/HTML/?uri=CELEX:52020DC0204&from=ES.

[40] Umweltbundesamt, Tierarzneimittel in der Umwelt, 22.12.2021, https://www.umweltbundesamt.de/themen/boden-landwirtschaft/umweltbelastungen-der-landwirtschaft/tierarzneimittel#tierarzneimittel-in-der-umwelt (Abfrage vom 21.9.2022). – Frank Brendel, Andreas Striezel, Antibiotika reduzieren – Reserveantibiotika bei Nutztieren vermeiden. Vergleich von Strategien in verschiedenen europäischen Staaten (im Auftrag der Grünen im Europaparlament), Wiesbaden 2023, https://www.martin-haeusling.eu/presse-medien/publikationen.html (Abfrage vom 26.5.2023).

[41] Stephan Hannappel, Claudia Köpp, Sebastian Zühlke, Aufklärung der Ursachen von Tierarzneimittelfunden im Grundwasser – Untersuchung eintragsgefährdeter Standorte in Norddeutschland (Bundesforschungsplan des Bundesministeriums für Umwelt, Naturschutz, Bau und Reaktorsicherheit, Texte 54/2016), Dessau-Roßlau 2016, S. 4, 22-26, https://www.umweltbundesamt.de/publikationen/aufklaerung-der-ursachen-von-tierarzneimittelfunden (Abfrage vom 21.9.2022).

zwischen 2011 und 2021 um zwei Drittel verringert wurde.[42] Die Umweltschutzorganisation PAN kritisierte dagegen, dass die Wasser-Rahmen-Richtlinie der Europäischen Union nicht konsequent umgesetzt werde.[43]

Es sind vor allem systemische Zwänge, die zu den großen Wasserverschmutzungen durch die industrielle Landwirtschaft führen. Die Tierbestände, die überwiegend mit betriebsfremdem Futter ernährt werden, bringen ein Vielfaches der Mengen von Wirtschaftsdünger hervor, die im eigenen Betrieb für die Düngung sinnvoll verwertet werden können. Überschüssige Nährstoffe aus Wirtschaftsdünger und synthetischen Düngemitteln sowie Pestizide und Medikamentenrückstände aus der intensiven Tierhaltung belasten die Oberflächengewässer und das Grundwasser.

3.1.3 Klima

In welchem Ausmaß ist die industrielle Landwirtschaft für die Erwärmung des Weltklimas mit verantwortlich? Dem Weltklimarat zufolge hatte die Landwirtschaft im engeren Sinn im Jahre 2004 einen Anteil an den weltweiten Treibhausgasemissionen von 13,5 Prozent. Dabei wurden allerdings nur die Kernaktivitäten der Landwirtschaft berücksichtigt.[44] Dass der Anteil von direkten CO_2-Emissionen, die landwirtschaftliche Nutzungsformen verursachen, vergleichsweise gering ist, liegt daran, dass das von den Agrarflächen emittierte Kohlendioxid größtenteils durch jene Mengen Kohlenstoff ausgeglichen wird, die die Pflanzen mit ihren Wurzeln im Boden binden. Insbesondere bei Dauergrünland gleicht sich die Wechselwirkung zwischen Lebe-

[42] Bundesinformationszentrum Landwirtschaft, Antibiotika in der Nutztierhaltung, 16.3.2023, https://www.landwirtschaft.de/diskussion-und-dialog/tierhaltung/antibiotika-in-der-nutztierhaltung/ (Abfrage vom 25.8.2023).

[43] Stellungnahme von PAN-Europe und PAN-Germany zur Überprüfung der EG-Wasserrahmenrichtlinie (WRRL) und ihrer Tochterrichtlinien, Hamburg, Brüssel 2019, https://pan-germany.org/download/stellungnahme-von-pan-europe-und-pan-germany-zur-ueberpruefung-der-eg-wasserrahmenrichtlinie-wrrl-und-ihrer-tochterrichtlinien/ (Abfrage vom 10.1.2025).

[44] Sachstandsbericht des Zwischenstaatlichen Ausschusses für Klimaänderungen. Zusammenfassung für Entscheidungsträger, November 2007, S. 6, https://www.de-ipcc.de/media/content/AR4_SynRep_SPM.pdf (Abfrage vom 10.1.2025).

wesen, Boden, Wasser und Atmosphäre aus. Ackerflächen bringen dagegen etwa 10 Prozent mehr Kohlendioxid in die Atmosphäre ein, als sie speichern. Dieser Effekt lässt sich durch eine weniger intensive Bodenbearbeitung und eine möglichst ganzjährige Pflanzenbedeckung mindern, zum Beispiel durch den Einsatz von Zwischensaaten.[45]

Ein Sonderbericht des Europäischen Rechnungshofs aus dem Jahr 2021 kritisierte die Europäische Kommission dafür, dass sie die vergleichsweise niedrigen Angaben des Weltklimarats übernehme, der sich ausschließlich auf landwirtschaftliche Tätigkeiten konzentriert habe. Der Rechnungshof setzte die These dagegen, dass die Landwirtschaft für 26 Prozent der weltweiten Treibhausgasemissionen verantwortlich sei. Davon wiederum seien der Landwirtschaft selbst gut vier Fünftel zuzurechnen. Für das verbleibende knappe Fünftel der Emissionen seien Transport, Verpackung, Verarbeitung und Einzelhandel verantwortlich. Den größten Teil der direkten Emissionen der Landwirtschaft verursache die Tierhaltung (53 Prozent), Pflanzenkulturen dagegen nur 29 Prozent.[46] Weltweit haben vor allem Methan und Lachgas den größten Anteil am Klimagas-Ausstoß der Landwirtschaft. Sie stammen aus der Viehhaltung und der Düngung mit Wirtschaftsdünger und synthetischen Düngemitteln.[47]

In der Europäischen Union betrug der Anteil der Landwirtschaft am Ausstoß von Klimagasen Anfang der 2020er-Jahre nach einer Schät-

[45] Deutscher Bundestag – Wissenschaftliche Dienste, Ausarbeitung CO_2-Emissionen landwirtschaftlich genutzter Flächen, WD 8 – 3000 – 099/21, 17. Dezember 2021, S. 14f, https://www.bundestag.de/resource/blob/878356/7770bd96ba39428b9b2e26c2d9f1ce2a/WD-8-099-21-pdf-data.pdf (Abfrage vom 29.9.2022).

[46] Europäischer Rechnungshof, Sonderbericht 16/2021, Gemeinsame Agrarpolitik und Klima: Landwirtschaft erhält Hälfte der Klimaschutzausgaben der EU, aber Emissionen gehen nicht zurück, https://op.europa.eu/webpub/eca/special-reports/cap-and-climate-16-2021/de/ (Abfrage vom 5.10.2022).

[47] Zukunftsstiftung Landwirtschaft, Wege aus der Hungerkrise. Die Erkenntnisse und Folgen des Weltagrarberichts: Vorschläge für eine Landwirtschaft von morgen, 2013, S. 34, https://www.weltagrarbericht.de/fileadmin/files/weltagrarbericht/Neuauflage/WegeausderHungerkrise_klein.pdf (Abfrage vom 23.9.2022). – Zur EU vgl. Christine Chemnitz, Christian Rehmer, Agrar-Atlas. Daten und Fakten zur EU-Landwirtschaft (Heinrich-Böll-Stiftung, Bund für Umwelt und Naturschutz Deutschland, Le Monde Diplomatique), Berlin 2019, S. 44f, https://www.bund.net/fileadmin/user_upload_bund/publikationen/landwirtschaft/landwirtschaft_agraratlas2019.pdf (Abfrage vom 8.1.2025).

zung des Europäischen Rechnungshofs etwa 13 Prozent. Der Rechnungshof stellte fest, dass die Nettotreibhausgasemissionen der Landwirtschaft in den 27 Mitgliedsstaaten der EU seit 2010 nicht mehr zurückgegangen seien und dass die 100 Mrd. Euro Subventionszahlungen, die die EU zwischen 2014 und 2020 an die Landwirtschaft für mehr Klimaschutz zahlte, „kaum Auswirkungen auf die Emissionen aus der Landwirtschaft hatten“.[48]

Wie hoch sind die direkten Anteile der deutschen Landwirtschaft am gesamten Ausstoß des Landes von Klimagasen? Landwirtschaftliche Tätigkeit im engeren Sinne war 1990 für die Emissionen von 83 Mio. Tonnen Kohlendioxidäquivalenten verantwortlich. Bis 2022 sanken die Emissionen der Landwirtschaft auf 53 Mio. Tonnen – bei einem Gesamtausstoß Deutschlands von 750 Mio. Tonnen hatte die Landwirtschaft somit einen Anteil von 7,1 Prozent. Rund 64 Prozent der Emissionen der Landwirtschaft lassen sich auf die Tierhaltung zurückführen. Diese Emissionen kommen insbesondere aus der Verdauung und dem Wirtschaftsdüngermanagement aller Nutztiere. Weitere 23 Prozent der Treibhausgasemissionen stammen aus der Düngung und Bearbeitung landwirtschaftlicher Böden. Hinzu kommen die Emissionen aus Harnstoffdünger, Kalkdüngung und der Vergärung nachwachsender Rohstoffe.[49] Einige Wissenschaftler weisen darauf hin, dass in einer Gesamtbetrachtung der Treibhausgasbilanz der deutschen Landwirtschaft auch noch die Futtermittel hinzuzurechnen sind, die aus den USA oder Lateinamerika importiert wurden.[50]

Betrachtet man die zeitliche Entwicklung der Treibhausgasemissionen in Deutschland, lässt sich feststellen, dass die Gesamtmenge relativ stabil auf ihrem hohen Niveau verharrt. Lediglich von 1990 auf 1991 gab es eine deutliche Minderung, die auf einen starken Rückgang der

[48] Europäischer Rechnungshof, Sonderbericht 16/2021, Gemeinsame Agrarpolitik und Klima: Landwirtschaft erhält Hälfte der Klimaschutzausgaben der EU, aber Emissionen gehen nicht zurück, https://op.europa.eu/webpub/eca/special-reports/cap-and-climate-16-2021/de/ (Abfrage vom 5.10.2022).

[49] Umweltbundesamt, Klimaschutz in der Landwirtschaft, 14.3.2024, https://www.umweltbundesamt.de/themen/landwirtschaft/landwirtschaft-umweltfreundlich-gestalten/klimaschutz-in-der-landwirtschaft#landwirtschaft-und-klimaschutz (Abfrage vom 10.1.2025).

[50] Axel Wirz, Nadja Kasperczyk, Frieder Thomas, Kursbuch Agrarwende 2050, S. 17.

Viehhaltung in der ehemaligen DDR nach den politischen Umwälzungen zurückzuführen ist.[51] Ob sich der leichte Trend zu einer Verbesserung der Treibhausgasbilanz der letzten fünf Jahre fortsetzt, bleibt abzuwarten.

Besonders klimaschädlich ist die Trockenlegung der Moore. Diese bedecken etwa vier Prozent der Landfläche Deutschlands und binden ungefähr ein Drittel der Kohlenstoffvorräte. Schätzungsweise 70 Prozent der Moore werden land- und forstwirtschaftlich genutzt. Sie emittieren bis zu 5 Prozent der Klimagase in Deutschland, wobei hier wiederum der Anteil der als Ackerland genutzten Flächen besonders hoch ist. Doch diese Flächen entlassen 37 Prozent des Kohlendioxidausstoßes der gesamten Landwirtschaft in die Atmosphäre.[52]

Es gibt aber auch andere Berechnungen des Anteils am Ausstoß von klimaschädlichen Gasen, den der Agrarsektor zu verantworten hat. So kommt das Wuppertal Institut für 2021 auf einen Anteil von 13,4 Prozent der Gesamtemissionen. Einschließlich Transport, Weiterverarbeitung, Handel und Zubereitung seien es sogar bis zu 33 Prozent.[53] Auf der Grundlage des Weltagrarberichts 2014 machte die Zukunftsstiftung Landwirtschaft eine noch weitergehende Rechnung auf: Wenn man die Veränderung der Landnutzung – Rodung von Wäldern, Umwandlung von Grünland in Ackerflächen, Trockenlegung von Mooren – mitberücksichtige, komme man auf einen Anteil der Landwirtschaft an der weltweiten Gesamtemission von Treibhausgasen von knapp 31 Prozent. Wenn wir auch Verarbeitung, Transport, Kühlung, Erhitzung,

[51] Umweltbundesamt, Treibhausgas-Emissionen in Deutschland, 6.5.2024, sehr anschaulich ist das dort gezeigte Diagramm, https://www.umweltbundesamt.de/daten/klima/treibhausgas-emissionen-in-deutschland#emissionsentwicklung (Abfrage vom 10.1.2025).

[52] Deutscher Bundestag – Wissenschaftliche Dienste, Ausarbeitung CO_2-Emissionen landwirtschaftlich genutzter Flächen, S. 13f, 22f. – Franziska Tanneberger, Vera Schroeder (Mitarbeit), Das Moor.

[53] Dabei stützt sich das Wuppertal Institut auf die Studie von Harald Grethe, José Martinez, Bernhard Osterburg, Friedhelm Taube, Ferike Thom, Klimaschutz im Agrar- und Ernährungssystem Deutschlands: Die drei zentralen Handlungsfelder auf dem Weg zur Klimaneutralität, Gutachten für die Stiftung Klimaneutralität, 2021, S. i, 3, https://www.stiftung-klima.de/app/uploads/2021/06/2021-06-01-Klimaneutralitaet_Landwirtschaft.pdf (Abfrage vom 5.10.2022).

Zubereitung und Entsorgung von Lebensmitteln hinzurechneten, seien es sogar rund 40 Prozent.[54]

In dieser Rechnung fehlen allerdings noch die Industrien, die der Landwirtschaft vorgelagert sind, insbesondere die Produktion von synthetischem Dünger, Pestiziden und Landtechnik. Deren Energieverbrauch ist sehr hoch, insbesondere bei der Produktion von Stickstoffdünger.[55] Die Organisation Grain hat für eine Studie der UNCTAD geschätzt, dass 44 bis 57 Prozent aller Treibhausemissionen von agroindustriellen Praktiken verursacht würden.[56] Für Deutschland fehlt eine Berechnung des Anteils der gesamten Wertschöpfungskette der Lebensmittel am Ausstoß von Treibhausgasen. Klar ist jedoch, dass die Landwirtschaft einschließlich der Veränderungen der Landnutzung für große Mengen emittierter Klimagase verantwortlich ist.

3.1.4 Zwischenfazit

Die Schäden, die die industrielle Landwirtschaft an den Lebensgrundlagen aller Lebewesen anrichtet, sind ebenso vielschichtig wie umfassend. Sie gefährdet den Boden durch die Art und Weise, wie sie ihn bewirtschaftet – durch Bodenbearbeitung und Fruchtfolgen, durch Düngemittel und Pestizide. Sie fördert aber auch die Zerstörung des Ackerbodens durch Erosion, indem sie zu lange Phasen ohne Begrünung zulässt und viele Gehölzstreifen und Schutzhecken vernichtet. Hinzu kommen der ungehemmte Verbrauch und die exzessive Verschmutzung der Wasservorräte – des Oberflächenwassers und sogar des Grundwassers – durch organische und synthetische Düngemittel und Pestizide. Ebenso bedrohlich ist der Beitrag der industriellen Landwirtschaft zur globalen Erwärmung des Klimas. Ihr Anteil am Ausstoß von Treibhausgasen ist in Deutschland und weltweit signifi-

[54] Zukunftsstiftung Landwirtschaft, Wege aus der Hungerkrise. Die Erkenntnisse und Folgen des Weltagrarberichts: Vorschläge für eine Landwirtschaft von morgen, 2013, S. 34, https://www.weltagrarbericht.de/fileadmin/files/weltagrarbericht/Neuauflage/WegeausderHungerkrise_klein.pdf (Abfrage vom 23.9.2022).

[55] Axel Wirz, Nadja Kasperczyk, Frieder Thomas, Kursbuch Agrarwende 2050, S. 17.

[56] Grain, Food and climate change: the forgotten link, 28.9.2011, https://grain.org/en/article/4357-food-and-climate-change-the-forgotten-link (Abfrage vom 27.8.2024).

kant. Wenn man das ganze Ernährungssystem betrachtet, so ist die Art und Weise, wie Menschen sich ernähren und ihre Nahrungsmittel erzeugen ein wichtiger treibender Faktor der Erwärmung des Weltklimas. Drei Grundbedingungen menschlichen und nicht-menschlichen Lebens werden somit von der industrialisierten Landwirtschaft existenziell bedroht: der fruchtbare Boden, das wichtigste Lebensmittel Wasser und ein erträgliches Klima.

3.2 Nicht-menschliches Leben

Die industrielle Landwirtschaft schädigt nicht nur Lebens*grundlagen*, sondern mittelbar oder unmittelbar auch *Lebewesen.* Im Folgenden fragen wir in zwei Schritten danach, wie und in welchem Maße die industrielle Landwirtschaft die Vielfalt der Arten beeinträchtigt und was industrielle Tierhaltung mit den betroffenen Tieren macht. Wir konzentrieren uns dabei auf die Auswirkungen der eingesetzten Pestizide, auf das Artensterben sowie die Fütterung und Haltung der Nutztiere. Danach befassen wir uns in einem weiteren Unterkapitel mit den Schäden, die die industrielle Landwirtschaft bei Menschen und in der ländlichen Gesellschaft verursacht.

3.2.1 Biodiversität

Wie reine Luft, fruchtbarer Boden, sauberes Trinkwasser und erträgliche Temperaturen gehört die Vielfalt der Arten zu den Grundbedingungen menschlicher Existenz. Die Biodiversitätskonvention der Vereinten Nationen versteht unter „Biodiversität“ die Vielfalt und Anzahl verschiedener Arten und die Vielfalt von Lebensformen innerhalb einer Art – die „taxonomische Diversität“ –, die genetische Diversität einer Art und eines Lebensraums sowie die Vielfalt an Biotopen, Ökosystemen, Ökosystemfunktionen und Verhaltensweisen von Tieren.[57] Die Vielfalt des Lebendigen ist deshalb so wichtig, weil sie die Grund-

[57] United Nations, Convention on Biological Diversity, 1992, Artikel 1, S 6, https://www.cbd.int/doc/legal/cbd-en.pdf (Abfrage vom 20.1.2025). – Max-Planck-Gesellschaft, Biodiversität – Vielfalt des Lebens, 2023, https://www.mpg.de/biodiversitaet (Abfrage vom 20.1.2025).

lage für alles ist, was menschliches Leben möglich macht: Nahrung, Arzneimittel, ein erträgliches Klima, sauberes Wasser. Je vielfältiger die Biosphäre oder einzelne Ökosysteme sind, desto widerstandsfähiger sind sie auch.[58] Wie beeinflusst die industrielle Landwirtschaft diese Vielfalt?

Der Rückgang der Artenvielfalt ist dramatisch und viele Arten sterben ganz aus. Einem Bericht der Europäischen Umweltagentur zufolge waren 2019 77 Prozent der Lebensräume in der Europäischen Union in einem schlechten Zustand. 60 Prozent der geschützten Arten waren bedroht, insbesondere in den Agrarlandschaften. Dort sind beispielsweise die Vogelbestände bis zu den 2010er-Jahren innerhalb von nur drei Jahrzehnten um etwa 30 Prozent kleiner geworden, die Bestände von Schmetterlingen um 40 Prozent.[59] In Deutschland gibt es, anders als in vielen anderen Ländern der EU, kein einheitliches Monitoringsystem für die Artenvielfalt und deren Veränderungen. Die Arbeitsgruppe Biodiversität in der Agrarlandschaft der Nationalen Akademie der Wissenschaften Leopoldina geht davon aus, dass die Bestände von typischen Vogelarten der Agrarlandschaft in Deutschland zwischen 1998 und 2009 um 36 Prozent zurückgegangen sind.[60] Ins Bewusstsein der deutschen Öffentlichkeit rückte das Ausmaß des Insektensterbens im Jahr 2017 durch die „Krefelder Studie“. Sie wies nach, dass die Biomasse der Fluginsekten von 1998 bis 2016 in über 60 Schutzgebieten um 76 Prozent zurückgegangen war.[61]

[58] Bundesministerium für Bildung und Forschung, Forschungsinitiative zum Erhalt der Artenvielfalt, 2019, S. 2, https://www.bmbf.de/SharedDocs/Publikationen/DE/7/22648_Forschungsinitiative_zum_Erhalt_der_Artenvielfalt.html (Abfrage vom 20.1.2025).

[59] European Environment Agency (EEA), The European Environment – state and outlook 2020. Knowledge for transition to a sustainable Europe, https://www.eea.europa.eu/soer/publications/soer-2020. (Abfrage vom 18.12.2024).

[60] Leopoldina et al. (Hgg.), Stellungnahme: Artenrückgang in der Agrarlandschaft: Was wissen wir und was können wir tun? Halle, Mainz, München 2018, https://www.leopoldina.org/uploads/tx_leopublication/2018_3Akad_Stellungnahme_Artenrueckgang_web.pdf (Abfrage vom 24.12.2024).

[61] BMUV, Was steht in der „Krefelder Studie“? https://www.bmuv.de/faq/was-steht-in-der-krefelder-studie/ (Abfrage vom 18.12.2024).

Abbildung 8: Bestäubendes Insekt

Foto: iStock.com/atlantic-kid

Die „Zwischenstaatliche Plattform für Biodiversität und Ökosystemleistungen" (IPBES) – der „Weltbiodiversitätsrat" – legte 2019 einen umfassenden Bericht vor, der zeigte, dass die intensive landwirtschaftliche Produktion eine Hauptursache ist für das Sterben von Insekten, die Pflanzen bestäuben. Insbesondere der Einsatz von Pestiziden ist dafür verantwortlich, dass die Populationen von Bienenarten stark zurückgehen. Dadurch ist auch die natürliche Bestäubung von Kulturpflanzen wie Obst und Gemüse gefährdet. Die nicht-nachhaltige Bewirtschaftung von Acker- und Weideland führt zur Degradierung von Land und erheblichen Verlusten an Artenvielfalt und Ökosystemdienstleistungen. Unter Landdegradierung verstehen die Wissenschaftlerinnen und Wissenschaftler Verlust oder Rückgang der Artenvielfalt in Land-Ökosystemen wie dem tropischen Regenwald, von Mooren, Wüsten oder Tundren und den mit ihnen verbundenen Wasser-Ökosystemen wie Flüssen oder Seen. Besonders schädlich ist die Trockenlegung von Mooren.[62]

[62] Intergovernmental Science-Policy Platform on Biodiversity and Ecosystem Services – IPBES, Global Assessment Report on Biodiversity and Ecosystem Services, 2019, https://ipbes.net/global-assessment; IPBES-Bericht 2019, https://www.de-ipbes.de/de/Globales-IPBES-Assessment-Deutschsprachige-Zusammenfassung-fur-politische-2122.html (Abfrage vom 9.11.2022), insbesondere S. 2, 11-13.

Die Wissenschaftler der Arbeitsgruppe Biodiversität in der Agrarlandschaft an der Akademie Leopoldina nennen in der Zusammenfassung ihrer Stellungnahme zum Artenrückgang in der Agrarlandschaft unter anderem folgende Ursachen: „[…] die Zunahme von ertragreichen, aber artenarmen Ackerbaukulturen, die vorbeugende und oft flächendeckende Nutzung von Pflanzenschutzmitteln, intensive Düngung, die Erhöhung der Schlaggrößen, der Verlust von artenreichem Grünland und ein struktureller Wandel der Nutztierhaltung hin zu größeren Betrieben mit weniger Weidehaltung, der Verlust der Strukturvielfalt der Landschaft […]".[63]

Die Hauptverursacher des Artensterbens sind Pestizide: Im Abschnitt über Boden haben wir bereits erklärt, warum wir, anders als beispielsweise die Leopoldina, von „Pestiziden" sprechen und nicht von „Pflanzenschutzmitteln". Um 2020 wurden weltweit etwa 4 Mio. Tonnen Pestizide eingesetzt, am intensivsten in Lateinamerika und Asien. Annähernd die Hälfte der ausgebrachten Gifte waren Herbizide, knapp ein Drittel Insektizide und etwa 17 Prozent Fungizide. 2019 hatten die weltweit verwendeten Pestizide einen Marktwert von über 84 Mrd. US-Dollar.[64] Die Zahlen zum Pestizideinsatz in Deutschland haben wir im Abschnitt über Wasser aufgeführt (Abschnitt 3.1.2).

Pestizide sind nahezu allgegenwärtig: in der Land- und Forstwirtschaft, in öffentlichen und privaten Parks und Gärten, Hotelanlagen und Campingplätzen, Spielplätzen und Kindergärten sowie in privaten Haushalten. Wenig bekannt ist, dass Pestizide offenbar erheblich giftiger sind, als ihre Hersteller gegenüber den Zulassungsbehörden angegeben haben. Giftig sind nicht nur die deklarierten Wirkstoffe wie „Glyphosat"[65] im Produkt „Roundup", sondern auch die sogenannten

[63] Leopoldina, acatech, Union, Stellungnahme 2020. Biodiversität und Management von Agrarlandschaften, Umfassendes Handeln ist jetzt wichtig, Halle, München, Mainz 2020, S. 3, Zitat: ebenda, https://www.leopoldina.org/uploads/tx_leopublication/2020_Akademien_Stellungnahme_Biodiversita%CC%88t.pdf (Abfrage vom 27.12.2024).

[64] Christine Chemnitz, Pestizide in der Landwirtschaft: Auswirkungen von Pestiziden auf Mensch und Umwelt, 12.1.2024, https://www.boell.de/de/2022/01/12/pestizide-in-der-landwirtschaft (Abfrage vom 2.10.2024).

[65] Helmut Burtscher-Schaden, Die Akte Glyphosat, S. 25.

„Beistoffe". Ein Team um den französischen Mikrobiologen Gilles-Éric Seralini hat herausgefunden, dass diese „Beistoffe" oder „Formulantien" um ganze Größenordnungen giftiger sind als die ausgewiesenen Wirkstoffe. Für die Zulassung getestet wurde allerdings nur die Toxizität des deklarierten Wirkstoffs, nicht aber des gesamten Produkts, das schließlich in der Praxis verwendet wird.[66] 2012 wies Seralinis Team nach, dass „Roundup" bei Ratten Tumore und schwere Erkrankungen von Nieren und Leber auslöst. Diese Tiere wurden während ihrer gesamten Lebenszeit von etwa zwei Jahren mit Futtermitteln ernährt, die mit Roundup behandelt worden waren.[67]

Ein Team der Universität für Bodenkultur in Wien hat unter der Leitung von Johann G. Zaller die Giftigkeit von Produkten, die im Handel zu kaufen sind, unter praxisähnlichen Bedingungen getestet und festgestellt, dass sie erhebliche Auswirkungen auf die Bodenlebewesen hatten: Etwa die Hälfte der Mykorrhiza starb. Dies hat eine Studie von Anna Edlinger 2022 bestätigt.[68] Zallers Team stellte darüber hinaus fest, dass die Regenwürmer dicker und passiver wurden. Es verwies darauf, dass in der Praxis viele verschiedene Insektizide, Fungizide, Herbizide oder Akarizide – Letztere bekämpfen beispielsweise Milben – gleichzeitig auf die dort vorhandenen Lebewesen einwirken. Auch das wird bei der Zulassung dieser Stoffe nicht berücksichtigt.[69] Auch Säugetiere, die in landwirtschaftlichen Kulturen leben, sind betroffen, wie Feldhase, Waldmaus oder Feldhamster. Darüber hinaus werden die Lebensräume von Tieren erheblich eingeschränkt

[66] Johannes G. Zaller, Unser täglich Gift, S. 30-36; zur toxischen Wirkung vieler „Beistoffe" vgl. ebenda, S. 36.

[67] Gilles-Éric Seralini, Jérôme Douzelet, Die Affäre um die Monsanto Papers, S. 39-45. – Sophia Guttenberger, EU-Behörde verharmlost Glyphosat-Gefahren, https://umweltinstitut.org/landwirtschaft/artensterben-voegel/ (Abfrage vom 25.8. 2023).

[68] Anna Edlinger et al., Agricultural management and pesticide use reduce the functioning of beneficial plant symbionts, 2022, https://www.nature.com/articles/s41559-022-01799-8 (Abfrage vom 25.1.2023). – Anti-Pilz-Spritzmittel schaden auch den Pflanzen, 2022, https://www.welt.de/wissenschaft/article239811745/Fungizide-schaden-der-Mykorrhiza-und-damit-den-Pflanzen.html (Abfrage vom 25.1.2023).

[69] Johannes G. Zaller, Unser täglich Gift, S. 99-103.

durch das Verschwinden von Ackerbegleitflora, zu dem der Einsatz von Pestiziden geführt hat.[70]

Pestizide töten nicht nur jene Lebewesen, gegen die sie eingesetzt werden. So wirken Herbizide wenig selektiv. In der Regel vernichten sie auch Pflanzen die für die Hauptkultur unschädlich sind, was zum Verlust vieler seltener Ackerwildkräuter führt. Insektizide töten nicht nur Schadinsekten, sondern auch alle anderen Insekten, also auch Nützlinge oder natürliche Fressfeinde der bekämpften Schädlinge. Dadurch geht die natürliche Balance zwischen Schädlingen und Nützlingen verloren. Sehr bekannt ist DDT. Rachel Carsons Buch „Silent Spring“ löste eine Kampagne aus, an deren Ende das Verbot von DDT in nahezu allen Ländern der Welt stand.[71] Heute sind die Insektengifte aus der Familie der Neonicotinoide die nach Glyphosat am weitesten verbreiteten Pestizide.[72] Gravierend sind die Auswirkungen ihres Einsatzes bei Bienen und anderen pflanzenbestäubenden Insekten. Diese hochwirksamen „systemischen“ Insektizide werden von den Wurzeln und Blättern der Pflanzen aufgenommen und breiten sich dann in der ganzen Pflanze aus. Wenn Insekten die so behandelten Pflanzen beißen oder an ihnen saugen, nehmen sie auch das Gift auf. Dieses greift sehr rasch die Nervenzellen der Insekten an. Sie erleiden Krämpfe und sterben häufig an dieser Vergiftung. Oft wird bereits das Saatgut mit Neonicotinoiden behandelt. Seit 2018 ist es in der EU verboten, die Neonicotinoide Clothianidin, Thiamethoxam und Imidacloprid im Freiland anzuwenden. Die Europäische Behörde für Lebensmittelsicherheit (European Food Safety Authority, EFSA) hatte bestätigt, dass diese Substanzen für Bienen schädlich sind. 2020 folgte das Verbot von Thiacloprid. Niederländische Forscherinnen und Forscher haben einen Zusammenhang zwischen dem Einsatz dieser Gifte und der rück-

[70] Teresa Jahn, Hermann Hötker, Rainer Oppermann, Richard Bleil, Laura Vele, Das Schutzgut Biodiversität in der Umweltbewertung von Stoffen – Konzept für das Management des Risikos für freilebende Vögel und Säuger aus der Anwendung von Pflanzenschutzmitteln unter Berücksichtigung indirekter Wirkung (Nahrungsnetz-Effekte) und besonders geschützter Arten. Kurzfassung des Projektberichts, 2014, https://www.bmuv.de/fileadmin/Daten_BMU/Pools/Forschungsdatenbank/fkz_3710_63_411_pflanzenschutzmittel_rmm_kurz_bf.pdf (Abfrage vom 25.10.2022).

[71] Frank Uekötter, Im Strudel, S. 581-592. – Rachel Carson, Silent Spring.

[72] Johannes G. Zaller, Unser täglich Gift, S. 46-52.

läufigen Zahl von Vögeln in den betroffenen Gebieten festgestellt. Sie leben nicht zuletzt von den Insekten, deren Zahl stark zurückgeht.[73]

Abbildung 9: Industrielle Landwirtschaft – intensiver Rapsanbau

Foto: pixabay.com/Hans

Auskunft über die durchschnittliche Häufigkeit von Pestizidbehandlungen gibt der Behandlungsindex. Spitzenreiter im Ackerbau sind Kartoffeln mit 11,5 Behandlungen und Raps mit 7,9 Behandlungen im Jahr. Besonders häufig werden Plantagenkulturen mit Pestiziden behandelt – bei Apfelplantagen sind es 29,5 und bei Wein 19,2 Behandlungen. Bei Mais wurden Pestizide dagegen nur 1,9mal im Jahr ausgebracht.[74] Großflächige Monokulturen, die nur durch den massiven

[73] Bundesinformationszentrum Landwirtschaft, 4. April 2022, Neonicotinoide – ein Risiko für Bienen, https://www.landwirtschaft.de/diskussion-und-dialog/umwelt/neonicotinoide-ein-risiko-fuer-bienen/ (Abfrage vom 25.10.2022).

[74] Julius Kühn-Institut. Bundesforschungsinstitut für Kulturpflanzen, Panel Pflanzenschutzmittel-Anwendungen (PAPA), https://papa.julius-kuehn.de/index.php?menuid-43 (Abfrage vom 8.1.2025). – Übersicht zu Behandlungsindizes für 2022: Teresa Jahn et al., Das Schutzgut Biodiversität in der Umweltbewertung von Stoffen

Einsatz von Pestiziden überhaupt existieren können, zerstören die Lebensgrundlagen zahlreicher Pflanzen und Tiere. Die zunehmenden Resistenzen von „Unkräutern" führen zu immer stärkerem Pestizideinsatz, wodurch sich das Problem weiter verschärft.[75]

Die Voraussetzung, dass Total-Herbizide nur dann eingesetzt werden können, wenn die kultivierten Pflanzen nicht grün sind, also nicht wachsen, änderte sich mit der Entwicklung der Gentechnik. Weltweit betrachtet kann die industrielle Landwirtschaft nur deshalb so große Mengen Pestizide einsetzen, weil wichtige Kulturpflanzen mithilfe der Gentechnik so verändert sind, dass sie den Einsatz von Pestiziden überleben. So entwickelte der Chemie- und Futtermittelkonzern Monsanto, der inzwischen Bayer gehört, Sojabohnen, die resistent gegenüber Glyphosat sind. Der Konzern liefert also ein Gesamtpaket aus genmanipuliertem Saatgut und Pestiziden. Die strenge Regulierung innerhalb der EU für den Einsatz von Gentechnik in der Landwirtschaft verhinderte bisher weitestgehend den Anbau dieser Pflanzen in Europa. Nicht zuletzt aufgrund der Lobbyarbeit der Saatgut- und Chemiekonzerne gibt es aktuell Bestrebungen in der EU, die strenge Regulierung aufzuheben. Hauptanbauländer der genmanipulierten Sojapflanzen sind bisher Argentinien, Brasilien und die USA. Diese Methode wird auch bei Mais, Raps, Zuckerrohr, Baumwolle und Luzerne angewandt.[76] Über den Import von Futtermitteln und anderen Agrarrohstoffen gelangen die Produkte aus diesen Ländern auch nach Europa.

Laut einem Bericht der Agrolobby-Organisation ISAAA (International Service for the Acquisition of Agri-Biotech Applications) von 2017 wuchsen 2016 weltweit auf 1,85 Mio. Quadratkilometern Ackerfläche gentechnisch veränderte Pflanzen. Das waren etwas mehr als 13 Prozent der weltweiten Ackerfläche. Anders als die Befürworter der

– Konzept für das Management des Risikos für freilebende Vögel und Säuger aus der Anwendung von Pflanzenschutzmitteln unter Berücksichtigung indirekter Wirkung (Nahrungsnetz-Effekte) und besonders geschützter Arten. Kurzfassung des Projektberichts (Umweltforschung des Bundesministeriums für Umwelt), https://www.bmuv.de/fileadmin/Daten_BMU/Pools/Forschungsdatenbank/fkz_3710_63_411_pflanzenschutzmittel_rmm_kurz_bf.pdf (Abfrage vom 8.1.2025).

75 Johann G. Zaller, Unser täglich Gift, S. 91-94.

76 Umweltinstitut München, Glyphosat – Das meistverkaufte Pflanzengift der Welt, http://www.umweltinstitut.org/themen/landwirtschaft/pestizide/glyphosat.html (Abfrage vom 20.10.2022).

Gentechnik versprochen hatten, bewirkte der Einsatz der Gentechnik keinen Rückgang der ausgebrachten Pestizide. Im Gegenteil nahmen die eingesetzten Pestizidmengen mit dem verstärkten Anbau von gentechnisch verändertem Soja zu. Dennoch stiegen die Hektarerträge kaum.[77] Zugleich wachsen auf immer größeren Flächen pestizidresistente „Unkräuter“. 2016 waren in den USA 38 Mio. Hektar Ackerland von glyphosatresistenten Unkräutern betroffen – annähernd ein Viertel der gesamten Ackerfläche der USA.[78]

Zum Verlust der Artenvielfalt zählen wir auch die zunehmende genetische Verarmung der in der industriellen Landwirtschaft eingesetzten Arten und Sorten. Die Vielfalt von Arten und Sorten ist zurückgegangen, weil Pflanzenzucht und Saatgutvermehrung von wenigen Saatgutkonzernen beherrscht werden. Diese konzentrieren sich in der Regel auf wenige Sorten, von denen sie sich möglichst hohe Erträge oder ganz bestimmte Eigenschaften versprechen. Dieser Prozess wird durch die Möglichkeit von Patentierungen auf bestimmte technisch erzeugte Pflanzeneigenschaften beschleunigt. Die genetische Verarmung besteht somit auch „in einem Nicht-Weiterkultivieren(-züchten) von zahlreichen ursprünglichen und/oder weniger ertragreichen Arten, Rassen oder Sorten. Deren Aussterben könnte für die zukünftige Ernährung des Menschen von erheblicher Bedeutung sein, da hierdurch der Genpool für die weitere Züchtung immer neuer Rassen und Sorten zunehmend kleiner wird und damit zahlreiche nützliche Gene und Genkombinationen für immer verschwinden“.[79] Das ist auch insofern

[77] Christoph Then et al., Gentechnik-Soja in Südamerika: Flächenverbrauch, Pestizideinsatz und die Folgen für die globalen Ziele für nachhaltige Entwicklung, Testbiotech 2018, S. 5, 11, https://www.germanwatch.org/sites/default/files/Studie%20Gentechnik-Soja%20in%20S%C3%BCdamerika_0.pdf (Abfrage vom 18.12.2024).

[78] Transparenz Gentechnik, Gentechnik-Pflanzen und resistente Unkräuter: Wenn Glyphosat nicht mehr wirkt, https://www.transgen.de/anbau/1429.resistente-superunkraeuter-gentechnik.html (Abfrage vom 20.1.2025).

[79] Spektrum, Lexikon der Biologie, Genetische Verarmung, Zitat: ebenda, https://www.spektrum.de/lexikon/biologie/genetische-verarmung/27300 (Abfrage vom 13.10.2022). – Bundesinformationszentrum Landwirtschaft, 26.1.2022, Wie steht es um die Vielfalt von Nutztieren und Nutzpflanzen? https://www.landwirtschaft.de/landwirtschaft-verstehen/wie-funktioniert-landwirtschaft-heute/wie-steht-es-um-die-vielfalt-von-nutztieren-und-nutzpflanzen (Abfrage vom 14.10.2022).

ein großer Verlust, weil verschiedene Arten und Sorten auf sehr unterschiedliche Entwicklungen reagieren können – auf Klimaveränderungen oder auch auf bestimmte Krankheiten.

Neben den bisher genannten Entwicklungen spielt die Hybridzüchtung eine große Rolle bei der genetischen Verarmung. Bei der Hybridzüchtung werden zwei reinerbige Inzuchtlinien miteinander gekreuzt. Die Nachkommen (F1-Generation) dieser Kreuzung sind sehr leistungsfähig und ertragreich. Werden diese Hybriden weiter vermehrt, kommt es in der nächsten Generation (F2-Generation) zu einem erheblichen Leistungsabfall. Entscheiden sich die Landwirtinnen und Gärtner für das besonders ertragreiche Hybridsaatgut sind sie darauf angewiesen, immer wieder neues Saatgut bei den Saatgutkonzernen zu kaufen. Das erzeugt Abhängigkeiten mit allen damit verbundenen Folgen auch für die weitere genetische Verarmung. Hybridzucht hat eine große Bedeutung bei Mais, Roggen, Tomaten und vielen Gemüsesorten und wird auch in der Tierzucht bei Schweinen und Geflügel massiv eingesetzt.[80]

Das Artensterben führt zu enormen wirtschaftlichen Verlusten. Der Weltbiodiversitätsrat stellte 2019 fest, dass im Jahre 2016 der Produktionswert von Kulturpflanzen 2,6 Billionen US-Dollar betragen und sich damit seit 1970 verdreifacht habe. Die Schädigung von Landflächen habe die Produktivität allerdings auf nahezu einem Viertel der Flächen verringert, zugleich sei die Vielfalt der bestäubenden Insekten in einem Maße zurückgegangen, dass Ernteausfälle in der Größenordnung von 235 bis 577 Mrd. US-Dollar drohten. Weltweit gehe die Zahl lokaler Nutzpflanzensorten und Tierrassen zurück.[81] Im Laufe des letzten Jahrhunderts sind etwa drei Viertel der Pflanzen ausgestorben, die der menschlichen Ernährung dienen. Heute decken nur noch rund 30 Pflanzenarten nahezu den gesamten Kalorienbedarf der Menschen. Immer größere Betriebe produzieren immer mehr Nahrungsmittel mit immer weniger Tier- und Pflanzenarten. Dabei spielen Hybridpflanzen eine wichtige Rolle. Diese ermöglichen zwar zunächst größere Ernten,

[80] Pflanzenforschung, Was ist Hybridzüchtung? 29.1.2024, https://www.pflanzenforschung.de/de/pflanzenwissen/journal/was-ist-hybridzuechtung-11017 (Abfrage vom 16.4.2024).

[81] IPBES. Das globale Assessement der biologischen Vielfalt und Ökosystemleistungen. Zusammenfassung für politische Entscheidungsträger, 2019, S. 11f, https://www.de-ipbes.de/files/IPBES%20GA_SPM_DE_2020.pdf (Abfrage vom 12.1.2025).

sind aber anfällig für Krankheiten.[82] Der sehr rasche und umfassende Verlust an biologischer Vielfalt ist somit eines der größten Probleme, das die industrielle Landwirtschaft verursacht. Dabei erweisen sich die Gifte, die sie ausbringt, als besonders schädlich.

3.2.2 Industrielle Tierhaltung

Ein zentrales Merkmal der industriellen Landwirtschaft ist die industrielle Tierhaltung, die wegen der fortwährend steigenden Zahl der pro Betrieb gehaltenen Tiere häufig die Form einer Massentierhaltung annimmt. Ein anderes Kennzeichen der industriellen Tierhaltung ist die zunehmende Spezialisierung auf eine bestimmte Phase innerhalb einer Produktionskette. Wie und in welchem Maße schaden derartige industrielle Haltungsformen den betroffenen Tieren? Wir nehmen dabei nur die Tierarten Rind, Schwein und Geflügel in den Blick, weil hier die Entwicklung von der bäuerlichen zu einer industriellen Tierhaltung am offensichtlichsten ist. Dabei betrachten wir vor allem die Haltungsbedingungen, die Fütterung und die Tierzucht, aber auch den letzten Weg der Tiere, wenn sie getötet werden.

Der Mindeststandard der Haltungsbedingungen ist für Kälber, Legehennen, Masthühner, Schweine und Kaninchen in der Tierschutz-Nutztierhaltungsverordnung geregelt.[83] Für erwachsene Rinder gilt diese Verordnung nicht. Als gesetzliche Regelung greift hier, aber nur mit allgemeinen Grundsätzen, das deutsche Tierschutzgesetz. Für Ökobetriebe gelten die Vorschriften in der EU-Ökoverordnung. Das Idealbild von Rindern, die auf der Weide friedlich grasen, gibt es fast nur noch bei der extensiven Mutterkuhhaltung. Dort verbringen Rinder einen Großteil ihrer Lebenszeit auf der Weide, so wie es eigentlich ihrer Natur entgegenkommt. Deshalb entspricht diese Haltungsform am ehesten einer artgerechten, am Tierwohl orientierten Haltung. Sie

[82] Pflanzenforschung, Was ist Hybridzüchtung? 29.1.2024, https://www.pflanzenforschung.de/de/pflanzenwissen/journal/was-ist-hybridzuechtung-11017 (Abfrage vom 16.4.2024). – Ute Scheub, Stefan Schwarzer, Die Humusrevolution, S. 106.

[83] Deutscher Bundestag. Wissenschaftliche Dienste, Nutztiere und Tierschutz – Nutztierhaltungsverordnung, 17.12.2020, Aktenzeichen WD 5 – 3000 – 133/20, 20https://www.bundestag.de/resource/blob/817906/00ae34c0afc1588d116a515edcfd60c4/WD-5-133-20-pdf.pdf (Abfrage vom 2.1.2025).

dient aber ausschließlich der Rindfleischerzeugung. Die meisten Milchkühe – 87 Prozent – werden ganzjährig in Laufställen gehalten, manchmal mit Zugang zum Außenklima. Der Anteil von Milchkühen, die Zugang zu einer Weide haben, ist rückläufig. Das hat auch mit der zunehmenden Größe der Tierbestände zu tun. Für die vielen Rinder steht häufig in der Nähe der Ställe keine ausreichende Weidefläche zur Verfügung. Auch der Trend zu automatischen Melksystemen, wie dem Melkroboter, führt zu einem Rückgang der Weidehaltung, weil diese für den Einsatz auf der Weide nicht immer geeignet sind.[84]

Als Tierquälerei eingestuft wird das traditionelle dauerhafte Anbinden von Rindern in Ställen.[85] Der Anteil dieser Haltungsform hat aber stark abgenommen und findet sich nur noch in wenigen, vor allem kleinbäuerlichen Rinderhaltungen Süddeutschlands. Die Bundesregierung strebt an, diese Haltungsform mit einer Übergangszeit ganz zu verbieten. Der Präsident des Deutschen Bauernverbands, Joachim Rukwied, bezeichnete die angekündigte Übergangszeit von 10 Jahren als „realistisches Zeitfenster", forderte aber darüber hinaus, dass jene Betriebe erhalten bleiben sollen, die ihre Tiere nur im Winter anbinden und im Sommer auf Almen halten.[86] Der Übergang von Anbindehaltung zur Laufstallhaltung ist aus Sicht des Tierschutzes eine positive Entwicklung. Aus Kostengründen werden die Laufställe aber möglichst klein gehalten, was die Bewegungsmöglichkeiten wiederum massiv einschränkt. In der Praxis führt ein geringes Platzangebot zu typischen Verletzungen und Quetschungen an Gliedmaßen oder Eutern. Auch Klauenerkrankungen sind weit verbreitet, besonders in Laufställen mit

[84] Statistisches Bundesamt (Destatis), Pressemitteilung Nr. N 051 vom 4. August 2021, https://www.destatis.de/DE/Presse/Pressemitteilungen/2021/08/PD21_N051_41.html (Abfrage vom 3.1.2025). – Österreichische Arbeitsgemeinschaft für Grünland und Viehwirtschaft, Bio-Weidehaltung und AMS – so funktioniert es! ÖAG Info 6/2017, https://raumberg-gumpenstein.at/jdownloads/Allgemein/Biologische_Landwirtschaft_und_Biodiversitaet_der_Nutztiere/Hilfsmittel/40_2018_oeag_weidehaltung_textauszug_ams_weidehaltung.pdf (Abfrage vom 3.1.2025).

[85] Verwaltungsgericht Münster in einer Entscheidung vom 20. Dezember 2019 (Az.: 11 L 843/19), https://www.justiz.nrw.de/nrwe/ovgs/vg_muenster/j2019/11_L_843_19_Beschluss_20191220.html (Abfrage vom 9.12.2022).

[86] Anke Reimink, Bundesregierung will ganzjährige Anbindehaltung beenden, 17.1.2022, https://www.topagrar.com/rind/news/bundesregierung-will-ganzjaehrige-anbindehaltung-beenden-12804645.html (Abfrage vom 9.12.2022).

Betonspaltenböden. Trotz des Übergangs von der Anbindehaltung zur Laufstallhaltung haben sich die Gesundheitsrisiken und der Gesundheitszustand der Milchkühe in den letzten Jahren stark verschlechtert. Abzulesen ist das an hohen Erkrankungsraten der Milchkühe sowie am vorzeitigen Ausscheiden aus der Produktion einschließlich der zu verzeichnenden Todesfälle. Diese sind laut Bundestierärztekammer „ohne Zweifel auch als grundsätzliches Tierschutzproblem anzusehen". Als Ursache benennt die BTK die starke Leistungsüberforderung der Milchkühe.[87] Ein Problem ist die Art der Fütterung bei Rindern – und hier das besonders energie- und proteinreiche Kraftfutter. Die Tiere sollen möglichst viel Milch oder Fleisch produzieren. Dafür brauchen sie viel mehr energie- und eiweißreiche Nahrung, als über Gras, Heu oder Grassilage zur Verfügung steht. Deshalb wird bei der intensiven Milchviehhaltung und bei der Intensivmast von Rindern hochkonzentriertes Kraftfutter wie Getreide und Soja eingesetzt. Diese Art der Fütterung entspricht nicht dem Bedarf eines Wiederkäuers, der mit einem Pansen ausgestattet ist. Eine Vielzahl von Mikroorganismen, die im Pansen leben, macht es möglich, Energie aus dem sonst schwer verdaulichen Grasfutter zu gewinnen und dem Tier verfügbar zu machen.[88]

Die Mikroben im Pansen benötigen dazu täglich eine bestimmte Menge Rohfaser. Kraftfutter enthält im Gegensatz zu Gras und Heu sehr wenig davon. Wird die erforderliche Menge nicht erreicht, weil zu viel Kraftfutter und damit wenig Rohfaser gefüttert wird, kommt es zu Stoffwechselstörungen mit Leberschäden, Unfruchtbarkeit und Durchfällen. Das ist einer der Gründe, warum viele Milchkühe schon in einem recht frühen Alter den Weg zum Schlachter antreten müssen. Das durchschnittliche Lebensalter der Kühe in einer Herde kann deshalb auch ein Hinweis auf das Maß an artgerechtem Leben sein.[89]

87 Holger Martens et al., Leistungen der Milchkühe und deren Gesundheitsrisiken (Verbändeübergreifende ad hoc-Arbeitsgruppe „Tierschutz und Nutztierzucht", Bundestierärztekammer (BTK)), Berlin, März 2023, S. 3, Zitat: ebenda, file:///C:/Users/Franz/Downloads/Leistungen_Milchkuhe_2022.pdf (Abfrage vom 2.1.2025).

88 FiBL, Kraftfutterreduzierte Milchviehfütterung. Ein Leitfaden für mehr Futterautonomie, Merkblatt 2019, Ausgabe Schweiz, Nr. 1095, https://www.fibl.org/fileadmin/documents/shop/1095-kraftfutterreduktion.pdf (Abfrage vom 3.1.2025).

89 Anita Idel, Die Kuh ist kein Klima-Killer, S. 20f. – Deutscher Tierschutzbund, Tiere in der Milchindustrie. Das Leid der Milchkühe, https://www.tierschutzbund.de/tiere-themen/tiere-in-der-landwirtschaft/rinder/milchkuehe (Abfrage vom 20.1.2025).

Weitere Missstände der industriellen Tierhaltung bei der Fütterung der Rinder werden inzwischen nicht mehr praktiziert. So verfütterten Rinderhalter neben Getreide und Soja auch Tierkörpermehl. Dieses Futter wurde aus Tierkadavern und Resten der Fleischindustrie hergestellt, die für menschliche Nahrungsmittel nicht verwertet werden dürfen. Die Verwendung von nicht ausreichend sterilisiertem Tierkörpermehl als Kraftfutter für Wiederkäuer – zumeist Rinder – war die Ursache für die Verbreitung der Rinderseuche Bovine spongiforme Enzephalopathie, abgekürzt BSE. Als dies klar war, wurde diese Praxis ab 1994 auf EU-Ebene verboten. Bei der Rinderhaltung wird das Tierkörpermehl seit der BSE-Krise durch Soja und andere Eiweißträger ersetzt.[90] Bei der Kälbermast wurde über viele Jahre ein künstlicher Eisenmangel bei den jungen Kälbern erzeugt, indem man sie bis zur Schlachtung nur mit eisenarmen Milchaustauschertränken und Stroh fütterte. Ziel war es, dem angeblichen Verbraucherwunsch nach weißem Fleisch Rechnung zu tragen. Im Prinzip waren die Kälber damit bei der Schlachtung krank, denn sie litten unter künstlich erzeugter Blutarmut. Ein solches Vorgehen stellt eine besonders gravierende Missachtung des Tierwohls dar. Mit der Einführung der Nutztierhaltungsverordnung für Kälber im Jahr 2013 wurde diese Praxis endgültig verboten.[91]

Eine weitere Form definitiv nicht-artgerechter Fütterung wurde in der DDR angewandt. Da die landeseigene Getreideproduktion für die Ernährung der Bevölkerung benötigt wurde, machten sich die Betriebe die Tatsache zunutze, dass die Mikroben des Rinderpansens in der Lage sind, aus dem Stickstoff, der in Schweine- und Hühnerkot enthalten ist, Aminosäuren und danach Eiweiß aufzubauen. Mit Schweinekot machten die Betriebe gute Erfahrungen. Dieses „Kraftfutter“ bestand in der Regel aus getrockneter Gülle und wurde in der Bullenmast

[90] WWF, Soja als Futtermittel, 28.5.2020, https://www.wwf.de/themen-projekte/landwirtschaft/produkte-aus-der-landwirtschaft/soja/soja-als-futtermittel (Abfrage vom 20.1.2025).

[91] Tierschutz-Nutztierhaltungsverordnung in der Fassung der Bekanntmachung vom 22. August 2006 (BGBl. I S. 2043), die zuletzt durch Artikel 1a der Verordnung vom 29. Januar 2021 (BGBl. I S. 146) geändert worden ist (TierSchNutzV), § 11, Satz 3, https://www.gesetze-im-internet.de/tierschnutztv/TierSchNutztV.pdf (Abfrage vom 11.1.2025).

eingesetzt.[92] Andere Praktiken der Rinderhaltung fügen den Tieren mehr oder minder große Schmerzen zu, obwohl das Tierschutzgesetz dies eigentlich verbietet: Auf der Grundlage von Ausnahmegenehmigungen werden ohne Betäubung Ohrmarken gestochen, junge männliche Rinder kastriert oder die Hörner junger Kälber mit heißen Stäben weggebrannt.[93]

Rund ein Viertel des Produktionswertes von tierischen Erzeugnissen der deutschen Landwirtschaft geht auf die Schweinehaltung zurück.[94] Diese hat sich in Deutschland in den vergangenen Jahrzehnten sehr verändert. Anstatt in kleinen Einheiten auf Höfen mit Liegeflächen auf Stroh und gefüttert mit betriebseigenen Futtermitteln, leben Schweine nunmehr in immer größeren spezialisierten Beständen auf Betonspaltenböden und werden mit zugekauften Futtermitteln gefüttert. Die Betriebe konzentrieren sich oft nur noch auf ein oder zwei Produktionsschritte. Der Lebenszyklus eines durchschnittlichen Mastschweines beginnt nach der Geburt mit der Aufzuchtphase, bei der es noch bei der Muttersau bleibt und gesäugt wird. Diese Phase wurde im Laufe der letzten Jahre von 12 Wochen auf 3 bis 4 Wochen gekürzt. So kann die Muttersau in kürzester Zeit wieder befruchtet werden und nach 115 Tagen Tragezeit den nächsten Wurf Ferkel zur Welt bringen. Nach 3 bis 4 Wochen geht es für die Ferkel oft in den nächsten Betrieb, in dem sie bis zum Alter von neun bis 10 Wochen bleiben, bis sie ein Gewicht von 25 bis 30 kg erreicht haben. Danach wechseln sie

[92] Anita Idel, Die Kuh ist kein Klima-Killer, S. 21-23. – Rindermast in der DDR. Fleischproduktion mit Beigeschmack, Bericht des Tierarztes Ernst Woll, 22.2.2010, https://www.spiegel.de/geschichte/rindermast-in-der-ddr-a-950028.html (Abfrage vom 10.11.2022).

[93] Lisa Kainz, Rinderhaltung: Wie werden Rinder für Fleisch & Milch gehalten? 2. November 2022, https://www.peta.de/themen/rinderhaltung/ (Abfrage vom 14.11.2022). – Bundesinformationszentrum Landwirtschaft, Warum sieht man immer seltener Kühe auf der Weide? 12.3.2024, https://www.landwirtschaft.de/tier-und-pflanze/tier/rinder/warum-sieht-man-immer-seltener-kuehe-auf-der-weide (Abfrage vom 18.12.2024). – Landesbund für Vogelschutz (Bayern) in Deutschland, Eingriffe bei Rindern. Wie Rinder unter Enthornung, Kastration und Schwanzkupieren leiden, 22.7.2022, https://www.vier-pfoten.de/kampagnen-themen/themen/nutztiere/rinder/eingriffe-bei-rindern (Abfrage vom 16.11.2022).

[94] Bundesministerium für Ernährung und Landwirtschaft, Tierhaltung. Schweinehaltung, Januar 2025, https://www.bmel-statistik.de/landwirtschaft/tierhaltung/schweinehaltung (Abfrage vom 2.1.2025).

zur Endmast in den eigentlichen Mastbetrieb, den sie in der Regel nach weiteren 90 Tagen mit einem Gewicht von 115 bis 120 kg Richtung Schlachthof verlassen. Die Schlachtschweine sind zu diesem Zeitpunkt noch nicht erwachsen und haben noch nicht mal alle Milchzähne bekommen. In diesem System erleiden die Schweine massive Einschränkungen ihrer natürlichen Bedürfnisse. Das beginnt mit dem Leben der Muttersauen in viel zu kleinen Kastenständen, in denen sie sich nicht einmal umdrehen können und die natürlichen Bedürfnisse eines Muttertieres gegenüber dem eigenen Nachwuchs nicht ausleben können. Ihre Ferkel werden zu früh von der Muttersau entwöhnt. In keiner Lebensphase können Schweine ihren ausgeprägten Spiel- und Wühltrieb ausleben. Nur in ganz wenigen Ausnahmebetrieben und bei der ökologischen Schweinehaltung haben die Schweine einen Zugang zum Außenklima. Letztere gesteht den Tieren auch mehr Platz zu: 1,1 bis 1,3 Quadratmeter. In konventionellen Betrieben beträgt die Mindestfläche nur 0,75 Quadratmeter.[95]

Weil das Fleisch nicht kastrierter Schweine nicht wohlschmeckend genug ist, dürfen die Landwirte männliche Ferkel kastrieren. Erst seit dem 1. Januar 2021 ist es verboten, diese Operationen ohne Betäubung vorzunehmen.[96] Ebenfalls ohne Betäubung werden den Ferkeln noch immer die Zähne abgeschliffen und die Schwänze kupiert. Die immensen Einschränkungen beim Platz, fehlender Kontakt zum Außenklima, einseitige Fütterung und die Unmöglichkeit, typische soziale Bedürfnisse auszuleben, führen dazu, dass Tiere durch diese Haltungsform häufig krank werden und Verhaltensstörungen entwickeln. Missstände in Schweinehaltungsbetrieben wurden immer wieder von Tierschutzorganisationen aufgedeckt, um den Druck auf Überwachungsbehörden, Politik und Verbraucher zu erhöhen und Abhilfe zu schaffen. Der Westdeutsche Rundfunk zeigte im September 2022 Aufnahmen, die Tierschützer heimlich in westfälischen Schweinemastbetrie-

[95] Lisa Kainz, Zucht und Haltung von Schweinen in Deutschland: So leiden die Tiere in der Mast, 1.7.2024, https://www.peta.de/themen/schweinehaltung/ (Abfrage vom 3.1.2024). – Bundesinformationszentraum Landwirtschaft, Schweinemast in Deutschland – Ein Überblick, 11.4.2022, https://www.nutztierhaltung.de/schwein/mast/ (Abfrage vom 3.1.2025).

[96] bmel, Ausstieg aus der betäubungslosen Ferkelkastration, 16.3.2021, https://www.bmel.de/DE/themen/tiere/tierschutz/ferkelkastration201811.html (Abfrage vom 12.12.2023).

Abbildung 10: Musterbetrieb industrieller Schweinemast

Foto: iStock.com/chayakorn lotongkum

ben gemacht hatten. „Man sieht kranke Tiere mit Nabelbrüchen und offenen Wunden, Tiere, die abgemagert sind, die zum Teil nicht mehr laufen können. In einigen Buchten liegen auch tote Tiere. Teilweise stehen die Schweine dick im eigenen Kot.“[97]

Die zuständigen Kreisveterinärämter bestätigten Verstöße gegen das Tierschutzgesetz. Daraufhin ermittelten die Staatsanwaltschaften Münster, Bielefeld und Detmold gegen die verantwortlichen Betriebsleiter. Einer von ihnen schilderte gegenüber dem ZDF-Magazin „Frontal“ seine Situation: Zu jener Zeit seien in seinem Stall Infektionen grassiert, Ferkel hätten sich plötzlich massiv gegenseitig in die Schwänze gebissen. Er habe deshalb alles auf den Kopf gestellt, ein Tierarzt sei von Anfang eingebunden gewesen. „Ja, die Bilder sind schockierend, aber man muss auch die Hintergründe kennen. Wir haben aus meiner

[97] Antje Kley, Neue Beweise über Tierleid in Mastställen, 22.9.2022, Zitat ebenda, https://www1.wdr.de/nachrichten/westfalen-lippe/tierquaelerei-schweine mastbetriebe-westfalen-102.html (Abfrage vom 10.11.2022; am 20.1.2025 stand dieser Artikel nicht mehr online).

Sicht alles getan, was ging und mehr konnte man einfach nicht tun."[98] Die betroffenen Betriebe waren Zulieferer von „Westfleisch". Das Deutsche Tierschutzbüro betonte, dass in den betroffenen Betrieben Zustände herrschten, die überall anzutreffen seien.[99]

Auch die meisten Hühner und Puten leben in industriell bewirtschafteten Betrieben unter Bedingungen, die ihren natürlichen Lebens- und Verhaltensweisen zuwiderlaufen. Auch diese Tiere müssen meistens mit einem Platzangebot auskommen, bei dem sie ihren natürlichen Bewegungsdrang, spezielle Verhaltensweisen wie das Scharren im Boden oder das Sandbaden und soziale Kontakte nicht oder nur sehr eingeschränkt ausleben können. Die industrielle Hühnerhaltung unterscheidet, je nach Nutzungsrichtung, die Haltung von Legehennen zur Eiererzeugung und die Haltung von Masthühnern, die auch als Broiler bezeichnet werden, zur Fleischerzeugung. Bei der Legehennenhaltung haben sich verschiedene Haltungsformen etabliert, die sich in ihrem Anteil gemäß der Verbrauchernachfrage entwickelt haben. Seit dem Verbot der Käfighaltung 2010 und der Einführung von Vermarktungsnormen mit Rückschluss auf die Haltungsbedingungen erfolgt die Eiererzeugung in Deutschland überwiegend in Bodenhaltung. Betrachtet man nur Betriebe mit mehr als 3.000 Legehennenplätzen, lag 2017 der Anteil an Bodenhaltung bei 58,1 Prozent, Freilandhaltung bei 29,1 Prozent, Kleingruppenhaltung bei 5,6 Prozent.[100] Bei der Bodenhaltung stehen 9 Hennen auf einem Quadratmeter. Sind mehrere Ebenen übereinander angeordnet, können es sogar bis 18 Hennen je Quadratmeter Grundfläche sein. Auch für die Größe der Legenester, Futtertröge und Tränkevorrichtungen gibt es Mindestmaße. Die Kleingruppenhaltung wird von Tierschutzorganisationen als eine andere

[98] Antje Kley, Neue Beweise über Tierleid in Mastställen, Zitat ebenda.

[99] Simone Stock, Westfleisch: Tierquälerei-Verdacht gegen Mastbetriebe in NRW – Konzern reagiert, 22.9.2022, Zitat: ebenda, Westfälischer Anzeiger, https://www.wa.de/nordrhein-westfalen/westfleisch-tierquaelerei-schweine-mastbetriebe-bilder-video-nrw-deutsches-terschutzbuero-staatsanwalt-91802179.html (Abfrage vom 22.9.2022).

[100] DLG-Merkblatt 405 Legehennenhaltung, Frankfurt am Main 2020, https://www.dlg.org/fileadmin/downloads/Merkblaetter/dlg-merkblatt_405.pdf (Abfrage vom 3.1.2025).

Form der tierquälerischen Käfighaltung bezeichnet.[101] Die Käfige sind zwar größer als bei der verbotenen Käfighaltung, dafür werden darin aber auch mehr Hennen gehalten. Die Ausstattung mit Nestern und Sitzstangen in den neuen Käfigen bringt kaum eine Verbesserung für das Tierwohl. 2015 beschlossen Bund und Länder, dass die Kleingruppenhaltung von Hühnern bis Ende 2025 auslaufen soll. Nur für Härtefälle soll eine Verlängerung der Frist bis maximal 2028 möglich sein.[102]

Abbildung 11: Industrielle Geflügelhaltung

Foto: Mark Strebnicki

Besonders Masthühner werden in Deutschland weitestgehend unter industriellen Bedingungen gehalten. Dabei liegt, bis auf wenige Ausnahmen, der gesamte Produktionsprozess, angefangen bei eigenen Elterntierherden, Brütereien, vertraglich gebundenen Mästern, eigenen Schlach-

[101] PETA, Käfighaltung bei Hühnern: Tierleid für Eier in Nudeln & Co, 15.11. 2023, https://www.peta.de/themen/kaefighaltung-huehner/ (Abfrage vom 3.1.2025).
[102] BMEL, Mehr Tierschutz in der Legehennenhaltung, 25.5.2023, https://www.bmel.de/DE/themen/tiere/tierschutz/haltung-legehennen.html#doc6754bodyText1 (Abfrage vom 3.1.2025).

tereien und Verarbeitungsbetrieben sowie Futtermittelproduzenten in der Hand von sogenannten „Integrationen". Dahinter stehen oft nur wenige Firmen und Konzerne. Gehalten werden die Masthühner in der Regel in riesigen künstlich klimatisierten Hallen mit 40.000 oder mehr Tierplätzen. Teilweise stehen mehrere solcher Ställe nebeneinander. Bei der Mast wird je nach Zielgewicht von Leicht-, Mittel- und Schwermast gesprochen. Bei der Mittelmast mit einem Zielgewicht von 2.100 g und einer Besatzdichte von 39 kg/m² stehen am Ende also 18,5 Masthähnchen auf einem Quadratmeter.[103]

Die räumliche Enge wird zum Anlass genommen, schon bei geringsten Anzeichen einer bakteriellen Infektion den ganzen Bestand, also auch die noch gesunden Tiere, mit Antibiotika zu behandeln. Das Niedersächsische Landesamt für Verbraucherschutz und Lebensmittelsicherheit (LAVES) berichtete 2016 zum Thema Arzneimitteleinsatz bei der Haltung von Masthühnern: „Auch wenn die Anwendung normalerweise entsprechend den geltenden arzneimittelrechtlichen Bestimmungen erfolgt, muss es bedenklich stimmen, dass nach ersten Erhebungen drei Antibiotikabehandlungen (eine Behandlung = ein Behandlungszeitraum ohne Medikamentenwechsel) in einem Mastdurchgang von etwa 30 Tagen keine Seltenheit sind und durchaus Mastdurchgänge beobachtet werden, in denen sechs Behandlungen in Folge stattfinden." Auch die Fußballengesundheit leidet unter den konventionellen Haltungsbedingungen. Hierzu berichtete das LAVES: „Durch den Kontakt mit dem zu feuchten Einstreugemisch in Kombination mit hohen Ammoniakgehalten entwickeln sich an den Fußballen der Broiler mehr oder weniger ausgeprägte Hautentzündungen. Praxiserfahrungen von Amtstierärzten/innen belegen, dass derzeit im Jahresmittel etwa ein Fünftel aller zur Schlachtung angelieferten Broiler erhebliche Fußballenverletzungen aufweisen und nur etwa ein Drittel aller Masthühner mit intakten Füßen zur Schlachtung kommen."[104]

[103] DLG- Merkblatt 406: Haltung von Masthühnern, 5. Auflage, Frankfurt am Main 2024, https://www.dlg.org/fileadmin/downloads/Merkblaetter/dlg-merkblatt_406.pdf (Abfrage vom 3.1.2025).

[104] Niedersächsisches Landesamt für Verbraucherschutz und Lebensmittelsicherheit (LAVES), Tierschutz – Aktuelle Probleme in der Haltung von Masthühnern, zuletzt aktualisiert am 16.12.2024, Zitate: ebenda, https://www.laves.niedersachsen.de/startseite/tiere/tierschutz/tierhaltung/tierschutz---aktuelle-probleme-in-der-haltung-von-masthuehnern-90919.html (Abfrage vom 22.12.2024).

Das deutsche Tierschutzgesetz bezeichnet als Tierquälerei, wenn Menschen einem Tier Schmerzen zufügen oder Leiden verursachen. „Mit Freiheitsstrafe bis zu zwei Jahren oder mit Geldstrafe wird bestraft, wer 1. ein Wirbeltier ohne vernünftigen Grund tötet oder 2. einem Wirbeltier a) aus Rohheit erhebliche Schmerzen oder Leiden oder b) länger anhaltende Schmerzen oder Leiden zufügt.“[105] Dass die oben geschilderten Bedingungen mit den daraus resultierenden behördlich festgestellten Zuständen mit dem Verbot der Tierquälerei im Tierschutzgesetz vereinbar sind, wird von vielen Menschen mit Recht als Skandal empfunden. Auch hier erwiesen sich Aufnahmen, die Tierschützer heimlich in Ställen machten, als besonders öffentlichkeitswirksames Instrument der Kritik an industrieller Nutztierhaltung. So machte ein Team im Sommer 2022 Aufnahmen im Stall eines Geflügelhalters, der Eigenmarken der Firma Lidl beliefert – „Metzgerfrisch“ und „Grillmeister“. Metzgerfrisch bot in diesem Jahr ein Kilogramm Hühnerbrust zum Preis von 6,15 Euro an. Die Bio-Version kostete zur selben Zeit bei Aldi 22,99 Euro. Auf den Videos sieht man Tiere, deren schwache Beine die Körper nicht tragen können, weil ihre Brustmuskulatur übernatürlich voluminös gezüchtet wurde. Andere waren offensichtlich krank oder bereits tot. Die Tiere litten unter Schmerzen, Deformationen und Organversagen. Lidl sprach sich „gegen Tierquälerei“ aus und betonte, dass es die Vorwürfe sehr ernst nehme.[106] Trotz des öffentlichen Drucks tut sich in der Praxis noch zu wenig. Die Premium-Hähnchenprodukte nach den Vorgaben des Deutschen Tierschutzbundes brachten es 2020 nur auf einen Marktanteil von 3 Prozent. Die Freilandhaltung von Masthühnern beschränkt sich fast ausschließlich auf die Ökoproduktion und bringt es gerade mal auf 1,5 Prozent Marktanteil.[107]

Neben Haltung und Fütterung der landwirtschaftlichen Nutztiere hat auch die Tier*zucht* einen sehr negativen Einfluss auf das Wohlbe-

[105] Bundestierschutzgesetz § 17, Bundesgesetzblatt Jahrgang 2006 Teil I Nr. 25, ausgegeben zu Bonn am 31. Mai 2006, S. 1220, Zitat: ebenda.

[106] Ralf Heidenreich, Das Elend der Hühner. Tierschützer zeigen schockierende Aufnahmen, die angeblich im Stall eines Lidl-Fleischzulieferers gemacht wurden, in: Wiesbadener Kurier, 26.10.2022, S. 8.

[107] Land. Schafft. Werte, Wie sieht die deutsche Hähnchenhaltung aus? https://landschafftwerte.de/wie-sieht-die-deutsche-haehnchenhaltung-aus/ (Abfrage vom 3.1.2025).

finden der Tiere. Das deutsche Tierschutzgesetz verbietet explizit sogenannte Qualzuchten. Mangels einer Präzisierung beispielsweise in der Nutztierhaltungsverordnung gibt es für diesen Bereich keinen Vollzug.[108] Die Bundestierärztekammer (BTK) hat sich anlässlich einer Pressekonferenz bei der Internationalen Grünen Woche im Jahr 2019 dieses Themas angenommen. Dabei wurden durch Experten insbesondere die Missstände bei Rind und Schwein in den Blick genommen und eine Arbeitsgruppe „Qualzucht bei Nutztieren" gegründet.[109]

Bei Milchkühen führen die züchterisch erreichten Leistungssteigerungen auf bis zu 12.000 kg Milch/Jahr zu gesundheitlichen Problemen, Stoffwechselstörungen wie Fettleber und Ketose sowie Labmagenverlagerung und Fruchtbarkeitsstörungen. Als Ursache dafür sieht eine verbändeübergreifende Arbeitsgruppe, der auch die BTK angehört, einen „genetischen Antagonismus zwischen Milchleistung und Futteraufnahme".[110] In die Umgangssprache übersetzt bedeutet diese Feststellung, dass die Tiere durch die züchterische Bearbeitung krank geworden sind. Auch das äußerliche Erscheinungsbild der Holstein-Friesian-Milchkuh als klassisches Einnutzungsrind für die Milchproduktion zeugt von diesem krankhaften Zustand. Das übergroße Euter und die hervorstehenden Knochen weisen darauf hin, dass bei diesem Rassetyp die Nährstoffaufnahme nur noch für die Milchproduktion stattfindet und der Muskelaufbau sehr stark reduziert wird. Bei Schweinen führt die einseitige Zucht auf Mastleistung und Magerfleischanteil zu Stressanfälligkeit mit Herz-Kreislaufproblemen und krankhaften Gelenkveränderungen. Bei Mastgeflügel kommen noch Muskulaturprobleme hinzu, die dazu führen, dass sich Mastputen wegen eines

[108] Bernhard Hörning, „Qualzucht" bei Nutztieren – Probleme und Lösungsansätze, Berlin, 15.8.2013, https://baerbel-hoehn.de/archiv/fileadmin/media/MdB/baerbelhoehn_de/www_baerbelhoehn_de/XXX_Qualzucht_bei_Nutztieren_Hoerning.pdf (Abfrage vom 3.1.2025).

[109] Katharina Klube, Qualzucht bei Nutztieren? BTK-Pressekonferenz auf der Internationalen Grünen Woche, in: Deutsches Tierärzteblatt I 2019, 67 (3), file:///C:/Users/Franz/Downloads/DTBl_03_2019_Qualzucht_Nutztiere.pdf (Abfrage vom 3.1.2025).

[110] Holger Martens et al., Leistungen der Milchkühe und deren Gesundheitsrisiken. Verbändeübergreifende ad hoc-Arbeitsgruppe „Tierschutz in der Nutztierzucht", Berlin, März 2022, Zitat: ebenda, file:///C:/Users/Franz/Downloads/Leistungen_Milchkuhe_2022-1.pdf (Abfrage vom 3.1.2025).

extrem großen Brustmuskels kaum noch fortbewegen können. Viele Experten meinen, dass die heute üblichen extrem einseitigen Zuchtlinien bereits den Tatbestand der Qualzucht aus dem Tierschutzgesetz erfüllen. Tierschutzorganisationen fordern eine konsequente Durchsetzung des Qualzuchtparagrafen.[111]

Eine weitere Folge der „Qualzucht" ist das Entstehen von Tieren, die wegen ihrer geringen Leistungsfähigkeit praktisch als Abfall entsorgt werden. Bei der einseitig auf Milchleistung getrimmten Holstein-Friesian-Rasse sind das die männlichen Nachkommen, bei denen sich eine Mast wegen des geringen Fleischansatzes nicht lohnt. Männliche Nachkommen dieser Rassen haben deshalb in Deutschland praktisch keinen Marktwert und werden unter der Inkaufnahme tierquälerischer Transporte nach Südeuropa und in den Nahen Osten exportiert. Bei der Schweineaufzucht sind es überzählige Ferkel eines Wurfs, die von der Muttersau mangels ausreichender Zitzen nicht mit Muttermilch versorgt werden können und deshalb getötet werden. Bei der Aufzucht von Legehühnern werden die unbrauchbaren männlichen Küken ebenfalls entsorgt.[112]

Auch die langen Lebendtiertransporte sind Teil des Systems „Industrielle Tierhaltung" und führen vielfach zu Tierquälerei. Männliche Kälber, die auf Höfen geboren werden, auf denen Milch erzeugt wird, werden an Betriebe verkauft, die auf Kälber- und Bullenmast spezialisiert sind. Häufig befinden sich diese Betriebe weit weg – teilweise in Spanien oder in Ländern, die nicht zur EU gehören. Weibliche Rinder werden oft zur Aufzucht in darauf spezialisierte Betriebe transportiert. Für die weitere Milchproduktion ungeeignete oder erkrankte Tiere werden teilweise unter dem Vorwand des Zuchtviehexportes in weit entfernte Länder transportiert. Besonders intensiv hat sich die Hessische Tierschutzbeauftragte mit dem Thema Tiertransporte befasst und auch die Routen von Tiertransporten außerhalb der EU besichtigt und

[111] VIER PFOTEN, Qualzucht bei sogenannten Nutztieren, 16.8.2023, https://www.vier-pfoten.de/kampagnen-themen/themen/nutztiere/qualzucht-bei-sogenannten-nutztieren (Abfrage vom 3.1.2025).

[112] Franziska Hagen, Tiere als „Abfall". Die unsichtbaren Folgen des Wachstumsstrebens in der Tierhaltung, in: Der kritische Agrarbericht 2016, S. 246-250, https://agrarbuendnis.de/fileadmin/Daten-KAB/KAB-2016/KAB2016_Kap8_246_250_Hagen.pdf (Abfrage vom 3.1.2025).

dort vorherrschende unhaltbare Zustände öffentlich kritisiert.[113] 2015 erfolgte ein wegweisendes Urteil des Europäischen Gerichtshofes, das besagt, dass der Umfang der EU-Transport-Verordnung 1/2005 nicht auf Transporte innerhalb der EU-Grenzen beschränkt ist, sondern dass er ebenso Transporte einschließt, die lediglich in der EU starten und ihr Ziel außerhalb der EU haben.[114] Damit sollte dieser Missstand eigentlich beseitigt sein, doch mangelt es an Personal bei den für Tierschutz zuständigen Veterinärverwaltungen, um entsprechende Kontrollen zu gewährleisten.

Besonders auf weiten Transportstrecken leiden die Tiere sehr. Zwar dürfen die Transporte von Rindern und anderen Nutztieren innerhalb der EU nicht länger als acht Stunden dauern, doch können bei guter Begründung Ausnahmen gemacht werden. Schweine dürfen bis zu 24 Stunden ohne Pause transportiert werden, wenn sie dabei ständig mit Wasser versorgt werden. Kälber, Ferkel, Lämmer, Babyziegen („Zickel") und Fohlen, die noch mit Milch ernährt werden, dürfen neun Stunden ohne Pause transportiert werden.[115] Selbst diese Vorschriften werden häufig nicht eingehalten.[116] 2020 wurden fast 730 Mio. Tiere zu Schlachthöfen gefahren. Dabei müssen die Tiere große Entfernungen zurücklegen, weil nur wenige Großbetriebe in der Konkurrenz bestehen können.[117] In den großen, zentral gelegenen Schlachthöfen fehlt es oft an geeigneten und ausreichenden Warteställen. Deshalb werden bei Störungen im Schlachtbetrieb die Transport-LKWs als Warteställe missbraucht. Von Fahrzeugführern wurde uns berich-

[113] tierschutz.hessen.de, 30 Jahre Tiertransporte, https://tierschutz.hessen.de/nutztiere/tiertransporte (Abfrage vom 3.1.2025).

[114] topagrar, EuGH-Urteil: EU-Regeln für Tiertransporte gelten auch in Drittländern, 1.5.2015, https://www.topagrar.com/management-und-politik/news/eugh-urteil-eu-regeln-fuer-tiertransporte-gelten-auch-in-drittlaendern-9259179.html (Abfrage vom 3.1.2025).

[115] Bundesinformationszentrum Landwirtschaft, Tiertransporte, 10.10.2023, https://www.landwirtschaft.de/tier-und-pflanze/tier/nutztiere-allgemein/tiertransporte (Abfrage vom 22.1.2025).

[116] Helga Schmidt, ARD-Studio, Brüssel, 20.1.2022, Debatte im EU-Parlament. Neue Regeln für Tiertransporte? https://www.tagesschau.de/ausland/europa/tiertransporte-eu-parlament-101.html (Abfrage vom 16.11.2022).

[117] Bundesinformationszentrum Landwirtschaft, Tiertransporte, 12.7.2021, https://www.landwirtschaft.de/diskussion-und-dialog/tierhaltung/tiertransporte/ (Abfrage vom 14.11.2022).

tet, dass sie schon telefonisch aufgefordert worden seien, den nächsterreichbaren Parkplatz aufzusuchen, bis die Störungen beseitigt seien. Unter Umständen warten auf diese Weise Fahrzeuge, die mit lebenden Tieren beladen sind, bei sengender Sonne oder großer Kälte mehrere Stunden.[118]

Wenn die Tiere im Schlachthof angekommen sind, setzen sich ihre Leiden häufig fort. Zu Beginn des Schlachtvorgangs soll bei Rindern ein aufgesetzter Bolzenschuss die Tiere so stark betäuben, dass sie keine Schmerzen spüren. Doch dieser Arbeitsgang wird nicht immer korrekt ausgeführt. So berichtete das Magazin „Report Mainz" im August 2022, dass in einem Schlachthof der Firma Kühnle in Backnang Tiere ohne Betäubung geschlachtet würden. Mitglieder der Gruppe „Soko-Tierschutz" hatten dort Kameras angebracht, die von Mai bis Juli Aufnahmen von Rinderschlachtungen machten: „Zu sehen ist zunächst die Betäubung der Tiere. Liefe es korrekt, wären die Tiere nach dem aufgesetzten Bolzenschuss tiefenbetäubt. In diesem Betrieb jedoch brechen sie in den dokumentierten Fällen zunächst zusammen und zeigen nach wenigen Sekunden heftige Abwehrreaktionen. Die Tiere werden dann an einer Kette hochgezogen, hängen mit dem Kopf nach unten. Jetzt sollte eine rasche Entblutung folgen durch das schnelle Öffnen der Hauptblutgefäße, so ist das gesetzlich vorgeschrieben. In Backnang jedoch treffen die Schlachter – nach den Aufnahmen – häufig die Hauptschlagader des Rindes nur unzureichend. Minutenlang verbluten die Tiere an der Kette hängend, drehen sich im Kreis, strampeln, wehren sich, bis der Todeskampf irgendwann zu Ende ist." Nachdem „Report Mainz" die Firmenleitung mit diesen Bildern konfrontiert hatte, schloss diese den Schlachthof vorübergehend und entließ die Mitarbeiter, die auf den Aufnahmen zu sehen waren.[119]

Auch bei der Schweineschlachtung gibt es gravierende Mängel und unvorstellbares Tierleid. Aus Kostengründen werden Schweine in der Schlachthofindustrie mit CO_2 betäubt. Dabei werden sie in eine Gondel getrieben, die sich in eine mit CO_2 angereicherte Grube absenkt. Nach 100 Sekunden fährt die Gondel wieder hoch und die betäubten Tiere

[118] Vertrauliche mündliche Mitteilungen an Hans-Jürgen Müller

[119] Edgar Verheyen, Tierquälerei im Schlachthof, 23.8.2022, https://www.tagesschau.de/investigativ/report-mainz/tierquaelerei-schlachthof-101.html, Zitat ebenda (Abfrage vom 1.2.2023).

werden gestochen und entblutet. Bei einer handwerklichen Schlachtung werden die Schweine dagegen mit einem Stromstoß betäubt. Bei einer gut funktionierenden Elektrobetäubung ist das Schwein nach weniger als einer halben Sekunde bewusstlos. In einer CO_2-Grube setzt die Wahrnehmungslosigkeit dagegen erst nach 20 bis 30 Sekunden ein. Videoaufnahmen aus solchen Gruben zeigen unvorstellbares Tierleid. Das CO_2-Gas erzeugt Atemnot und Verätzungen. Schweine schlagen gegen die Gitter der Gondel und schreien schrill.[120] Trotz dieser systembedingten Tierschutzmängel werden etwa 80 Prozent aller Schweine in Deutschland auf diese Art und Weise geschlachtet. Diese Art der Schlachtung ist von der EU zugelassen worden, obwohl ein Gutachten der Europäischen Behörde für Lebensmittelsicherheit (EFSA) schon 2004 den Ausstieg aus dieser Art der Betäubung empfohlen hat. Die EU wiederum begründet die Ablehnung der Empfehlungen ihrer eigenen Behörde mit den Worten: „[…] da die Folgeabschätzung ergeben hat, dass solch eine Empfehlung derzeit in der EU aus wirtschaftlicher Sicht nicht tragbar ist".[121] Auch hier zeigt sich, dass das deutsche Tierschutzgesetz aus Sicht des Tierschutzes und des Tierwohls ein „zahnloser Tiger" bleibt, solange die vermeintliche Wirtschaftlichkeit alle Regelungen aushebeln kann.

Die EU hat die Möglichkeit, landwirtschaftlichen Betrieben, die durch Tierquälerei auffallen, Subventionen zu entziehen. Denn diese werden unter der Bedingung vergeben, dass die Standards eingehalten werden, die die Gemeinschaft für die Tierhaltung vorgibt. Allerdings hält sich die EU mit diesen Sanktionen offenbar zurück. So berichtet die „Tagesschau" am 1. Dezember 2022, dass die EU an 50 Betriebe hohe Subventionen zahlte, obwohl diese bereits wegen Tierquälerei aufgefallen und zum Teil wegen dieser Verstöße von Gerichten und Behörden bestraft worden waren. Dem Bundesministerium für Ernährung und Landwirtschaft zufolge werden allerdings bei „fahrlässig begangenen Erstverstößen" nur drei bis fünf Prozent der Subventionen

[120] Wolfgang Große-Westermann, Tierwohl beim Schlachten: Kritik an CO_2-Betäubung nimmt zu, 10.12.2023, https://www.agrarheute.com/tier/schwein/tierwohl-beim-schlachten-kritik-co2-betaeubung-nimmt-614062 (Abfrage vom 3.1.2025).

[121] Verordnung (EG) Nr. 1099/2009 des Rates vom 24. September 2009 über den Schutz von Tieren zum Zeitpunkt der Tötung, in: Amtsblatt der Europäischen Union, 18.11.2009, L 303/1-30, Zitat: S. 2, https://eur-lex.europa.eu/legal-content/DE/TXT/PDF/?uri=CELEX:32009R1099 (Abfrage vom 22.1.2025).

gekürzt. Erst bei dauerhaft schweren Verstößen würden diese für ein ganzes Jahr gestrichen.[122]

Jenseits dieser subventions- und tierrechtlichen Fragen wird in den tierethischen Debatten seit Jahren darüber diskutiert, ob nicht nur Menschen, sondern auch Tieren ein Eigenwert und eine eigene Würde zuzusprechen seien. Das bedeutet, dass Nutztiere nicht nur keine Schmerzen und Leiden „aus Rohheit“ oder „dauerhaft“ zugefügt werden sollen, sondern dass sie so gehalten werden, wie es ihrer Art entspricht.[123] Das ist in der industriellen Tierhaltung nicht möglich.

3.2.3 Zwischenfazit

Alle wesentlichen Elemente industrieller Landwirtschaft schaden somit nicht-menschlichen Lebewesen im großen Maßstab. Wir haben gesehen, dass der systemische Ansatz der heutigen industriellen Nutztierhaltung einer artgerechten Tierhaltung zuwiderläuft und schwere gesundheitliche Beeinträchtigungen für unsere Nutztiere zur Folge hat. Die Landwirtinnen und Landwirte sind als Ausführende selbst Opfer der Zwänge dieses Agrarsystems. Ein genussvoller Verzehr von industriell produziertem Fleisch und anderen tierischen Produkten ist nur möglich, wenn man die Bedingungen, unter denen diese Tiere leben müssen, ausblendet oder einfach nicht kennt. Besonders schwer wiegt, dass die industrielle Landwirtschaft insgesamt ganz wesentlich für genetische Verarmung und Artensterben verantwortlich ist. Denn sie zerstört ganze Ökosysteme und schwächt die Stabilität der Biosphäre insgesamt. Genetische und ökologische Vielfalt, gerade auch auf den kultivierten Flächen, bedeuten dagegen Stärke und Stabilität des Lebendigen.

[122] EU-Agrarpolitik. Auch Tierquäler erhalten Subventionen, 1.12.2022, https://www.tagesschau.de/investigativ/ndr-wdr/eu-agrarsubventionen-tierquaelerei-101.html?utm_source=pocket-newtab-global-de-DE (Abfrage vom 9.12.2022), Zitat: ebenda.

[123] Vgl. beispielsweise die Beiträge in Manuel Schneider (Hg.), Den Tieren gerecht werden.

3.3 Mensch und Gesellschaft

Da die industrielle Landwirtschaft so verheerende Auswirkungen auf das nicht-menschliche Leben hat, fragen wir im letzten Schritt unserer Schadensanalyse nach den Folgen dieser Wirtschaftsweise für die menschliche Gesundheit und die ländliche Gesellschaft. Wir beginnen mit Ernährung und Gesundheit und wenden uns dann der ländlichen Gesellschaft zu.

3.3.1 Ernährung und Gesundheit

Welche Anteile hat die industrielle Landwirtschaft daran, dass Lebensmittel von minderer Qualität sind oder sogar der menschlichen Gesundheit schaden? Welche Gefahren gehen von Düngemitteln, Pestiziden und gentechnisch veränderten Pflanzen aus? Inwieweit wird die menschliche Gesundheit durch den Medikamenteneinsatz bei der Fleisch- und Milchproduktion beeinträchtigt? Wir beschränken uns hier auf jene Probleme, die mehr oder weniger direkt von der Landwirtschaft verursacht werden.

Besonders lange beschäftigte Politik und Öffentlichkeit der sogenannte „Rinderwahnsinn". Diese Krankheit wird durch bestimmte Eiweißstoffe, sogenannte Prionen, hervorgerufen. Diese führen zu einer schwammartig veränderten Gewebestruktur im Gehirn und dann zum Tod. Der erste dokumentierte Fall stammt aus dem Jahr 1985 in England. Schon bald konnte ein Zusammenhang des Auftretens dieser Rinderseuche mit dem Verfüttern von Tiermehl an Wiederkäuer hergestellt werden. Für die Produktion des Tiermehls wurden verendete Schafe verarbeitet, die an der Scrapiekrankheit erkrankt und verendet waren. Scrapie bei Schafen ruft ähnliche Symptome hervor wie BSE bei Rindern. BSE steht für „bovine spongiforme Enzephalopathie" und ist nicht nur eine Rinderkrankheit, sondern kann mit hoher Wahrscheinlichkeit über den Verzehr infizierten Fleischs auch auf den Menschen übertragen werden und eine neue Form der Creutzfeldt-Jakob-Krankheit auslösen. Nach Auskunft des Robert Koch Instituts wurden von 1995 bis 2018 weltweit über 200 Fälle dieser neuartigen

Erkrankung dokumentiert, davon viele in Großbritannien. In Deutschland ist bisher kein Fall dieser Krankheit bekannt geworden.[124]

Diese Zahlen erscheinen in einem anderen Licht, wenn man bedenkt, dass zum Zeitpunkt des erstmaligen behördlichen Nachweises von BSE bei Rindern und auch noch danach deutsche Behörden, Verbandsvertreter und auch Politiker versucht haben, das Problem zu vertuschen und kleinzureden. Im Zuge der weiteren Aufarbeitung des Skandals musste unter anderem der zuständige Bundeslandwirtschaftsminister Funke (SPD) 2001 zurücktreten. Seine Nachfolgerin Renate Künast berichtet später, dass in Schleswig-Holstein die Amtstierärztin Margrit Herbst zwischen 1990 und 1992 19 Verdachtsfälle für BSE gemeldet hat. In Großbritannien hatte die Seuche damals bereits einen Höhepunkt erreicht. Insgesamt wurden dort seit 1986 über 180.000 Fälle diagnostiziert.[125] Da niemand reagierte, ging die Amtstierärztin an die Öffentlichkeit. Daraufhin wurde sie fristlos entlassen und öffentlich diffamiert.[126] Es dauert bis zum November 2001, bis Frau Herbst rehabilitiert und mit einem Preis für Zivilcourage geehrt wurde.[127] Die BSE-Erkrankung bei Rindern und auch die neuartige Creutzfeld-Jakob-Krankheit haben eine mehrjährige Inkubationszeit, was es sehr schwer macht, die Verbreitung genau zu ermitteln. Die damalige Gesundheitsministerin Fischer (Grüne), die gemeinsam mit Agrarminister Funke (SPD) zurückgetreten war, bekannte später selbstkritisch, dass sie nicht für die rechtzeitige Rücknahme von Wurstwaren gesorgt habe, die möglicherweise BSE-infiziert waren. Auf die Erkenntnisse über die Entstehung der Krankheit reagierte man in Großbritannien zunächst mit einer Erhöhung der Sterilisationstemperatur bei der Herstellung von Tiermehl. Später wurde das Verfüttern von Tiermehl in der EU verboten. Der behördliche Umgang mit BSE und den Gefahren für

[124] Robert Koch Institut, Antworten auf häufig gestellten Fragen zu CJK/vCJK [Creutzfeld-Jakob-Krankheit], https://www.rki.de/SharedDocs/FAQ/CJK/CJK.html (Abfrage vom 22.1.2025).

[125] Bundesministerium für Ernährung und Landwirtschaft, BSE – Bovine Spongiforme Enzephalopathie, 6.2.2023, https://www.bmel.de/DE/themen/tiere/tiergesund heit/tierseuchen/bse.html (Abfrage vom 4.1.2025).

[126] anstageslicht, Der Fall Dr. Margit Herbst – eine Chronologie, https://www.ans tageslicht.de/themen/gesundheit/margrit-herbst-kampf-gegen-bse/chronologie-dr-margit-herbst-im-kampf-gegen-bse (Abfrage vom 4.1.2025).

[127] Renate Künast, Klasse statt Masse, S. 14-16.

den Menschen zeigt nicht nur am Beispiel Dr. Margrit Herbst, wie schnell wirtschaftliche Interessen über die Gesundheit der Menschen gestellt werden können. So schrieb der EU-Agrar-Kommissar René Steichen im Jahr 1993, nachdem BSE auch in Deutschland nachgewiesen worden war, an das deutsche Gesundheitsministerium, dass „eine neue öffentliche Debatte über die BSE-Problematik gefährlich wäre […] weil sie dramatische Auswirkungen auf den Rindfleischverbrauch der gesamten Gemeinschaft hätte“.[128]

Eine große Gefahr für die menschliche Gesundheit geht auch von Medikamenten aus, die von der der industriellen Landwirtschaft in großem Stil eingesetzt werden. Antibiotika in der Tierhaltung tragen zur Entstehung von Resistenzen bei. Damit die Tiere unter den Bedingungen der Massenhaltung nicht erkranken, werden ihnen vorsorglich große Mengen von Antibiotika verabreicht. Dies führt dazu, dass die Keime, gegen die diese Medikamente wirken, mit der Zeit gegen diese Antibiotika resistent werden. Daher müssen immer wieder neue eingesetzt werden, bis schließlich kaum noch wirksame Medikamente vorhanden sind. Das ist auch für die Behandlung von Menschen ein großes Problem. Daher wird der massenhafte prophylaktische Einsatz von Antibiotika in der Massentierhaltung in der öffentlichen Debatte scharf kritisiert, insbesondere von Umweltschützern und Forschenden.[129] Auch die Gesundheitsämter weisen auf die Problematik der Entstehung von Resistenzen durch die Tierhaltung hin. Landwirte, Tierärzte und ihre Familienangehörigen sind besonders davon betroffen.[130] Die

[128] Khd-research 7 BSE & Co in den Medien, Zitat: ebenda, http://bse.khd-research.net/M/edien20.html (Abfrage vom 4.1.2025).

[129] Deutschland beim Antibiotika-Einsatz in der Tierzucht weit vorne, Focus 2013, https://www.focus.de/gesundheit/ernaehrung/deutschland-beim-antibiotika-einsatz-in-der-tierzucht-weit-vorne-studie-fleischatlas_id_2432793.html; Medikamente in der Massentierhaltung, 2015, https://www.focus.de/gesundheit/ernaehrung/medikamente-in-der-tierhaltung-masthaehnchen-erhalten-jeden-vierten-tag-antibiotika_id_2915061.html (Abfragen vom 31.1.2023). – Susann Huster, Antibiotika in der Nutztierhaltung, Pressemitteilung der Universität Leipzig 9.7.2013, https://www.vetmed.uni-leipzig.de/newsdetail/artikel/antibiotika-in-der-nutztierhaltung-verbrauchsmengen-erstmals-repraesentativ-erfasst-2013-07-09 (Abfrage vom 31.1.2023).

[130] Gesundheitsämter Info, Multiresistente Keime: Gefahr und Prävention, https://gesundheitsaemter.info/multiresistente-keime-gefahr-und-praevention/ (Abfrage vom 6.1.2025).

Ausbreitung von resistenten und multiresistenten Keimen durch die Tierhaltung hat dazu geführt, dass bei der Krankenhausaufnahme von Patienten diese routinemäßig gefragt werden, ob sie in der landwirtschaftlichen Tierhaltung tätig sind oder waren. Im positiven Fall würden dann durch die Krankenhäuser weitere prophylaktische Maßnahmen erfolgen, bevor ein solcher Patient aufgenommen wird.[131]

Für die Behandlung von Infektionen mit resistenten Keimen stehen sogenannte Reserveantibiotika zur Verfügung. Experten fordern deshalb, dass der Einsatz von Reserveantibiotika in der Tiermast generell verboten wird und nur für eine Einzeltierbehandlung eingesetzt werden darf.[132] Von den im Jahr 2023 in der deutschen Tierhaltung erfassten 479 Tonnen antimikrobieller Wirkstoffe entfallen immer noch 30 Tonnen auf die in der Humanmedizin besonders wichtigen Polypeptidantibiotika. Diese sollten nach Auffassung des Bundesinstituts für Risikobewertung (BfR) wegen ihrer Bedeutung in der Humanmedizin in der Tierhaltung nur eingeschränkt verwendet werden.[133] Europaweit sterben laut Schätzung des European Centre for Disease Prevention and Control (ECDC) jährlich über 35.000 Menschen an Infektionen mit antibiotikaresistenten Erregern. Berechnungen zufolge stammen 18,9 Prozent der Resistenzen bei Menschen von Lebensmitteln, größtenteils von Fleisch.[134] Germanwatch hat im Jahr 2020 165 Proben von Hähnchenfleisch auf Keime mit Resistenzen gegen Reserveantibiotika testen lassen. Bei jeder zweiten Probe wurden sie fündig und wiesen einfache oder Multiresistenzen nach. Die Albert-Schweitzer-Stiftung hat im Mai 2023 Ergebnisse einer Untersuchung veröffentlicht, bei der 51 Hühnerfleisch-Produkte der Lidl-Eigenmarke „Metz-

131 Persönliche Erfahrung Hans-Jürgen Müllers.

132 Deutsche Umwelthilfe, Antibiotika in der Massentierhaltung, https://www.duh.de/informieren/landwirtschaft-und-ernaehrung/antibiotika-in-der-massentierhaltung/ (Abfrage vom 6.1.2025).

133 BfR-Bericht, Zu viele Reserve-Antibiotika in der Masttierhaltung, 9.9.2024, https://www.pharmazeutische-zeitung.de/zu-viele-reserve-antibiotika-in-masttierhaltung-149852/ (Abfrage vom 6.1.2025).

134 Deutsche Umwelthilfe, DUH-Faktenpapier: Antibiotikaverbrauch in deutschen Tierhaltungen doppelt so hoch wie in Dänemark, Dezember 2023, https://www.duh.de/fileadmin/user_upload/download/Projektinformation/Naturschutz/Massentierhaltung/240110_DUH_Faktenpapier_Antibiotika.pdf (Abfrage vom 6.1.2025).

gerfrisch“ untersucht wurden. Dabei wurden bei zwei Dritteln der Proben multiresistente Keime nachgewiesen.[135]

Daneben verursachen auch Antibiotikarückstände bei tierischen Produkten unmittelbare Beeinträchtigungen der menschlichen Gesundheit. Die Rückstände können beim Verzehr potenziell kanzerogene, toxische oder allergieauslösende Eigenschaften entfalten.[136] Im Jahr 2023 untersuchte das Bayerische Landesamt für Gesundheit und Lebensmittelsicherheit (LGL) 28 Kälber- und 23 Ferkelproben auf Rückstände von Tierarzneimitteln. Bei 12 der 51 untersuchten Proben stellten die Spezialistinnen und Spezialisten Rückstände antibiotisch wirksamer Substanzen fest. Alle Rückstände bezogen sich auf Tetracycline. Die Proben überschritten jedoch in keinem Fall die zulässige Rückstandshöchstmenge.[137] 2013 wurden durch die LGL bei Geflügelfleisch Rückstände von Antibiotika bei 11 Prozent der Hähnchen und 62 Prozent der Puten ermittelt, aber in keinem einzigen Fall wurde die gesetzlich zulässige Höchstmenge überschritten.[138] Das Niedersächsische Landesamt für Verbraucherschutz und Lebensmittelsicherheit (LAVES) untersuchte im Rahmen des Nationalen Rückstandskontrollplans auch Rückstände von Entzündungshemmern bei Schlachtkühen. Aufgrund der Todesursachen ist davon auszugehen, dass Schlachtkühe aus Milchviehbeständen häufig mit Entzündungshemmern wie zum Beispiel Kortikosteroide behandelt werden. Tatsächlich fand man von

[135] Verbraucherzentrale Niedersachsen, Antibiotikaeinsatz im Stall – ohne Tierwohl wenig Chance auf Besserung, 15.5.2023, https://www.verbraucherzentrale-niedersachsen.de/themen/ernaehrung-lebensmittel/lebensmittelproduktion/antibiotikaeinsatz-im-stall-ohne-tierwohl-wenig-chance-auf-besserung (Abfrage vom 6.1.2025).

[136] r-biopharm, Antibiotika im Fleisch: 5 Fakten zu Rückständen in Lebensmitteln, 13.1.2016, https://food.r-biopharm.com/de/news/antibiotics-in-meat-5-facts-about-residues-in-food-2/ (Abfrage vom 6.1.2025).

[137] Sven Bartenbacher, Tierarzneimittelrückstände in Fleisch von Kälbern und Ferkeln, Bayerisches Landesamt für Gesundheit und Lebensmittelsicherheit, 19.7.2024, https://www.lgl.bayern.de/lebensmittel/chemie/arzneimittelrueckstaende/jb23_ue_2023_fleisch_kaelber.htm (Abfrage vom 6.1.2025).

[138] Beate Hausmann, Untersuchungen zu Antibiotikarückständen in tierischen Lebensmitteln – auch außerhalb der zulässigen Höchstmengen, Präsentation auf dem BfR-Symposium Antibiotikaresistenz, Berlin, 11. bis 12. November 2013, https://mobil.bfr.bund.de/cm/343/untersuchungen-zu-antibiotikarueckstaenden-in-tierischen-lebensmitteln.pdf (Abfrage vom 6.1.2025).

2020 bis 2023 bei 1490 untersuchten Schlachtkühen in 22 Fällen Rückstände von Entzündungshemmern deutlich oberhalb der zulässigen Rückstandshöchstmenge. Mit dem Wirkstoff Ketoprofen waren weitere 34 Proben oberhalb der zulässigen Höchstmenge belastet. Die Verbraucherzentrale Niedersachsen macht auf ihrer Internetseite folgende plakative Feststellung: „Im Schnitt bekommt jeder Deutsche innerhalb von 10 Jahren 47 Tagesdosen Antibiotika verschrieben – die von ihm verzehrten Tiere insgesamt 219“.[139] Diese Zahl bekommt eine zusätzliche Brisanz, weil die verzehrten Tiere sehr jung sind, wenn sie geschlachtet werden.

Auch von Düngemitteln gehen indirekt Risiken für die menschliche Gesundheit aus. Synthetische Düngemittel, aber auch „Wirtschaftsdünger“ – die Verdauungsprodukte der Tiere – gelangen über die Gülle in Böden, Oberflächengewässer, Grundwasser und Meere. In Deutschland wird sehr viel Trinkwasser aus dem Grundwasser bereitgestellt. 15 bis 20 Prozent der Grundwasserkörper in Deutschland zeigen Nitratwerte oberhalb des von der EU festgesetzten Grenzwertes. Die Wasserversorgungsunternehmen müssen deshalb in betroffenen Gebieten eine Reinigung vornehmen oder das zu stark belastete Trinkwasser mit unbelastetem Wasser mischen. Vorbeugend zahlen einige Wasserversorger in Trinkwassereinzugsgebieten den Landwirten Prämien für freiwillige Einschränkungen bei der Düngung und bei der Pestizidausbringung, weil das billiger ist, als das Trinkwasser mit hohen Kosten aufzubereiten.[140] Wie sich Nitrat auf die menschliche Gesundheit auswirkt, ist umstritten: 1995 hatte ein Expertenkomitee von Weltgesundheits- und Welternährungsorganisation festgestellt, dass „es keine Anzeichen für einen Zusammenhang zwischen Nitratexposition und Krebsrisiko gibt“.[141] 2023 stufte das Bundesinstitut für Risikobewertung das Stickstoffderivat Nitrat als relativ unbedenklich für die

[139] Verbraucherzentrale Niedersachsen, Antibiotikaeinsatz im Stall – ohne Tierwohl wenig Chance auf Besserung, 15.5.2023, https://www.verbraucherzentrale-niedersachsen.de/themen/ernaehrung-lebensmittel/lebensmittelproduktion/antibio tikaeinsatz-im-stall-ohne-tierwohl-wenig-chance-auf-besserung (Abfrage vom 6.1.2025).

[140] Beispielsweise Fernwasserversorgung Franken, Formular Vereinbarung über Ausgleichs- und Entschädigungsleistungen in Wasserschutzgebieten, https://www.fernwasser-franken.de/Service/Infomaterial.html (Abfrage vom 11.1.2025).

[141] Johannes Friedrich Diehl, Chemie in Lebensmitteln, S. 149-151, Zitat: S. 150.

menschliche Gesundheit ein. Doch können „Nitrate […] aber bereits im Lebensmittel oder während der Verdauung durch Einwirkung von Bakterien in Nitrit umgewandelt werden, dem eigentlich gesundheitlich problematischen Stoff".[142]

Fest steht, dass Säuglinge durch Nitrit gefährdet werden. Dieser Stoff entsteht in der Säuglingsnahrung unter dem Einfluss von Bakterien aus Nitrat. An dieser „Säuglingsblausucht" („Methämoglobinämie", „Cyanose" oder „Blue-Baby-Syndrom") erkrankten in den 1950er- und 1960er-Jahren zahlreiche Säuglinge. Viele von ihnen starben. Eine Untersuchung, die in den Jahren 1956 bis 1963 eine Erhebung von 745 Krankheitsfällen auswertete, stellte fest, dass fast immer Säuglinge im Alter bis zu drei Monaten betroffen waren. Voraussetzung für die Erkrankung ist, dass Säuglingsnahrung mit Wasser oder Gemüse mit hohen Nitratanteilen zubereitet und über einen längeren Zeitraum warmgehalten wird. Dabei vermehren sich Bakterien, die mit Nitrat reagieren, sehr stark. Doch seit 1966 ist kein Fall der Säuglingsblausucht mehr wissenschaftlich beschrieben worden. Dies wird auf die Verbreitung von Kühlschränken und die Einführung eines Grenzwerts von 90 mg/l für die Belastung mit Nitrat durch die Trinkwasserverordnung von 1975 zurückgeführt.[143]

Während diese Gefahr also ausgeräumt scheint, wird die menschliche Gesundheit weiter durch die Belastung mit Schwermetallen gefährdet, die in Düngemitteln enthalten sind.[144] Diese Stoffe gelangen durch Wirtschafts- und synthetische Dünger in das Grundwasser oder werden von den Pflanzen aufgenommen, die zu Nahrungsmitteln verarbeitet werden. Besonders belastet sind mineralische Phosphor-Dünger,

[142] Wegen Krebsgefahr: Neue Nitrit-Grenzwerte für Lebensmittel, Ärzteblatt, 6.10. 2023, Zitat: ebenda, https://www.aerzteblatt.de/nachrichten/146469/Wegen-Krebsgefahr-Neue-EU-Nitrit-Grenzwerte-fuer-Lebensmittel (Abfrage vom 8.4.2024).

[143] Johannes Friedrich Diehl, Chemie in Lebensmitteln, S. 153f. – Bundesamt für Risikobewertung (BfR), Nitrat in diätetischen Lebensmitteln für Säuglinge oder Kleinkinder – Neufestsetzung der Höchstmenge, 26.2.2003, https://mobil.bfr.bund.de/cm/343/nitrat_in_diaetetischen_lebensmitteln.pdf.

[144] Kommission Bodenschutz beim Umweltbundesamt, Positionspapier, Uran-Einträge in landwirtschaftliche Böden durch Düngemittel, 2012, https://www.umweltbundesamt.de/sites/default/files/medien/421/publikationen/positionspapier_kbu_uraneintraege_in_landwirtschaftliche_boeden_durch_duengemittel_0.pdf (Abfrage vom 3.2.2023).

die aus sedimentären Rohphosphaten hergestellt wurden. Sie weisen von Natur aus hohe Schwermetallbelastungen auf – vor allem mit Uran und Cadmium. Auch über Klärschlämme, die als Dünger ausgebracht werden, gelangen Schwermetalle in Boden und Wasser. Diese stammen aus korrodierten Wasserleitungen, Industriebetrieben und Medikamenten. In Futtermitteln werden Zusatzstoffe eingesetzt, sodass auch über Wirtschaftsdünger Schwermetalle in Boden und Wasser gelangen. Über Trinkwasser oder über eine Anreicherung von Schwermetallen in Nahrungsmittelpflanzen gelangen die Stoffe dann in den menschlichen Körper. Schweinegülle enthält beispielsweise die Schwermetalle Blei, Cadmium, Quecksilber, Chrom, Nickel, Kupfer, Zink und Arsen. Insbesondere Kupfer und Zink reichern sich nach Untersuchungen der TU München bereits bei einer gesetzlich zulässigen Düngung im Boden an.[145] Zink ist in zu hohen Konzentrationen gefährlich für den Menschen. Der Arbeitsgruppe „Schwermetalltransfer Boden/Pflanze" der Länderarbeitsgemeinschaft Boden (LABO) zufolge ist die Schadstoffbelastung menschlicher Nahrungspflanzen durch Arsen, Blei, Cadmium, Quecksilber und Thallium besonders häufig, bei Futterpflanzen sind es vor allem Nickel und Kupfer. Diese Stoffe können sich in tierischen Lebensmitteln anreichern und auf diese Weise die menschliche Gesundheit gefährden.[146]

Die Anteile dieser Art von Belastung menschlicher Lebensmittel durch Düngemittel waren bis Ende des letzten Jahrtausends tendenziell rückläufig. Gleiches gilt für die Werte, die menschliche Milch und menschliches Körpergewebe aufwiesen.[147] Die Risiken, die von diesen Stoffen ausgehen, werden von den zuständigen Kontrollbehörden auf Landes-, Bundes- und EU-Ebene laufend überprüft und als beherrschbar eingeschätzt. Doch 2017 gab Maged Younes, der Vorsitzende jener Arbeitsgruppe der Europäischen Behörde für Lebensmit-

[145] Bayerische Landesanstalt für Landwirtschaft (LfL), Schweinegülle – Quelle für potentiell unerwünschte Stoffe (Boden, Wasser, Pflanze)? 5. Kulturlandschaftstag am 4. Mai 2006 in Freising-Weihenstephan (Schriftenreihe der Bayerischen Landesanstalt für Landwirtschaft), Freising 2006, https://www.lfl.bayern.de/mam/cms07/publikationen/daten/schriftenreihe/p_19776.pdf (Abfrage vom 6.1.2025).

[146] Umweltbundesamt, Schwermetalle in Düngemitteln, 2022, https://www.umweltbundesamt.de/themen/boden-landwirtschaft/umweltbelastungen-der-landwirtschaft/duengemittel#dungemittel-was-ist-das (Abfrage vom 3.2.2023).

[147] Johannes Friedrich Diehl, Chemie in Lebensmitteln, S. 155f.

telsicherheit (EFSA), die die Größe der zulässigen Mengen für zusätzlich aufgenommencs Nitrat und Nitrit neu bewerten sollte, zu bedenken: „Zieht man jedoch alle ernährungsbedingten Nitratquellen in Betracht (Lebensmittelzusatzstoffe, natürliches Vorkommen in Lebensmitteln und Umweltschadstoffe), kann die Höchstaufnahmemenge für Personen aller Altersgruppen mit mittlerer bis hoher Exposition überschritten werden.“[148] Das Team der Wiener Krebsforscherin Bettina Grassl-Graup forscht über diese Zusammenhänge.[149]

Sehr hitzig verläuft die öffentliche Debatte über die Schädlichkeit von Pestiziden. Besonders gefährdet sind Gärtnerinnen und Gärtner, Menschen, die ihren privaten Garten pflegen, vor allem aber Landwirtinnen und Landwirte. Schätzungen zufolge vergifteten sich Bäuerinnen und Bauern 2000 bis 2020 weltweit jährlich etwa 385.000.000-mal. 11.000 dieser Menschen starben.[150] Am stärksten sind die Menschen betroffen, die Pestizide ausbringen, vor allem wenn dies ohne ausreichende Schutzmaßnahmen geschieht wie bei Kleinbäuerinnen und Plantagenarbeitern außerhalb Europas.[151] Aber auch in Deutschland wurde in der jüngsten Vergangenheit vollkommen nachlässig mit den Schutzmaßnahmen umgegangen, wie der folgende Exkurs beispielhaft zeigt:

[148] Europäische Behörde für Lebensmittelsicherheit (EFSA), EFSA bestätigt Höchstaufnahmemengen für Lebensmitteln zugesetzte Nitrite und Nitrate, 15. Juni 2017, Zitat: ebenda, https://www.efsa.europa.eu/de/press/news/170615 (Abfrage vom 4.2.2023).

[149] Bettina Grassl-Kraup, Zentrum für Krebsforschung, Medizinische Universität Wien, https://krebsforschung.meduniwien.ac.at/schwerpunkt/praevention/grasl-kraupp-labor/ (Abfrage vom 8.4.2024).

[150] Wolfgang Boedeker, Meriel Watts, Peter Clausing, Emely Marquez, The global distribution of acute unintentional pesticide poisoning: estimations based on systematic review, BMC Public Health (2020) 20: 1875, https://doi.org/10.1186/s12889-020-09939-0.

[151] Layla Liebetrau, Pestizide in Afrika: Neue Märkte, alte Betriebe, 12.1.2022, https://www.boell.de/de/2022/01/12/pestizide-afrika-neue-maerkte-alte-betriebe (Abfrage vom 21.12.2024). – European Center for Constitutional and Human Rights (ECCHR), Syngenta-Pestizide gefährden Bauern und Plantagenarbeiterinnen, https://www.ecchr.eu/fall/syngenta-pestizide-gefaehrden-bauern-und-plantagen arbeiterinnen/ (Abfrage vom 21.12.2024).

Exkurs: Schutz von Personen bei der Anwendung von Pestiziden – ein Erfahrungsbericht von Hans-Jürgen Müller

Ich bin 1957 geboren und aufgewachsen in einem ganz konventionell geführten Ackerbaubetrieb. Schon in der Kindheit kam ich in Kontakt mit giftigen Pestiziden. Das Problembewusstsein über die Gefährlichkeit dieser Stoffe war damals nicht sehr ausgeprägt. So wurden Zuckerrüben schon bei der Aussaat mit einem Herbizid behandelt. Aus Kostengründen wurden entsprechende Herbizide bei der Aussaat mit einer Reihenspritze an einem schmalen Band in der Reihe ausgebracht. Zwischen den Reihen wurde später per Hand oder maschinell gehackt. Bei der Aussaat gab es immer wieder Probleme an den Sägeräten und den Düsen der Reihenspritze. Deshalb musste ich als Kind häufig auf Sicht hinterherlaufen, um die Maschinen zu kontrollieren und den Traktorfahrer auf mögliche Probleme durch Zuruf aufmerksam zu machen. Im Kartoffelanbau wurden die Pflanzkartoffeln mit einer chemischen Beize gegen auftretende Pilzkrankheiten gepudert. Als Kind war ich beim Pflanzen von Kartoffeln für das Einpudern mit dem Fungizid und die Fehlstellenkontrolle auf der Pflanzmaschine zuständig. Schon nach kurzer Zeit hatte ich das Puder an der Kleidung, auf der Haut und in der Nase. Schutzeinrichtungen wie Handschuhe und Atemschutzmaske waren nicht vorgesehen. Auch mit Quecksilberbeize behandeltes Saatgetreide wurde oft mit den bloßen Händen angefasst. Da auf unserem landwirtschaftlichen Betrieb keine Pflanzenschutzspritze vorhanden war, wurden die notwendigen Spritzungen durch einen Lohnunternehmer erledigt. Er saß dabei fast ungeschützt in einer einfachen Traktorkabine mit offenen Scheiben. Aufmerksam wurde ich erstmals so richtig auf die ganze Problematik, nachdem der Fahrer relativ jung an Krebs gestorben war. Auch zur Zeit meiner landwirtschaftlichen Ausbildung war es noch üblich, Pflanzenschutzmittel mit einem Traktor ohne geschlossene Kabine auszubringen. Darunter waren regelmäßig auch hochgiftige Substanzen wie das seit 2007 in der EU verbotene Insektizid Metasystox und E605, das wegen seiner toxischen Wirkung als chemischer Kampfstoff gilt. Ein Totenkopf auf der Verpackung wies auf die Giftigkeit hin und sollte die Anwender damals warnen. Kleiderwechsel und Dusche nach dem Spritzeinsatz war schon allein wegen des starken Giftgeruchs unbedingt notwendig. Die Pestizide und dabei insbesondere die Herbizide ersparten uns viel Handarbeit, deshalb waren wir froh, als im elterlichen Betrieb von der Reihenspritzung auf die Flächenspritzung gewechselt wurde. Dadurch entfielen die lästigen Hackeinsätze in den Zuckerrüben nach der Schule. Insgesamt habe ich damals fast nur die Vorteile des Pestizideinsatzes gesehen, zumal diese Stoffe immer billiger wurden.

Abbildung 12: Ausbringen von Pestiziden mit dem Traktor

Foto: pixabay.com/WFranz

Um mein Landwirtschaftsstudium mitzufinanzieren, heuerte ich in den Semesterferien bei einem Lohnunternehmer an, der mich zum Ausbringen von Pestiziden einsetzte. Auch hier stand nur ein relativ ungeschützter Arbeitsplatz auf einem Unimog zur Verfügung. Erschwerend kam hinzu, dass der Spritzbalken mit den Düsen, die die Spritzbrühe vernebelten, an der Front des Fahrzeugs angebracht war. Das erleichterte die Kontrolle der Spritzdüsen – aber man fuhr praktisch direkt in den Spritznebel hinein. Alles ohne Atemschutz und mit unzureichend schließenden Seitenfenstern! Aber im Laufe der Jahre wurde das Bewusstsein für die Gefährlichkeit dieser Einsätze immer mehr geschärft. Sehr dazu beigetragen haben Forschungsergebnisse über die Gefährlichkeit von Pestiziden und natürlich die Erkenntnis, dass es auch ohne Pestizide geht. Irgendwann war der Punkt erreicht, dass ich mir eine Landwirtschaft auf dieser Basis nicht mehr vorstellen konnte.

Heute mache ich einen weiten Bogen, wenn ich eine Pflanzenschutzspritze im Einsatz sehe. Landwirtinnen und Landwirte sitzen heute in der Regel beim Ausbringen der Pestizide in einer geschlossenen Kabine, die mit Klimaanlage, Heizung und einem mehr oder weniger gut funktionierenden Ansaugluftfilter für die Luft im Inneren der Fahrerkabine ausgestattet ist. Im Wissen um die Belastungen, denen ich seit meiner Kindheit durch Pestizide und andere schädliche Stoffe ausgesetzt war, habe ich versucht, meinen Lebenswandel so zu gestalten, dass weitere Belastungen möglichst gering bleiben. Dazu gehört auch eine gesunde Ernährung mit möglichst unbelasteten Lebensmitteln. In letzter Konsequenz bin ich 1984 auch deshalb Bio-Landwirt geworden, weil ich zeigen wollte, dass es auch anders geht. Sollte ich in meinem weiteren Leben an Parkinson erkranken, würde dies auch bei mir als Berufskrankheit gelten, obwohl meine letzten Arbeitseinsätze mit chemisch-synthetischen Pestiziden Jahrzehnte zurückliegen.

*

In Frankreich ist Parkinson bereits seit über einem Jahrzehnt als Berufskrankheit von Landwirten anerkannt. In Deutschland empfahl der Ärztliche Sachverständigenbeirat Berufskrankheiten (ÄSVB) beim Bundesministerium für Arbeit und Soziales im März 2024, das „Parkinson-Syndrom durch Pestizide“ als Berufskrankheit anzuerkennen.[152] „Diese Empfehlung ist sinnvoll und sogar überfällig, da wir schon lange von einem Zusammenhang zwischen der Anwendung von Pestiziden und der Entstehung von Parkinson wissen“. Mit diesen Worten zitiert die AOK die Kieler Professorin Daniela Berg, Vizepräsidentin der Deutschen Gesellschaft für Neurologie. Die Wissenschaftlerin wies darauf hin, dass für eine Reihe von Pestiziden eine direkte toxische Wirkung auf Nervenzellen bekannt ist.[153]

[152] Bundesministerium für Arbeit und Soziales, Empfehlung für neue Berufskrankheit „Parkinson durch Pestizide“ beschlossen, 20.3.2024, https://www.bmas.de/DE/Soziales/Gesetzliche-Unfallversicherung/Aktuelles-aus-dem-Berufskrankheitenrecht/empfehlung-berufskrankheit-parkinson-syndrom-durch-pestizide.html (Abfrage vom 29.8.2024).

[153] Torsten Severin, Parkinson durch Pestizide als Berufskrankheit – Viele Risikofaktoren für das Leiden, 23.4.2024, Zitat: ebenda, https://www.aok.de/pp/gg/praevention/parkinson-pestizide-berufskrankheit/ (Abfrage vom 6.1.2025).

Pestizide gelangen auch in Nahrungsmittel. Das Bundesamt für Verbraucherschutz und Lebensmittelsicherheit und die für die Lebensmittelüberwachung zuständigen Landesbehörden testen Lebensmittel auf Pestizidrückstände.[154] Die Verbraucherzentrale Niedersachsen verwies 2017 auf einige Tendenzen: Blatt- und Fruchtgemüse wie Salate, Gurken, Paprika und Tomaten waren stärker belastet als Wurzel- und Stängelgemüse wie zum Beispiel Spargel. Besonders stark belastet waren frische Kräuter. 2021 wiesen 69 Prozent der Lebensmittel aus ökologischem Anbau keine quantifizierbaren Pestizidrückstände auf. Bei Lebensmitteln aus konventionellem Anbau waren es lediglich 31 Prozent.[155]

Viele Pestizide gelangen durch Abdrift bei der Ausbringung auch auf Nachbarschläge, in Hausgärten und Wohngebiete am Ortsrand. Anwender sollen deshalb die Windstärke bei der Ausbringung berücksichtigen und ab einer bestimmten Windstärke auf die Ausbringung ganz verzichten. Behördlich kontrolliert wird das aber so gut wie nicht. Zudem tragen auch die kaum spür- und messbaren Aufwinde erheblich zum Ferntransport bei. Deshalb können Pestizide auch viele Kilometer vom eigentlichen Ausbringungsort nachgewiesen werden. Da es bisher keine systematischen Messungen zur Luftbelastung durch Pestizide in Deutschland gibt, hat das Umweltinstitut München in Zusammenarbeit mit dem Bündnis für eine enkeltaugliche Landwirtschaft (BER) eine solche Untersuchung veranlasst. Die Ergebnisse wurden 2020 vorgestellt und waren besorgniserregend: „Insgesamt fanden sich in den verschiedenen Sammelmedien 124 verschiedene Pestizidwirkstoffe sowie 14 Abbauprodukte von Pestiziden. Trotz aller Zulassungsverfahren, trotz aller Kontrollen, trotz aller Vorschriften fanden wir einige Wirkstoffe an fast allen 116 Messpunkten. Sie verbreiten

154 Bundesamt für Verbraucherschutz und Lebensmittelsicherheit (BVL), Lebensmittelüberwachung: eine Aufgabe der Bundesländer. Die Lebensmittel- und Veterinärüberwachung kontrolliert jährlich ca. 500.000 Betriebe in Deutschland, https://www.bvl.bund.de/DE/Arbeitsbereiche/01_Lebensmittel/01_Aufgaben/01_WerMachtWas/01_Landesbehoerden/lm_vet_ueberw_node.html (Abfrage vom 24.2.2023).

155 Verbraucherzentrale Niedersachsen, Kennzeichnung & Inhaltsstoffe, Welche Lebensmittel sind mit Pestiziden belastet? 18.3.2024, https://www.verbraucherzentrale-niedersachsen.de/themen/ernaehrung-lebensmittel/kennzeichnung-inhaltsstoffe/welche-lebensmittel-sind-pestiziden-belastet (Abfrage vom 22.1.2025).

sich über die Luft und gelangen so auch in Schutzgebiete wie auf den Brocken oder den Bayerischen Wald, in Großstädte wie Berlin und München und auf Bio-Äcker, wo sie die Ernte verunreinigen". Obwohl die Europäische Lebensmittelsicherheitsbehörde behauptet, dass Glyphosat nicht per Ferntransport verbreitet wird, belegt die Studie, dass es anders sein muss. Als weiteres Herbizid mit großer Betroffenheit durch Ferntransport identifizierten die Wissenschaftlerinnen und Wissenschaftler der Studie Pendimethalin. Diese Substanz wurde sogar in Filtern von Be- und Entlüftungsanlagen von Häusern nachgewiesen. Pendimethalin steht im Verdacht, ungeborene Kinder im Mutterleib zu schädigen und Krebs auszulösen.[156]

Auf die Folgen dieser Belastung für die menschliche Gesundheit verweisen ähnlich verlaufende statistische Häufungen zwischen dem Einsatz von Pestiziden und der Zunahme von Autismus, Schilddrüsenkrebs, Diabetes, Adipositas, Alzheimer, Krebs der Blase und der Harnwege, Leberkrebs sowie Multipler Sklerose.[157] Die Internationale Agentur für Krebsforschung (International Agency für Research on Cancer, IARC) der Weltgesundheitsorganisation stufte Glyphosat 2015 als „wahrscheinlich krebserregend" ein – „wahrscheinlich", weil noch nicht genügend Studien vorliegen, die nachweisen, dass dieser Stoff nicht nur für Tiere, sondern auch für Menschen krebserregend ist.[158]

Darüber hinaus haben sich in den vergangenen Jahrzehnten die Hinweise verdichtet, dass Herstellerfirmen Einfluss auf zuständige Behörden ausüben, um die Zulassung ihrer Produkte zu erreichen.[159] Private Labore fertigten Risikostudien für die Hersteller an. Studienergebnisse wurden als „Betriebsgeheimnisse" deklariert. Daher wurden sie nicht offengelegt und der Überprüfung durch unabhängige

[156] Umweltinstitut München, Abdrift von Pestiziden: Wir leisten Pionierarbeit, Zitat: ebenda, https://umweltinstitut.org/landwirtschaft/pestizide-in-der-luft/ (Abfrage vom 6.1.2025).

[157] Auf viele überprüfte Studien verweist André Leu, Die Pestizidlüge, S. 225-230. – Eigene Forschungen mit Versuchstieren hat Johann G. Zaller durchgeführt: Johann G. Zaller, Unser täglich Gift, S. 146-161.

[158] Ebenda, S. 69. – Helmut Burtscher-Schaden, Die Akte Glyphosat, S. 88f.

[159] André Leu, Die Pestizidlüge, S. 125-127. – Helmut Burtscher-Schaden, Die Akte Glyphosat, S. 39-72.

Forscherinnen und Forscher entzogen.[160] Über diese Praktiken geben die sogenannten „Monsanto-Papers" ausführlich Auskunft. Aus diesen Unterlagen geht hervor, dass Monsanto Beweise dafür unterdrückt hat, dass Glyphosat für zahlreiche Krankheiten wie Krebs oder Nierenschäden u.a. verantwortlich ist. Darüber hinaus setzte die Industrie Wissenschaftlerinnen und Wissenschaftler unter Druck, die über die Gefahren forschen, die von diesen Stoffen für die menschliche Gesundheit ausgehen.[161]

Auch das Schweizerische Bundesamt für Umwelt widersprach der Auffassung, dass Pestizide für den Menschen unschädlich seien: „Wirkstoffe der Pflanzenschutzmittel sind vielfach für Mensch und Umwelt giftig." Es verwies auf die Anreicherung von Pestiziden in der Nahrungskette und auf die Auswirkungen auf die Gesundheit jener, die mit diesen Chemikalien arbeiten.[162] Kritisch beurteilt wird auch die Art und Weise, wie die erlaubte Höchstbelastung von Lebensmitteln mit Pestiziden festgelegt wird. Die Grenzwerte würden willkürlich festgelegt, um für die Landwirtschaft und die Nahrungsmittelindustrie Rechtssicherheit durch messbare Höchstbelastungsmengen zu schaffen. Da die behandelten Pflanzen auf die Behandlung mit immer stärkeren Resistenzen reagieren, seien die Landwirte gezwungen, immer größere Mengen von Pestiziden einzusetzen. Um den Betrieben den legalen Gebrauch dieser Substanzen zu ermöglichen, erhöhten die

[160] Johann G. Zaller, Unser täglich Gift, S. 68f. – Helmut Burtscher-Schaden, Die Akte Glyphosat, S. 55-61.

[161] André Leu, Die Pestizidlüge, S. 120-125. – Evaggellos Vallianatos, McKay Jenkins, Poison Spring: The Secret History of Pollution and die EPA. – Emily Holden, Trump's environment agency seems to be at war with the environment, 30.10.2020, https://www.theguardian.com/environment/2020/oct/30/trump-agency-war-on-environment-former-epa-officials (Abfrage vom 6.1.2023). – Bundesinstitut für Risikobewertung, Fragen und Antworten zur Anhörung „Monsanto-Papers" und Glyphosat" im Europäischen Parlament am 11. Oktober 2017, https://www.bfr.bund.de/de/fragen_und_antworten_zur_anhoerung_monsanto_papers_und_glyphosat_im_europaeischen_parlament_am_11__oktober_2017-202124.html (Abfrage vom 6.1.2023). – Gilles-Éric Seralini, Jérôme Douzelet, Die Affäre um die Monsanto Papers.

[162] Bundesamt für Umwelt 2015, Auswirkungen von Pflanzenschutzmitteln auf Mensch und Umwelt, Zitat: ebenda, https://www.bafu.admin.ch/bafu/de/home/themen/chemikalien/dossiers/pflanzenschutzmittel/auswirkungen-von-pflanzenschutzmitteln-auf-mensch-und-umwelt.html (Abfrage vom 21.10.2022).

Zulassungsbehörden die erlaubten Höchstmengen – so der Wiener Toxikologe Johannes G. Zaller.[163] Besonders stark sind die Schädigungen durch Pestizide in jenen Weltregionen, in denen massenhaft Futterpflanzen für die Viehhaltung in Europa angebaut werden – insbesondere in Südamerika.[164]

Zuständig für die Zulassung von Pestiziden in Deutschland ist das Bundesamt für Verbraucherschutz und Lebensmittelsicherheit.[165] Rechtsgrundlage ist das Pflanzenschutzgesetz.[166] Die Antragsteller müssen alle Informationen zur Wirksamkeit sowie zu den toxikologischen, ökotoxikologischen und physikochemischen Eigenschaften, die als Entscheidungsgrundlage dienen, zur Verfügung stellen. Die Prüfung unterliegt einheitlichen Standards und wird in zugelassenen Laboren durchgeführt. Entspricht ein Pestizid den Zulassungsvoraussetzungen, wird es auf eine Positivliste der EU gesetzt. Die Giftigkeit der Pestizide *einschließlich* ihrer „Beistoffe" wurde und wird nur dann überprüft, wenn die Toxizität des eigentlichen Wirkstoffs nicht getestet werden kann, was nicht einleuchtet. Darüber hinaus müsste stärker beachtet werden, dass viele Pestizide gerade bei niedrigen Dosierungen hormonell wirksam sind.[167]

Bestimmte Vorgaben, wie die Toxizität von Substanzen untersucht werden soll, behindern die Forschung regelrecht: So wies das Bundesinstitut für Risikobewertung (BfR) am 3. April 2019 die Ergebnisse einer Metastudie zurück, die den Zusammenhang von Glyphosatanwendung und dem „Non-Hodkin-Lymphom" (NHL), einer Form von Lymphknotenkrebs, untersucht hatte. Die Forscherinnen und Forscher

[163] Johann G. Zaller, Unser täglich Gift, S. 73-78.

[164] Christoph Then et al., Gentechnik-Soja in Südamerika: Flächenverbrauch, Pestizideinsatz und die Folgen für die globalen Ziele für nachhaltige Entwicklung, München, Berlin 2018, https://www.germanwatch.org/sites/default/files/Studie%20Gentechnik-Soja%20in%20S%C3%BCdamerika_0.pdf (Abfrage vom 22.1.2025).

[165] Bundesamt für Verbraucherschutz und Lebensmittelsicherheit, https://www.bvl.bund.de/DE/Arbeitsbereiche/04_Pflanzenschutzmittel/01_Aufgaben/02_ZulassungPSM/psm_ZulassungPSM_node.html (Abfrage vom 22.1.2025).

[166] Gesetz zur Neuordnung des Pflanzenschutzrechtes vom 6. Februar 2012, in: Bundesgesetzblatt, Jg. 2012 Teil I Nr. 7, ausgegeben zu Bonn am 13. Februar, S. 148-182.

[167] Johann G. Zaller, Unser täglich Gift, S. 34-36.

waren zu dem Ergebnis gekommen, dass es einen überzeugenden Zusammenhang zwischen der Aufnahme glyphosathaltiger Pflanzenschutzmittel und einem erhöhten Risiko für NHL gebe.[168] Das BfR schätzte das erhöhte Risiko als „moderat" ein. Eine direkte Kausalbeziehung könne in der Meta-Studie nicht gezeigt werden.[169] Problematisch ist, dass die Zulassungsbehörden gemäß der „CLP-Verordnung" nicht das Gesamtprodukt beurteilen, das nach der Zulassung in den Handel kommt – z.B. „Roundup", sondern lediglich den „technischen Wirkstoff" – z.B. „Glyphosat" „Roundup" ist, wie bereits erwähnt, insgesamt bis zu 1000-mal toxischer als Glyphosat.[170] Das Bundesinstitut sieht dieses Problem durchaus, doch muss es sich die EU-Wirkstoffbewertung und die „CLP-Verordnung" halten. Deshalb musste es die Ergebnisse der oben erwähnten Metastudie zurückweisen, die eben nicht mit den „technischen Wirkstoffen" gearbeitet hatte, sondern mit den Produkten, die tatsächlich eingesetzt werden. Es wäre daher sinnvoll, die EU-Wirkstoffbewertung und die CLP-Verordnung entsprechend zu ändern.[171]

Die Wechselwirkungen der verschiedenen Gifte und ihrer Abbauprodukte, die auf den Äckern eingesetzt werden, spielen für deren Zulassung keine Rolle. Und die Zulassungsbehörden verlassen sich

[168] „Overall, in accordance with findings from experimental animal and mechanistic studies, our current meta-analysis of human epidemiological studies suggests a compelling link between exposures to GBHs and increased risk for NHL", Zitat: Luoping Zhang, Iemaan Rana, Rachel M. Shaffer, Emanuela Taioli, Lianne Sheppard, Exposure to Glyphosate-Based Herbicides and Risk for Non-Hodgkin Lymphoma: A Meta-Analysis and Supporting Evidence, Published in final edited form as: Mutat Res. 2019 Jul-Sep; 781: 186-206, Published online 2019 Feb 10. doi: 10.1016/j.mrrev.2019.02.001, https://www.sciencedirect.com/science/article/abs/pii/S1383574218300887?via%3Dihub (Abfrage vom 17.6.2023).

[169] Bundesinstitut für Risikobewertung (BfR), Neue Meta-Analyse zu glyphosathaltigen Pflanzenschutzmitteln ändert die Bewertung des Wirkstoffs nicht, Stellungnahme Nr. 008/2019 des BfR vom 3. April 2019, https://www.bfr.bund.de/cm/343/neue-meta-analyse-zu-glyphosathaltigen-pflanzenschutzmitteln-aendert-die-bewertung-des-wirkstoffs-nicht.pdf (Abfrage vom 27.2.2023).

[170] Robin Mesnage, Nicolas Defarge, Joël Spiroux de Vendômois, Gilles-Eric Seralini, Major Pesticides Are More Toxic to Human Cells Than Their Declared Active Principles, in: BioMed Research International (2014): 179691, hier S. 4.

[171] Umweltbundesamt, Themen, CLP-Verordnung, https://www.umweltbundesamt.de/themen/chemikalien/einstufung-kennzeichnung-von-chemikalien/clp-verordnung (Abfrage vom 23.1.2025).

weitgehend auf die Studien, die ihnen die Hersteller zur Verfügung stellen. Diese Arbeiten können von unabhängigen Forscherinnen und Forschern nicht überprüft werden, weil sie als Betriebsgeheimnisse der Herstellerfirmen behandelt werden. Unabhängige Studien dagegen, die von Fachkollegen überprüft wurden („peer-reviewed") und somit im Gegensatz zu nicht überprüfbaren Arbeiten der Hersteller grundlegende wissenschaftliche Standards erfüllen, werden von den Zulassungsbehörden kaum zurate gezogen.[172] Viele Studien stellen einen Zusammenhang her zwischen der Belastung durch Pestizide und ADHS, Fettsucht, Krebs und Parkinson. Bei steigender Belastung durch Pestizide, die, wie etwa Glyphosat, ähnlich wirken wie Hormone, vermehren sich die Fälle von Brust-, Gebärmutter-, Hoden- oder Prostatakrebs. Besonders gefährdet sind kleine Kinder und Föten.[173]

Wie unzulänglich die Zulassungsbehörden bei der Zulassung von Pestiziden arbeiten, zeigt aktuell ein möglicherweise bevorstehendes Verbot des seit 20 Jahren vielfach eingesetzten Herbizidwirkstoffs „Flufenacet". Fachmedien melden, dass ein Verbot dieses Wirkstoffs durch das Bundesamt für Verbraucherschutz und Lebensmittelsicherheit (BVL) bevorsteht.[174] Hintergrund ist eine Klage der Deutschen Umwelthilfe (DUH). Die DUH bezieht sich dabei auf endokrinschädliche Eigenschaften des Wirkstoffs und die mutmaßliche Reproduk-

[172] Theo Colborn, A Case for Revisiting the Safety of Pesticides: A Closer Look at Neurodevelopment, Januar 2006, https://www.ncbi.nlm.nih.gov/pmc/articles/PMC1332649/ (Abfrage vom 7.1.2023). – André Leu, Die Pestizidlüge, S. 120. – Axel Mie, Christina Rudén, Philippe Grandjean, Safety of Safety Evaluation of Pesticides: developmental neurotoxicity of chlorpyrifos and chlorpyrifos-methyl, in: Environ Health 17, 77 (2018), https://ehjournal.biomedcentral.com/articles/10.1186/s12940-018-0421-y (Abfrage vom 14.6.2023). – Johann G. Zaller, Unser täglich Gift, S. 70f.

[173] Ärzteblatt, WHO-Behörde stuft fünf Pestizide als unterschiedlich krebserregend ein, 23.3.2015, https://www.aerzteblatt.de/nachrichten/62249/WHO-Behoerde-stuft-fuenf-Pestizide-als-unterschiedlich-krebserregend-ein (Abfrage vom 5.8.2024). – Anna-Maria Buchmann, Für Landwirte ist „Parkinson durch Pestizide" eine Berufskrankheit, Agrarheute, 28.3.2024, https://www.agrarheute.com/management/recht/fuer-landwirte-parkinson-pestizide-berufskrankheit-618324 (Abfrage vom 5.8.2024).

[174] agrarzeitung, Flurfenacet weiter unter Beschuss, 21.10.2024, https://www.agrarzeitung.de/nachrichten/politik/pflanzenschutz-flufenacet-weiter-unter-beschuss-115405 (Abfrage vom 6.1.2025).

tionstoxizität des Flufenacet-Metaboliten Trifluoressigsäure sowie dessen Auswirkungen auf das Grundwasser. Solche Widerrufe sind keine Einzelfälle: Der Insektizidwirkstoff Chlorpyrifos war 15 Jahre lang zugelassen, bis Behörden erkannten, dass er die Gehirnentwicklung von Embryos stört. Die insektiziden Wirkstoffe Thiamethoxam und Clothianidin waren lange erlaubt, bevor mehrere Studien belegten, dass praxisübliche Mengen dieser Pestizide die Bienen schädigen. Das Fungizid Tolyfluanid wurde über 30 Jahre eingesetzt. Es wird im Boden zu Demethylsulfamid (DMS) umgebaut, welches wiederum schnell ins Grundwasser ausgewaschen wird. DMS gilt als wenig toxisch, aber erst viel später wurde festgestellt, dass aus DMS bei einer Ozonierung von Rohwasser das krebserregende Nitrosodimethyalin entstehen kann.[175] Diese Reihe ließe sich noch weiter fortsetzen. Es ist daher nicht erstaunlich, dass bei vielen Menschen erhebliche Bedenken gegen die Zulassungsvoraussetzungen von Pestiziden oder die Arbeit der Zulassungsbehörden aufkommen.

Eng mit dem Pestizidproblem hängen die Risiken zusammen, die von gentechnisch veränderten Nahrungspflanzen für die menschliche Gesundheit ausgehen. So werden bei Pflanzen, die dank der Möglichkeiten der Gentechnik durch die Behandlung mit bestimmten Pestiziden nicht absterben, besonders große Mengen dieser Gifte eingesetzt. Doch entwickeln Pflanzen, die beispielsweise mit dem Herbizid Glyphosat bekämpft werden, Resistenzen gegen dieses Gift. Das heißt, sie überleben die Behandlung mit Glyphosat. Darauf wiederum reagieren die Landwirte mit verstärktem Einsatz des Mittels. Da Gifte wie Glyphosat „systemisch" wirken, also auf den gesamten Pflanzenkörper und nicht nur auf die Oberflächen, werden sie beim Verzehr vom Menschen aufgenommen.[176] In der EU ist dieses Problem allerdings nicht so gravierend: Da der Einsatz von Gentechnik in der Landwirtschaft wegen des Vorsorgeprinzips in der EU stark reguliert wird, kommen bisher gentechnisch veränderte Pflanzen in Europa kaum in den Anbau. Deshalb gelangen die mit der Gentechnik einhergehenden

[175] Institut für sozial-ökologische Forschung (ISOE), start2 – Strategien zum Umgang mit hormonell wirksamen Agrarchemikalien, https://www.isoe.de/nc/forschung/projekte/project/start2/ (Abfrage vom 6.1.2025).

[176] Johann G. Zaller, Unser täglich Gift, S. 138-146.

Pestizide hier nur über die Tiere in die menschliche Nahrung, die mit importierten gentechnisch veränderten Pflanzen gefüttert wurden.[177]

Seit etwa 2012 läuft eine Debatte um die „Neue Gentechnik". Grundlage dieses Ansatzes ist die CRISPR/Cas-Methode, die beispielsweise auch für die rasche Entwicklung von Corona-Impfstoffen eingesetzt wurde. Als die EU-Kommission im Sommer 2023 eine Beschlussvorlage für eine neue Richtlinie zur Zulassung von gentechnisch veränderten Pflanzen veröffentlichte, erreichte diese Debatte einen neuen Höhepunkt. Umweltverbände protestierten ebenso wie Forscherinnen und Forscher, die schon seit längerem dafür plädieren, die mögliche Schädlichkeit gentechnisch veränderter Pflanzen gewissenhafter zu erforschen, als dies bisher der Fall ist. So wies Angelika Hilbeck von der ETH Zürich immer wieder darauf hin, dass das Modell von den Wegen der Vererbung, an dem sich die meisten Gentechniker orientieren, zu einfach sei und die Ergebnisse jahrzehntelanger Forschung ignoriere: „Nach und nach wurde nachgewiesen, dass die DNA nur *eine* Komponente der Vererbung ist. Weitere Substanzen und Funktionen konnten beschrieben werden. Vererbung hat viel mehr Schichten als nur DNA. Besonders wichtig ist die sogenannte Epigenetik, die sich unter anderem in Molekülen manifestiert, die mit der DNA assoziiert sind – zum Beispiel in Zuckerresten oder Proteinen. Dadurch werden Eigenschaften an Nachkommen weitergegeben, die ein Elternteil im Laufe des Lebens erworben hat, ohne die DNA zu verändern.[178] Insgesamt werden die Gefahren, die von Resten landwirtschaftlicher Betriebsmittel in der menschlichen Nahrung ausgehen, in Öffentlichkeit, Politik, Verwaltung, aber auch in Teilen der Wissenschaft tendenziell unterschätzt.

[177] Lebensmittelklarheit. Portal für mehr Durchblick, Gentechnik in Lebensmitteln, 26.11.2018, https://www.lebensmittelklarheit.de/informationen/gentechnik-lebensmitteln (Abfrage vom 21.12.2024).

[178] Christof Potthof, Kein wissenschaftlicher Konsens. Sicherheit gentechnischer Pflanzen umstritten, Interview mit Angelika Hilbeck, GID-Ausgabe 247, November 2018, S. 7f, https://www.gen-ethisches-netzwerk.de/risikodebatte-und-risikomanagement/kein-wissenschaftlicher-konsens (Abfrage vom 4.9.2023).

3.3.2 Ländliche Gesellschaft

Wie wirkt sich die industrielle Landwirtschaft auf die ländliche Gesellschaft aus? Die Kehrseite der Agrarindustrialisierung ist das „Höfesterben“. Da sich der wirtschaftliche Druck immer mehr verstärkte, wurden immer mehr Betriebe aufgegeben.[179] Dieser Entwicklung mussten sich zwei Betriebstypen stellen, die in der industrialisierten Agrarwirtschaft Mitteleuropas vorherrschten: Das waren zum einen die Großbetriebe, die vor allem die Agrarstruktur Nord- und Ostdeutschlands prägten. Diese Betriebe waren nicht nur als Einzelunternehmungen organisiert, sondern auch als Personen- und Kapitalgesellschaften. Sie profitierten ganz besonders von den Subventionen der Europäischen Union, da sich diese Unterstützungen jahrzehntelang auf die bewirtschaftete Fläche und die Zahl der gehaltenen Tiere bezogen.[180] Die Pläne der EU, jene Subventionen abzubauen, die sich nach der Betriebsgröße richten, wurden bislang nur in Ansätzen verwirklicht.

Die andere wichtige Betriebsform der Landwirtschaft der 2020er-Jahre waren die mittelgroßen Familienbetriebe: Sie setzten weniger auf das eingesetzte Kapital als auf die flexible Arbeitskraft der Eigentümerfamilie. Sie produzierten nicht nur, sondern verarbeiteten ihre Produkte auch weiter und vertrieben sie selbst. Diese Betriebe waren besonders in Süd- und Südwestdeutschland verbreitet. Auf Märkten oder im eigenen Hofladen verkauften sie ihre Erzeugnisse häufig selbst, insbesondere Obst, Gemüse, Honig, Brot, Fleischwaren, Wein oder Milchprodukte. Als weiteres Standbein dienten Gästezimmer oder die ländliche Gastronomie. Wieder andere Betriebe verkauften direkt an regionale Kantinen oder Supermärkte.[181]

Der multifunktionale Familienbetrieb mittlerer Größe war robuster als der kapitalintensive Großbetrieb, der sich in der Regel auf wenige Geschäftsfelder konzentrierte. Doch der Großteil der Agrarsubventionen floss in die großen Betriebe – und tut es bis heute. Das vorherrschende Ziel beider Betriebstypen der industriellen Landwirtschaft ist der kurzfristige und steigende Ertrag. Unter diesen Bedingungen muss

[179] Ulrich Kluge, Agrarwirtschaft und ländliche Gesellschaft, S. 62. – Josef Mooser, Verschwinden des Bauern, S. 28.

[180] Ernst Ulrich v. Weizsäcker u.a., Wir sind dran, S. 80.

[181] Ebenda, S. 59.

dies auch so sein – bei Strafe des wirtschaftlichen Untergangs. Und die Zahlen zeigen: Das Höfesterben geht weiter.

Die meisten landwirtschaftlichen Betriebe der 2020er-Jahre sind lediglich formal selbstständig. Weiterverarbeitung und Vertrieb ihrer Produkte haben sie an Genossenschaften und andere Organisationen abgetreten. Die Marktmacht sehr großer Einzelhandelsunternehmen drückt die Erzeugerpreise. Hinzu kommen die stetig wachsenden Eingriffe des Staates in die Landwirtschaft, der auch einen großen Teil der landwirtschaftlichen Einkommen beisteuert. Zugleich sind die landwirtschaftlichen Betriebe in der Regel hoch spezialisiert. Der Historiker Josef Mooser hat die Situation der modernen Landwirtinnen und Landwirte mit jener der Heimweber des 19. Jahrhunderts verglichen. Sie sind in höchstem Maße abhängig von wirtschaftlich übermächtigen Zulieferern und Abnehmern. Gerechte Preise für ihre Erzeugnisse fordern sie zumeist vergeblich.[182]

Ihre wirtschaftliche Existenz ist permanent gefährdet, obwohl sie sehr viel und oft auch hocheffizient arbeiten. Ihr entscheidender Nachteil ist, dass sie diese Lebensmittel mit hohen externen Kosten produzieren. Eine Arbeitsgruppe der Vereinten Nationen hat die Wirtschaftlichkeit wichtiger Sektoren der industriellen Landwirtschaft berechnet: Für Rinderhaltung und Weizenanbau errechnete sie zunächst eine Gewinnspanne von 3 Prozent. Dann bezog sie die „externalisierten Kosten" in ihre Rechnung mit ein, also die Verschmutzung von Luft und Wasser, die Zerstörung von Ökosystemen und des Bodens, die Schädigung der Artenvielfalt, die Emission von Treibhausgasen. Diese Kosten einbezogen, machte der Weizenanbau 78 Prozent Verlust, die Rinderhaltung sogar 165 Prozent. Diese grundlegende Unwirtschaftlichkeit ist die größte existenzielle Bedrohung für industriell arbeitende Landwirte. Sie können nur überleben, wenn sie einen Großteil ihrer Kosten auf Mensch und Umwelt abwälzen und hohe staatliche und suprastaatliche Subventionen erhalten.[183]

Die meisten Betriebe, die das „Höfesterben" überlebt haben, sind vergleichsweise groß. Oder sie haben ihre Nischen gefunden. Die Landwirtinnen und Landwirte meistern täglich eine komplexe Verwaltungsarbeit. Dabei müssen sie nicht nur staatliche und gemeinschaftliche

[182] Josef Mooser, Verschwinden des Bauern, S. 30.
[183] Ulrich Kluge, Agrarwirtschaft und ländliche Gesellschaft, S. 62.

Regelungen beachten, sondern auch eine anspruchsvolle Landtechnik und eine hoch entwickelte elektronische Datenverarbeitung beherrschen. Zugleich managen die Tierhalter unter ihnen große Viehherden. Und bei aller technischen Unterstützung ist die Arbeit in der Landwirtschaft nach wie vor sehr hart. Das gilt insbesondere für die Frauen. Sie sind im Betrieb häufig in Vollzeit tätig und erledigen zugleich mehr Aufgaben in der Familie als die Männer. Oft betreuen sie Alte und pflegen dörfliche soziale Netzwerke. Zugleich müssen die modernen Landwirtinnen und Landwirte Skandale und öffentliche Kritik an ihrer Wirtschaftsweise ertragen.[184]

Nur wenige landwirtschaftliche Betriebe sind noch in den Ortskernen aktiv. Obwohl ihre Betriebe zumeist vergleichsweise groß sind und einen großen Wert repräsentieren, sind die Landwirtinnen und Landwirte der 2020er-Jahre keinesfalls „die Herren im Dorf"[185]. Vielfach werden sie sozial an den Rand gedrängt. Zugleich sind viele Dörfer zu suburbanen Schlafsiedlungen für Menschen geworden, die vielfach in weit entfernten Städten arbeiten oder zur Schule gehen. Abwanderung und demographischer Wandel haben in hohem Maße dazu beigetragen, dass die Dörfer nicht mehr von der Tätigkeit der Bauern und jener Handwerke geprägt werden, die ihnen zuarbeiten, wie Müller, Stellmacher oder Schmiede. Viele Landwirte verlegten ihre Betriebe als „Aussiedlerhöfe" aus den Dörfern heraus.[186] Einzelhandelsläden, Post und Bankfilialen verschwanden. Aus politischen Gründen war dieses Verschwinden des bäuerlichen Charakters der Dörfer in Ostdeutschland besonders gravierend. Im Westen und Süden Deutschlands, wo auch in den 2020er-Jahren noch immer Familienbetriebe vorherrschten, war dieser Wandel nicht ganz so radikal. Die historische Forschung nennt diesen tiefgreifenden Wandel, der sich im Zuge der Agrarindustrialisierung vollzog, die „Entbäuerlichung" der ländlichen Gesellschaft.[187]

[184] Ulrich Kluge, Agrarwirtschaft und ländliche Gesellschaft, S. 58.

[185] Vgl. Gunter Mahlerwein, Die Herren im Dorf.

[186] Peter Exner, Ländliche Gesellschaft und Landwirtschaft in Westfalen, S. 112-116, 450. – Gunter Mahlerwein, Agrargeschichte, Bd. 3, S. 66-69.

[187] Ulrich Kluge, Agrarwirtschaft und ländliche Gesellschaft, S. 57f. – Josef Mooser, Verschwinden des Bauern, S. 33. – Peter Exner, Ländliche Gesellschaft und Landwirtschaft in Westfalen, S. 449, 451.

Da die meisten landwirtschaftlichen Arbeitsplätze in den Dörfern wegfielen, arbeitete nur noch ein kleiner Teil der Landbevölkerung vor Ort. Die meisten hatten einen städtischen Arbeitsplatz. Insbesondere jüngere Dorfbewohner strebten nach einer Lebensqualität, die sich an urbanen Verhältnissen orientierte. Voraussetzung dafür war, dass die Familien über mindestens ein Auto verfügten, häufig sogar über mehrere. Dennoch blieben Reste dörflicher Traditionen erhalten – im Vereinsleben, in der Kirchengemeinde, bei Familienfeiern und Dorffesten.[188]

Die Industrialisierung der Landwirtschaft ist somit eng verbunden mit der „Entbäuerlichung" der ländlichen Gesellschaft, mit der Suburbanisierung der Siedlungen auf dem Lande, mit Migrationsbewegungen und demographischem Wandel. Dieser Wandel war nur möglich durch einen hohen Grad der Automobilisierung. Insgesamt war die industrielle Landwirtschaft zwar für das Höfesterben verantwortlich. Die sehr weitgehende Suburbanisierung wurde jedoch ganz wesentlich durch andere wirtschaftliche und kulturelle Faktoren verursacht.

3.3.3 Zwischenfazit

Die Schäden, die die industrielle Landwirtschaft in der ländlichen Gesellschaft verursacht, haben somit einen ganz anderen Charakter als ihre Auswirkungen auf die menschliche Gesundheit. Auf die ländliche Gesellschaft wirkten neben der Agrarindustrialisierung mehrere Basisprozesse des 20. Jahrhunderts: Urbanisierung, Automobilisierung, allgemeine und berufliche Qualifizierung. Sie wurde entbäuerlicht, suburbanisiert sowie wirtschaftlich und kulturell geschwächt. Die Gefahren, die von der industriellen Landwirtschaft für die menschliche Gesundheit ausgehen, sind dagegen allgegenwärtig. Sie gehen vor allem von dreien ihrer Betriebsmittel aus: Dünger, Medikamente und Pestizide. Bei deren Einsatz unterliegen die landwirtschaftlichen Betriebe systemischen Zwängen, sodass gesetzliche Begrenzungen ihrer Verwendung keine grundlegenden Verbesserungen der Situation bewirken. Hinzu kommen die äußerst wirkungsvolle Lobbyarbeit der Hersteller und wenig praxisorientierte Zulassungsregeln bei der Überprüfung der

188 Ulrich Kluge, Agrarwirtschaft und ländliche Gesellschaft, S. 59f.

potenziellen Gesundheitsgefahren dieser Stoffe, die in Politik und Öffentlichkeit weithin unterschätzt werden.

3.4 Fazit des 3. Kapitels

Immer wieder hat der Verlauf unserer Analyse in diesem Kapitel gezeigt, dass gerade jene Betriebsmittel und Methoden, die Merkmale des Industriellen bei der industriellen Landwirtschaft sind, besonders große Schäden anrichten: Überreichlich ausgebrachte Wirtschaftsdünger, synthetische Düngemittel und Pestizide, ausgeräumte und lange nicht bepflanzte umgebrochene Flächen sowie schwere Maschinen schaden massiv dem Boden – bis hin zu seiner Zerstörung. Dünger und Pestizide verschmutzen das lebensspendende Trinkwasser, mit dem die industrielle Landwirtschaft vielfach verschwenderisch umgeht. Die Produktion landwirtschaftlicher Betriebsmittel und ihr Einsatz bringen klimawirksame Gase in großen Mengen hervor, ebenso die industrielle Tierhaltung und die Bodenverdichtung durch schwere Maschinen. Besonders gravierend ist der Anteil industrieller landwirtschaftlicher Methoden am Artensterben und der genetischen Verarmung von Nutztieren und -pflanzen. Durch die rückläufige biologische Vielfalt können einzelne Arten und ganze Ökosysteme schlechter auf Krankheiten und Umweltveränderungen antworten. Hauptursachen sind Monokulturen, auf Hochleistung gezüchtete Tierbestände, Düngemittel und Pestizide. Durch ihre negativen Einflüsse auf die Artenvielfalt schädigt sich die industrielle Landwirtschaft selbst. Darüber hinaus schadet sie allen möglichen Lebensformen unterschiedlichster Formen und Ordnungen – Pilzen, Pflanzen, Tieren und Menschen.

Massiv schädigt die industrielle Landwirtschaft die Tiere, die sie als Nutztiere nicht-artgerecht hält. Industrielle Tierhaltung – Massentierhaltung – kann nicht artgerecht sein. Bereits im Normalbetrieb führt sie zu Tierquälerei. Für besonders grausame Verfahrensweisen im Umgang mit Tieren werden noch immer Ausnahmegenehmigungen erteilt. Getrieben werden die Landwirtinnen und Landwirte zu diesen Betriebsformen durch ökonomische Zwänge, dennoch ist die Massentierhaltung aus ethischer Perspektive verwerflich.

Während dies allmählich in das Bewusstsein von Öffentlichkeit und Politik rückt, werden die Gefahren für die menschliche Gesundheit, die von Betriebsmitteln und Verfahren der industriellen Landwirtschaft ausgehen, noch immer unterschätzt. Bei der Zulassung von Pestiziden wird deren Toxizität nicht hinreichend getestet. Forscherinnen und Forscher, die auf diese Missstände und Gefahren hinweisen, werden diskreditiert und bekämpft. Der Einfluss der Herstellerfirmen auf Politik, Verwaltung und Öffentlichkeit sorgt dafür, dass Substanzen, deren Gefährlichkeit erwiesen ist, weiterverwendet werden. Über Pflanzen, deren Erbgut durch CRISPR/Cas verändert wurde, werden sich gentechnisch manipulierte Kulturpflanzen voraussichtlich künftig auch in den Staaten der Europäischen Union verbreiten. Die öffentliche Aufregung über Lebensmittelskandale legt sich in der Regel schnell wieder und führt kaum zu systemischen Veränderungen.

Für die tiefgreifenden kulturellen, sozialen und wirtschaftlichen Umbrüche in der ländlichen Gesellschaft ist dagegen die industrielle Landwirtschaft nur in Teilen verantwortlich. So war die Abwanderung ländlicher Arbeitskräfte eine wichtige Ursache für die Industrialisierung der Landwirtschaft – und nicht umgekehrt. Hier ist die Entwicklung der Landwirtschaft eingebunden in noch grundlegendere Prozesse gesellschaftlichen Wandels. Die landwirtschaftlichen Betriebe sind ökonomischen und politisch-administrativen Zwängen ausgesetzt, die ihnen kaum Spielräume lassen. Nicht zuletzt aus diesem Grund geht das Höfesterben weiter. Hinzu kommt die wachsende Kritik, der Landwirtinnen und Landwirte in der Öffentlichkeit ausgesetzt sind. Sie schädigt zumindest in Teilen das Ansehen des Berufs und wirkt abschreckend auf potenzielle Hofnachfolgerinnen und Hofnachfolger.

Fazit des ersten Teils

Im ersten Teil unseres Buchs haben wir gezeigt, dass sich die deutsche Landwirtschaft seit der Mitte des 20. Jahrhunderts rasch industrialisierte und dass daran eine Spitzengruppe der Landwirtinnen und Landwirte und andere starke Akteure der Wertschöpfungskette von Nahrungsmitteln interessiert waren. Dieser Prozess wurde durch die nationale, vor allem aber durch die Gemeinsame Agrarpolitik wesentlich gefördert. Und schließlich haben wir gezeigt, dass die industrielle Landwirtschaft insbesondere durch den Einsatz von Pestiziden und synthetischen sowie tierischen Düngemitteln die Lebensgrundlagen Boden, Wasser und erträgliches Klima ebenso schädigt wie Menschen und andere Lebewesen.

Die Industrialisierung der Landwirtschaft wurde durch die Transportrevolution des 19. Jahrhunderts angestoßen, die wiederum durch die Nutzung fossiler Brennstoffe als Energieträger für ganz neue Transportsysteme getragen wurde: Dampfschiffe und Eisenbahnen erlaubten nun, weltweit mit Getreide zu handeln. Daher kam seit den 1860er-Jahren immer mehr billiges Getreide aus den USA, Russland oder Rumänien auf den deutschen Markt. Viele einheimische Landwirte antworteten auf diese Herausforderung, indem sie ihre Betriebe modernisierten: Sie setzten neuartige Maschinen und synthetische Düngemittel ein. Ein Meilenstein dieser Entwicklung war Anfang des 20. Jahrhunderts die Entwicklung des Haber-Bosch-Verfahrens zur Synthese von Ammoniak als Grundlage für die Herstellung von Stickstoffdünger. Andere Landwirtinnen und Landwirte züchteten spezialisierte Nutztierrassen, die höhere Leistungen und dadurch auch höhere Gewinne möglich machen sollten. Maßgebliche Eigentümer der großen Güter Deutschlands, die vor allem Getreide produzierten, begegneten der Herausforderung der Globalisierungswelle im Getreidehandel mit politischen Mitteln: Sie nutzten ihre enge politische und soziale Verbindung mit führenden politischen Kreisen und sorgten dafür, dass Zölle das billige Importgetreide so weit verteuerten, dass ihr eigenes Getreide wieder konkurrenzfähig wurde.

Die beiden Weltkriege verzögerten die Agrarindustrialisierung erheblich, denn ein Großteil der landwirtschaftlichen Arbeitskräfte und die Grundstoffe für synthetische Düngemittel wurden für Kriegszwecke eingesetzt. Daher schritt die Industrialisierung der Landwirtschaft in Deutschland wie auch im übrigen Europa erst seit der Mitte des 20. Jahrhunderts schnell voran. Bei allen grundlegenden Unterschieden hatte die Agrarpolitik in Ost- und Westdeutschland ein oberstes Ziel: die Versorgung der Bevölkerung mit möglichst billigen Nahrungsmitteln. Aus diesem Grund förderten die politischen Führungen der Bundesrepublik und der DDR gleichermaßen die Industrialisierung der Landwirtschaft – allerdings auf verschiedenen Wegen. Während die Regierung der DDR die Landwirtschaft zentral zu steuern versuchte, versprach die Regierung der Bundesrepublik den Landwirten, dass sie ihre Produkte zu staatlich garantierten Preisen verkaufen konnten.

Diese Strategie setzten jene sechs Staaten fort, die 1957 die Europäische Wirtschaftsgemeinschaft gründeten. Zugleich beschleunigte sich die Industrialisierung der Landwirtschaft: Da viele Hunderttausend ländliche Arbeitskräfte in die boomende gewerbliche Industrie abwanderten, setzten die landwirtschaftlichen Betriebe immer mehr moderne Agrartechnik und Agrarchemie ein. Weil die Europäische Wirtschaftsgemeinschaft die Preise für ihre Produkte garantierte, wuchsen die Überschüsse der landwirtschaftlichen Produktion so sehr, dass sie sich innerhalb der Gemeinschaft nicht mehr absetzen ließen. Sie wurden unter hohen Kosten eingelagert, oft sogar vernichtet. Ein Teil dieser Überschussproduktion wurde auf dem Weltmarkt verkauft – zu erheblich heruntersubventionierten Preisen. Dies wiederum führte zu Preiskämpfen und politischen Konflikten mit anderen Agrarexportländern und zu Wettbewerbsverzerrungen gegenüber der Landwirtschaft in den sogenannten Entwicklungsländern.

Daher ersetzte die Europäische Gemeinschaft in den 1990er-Jahren dieses System der Preisstützung durch direkte Zahlungen an die Betriebe, die sich vor allem an der Größe der landwirtschaftlichen Nutzfläche orientierten. Auf diese Weise förderte die Gemeinsame Agrarpolitik große Betriebe in viel höherem Maße als mittlere und kleine. Hinzu kam der Preisdruck, den die Nahrungsmittelindustrie und der Lebensmittelhandel auf die Landwirtschaft ausübten. Die landwirtschaftlichen Betriebe reagierten, indem sie noch mehr moderne Technik einsetzten. Viele von ihnen fielen allerdings dem darauffolgenden

„Höfesterben" zum Opfer. Dieser Druck ging nicht nur von der Agrarpolitik aus, sondern auch von jenen wirtschaftlichen Akteuren, die den landwirtschaftlichen Betrieben Ausrüstungen und Betriebsmittel lieferten oder ihre Produkte kauften. Besonders groß war der Einfluss der Hersteller von Landmaschinen, Saatgut, Pestiziden und Medikamenten. Diese großen internationalen Konzerne übten erheblichen politischen Einfluss aus. Einen Großteil dieser Lobbyarbeit erledigten weit verzweigte Verbände, die national und international gut vernetzt waren. Eine Schlüsselrolle in diesem Netzwerk spielte der Deutsche Bauernverband, auch mithilfe des „Forums moderne Landwirtschaft" oder der „Verbindungsstelle Landwirtschaft-Industrie". Besonders einflussreich waren die Vertreter der Agrochemie. Doch auch die Nachfrage der Verbraucherinnen und Verbraucher nach möglichst billigen Lebensmitteln war zumindest einer der Motoren der Agrarindustrialisierung.

Die Kosten dieser Entwicklung wurden zu großen Teilen nicht von jenen getragen, die wirtschaftlich profitierten, sondern auf Boden, Wasser, Klima und Lebewesen abgewälzt. Die industrielle Landwirtschaft schädigt Wasser und Boden erheblich – und damit die Grundlagen des Lebens von Pflanzen, Tieren, Menschen und anderen Lebewesen. Sie trägt erheblich zum Klimawandel bei. Sie verbraucht sehr viel Wasser. Sie verschmutzt Wasser, indem sie große Mengen biologischer und synthetischer Düngemittel sowie Pestizide ausbringt. Die Düngemittel und Pestizide der industriellen Landwirtschaft schädigen aber auch den Boden. Ein Kubikmeter fruchtbaren Bodens beherbergt viele Milliarden sehr kleine und Zehntausende größere Lebewesen, die ganz wesentlich dazu beitragen, dass der Boden fruchtbar ist. Diese Lebewesen werden durch den Mangel an organischer Substanz, durch einige Düngemittel und durch Pestizide dezimiert. Tiefes Pflügen zur Unzeit bringt ihren Lebensraum ebenso durcheinander wie der Bodenverlust durch Wind und Wasser. Die industrielle Landwirtschaft trägt aber auch dazu bei, dass sich das Klima so stark erwärmt, dass die menschliche Zivilisation und auch die Landwirtschaft selbst zunehmend gefährdet sind. Wenn schwere Maschinen den Boden zusammendrücken, entweicht überschüssiger Stickstoff aus Düngemitteln als Lachgas in die Atmosphäre. Bei der Produktion dieser Düngemittel und der Pestizide werden große Mengen Kohlendioxid und andere Treibhausgase freigesetzt, aber auch durch Herstellung und Betrieb der landwirtschaftlichen Maschinen und Gebäude und den Transport von Tieren und Feldfrüchten.

Die industrielle Landwirtschaft schädigt nicht nur Wasser, Boden und Klima, sondern auch Pflanzen, Tiere und Menschen. Sehr gefährlich sind die vielfältigen Pestizide, die seit der Mitte des vergangenen Jahrhunderts in großen Mengen verwendet werden – auf den Feldern, aber auch in Haushalten, Gärten, Parks, Schulen, Kindergärten und in den Wäldern. Diese Gifte töten nicht nur jene Pflanzen, Pilze, Tiere und sonstige Lebewesen, die die landwirtschaftlichen Kulturen schädigen. Sie töten auch die Fressfeinde jener Schädlinge, die sie bekämpfen sollen. Besonders intensiv werden sie bei gentechnisch verändertem Mais oder Soja eingesetzt. In der Europäischen Union ist der Anbau von genetisch veränderten Kulturpflanzen stark reguliert. Er ist bisher nur erlaubt, wenn die Unschädlichkeit nachgewiesen ist und die Produkte gekennzeichnet sind. Doch werden in Deutschland bei der Tiermast große Mengen von importiertem Gen-Mais und Gen-Soja als Futter verwendet. Die agrarpolitische Öffnung für die „Neue Gentechnik“ wird die Risiken, die von der industriellen Landwirtschaft ausgehen, vergrößern.

Ein großes Problem ist, dass bei der Zulassung von Pestiziden nur ihre Wirkstoffe berücksichtigt werden, nicht aber ihre Wechselwirkungen untereinander und ihre teilweise noch giftigeren Beistoffe und Abbauprodukte. Zahlreiche unabhängige und überprüfte wissenschaftliche Studien haben nachgewiesen, dass sie auch Menschen schädigen. Viele dieser Studien stellen einen Zusammenhang her zwischen der Belastung durch Pestizide und ADHS, Adipositas, Krebs und Parkinson. In Frankreich ist Parkinson bereits seit über einem Jahrzehnt als Berufskrankheit von Landwirten anerkannt. Deutschland zog 2024 nach. Bei steigender Belastung durch Pestizide, die, wie etwa Glyphosat und Flurfenacet, ähnlich wirken wie Hormone, steigt auch die Zahl der Fälle von Brust-, Gebärmutter-, Hoden- oder Prostatakrebs. Besonders gefährdet sind kleine Kinder und Föten.

Die industrielle Landwirtschaft schädigt also wichtige Grundlagen menschlichen, tierischen und pflanzlichen Lebens. Sie verschmutzt und zerstört Wasser und Boden. Sie trägt bei zu Artensterben und Klimaerwärmung. Indem sie hochgiftige Substanzen in großen Mengen ausbringt, macht sie Menschen krank und ist mit dafür verantwortlich, dass sie vorzeitig sterben. All diese Gründe sprechen dafür, sie zu einer nachhaltigen Landwirtschaft umzugestalten.

Zweiter Teil: Wege der Transformation

Im ersten Teil unseres Buchs haben wir zunächst die Frage beantwortet, was industrielle Landwirtschaft ist und welche politischen, wirtschaftlichen und kulturellen Kräfte ihre Entwicklung angetrieben haben. Danach haben wir die Probleme aufgezeigt, die die industrielle Landwirtschaft aufgrund ihrer Wirtschaftsweise verursacht. Im zweiten Teil dieses Buchs stellen wir einige Lösungsmöglichkeiten vor, die wir für diese Probleme gefunden haben: Dabei fragen wir immer nach bereits erprobten und praktizierten Wegen der Transformation einer noch immer überwiegend industriellen in eine nachhaltige Agrarwirtschaft. Wir untersuchen ausgewählte Teilaspekte eines Prozesses, der bereits kurz nach den ersten Anfängen der Industrialisierung der Landwirtschaft einsetzte und sich in unserer Gegenwart beschleunigt.

Zunächst beschreiben wir die Möglichkeiten des ökologischen Landbaus – der bekanntesten Alternative zur industriellen Landwirtschaft. Danach stellen wir Möglichkeiten einer Ökologisierung der industriellen Landwirtschaft vor und schließlich einige Formen nachhaltiger Landwirtschaft jenseits des ökologischen Landbaus.

4. Kapitel: Der ökologische Landbau

In Öffentlichkeit, Politik und Agrarwissenschaft wird der „ökologische Landbau" seit nahezu einem Jahrhundert als *die* Alternative zur industriellen Landwirtschaft diskutiert. Die Agrarsoziologie spricht sogar von zwei „Paradigmen", von zwei unterschiedlichen „Denkkollektiven" der Landwirtschaft und der Agrarwissenschaften.[1] Wir sprechen dann von ökologischem Landbau, wenn landwirtschaftliche Betriebe zumindest die Kriterien der EU-Ökoverordnung[2] erfüllen, die sich an der Definition der Internationalen Vereinigung ökologische Landwirtschaft (IFOAM) orientieren. Ökologischer Landbau ist demnach ein „ganzheitliches Produktionsmanagementsystem, welches die Gesundheit des Agrar-Ökosystems fördert und verbessert, einschließlich Biodiversität, biologischer Kreisläufe und bodenbiologischer Aktivität."[3]

Warum entwickelte sich diese Form der Landwirtschaft? Welche Motive hatten insbesondere die Pioniere dieser Variante des Landbaus und welche Rolle spielte dabei ihre weltanschauliche und politische Ausrichtung? Wie entwickelte sich der ökologische Landbau nach diesen Anfängen weiter?

In einem ersten Untersuchungsschritt wenden wir uns den frühen ökologischen Landbausystemen zu. Dabei analysieren wir zunächst die beiden ältesten Formen des ökologischen Landbaus im deutsch-

[1] Heide Inhetveen, Ökologischer Landbau, S. 188f.

[2] Verordnung (EU) 2018/848 des Europäischen Parlaments und des Rates vom 30. Mai 2018 über die ökologische/biologische Produktion und die Kennzeichnung von ökologischen/biologischen Erzeugnissen sowie zur Aufhebung der Verordnung (EG) Nr. 834/2007 des Rates (ABl. L 150 vom 14.6.2018, S. 1), https://eur-lex.europa.eu/legal-content/DE/TXT/HTML/?uri=CELEX:32018R0848 (Abfrage vom 23.1.2025).

[3] Gianni Trioli, Uwe Hofmann, Leitfaden biologischer Weinbau und Wein-Bereitung, Oppenheim 2009, S. 10, Zitat: ebenda, https://www.ecovin.de/wp-content/uploads/2013/07/Orw-DE-bassa.pdf (Abfrage vom 23.1.2025).

sprachigen Mitteleuropa. In einem zweiten Schritt untersuchen wir die Konsolidierung des „Biologisch-dynamischen Landbaus“ und die Entwicklung der neueren Landbausysteme „Organisch-biologischer“ und „Biologischer Landbau“ bis in die 1970er-Jahre.[4] Danach betrachten wir die organisatorischen und inhaltlichen Weiterentwicklungen bis zur Jahrtausendwende. In einem Exkurs stellen wir drei ökologische Sonderkulturen vor. Abschließend verfolgen wir die Entwicklungen des ökologischen Landbaus bis in die 2020er-Jahre. Die Verbände des ökologischen Sektors behandeln wir hier nur am Rande, weil wir darauf im 8. Kapitel ausführlich eingehen.

4.1 Anfänge: Die ersten ökologischen Landbausysteme

Die Agrarindustrialisierung hatte gegen Ende des 19. Jahrhunderts gerade Fahrt aufgenommen, als sich bereits eine Gegenbewegung zu dieser völlig neuen chemisierten und technisierten Form der Landwirtschaft herausbildete. Was waren die Gründe für die Entstehung dieser Bewegung, was trieb diese Menschen an? Unter welchen politischen, wirtschaftlichen und kulturellen Bedingungen vollzogen sich diese Anfänge? Welche weltanschaulichen Ausrichtungen lassen sich unterscheiden, welche agrartechnischen Ansätze und Methoden?

Diese neue agrarische Bewegung richtete sich vor allem gegen den massenhaften Einsatz von synthetischem Mineraldünger und gegen die damit verbundene Abkehr von der Kreislaufwirtschaft. Dabei konnte sie sich auch auf Ergebnisse der Agrarforschung stützen, die an der Wende zum 20. Jahrhundert erkannt hatte, dass nicht nur Mineralien, Wasser und abgestorbene organische Substanz von höchster Bedeutung für die Bodenfruchtbarkeit waren, sondern auch Mikroorganismen.

In der sozialen und wirtschaftlichen Krise der 1920er-Jahre entstanden die beiden frühesten Formen des ökologischen Landbaus. Sie stützten sich nicht nur auf die neuesten Erkenntnisse der Agrarforschung, sie waren auch Teil einer breiteren gesellschaftlichen Strömung, die alle Bereiche des menschlichen Lebens erfasste: der Lebensreform-Bewegung. Diese wandte sich angesichts der unnatürlichen

[4] Zu den Entwicklungsphasen des ökologischen Landbaus: Helga Willer, Otto Schmid, Geschichte, S. 22-39.

Lebensverhältnisse in den Städten der Natur zu und strebte eine gesunde Ernährung an sowie viel Bewegung und körperliche Arbeit an der frischen Luft und neue Formen des Zusammenlebens in Siedlungen. Auch südostasiatische Landbauformen beeinflussten die Anfänge des ökologischen Landbaus in Deutschland. Angesichts ähnlicher Problemlagen entwickelten sich in dieser Zeit weitere Varianten des ökologischen Landbaus in Großbritannien, Indien und den Vereinigten Staaten von Amerika.[5] Wir beginnen mit dem „Natürlichen Landbau“ und skizzieren danach die Anfänge des „Biologisch-dynamischen Landbaus“.

4.1.1 Der Natürliche Landbau

Am Anfang des ökologischen Landbaus in Deutschland stand der „Natürliche Landbau“. Er war eine Reaktion auf die Agrarkrisen der Jahre nach dem Ersten Weltkrieg und wurde getragen von Anhängern der Lebensreform-Bewegung, die sich gegen die schädlichen Folgen der beginnenden Agrarindustrialisierung wandten.[6] Wir fragen in diesem Abschnitt, welche Ziele die Pioniere des „Natürlichen Landbaus“ verfolgten und wie sich ihre weltanschauliche Orientierung auf ihre landwirtschaftliche Praxis auswirkte. Was zeichnete dieses neue Agrarsystem aus? Welche Rolle spielten Wissenschaft und prägende Einzelpersönlichkeiten bei Anfängen und Weiterentwicklungen des „Natürlichen Landbaus“?

Als Anhänger der Lebensreform-Bewegung strebten diese Agrarpioniere eine Bewirtschaftung des Bodens an, die ohne chemische Hilfsmittel auskam, insbesondere ohne synthetische Mineraldüngemittel. Doch auch auf modernes technisches Gerät verzichteten sie. Besonders bemerkenswert ist, dass sie als Anhänger einer vegetarischen Lebensweise im Prinzip – es gab Ausnahmen – keine Nutztiere hielten, sondern die Böden durch Humuswirtschaft fruchtbar hielten.[7] Der

[5] Gunter Vogt, Entstehung und Entwicklung des ökologischen Landbaus, S. 193-196, 307. – Heide Inhetveen, Ökologischer Landbau, S. 185f.

[6] Ebenda.

[7] Helga Willer, Otto Schmid, Geschichte, S. 22. – Gunter Mahlerwein, Grundzüge der Agrargeschichte, Bd. 3, S. 146. – Gunter Vogt, Entstehung und Entwicklung des ökologischen Landbaus, S. 25-31. – Heide Inhetveen, Ökologischer Landbau, S. 185f. – Frank Uekötter, Die Wahrheit ist auf dem Feld, S. 241.

„Natürliche Landbau" beruhte auf einem biologischen Verständnis von Bodenfruchtbarkeit, das sich in dieser Zeit bereits auf Erkenntnisse der Agrarwissenschaften stützen konnte. Der Österreicher Raoul H. Francé und der Brite Albert Howard waren gemeinsam mit ihren Ehefrauen zu Pionieren der Bodenökologie geworden.[8] Unter jenen, die diese Forschungsrichtung weiterentwickelt haben, ist Wolfram Dunger besonders hervorzuheben. Er hat sich besonders mit der Wiederbelebung stark geschädigter Böden befasst.[9] Die „landwirtschaftliche Bakteriologie" hatte die Funktion der vielfältigen Mikroorganismen erkannt, die im fruchtbaren Boden und im Stalldünger leben. Diese Klein- und Kleinstlebewesen ernähren sich von Mineralstoffen und organischen Substanzen, die im Boden enthalten sind. Die Wurzeln der Pflanzen nehmen einen Teil der Ausscheidungsstoffe dieser Mikroorganismen als Nährstoffe auf. Durch die Düngung mit Stallmist wird die Zahl dieser Mikroorganismen ebenso erhöht wie die Menge der organischen Stoffe, von denen sie sich ernähren.[10]

Die Erkenntnisse der frühen Theoretiker des „Natürlichen Landbaus" – Julius Hensel, Heinrich Bauernfeind oder Franz Achenbach – wurden zu Ausgangspositionen des ökologischen Landbaus insgesamt: die Bewahrung oder Verbesserung der Bodenfruchtbarkeit, der Widerstandsfähigkeit der Kulturpflanzen sowie der Qualität der Nahrungsmittel und der menschlichen Gesundheit. Diese Ziele wurden als ein Wirkungszusammenhang verstanden. Darüber hinaus blieben zwei Techniken des „Natürlichen Landbaus" auf Dauer mit dem ökologischen Landbau verbunden: die Düngung mit Gesteinsmehlen und die nicht-wendende Bodenbearbeitung.[11]

Die Anhänger des „Natürlichen Landbaus" richteten sich nach drei Grundprinzipien: Sie betrieben eine Landwirtschaft mit geringer oder ganz ohne Viehhaltung. Sie hatten ein biologisches Verständnis der Bodenfruchtbarkeit. Ihr Ziel war, gesunde Lebensmittel zu produzieren. Das erste Prinzip ergab sich aus der vegetarischen Ernährung, wie sie

[8] Raoul H. Francé, Das Leben im Boden.

[9] Wolfram Dunger, Tiere im Boden.

[10] Susanne Dohrn, Der Boden, S. 179-181

[11] Bund Ökologische Lebensmittelwirtschaft (BÖLW), Wie ist die ökologische Landwirtschaft entstanden? https://www.boelw.de/service/bio-faq/bio-basics/artikel/wie-ist-die-oekologische-landwirtschaft-entstanden/ (Abfrage vom 26.1.2021). – Gunter Vogt, Entstehung und Entwicklung des ökologischen Landbaus, S. 61-69.

die Lebensreform-Bewegung propagierte. Darüber hinaus argumentierten sie, dass die Futterproduktion landwirtschaftliche Nutzflächen besetze, die auch für die Produktion menschlicher Nahrung genutzt werden könnten.[12] Deshalb verzichtete der „Natürliche Landbau“ im Grundsatz darauf, Tiere als Nahrungs- und Arbeitsmittel zu benutzen. Doch folgten die Anhängerinnen und Anhänger dieses Landbausystems diesem Prinzip nicht konsequent: In beschränktem Umfang hielten sie auch Tiere – als Arbeitstiere und für die Produktion von Milch und Wolle. In diesem Zusammenhang entwickelten sie erste Grundsätze einer artgerechten Tierhaltung: Dazu gehörten die Fütterung mit hochwertigen Futtermitteln, der Weidegang und die Nutzung von Tierrassen, die den lokalen Verhältnissen angepasst waren.[13]

Das Kernproblem des „Natürlichen Landbaus“ war, wie er – weitgehend – ohne tierische und industrielle Düngemittel auskommen und dem Boden dennoch die Nährstoffe wieder zuführen konnte, die ihm durch das Abernten der Kulturpflanzen entzogen worden waren. Neben der Gründüngung, z.B. durch Leguminosen, und der Verwendung von Ernteresten versuchte er, eine „bodenproduktive Abfallwirtschaft“ aufzubauen. Dies war in den auf Selbstversorgung ausgerichteten Wirtschaften der Siedlerbewegung relativ einfach: Sie nutzten Komposttoiletten, um den menschlichen Kot in hochwertigen Kompost einzubringen. Auf diese Weise wurde der natürliche Kreislauf von Bodenfruchtbarkeit und Ernte nahezu vollständig geschlossen. Problematischer war dagegen die weitergehende Forderung der Reformbewegung, auch die biologischen Abfälle der ländlichen und städtischen Gemeinden in diese nachhaltige Form der Abfallwirtschaft einzubeziehen. Hierzu mussten diese Abfälle den Prozess einer „Rotte“ durchlaufen. Erst danach konnten sie als Düngemittel eingesetzt werden. Dies scheiterte allerdings vielfach daran, dass diese Abfälle mit Giftstoffen kontaminiert waren. Insbesondere Schwermetalle sind auch durch die Heißvergärung, die Krankheitskeime abtötet, nicht zu beseitigen.[14]

Während der „Natürliche Landbau“ bei der Nutzung menschlichen Kots nur im kleinen Rahmen der Siedlungsbewegung erfolgreich war,

[12] Ebenda, S. 69.

[13] Ebenda, S. 70f.

[14] Ebenda, S. 76-79. – Ewald Könemann, Biologische Bodenkultur und Düngewirtschaft.

gelang seinen Anhängern die Stärkung der Bodenfruchtbarkeit durch die „nicht-wendende Bodenbearbeitung“, die auf das Pflügen verzichtete, und durch die Produktion von „Edelmist“. Letzterer geht aus Verrottungsprozessen unter Sauerstoff hervor. Er erhält die Fruchtbarkeit der Böden nicht nur, sondern erhöht sie sogar. Ewald Könemann, der bedeutendste Forscher und Propagandist des „Natürlichen Landbaus“, verband die Pflege von Stalldünger, Düngung und Bearbeitung des Bodens zu einer umfassenden Konzeption: der „Biologischen Düngewirtschaft und Bodenkultur“. Bei diesem Konzept spielte also auch die Tierhaltung eine Rolle. Damit näherte sich der „Natürliche Landbau“ wieder der traditionellen Landwirtschaft vor der Agrarindustrialisierung an. Eine weitere wirkungsmächtige Pionierpersönlichkeit dieser Landbauweise wurde Mina Hofstetter. Die Schweizerin führte ihren Biohof erst gemeinsam mit ihrem Mann, dann alleine. Seit 1927 verzichtete sie auf die Viehhaltung. Neben ihrer landwirtschaftlichen Arbeit war sie politisch aktiv – auch als Feministin. Darüber hinaus war sie eine bedeutende Lehrerin: Sie richtete auf ihrem Hof eine Unterrichtsstätte für biologischen Landbau ein und lehrte dort auch selbst. Und sie gehörte zu den Gründerinnen der Genossenschaft biologischer Landbau, die heute den Namen „Bioterra“ führt.[15]

Verbreitet wurden die Prinzipien und Methoden des „Natürlichen Landbaus“ durch Lehrveranstaltungen, Vorträge, Publikationen und Organisationen. 1925 gründete Ewald Könemann die Zeitschrift „Bebauet die Erde“. Im Untertitel wies sie sich als „Wegweiser zur Erreichung des natürlichen Landbaues und praktischer Siedlung“ aus. In ihren Beiträgen und durch ihre Leserinnen und Leser brachte sie Praktikerinnen und Praktiker mit Repräsentanten der biologisch orientierten Landbauwissenschaften zusammen. Sie diente aber auch als Plattform für die Verbreitung von Anbauvorschriften und -empfehlungen sowie als Anzeigenblatt für die Bedürfnisse und Erzeugnisse der Aktiven des „Natürlichen Landbaus“. Da sie auch praktische Anleitungen zur Selbstversorgung mit Nahrungsmitteln bot, stieg ihre Auflage im Verlauf des Zweiten Weltkriegs auf bis zu 5.000 Exemplare. Vor dem

[15] Heide Inhetveen, Ökologischer Landbau, S. 185f. – Peter Moser, Mina Hofstetter, in: Historisches Lexikon der Schweiz, Version vom 8.1.2008, https://hls-dhs-dss.ch/de/articles/044783/2008-01-08/ (Abfrage vom 30.3.2023). – Gunter Vogt, Entstehung und Entwicklung des ökologischen Landbaus, S. 76-93.

Krieg hatte sie lediglich eine Auflage von 2.000 erreicht. Die Publikationen und Organisationen des „Natürlichen Landbaus“ spielten eine Schlüsselrolle bei der Ausbildung von Bäuerinnen und Bauern, die in dieser Richtung der Landwirtschaft tätig sein wollten.[16]

Hinzu kamen Lehranstalten wie die Land- und Siedlerschule Schloß Oberellen, die 1932 gegründet wurde. Hier lehrte Ewald Könemann. Wenige Jahre später entstanden weitere Schulen des „Natürlichen Landbaus“: das „Landreformhaus Wetges“ bei Wächtersbach am Rande des Vogelsbergs oder das „Haus Landreform“ in Garatshausen am Starnberger See. Im weiteren Verlauf der NS-Zeit gab Könemann seine Tätigkeit an der Land- und Siedlerschule Schloss Oberellen auf, nachdem die Nationalsozialisten sie in eine Arbeitsdienstschule für Mädchen umgewandelt hatten. Doch im Großen und Ganzen überstanden der „Natürliche Landbau“ und seine wichtigsten Aktivistinnen und Aktivisten die Diktatur der Nationalsozialisten einigermaßen unbeschadet.[17]

Insgesamt erwies sich der „Natürliche Landbau“ als ein praktikables nachhaltiges Landbausystem, dessen wichtigstes Ziel es war, gesunde Nahrungsmittel zu produzieren. Unter dem Einfluss der Lebensreform-Bewegung ernährten sich seine Anhängerinnen und Anhänger vegetarisch und verzichteten daher auch weitgehend auf Viehhaltung. Jenseits ihrer weltanschaulichen Verankerung konnten sie ihre Methoden und Grundsätze teilweise auch mit den Argumenten der zeitgenössischen wissenschaftlichen Forschung begründen. Auf Mineraldünger und Viehhaltung verzichteten sie nicht vollständig. Doch setzten sie Mineraldünger nur in sehr geringem Maße ein – unter Richtlinien, die bis heute für den biologischen Anbau gelten. Besonders bemerkenswert ist, dass der „Natürliche Landbau“ dank seiner Humuswirtschaft und der Verwendung menschlicher Ausscheidungen weitgehend ohne Viehhaltung auskommen und dennoch den bewirtschafteten Boden fruchtbar halten konnte.

[16] Ebenda, S. 88-90.

[17] Ebenda, S. 91f.

4.1.2 Die Anfänge des Biologisch-dynamischen Landbaus

Auch der andere Zweig der frühen ökologischen Landwirtschaft, der „Biologisch-dynamische Landbau“, stand der Lebensreform- und der Siedlungsbewegung nahe. Wir fragen in diesem Abschnitt erneut nach Motiven und Zielen der Praktikerinnen und Praktiker dieses Landbausystems, nach seinen Besonderheiten, nach den Wegen seiner Verbreitung und nach Persönlichkeiten, die seine Entwicklung prägten. Und schließlich wollen wir wissen, worin sich diese Variante vom „Natürlichen Landbau“ unterschied und worin sie mit ihm übereinstimmte.

Der „Biologisch-dynamische Landbau“ orientiert sich bis heute an den Lehren Rudolf Steiners. Dieser Philosoph und Begründer der Anthroposophie hatte ein organisches Verständnis von Landwirtschaft: Jeder Betrieb sollte an die lokalen Bedingungen angepasst sein und in Kreisläufen arbeiten. Steiner lehnte Mineraldünger ab, weil dieser den Boden schädige und die Qualität der Lebensmittel mindere. Trotz der nahezu gleichzeitigen Entstehung des „Biologisch-dynamischen Landbaus“ und seiner Nähe zur Lebensreform-Bewegung gab es über diese philosophische Besonderheit hinaus noch einen weiteren gravierenden Unterschied zum „Natürlichen Landbau“: Für den „Biologisch-dynamischen Landbau“ war die Viehhaltung sehr wichtig. Er setzte auf die Verbesserung der Bodenfruchtbarkeit durch den Dünger des eigenen Viehs. Darüber hinaus stärkte er die Bodenfruchtbarkeit, ähnlich wie der „Natürliche Landbau“, durch eine Fruchtfolge mit Gründüngung und Kompost. Dieser Ansatz entsprach im Wesentlichen dem Stand der Agrartechnik vor der Industrialisierung der Landwirtschaft. Spezifisch anthroposophisch sind die Verbindung von bestimmten Feldarbeiten mit kosmischen Konstellationen und der Einsatz der sogenannten „Präparate“.[18]

Ausgangspunkt dieser zweiten frühen Richtung des ökologischen Landbaus war der „Landwirtschaftliche Kurs“, den Rudolf Steiner 1924 durchführte. Im Zentrum seiner Überlegungen stand das Modell des „Betriebsorganismus“ und der „Individualität“ jedes landwirtschaftlichen Betriebs. Ähnlich dem „Natürlichen Landbau“ legte auch Steiners Landwirtschaftskonzept großen Wert auf die Bodenfruchtbarkeit,

[18] Gunter Mahlerwein, Grundzüge der Agrargeschichte, Bd. 3, S. 146. – Heide Inhetveen, Ökologischer Landbau, S. 186. – Helga Willer, Otto Schmid, Geschichte, S. 22f. – Uwe Hofmann, Biologischer Weinbau, S. 306-308.

Abbildung 13: Mist und Kompost vor der Ausbringung

Foto: Thomas Raussen

die Pflege des organischen Düngers und auf hochwertiges Saatgut. Und wie beim „Natürlichen Landbau“ war die Erzeugung gesunder Nahrungsmittel Hauptziel der landwirtschaftlichen Produktion. Im Unterschied zum „Natürlichen Landbau“ setzte die anthroposophische Variante des ökologischen Landbaus wegen der wichtigen Rolle der Viehhaltung auch auf hochwertige Futtermittel. Darüber hinaus wirkte die Philosophie Steiners in die Praxis der Landwirtschaft hinein: So forderte er, dass die Landwirte ein persönliches Verhältnis zum Naturgeschehen entwickelten. Er stellte die Landwirtschaft in einen Zusammenhang mit der Evolution der Menschheit, der Natur und des Kosmos. Auf diese spirituellen Lehren Steiners bezogen sich die biologisch-dynamischen „Präparate“: Zu ihrer Herstellung werden Mist und Quarz sowie Schafgarbe, Kamille, Brennnessel, Eichenrinde, Löwenzahn und Baldrian verwendet. In einer spezifischen tierischen Hülle werden sie für eine bestimmte Zeit – so die anthroposophische Sichtweise – den Kräften der Erde und des Kosmos ausgesetzt und anschließend auf dem Acker oder im Kompost ausgebracht. Diese Lehren verbreiteten sich zunächst nur innerhalb Steiners Anhängerschaft.[19]

Im weiteren Verlauf der 1920er-Jahre folgte eine Phase der Erprobung in ostdeutschen Gutsbetrieben. Die Ansätze Steiners wurden von zahlreichen anderen Aktiven des „Biologisch-dynamischen Landbaus" zu einem ökologischen Landbausystem weiterentwickelt. Zentren dieses neuen Landbausystems wurden das Gut Koberwitz in Schlesien, wo Steiner seinen Kurs gehalten hatte, die Güter Marienstein bei Göttingen, Marienhöhe bei Bad Saarow, Pilgrimshain in Schlesien sowie Heynitz und Wunschwitz bei Meißen. 1928 wurde für die Erzeugnisse des „Biologisch-dynamischen Landbaus" das Warenzeichen „Demeter" eingeführt.[20] 1930 löste die Zeitschrift „Demeter-Monatsschrift für biologisch-dynamische Wirtschaftsweise" die „Mitteilungen des Versuchsrings" ab, die seit 1926 erschienen waren. Ansonsten propagierten vor allem populärwissenschaftliche Publikationen dieses neue Landwirtschaftssystem. Bereits wenige Jahre nach ihren Anfängen breitete sich die biologisch-dynamische Wirtschaftsweise auch in andere Länder aus: nach Großbritannien und in die Schweiz, in die Niederlande und nach Österreich, nach Schweden und Norwegen.[21]

Naheliegend ist die Frage, ob und wie Vertreter des „Biologisch-dynamischen Landbaus" mit jenen des „Natürlichen Landbaus" über ihre unterschiedlichen Ansätze, Prinzipien und Praktiken diskutierten. Tatsächlich setzte sich Ewald Könemann zwischen 1930 und 1940 in drei Beiträgen, die er in „Bebauet die Erde" veröffentlichte, intensiv mit dem anthroposophisch geprägten ökologischen Landbau auseinander. Dabei stellte er grundlegende Übereinstimmungen zwischen diesen beiden Landbausystemen fest: Beide waren als Antwort auf die

[19] Uwe Geier, Jürgen Fritz, Ramona Greiner, Michael Olbrich-Majer, Biologisch-dynamische Landwirtschaft, S. 101. – Frank Uekötter, Die Wahrheit ist auf dem Feld, S. 232. – Gunter Vogt, Entstehung und Entwicklung des ökologischen Landbaus, S. 99-105. – Wolfgang Schaumann, Rudolf Steiners Kurs für Landwirte.

[20] Demeter, Die Demeter-Historie. Eine Zeitreise durch die Geschichte des Demeter e. V., https://www.demeter.de/die-demeter-historie (Abfrage vom 4.4.2023).

[21] Frank Uekötter, Die Wahrheit ist auf dem Feld, S. 232. – Vgl. auch die Darstellung auf der Website von Demeter, https://www.demeter.de/verbraucher/organisation/demeter-historie (Abfrage vom 5.3.2021). – Gunter Vogt, Entstehung und Entwicklung des ökologischen Landbaus, S. 131-133, 152-174.

landwirtschaftliche Krise nach dem Ersten Weltkrieg im Zusammenhang mit der Lebensreform-Bewegung entstanden. Beide hatten ein ganzheitliches Naturverständnis. Für beide war Bodenfruchtbarkeit ein Ergebnis biologischer Wechselwirkungen. Beide Systeme verzichteten weitgehend auf Mineraldünger und betrieben stattdessen eine komplexe Humuswirtschaft. Beide wollten gesunde Nahrungsmittel produzieren und nachhaltig wirtschaften.[22]

Doch arbeitete Könemann auch zahlreiche Unterschiede heraus: So lehnte der „Biologisch-dynamische Landbau" die Düngung mit menschlichen Ausscheidungen ab. Der „Natürliche Landbau" strebte dagegen sogar eine kommunale Bewirtschaftung der menschlichen Fäkalien an. Umgekehrt lehnte der „Natürliche Landbau" die „Präparate" des „Biologisch-dynamischen" zwar nicht grundsätzlich ab, bestritt aber ihre zentrale Bedeutung. Und er kritisierte, dass die „Vererdung" des Stalldüngers zu großen Verlusten von Stickstoff und Kohlenstoff führe. Hinzu kam, dass der „Natürliche Landbau" im Gegensatz zum „Biologisch-dynamischen Landbau" auf Tierhaltung weitgehend verzichtete. Weiter spielten Siedlung und Selbstversorgung für den „Natürlichen Landbau" eine wesentlich wichtigere Rolle als für die biologisch-dynamische Landwirtschaft. Und schließlich waren die Vorschriften des anthroposophisch inspirierten Landwirtschaftssystems in den philosophisch-spirituellen Lehren Steiners begründet, während der „Natürliche Landbau" empirisch-wissenschaftlich argumentierte. Trotz Könemanns Initiativen kam eine Debatte zwischen den Vertreterinnen und Vertretern dieser beiden nachhaltigen Landwirtschaftssysteme in dieser frühen Entwicklungsphase nicht zustande.[23] Wegen des starken Bezugs auf die Lehren Rudolf Steiners lehnten die meisten übrigen Landwirte und die etablierten Agrarwissenschaften die biologisch-dynamische Landwirtschaft ab. Trotz dieser Widerstände arbeiteten 1931 etwa 1.000 Betriebe nach diesen Prinzipien. Auch im europäischen Ausland stellten in dieser Zeit immer mehr Landwirtinnen und Gärtner auf dieses Landwirtschaftssystem um.[24]

Unter dem NS-Regime erlitt der „Biologisch-dynamische Landbau" zwar insofern einen Rückschlag, als die „Anthroposophische

[22] Ebenda, S. 125f.

[23] Ebenda.

[24] https://www.demeter.de/die-demeter-historie (Abfrage vom 4.4.2023).

Gesellschaft“ verboten wurde. Doch schätzten einige Angehörige der NS-Führung die biologisch-dynamische Landwirtschaft sehr, was wiederum einen gewissen Schutz bedeutete. Zu diesen NS-Führern gehörten Rudolf Hess, Heinrich Himmler und R. Walther Darré. Vereinzelt arbeiteten Vertreter des „Biologisch-dynamischen Landbaus“ mit der SS zusammen, so etwa beim Anbau von Heilkräutern im Konzentrationslager Dachau. Die nationalsozialistische „Deutsche Versuchsanstalt für Ernährung und Verpflegung“ (DVA) versuchte teilweise erfolgreich, diese Form des Landbaus zu vereinnahmen.[25] Der Demeterverband verweist heute auf mehrere Studien, die sich mit der Geschichte des „Biologisch-dynamischen Landbaus“ in der NS-Zeit befassen.[26] Nationalsozialismus und der anthroposophisch geprägte Landbau stimmten in dem Ziel überein, eine autonome Landwirtschaft aufzubauen. Ideologisch und politisch waren NS und „Biologisch-dynamischer Landbau“ allerdings nicht zu vereinbaren.[27]

Wie der „Natürliche Landbau“ überstand somit auch die biologisch-dynamische Landwirtschaft die NS-Herrschaft unbeschadet, trotz einiger Unterdrückungsmaßnahmen des Regimes. Die landwirtschaftlichen Ansätze und Ziele dieser beiden Landbausysteme ähnelten sich in mancherlei Hinsicht: Beide dachten in biologischen Kreisläufen, lehnten synthetische Düngemittel ab und legten größten Wert auf die Pflege von Kompost und Humus. Doch sind auch die Unterschiede zwischen diesen beiden Richtungen ökologischer Landwirtschaft klar: Der „Biologisch-dynamische“ setzt sich vom „Natürlichen Landbau“ durch seine

[25] Jens Ebert, Tanja Kinzel, Meggi Pieschel, Kristin Witte, Die Versuchsanstalt, S. 103-140.

[26] Demeter, Transparenz und Verantwortung, Zu Anfragen bezgl. Des SS-Versuchsguts im KZ Dachau, https://www.demeter.de/die-demeter-historie (Abfrage vom 4.4.2023). – Peter Staudenmeyer, Between Occultism and Fascism: Anthroposophy and the Politics of Race in the Fascist Era, Leiden, Boston 2014 (Diss. 2010), https://www.academia.edu/20196993/Peter_Staudenmaier_Between_Occultism_and_Nazism_Anthroposophy_and_the_Politics_of_Race_in_the_Fascist_Era_Leiden_Boston_2014 (Abfrage vom 15.8.2024).

[27] Gunter Mahlerwein, Grundzüge der Agrargeschichte, Bd. 3, S. 147. – Heide Inhetveen, Ökologischer Landbau, S. 186. – Zum schroffen Widerspruch zwischen NS und Biologisch-dynamischem Landbau: Frank Uekötter, Die Wahrheit ist auf dem Feld, S. 240f. – Gunter Vogt, Entstehung und Entwicklung des ökologischen Landbaus, S. 133-152.

starke anthroposophische Ausrichtung ab. Der „Natürliche Landbau“ verzichtete nicht nur auf modernes technisches Gerät, sondern versuchte auch, ohne Tierhaltung auszukommen. Diese wiederum spielte für den „Biologisch-dynamischen Landbau“ eine entscheidende Rolle für die betriebliche Kreislaufwirtschaft und die Erhaltung der Bodenfruchtbarkeit. Dafür lehnte die anthroposophisch geprägte Variante die Verwendung von menschlichem Kot und Urin als Dünger strikt ab.

4.1.3 Zwischenfazit

Die beiden frühen nachhaltigen und ökologischen Landbausysteme entstanden somit in ganz ähnlichen kulturellen und wirtschaftlichen Zusammenhängen. Beide Systeme standen der Lebensreform-Bewegung nahe. Beide Richtungen suchten nachhaltige Antworten auf die landwirtschaftliche Krise der Zwischenkriegszeit. Und sie fanden ähnliche Lösungen in der Praxis des Landbaus. Allerdings kam ein Dialog zwischen Vertretern beider Systeme nicht zustande. Dies lag vor allem an den ideologisch-wissenschaftlichen Differenzen bei der Begründung ihrer Prinzipien und Methoden.

4.2 Konsolidierung: Die Entwicklung bis zu den 1970er-Jahren

1945 brach das NS-Reich zusammen. Kurz danach spalteten sich die Welt, Europa und Deutschland in zwei Machtblöcke auf, die sich feindlich gegenüberstanden. Gleichzeitig beschleunigte sich die Industrialisierung der Landwirtschaft. Wie wirkte die grundlegende Veränderung der Weltlage auf die Entwicklung des ökologischen Landbaus? Welche neuen Richtungen dieser nachhaltigen Landwirtschaftsform entstanden im ersten Vierteljahrhundert nach dem Ende des Zweiten Weltkriegs? Im Folgenden skizzieren wir die Weiterentwicklung des „Biologisch-dynamischen Landbaus“ und stellen dann eine Neuentwicklung vor, den „Organisch-biologischen Landbau“. Als drittes Landbausystem behandeln wir in diesem Unterkapitel den „Biologischen Landbau“.

4.2.1 Die Konsolidierung des Biologisch-dynamischen Landbaus

Der Verlust der deutschen Ostgebiete nach dem Ende des Zweiten Weltkriegs bedeutete einen deutlichen Einschnitt für die Entwicklung des „Biologisch-dynamischen Landbaus". Wie wirkte sich dieser Einschnitt auf Zahl und Struktur der Betriebe aus, die nach diesem Landwirtschaftssystem arbeiteten? Warum konnte sich der „Biologisch-dynamische Landbau" in den Jahren der beschleunigten Agrarindustrialisierung behaupten?

Da die mittel- und ostdeutschen Gebiete nach dem Zweiten Weltkrieg unter den Einfluss der Sowjetunion fielen, ging ein Großteil der materiellen Basis der „Biologisch-dynamischen Landwirtschaft" in Deutschland verloren. Bisher waren große Gutsbetriebe, die in Ostdeutschland lagen, seine Hauptstütze gewesen. Nun galt es, den Schwerpunkt der biologisch-dynamischen Aktivitäten nach Westdeutschland zu verlegen. Noch Ende der 1950er-Jahre gab es in der Bundesrepublik weniger als 100 Betriebe. Sie bewirtschafteten insgesamt rund 2.000 Hektar Kulturland. Daher trugen seit der Spaltung Deutschlands nicht mehr große Betriebe diese Richtung der Landwirtschaft, sondern Familienbetriebe. Und es verbesserte sich die Ausbildung der landwirtschaftlichen Praktikerinnen und Praktiker. Dazu trug der „Forschungsring für Biologisch-dynamische Wirtschaftsweise" erheblich bei. Er war bereits 1946 gegründet worden und gestaltete auch die Produktionsrichtlinien dieses Landwirtschaftssystems. Seit 1950 gab es das „Institut für biologisch-dynamische Forschung", zu dessen Aufgaben auch die Qualitätskontrolle gehörte. Das Institut gab eine eigene Zeitschrift heraus, die „Lebendige Erde". Mit seiner Arbeit begann die Verwissenschaftlichung dieser nachhaltigen Wirtschaftsweise.[28]

Doch zunächst standen Steiners Lehren im Vordergrund. In den 1950er-Jahren orientierten sich biologisch-dynamisch wirtschaftende Bäuerinnen und Bauern zunehmend an seinem „sozialen Hauptgesetz" wirtschaftlichen Tätigseins: der „Brüderlichkeit". Verwirklicht werden sollte dieses Prinzip in „Assoziationen", die Produktion, Verteilung und Konsum zusammenbrachten. Besonders aktiv war dabei seit 1952 die „Bäuerliche Gesellschaft Nord-Westdeutschland". Dennoch war der

[28] Gunter Vogt, Entstehung und Entwicklung des ökologischen Landbaus, S. 174-184. – Zahlen nach: https://www.demeter.de/die-demeter-historie (Abfrage vom 4.4.2023).

„Biologisch-dynamische Landbau“ damals bei der Verbreitung seiner Lebens- und Wirtschaftspraxis nicht sehr erfolgreich.[29]

Die biologisch-dynamisch ausgerichteten Bäuerinnen und Bauern schlossen sich 1954 im Demeter-Bund zusammen. Viele integrierten neben anthroposophisch inspirierten Überlegungen auch agrarwissenschaftliche Erkenntnisse in ihre Praxis. Ein anderer Entwicklungspfad des „Biologisch-dynamischen Landbaus“ hielt sich dagegen stärker an die spirituellen Lehren Steiners. Bis zum Ende des Jahrtausends sollten sich diese verschiedenen Richtungen teilweise wieder annähern. Parallel dazu reicherten einige „konventionell“ arbeitenden Landwirte ihre Wirtschaftsweise um biologisch-dynamische Elemente an. Doch blieb dieses Landbausystem eine „ökologische Nische“ in der deutschen Landwirtschaft, die sich gerade in diesen beiden Jahrzehnten in großen Teilen industrialisierte. Zugleich aber war es eine echte Alternative zur industriellen Agrarproduktion und konnte sich auf die ideelle Unterstützung und materielle Nachfrage nach seinen Erzeugnissen durch die Anhänger und Sympathisanten der Steinerschen Philosophie stützen.[30]

Bei allen Schwierigkeiten des Neuanfangs nach dem Zweiten Weltkrieg legten somit die Anhängerinnen und Anhänger der biologisch-dynamischen Variante der Landwirtschaft in der Nachkriegszeit und in der Phase des industriellen „Booms“ die Grundlagen für die weitere Entwicklung ihrer Wirtschaftsweise. Die Debatte um eine eher wissenschaftliche oder doch eher spirituelle Ausrichtung der Betriebsarbeit wurde von zwei Flügeln der Bewegung geführt, die nach einigen Jahrzehnten einen Ausgleich ihrer Positionen erreichten. Gleichzeitig stärkten grundlegende Forschungen, die in Teilen auch an Universitäten durchgeführt wurden, die wissenschaftliche Basis von Theorie und Praxis der biologisch-dynamischen Landwirtschaft.

[29] Gunter Vogt, Entstehung und Entwicklung des ökologischen Landbaus, S. 176-179.

[30] Ebenda, S. 177-184. – Demeter, Die Demeter-Historie, https://www.demeter.de/die-demeter-historie (Abfrage vom 4.4.2023).

4.2.2 Der Organisch-biologische Landbau

Neben dem „Natürlichen“ und dem „Biologisch-dynamischen Landbau“ entstand in der Schweiz und Deutschland in den 1940er-Jahren ein weiterer Zweig der ökologischen Landwirtschaft: der „Organisch-biologische Landbau“. Welche Erkenntnisse und Methoden der älteren Formen des ökologischen Landbaus übernahm dies Richtung, welche entwickelte sie neu? Welche politischen, wirtschaftlichen und kulturellen Entwicklungen beeinflussten sie?

Das Schweizer Lehrerehepaar Maria Müller-Bigler und Hans Müller und der deutsche Mediziner Hans Peter Rusch trugen maßgeblich zur Herausbildung des „Organisch-biologischen Landbaus“ bei. Sie und die anderen Aktiven des neuen Landbausystems nahmen Erfahrungen des „Biologisch-dynamischen“ und des „Natürlichen Landbaus“ auf und lernten auch von britischen und nordamerikanischen Biobauern. Vor allem aber wollten sie die alten bäuerlichen Lebens- und Wirtschaftsformen bewahren.[31]

Während sich Maria Müller-Bigler vor allem der praktischen Gartenarbeit zuwandte und die Methoden des „Organisch-biologischen Landbaus“ lehrte, wurde Hans Müller zum herausragenden Vertreter der konservativen „Schweizerischen Bauernheimatbewegung“. Von einem christlich-konservativen Weltbild geleitet, wirkte er viele Jahre als Abgeordneter der „Bauern-, Gewerbe- und Bürgerpartei“ im Nationalrat, dem Bundesparlament der Schweiz. In den frühen 1940er-Jahren rückte er mit seiner Organisation, von der er sich als „Führer“ bezeichnen ließ, deutlich nach rechts. Seit den späten 1940er-Jahren konzentrierte er seine Arbeit auf das Ziel, die bäuerliche Lebensweise zu erhalten und zugleich ein nachhaltiges Landwirtschaftssystem aufzubauen.[32]

Vor diesem Hintergrund entwickelte sich der „Organisch-biologische Landbau“. Ähnlich wie die Lebensreform-Bewegung setzte er weniger auf politische Steuerung als auf Veränderungen im privaten

[31] Gunter Mahlerwein, Grundzüge der Agrargeschichte, Bd. 3, S. 148. – Gunter Vogt, Entstehung und Entwicklung des ökologischen Landbaus, S. 197, 204f. – Heide Inhetveen, Ökologischer Landbau, S. 186.

[32] Werner Baumann, Peter Moser, Bauern im Industriestaat, S. 166, 206-208, 212-257, 306-329, 404. – Gunter Vogt, Entstehung und Entwicklung des ökologischen Landbaus, S. 199-201.

und wirtschaftlichen Bereich. Er versuchte, die bäuerliche Lebensweise zu erhalten und gemäß den Herausforderungen der Moderne weiterzuentwickeln. Zugleich nutzte er ausgewählte technische Hilfsmittel, um landwirtschaftliche Arbeitsvorgänge effizienter auszuführen. Er entwickelte seine Landbaumethoden auf der Grundlage bäuerlicher Erfahrung und wissenschaftlicher Forschung. Die Tatsache, dass zahlreiche Lebensmittelkonsumentinnen und -konsumenten verstärkt gesunde Lebensmittel nachfragten, sicherte den Absatz der organisch-biologisch wirtschaftenden Betriebe. Indem sie auf Mineraldünger und Pestizide verzichteten, senkten sie ihre Kosten erheblich. Zugleich bewahrten sie die Bodenfruchtbarkeit, förderten das Wohlergehen ihrer Tiere und sicherten eine hohe Qualität ihrer Produkte.[33]

Die Bäuerinnen und Bauern, die den „Organisch-biologischen Landbau" praktizierten, vermarkteten ihre Produkte zumeist gemeinsam: Dabei wurde die „Anbau- und Verwertungsgenossenschaft Heimat", die die „Schweizerische Bauernheimatbewegung" 1946 gegründet hatte, zu ihrem wichtigsten Instrument. Sie bildeten sich weiter oder vermittelten ihre neuen Erkenntnisse an andere Bäuerinnen und Bauern. Dies geschah insbesondere in der „Lerngemeinschaft Möschberg", die sich an der Landreform-Bewegung und der dänischen Volkshochschulbewegung orientierte. Dort hatten Maria und Hans Müller bereits 1932 mithilfe privater Spenden ein Schulungszentrum für Bäuerinnen und Bauern gegründet. Darüber hinaus bauten sie ein Zertifizierungssystem auf, das für ein ähnlich hohes Qualitätsniveau sorgte wie die Zertifizierungen und Kontrollen des „Natürlichen" und des „Biologisch-dynamischen Landbaus". Durch die Kombination einer wissenschaftlich begründeten und praktisch erprobten nachhaltigen Landwirtschaft mit einer bäuerlichen Lebensweise, die an moderne Verhältnisse angepasst war, bildete sich der „Organisch-biologische Landbau" in den 1940er- und 1950er-Jahren als eigenständiges Landbausystem heraus. Sein wichtigstes publizistisches Medium wurde die „Zeitschrift für Kultur und Politik".[34]

Die Aktiven dieser Bewegung setzten sich intensiv mit der Lebensreform-Bewegung und den älteren nachhaltigen Landbausystemen des

[33] Ebenda, S. 209-217.

[34] Gunter Vogt, Entstehung und Entwicklung des ökologischen Landbaus, S. 201-204.

„Natürlichen“ und des „Biologisch-dynamischen Landbaus“ auseinander. Aus der „Lebensreform“ übernahmen sie die grundlegende These, dass ein Wirkungszusammenhang bestehe zwischen gesundem Boden, gesunden Nahrungsmitteln und menschlicher Gesundheit. Aus dem „Natürlichen Landbau“ übernahmen sie das wissenschaftlich begründete biologische Verständnis der Fruchtbarkeit des Bodens, das Prinzip der Bodenbedeckung, die nicht-wendende Bodenbearbeitung sowie die Düngung durch Flächenkompostierung, Gründüngung und Gesteinsmehl. Sie gestalteten ihre Humuswirtschaft ähnlich wie der „Natürliche Landbau“, wichen von diesem allerdings bei Fruchtfolge und Düngerpflege ab. Der entscheidende Unterschied zum „Natürlichen Landbau“ bestand darin, dass die Viehhaltung für den „Organisch-biologischen Landbau“ große Bedeutung hatte.[35]

Bereits vor zwei Jahrzehnten hat Gunter Vogt die These widerlegt, dass der „Organisch-biologische“ aus dem „Biologisch-dynamischen Landbau“ hervorgegangen sei. Richtig ist allerdings, dass der „Organisch-biologische Landbau“ in einer frühen Entwicklungsphase biologisch-dynamische Präparate einsetzte. Zugleich erprobte er die Vererdung von Stallmist beim Kompostieren. Doch bereits Mitte der 1950er-Jahre ersetzte er die „Präparate“ und die Vererdung des Stallmists durch andere Methoden wie etwa die Flächenkompostierung. Anders als der anthroposophisch inspirierte Landbau begründet er seine Verfahren mit wissenschaftlichen Argumenten und den praktischen Erfahrungen der aktiven Bäuerinnen und Bauern. Dennoch erkannten seine Vertreterinnen und Vertreter die Pionierleistung Rudolf Steiners und des von ihm angeregten Landbausystems ausdrücklich an.[36]

In den späten 1950er-Jahren verbreiteten sich die Ideen Maria und Hans Müllers sowie Peter Ruschs allmählich auch in Österreich und Deutschland. In beiden Ländern ersetzte in den folgenden Jahren ein Weltbild, das von der Umweltbewegung geprägt war, die bäuerlich-christliche Haltung der Schweizerischen Bauernheimatvereinigung. Förderlich für diese Entwicklung war, dass auch die Agrarwissenschaften dem biologischen Anbau mit dem Konzept einer „Integrier-

[35] Ebenda, S. 201-205.

[36] Ebenda, S. 205-208.

ten Landwirtschaft" gleichsam auf halbem Wege entgegenkamen und den sparsamen Einsatz von Agrochemie propagierten.[37]

Der „Organisch-biologische Landbau" hatte sich somit in den 1970er- und 1980er-Jahren von seinen christlich-konservativen Anfängen heraus zu einem Landbausystem weiterentwickelt, das sich im überwiegend deutschsprachigen Mitteleuropa verankern konnte. Sichtbar bis heute ist diese Entwicklung insbesondere bei dem größten deutschen Anbauverband Bioland, der seine Wurzeln in der Fördergemeinschaft organisch-biologischer Landbau e. V. in Heiningen hat. Im Vorwort seiner aktuellen Richtlinien beruft er sich auf die von Müller und Rusch entwickelten Grundsätze.[38] Die positive Entwicklung dieser Richtung ist vor allem darauf zurückzuführen, dass sie sich mit der neuen Umweltbewegung verband, die sich von der völkischen Ideologie vieler Pioniere des Naturschutzes gelöste hatte.[39]

4.2.3 Der Biologische Landbau

Die ökologische Landwirtschaft in Deutschland wurde auch dadurch gestärkt, dass sich seit den 1950er-Jahren eine weitere Richtung des ökologischen Landbausystems herausbildete: der „Biologische Landbau". Was unterscheidet ihn von jenen Formen der ökologischen Landwirtschaft, die wir bereits kennengelernt haben? Welche Innovationen brachte er ein? Welche älteren Richtungen und Einflüsse wirkten auf ihn? Wie arbeitete diese Richtung des ökologischen Anbaus mit anderen zusammen?

Der „Biologische Landbau" griff Erkenntnisse des ökologischen Landbaus in englischsprachigen Ländern auf. Aber er orientierte sich auch an Zielen und Prinzipien der Lebensreform-Bewegung, wobei Siedlung und Vegetarismus keine gravierende Rolle mehr spielten. Er

[37] Ebenda, S. 233-236. – Gunter Mahlerwein, Grundzüge der Agrargeschichte, Bd. 3, S. 148.

[38] Bioland-Richtlinien. Fassung vom 13. März 2023, S. 4, https://www.bioland.de/fileadmin/user_upload/Verband/Dokumente/Richtlinien_fuer_Erzeuger_und_Hersteller/Bioland-Richtlinien_2023-03.pdf (Abfrage vom 21.11.2024).

[39] Gunter Vogt, Entstehung und Entwicklung des ökologischen Landbaus, S. 233-236.

knüpfte an die Erfahrungen des „Natürlichen Landbaus“ an, doch konzentrierte er sich auf das Ziel, gesunde Nahrungsmittel zu erzeugen.[40]

Es bildeten sich vier Richtungen heraus, die sich nicht formell zusammenschlossen, aber jeweils eine Zeitschrift publizierten. So setzten die Zeitschriften „Bebauet die Erde“ und „Neuer Landbau“ die Tradition der Lebensreform-Bewegung fort. Sie wurden aber nach einigen Jahrgängen noch in den 1950er-Jahren wieder eingestellt. Die Zeitschrift „Organischer Landbau“ wurde 1958 gegründet und benannte sich 1973 in „Garten organisch“ um. Ihre Beiträge waren für die praktische Arbeit bestimmt. Zwischen 1953 und 1988 erschien die Zeitschrift „Boden und Gesundheit“. Sie orientierte sich am Interesse zahlreicher Nahrungsmittelkonsumenten an gesunden Nahrungsmitteln. Die Zeitschriften „Organische Land- und Gartenkultur“ und „Naturgemäßer Land- und Gartenbau“ zielten auf jene Leserinnen und Leser, die sich aus ihren eigenen Hausgärten selbst versorgen wollten. Sie bestanden von 1958 bis 1977 und von 1960 bis 1988. Wichtige Akteure dieser Bewegung waren Ewald Könemann, Erich H. Reinau, Fritz Gummert oder August Kilbinger.[41]

Rasch entwickelte sich auch in der Schweiz ein weiteres Standbein des „Biologischen Landbaus“. Bereits 1947 wurde dort die Genossenschaft Biologischer Landbau gegründet und 1951 die Gesellschaft Biologischer Landbau. Sie nannte sich seit 1961 Schweizerische Gesellschaft Biologischer Landbau. Gemeinsam mit dem „Schweizerischen Verein für Volksgesundheit“ gab sie in den 1950er-Jahren die Zeitschrift „Neuer Landbau“ heraus. Seit 1960 erschien ihr „GBL-Bote“, den 1973 der „Biologische Landbau“ – später mit dem Titel „bioterra“ – ersetzte. Diese und andere Zeitschriften widmeten sich nicht nur der ökologischen Landwirtschaft, sondern auch an dem ökologischen Gartenbau.[42]

Der „Biologische Landbau“ entwickelte die Konzeptionen des „Natürlichen Landbaus“ weiter, zu dem nicht zuletzt durch Ewald Könemann auch personelle Kontinuitäten bestanden. Um die Bodenfruchtbarkeit zu erhalten, setzte er auf vererdende Kompostierung von Stalldüngern und biologischen Abfällen und auf die Flächenkompos-

[40] Heide Inhetveen, Ökologischer Landbau, S. 186f.

[41] Gunter Vogt, Entstehung und Entwicklung des ökologischen Landbaus, S. 247f.

[42] Ebenda, S. 248-250.

tierung mit nicht oder kaum gerotteten organischen Düngern. Der Zwischenfruchtanbau und die Gründüngung spielten zentrale Rollen in der Fruchtfolge, vor allem der mehrjährige Anbau von Kleegras.

Abbildung 14: Kleegras

Foto: iStock.com/ysuel

Darüber hinaus hielt der „Biologische Landbau" an der „nicht-wendenden" Bearbeitung des Bodens fest. Und schließlich erfüllten einige Kommunen eine alte Forderung der Landreform-Bewegung und des „Natürlichen Landbaus", indem sie ihren organischen Müll zu „Müllkompost" verarbeiteten. Kritisch diskutiert wurden allerdings die gesundheitlichen Risiken durch Schadstoffe und Krankheitserreger, die von diesen Düngemitteln ausgingen.[43]

Der „Biologische Landbau" entwickelte eigene Konzepte eines vorbeugenden und indirekten Pflanzenschutzes. Er verwendete Kulturpflanzen, die zum Standort passten, und setzte ausgewogen organischen Dünger ein. Bei Bedarf kamen Pflanzenstärkungsmittel hinzu.

[43] Ebenda, S. 253-255.

Er bekämpfte Schädlinge, indem er die Kulturflächen und ihre Umgebung durch Feldraine und Hecken so gestaltete, dass sie die Lebensbedingungen der Nützlinge verbesserten. Fruchtfolgen und Mischkulturen verschlechterten die Lebensbedingungen von Schädlingen der Kulturpflanzen ebenso wie Fangpflanzen, die um die Feldkulturen herum platziert wurden – etwa in Feldrainen – oder gezielt ausgesetzte biologische Gegenspieler der Schädlinge. Neben diesen biologischen Methoden setzte der „Biologische Landbau“ auch Pestizide ein, die aus Naturstoffen gewonnen wurden. Diese Verfahren werden noch heute im ökologischen Landbau eingesetzt.[44]

Abbildung 15: Mischkultur aus Nackthafer und Leindotter vor der Ernte

Foto: Gut Fahrenbach

[44] Ebenda, S. 255.

Der „Biologische Landbau“ versuchte, seine Konzeptionen in die Debatten der Agrarpolitik einzubringen, mit dem Ziel, eine Alternative zur industriellen Landwirtschaft durchzusetzen, die ganz offensichtlich Natur und menschliche Gesundheit schädigte.[45] In den folgenden Jahrzehnten wurde der „Biologische Landbau“ in der Schweiz zum Sammelbecken der meisten ökologisch ausgerichteten landwirtschaftlichen Betriebe. Ein Meilenstein auf diesem Weg war die Gründung des Verbands Bio-Swiss im Jahre 1981. Unter Federführung des 1974 gegründeten Forschungsinstituts für Biologischen Landbau (FiBL) diskutierten die Verbände über gemeinsame Richtlinien für den ökologischen Landbau: Beteiligt waren Demeter, Biofarm, Bioterra und Progana, die alle wichtigen Richtungen des ökologischen Landbaus repräsentierten. 1981 gründeten die beteiligten Organisationen einen gemeinsamen Verband, den Verein Schweizer Bio-Landbau-Organisationen. Erster Vorsitzender wurde Werner Scheidegger. 1997 benannte sich der Verband in Bio Suisse um. Nach dem Tod des Politikers Hans Müller, Vorsitzender der Anbau- und Verwertungsgesellschaft, schloss sich auch diese dem Verband an.[46]

Die Fläche, die in der Schweiz ökologisch bewirtschaftet wurde, dehnte sich in den folgenden Jahren erheblich aus: 1989 verfügten die Bio-Landwirte über 84.000 Hektar und damit über annähernd 7 Prozent der landwirtschaftlichen Nutzfläche des Landes. 2023 waren es bereits über 18 Prozent. Der Marktanteil der 7.362 Betriebe, die ökologisch wirtschafteten, lag bei Lebensmitteln bei 11,6 Prozent.[47]

In der Schweiz wurden der „Biologische Landbau“ und seine Vertriebsorganisationen somit vergleichsweise schnell zu einem bedeutenden Faktor der Landwirtschaft und des Lebensmittelhandels. Er wurde zu einer Variante der ökologischen Landwirtschaft, in der sich verschiedene Richtungen dieser nachhaltigen Form der Landwirtschaft verbanden: Richtungen, die in den Traditionen des „Natürlichen“ und des „Biologisch-dynamischen Landbaus“ standen, verknüpften sich

[45] Ebenda, S. 233-236. – Gunter Mahlerwein, Grundzüge der Agrargeschichte, Bd. 3, S. 148.

[46] Interview mit Werner Scheidegger vom 22. Juli 2022, in: https://www.bio-suisse.ch/de/biosuisse-erleben/blog/posts/2021/07/geschichte-bio-suisse-und-bio farm.html (Abfrage vom 12.4.2023).

[47] Bio-Swiss, Jahresbericht 2020, https://www.bio-suisse.ch/de/bioinzahlen.php (Abfrage vom 23.1.2025).

mit jüngeren Entwicklungen, trotz aller weltanschaulichen und agrartechnischen Unterschiede.

4.2.4 Zwischenfazit

Es gab also Kontinuitäten und Brüche in einzelnen Zweigen des ökologischen Landbaus: So löste sich der „Biologische Landbau" von der Bindung an die Landreform-Bewegung. Der „Organisch-biologische Landbau" entwickelte sich noch eigenständiger. Dabei schöpfte er aus vielen Quellen und entwickelte sich durch die Aufnahme neuerer wissenschaftlicher Erkenntnisse weiter, aber auch durch eigene Erfahrungen und Forschungen. Seine zunächst sehr starke Bindung an die Schweizerische Bauernheimatbewegung wurde in späteren Jahren zu einem Hindernis für die Verbreitung dieses Landbausystems über die Schweiz hinaus. Jüngere Aktive dieser Richtung rückten unter dem Einfluss der Umweltbewegung deutlich von diesen Ursprüngen ab. Weder der „Organisch-biologische" noch der „Biologische Landbau" versuchten primär auf die Agrarpolitik einzuwirken. Sie beschränkten sich auf das Wirtschaftliche und Private. Doch im Vorfeld der Gründung eines eigenen Dachverbands wurde die Bewegung des ökologischen Landbaus zwangsläufig immer politischer.

4.3 Aufbruch: Bündnisse und Innovationen bis zur Jahrtausendwende

Bei allen Unterschieden hatten die verschiedenen Richtungen des ökologischen Landbaus auch viele Gemeinsamkeiten. Welche Möglichkeiten der Zusammenarbeit ergaben sich daraus? Welche Organisationsformen entwickelten die ökologisch wirtschaftenden Landwirtinnen und Landwirte seit den 1970er-Jahren? Wir beginnen mit der organisatorischen Festigung der ökologischen Landwirtschaft in den letzten drei Jahrzehnten des 20. Jahrhunderts und wenden uns dann ihrer wissenschaftlichen Basis zu. Im letzten Untersuchungsschritt dieses Unterkapitels skizzieren wir einige wichtige Neuerungen, die in der Praxis des ökologischen Landbaus entwickelt wurden.

4.3.1 Die organisatorische Festigung des ökologischen Landbaus

In den 1970er-Jahren verstärkte sich der Trend zur Zusammenarbeit der verschiedenen Varianten der ökologischen Landwirtschaft. Und sie erlebte einen starken Aufschwung. Was waren die Gründe für diese Entwicklung und welche Formen der Zusammenarbeit bildeten sich heraus?

Nach den Anfangserfolgen einer umfassenden Industrialisierung der Landwirtschaft seit den 1950er-Jahren traten deren negative Folgen viel stärker als in den 1920er-Jahren zutage: Böden, Gewässer und Grundwasser waren durch überreichliche Gaben von industriellen Mineraldüngemitteln und Pestiziden erheblich belastet. Ihre Rückstände drangen in die Nahrungskette ein und verschlechterten die Qualität der Nahrungsmittel. Die Kulturlandschaft veränderte sich, weil sie der maschinellen Bearbeitung der Böden angepasst wurde: Waldstücke, Hecken, Feuchtgebiete oder Teiche wichen modernen „Agrarsteppen", die anfällig waren für Bodenerosion. Die Flurbereinigung stützte diese Entwicklung. Eine weitere Folge dieser Agrarindustrialisierung war ein massives Artensterben. Dies wiederum schwächte die Stabilität der Ökosysteme. Die industrielle Landwirtschaft funktionierte nur mit sehr hohem Einsatz von Energie, die mithilfe fossiler Brennstoffe erzeugt wurde. Da die größten Erdölförderstaaten sich zusammenschlossen und die Preise deutlich erhöhten, stiegen diese Produktionskosten. Auch die Produktion von Pestiziden und Kalium-, Phosphor- und Stickstoffdüngemitteln erforderte viel Energie. Zudem stieß die Herstellung wichtiger synthetischer Dünger an Rohstoffgrenzen, insbesondere die weltweiten Vorräte von Phosphor gingen zurück.[48]

Eine immer stärkere Umweltbewegung kritisierte diese Entwicklungen und machte dafür auch den Industrialisierungsprozess der Landwirtschaft verantwortlich, der durch die Europäische Agrarpolitik verstärkt wurde. So mussten immer mehr traditionell wirtschaftende Betriebe aufgeben. Die Gemeinschaft setzte Überschüsse der europäischen Agrarproduktion zu subventionierten Preisen und zum Schaden der Landwirtschaft in den ärmeren Regionen der Welt auf den Welt-

[48] Gunter Vogt, Entstehung und Entwicklung des ökologischen Landbaus, S. 261-263. – Heide Inhetveen, Ökologischer Landbau, S. 186. – David Blackbourn, Die Eroberung der Natur, S. 400-403.

märkten ab. Die europäische Landwirtschaft bezog immer mehr Futtermittel aus anderen Weltregionen. Und vielfach wurde tropischer Regenwald abgeholzt, um Vieh zu halten und Sojabohnen und andere Futtermittel anzubauen.[49]

Die Debatten um die schädlichen Folgen der industriellen Landwirtschaft übten einen starken Wachstumsimpuls auf den ökologischen Landbau aus. Und dessen unterschiedliche Richtungen organisierten sich immer besser. In Südwestdeutschland gründeten ökologisch wirtschaftende Bäuerinnen und Bauern, die sich an den Erkenntnissen Maria und Hans Müllers sowie Hans Peter Ruschs orientierten, 1971 den Verband für organisch-biologischen Landbau, der sich 1979 in Bioland umbenannte. 1979 entstand auch der Verband Biokreis. 1982 vereinigten sich Produzierende, Verbraucherinnen und Verbraucher zum Verband Naturland. 1985 organisierten sich ökologisch wirtschaftende Winzerinnen und Winzer zum Verband Ecovin. Auch die biologisch-dynamische Landwirtschaft gewann in diesen Jahrzehnten immer mehr an Boden: Um die Jahrtausendwende erreichte sie mit rund 1.350 Betrieben erneut die Größenordnung, die sie vor dem Zweiten Weltkrieg gehabt hatte. 1988 gelang es, die wichtigsten Verbände des ökologischen Landbaus im Dachverband Arbeitsgemeinschaft Ökologischer Landbau zu vereinigen. Diese vertrat den ökologischen Landbau in Politik und Gesellschaft und formulierte die Mindestanforderungen, denen ökologisch arbeitende Landwirte genügen mussten. Schließlich gelang auch die Anerkennung durch die europäische Politik, die den ökologischen Landbau seit 1989 mit direkten Subventionen förderte.[50] Trotz all dieser Fortschritte blieb der Anteil des ökologischen Landbaus an der landwirtschaftlichen Produktion in Deutschland bis zur Jahrtausendwende noch recht gering. 1999 wirtschafteten über 10.400

[49] Gunter Mahlerwein, Grundzüge der Agrargeschichte, Bd. 3, S. 167. – Gunter Vogt, Entstehung und Entwicklung des ökologischen Landbaus, S. 261-263. – Dieses Problem besteht noch heute, vgl. ABL Bayern, BUND Bayern, Misson Eine Welt, Soja, Regenwald und Glyphosat. Was Sie schon immer über Futtermittel wissen w(s)ollten, Augsburg, Nürnberg, Neuendettelsau 2018, https://mission-einewelt.de/wp-content/uploads/2018/01/Futtermittel_i.pdf (Abfrage vom 23.1.2025).

[50] BÖLW, Wie ist die ökologische Landwirtschaft entstanden? in: https://www.boelw.de/service/bio-faq/bio-basics/artikel/wie-ist-die-oekologische-landwirtschaft-entstanden/ (Abfrage vom 13.4.2023).

landwirtschaftliche Betriebe in Deutschland nach den Regeln des ökologischen Landbaus. Das heißt, der Anteil der Ökobetriebe lag bei 2,2 Prozent. Sie bewirtschafteten eine Fläche von über 450.000 Hektar oder 2,6 Prozent der gesamten landwirtschaftlichen Nutzfläche.[51]

Nicht zuletzt dank der Förderung durch die Europäische Gemeinschaft gelang es dem ökologischen Landbau in Deutschland im Laufe der folgenden Jahre aus seiner Nische herauszukommen. Weitere Impulse erhielt seine organisatorische Entwicklung durch die deutsche Wiedervereinigung. Sie führte zu einer zweiten Umstellungswelle hin zu einer nachhaltigen Landwirtschaft, die von großen Betrieben Ostdeutschlands erheblich mitgestaltet wurde. Bereits in der DDR hatten sich ökologisch wirtschaftende Betriebe im Verband Gäa zusammengeschlossen. 1991 kam Biopark hinzu, in dem sich besonders vieh- und flächenstarke Betriebe in Mecklenburg-Vorpommern organisierten. Im Westen gründeten ökologisch wirtschaftende Mitglieder der Erzeugergemeinschaft Schwäbisch Hall 1996 den Ökoanbauverband Ecoland, der aber nur eine regionale Bedeutung erlangte.[52]

Eine weitere Stärkung des ökologischen Landbaus bedeutete eine Verordnung der Europäischen Union von 1991, die verbindlich festlegte, was unter einer ökologischen landwirtschaftlichen Produktion und der ökologischen Weiterverarbeitung ihrer Erzeugnisse zu verstehen sei. Hintergrund war eine steigende Nachfrage der Konsumentinnen und Konsumenten nach Lebensmitteln, die aus der ökologischen Landwirtschaft stammten. Zugleich würdigte die EU-Verordnung den Beitrag der ökologischen Landwirtschaft zum „Schutz der Umwelt

[51] Zu den Angaben über Betriebe und Flächen vgl. Bundesministerium für Ernährung und Landwirtschaft (BMEL), 3071610-000.xlsx, Tabelle 54, Betriebe und Flächen des ökologischen Landbaus in Deutschland (1994 bis 2023), https://www.bmel-statistik.de/landwirtschaft/oekologischer-landbau (Abfrage vom 23.1. 2025) sowie https://www.bmel.de/DE/themen/landwirtschaft/oekologischer-landbau/tabelle2-oekolandbau-in-d.html (Abfrage vom 20.4.2023). – Torsten Blumöhr, Christian Schubert, Ökologischer Landbau 2003. Erweitertes Merkmalprogramm zur Agrarstrukturerhebung, in: Statistisches Bundesamt, Wirtschaft und Statistik 10 (2004). S. 1127f, Tabelle 1.

[52] BÖLW, Wie ist die ökologische Landwirtschaft entstanden? in: https://www.boelw.de/service/bio-faq/bio-basics/artikel/wie-ist-die-oekologische-landwirtschaft-entstanden/ (Abfrage vom 13.4.2023). – BÖLW, Ecoland, in: https://www.boelw.de/ueber-uns/mitglieder/ecoland/ (Abfrage vom 18.4.2023).

und zur Erhaltung des ländlichen Raums“. Zum Schutz des ökologischen Landbaus seien deshalb „Gemeinschaftliche Rahmenvorschriften über Erzeugung, Etikettierung und Kontrolle“ erforderlich, die für „lauteren Wettbewerb“ sorgen und für die Verbraucherinnen und Verbraucher Transparenz schaffen sollten. Die Verordnung legte in ihren Anhängen fest, welche Betriebsmittel bei der Erzeugung verwendet werden durften. Einfuhren aus Drittländern mussten dieselben Standards erfüllen, wenn sie als Produkte „aus ökologischer Landwirtschaft“ in der Gemeinschaft vermarktet werden sollten.[53] Diese Verordnung bedeutete insgesamt eine große Anerkennung der gesellschaftlichen und wirtschaftlichen Bedeutung des ökologischen Landbaus durch die suprastaatliche Gemeinschaft und verbesserte seine Akzeptanz bei Verarbeitern und Verbraucherinnen und Verbrauchern erheblich. Außerdem wurde die Einhaltung der Verordnung durch die Betriebe die Grundvoraussetzung für die spezielle Förderung der Ökolandwirtschaft.

In den drei letzten Jahrzehnten des 20. Jahrhunderts machte die ökologische Landwirtschaft somit einen großen Entwicklungssprung. Trotz der unterschiedlichen ideologischen Ausrichtung der Hauptrichtungen des ökologischen Landbaus gelangen gegen Ende der 1980er-Jahre die Gründung eines Dachverbands und die Anerkennung durch die Gemeinsame Agrarpolitik. Darüber hinaus verband sich der ökologische Landbau Ostdeutschlands mit jenem der alten Bundesrepublik. Diese Erfolge schufen die Grundlagen für die weitere Entwicklung des ökologischen Landbaus.

4.3.2 Innovationen aus der Praxis des ökologischen Landbaus

Innovationen, die aus der Praxis des ökologischen Landbaus heraus entwickelt wurden, trugen erheblich zu diesen Erfolgen bei. Worin bestanden die Neuerungen? Welche Einzelpersönlichkeiten und welche Richtungen des ökologischen Landbaus taten sich dabei besonders hervor?

[53] Verordnung (EWG) Nr. 2092/91 des Rates vom 24. Juni 1991 über den ökologischen Landbau und die entsprechende Kennzeichnung der landwirtschaftlichen Erzeugnisse und Lebensmittel, in: Amtsblatt der Europäischen Gemeinschaften, 22.7.1991, Nr. L 198/1-2, 7, Zitate: ebenda.

Neu entwickelt wurden Verfahren des Pflanzenbaus zur Bearbeitung des Bodens und zur Bekämpfung von Unkraut. So konstruierte Ernst Weichel neue Geräte, die sich für eine „nicht-wendende" Bodenbearbeitung eigneten: den Rüttelgrubber, die Rotoregge, den Schlegelmäher oder den Schichtengrubber. Er konstruierte ein Breitstreuwerk, mit dem Stallmist oder Kompost ausgebracht werden konnte, sowie Geräte zur thermischen Bekämpfung von Unkraut. Vielfach nutzte er auch Kombinationen seiner technischen Erfindungen. Walter Kress entwickelte Geräte, mit denen Unkraut mechanisch bekämpft werden konnte. Diesen Arbeitsgang hatte man zuvor in aufwendiger Handarbeit erledigen müssen. Hinzu kamen kombinierte Hacken und Rollbürsten sowie Rollhacktechniken. Diese teilweise hochkomplexen Geräte stellten hohe Anforderungen an den Gerätebau, der sie in der Regel nur dann zu erschwinglichen Preisen produzieren kann, wenn größere Stückzahlen verkauft werden können. Ernst Weichel, Hans Kemink, Hans Joachim Koch und Walter Kress entwickelten auch Maschinen, mit denen Dammkulturen leichter bewirtschaftet werden konnten. Die dammartigen Aufhäufelungen von Erde erwärmen sich rasch, werden stärker durchwurzelt und haben oft eine bessere Bodenstruktur. Auch die Beikräuter lassen sich so besser bekämpfen. Andere Neuerungen betrafen die Fruchtfolge und die Integration von Untersaaten zur Bodenverbesserung und Unkrautbekämpfung. Auch in der Züchtung von Sorten, die für den biologischen Anbau geeignet sind, tat sich einiges. Besonders erfolgreich war der „Biologisch-dynamische Landbau" bei der Züchtung von Saatgut, das an die jeweiligen Standortverhältnisse angepasst war.[54]

Der ökologische Landbau bemühte sich lange Zeit wenig um die Verbesserung der Tierhaltung. Doch in den letzten Jahrzehnten des 20. Jahrhunderts reagierte er auf Fehlentwicklungen der industriellen Tierhaltung wie die Folgen der Massentierhaltung, eine zunehmende Unfruchtbarkeit und „Nutzungsdauer" der Milchkühe, eine Ausbreitung von Tierkrankheiten, sinkende Qualität der selbst erzeugten Futtermittel und die Folgen der massiven Ausbringung von Gülle auf den Weiden und Wiesen. Wir haben bereits gesehen: „Artgerechte Tierhaltung" bedeutet, dass die Tiere gemäß ihren Grundbedürfnissen leben

[54] Gunter Vogt, Entstehung und Entwicklung des ökologischen Landbaus, S. 285-287.

können. Das heißt, dass sie untereinander agieren, sich fortbewegen und Nahrung aufnehmen, ruhen, ihre Körper pflegen, sich fortpflanzen können und durch die Art der Haltung keine körperlichen oder seelischen Schädigungen erleiden.[55] Das Bewusstsein dafür, dass moderne Landwirtschaft zulasten des Tierwohls ging, gab es schon lange. So räumte ein weit verbreitetes landwirtschaftliches Lehrbuch bereits 1872 ein, dass die ganzjährige Stallfütterung gegenüber den Tieren „eigentlich etwas grausam“ und in höchstem Maße naturwidrig sei. Langfristig bekomme eine „vernünftige Verbindung der Stallfütterung mit Bewegung im Freien“ den Tieren wohl besser.[56]

Ein Beispiel artgerechter Tierhaltung ist der sogenannte „möblierte Familienstall“ für Schweine, den der Verhaltensforscher Alexander Stolba auf Basis seiner Untersuchungen zum „Normalverhalten von Hausschweinen“ entwickelt hat. Dieser Stall verfügt über verschiedene Bereiche, die jeweils dem Liegen, der Aktivität – wie dem Wühlen und Fressen – oder dem Koten dienen[57]. Ein Beispiel für eine nachhaltige Kombination aus Schweinezucht und Schweinehaltung sind die Schwäbisch-Hällischen Landschweine, die von jenen Betrieben der Züchtervereinigung Schwäbisch-Hällisches Schwein gehalten werden, die ökologisch ausgerichtet sind.[58]

Die aus der Praxis des ökologischen Landbaus entwickelten neuen Verfahren erfassten somit ein weites Spektrum landwirtschaftlicher Tätigkeit: Sie waren breit gestreut, berührten alle Bereiche des Pflanzenbaus und der Viehhaltung und wurden in allen Richtungen der ökologisch ausgerichteten Landwirtschaft vorangetrieben. Die Verbesserungen bei der Tierhaltung wirkten sich positiv auf Tierwohl und Umwelt aus.

[55] Ebenda, S. 287f. – Zur artgerechten Tierhaltung vgl. auch Uli Zerger, Geschichte, Grundlagen und Organisation, S. 384.

[56] Joachim Radkau, Natur und Macht, S. 243, Zitat: ebenda.

[57] Beat Wechsler, Praxiserprobter Schweine-Familienstall, in: Agrarforschung 2019, S. 484f, https://www.agrarforschungschweiz.ch/wp-content/uploads/2019/12/1994_1112_748.pdf (Abfrage vom 25.11.2024).

[58] Bäuerliche Erzeugergemeinschaft Schwäbisch-Hall, https://www.besh.de/erzeuger/zvsh/ (Abfrage vom 5.7.2022). – Rudolf Bühler, Günther Postler, Ökologischer Gesamtzuchtwert Schwäbisch-Hällisches Schwein, S. 8-13, https://orgprints.dk/id/eprint/12923/1/12923-02OE396-besh-buehler-2004-gesamtzuchtwert_shs.pdf (Abfrage vom 23.1.2025).

4.3.3 Zwischenfazit

Trotz politisch-weltanschaulicher Differenzen, aber angespornt durch die starke Umweltschutzbewegung in Deutschland, organisierte sich der ökologische Landbau in schlagkräftigen Verbänden, die zunehmend in Politik und Öffentlichkeit beachtet wurden. Dabei bildeten sich zwei Grundtypen von Verbänden heraus: ideologisch weitgehend homogene Fachverbände wie Demeter, Bioland, Naturland und andere auf der einen Seite, und übergreifend der Dachverband, der alle Bio-Verbände zusammenschloss. Gemessen an der Zahl der Betriebe und der bewirtschafteten Agrarfläche wurde die ökologische Landwirtschaft in diesen drei Jahrzehnten zu einem immer wichtigeren Faktor der Großen Transformation der deutschen Landwirtschaft: kulturell, wirtschaftlich und politisch.

4.4 Exkurs: Ökologische Sonderkulturen

Mit diesem Unterkapitel unterbrechen wir unseren Gang durch die Geschichte der ökologischen Landwirtschaft. Stattdessen befassen wir uns mit den sogenannten Sonderkulturen, zu denen der Weinbau sowie der Obst- und Gemüsebau gehören. Diese Formen von Landwirtschaft und Gartenbau spielen eine besondere Rolle, weil sie unter den Bedingungen der industriellen Landwirtschaft mit einem sehr großen Aufwand an Düngemitteln und Pestiziden verbunden sind. Darüber hinaus weisen sie mit ihrer ausgeprägten Spezialisierung ein zentrales Merkmal der industriellen Landwirtschaft auf. Von daher sind sie für unsere Fragestellung besonders interessant. Kann es nachhaltige Sonderkulturen geben? Können sie ohne chemische Pestizide und synthetische Düngemittel bewirtschaftet werden? Wie schützen Landwirtinnen und Landwirte, die ökologisch wirtschaften, ihre Kulturpflanzen vor Schädlingen? Wie halten sie ihre Böden fruchtbar? Wir beginnen mit dem ökologischen Gemüsebau und stellen danach Formen des ökologischen Obstanbaus und des ökologischen Weinbaus vor.

4.4.1 Der ökologische Gemüseanbau

Welche Gemüsearten und Anbauformen sind besonders wichtig für den ökologischen Gemüsebau? Wie können sie nachhaltig und zugleich wirtschaftlich erfolgreich betrieben werden? Wie erhalten sie Bodenfruchtbarkeit und Gesundheit der Kulturpflanzen ohne synthetische Düngemittel und chemische Pestizide?

Im Laufe des vergangenen Jahrzehnts ist der ökologische Gemüsebau durch die wachsende Nachfrage der Verbraucherinnen und Verbraucher nach ökologisch erzeugten Lebensmitteln immer wichtiger geworden. Bei der Versorgung der Kulturpflanzen mit Nährstoffen setzt er, analog zum Ackerbau, auf eine angemessene Fruchtfolge, insbesondere auf Gründüngung und den Anbau von Leguminosen. Diese Pflanzenfamilie, die Stickstoff aus der Luft im Boden fixieren kann, soll dabei möglichst einen Anteil von einem Fünftel bis zu 30 Prozent in der Fruchtfolge haben. Der Anbau von Zwischenfrüchten und Grünbrachen soll den Boden möglichst bedeckt halten. Dies wirkt sowohl der Bodenerosion durch Wind und Wasser als auch der Austrocknung entgegen und behindert die Ausbreitung von unerwünschter „Ackerbegleitflora“.[59]

Die Verwendung von Stickstoffdüngemitteln im ökologischen Gemüsebau ist reguliert. Die EU-Verordnung erlaubt maximal 170 kg pro Hektar und Jahr. Die Verbände des ökologischen Landbaus lassen unterschiedliche Höchstmengen zu, keiner jedoch mehr als 112 kg. Für Gewächshäuser gelten bei manchen Verbänden höhere Werte. Auch die Menge der Düngemittel, die nicht im eigenen Betrieb erzeugt werden, wird von einigen Verbänden begrenzt. Tierische Gülle oder Jauche werden im Gemüsebau aus hygienischen Gründen nur wenig eingesetzt. Stallmist und Kompost spielen dagegen eine wichtige Rolle. Besonders anspruchsvolle Kulturen, wie zum Beispiel Blumenkohl, der viel Stickstoffdünger benötigt, werden oftmals mit zusätzlichem organischem Handelsdünger versorgt – wie z.B. Hornmehl oder Vinasse. Letztere ist ein Nebenprodukt der Alkoholherstellung und führt dem Boden vor allem Kalium zu. Da synthetische Pestizide im ökologischen Gemüsebau verboten sind, sorgen die Betriebe auf anderen

[59] Ökologischer Gemüseanbau, https://www.oekolandbau.de/landwirtschaft/umstellung/ablauf-und-planung/oeko-was-ist-anders/gemuesebau-was-aendert-sich-durch-die-umstellung/ (Abfrage vom 8.5.2023).

Wegen für die Gesundheit ihrer Kulturpflanzen. So spielen bei der Wahl der Sorten gesundes Pflanz- und Saatgut sowie Resistenzen gegenüber Schädlingen und Krankheiten eine Rolle. Pflanzenbauliche Maßnahmen sorgen für einen gut durchlüfteten, von Mikroorganismen belebten Boden, eine möglichst ausgeglichene Versorgung mit Wasser und Nährstoffen und eine möglichst günstige Temperatur und Standweite für vitale und widerstandsfähigere Pflanzen. Möglichst vielfältige Fruchtfolgen vermindern Krankheits- und Schädlingsdruck, Hecken und Randstreifen bieten Nützlingen Lebensräume. Darüber hinaus setzen ökologische Gemüsebäuerinnen und -bauern biologische Methoden des Pflanzenschutzes ein wie Bakterien, Viren oder tierische Nützlinge. Auch biotechnische Verfahren wie der Einsatz von Pheromonen oder Fallen finden Verwendung. Zudem dienen im ökologischen Gemüsebau Maßnahmen wie das Mulchen des Bodens sowie mechanische oder thermische Methoden dem Pflanzenschutz.[60]

Abbildung 16: Regenwürmer im Kompost

Foto: iStock.com/domnicky

[60] Ebenda.

Eine der wichtigsten Gemüsearten, die in Deutschland angebaut werden, ist die Kartoffel. Es ist umstritten, ob sie tatsächlich zu den Gemüsen zu rechnen ist.[61] 2023 ernteten die deutschen Landwirtinnen und Landwirte auf knapp 260.000 Hektar Fläche rund 11,6 Mio. Tonnen Kartoffeln. Der ökologische Kartoffelanbau hatte daran allerdings nur einen Anteil von 4 Prozent.[62] Ein in Deutschland besonders beliebtes Gemüse ist der Spargel. Die deutschen Landwirtinnen und Landwirte ernteten 2023 etwa 112.000 Tonnen Spargel, der ökologische Anbau hatte daran einen Anteil von 7,6 Prozent.[63] Weitere wichtige Feldgemüsekulturen sind Buschbohnen, Mark- und Gemüseerbsen, Möhren, diverse Kohlsorten, Kürbisse, Salate und Zwiebeln.[64]

Ein relativ junger Zweig des ökologischen Gemüsebaus ist der biointensive Gemüsebau. Er steht in der Tradition alter Gartenbaukulturen aus aller Welt und wird weltweit von Millionen Menschen praktiziert, insbesondere in Nordamerika und Japan. In Deutschland ist er nicht sehr verbreitet. Der biointensive Gartenbau hat eine starke Verbindung mit dem Urban Gardening, dem Market Gardening und Mikrofarming. Alle diese eher vagen Begrifflichkeiten bezeichnen ein ähnliches Anbausystem, das mit einfacher Technik und hohem Arbeitseinsatz auf sehr kleinen Flächen besonders effizient Gemüse kultiviert. Aufgrund der kleinteiligen, aber ertragreichen Gemüseproduktion lässt sich biointensiver Gemüsebau gut mit der solidarischen Landwirtschaft verbinden, die wir im 8. Kapitel vorstellen werden. Dabei verzichtet er zumeist auf Traktoren und andere schwere Geräte, um den Boden nicht zu verdichten. Durch besonders dichtes Säen und Pflanzen der Kulturen wird der Boden vor Austrocknung geschützt. Die biointensiven Landwirte und Gärtner betreten die Beete möglichst

[61] Renée Onque, Is a potato a vegetable? There's no ‚straightforward answer,' says nutritionist, 7.4.2023, https://www.cnbc.com/2023/04/07/is-a-potato-a-vegetable-heres-what-nutritionists-have-to-say.html (Abfrage vom 29.10.2024).

[62] Bundesinformationszentrum Landwirtschaft, Kartoffelanbau, https://www.landwirtschaft.de/landwirtschaftliche-produkte/wie-werden-unsere-lebensmittel-erzeugt/pflanzliche-produkte/kartoffeln/ (Abfrage vom 23.1.2025).

[63] Bundesinformationszentrum Landwirtschaft, Spargel, https://www.landwirtschaft.de/landwirtschaftliche-produkte/wie-werden-unsere-lebensmittel-erzeugt/pflanzliche-produkte/spargel/ (Abfrage vom 23.1.2025).

[64] Ökologischer Feldgemüseanbau, https://www.oekolandbau.de/landwirtschaft/pflanze/spezieller-pflanzenbau/gemuese/feldgemuesebau/ (Abfrage vom 9.5.2023).

wenig und bearbeiten den Boden nur oberflächlich, um das Bodenleben möglichst wenig zu stören. Sie bauen 30 bis 50 verschiedene Gemüsearten an. Ein wichtiges Ziel ist eine möglichst hohe Bodenfruchtbarkeit. Dafür sorgen eine ausgeprägte Kompostnutzung, mehrwöchige Anbaupausen, Zwischenfrüchte und Gründüngung. Diese Systeme sind sehr ertragreich und produzieren je Flächeneinheit etwa viermal so viel Gemüse wie konventionelle Agrarsysteme.[65] Das Management dieses Gemüsebausystems ist sehr anspruchsvoll. Direktvermarktung kann aber für sehr hohe Erlöse pro Hektar sorgen. Der biointensive Gemüseanbau gehört wegen seiner nachhaltig humusaufbauenden Wirkung zur „Regenerativen Landwirtschaft", auf die wir im 5. Kapitel näher eingehen.[66]

Damit ist einmal mehr die Frage beantwortet, ob die ökologische Landwirtschaft prinzipiell hinreichend produktiv sein kann, um die Versorgung der Bevölkerung mit gesunden Nahrungsmitteln zu gewährleisten. Bodenfruchtbarkeit und Pflanzenschutz werden durch biologische Methoden gewährleistet. Generell kommt es beim ökologischen Gemüsebau sehr auf die fachliche Qualifikation und Erfahrung der Menschen an, die ihn betreiben.

4.4.2 Der ökologische Obstanbau

Da beim konventionellen Obstanbau sehr intensiv synthetische Pestizide eingesetzt werden, fragen wir auch hier, wie die ökologisch wirtschaftenden Obstbäuerinnen und Obstbauern die Bodenfruchtbarkeit und Pflanzengesundheit nur mithilfe der im Ökolandbau zugelassenen Düngemittel und ohne synthetische Pestizide erhalten. Da Bienen und andere Insekten für die Bestäubung der Obstsorten besonders wichtig sind, werfen wir in diesem Abschnitt auch einen Blick auf die Imkerei, die oft mit Obstanbau kombiniert wird.

[65] Biointensiver Gemüsebau, https://www.oekolandbau.de/landwirtschaft/pflanze/grundlagen-pflanzenbau/biointensiver-gemuesebau/ (Abfrage vom 8.5.2023). – Biointensive Landwirtschaft, Plattform Ernährungswandel, https://www.ernaehrungswandel.org/vernetzen/nischeninnovationen-in-europa/biointensive-landwirtschaft (Abfrage vom 9.5.2023).

[66] Biointensiver Gemüsebau, https://www.oekolandbau.de/landwirtschaft/pflanze/grundlagen-pflanzenbau/biointensiver-gemuesebau/ (Abfrage vom 8.5.2023).

Die wichtigsten Arten des ökologischen Obstanbaus sind Äpfel, Birnen, Erdbeeren, Sauerkirschen, Strauchbeeren, Süßkirschen und Zwetschgen. Dabei spielen Äpfel die wichtigste Rolle. Im Obstanbau ist vor allem das Management von Schädlingen und Krankheiten eine entscheidende Aufgabe. Da sie ohne chemisch-synthetische Pestizide auskommen müssen, kultivieren die ökologischen Obstbäuerinnen und -bauern möglichst widerstandsfähige Sorten und stärken die natürlichen Feinde der Schädlinge durch Blütenstreifen, Hecken oder Nisthilfen. Gegen Pflanzenkrankheiten wie Schorf, Feuerbrand oder die Regenfleckenkrankheit werden Kupfer, Netzschwefel, Schwefelkalk oder Mykosin eingesetzt. Tierische Schädlinge wie die Mehlige Apfelblattlaus, der Apfelwickler oder die Sägewespe werden durch zugelassene Behandlungsmittel oder mit biologischen Methoden bekämpft. Einige Schädlinge wie die Blutlaus stellen den ökologischen Obstanbau vor Herausforderungen, da hier bisher wirklich wirksame und wirtschaftlich umsetzbare Gegenmittel fehlen.[67] Ein weiteres Problem im Obstanbau ist die Regulierung von Beikraut in den Baumreihen. Diese wird mit speziellen Bearbeitungsgeräten durchgeführt. Gedüngt wird mit organischen Düngern, die entweder selbst erzeugt oder im Handel erworben werden. Weitere Düngemittel sind Kompost aus Mist und Grünschnitt. Die wichtigsten Apfelsorten des ökologischen Obstbaus in Deutschland sind Elstar, Jonagold, in Süddeutschland vor allem Piros, Idared und Boskop, in Norddeutschland Ingrid Marie und Holsteiner Cox. Wichtig für den Markt, aber wegen ihrer Krankheitsanfälligkeit im ökologischen Obstbau kaum zu kultivieren, sind die Sorten Braeburn und Gala. Wichtig sind auch schorfresistente Sorten wie zum Beispiel Topaz.[68]

[67] Kompetenzzentrum Obstbau Bodensee, Regulierung von Blutlaus und Apfelblütenstecher im Öko-Obstbau, 12.3.2022, https://kob-bavendorf.de/projekt-archiv/regulierung-von-blutlaus-und-apfelbl%C3%BCtenstecher-im-oeko-obstanbau.html (Abfrage vom 29.10.2024). – Ökolandbau.de. Das Informationsportal, Apfelwickler, 3.9.2018, https://www.oekolandbau.de/landwirtschaft/pflanze/grundlagen-pflanzenbau/pflanzenschutz/schaderreger/schadorganismen-im-obst-und-weinbau/tierische-schaderreger/apfelwickler/ (Abfrage vom 29.10.2024).

[68] Ökolandbau.de, Das Informationsportal, Ökologischer Apfelanbau, https://www.oekolandbau.de/landwirtschaft/pflanze/spezieller-pflanzenbau/obstbau/aepfel/ (Abfrage vom 27.4.2023).

Weniger wichtig als der Apfelanbau ist der Anbau von ökologisch kultivierten Birnen. Das hat zum einen klimatische Gründe. Birnen sind wesentlich anspruchsvoller als Äpfel – sie brauchen mehr Wärme und sind anfälliger gegen Frost. Gegen die Birnenkrankheit „Feuerbrand“ gibt es bislang noch kein wirksames Mittel. Daher werden feuerbrand-resistente Sorten angebaut. Ein weiterer Schädling, der „Birnenblattsauger“, wird gezielt durch die Förderung seiner Fressfeinde bekämpft. Wichtige Birnensorten sind Conference, Concorde oder Harrow delight. Neben Äpfeln und Birnen kultiviert der ökologische Obstanbau in Deutschland vor allem Sauerkirschen, Süßkirschen und Zwetschgen sowie Strauchbeeren, wie Himbeeren, Stachelbeeren, Johannisbeeren und Heidelbeeren.[69]

Wirtschaftlich und ökologisch besonders sinnvoll ist die Kombination von ökologischem Obstanbau mit ökologischer Bienenhaltung. Die Bienen produzieren nicht nur kostbaren Honig, sondern sie finden bei den blühenden Obstbäumen reichlich Nahrung und bestäuben zugleich deren Blüten.[70] Wie bereits erörtert, werden Bienen durch Pestizide besonders stark gefährdet, sodass für die Zulassung eine eigene Klasse bienengefährdender Substanzen definiert wurde. Um Ballungszentren von Verkehr, Mülldeponien oder Industrieanlagen, die gefährliche Stoffe ausstoßen, können die Behörden Zonen einrichten, in denen ökologisch wirtschaftende Imkereien ihre Stöcke nicht aufstellen dürfen. Grundsätzlich müssen sie in ausreichendem Abstand von bienengefährdenden Pestiziden und anderen Verschmutzungsquellen stehen.[71]

Auch bei der Schädlingsbekämpfung nutzt der ökologische Obstanbau zahlreiche biologische Möglichkeiten, die mit der Tierhaltung zusammenhängen. Ein Beispiel hierfür ist ein Projekt, das von der EU

[69] Ökolandbau.de, Das Informationsportal, Ökologischer Birnenanbau, https://www.oekolandbau.de/bio-in-der-praxis/oekologische-landwirtschaft/oekologischer-pflanzenbau/oekologische-dauerkulturen/bio-obstbau/grundlagen-kern-und-steinobst/birnen/ (Abfrage vom 23.1.2025).

[70] Vgl. z.B. die Demeter-Obstplantage Clostermann, Ökolandbau.de, Das Informationsportal, https://www.oekolandbau.de/bio-im-alltag/bio-erleben/unterwegs/demonstrationsbetriebe/demobetriebe-im-portraet/nordrhein-westfalen/demeter-obstplantage-clostermann-neuhollandshof/ (Abfrage vom 10.5.2023).

[71] Ökolandbau.de, Das Informationsportal, Ökologische Bienenhaltung, https://www.oekolandbau.de/landwirtschaft/oekologische-tierhaltung/oekologische-bienenhaltung/ (Abfrage vom 10.5.2023).

(ELER) gefördert wird. Es untersucht in drei Betrieben des ökologischen Obstanbaus, „ob Hühner und Puten Schadinsekten in Obstanlagen deutlich reduzieren können“. Diese Tiere werden in den Obstanlagen gehalten und ernähren sich von Insekten, die sich in unterschiedlichen Entwicklungsphasen an den Baumstämmen, im Laub und Fallobst oder in der Erde befinden. Dabei dezimieren sie Schädlinge, wie den Apfelwickler, die Apfelsägewespe oder die Kirschessigfliege. Zugleich fördern die Tiere durch ihren Kot die Fruchtbarkeit des Bodens.[72]

Durch diese und die anderen Formen des Pflanzenschutzes und der Düngung, die wir geschildert haben, kommt somit auch der ökologische Obstbau ohne synthetische Pestizide und Düngemittel aus. Besonders wirksam sind biologische Varianten der Düngung und des Pflanzenschutzes wie die Kombination des Obstbaus mit der Haltung von Geflügel und Bienen. Diese Ansätze sind nicht nur ökologisch, sondern auch ökonomisch erfolgreich.

4.4.3 Der ökologische Weinbau

Der Weinbau ist streng genommen eine Untergruppe des Obstanbaus. Da er eine permanente Monokultur ist, stehen ihm drei wichtige Methoden, den Boden fruchtbar zu halten, nicht oder nur sehr eingeschränkt zur Verfügung: die Brache, die Beweidung und der Fruchtwechsel. Die Brache ist nur dann möglich, wenn eine alte Rebanlage entfernt wird.[73] Somit ist der Weinbau seit jeher auf intensive Düngung durch Mist angewiesen. Zugleich wurde der Weinbau immer wieder Opfer des Befalls durch Pilzkrankheiten und Schädlinge wie Mehltau oder Reblaus. Die industrielle Landwirtschaft setzt massiv synthetische Mineraldüngemittel und chemische Pestizide ein. Da dies schädliche Auswirkungen auf das Ökosystem hat, wurden seit den 1980er-Jahren die Methoden der ökologischen Landwirtschaft auch für den Weinanbau immer wichtiger. 2023 wurden 12,5 Prozent der

[72] Projekt Geflügel in Obstanlagen, https://projekte.eip-nds.de/wp-content/uploads/2024/02/Praxisblatt-Gefluegel-in-Obstanlagen.pdf (Abfrage vom 23.1.2025).
[73] Uwe Hofmann, Biologischer Weinbau, S. 10, 135-145.

gesamten Wein-Anbaufläche ökologisch bewirtschaftet.[74] Wie erhält der ökologische Weinbau die Fruchtbarkeit seiner Böden? Wie löst er das Problem der Schädlinge und Pflanzenkrankheiten?

Tatsächlich bedeutete Weinbau nicht immer Monokultur. Über viele Jahrhunderte hinweg brachte Weinanbau ein sehr artenreiches Agrarökosystem hervor. Zur Monokultur wurde er erst durch die industrielle Form der Bewirtschaftung. Der ökologische Weinbau strebt danach, die Bodenfruchtbarkeit zu erhalten und ein ausgeglichenes Ökosystem zu schaffen, das die Umwelt möglichst wenig belastet. Er verzichtet auf synthetische Düngemittel und synthetisch hergestellte Pestizide. Durch Begrünung, Kompost und Mistgaben pflegt er die Fruchtbarkeit des Bodens. Tierische Schädlinge, Beikräuter und Pilze, die den Weinpflanzen schaden können, bekämpft er mit der Förderung von Nützlingen, mechanischen Methoden sowie Kupfer, Schwefel und Backpulver. Die Ansiedlung von Nützlingen sowie eine Vielfalt von Pflanzen und (Boden-)Tieren fördern ökologisch arbeitende Weinbäuerinnen und Weinbauern durch zahlreiche Pflanzenarten, die zwischen den Rebzeilen wachsen. Dies dient sowohl der Bodenfruchtbarkeit als auch der Bekämpfung von Schädlingen. Um die Widerstandsfähigkeit der Weinstöcke zu stärken, verwenden sie Pflanzenstärkungsmittel. Im Kampf gegen die Reblaus waren Weinbaubetriebe bereits im 19. Jahrhundert erfolgreich, indem sie reblausresistente „Unterlagsreben" einsetzten, die aus den USA eingeführt worden waren. Auf diese Unterlage wurden die europäischen Sorten aufgepfropft.[75]

Die Europäische Union hat diesen Teilbereich der ökologischen Landwirtschaft 2007 durch eine Verordnung geregelt, die sie 2012 durch eine weitere Verordnung ergänzte.[76] Eine wichtige Grundlage dieser Verordnung waren die Ergebnisse eines breit angelegten Forschungs-

[74] Falstaff, Bio-Weine in Deutschland immer weiter verbreitet, 2.3.2023, https://www.falstaff.com/de/news/bio-weine-in-deutschland-immer-weiter-verbreitet (Abfrage vom 23.1.2025).

[75] Uwe Hofmann (Hg.), Biologischer Weinbau, S. 9-18, 100-107, 177-181.

[76] Durchführungsverordnung (EU) Nr. 203/2012 der Kommission vom 8. März 2012 zur Änderung der Verordnung (EG) Nr. 889/2008 mit Durchführungsvorschriften zur Verordnung (EG) Nr. 834/2007 des Rates hinsichtlich der Durchführungsvorschriften für ökologischen/biologischen Wein, in: Amtsblatt der Europäischen Union, L 71/42-47, vom 9.3.2012, https://eur-lex.europa.eu/legal-content/DE/TXT/PDF/?uri=CELEX:32012R0203 (Abfrage vom 4.7.2022).

projektes der Gemeinschaft: „ORWINE organischer Weinbau und Weinherstellung“. Es definierte die ökologische Herstellung von Wein entlang der bereits vorhandenen Kriterien der ökologischen Landwirtschaft, die von der „Internationalen Vereinigung ökologischer Landwirtschaft“ (IFOAM) entwickelt worden waren und auch die ökologische Weinproduktion einschlossen: Ihnen zufolge ist ökologischer Landbau ein „ganzheitliches Produktionsmanagementsystem, welches die Gesundheit des Agrar-Ökosystems fördert und verbessert, einschließlich Biodiversität, biologischer Kreisläufe und bodenbiologischer Aktivität. Es betont die vorzugsweise Verwendung eines praktischen Managements gegenüber der Verwendung von betriebsfremden Einflüssen und trägt der Tatsache Rechnung, dass regionale Bedingungen an den Standort angepasste Systeme erfordern“.[77]

Ökologischer Wein stammt daher von biologisch gewachsenen Weintrauben, für deren Wachstum keine synthetischen Düngemittel oder Unkrautvernichtungsmittel verwendet wurden und die sich weitgehend ohne synthetische Pflanzenbehandlungen entwickelt haben. Sie stammen aus Weingärten und Weinbergen, die auf der Grundlage der Vorschriften der EU-Richtlinien von 2007 und 2008 bewirtschaftet wurden. Wie für den Weinbau allgemein gelten auch für seine ökologische Variante die Verarbeitungsregeln, die durch die EU-Richtlinien 479/2008 (Anhänge 4 und 5) und 1622/2000 definiert wurden.[78]

Der ökologische Weinbau verzichtet nicht nur auf synthetische Düngemittel und Pestizide, sondern berücksichtigt auch die natürlichen Zyklen und Lebenssysteme, achtet auf die ökologischen Wirkungen seiner Arbeit und erhält und steigert langfristige Fruchtbarkeit und biologische Aktivität des Bodens. Deshalb arbeitet er mit Rebsorten, die den örtlichen Verhältnissen angepasst sind und gemäß der EU-Regelung von 2007 zertifiziert und produziert wurden. Er nutzt biologische und mechanische Methoden und verwendet nur solche Zutaten – Zucker, Alkohol, Konzentrat oder Most –, die ökologisch erzeugt wurden. Er setzt keine gentechnisch veränderten Organismen oder Hilfsmittel ein,

[77] Gianni Trioli, Uwe Hofmann, Leitfaden biologischer Weinbau und Wein-Bereitung, Oppenheim 2009, S. 10, https://www.ecovin.de/wp-content/uploads/2013/07/Orw-DE-bassa.pdf, Zitat ebenda. – Uwe Hofmann, Biologischer Weinbau, S. 146-164.

[78] Gianni Trioli, Uwe Hofmann, Leitfaden biologischer Weinbau, S. 10.

die von diesen Organismen produziert wurden.[79] Zur leichteren Orientierung der Verbraucherinnen und Verbraucher hat die EU für die ökologische Weinproduktion ein eigenes Logo eingeführt.[80]

Der ökologische Weinbau nutzt im Wesentlichen die gleichen Rebsorten wie der konventionelle. Bevorzugt werden aber sogenannte „PiWi"-Sorten, wobei „PiWi" für Pilzwiderstand gegen den Falschen und Echten Mehltau steht. Beispiele hierfür sind die Weißreben „Solaris" oder „Johanniter".[81] Als ökologisch wirtschaftende Betriebe anerkannt und zugelassen werden Weinbaubetriebe, die ein Kontrollverfahren auf Grundlage der EU-Biowein-Richtlinie durchlaufen haben. Nach der Zulassung werden sie alljährlich kontrolliert. Darüber hinaus gibt es für die biologische Weinherstellung noch wesentlich strengere Standards, die private Initiativen in jenen Ländern entwickelt haben, in denen Wein produziert wird. Die jeweiligen Berufsorganisationen und Zertifizierer setzen diese Standards durch systematische Kontrollen durch. Die wichtigsten Verbände in Deutschland sind ECOVIN, Bioland, Demeter, Naturland und Biokreis.[82]

Der größte deutsche Verband der ökologisch arbeitenden Weinbaubetriebe ist der Bundesverband ökologischer Weinbau (ECOVIN). Er hat seinen Sitz im rheinhessischen Oppenheim und wurde 1985 von 35 Winzerinnen und Winzern aus Rheinhessen, Baden, der Rheinpfalz und von der Mosel gegründet. Ihr wichtigstes Ziel war die Herausarbeitung von Praktiken und Richtlinien für den ökologischen Weinanbau. 1990 wurde ECOVIN als Marke zugelassen. 2004 trat ECOVIN dem Deutschen Weinbauverband bei und arbeitete in den folgenden Jahren verstärkt mit anderen europäischen Verbänden des ökologischen Weinbaus und dem Deutschen Weininstitut zusammen. Dies führte zu einer

[79] Uwe Hofmann, Biologischer Weinbau, S. 182-192. – Gianni Trioli, Uwe Hofmann, Leitfaden biologischer Weinbau, S. 10f.

[80] Durchführungsverordnung (EU) Nr. 203/2012 der Kommission vom 8. März 2012 zur Änderung der Verordnung (EG) Nr. 889/2008 mit Durchführungsvorschriften zur Verordnung (EG) Nr. 834/2007 des Rates hinsichtlich der Durchführungsvorschriften für ökologischen/biologischen Wein, in: Amtsblatt der Europäischen Union, L 71/42-47, vom 9.3.2012 (Abfrage vom 4.7.2022), S. 45.

[81] Uwe Hofmann, Biologischer Weinbau, S. 171-181.

[82] Gianni Trioli, Uwe Hofmann, Leitfaden biologischer Weinbau, S. 10f. – Deutsches Weininstitut, Ökologischer Anbau, https://www.deutscheweine.de/weinbau/175/%C3%96kologischer-anbau (Abfrage vom 27.1.2025).

zunehmenden Bekanntheit der ECOVIN-Betriebe, gleichzeitig wuchs die Nachfrage nach ihren Produkten. Daneben unterstützte der Verband Forschungen über den Pflanzenschutz und die Züchtung von Rebsorten und organisierte professionelle Fortbildungen für Winzerinnen und Winzer. Im Dezember 2023 war der Verband auf 239 Betriebe angewachsen, die mit rund 2.750 Hektar Rebfläche etwa ein Viertel der gesamten Rebfläche der ökologischen Weinbaubetriebe Deutschlands bewirtschafteten. 40 Mitglieder arbeiten noch lediglich auf der Grundlage der EU-Bio-Richtlinie.[83]

Ein Beispiel für einen ECOVIN-Betrieb ist das Weingut Schreiber in Hochheim. Es wurde vor 60 Jahren gegründet. Ursprünglich war es ein landwirtschaftlicher Gemischtbetrieb, der unter anderem auch Wein anbaute. Später wurde der Anteil der Weinproduktion ausgebaut und auf ökologischen Anbau umgestellt. Der Betriebsleiter Simon Schreiber betonte 2022, dass er sogar in diesem Krisenjahr expandiere und auch noch weitere Flächen erwerben wolle. Bereits in den sechs Jahren davor hatte er viereinhalb Hektar Weinanbaufläche hinzugekauft. Er suchte weitere Arbeitskräfte, darunter eine Vollzeitkraft, vergrößerte seine Speicherkapazitäten und plante die Anschaffung einer größeren Weinpresse. Er hält den Boden fruchtbar mit gehäckseltem Rebholz sowie dem Trester, der bei der Weinproduktion anfällt. Darüber hinaus pflanzt er zwischen den Weinstücken Klee an, der den Boden mit Stickstoff anreichert.[84]

Schreibers Betrieb arbeitet nicht nur nachhaltig, er ist auch energetisch weitgehend autark. Die Dächer des Weinguts tragen Solaranlagen, die mehr Strom produzieren, als der Betrieb benötigt. Auch die beiden Elektrofahrzeuge des Betriebs sollen bald mit selbst erzeugtem Strom betrieben werden. Beheizt werden Betrieb und Wohngebäude mit Hackschnitzeln, die aus altem Rebholz stammen, das bei der Arbeit im eigenen Weinberg anfällt oder auch bei anderen Winzern gekauft wird, sowie mit Totholz aus den nahegelegenen Wäldern.[85]

[83] ECOVIN – Bundesverband ökologischer Weinbau, https://www.ecovin.de/der-verband/ (Abfrage vom 25.11.2024).

[84] Schreiber's Philosophie, https://weingut-schreiber.de/ (Abfrage vom 12.10.2022). – Wiesbadener Kurier, 12.10.2022, Weinbauer ganz autark. Der Johanneshof in Hochheim setzt auf erneuerbare Energien und Recycling.

[85] Ebenda. – https://weingut-schreiber.de/ (Abfrage vom 12.10.2022).

Auch mit Wasser geht das Weingut Schreiber sparsam um. So hat es eine eigene Kläranlage. Im heißen Sommer 2022 ließ Schreiber das geklärte Wasser nicht wie sonst versickern, sondern brachte es auf die jungen Pflanzen aus, die unter der Hitze besonders stark litten. Regenwasser leitet er in eine Zisterne, die mehr Wasser fasst, als der Betrieb benötigt. Schließlich schont sein Betrieb auch bei der Verpackung seiner Produkte Ressourcen: Sowohl die Flaschen als auch die Verpackungen, in denen sie geliefert werden, können an das Weingut zurückgegeben werden. Dort werden sie gereinigt und erneut verwendet. Das ist nicht nur ökologisch sinnvoll, sondern spart auch Geld. Denn die Reinigung der Flaschen kostet nur 12 Cent pro Flasche, eine neue Flasche dagegen mindestens 30 Cent. Allerdings werde lediglich jede dritte Flasche von den Kunden zurückgegeben. Hier gibt es also noch Verbesserungsbedarf. Insgesamt, so Schreiber, lohnten sich die Investitionen in seinen Weinbaubetrieb auch betriebswirtschaftlich. Dazu trägt u.a. der Hofladen bei, in dem der Betrieb seine Produkte – Obst, Gemüse, Milch, Käse, Fleisch, Wurst oder Wein – jeden Freitag direkt an seine Kunden verkauft. Die ganze Woche über kann man in der großzügig angelegten Vinothek des Betriebs Wein probieren und kaufen.[86]

Dieses Beispiel zeigt, dass ökologischer Weinbau in Deutschland wirtschaftlich erfolgreich betrieben werden kann, wenn auch Betriebsmittel und Energie effizient eingesetzt werden. Er kann die Fruchtbarkeit des Bodens, mit dem er arbeitet, mithilfe einer sorgfältigen Humus- und Kompostarbeit sowie bodendeckenden Pflanzen auch ohne den Einsatz von synthetischem Mineraldünger erhalten. Ebenso wirksam ersetzt er chemisch-synthetische Pestizide durch umweltfreundliche Formen des Pflanzenschutzes. Jenseits seiner fachspezifischen Besonderheiten spielt der Weinbau keine Sonderrolle innerhalb der ökologischen Land- und Gartenwirtschaft. Er orientiert sich an den allgemeinen Richtlinien der EU, zumeist aber an den deutlich strengeren der Verbände. Und er hat sich, wie andere Zweige oder Richtungen der ökologischen Land- und Gartenbauwirtschaft, auf nationaler Ebene in einem fachspezifisch ausgerichteten Verband organisiert. Aber er ist auch in jenen Verbänden vertreten, in denen sich ganz allgemein öko-

[86] Ebenda. – Wiesbadener Kurier, 12.10.2022, Weinbauer ganz autark. – https://www.hofladen-bauernladen.info/adressen/hofladen-hofheim-taunus-johanneshof__22787.php (Abfrage vom 13.10.2022).

logisch wirtschaftende Betriebe zusammengeschlossen haben. Gemessen an der bewirtschafteten Fläche hat der Anteil des ökologischen Weinbaus im Vergleich zum „konventionellen" Weinanbau eine ähnliche Größenordnung erreicht wie die ökologische im Vergleich zur konventionellen Landwirtschaft. Hier wie dort wachsen die Anteile langsam, aber stetig. Und das Interesse der Konsumentinnen und Konsumenten auch an den Erzeugnissen des ökologischen Weinbaus wächst zusehends.

4.4.4 Zwischenfazit

Auch wenn wir hier nur eine Auswahl von Sonderkulturen vorgestellt haben, gehen wir davon aus, dass alle landwirtschaftlichen Sonderkulturen, die in der deutschen Landwirtschaft wichtig sind, erfolgreich ökologisch bewirtschaftet werden können. Obwohl viele Betriebe, die zu diesen Varianten des Land- und Gartenbaus gehören, spezialisiert sind und somit von der Modellvorstellung eines gleichzeitig in vielen verschiedenen Bereichen der Landwirtschaft aktiven Betriebs abweichen, gelingt es ihnen, auf ökologische Weise die Bodenfruchtbarkeit zu erhalten und die Pflanzen vor Krankheiten und Schädlingen zu schützen.

4.5 Transformation: Der ökologische Landbau bis zu den 2020er-Jahren

In diesem letzten Unterkapitel schließen wir unseren Gang durch die Geschichte der ökologischen Landwirtschaft ab, indem wir ihre Entwicklung von der Jahrtausendwende bis zu den 2020er-Jahren beschreiben. Dabei fragen wir nach fördernden und hemmenden Faktoren dieser Entwicklung und der Selbstorganisation der Landwirtinnen und Landwirte, die für den ökologischen Landbau aktiv wurden. Am Fallbeispiel der Bäuerlichen Erzeugergemeinschaft Schwäbisch Hall erörtern wir das Zusammenwirken von traditionellen und modernen Elementen. Doch zunächst wenden wir uns einem Berufsfeld zu, das wir bisher nur am Rande berührt haben: der ökologischen Züchtung von Pflanzen und Nutztieren.

4.5.1 *Ökologische Pflanzen- und Nutztierzüchtung*

Die Züchtung von Pflanzen und Nutztieren hat große Bedeutung für die laufende Transformation der deutschen Landwirtschaft. Wie und wann begann die systematische Züchtung für die ökologische Landwirtschaft? Welche Probleme beschäftigen sie besonders? Wer vertrat die ökologischen Pflanzen- und Tierzüchter in Politik und Öffentlichkeit?

Die meisten ökologischen Pflanzenzüchtungsbetriebe in Deutschland entstanden in den 1980er- und 1990er-Jahren. Im Zentrum stand dabei die Züchtung neuer Sorten, die mit weniger Düngung mehr Ertrag brachten und weniger krankheitsanfällig waren. Mit der Klimaerwärmung wurde auch die Widerstandsfähigkeit gegen Hitze und Trockenheit wichtig. Seit 1996 gibt es den Saatgutfond der Zukunftsstiftung Landwirtschaft in der Gemeinschaftsbank für Leihen und Schenken (GLS) Treuhand, der die Arbeit der ökologischen Züchterbetriebe mit Spenden und Stiftungsgeldern unterstützt. Die Stiftung richtet regelmäßig Tagungen aus, die für Vernetzung und Austausch der Akteure dieses Forschungsfelds wichtig sind.[87]

Der Dachverband Ökologische Pflanzenzüchtung definiert sein Handlungsfeld folgendermaßen: „Die ökologische Pflanzenzüchtung und Sortenentwicklung ist nachhaltig, fördert die genetische Vielfalt und erhält die natürliche vollständige Reproduktionsfähigkeit. Sie zielt auf neue Sorten und Populationen ab, die sich besonders für ökologische Produktionssysteme eignen. Ökologische Züchtung ist kreativ, kooperativ und offen für Wissenschaft, Intuition und neue Erkenntnisse. Die ökologische Pflanzenzüchtung ist ein ganzheitlicher Ansatz, der natürliche Kreuzungsbarrieren respektiert. Sie basiert auf fruchtbaren Pflanzen, die eine tragfähige Beziehung zum lebenden Boden aufbauen können. Ökologische Sorten werden durch ein ökologisches Pflanzenzüchtungsprogramm gewonnen. Ökologische Sorten stammen aus ökologischer Züchtung. Die Züchtungsschritte erfolgen von Anfang an unter ökologisch zertifizierten Bedingungen, bei Kreuzungszüchtun-

[87] GLS Treuhand, Zukunftsstiftung Landwirtschaft, 20. Saatguttagung der Zukunftsstiftung Landwirtschaft am 25. Januar 2020 in Kassel, Tagungsdokumentation. Die neue Generation – wer züchtet die Sorten von morgen? https://zukunfts stiftung-landwirtschaft.de/media/ZSL/Dateien/Saatgutfonds/Saatguttagung/2020_ Saatgut-Tagung_Dokumentation_online.pdf (Abfrage vom 3.8.2023).

gen ab der Kreuzung und bei Auslesezüchtung über einen Mindestzeitraum von 4 Jahren für einjährige, sowie 6 Jahren für mehrjährige Kulturen."[88] Ein Beispiel für erfolgreiche nachhaltige Pflanzenzüchtung ist die erste ökologische Sommerbraugerste, die das Bundessortenamt 2017 zuließ. Diese Pflanzen zeichnen sich durch erhebliche Widerstandskraft gegen Krankheiten wie den „Flugbrand" aus.[89]

Eine zentrale Rolle bei der ökologischen Pflanzenzüchtung mit überwiegend biologisch-dynamischer Ausrichtung spielen Betriebe wie der Dottenfelder Hof. Dort werden ökologische Nahrungsmittel produziert und mehrere land- und gartenbauliche Kulturen gezüchtet. Darüber hinaus ist der Dottenfelder Hof eine Lehr- und Forschungseinrichtung. Ein weiterer wichtiger Akteur in der ökologischen Saatgutproduktion ist die Bingenheimer Saatgut AG. Dieses Wirtschaftsunternehmen wurde 2001 gegründet und versteht sich als koordinierender Mittelpunkt eines Netzwerks rund um die ökologische Saatgutproduktion und Pflanzenzucht. Bereits ein Vierteljahrhundert zuvor hatten Praktikerinnen und Praktiker erkannt, dass ökologischer Landbau nur dann konsequent betrieben werden kann, wenn er unabhängig bleibt und ökologisches Saatgut systematisch gezüchtet und vertrieben wird. Seit 1988 verkaufte die Allerleirauh GmbH das Saatgut des Netzwerks. Der Verein Kultursaat brachte seit 1994 weitere Impulse in der Zusammenarbeit, indem er die Entwicklung von neuen Sorten organisatorisch und finanziell unterstützte. Mit der Gründung der Bingenheimer Saatgut AG wurde der „zentrale Ort für die Prüfung, die Aufbereitung und den Vertrieb des Saatgutes" weiter ausgebaut und auf die Anforderungen der Zukunft vorbereitet.[90]

Die Bingenheimer Saatgut AG steht für das Prinzip „Bio von Anfang an". Das heißt, nicht nur das Saatgut, das sie vertreibt, wird unter ökologischen Bedingungen vermehrt, sondern sie verkauft immer mehr

[88] Dachverband Ökologische Pflanzenzüchtung in Deutschland, Definition ökologische Pflanzenzüchtung, https://www.dv-oekopz.org/downloads/Definition_oekologische_Pflanzenzuechtung_012023.pdf (Abfrage vom 4.8.2023), Zitat: ebenda.

[89] BÖLN, Geeignete Sorten von Sommerbraugerste für den ökologischen Landbau, https://www.oekolandbau.de/forschung/geeignete-sorten-von-sommerbraugerste-fuer-den-oekologischen-landbau/ (Abfrage vom 3.8.2023).

[90] Bingenheimer Saatgut AG, Wer wir sind, https://www.bingenheimersaatgut.de/de/wer-wir-sind (Abfrage vom 4.8.2023).

Sorten, die sogar ökologisch gezüchtet wurden.[91] Mittlerweile gibt es im Sortiment von über 500 samenfesten Sorten mehr als 100 neue, die ökologisch gezüchtet wurden. Die meisten stammen aus der Arbeit des Vereins Kultursaat e. V. Samenfest – oder auch sortenfest – bedeutet, dass die Pflanzen, die aus diesen Samen wachsen, selbst Samen herausbilden, aus denen wiederum Pflanzen entstehen, die die typischen Eigenschaften dieser Sorte aufweisen. Anders als Hybridsaatgut sind sie also nachbaufähig.[92] 2015 wurde die Bingenheimer Saatgut AG gemeinsam mit Kultursaat Preisträger im Bundeswettbewerb Ökologischer Landbau. 2021 erhielten die beiden Organisationen den „Organic Farming Award".[93]

Gebhard Rossmanith, der bis 2022 den Vorsitz der Bingenheimer Saatgut AG führte, ist seit der Gründung des Dachverbands Ökologische Pflanzenzüchtung in Deutschland e. V. im selben Jahr Mitglied im Vorstand dieses Vereins. Sein besonderes Anliegen ist die Anpassung des Saatgutrechts an die Verhältnisse der ökologischen Züchtung. Denn das aktuell geltende Recht ist auf die Bedingungen der „konventionellen" Züchtung zugeschnitten.[94] Der Dachverband setzt sich „dafür ein, im politischen und gesellschaftlichen Umfeld Rahmenbedingungen mitzugestalten, die die ökologische Pflanzenzüchtung stärken und eine Ausweitung ermöglichen." Dabei stimmt er sich eng ab mit den Bio-Anbauverbänden und dem Bund für ökologische Lebensmittelwirtschaft.[95] Der Dachverband hat derzeit elf Mitglieder, die wiederum

[91] Ebenda.

[92] plantura Magazin, Samenfestes Saatgut. Erklärung & Vorteile, ohne Datum, https://www.plantura.garden/gruenes-leben/wissen/was-ist-samenfestes-saatgut (Abfrage vom 11.8.2023).

[93] Frankfurter Neue Presse, Bingenheimer Saatgut erhält Bundespreis, 7.12.2018, https://www.fnp.de/lokales/wetteraukreis/bingenheimer-saatgut-erhaelt-bundes preis-10702705.html (Abfrage vom 15.11.2024). – Kultursaat e. V., Bingenheimer Saatgut AG und Kultursaat e. V. erhalten OFIA 2021 Science Price, Pressemitteilung, August 2021, https://www.kultursaat.org/dateien/aktuell/2021/PE_OFIA 2021.pdf (Abfrage vom 15.11.2024).

[94] Unabhängige Bauernstimme, Dachverband Ökologische Pflanzenzächtung gegründet, 4.2.2022, https://www.bauernstimme.de/news/details/dachverband-oekologische-pflanzenzuechtung-gegruendet (Abfrage vom 27.1.2025).

[95] Dachverband ökologische Pflanzenzüchtung in Deutschland, https://www.dv-oekopz.org/ (Abfrage vom 4.8.2023), Zitat: ebenda. – Bund Ökologische Lebensmittelwirtschaft (BÖLW), BÖLW gratuliert zur Gründung des Dachverbands

selbst teilweise Zusammenschlüsse von Betrieben der ökologischen Pflanzenzüchtung sind. Sie gehören unterschiedlichen Richtungen an, manchmal auch mehreren gleichzeitig. So ist Apfel:gut e. V. ein Förderverein von Obstbäuerinnen und -bauern, die nach den Richtlinien der Verbände Demeter und Bioland arbeiten und neue Apfel- und Birnensorten züchten. Der Förderverein will die Biodiversität stärken und gentechnikfrei vitale Sorten züchten, die möglichst wenig ökologische Pflanzenschutzmittel benötigen. Dabei achten sie besonders auf die Interaktion zwischen Pflanze und Umwelt.[96] Weitere Mitglieder des Verbands sind die Bingenheimer Saatgut AG, Culinaris, die Cultivari GetreideZüchtungsForschung, der biologisch-dynamisch ausgerichtete Dottenfelder Hof, der sich in Forschung und Züchtung engagiert, die ebenfalls biologisch-dynamische Züchterorganisation gzpk, die Kartoffel Vielfalt, das Keyserlingk-Institut Saat Gut, die biologisch-dynamisch orientierte Forschungseinrichtung Kultursaat e. V., der Verein saat:gut e. V., SATIVA Rheinau AG, der Naturland-Betrieb Kornelia Vogt sowie die Bäuerliche Ökosaatgutzucht.[97]

Anders als die ökologische Pflanzenzüchtung steckt die Tierzucht nach den Kriterien der ökologischen Landwirtschaft noch in den Anfängen. Bislang wurden in der Regel jene Tierrassen gehalten, die auch in der industriellen Landwirtschaft genutzt werden. Da diese Tiere jedoch für eine sehr spezialisierte Nutzung gezüchtet wurden, sind sie für die Doppelnutzung wie Milch und Fleisch oder Eier und Fleisch, die in der ökologischen Landwirtschaft gewünscht wird, nicht gut geeignet. Die ökologische Tierzucht lehnt biotechnologische Vermehrungsmethoden ab. Künstliche Besamung wird toleriert, natürliche Besamung jedoch vorgezogen. Das Ziel von ökologischer Tierzucht sind Tierrassen, die auf Langlebigkeit ausgerichtet und an die jeweiligen Standorte angepasst sind. So sollen die Tiere möglichst auch mit Futter zurechtkommen, das aufgrund der jeweiligen Umweltbedin-

Ökologische Pflanzenzüchtung in Deutschland, Pressemitteilung, 28.6.2022, https://www.boelw.de/fileadmin/user_upload/Dokumente/Pressemitteilungen/220628_BOELW_PM_Gruendung_Zuechtungsverband.pdf (Abfrage vom 4.8.2023).

96 apfel:gut e. V., Förderverein zur Entwicklung und Durchführung ökologischer Obstzüchtung, Was wir wollen, https://www.apfel-gut.org/was_wir_wollen.cfm (Abfrage vom 4.8.2023).

97 Dachverband ökologische Pflanzenzüchtung in Deutschland, https://www.dv-oekopz.org/ (Abfrage vom 4.8.2023).

gungen nicht immer optimal ausgewogen ist. Da die Populationen der ökologischen Tierhaltung noch relativ klein sind, bauen Ökolandwirte auf den Ergebnissen der industriellen Tierzucht auf, versuchen aber, diese Tiere gemäß den Zielen der ökologischen Landwirtschaft auszuwählen.[98]

Ökologische Tierzucht und Pflanzenzüchtung sind somit für das Gelingen der ökologischen Landwirtschaft von hoher Bedeutung. Die systematische ökologische Pflanzenzüchtung hat inzwischen ein hohes Niveau erreicht. Mit Forschung, Praxis und Vertrieb ist sie gut vernetzt. Die ökologische Tierzucht steckt dagegen noch in den Anfängen. Für beide Sektoren ist die starke Lobbyarbeit der Interessenvertretungen der industriellen Landwirtschaft und deren Einfluss auf die Gestaltung des rechtlichen Rahmens ein Problem.

4.5.2 Die ökologische Landwirtschaft als Kern der Transformation

Um die Jahrtausendwende 1998 bildete erstmals in der deutschen Geschichte eine sozialökologisch ausgerichtete Koalition die Bundesregierung. Wie schlug sich diese politische Neuausrichtung in der Entwicklung des ökologischen Landbaus nieder? Und wie wirkte sich die erneute politische Wende in Deutschland seit 2005 auf die ökologische Landwirtschaft aus? Und schließlich: Sind bereits Auswirkungen der erneuten politischen Neuausrichtung seit dem 8. Dezember 2021 unter dem Dreierbündnis von SPD, Grünen und FDP zu erkennen?

Die „Agrarwende"-Politik der Regierung Schröder-Fischer begann erst 2001 mit dem BSE-Skandal und der Ablösung von Landwirtschaftsminister Funke (SPD) durch Renate Künast (Bündnis 90/Grüne). Dies beflügelte den weiteren Ausbau der ökologischen Landwirtschaft, was sich auch an der Zahl der Betriebe und der von ihnen bearbeiteten Nutzfläche festmachen lässt: Bis 2005 stieg die Anzahl der Ökobetriebe auf über 17.000. Damit hatten sie einen Anteil an allen landwirtschaft-

98 Zukunftsstiftung Landwirtschaft, Tierzucht für den Ökologischen Landbau. Anforderungen, Ergebnisse, Perspektiven. Dokumentation der Tagung des Netzwerks Ökologische Tierzucht am 7. und 8. März 2007 in Kassel, https://orgprints.org/id/eprint/15131/1/reuter-etal-2007-Tagungsband_Tierzucht_Kassel.pdf (Abfrage vom 27.1.2025).

lichen Betrieben von 4,3 Prozent und bewirtschafteten über 807.000 Hektar, was 4,7 Prozent der Agrarfläche des Landes entspricht.[99]

Aber es gab in diesem Zeitraum auch schwere Rückschläge für den ökologischen Landbau. Im Sommer 2002 wurde beispielsweise in Futtermitteln und Produkten des ökologischen Landbaus das Pestizid Nitrofen entdeckt, was öffentlich wurde und einen Skandal auslöste. Dieses Gift war in Deutschland bereits 1980 verboten worden, weil es sich im Fett von Tieren sowie in Eiern anreichert und das Erbgut schädigt. Es stammte aus einer Lagerhalle in Malchin (Mecklenburg), in der zunächst Nitrofen und andere Pestizide gelagert worden waren. Später wurden dort Futtermittel aufbewahrt, mit dem Gift kontaminiert und an konventionell wirtschaftende und Bio-Betriebe verkauft. Erstmals entdeckte ein Hersteller von Futtermitteln in Niedersachsen diese Verunreinigungen, es folgte der Babynahrungshersteller Hipp. Auch in Mecklenburg und Bayern kamen Kontaminierungen durch Nitrofen vor.[100]

Dennoch blieb der Trend zum Ausbau der ökologischen Landwirtschaft ungebrochen. In Deutschland wurde 2010 als Staatsziel formuliert, dass ein Anteil des ökologischen Landbaus an der gesamten Agrarproduktion von 20 Prozent angestrebt werde.[101] Nach den Angaben des Bundeslandwirtschaftsministeriums bewirtschafteten 2023 in Deutschland rund 36.680 landwirtschaftliche Betriebe – 14,4 Prozent aller landwirtschaftlicher Betriebe – 1,89 Mio. Hektar ökologisch. Das

[99] Ökolandbau.de. Das Informationsportal, Zahlen zum Öko-Landbau in Deutschland, https://www.oekolandbau.de/service/zahlen-daten-fakten/oeko-flaeche-und-anzahl-oeko-betriebe-in-deutschland/ (Abfrage vom 18.4.2023). – Ulrich Kluge, Ökowende, S. 130-137.

[100] Nitrofen-Skandal. Chronologie eines Skandals, 4.4.2002, https://www.test.de/Nitrofen-Skandal-Auch-konventionelles-Getreide-betroffen-1292622-1292643/ (Abfrage vom 19.4.2023). – Der Spiegel, Nitrofen-Skandal, 1.6.2002, https://www.spiegel.de/politik/deutschland/nitrofen-skandal-verseuchtes-getreide-stammt-aus-mecklenburg-vorpommern-a-198981.html (Abfrage vom 19.4.2023). – Stiftung Warentest, Nitrofen-Skandal. Chronologie eines Skandals, 4.4.2002, https://www.test.de/Nitrofen-Skandal-Auch-konventionelles-Getreide-betroffen-1292622-1292643/ (Abfrage vom 19.4.2023).

[101] Heide Inhetveen, Ökologischer Landbau, S. 187.

waren 11,4 Prozent der gesamten landwirtschaftlichen Nutzfläche.[102] In diesem Jahr wurden in Deutschland Bio-Lebensmittel im Wert von annähernd 16,1 Mrd. Euro gekauft – 5 Prozent mehr als im Vorjahr.[103]

Die Entwicklung des ökologischen Landbaus in Deutschland war Teil eines globalen Trends: 2021 bewirtschafteten weltweit 3,7 Mio. Betriebe in 191 Staaten eine Fläche von 76,4 Mio. Hektar Land ökologisch und machten dabei einen Umsatz von 125 Mrd. Euro. Um die Jahrtausendwende hatten gerade einmal 0,2 Mio. Betriebe auf 11 Mio. Hektar gut 15 Mrd. Euro erwirtschaftet.[104] 2021 machten allein in der Europäischen Union über 378.000 Betriebe der ökologischen Landwirtschaft einen Umsatz von 46,7 Mrd. Euro. Sie bewirtschafteten 15,6 Mio. Hektar Land, was 9,6 Prozent der gesamten landwirtschaftlichen Nutzfläche ausmachte. Die größten ökologisch bewirtschafteten Flächen hatten Frankreich (2,8 Mio. Hektar), Spanien (2,6 Mio. Hektar), Italien (2,2 Mio. Hektar) und Deutschland (1,8 Mio. Hektar). Bei den genannten Zahlen sprechen wir von zertifizierten Betrieben, die im Sinne der EU-Ökoverordnung wirtschaften.[105]

Bereits in den späten 1980er-Jahren hatte eine Phase zunehmender Standardisierung, staatlicher Förderung und internationaler Zusammenarbeit begonnen. Dabei wurden seit 1993 die Verordnungen der Europäischen Gemeinschaft zum ökologischen Landbau umgesetzt, was dessen Schutz vor unlauterem Wettbewerb stärkte. Gleichzeitig begann im Zuge der „MacSharry-Reform“ die Flächenförderung des ökologischen Landbaus. Mit Blick auf die umweltschonende Arbeitsweise wurden Betriebe durch Direktzahlungen gefördert, die den ökologischen Landbau ein- oder weiterführten. Und nach dem Ende des

[102] BMEL, Ökologische Land- und Lebensmittelwirtschaft in Deutschland, Januar 2025, https://www.bmel.de/SharedDocs/Downloads/DE/Broschueren/OekolandbauDeutschland.pdf?__blob=publicationFile&v=20 (Abfrage vom 11.1.2025).

[103] Bund Ökologische Lebensmittelwirtschaft (BÖLW), Umsatzentwicklung von Bio-Lebensmitteln, https://www.boelw.de/themen/zahlen-fakten/handel/artikel/umsatz-bio-2024/ (Abfrage vom 25.11.2024).

[104] Helga Willer, Bernhard Schlatter, Jan Trávníček (Hgg.), The World of Organic Agriculture. Statistics and Emerging Trends 2023, Frick (Schweiz), Bonn 2023, S. 19, http://www.organic-world.net/yearbook/yearbook-2023.html (Abfrage vom 16.2.2023).

[105] Helga Willer, Bernhard Schlatter, Jan Trávníček (Hgg.), The World of Organic Agriculture, S. 234, 240.

Kalten Krieges und dem Zusammenbruch der Sowjetunion begann die Ausbreitung des ökologischen Landbaus in Ostdeutschland und im östlichen Europa. Seine dritte Entwicklungsphase begann 2001 mit der BSE-Krise, in deren Folge die ökologische Agrarwirtschaft als Leitbild nachhaltiger Landwirtschaft anerkannt wurde. Der Einfluss des ökologischen Landbaus in Öffentlichkeit, Politik und Forschung wuchs seither zusehends.[106] Gestärkt wurde dieser Trend durch zwei weitere EU-Verordnungen in den Jahren 2007 und 2018. Diese Durchführungsbestimmungen regelten unter anderem Standards der Herstellung, der Tierhaltung und die Kennzeichnung ökologisch erzeugter Lebensmittel und das Verbot von Gentechnik im Bio-Sektor.[107]

Angesichts der wachsenden Weltbevölkerung wird die teilweise geringere Produktivität des ökologischen Landbaus im Vergleich zur industriellen Landwirtschaft oft als Argument gegen den Ökolandbau angeführt. Eine exemplarische Studie ermittelte für 2007, dass ausgewählte ökologische Betriebe trotz aller Produktivitätsfortschritte deutlich geringere Mengen erwirtschafteten als industrielle Betriebe. Bei Weizen wird in Deutschland im Ökolandbau im Durchschnitt etwa die Hälfte geerntet, bei Kartoffeln und Milch liegt der Ertrag bei etwa zwei Dritteln. Eberhard Schulze weist mit Blick auf Zahlen des Bundesministeriums für Verbraucherschutz, Ernährung und Landwirtschaft aus dem Jahre 2011 darauf hin, dass der ökologische Landbau bei Getreide lediglich 43,6 Prozent der Erträge der industriellen Landwirtschaft erreichte, bei Raps 58,2 und bei Kartoffeln 49,5 Prozent.[108] Auch

[106] BMEL, Ökologische Land- und Lebensmittelwirtschaft, https://www.bmel.de/DE/themen/landwirtschaft/oekologischer-landbau/oekologischer-landbau-deutschland.html (Abfrage vom 27.1.2025). – Heide Inhetveen, Ökologischer Landbau, S. 187.

[107] Verordnung (EG) Nr. 834/2007 des Rates vom 28. Juni 2007 über die ökologische/biologische Produktion und Kennzeichnung von ökologischen/biologischen Erzeugnissen und zur Aufhebung der Verordnung (EWG) Nr. 2092/91, https://eur-lex.europa.eu/legal-content/DE/TXT/PDF/?uri=CELEX:32007R0834 (Abfrage vom 27.1.2025). – Verordnung (EU) 2018/848 des Europäischen Parlaments und des Rates vom 30. Mai 2018 über die ökologische/biologische Produktion und die Kennzeichnung von ökologischen/biologischen Erzeugnissen sowie zur Aufhebung der Verordnung (EG) Nr. 834/2007 des Rates (ABl. L 150 vom 14.6.2018, S. 1), https://eur-lex.europa.eu/legal-content/DE/TXT/?uri=CELEX:02018R0848-20220101 (Abfrage vom 8.3.2023).

[108] Eberhard Schulze, Deutsche Agrargeschichte, S. 190.

der Aufwand für Personal ist in der Regel höher. Weil aber ökologische Produkte höhere Preise erzielten und der Ökolandbau für seine Aktivitäten im Umweltschutz gezielt mit staatlichen und suprastaatlichen Mitteln gefördert wurde, war das Einkommen pro Arbeitskraft bei ökologischen Betrieben höher als bei industriellen.[109]

Allerdings sind in diesen Vergleichen die externalisierten Kosten der industriellen Landwirtschaft nicht enthalten. Das sind Kosten, die durch die Verschmutzung und Vergiftung von Boden und Wasser, die schädlichen Folgen für die Gesundheit von Mensch und Tier, den Energieverbrauch und den Ausstoß von Klimagasen entstehen. Sie sind nicht im Produktpreis inbegriffen und werden nicht von den verantwortlichen Betrieben und Unternehmen, sondern von der Gesellschaft getragen. Das zeigen etliche Studien. Eine von ihnen wurde unter der Leitung von Kurt-Jürgen Hülsbergen an der Technischen Universität München durchgeführt. Ihre Ergebnisse wurden Ende Januar 2023 publiziert. Die Münchner Forscherinnen und Forscher verglichen über 10 Jahre hinweg deutschlandweit jeweils 40 konventionelle und ökologische Betriebe. Sie konnten zeigen, dass die ökologischen Betriebe 750 bis 800 Euro Klimakosten pro Hektar einsparten – auf die Gesamtfläche des ökologischen Landbaus in Deutschland bezogen, waren dies 1,5 Mrd. Euro. Dies lag am effizienteren Einsatz von Stickstoff aufgrund der flächengebundenen Tierhaltung, am verstärkten Anbau von Leguminosen, am Verzicht auf mineralischen Stickstoffdünger und am stärkeren Aufbau von Humus durch vielfältige Fruchtfolgen. Insgesamt sei es möglich, dass der ökologische Landbau ähnlich hohe Erträge erziele wie die „konventionelle" Landwirtschaft. Bei manchen Betrieben sei dies bereits heute der Fall. Entscheidend sei hier eine konsequente Forschung. Der Bund Ökologische Lebensmittelwirtschaft (BÖLW) stellte angesichts dieses Ergebnisses fest, dass die Märkte versagten: Jene Produzenten, die die Umwelt schädigten, könnten billigere Produkte auf den Markt bringen, weil die Folgekosten ihrer Wirtschaftsweise vergesellschaftet würden, während die umweltschonend arbeitenden Betriebe auf dem Markt schlechtergestellt seien. Der BÖLW forderte von der Bundesregierung, für einen fairen Wettbe-

[109] Zu den Einkommen pro Arbeitskraft vgl. Bundesministerium für Ernährung und Landwirtschaft, Agrarpolitischer Bericht 2019, S. 66f, insbesondere Übersicht 13.

werb zu sorgen. Ein Schritt in diese Richtung könne eine Senkung der Mehrwertsteuer auf Bio-Produkte sein.[110] Wirkungsvoll wäre auch, die besonders umweltbelastenden Betriebsmittel der konventionellen Landwirtschaft wie Stickstoffdünger und Pestizide durch Steuern und Abgaben künstlich zu verteuern.

Abbildung 17: Ökologischer Landbau heute: Gut Fahrenbach – Preisträger des Bundeswettbewerbs Ökologischer Landbau 2024

Foto: Gut Fahrenbach

Insgesamt hat der ökologische Landbau als zentrales Element der Großen Transformation der deutschen Landwirtschaft seit der Jahrtausendwende große Fortschritte gemacht. Das zeigt sich nicht nur an der

[110] Karl-Jürgen Hülsbergen, Harald Schmid, Lucie Chmelikova, Gerold Rahmann, Hans Marten Paulsen, Ulrich Köpke, Umwelt- und Klimawirkungen des ökologischen Landbaus, S. 63-71. – BÖLW, Langzeitstudie: Ökolandbau schützt Klima, 26.1.2023, https://www.boelw.de/news/langzeitstudie-oekolandbau-schuetzt-klima/ (Abfrage vom 1.2.2023).

Anzahl der Betriebe, sondern auch daran, dass der Ökolandbau bei fast allen Betriebstypen und Betriebsgrößen vertreten ist. Es gibt den früher typischen bäuerlichen Betrieb mit einer breiten Palette an verschiedenen Nutztieren und einem vielseitigen Anbau auf den Feldern, daneben aber auch sehr spezialisierte Betriebe. Und es gibt in Deutschland Biobetriebe vom kleinen Nebenerwerb bis zum mehrere Hundert Hektar großen Landwirtschaftsbetrieb, der in Ostdeutschland auch in eine Größenordnung von mehreren Tausend Hektar gehen kann. Letztere haben angesichts ihrer Größe und inneren Organisation teilweise Merkmale einer industrialisierten ökologischen Landwirtschaft. Sie sind deshalb unter Biobäuerinnen und Bauern durchaus umstritten. Außerdem zeigt sich der Fortschritt beim gesetzlich geschützten Rahmen, der staatlichen Förderung, der Weiterentwicklung landwirtschaftlicher Techniken und den stark gestiegenen Betriebs- und Produktionszahlen. Wir konnten zeigen, dass Letztere auch davon abhingen, welche politischen Kräfte die Bundesregierung dominierten. Ökonomische Vergleiche mit der industriellen Landwirtschaft sind so lange nicht korrekt, wie die externalisierten Kosten nicht in die Berechnungen einfließen. Besonders wichtig ist festzuhalten, dass nach aktuellem Forschungsstand die ökologische Landwirtschaft, abhängig vom Standort, in der Lage wäre, ähnlich hohe Erträge zu erwirtschaften wie die industriell arbeitende Landwirtschaft. Zur Frage der weltweit herzustellenden Versorgungssicherheit, die im Zusammenhang mit niedrigeren Erträgen des ökologischen Landbaus oftmals diskutiert wird, weisen wir darauf hin, dass die Versorgungssicherheit sehr viel mehr von Verteilungsfragen, Lebensmittelverschwendung und dem hohen Anteil tierischer Produkte bei der Ernährung abhängt als von der Menge an erzeugten Lebensmitteln. Daraus ergeben sich weitaus effektivere Methoden, um die weltweite Versorgung mit Nahrung positiv zu beeinflussen, als die schlichte Erhöhung der Produktion.[111]

[111] Stephan Albrecht, Albert Engel, International Assessment of Agricultural Knowledge, Science and Technologie for Development (IAASTD). – Felix zu Löwenstein, Es ist genug da. – Ders., Food Crash.

4.5.3 Fallbeispiele

Abschließend möchten wir anhand eines ersten Fallbeispiels beleuchten, wie sich Menschen in den Strukturen transformativer Landwirtschaft und zugleich auf verschiedenen staatlichen Ebenen bewegen können. Anschließend zeigen wir am Beispiel der Bäuerlichen Erzeugergemeinschaft Schwäbisch Hall, wie traditionelle und innovative Faktoren bei der Entwicklung der ökologischen Landwirtschaft zusammenwirken können.

Das Ehepaar Ulrike Hasenmaier-Reimer und Wolfgang Reimer bewirtschaftet seit 1986 einen Hof in Gaildorf-Reippersberg nach den Richtlinien von Bioland: 38 Hektar Kulturland – Wald, Acker- und Dauergrünland. Die beiden verstanden ihr Projekt politisch und warben für eine nachhaltige regionale Produktion von Lebensmitteln. Sie bauten einen Hofladen auf, arbeiteten an der Vernetzung des ökologischen Landbaus und beteiligten sich an der Gründung der Arbeitsgemeinschaft bäuerliche Landwirtschaft. Wolfgang Reimer arbeitete viele Jahre als Redakteur in der Zeitschrift des Verbands, der „Bauernstimme“, die damals noch „Bauernblatt“ hieß. Ulrike Hasenmaier-Reimer engagierte sich für die Gleichstellung von Bäuerinnen. Die Hasenmaier-Reimers gründeten Erzeuger-Verbraucher-Gemeinschaften mit einem Abonnement-System. Sie produzierten Gemüse, Kartoffeln und Getreide und hielten Mutterkühe, Hühner, Puten und Schafe. Noch heute beweiden ihre robusten Jura-Schafe in den Sommermonaten die Grünflächen der Gemarkung Reippersberg. In der kalten Jahreszeit leben die Tiere in einem gut durchlüfteten Stall. Nachdem Wolfgang Reimer in die Politik gewechselt war, führte seine Frau den landwirtschaftlichen Betrieb weitgehend alleine weiter. Sie ersetzte die Mutterkühe durch Schafe, weil deren Haltung weniger arbeitsaufwendig ist.[112]

Bereits seit 1985 hatte Wolfgang Reimer für die Fraktion der Grünen im Landtag Baden-Württembergs als Berater gearbeitet. Seit 2001

[112] Hofladen-Bauernland.Info, https://www.hofladen-bauernladen.info/adressen/bioland-hof-reimer-gbr-gaildorf__2013.php#google_vignette, Zitat: ebenda (Abfrage vom 28.8.2023). – Sebastian Kußmann, Viele Säcke Salz. Junges Gemüse trifft Ulrike Hasenmaier-Reimer auf ihrem Hof in Reippersberg, Unabhängige Bauernstimme, 28.6.2016, https://www.bauernstimme.de/news/details/viele-saecke-salz (Abfrage vom 28.8.2023).

leitete er die Unterabteilung Agrarstruktur und ländliche Räume im Bundesministerium für Verbraucherschutz, Ernährung und Landwirtschaft. 2009 übernahm er die Unterabteilung Landwirtschaft. 2011 wechselte er als Amtschef in das baden-württembergische Ministerium für ländlichen Raum und Verbraucherschutz. Mitte 2016 bis Ende 2021 amtierte er als Präsident des Regierungsbezirks Stuttgart. Besondere Aufmerksamkeit schenkte er der Bewahrung der Biodiversität und der Förderung einer tierwohlorientierten regionalen Landwirtschaft.[113] Nach seinem Eintritt in den Ruhestand übernahm Wolfgang Reimer im November 2022 den Vorsitz der Agrarsozialen Gesellschaft – einer traditionsreichen „Denkfabrik", die sich um die Verbesserung der Lebensverhältnisse in den ländlichen Räumen und der Landwirtschaft bemüht.[114]

Unser zweites Fallbeispiel ist die Bäuerliche Erzeugergemeinschaft Schwäbisch Hall. Diese Gemeinschaft hat das Ziel, in bäuerlichen Betrieben einheimische Schweine- und Rinderrassen tier- und umweltgerecht aufzuziehen und für die Konsumentinnen und Konsumenten wertvolle Fleischwaren zu erzeugen.

Das erste Standbein der BESH-Betriebe war das Schwäbisch-Hällische-Landschwein. Diese Schweinerasse war im frühen 19. Jahrhundert aus einer Kreuzung heimischer mit chinesischen Schweinen hervorgegangen. Die chinesischen Schweine waren außerordentlich fruchtbar, widerstandsfähig und genügsam. Und sie lieferten sehr schmackhaftes Fleisch. Das Schwäbisch-Hällische Landschwein hielt sich gut in Hohenlohe und im nördlichen Württemberg. Es war robust, kaum anfällig für Krankheiten und sehr fruchtbar. In den 1950er-Jahren waren daher fast alle Schweine, die in der Region um Schwäbisch Hall lebten, Schwäbisch-Hällische Landschweine. Die Wende kam in den 1960er-Jahren, als die Verbraucherinnen und Verbraucher magerem Fleisch den Vorzug gaben und Magerfleischrassen zunehmend industriell gehalten wurden. Daher gingen die Bestände des Schwäbisch-

[113] Regierungspräsidium Stuttgart, Pressemitteilung, 28.12.2021, https://rp.baden-wuerttemberg.de/rps/presse/artikel/in-eigener-sache-wechsel-an-der-hausspitze-des-regierungspraesidiums-stuttgart/api/pdf (Abfrage vom 29.8.2023).

[114] Agrarsoziale Gesellschaft, Wir über uns, https://www.asg-goe.de/ziele.shtml (Abfrage vom 29.8.2023). – DAF, Kurzporträt der Agrarsozialen Gesellschaft, Dezember 2018, https://www.agrarforschung.de/fileadmin/download/Gesellschaften/ASG_181204.pdf (Abfrage vom 29.8.2023).

Hällischen Landschweins rapide zurück. 1969 wurde das Herdbuch formell geschlossen. Anfang der 1980er-Jahre stand diese Rasse kurz vor dem Aussterben.[115]

Einige engagierte Züchter wollten sich damit nicht abfinden. Sie schätzten die Vorzüge und Besonderheiten des Hällischen Landschweins. Daher gründeten sie die Bäuerliche Erzeugergemeinschaft Schwäbisch Hall. Dabei spielte Rudolf Bühler, der einen Betrieb in Wolpertshausen leitete, eine führende Rolle. Zunächst stellte er gemeinsam mit seinem Kollegen Friedrich Horlacher aus Wolpertsdorf Anfang 1984 sieben Sauen und einen Eber einer staatlichen Zuchtkommission vor. Diese stufte die Tiere als die letzten reinrassigen Schwäbisch-Hällischen Landschweine in Baden-Württemberg ein. Mit diesen Tieren bauten die beiden Landwirte die Zucht neu auf. 1986 gründeten sie die Züchtervereinigung Schwäbisch-Hällisches Schwein e. V., der Anfang der 2020er-Jahre über 85 Mitglieder angehörten. Viele von ihnen produzierten von der Vereinigung kontrolliert unter dem Siegel „geschützte geografische Angabe" (g.g.A.). Einige waren ökologisch ausgerichtet und wurden nach den besonders strengen Standards des Ökolandbaus kontrolliert. Die Züchtervereinigung verfügte über 350 Sauen, die in das Herdbuch eingetragen waren.[116]

Zwei Jahre nach der Gründung der Züchtervereinigung gründeten Bühler und seine Kollegen die Bäuerliche Erzeugergemeinschaft Schwäbisch Hall. Die Gemeinschaft schrieb eine Erfolgsgeschichte: Im Zentrum ihrer Arbeit standen Aufzucht und Haltung des Schwäbisch-Hällischen Landschweins nach strengen Richtlinien. Da diese Rasse kaum anfällig für Krankheiten ist, kommen die Landwirte ohne

[115] Ein Herdbuch ist ein wichtiges Hilfsmittel der Tierzucht. Hier werden alle anerkannten Zuchttiere und ihre Stammbäume eingetragen. – Rudolf Bühler, Günther Postler, Projektbericht: Ökologischer Gesamtzuchtwert Schwäbisch-Hällisches Schwein, Gefördert vom Bundesministerium für Ernährung, Landwirtschaft und Verbraucherschutz im Rahmen des Bundesprogramms Ökologischer Landbau (BÖL), Wolpertshausen 2004, S. 7, https://core.ac.uk/download/pdf/10926769.pdf – https://www.besh.de/ueber-uns/geschichte/ (Abfrage vom 5.7.2022).

[116] Züchtervereinigung Schwäbisch-Hällisches Schwein e. V. (ZVSH), Bäuerliche Erzeuger, https://www.besh.de/erzeuger/zvsh/ (Abfrage vom 5.7.2022). – Rudolf Bühler, Günther Postler, Ökologischer Gesamtzuchtwert Schwäbisch-Hällisches Schwein, S. 8-13.

Antibiotika aus. Leistungsfördernde Futtermittel sind ebenso verpönt wie gentechnische Zuchtmethoden oder gentechnisch verändertes Futter. Die Tiere werden artgerecht gehalten: Sie haben Auslauf, können sich auf Stroh legen, leben in Gruppen unter Tageslicht. Die Fütterung von Tiermehl und der Einsatz von Dopingmitteln waren von Anfang an streng verboten, ebenso gewerbliche Tiertransporte. Die Tiere wurden lediglich zum Schlachthof nach Schwäbisch Hall gebracht. Erzeugung, Schlachtung und Vertrieb des Fleischs blieben in einer Hand. Die Sauen gebären im Durchschnitt ein Ferkel mehr als andere Schweinerassen und kümmern sich auch erfolgreicher um ihren Nachwuchs. An erster Stelle der Arbeit der BESH-Landwirtinnen und -Landwirte stand das Wohl der Tiere. Den Durchbruch im öffentlichen Ansehen brachte die BSE-Krise. Diese hatte die Grenzen industrieller Viehhaltung denkbar drastisch aufgezeigt. Die wichtigsten Umwelt- und Tierschutzverbände und Bundesernährungsministerin Renate Künast verliehen der Erzeugergemeinschaft 2005 den begehrten Preis „Pro Tier“.[117]

Das zweite Standbein der Bäuerlichen Erzeugergemeinschaft Schwäbisch Hall ist das Hohenloher Rind. Es wird traditionell als „Boeuf de Hohenlohe“ bezeichnet, weil Ende des 18. Jahrhunderts Rinder aus dieser Region nach Paris getrieben wurden. Mitglieder der BESH führten diese Tradition fort. Sie kreuzten einheimische Rassen wie das Limpurger Rind oder Fleckvieh mit Limousin-Rindern aus Frankreich. Das Jungvieh beweidet die kräuter- und kleereichen Wiesen in den Tälern von Jagst, Kocher und Bühler und ihren Seitentälern. Im Herbst werden die Tiere auf die Hohenloher Ebene getrieben und in Ställen nach strengen Richtlinien ausschließlich mit Futter gemästet, das in der Region erzeugt wurde. Der Einsatz von wachstumsfördernden Mitteln oder gar von Tiermehl war schon lange vor der BSE-Krise streng verboten. Artgerechte Tierhaltung ist auch beim Boeuf de Hohenlohe erstes Gebot.[118]

[117] Bäuerliche Erzeugergemeinschaft Schwäbisch Hall, Über uns, Unsere Geschichte, https://www.besh.de/ueber-uns/geschichte/; https://www.besh.de/ueber-uns/die-baeuerliche/ (Abfragen vom 5.7.2022).

[118] Bäuerliche Erzeugergemeinschaft Schwäbisch Hall, Boeuf de Hohenlohe, https://www.besh.de/index.php/verbraucher/erzeugnisse/boeufdehohenlohe (Abfrage vom 5.7.2022).

1997 gründeten ökologisch arbeitende Betriebe der Erzeugergemeinschaft den Verband Ecoland. Dieser Verein fördert eine „ökologische und klimaresiliente Ernährungs- und Landwirtschaft“. Zu seinen Partnern gehören der Regionalmarkt Hohenlohe, die Dorfkäserei Geifertshofen, die Stiftung Haus der Bauern, Schloss und Schlosshotel Kirchberg und einige Bio-Hotels.[119]

Die Erzeugergemeinschaft stellt auf ihrer Website einige Mitgliedsbetriebe vor, unter ihnen der Betrieb von Simone und Rainer Franz in Ochsental, die Hof und Hofladen gemeinsam mit ihren beiden Töchtern Katharina und Sophia bewirtschaften.[120] Sie verfügen über 65 Hektar Ackerland, auf dem sie Gerste, Weizen, Triticale, Hafer, Mais, Roggen, Ackerbohnen und Erbsen anbauen. Ihre Ernte verfüttern sie an über 210 Schweine. Zusätzlich bekommen die Tiere Sojapresskuchen in Öko-Qualität, der zugekauft wird. Annähernd die Hälfte des Bestands sind Muttersauen und Jungschweine, etwas größer ist die Zahl der Masttiere.[121]

2020 hat die Familie ihren Betrieb auf ökologische Landwirtschaft umgestellt. Simone Franz: „Wir wollten von Anfang an keine Gentechnik auf dem Hof, so sind wir bei den Bäuerlichen gelandet.“ Rainer Franz ergänzt: „Wir wollen auf gesundem Boden gesunde Lebensmittel erzeugen“. Sie bauten einen neuen Freiluftstall und passten die alten Stallungen den höheren Anforderungen an. Seither leben die Muttersauen mit ihren Ferkeln in geräumigen Boxen, deren Wände so gestaltet sind, dass sich die Muttertiere so zum Säugen hinlegen können, dass sie ihre Ferkel nicht erdrücken. Die Boxen haben auch einen Auslauf ins Freie. Einige ihrer Produkte – Fleisch, Wurst, Heumilchkäse und Brot – vermarktet die Familie im eigenen Hofladen und in einem verkehrsgünstig gelegenen Selbstbedienungsladen. Eine Photo-

[119] Ecoland, https://ecoland.de/ueber-uns/mitgliedschaft-ecoland (Abfrage vom 5.7.2022). – Rudolf Bühler, Ecoland, Über uns, https://ecoland.de/ueber-uns/leitbild (Abfrage vom 28.8.2023).

[120] Die Namensgleichheit ist kein Zufall: Rainer und Norbert Franz haben gemeinsame Urgroßeltern. Ihre Cousine Gerit Elisabeth Franz stellte den Kontakt her. Gerit und Norbert Franz führten im August 2023 mit der Familie auf ihrem Hof in Ochsental ein ausführliches Gespräch und besichtigten den Betrieb.

[121] Bäuerliche Erzeugergemeinschaft Schwäbisch Hall, Rainer und Simone Franz. Die Umsteller, 2020, https://haellisch.eu/bauern/die-umsteller/ (Abfrage vom 27.1.2025), Zitate: ebenda.

voltaikanlage liefert etwa die Hälfte des Stroms, den der Betrieb benötigt.[122]

Bereits vor der Umstellung auf ökologische Landwirtschaft hatte Rainer Franz die vorwiegend armen Böden seines Betriebs mit Produkten verbessert, die von Roland Plocher entwickelt wurden. Diese Verfahren knüpfen an die Homöopathie an und beruhen auf einem Transfer von Informationen, der die Selbstheilungskräfte von Boden oder Wasser aktiviert. Sie haben sich in der Praxis des Betriebs bewährt, beispielsweise im Feldbau bei der Bekämpfung von unerwünschten Pilzen. Wissenschaftliche Modelle, die die Wirksamkeit dieser Methoden erklären könnten, fehlen bislang. Aber sie funktionieren.[123]

Katharina und Sophia planen für die Zukunft eine Ausweitung der betrieblichen Aktivitäten: So möchten sie den Betrieb zu einem „Hof der Begegnung“ von Menschen mit und ohne Einschränkungen machen, auf dem auch sozial benachteiligte Menschen arbeiten. Mit diesem Thema hat sich Sophia in ihrer Bachelora-Arbeit intensiv auseinandergesetzt und am Beispiel des eigenen Hofs ein Konzept für soziale Arbeit erarbeitet. Darüber hinaus möchten die Schwestern und ihre Partner auch in der Imkerei tätig werden. Insgesamt ist die Familie Franz mit den Ergebnissen der Umstellung ihres Betriebs auf ökologische Landwirtschaft sehr zufrieden, auch in wirtschaftlicher Hinsicht. Agrarpolitisch tritt Rainer Franz für eine Landwirtschaft ein, die ihre Preise in direkten Kundenbeziehungen frei gestaltet und sich von staatlichen Transferleistungen und übermächtigen Agro- und Einzelhandelsunternehmen unabhängig macht. Aus seiner Sicht steht die kleine Organisation „Freybauern“ für diesen Ansatz.[124]

Das Beispiel des Hofs der Familie Franz zeigt, dass die Bäuerliche Erzeugergemeinschaft Schwäbisch Hall ihren Mitgliedern gute Voraussetzungen für wirtschaftlichen Erfolg bietet, auch im Bio-Sektor. Sie

122 Selbstauskünfte der Familie Franz am 19. August 2023. – Bäuerliche Erzeugergemeinschaft Schwäbisch Hall, Das Schwesternteam Franz, 1.6.2021, https://blog.besh.de/betraege/entry/das-schwesternteam-franz (Abfrage vom 1.8.2023).

123 Erfahrungsbericht von Rainer Franz vom 19. August 2023. – Plocher GmbH, 40 Jahre Plocher 1980-2020, file:///C:/Users/Franz/Downloads/plocher_fluessig humus_09_2020_web-1.pdf (Abfrage vom 27.1.2025).

124 Bäuerliche Erzeugergemeinschaft Schwäbisch Hall, Das Schwesternteam Franz, 1.6.2021, https://blog.besh.de/betraege/entry/das-schwesternteam-franz (Abfrage vom 1.8.2023). – Selbstauskünfte der Familie Franz am 19. August 2023.

hat den Trend zum Schwinden der tradierten Nutztierrassen zumindest für das Schwäbisch-Hällische Landschwein umgekehrt. Zugleich hat sie ein Marktsegment erschlossen, in dem sich auch das Verhalten der Konsumentinnen und Konsumenten verändert hat: Nun darf Schweinefleisch auch wieder fett sein. Dass sich die Bestände dieser Schweinerasse wieder erholt haben, ist der Initiative einiger weniger Landwirte zu verdanken, die sich mit dem Aussterben dieser Schweine, die so viele Vorzüge aufweisen, nicht abfinden wollten. Mit ihrer Züchtervereinigung, ihrem Schlachthof, der Bäuerlichen Erzeugergemeinschaft Schwäbisch Hall und dem Verband Ecoland entwickelte sich aus dieser Initiative eine große und vielfältige Solidargemeinschaft, die auch auf dem Lebensmittelmarkt sehr erfolgreich ist. Der ökologische Landbau hat daran großen Anteil.

4.5.4 Zwischenfazit

Die Entwicklung der ökologischen Landwirtschaft als zentrales Element der Großen Transformation der deutschen Landwirtschaft seit der Jahrtausendwende ist somit zu großen Teilen ein Ergebnis der Anstrengungen der Landwirtinnen und Landwirte selbst, die in diesem Bereich tätig sind. Dabei verbinden sich wertkonservative Haltungen mit der ethischen Motivation, etwas gegen Umweltzerstörung, Artensterben und Klimaerwärmung zu tun. Doch ist das Handeln der landwirtschaftlichen Akteure in hohem Maße abhängig von den politisch-rechtlichen Rahmenbedingungen. Der große Entwicklungssprung während der Regierungen Schröder und die lange Phase der Stagnation unter den ersten Regierungen Merkel zeigt, wie stark der Einfluss der politisch-ideologischen Ausrichtung der politischen Führung Deutschlands auf die Entwicklung der Landwirtschaft ist. Insgesamt sind die finanzielle Förderung durch EU, Bund und Länder und die klare rechtliche Definition der Qualitätsstandards des Ökolandbaus treibende Faktoren der Nachhaltigen Entwicklung der deutschen Landwirtschaft.

4.6 Fazit des 4. Kapitels

Seit den 1970er-Jahren hat sich der ökologische Landbau somit in all seinen Varianten zu einer mächtigen Strömung nachhaltiger Landwirtschaft entwickelt. Er hat sich trotz innerer Differenzen kulturell, ökonomisch und politisch in den Gesellschaften des deutschsprachigen Mitteleuropas etabliert. Wir haben gesehen, dass die ökologische Landwirtschaft bewährte und innovative Lösungen für jene Probleme bietet, die von der industriellen Landwirtschaft ausgehen. Dabei unterscheiden sich die verschiedenen ökologischen Landbausysteme zum Teil erheblich. Doch verbinden sie einige wichtige Grundsätze, Erkenntnisse und Verfahren: So sind Bodenschutz, geringe Belastung der natürlichen Umwelt und Erzeugung gesunder und möglichst rückstandsfreier Lebensmittel die wichtigsten Maximen ökologisch wirtschaftender Landwirtinnen und Landwirte. Diese Ziele erreichen sie, indem sie keine synthetischen Düngemittel einsetzen, sondern mit Kompost oder Mist, Grünschnitt oder Gesteinsmehl düngen, indem sie keine synthetischen Pflanzen-, Insekten- oder Pilzgifte verwenden und den Boden so bearbeiten, dass seine belebte innere Struktur möglichst intakt bleibt. Bereits die ersten Formen des ökologischen Landbaus in den 1920er-Jahren waren Beispiele für den Versuch, die negativen Folgen industriell betriebener Landwirtschaft zu vermeiden. Seine verschiedenen Weiterentwicklungen verbanden sich seit den 1970er-Jahren mit der erstarkenden Umweltbewegung. Bei der Entwicklung seiner Methoden konnte sich der ökologische Landbau immer mehr auf die biologisch orientierten Landbauwissenschaften stützen, die seit den 1940er-Jahren erstarkt waren. Die ökologische Landwirtschaft war in der Schweiz und in Österreich besonders erfolgreich, wurde aber seit den 1980er-Jahren auch in Deutschland immer stärker. Das hat auch damit zu tun, dass die nationalen und suprastaatlichen Agrarpolitiken von der einseitigen Förderung der industriellen Landwirtschaft abrückten. Seit den 1990er-Jahren unterstützten sie auch die ökologische Landwirtschaft mit Fördermitteln. Höchste Bedeutung für die Verbreitung des ökologischen Landbaus hatten die Standards, die durch die EU-Öko-Verordnungen von 1991 und 2007 gesetzt wurden. Entscheidend für den Umbau der deutschen Landwirtschaft ist die Perspektive, dass die Erträge des ökologischen Landbaus weiter gesteigert werden können – bei gleichzeitiger Einsparung jener Kosten, die bei der industriellen Landwirtschaft bisher „externalisiert“ und an Umwelt und zukünftige Generationen weitergereicht werden. Die ökologische Landwirtschaft ist somit eine treibende Kraft der Großen Transformation der deutschen Landwirtschaft hin zu einer nachhaltigen Arbeitsweise.

5. Kapitel: Nachhaltige Landwirtschaft jenseits des ökologischen Landbaus

Trotz seiner Vorzüge gehen die meisten Landwirtinnen und Landwirte den Weg des ökologischen Landbaus *nicht*. Doch sind auch Wirtschaftsweisen denkbar, die weitgehend nachhaltig sind, sich aber nicht an der EU-Öko-Verordnung orientieren. Denkbar ist auch, dass landwirtschaftliche Kulturen außerhalb von Europa Wege nachhaltigen Wirtschaftens gefunden haben, die von der deutschen Landwirtschaft bislang nicht beschritten wurden. Daher fragen wir in diesem Kapitel, welche nachhaltigen Formen der Landwirtschaft und des Gartenbaus, die in anderen Weltgegenden und vergangenen Kulturen entstanden sind, man auch in Mitteleuropa nutzen könnte. Und vielleicht gibt es auch ganz neue Formen nachhaltigen Land- und Gartenbaus, die wir kaum einsetzen und bisher in unserer Darstellung nicht beachtet haben.

Wir beginnen mit „Terra Preta de Indio“, der „Indianischen Schwarzerde“. Diese Art von Böden ist die Grundlage einer sehr alten Form des Land- und Gartenbaus. Die „Permakultur“ ist dagegen eine recht neue Variante des Land-, Garten und Waldbaus, insbesondere der Mikrolandwirtschaft. Danach behandeln wir die Regenerative Land- und Gartenwirtschaft und stellen nachhaltigen Land- und Gartenbau in Städten und ihrem näheren Umkreis vor. Am Ende des Kapitels betrachten wir Agroforstsysteme als Bindeglied zwischen Ackerbau, Weidewirtschaft und der Nutzung verschiedener Baumarten sowie Formen nachhaltiger Weidewirtschaft.

5.1 „Schwarzerde"-Böden mit Pflanzenkohle

„Schwarzerde"[1], die mit Pflanzenkohle hergestellt wurde, steht als „Terra Preta de Indio" im Zentrum einer uralten Anbautechnik. Sie wurde erst in den 1960er-Jahren von der Forschung wieder„entdeckt". Uns interessiert hier besonders, wie dieses Land- und Gartenbausystem die Bodenfruchtbarkeit erhält und steigert, wie es zyklische Nährstoffbewegungen zustande bringt und Umweltverschmutzung vermeidet. Wir skizzieren zunächst die Ursprünge der Terra-Preta-Kulturen in Amazonien und danach die Verbreitung von „Schwarzerde"-Böden mit Pflanzenkohle in anderen Teilen der Welt.

5.1.1 Terra-Preta-Kulturen in Amazonien

Was ist „Terra Preta de Indio"? Wo kommt sie her? Wie wird sie hergestellt und eingesetzt? Bis in das 16. Jahrhundert hinein existierte in Amazonien eine indigene Kultur, die aus einem riesigen System von Gartenstädten bestand, in denen viele Millionen Menschen lebten.[2] Wie in anderen Teilen Süd- und Nordamerikas führte die Begegnung mit den Europäern zu einem regelrechten Massensterben in der einheimischen Bevölkerung, die kaum Abwehrkräfte gegen die Krankheiten hatte, die von den Invasoren eingeschleppt worden waren. Ihre Siedlungen verschwanden und wurden vergessen.[3]

Wie konnte solch eine blühende Kultur auf den nährstoffarmen Böden des tropischen Regenwalds entstehen? Durch Terra Preta. Bei Grabungen in der Amazonasregion stießen Forscherinnen und Forscher auf große Lagerstätten schwarzer Erde, die bis in eine Tiefe von

[1] Schwarzerde, die Menschen unter Verwendung von Pflanzenkohle herstellen, darf nicht mit natürlich entstandenen Schwarzerde-Böden verwechselt werden, wie etwa jene der Magdeburger Börde, vgl. Bodenwelten, Schwarzerde – Boden des Jahres 2005, https://www.bodenwelten.de/content/schwarzerde-boden-des-jahres-2005 (Abfrage vom 1.10.2024).

[2] Heiko Prümers, Carla Jaimes Betancourt, José Iriarte, Mark Robinson, Martin Schaich, Lidar reveals pre-Hispanic low-density urbanism in the Bolivian Amazon, in: Nature, Volume 606, S. 325-328 (2022), 25.5.2022, https://www.nature.com/articles/s41586-022-04780-4 (Abfrage vom 8.7.2023).

[3] Bruno Glaser, Terra Preta – Entstehung und Rolle für Klimaschutz und Stoffkreisläufe, S. 380.

einem halben bis zwei Meter reichten. Diese Böden waren mehr als zwei Jahrtausende alt und noch immer fruchtbar. Sie fanden heraus, dass Menschen diese Böden ganz wesentlich mitgestaltet hatten.[4]

Wie funktioniert Garten- und Waldfeldbau mit Terra Preta? Die Menschen der vorkolumbianischen Kulturen Amazoniens legten ihre Waldgärten in der Nähe ihrer Häuser zwischen großen Bäumen an. Und sie stellten Pflanzenkohle her. Diese kann Wasser, Sauerstoff und Nährstoffe speichern und bietet den Klein- und Kleinstlebewesen, die für die Fruchtbarkeit des Bodens sorgen, Nahrung und Raum. Pflanzenkohle verrottet unter den Bedingungen des tropischen Regenwaldes kaum und sie ist ein hervorragender Brennstoff. Für die Produktion ihrer Pflanzenkohle verwendeten die Amazonierinnen vor allem trockene Äste, Holzspäne, Maiskolbenspindeln oder Nussschalen. Sie konnten die Pflanzenkohle ganz nebenbei während des Kochens herstellen – indem sie dieses holzige Material in ein Tongefäß füllten, das sie anschließend mit der Öffnung nach unten auf ein Kochfeuer stellten.[5]

Im nächsten Arbeitsgang wurde die Pflanzenkohle mit allen denkbaren Arten organischen Abfalls vermischt – darunter auch Kot von Menschen und kleineren Tieren. Große Nutztiere gab es in Amazonien vor der Invasion der Europäer nicht. Die Pflanzenkohle sorgte dafür, dass der Kot nicht mehr stank und Krankheitskeime und Parasiten abgetötet wurden. Hinzu kamen Reste von Mahlzeiten und nicht-essbare Teile der Nahrungspflanzen. Diese Mischung bewahrten die Menschen in etwa 10 kg schweren Tongefäßen auf, die ihnen zugleich als Trockentoiletten dienten. Deren Inhalt sammelten sie in sehr großen Gefäßen, die 200 bis 300 Liter fassen konnten. Diese wurden oben luftdicht verschlossen, was ihren Inhalt vor Insekten und tropischen Regengüssen schützte. Unten wiesen sie eine Öffnung auf, durch die die Flüssigkeit abfließen konnte, die durch den Gärungsprozess in den Gefäßen entstand. Das Pflanzenkohlepulver regulierte die Feuchtigkeit, förderte die Milchsäurevergärung und bot in seinen wassergesättigten Poren den menschlichen und tierischen Darmbakterien, die diesen Vergärungsprozess bewirkten, einen guten Lebensraum. Die Vergärung

[4] Ebenda, S. 380f. – Ute Scheub, Haiko Pieplow, Hans-Peter Schmidt, Terra Preta, S. 41-46.

[5] Ebenda, S. 47f. – Terra Preta, Geschichte der Terra Preta, https://terra-preta.de/wissen/geschichte-der-terra-preta/ (Abfrage vom 8.7.2023).

Abbildung 18: Gemischte Erde mit Terra Preta

Foto: iStock.com/GeorgeVieiraSilva

oder Fermentierung sorgte dafür, dass Krankheitskeime sich kaum vermehren konnten. Zugleich drangen aus dem Boden Klein- und Kleinstlebewesen in die Gefäße ein. Deren Stoffwechsel verarbeitete die gesammelten Nährstoffe zu einem äußerst fruchtbaren Boden. Wenn ein erdiger Geruch signalisierte, dass die erste Stufe der Humusbildung erreicht war, pflanzten die Amazonier kleine Bäume oder Bananenstauden in die großen Tongefäße. Deren Wurzeln lebten in Symbiose mit den Bodenlebewesen, die das Gemisch gemeinsam mit den Wurzeln lockerten und durchmischten. Mit der Zeit erfassten die Wurzeln das ganze Gefäß und zerdrückten es schließlich. Auf diese Weise entstand auf den Flächen, die mit diesen großen Tongefäßen besetzt waren, ein tiefer, fruchtbarer Boden, dessen Nährstoffe der tropische Regen nicht wegschwemmen konnte, weil sie in den Bodenlebewesen und in der Pflanzenkohle gebunden waren. Ergebnis dieses Produktionsprozesses waren Hochbeete, die sich leicht mit bloßen Händen und Grabstöcken bearbeiten ließen.[6]

[6] Ute Scheub, Haiko Pieplow, Hans-Peter Schmidt, Terra Preta, S. 46-50.

Darüber hinaus sammelten die Gartenbäuerinnen und -bauern Amazoniens menschlichen Urin separat in eigenen Tongefäßen. Sie hatten offenbar erkannt, dass er in verdünnter Form ein wertvoller Dünger ist. Heute wissen wir, dass dies daran liegt, dass er Nitrat und Phosphor enthält. Um langfristig gute Erträge zu erzielen, arbeiteten sie mit gut aufeinander abgestimmten Mischkulturen. Erst die Kombination dieser Methoden machte ihre Waldgärten und -felder dauerhaft fruchtbar. Und je mehr neuen Humus sie produzierten, desto fruchtbarer wurden ihre Böden. Dieses Garten- und Feldbausystem funktionierte als eine Kreislaufwirtschaft, die dem Boden konsequent alle Nährstoffe zurückgab, die ihm die angebauten Nutzpflanzen entzogen hatten.[7] Heute wird der Anteil der Terra-Preta-Schwarzerdeböden an der Fläche Amazoniens auf 12 Prozent geschätzt.[8]

Noch immer stehen indigene Völker Amazoniens und anderer Regionen Lateinamerikas in der Tradition der Waldgärten auf solchen Böden. Ihre Gärten und Felder bestehen aus vier Ebenen: Ganz oben sorgen hohe Bäume für Schatten und mildern bei heftigen Regengüssen den Aufprall der Regentropfen auf dem Boden. Diese Bäume tragen oft Früchte, die als menschliche Nahrung dienen können. Darunter befindet sich eine Ebene mit Bananenstauden und kleinen Zitrus- und Avocadobäumen. Auf der dritten Ebene werden Mais, Bohnen oder Kürbisse angebaut. Auf der untersten Ebene wachsen Heilkräuter und diverse Gemüsesorten. Da diese gestaffelte Vegetation eine geschlossene Pflanzendecke bildet, findet keine Bodenerosion statt. Verdunstung und Kondensation des Wassers vollziehen sich in einem lokalen Kreislauf. Besonders wichtig ist, dass der vollständig bedeckte Boden und sein hoher Humusanteil dafür sorgen, dass Wasser und Nährstoffe im Boden bleiben und nicht vom Regen ausgeschwemmt werden. Die Pflanzen eines solchen gemischten Waldgartens schützen sich gegenseitig und wehren Schädlinge ab. Sie sind viel produktiver als industrielle Agrarflächen, liefern Nahrung, Bau- und Werkstoffe sowie Energie und werden dabei immer fruchtbarer. Zugleich fördern sie die

[7] Ebenda, S. 46, 49-51.

[8] Ottmar Edenhofer et al. (Hgg.), IPCC-Report: Mitigation Of Climate Change 2014, S. 833 (Box 11.3: „Biochar“), https://www.ipcc.ch/site/assets/uploads/2018/02/ipcc_wg3_ar5_full.pdf (Abfrage vom 27.1.2025). – Ute Scheub, Stefan Schwarzer, Die Humusrevolution, S. 113.

Artenvielfalt und speichern große Mengen Kohlenstoff. Auch ökologische Kaffee- und Kakao-Pflanzungen werden nach diesen Prinzipien betrieben. Bis heute sind die Terra-Preta-Gärten eine besonders ertragreiche Form der Lebensmittelproduktion.[9] Am Grundprinzip der Waldgärten orientierten sich auch die Agroforstsysteme, die wir im weiteren Verlauf dieses Kapitels behandeln.

Die Herstellung „indianischer Schwarzerde“ ist somit eine sehr wirksame Methode, fruchtbaren Boden neu zu schaffen. Er besteht aus Pflanzenkohle, organischen Abfällen aller Art und Mineralien, die zusammen mit den Aktivitäten von Mikroorganismen für Fruchtbarkeit sorgen. Historisch entwickelten sich diese von Menschen hergestellten Schwarzerdeböden in den tropischen Regenwäldern Amazoniens, wo die Böden besonders nährstoffarm sind. Das Land- und Gartenbausystem mit Terra Preta bildete in Amazonien die wirtschaftliche Basis einer Zivilisation, der in vorkolumbianischer Zeit viele Millionen Menschen angehörten. Bis heute wird dort auf diese Weise gewirtschaftet.

5.1.2 Die Verbreitung von „Schwarzerde“-Böden außerhalb Amazoniens

Gibt es fruchtbare „Schwarzerde“-Böden, die nach dem Terra-Preta-Prinzip funktionieren, auch in anderen Weltregionen? Wie kam diese Gartenbaukultur nach Mitteleuropa? Wer nutzt und verbreitet diese vom Menschen „gemachte“ Erde in unserer Region?

Neuere Forschungen haben gezeigt, dass auch andere Kulturen den Zusammenhang zwischen Bodenfruchtbarkeit, organischen Resten, Bodenlebewesen und Pflanzenkohle erkannten. Wir finden „Schwarzerde“-Böden in Zentralafrika, Indien, China, Korea, Japan und Indonesien.[10] In Japan verschwelt man bis heute Reishülsen und bringt den auf diese Weise erzeugten Pflanzenkohlestaub in die Böden ein. Bei

[9] Ebenda, S. 167. – Ute Scheub, Haiko Pieplow, Hans-Peter Schmidt, Terra Preta, S. 51.

[10] Douglas Sheil et al., Do Anthropogenic Dark Earths Occur in the Interior of Borneo? Some Initial Observations from East Kalimantan, in: Forests 2012, 3, 207-229, doi:10.3390/f3020207, https://www.researchgate.net/publication/244988296_2012_Do_Anthropogenic_Dark_Earths_Occur_in_the_Interior_of_Borneo_Some_Initial_Observations_from_East_Kalimantan (Abfrage vom 13.6.2023).

„Haigoe“, einem älteren Verfahren, das nicht mehr praktiziert wird, gewannen die Bäuerinnen und Bauern Dünger, indem sie menschliche Abfälle und Fäkalien mit Holzkohle vermengten. Die Frauen spielten dabei eine zentrale Rolle. Ähnlich sind die Verhältnisse im afrikanischen Benin: Dort stellen Frauen traditionell fruchtbare Schwarzerde her und hüten dieses Verfahren zugleich als Geheimnis, das sie nur an ihre Töchter weitergeben.[11]

Um die Jahrtausendwende herum begann sich das Wissen um Terra Preta auch in Europa zu verbreiten. Dabei wirkten Praktikerinnen und Praktiker mit Vertretern von Medien und Wissenschaft zusammen. Eine maßgebliche Rolle spielten bei diesem Wissenstransfer Johannes Lehrmann und William I. Woods, Willy Ripl, Herwig Pommersche und Claudia Kammann. Ein besonders bekannter Pionier der „Schwarzerde“-Forschung ist Bruno Glaser.[12] Viele Praktikerinnen und Praktiker begannen mit Terra Preta zu experimentieren: Joachim Böttcher und Alfons Krieger bauten 2010 auf dem Hengstbacherhof eine Anlage zur Herstellung von Schwarzerdesubstraten, die mit Pflanzenkohle versetzt sind. In der österreichischen Ökoregion Kaindorf wird seit 2008 Terra Preta produziert. Seit 2012 stellt Gerald Dunst in seiner Firma „Sonnenerde“ mit einer Pflanzenkohleproduktionsanlage „Bio-Schwarzerde“ her.[13]

In Berlin und Brandenburg experimentieren Jürgen Reckin und Marko Heckel mit der Herstellung von Terra Preta. Andere Initiativen entwickelten sich im Weserbergland und im Wendland, in Hannover und Berlin. Roland Wolf, Dozent für Umweltbildung in Duisburg und ebenfalls ein Pionier der Produktion und Verwendung von Terra Preta, betont, dass dieser Hilfsstoff des Garten- und Landbaus sehr gut für „schwierige“ Böden geeignet sei, insbesondere für oxidierte und zu sandige Böden. Zugleich sei indianische Schwarzerde auf die weitere Zufuhr von organischem Material und den Schutz durch eine Pflanzendecke angewiesen, wie dies in den Regenwäldern Amazoniens der

[11] Ute Scheub, Haiko Pieplow, Hans-Peter Schmidt, Terra Preta, S. 56, 62, 65.

[12] Johannes Lehmann, Dirse C. Kern, Bruno Glaser, William I. Woods, Amazonian Dark Earths: Origin, Properties, and Management.

[13] Steiermarkgarten, Mit Bio-Schwarzerde zum fruchtbaren Boden, 5.3.2021, https://steiermarkgarten.at/mit-bio-schwarzerde-zum-fruchtbaren-boden/ (Abfrage vom 10.7.2023). – Helmut Römer, Humus Symposium, 1.4.2008, https://www.oeko region-kaindorf.at/index.php?id=360 (Abfrage vom 10.7.2023).

Fall sei.[14] Die Tirolerin Caroline Pfützner gründete mit ihrem Mann ein kleines Unternehmen, das Terra Preta produziert und verkauft. Sie stellte fest, dass ihre Testbeete mit Terra Preta einen um 30 bis 80 Prozent höheren Ertrag brachten als ohne.[15] Andere Praktikerinnen und Praktiker haben einen eigenen Fachverband organisiert: „Pflanzenkohle e. V." gibt über den Stand der Forschung Auskunft und stellt Interessierten Anleitungen für die Praxis zur Verfügung.[16]

Auch für das Problem des Verlusts von Phosphor und Nitrat kann der Land- und Gartenbau mit Terra Preta eine Lösung sein, insbesondere, weil der Klärschlamm, der in den Klärwerken anfällt, zwar als Dünger geeignet wäre, aber durch Schadstoffe wie Schwermetalle oder Arzneimittelreste schwer belastet ist. Sie müssen dem Klärschlamm mit großem Aufwand und unter hohen Kosten wieder entzogen werden. Eine gute Lösung ist dagegen die massenhafte Verwendung von Trockentoiletten. Diese fangen die menschlichen Ausscheidungen auf, die man dann für die Kompostbildung und die Herstellung von Terra Preta verwenden kann. Dies hätte zusätzlich den Vorteil, dass man die großen Mengen kostbaren Trinkwassers einsparen würde, die täglich durch die Toilettenspülungen verbraucht werden.[17]

Auch zum Kampf gegen die Klimaerwärmung kann Terra Preta beitragen. Weil sie große Mengen Kohlenstoff auf Dauer bindet, betrachtet sie der Klimarat der Vereinten Nationen als einen wichtigen Beitrag zur Bewältigung der Klimakrise. Ein bedeutender Teil des Kohlenstoffs und anderer Kohlenstoffverbindungen, die im industriellen Zeitalter in die Atmosphäre gelangt sind, könnten durch neue Terra-Preta-Böden in den Tropen und anderen Klimazonen gebunden werden. Zugleich könnte der Land- und Gartenbau auf diesen Flächen einen wichtigen Beitrag zur Sicherung der menschlichen Ernährung leisten. Die Konvention gegen Wüstenbildung der Vereinten Nationen

[14] Roland Wolf, Terra Preta als Mittel zum nachhaltigen Humusaufbau, Leserbrief, ohne Datum, in: https://www.permakultur.de/neuigkeit/terra-preta-als-mittel-zum-nachhaltigen-humusaufbau (Abfrage vom 13.6.2023).

[15] Zu Caroline Pfützner vgl. Alexandra Polič, Terra Preta: Das Geheimnis liegt im Boden, in: National Geographic, 24.7.2019, https://www.nationalgeographic.de/umwelt/2019/07/terra-preta-das-geheimis-liegt-im-boden (Abfrage vom 12.6.2023).

[16] Zum Fachverband Pflanzenkohle e. V. vgl. German Biochar, https://fachverbandpflanzenkohle.org/pflanzenkohle/ (Abfrage vom 12.6.2023).

[17] Ute Scheub, Stefan Schwarzer, Die Humusrevolution, S. 38.

empfiehlt, zerstörte Böden in Wüstenregionen durch Terra Preta wiederherzustellen.[18] Inzwischen ist Pflanzenkohle zur Bodenverbesserung und als Klimagasspeicher auch in Mitteleuropa bekannt. Produktion und Einsatz von Pflanzenkohle nehmen rasch zu. Ihre Produktion kann auch sehr gut mit der Beheizung von Räumen oder der Erzeugung technischer Wärme gekoppelt werden.[19] Hersteller von Holzheizungsanlagen bieten solche Systeme mittlerweile zum Kauf an.[20] Die weitere Erforschung und die Nutzung von Pflanzenkohle hat auch Einzug in die universitäre Forschung gefunden. Ein Beispiel dafür ist das interdisziplinäre Wissenstransfer-Projekt „Black2GoGreen“ an der Hochschule Geisenheim unter der Leitung von Claudia Kammann mit dem Fokus auf die Nutzung von Pflanzenkohle-Macadam-Stadtbaumsubstraten.[21]

Es scheint also, als hätten Menschen in mehreren tropischen Regionen eine Gartenbautechnik, die Terra Preta entspricht, eigenständig erfunden und genutzt. In Europa verbreiteten in der jüngeren Vergangenheit Menschen aus unterschiedlichen gesellschaftlichen Bereichen die Terra Preta: Sie kamen aus dem Land- und Gartenbau, der einschlägigen Forschung oder auch aus zivilgesellschaftlichen Bewegungen. Terra Preta kann nicht nur für langfristige Bodenfruchtbarkeit sorgen, sondern auch helfen, die Ausbreitung von Wüsten zu stoppen und zur Lösung des Hungerproblems in armen Ländern durch Hilfe zur Selbsthilfe beitragen. Sie kann einen Beitrag zur Wiederverwendung lebenswichtiger Stoffe leisten, insbesondere der endlichen Res-

[18] Ebenda, S. 113. – Ottmar Edenhofer et al. (Hgg.), IPCC-Report: Mitigation Of Climate Change 2014, S. 833 (Box 11.3: „Biochar“), https://www.ipcc.ch/site/assets/uploads/2018/02/ipcc_wg3_ar5_full.pdf (Abfrage vom 27.1.2025).

[19] Bundesinformationszentraum Landwirtschaft, Pflanzenkohle: Das Klima schützen und Böden verbessern, 7.7.2023, https://www.praxis-agrar.de/pflanze/ackerbau/pflanzenkohle (Abfrage vom 30.9.2024). – Zur Kombination von Verkohlung von Pflanzen und Heizung vgl. Irene Baettig, Wärme zum Heizen, Pflanzenkohle für Stall und Acker, 14.9.2022, https://charnet.ch/waerme-zum-heizen-pflanzenkohle-fuer-stall-und-acker/ (Abfrage vom 30.9.2024).

[20] Beispielsweise die Firma Guntamatic, https://www.guntamatic.com/ (Abfrage vom 26.11.2024).

[21] Zur Fachtagung des Projekts im April 2024 vgl. Die Linde, Schutz im Klimawandel durch Pflanzenkohle, 2.4.2024, https://dielinde.online/26741/schutz-im-klimawandel-durch-pflanzenkohle/ (Abfrage vom 26.11.2024).

source Phosphor. Und indem sie Kohlenstoff langfristig im Boden speichert, kann sie helfen, die globale Klimaerwärmung abzubremsen.

5.1.3 Zwischenfazit

Die „Schwarzerde"-Böden Amazoniens und anderer Kulturen sind ein uraltes Erbe der Menschheit, das bis heute lebendig ist. Erst vor wenigen Jahrzehnten wurde sie auch für die industriell geprägten Zivilisationen „entdeckt". Diese Bodenarten werden durch das Zusammenwirken von natürlichen biologischen Abläufen und menschlichen Eingriffen geschaffen. Sie eignen sich für alle klimatischen Zonen der Erde, in denen Acker- und Gartenbau möglich ist.

5.2 Mikrolandwirtschaft und Permakultur

Eine weitere Kategorie nachhaltiger Land- und Gartenbausysteme bezeichnen wir als „Mikrolandwirtschaft". Dazu gehört auch die „Permakultur", die anders als der Gartenbau mit „Terra Preta" keine traditionelle Anbaumethode ist, sondern ein neuer Ansatz nachhaltigen Land- und Gartenbaus. Wir verstehen sie als eine Variante der landwirtschaftlichen Agrarökologie, die sich in Europa und in anderen Weltregionen verbreitet. Wir fragen in diesem Unterkapitel nach Grundidee und Entstehung der Permakultur, nach ihren Stärken und ihrer Verbreitung. Warum kann Permakultur auf synthetische Düngemittel und Pestizide verzichten? Wie produktiv und arbeitskräfteintensiv ist sie? In welchem Verhältnis steht sie zu anderen Formen der Mikrolandwirtschaft oder den historischen Marktgärten? Wir beginnen mit einem Abschnitt zu Entstehung, Prinzipien und Zielen der Permakultur und beleuchten anschließend die Marktgärten als Vorläufer dieser Variante nachhaltigen Land- und Gartenbaus. Abschließend machen wir in drei Fallbeispielen die Praxis der Mikrolandwirtschaft anschaulich.

5.2.1 Entstehung, Prinzipien und Ziele der Permakultur

Was ist Permakultur? Wie ist sie entstanden? Was sind ihre Ziele? Die Grundidee der „Permakultur" stammt von dem Australier Bill Mollison. Er propagierte sie bereits in den 1970er-Jahren in seinen Lehrveranstaltungen an der Universität Hobart. Als Wildtierbeobachter im Dienst des australischen Staates hatte er die Möglichkeit, in den Urwäldern Tasmaniens die Funktionsweisen von Ökosystemen zu erforschen. Auf dieser Grundlage entwickelte er gemeinsam mit seinem Schüler David Holmgren die Konzeption der „Permakultur".[22]

Das Kunstwort „Permakultur" ist die deutsche Übersetzung der Bezeichnung „permanent agriculture" – Dauerlandwirtschaft. Ziel dieser Variante der Mikrolandwirtschaft ist die Herstellung von menschlichen Siedlungsräumen, die mit der Natur harmonieren. Die Permakultur-Bewegung verbreitete sich in allen Erdteilen.[23] Die Schweizer Plattform „Permakultur konkret" definiert ihren Gegenstand folgendermaßen: „Permakultur ist eine Bewegung, die zukunftsfähige, ökonomisch und ökologisch stabile Systeme schafft, in denen Menschen, Tiere und Pflanzen sich gegenseitig unterstützen, bereichern und fördern."[24] Sie gestaltet Kulturlandschaft in einer Weise, „dass sie vielseitig nutzbar und ertragreich ist und einer Vielzahl von Lebewesen wertvollen Lebensraum bietet". Sie arbeitet mit geschlossenen Kreisläufen und effizienten Wassersystemen, die „zu einer naturnahen, stabilen und widerstandsfähigen Landwirtschaft" beitragen. Auf diese Weise „regeneriert sich der Boden laufend und bleibt auch für die nächsten Generationen fruchtbar."[25]

Die Permakultur orientiert sich an einigen Grundregeln. Jedes Element eines Permakultursystems soll mehrere Funktionen erfüllen. Und jede Funktion soll von mehreren Elementen des Systems getragen werden. So werden Gewächshäuser nicht an der Nord-Süd-Achse ausgerichtet, sondern von Ost nach West. Auf diese Weise bekommt das Gewächs-

[22] Ute Scheub, Stefan Schwarzer, Die Humusrevolution, S. 89.

[23] Ebenda, S. 90. – Stephanie Kowalewski, Permakultur. Kann uns naturnahe Landwirtschaft ernähren? 30.4.2019, https://www.deutschlandfunkkultur.de/permakultur-kann-uns-naturnahe-landwirtschaft-ernaehren-100.html (Abfrage vom 25.7.2023).

[24] Zitat: Was ist Permakultur? Permakultur-konkret, https://permakultur-konkret.ch/was/ (Abfrage vom 11.7.2023).

[25] Ebenda.

haus mehr Sonnenenergie ab, weil eine Seite des Dachs nach Süden ausgerichtet ist. Schwarze Tonnen vor dem Gewächshaus, die mit Wasser gefüllt sind, fangen ebenfalls Sonnenwärme auf. Nachts geben sie diese Wärme wieder an die Umgebung ab. Im Sommer leiten Deckenventilatoren und Rohre Wärme in den Boden, die sich dort so lange hält, dass sie in Herbst und Winter wieder aufsteigen kann. Die Komposthaufen in den Gewächshäusern erzeugen nicht nur fruchtbaren Boden, sondern auch Wärme, die den Pflanzen hilft, kalte Winternächte zu überstehen. Gegen Frost und Kälte hilft auch ein Teich, der südlich des Gewächshauses angelegt wird. Dort können Nahrungspflanzen kultiviert werden. Dort leben aber auch Enten, Fische, Krebse und Frösche. Enten und Frösche schützen die Nutzpflanzen, indem sie Schnecken und deren Eier fressen. Das Wasser des Teichs, das die Ausscheidungen der Wassertiere aufgenommen hat, bewässert und düngt zugleich die Pflanzen, die im Gewächshaus wachsen. Permakultursysteme, die so aufgebaut sind, sind biologisch und wirtschaftlich sehr produktiv.[26]

Abbildung 19: Bio-Gemüsegarten mit Permakultur-Elementen

Foto: iStock.com/Jekaterina Sahmanova

[26] Ute Scheub, Stefan Schwarzer, Die Humusrevolution, S. 92f.

Ihre Prinzipien werden nicht nur in der Landwirtschaft und im Gartenbau angewandt, sondern zunehmend auch in der Architektur, der Stadtplanung und der kooperativen Ökonomie.[27] Permakultur orientiert sich am achtsamen Umgang mit Erde und Menschen, an Genügsamkeit, Kreislaufwirtschaft und Rückgabe von Überschüssen an die Natur. Sie beachtet die natürlichen Regenerationszyklen und Stoff- und Energiekreisläufe. Sie achtet das Recht aller Menschen, auf die Lebensgrundlagen zuzugreifen. Sie strebt nach einem Ausgleich von gemeinschaftlicher Verantwortung, sozialer Gerechtigkeit und der Selbstbestimmung der Individuen. Aus der Tatsache, dass die Möglichkeiten unseres Planeten, seine Ressourcen zu regenerieren, begrenzt sind, folgert die Permakultur, dass die einzelnen Menschen und ihre Gemeinschaften ihre Bedürfnisse begrenzen müssen. Die Permakultur soll zu sozial gerechten, wirtschaftlich tragfähigen und ökologischen Systemen führen, die Kultur und Natur verbinden. Sie verursachen weder Abfall noch Verschmutzung. Und sie sind nachhaltig. Permakultur orientiert sich an philosophischen Grundprinzipien: an einem achtsamen Umgang mit Mensch und Erde, einer gerechten Verteilung und sinnvollen Nutzung der Ressourcen, an der Verantwortung für künftige Generationen. Damit stützt sie sich auf die Verantwortungsethik des Philosophen Hans Jonas und anderer.[28] Aus dieser Ethik heraus gelten für die Permakultur folgende Leitsätze: Langfristig statt kurzfristig – man soll die nächste Generation einbeziehen und nicht nur an sich selbst denken. Vielfalt statt Einfalt – viel Verschiedenes, das sich gegenseitig ergänzt, ist Monokulturen vorzuziehen. Kooperation statt Konkurrenz – ein Miteinander ist besser als ein Gegeneinander. Optimieren statt maximieren – es ist besser, Vorhandenes zu verbessern, statt auf Wachstum zu setzen. Nicht größere Flächen sind nötig, sondern die sinnvolle Nutzung der vorhandenen.[29]

Permakultur gestaltet. Diese Gestaltung beginnt mit der Beobachtung des Gebiets, in dem sie entstehen soll. So beobachten die Permakultur-Gestalterinnen und -Gestalter den Verlauf der Sonne und die Richtungen, aus denen der Wind weht. Sie fragen danach, welche Tiere und Pflanzen eine Rolle in dem geplanten Permakultursystem spielen

[27] Ebenda, S. 91.

[28] Hans Jonas, Das Prinzip Verantwortung.

[29] Ute Scheub, Stefan Schwarzer, Die Humusrevolution, S. 91f.

sollen, welche Menschen beteiligt sind und über welche Fähigkeiten sie verfügen. Nach dieser Bestandsaufnahme überlegen sie, in welche Beziehungen die einzelnen Elemente des Systems gebracht werden können und in welchen Beziehungen sie zueinander stehen. Nach dem Vorbild der Natur sollen sich diese Elemente möglichst wechselseitig stärken. Auf dieser Grundlage erfolgt die eigentliche Planung des Systems. Es soll so ausgelegt sein, dass es mit möglichst geringem Aufwand eine maximale Wirkung erreicht. Genutzt werden Sonne, Biomasse, Wind und Wasser. Steine dienen als Wärmespeicher. Hühner fressen Tiere, die Pflanzungen oder Nahrungsmittel schädigen könnten und hinterlassen ihre Ausscheidungen als Dünger. Abfall wird vermieden. Wie in der Natur wird alles wiederverwertet. Permakultur zieht kleine Lösungen, die viel Zeit brauchen, die überschaubar sind und leicht zu korrigieren, jenen großen Lösungen vor, die viel Energie und Material benötigen und dafür das angestrebte Ziel schneller erreichen.[30]

Permakultur umfasst nicht nur Garten- und Landbau, sondern zahlreiche weitere Lebensbereiche. Ausgehend von ihren ethischen Leitprinzipien erfasst sie mindestens sieben Dimensionen: Sie gestaltet die Umgebung, auch die Gebäude, die sie nutzt, durch Biotektur – eine möglichst weitgehende Anpassung der Bauweise an die Natur.[31] Dies geschieht durch den Einsatz von Lehm- und Strohbauten, durch die passive Nutzung von Sonne und Naturkreisläufen sowie durch Wasserkulturen. Dabei nutzt die Permakultur erneuerbare Energien, Biomasse, Maschinen, die sich selbst warten können und möglichst einfache Werkzeuge. Für Transporte stützt sie sich, wenn möglich, auf öffentliche Verkehrsmittel und Fahrräder. Was sie nutzt, verwendet sie so effizient wie möglich, auch mehrfach. In der Land- und Naturnutzung setzt sie auf organische und biologisch-dynamische Landwirtschaft, auf naturnahe Waldwirtschaft und Waldgärten. Sorgfältig pflegt sie ihr Saatgut und geht sparsam mit Wasser um. Sie wirtschaftet auf Böden, die den Produzentinnen und Produzenten gehören oder langfristig gepachtet wurden. Sie bevorzugt gemeinschaftliches Arbeiten und Wohnen nach klaren Spielregeln. Nach außen kommuniziert sie offen. Sie fördert Kultur und Bildung durch permanentes Lernen, Beobachtung und Nach-

[30] Ebenda, S. 92.

[31] Umweltlexikon Katalyse-Institut, Biotektur, http://umweltlexikon.katalyse.de/?p=514 (Abfrage vom 11.7.2023).

Abbildung 20: Hühner in Freilandhaltung

Foto: pixabay.com

ahmung der Natur und den Austausch von Informationen, Erfahrungen und Wissen. Dies drückt sie auch in verschiedenen Kunstformen aus. Sie fördert Gesundheit und Wohlbefinden durch gesunde Ernährung und Naturmedizin und Bewegung an der frischen Luft. Die Menschen sollen sich möglichst im Einklang mit sich selbst befinden, mit der Gemeinschaft, in der sie leben und mit der Natur. Permakulturgemeinschaften legen Wert auf solide Finanzen und Wirtschaftlichkeit. Dies erreichen sie, indem sie auf einen hohen Grad der Selbstversorgung mit Lebensmitteln und Energie achten, an Tauschnetzwerken teilnehmen und ihre Kosten und Investitionen möglichst mit ihren eigenen Mitteln bezahlen und die Leistungen der Mitglieder ihrer Gemeinschaften intern verrechnen. Notfalls nehmen und vergeben sie auch Darlehen, für die allerdings keine Zinsen gezahlt werden.[32]

Permakultur ist also nicht nur eine nachhaltige Form des Garten-, Land- und Waldbaus, sondern auch eine Lebens- und Wirtschaftsweise,

[32] Was ist Permakultur? Permakultur-konkret, https://permakultur-konkret.ch/was/ (Abfrage vom 11.7.2023).

die als Alternative zur kapitalistischen Form des Wirtschaftens und ihrer Konsequenzen für die Gesamtgesellschaft gelten kann. Sie ist geprägt von einem Gestaltungsprozess, der in allen gesellschaftlichen Dimensionen wirksam ist. Durch die zyklische Nutzung natürlicher Ressourcen, einen hohen Selbstversorgungsgrad sowie durch ihre Unabhängigkeit vom Kapitalmarkt und anderen Zweigen des Agrarsektors erreicht sie eine ausgeprägte Widerstandskraft. Intern sind Permakulturgemeinschaften – so das Prinzip – demokratisch und entlang klarer Regeln organisiert.

5.2.2 *Marktgärten und die Praxis der Mikrolandwirtschaft*

Die Permakultur steht in der Tradition einer Variante der Mikro-Land- und Gartenbaukulturen, die auch die historischen „Marktgärten" hervorgebracht hat.[33] Was sind Marktgärten? Wie sieht die Praxis der Mikrolandwirtschaft aus?

In den Pariser Marktgärten versorgten um die Mitte des 19. Jahrhunderts etwa 9.000 Gärtnerinnen und Gärtner eine der größten Städte der damaligen Welt mit Obst und Gemüse. Auf ihren insgesamt nur rund 1.400 Hektar Gartenland erzeugten sie so viel, dass die Überschüsse sogar exportiert wurden. Als Dünger nutzten sie vor allem Pferdemist, der in dieser Großstadt mit ihren Tausenden Zugpferden massenhaft anfiel. Diese Rossäpfel heizten die Frühbeetkästen so stark auf, dass Obst und Gemüse viel früher reif wurden als in anderen Kulturen. Daher konnten die Pariser Gärtnerinnen und Gärtner vier bis neunmal im Jahr ernten. Sie setzten ihre Pflanzen kleinteilig in dichten Mischkulturen. Dabei wurde der Boden stark durchwurzelt und blieb durch die Pferdeäpfel dauerhaft sehr fruchtbar. Der entscheidende Faktor aber war intensive menschliche Handarbeit. Gleichzeitig lagen die Materialkosten bei dieser Art von Gartenbau um bis zu vier Fünftel niedriger als bei einer konventionellen Form der Bodenbearbeitung. Sie war daher hochprofitabel. Stand noch weiteres Land für extensive Nutzungsformen zur Verfügung, kultivierten die Pariser Mikrobäuerinnen und -bauern Hecken mit essbaren Früchten, Obstbäume, Beeren

[33] Manuel Nagel, Erfolgreich ökologisch wirtschaften mit biointensiver Landwirtschaft, in: Der kritische Agrarbericht 2021, S. 135-140.

und Gemüse und legten Waldgärten und Teiche an. Sie waren so erfolgreich, dass sie ihre Überschüsse bis nach London lieferten.[34]

Abbildung 21: Marktgarten mit Agroforst-Elementen

Foto: Leon Schleep

Die „Market-Gardening"-Bewegung schließt an diese Traditionen an, auch in Deutschland. Hier fließen die Erfahrungen ein, die in den letzten Jahrzehnten mit Permakultur und anderen Formen der Mikrolandwirtschaft gemacht wurden. Die Pflanzen werden sehr eng gepflanzt, sodass kein Licht mehr auf den Boden dringt. Diese Methode wird „Blattschluss" genannt. Sie hat – neben ihrer Produktivität – den Vorteil, dass sich mangels Sonnenlichts kaum Unkräuter entwickeln können. Angebaut werden Salat, Sellerie und Wurzelgemüse. Die Beete werden möglichst wenig gestört. Die Gärtnerinnen und Gärtner dringen mit ihren Werkzeugen nur etwa fünf Zentimeter tief in den Boden ein, um

[34] Ute Scheub, Stefan Schwarzer, Die Humusrevolution, S. 96f.

ihn krümelig zu machen. Die Bodenfruchtbarkeit erhalten sie mit Kompost und anderen organischen Düngemitteln.[35]

Zwei sehr interessante Beispiele für Mikrolandwirtschaft und Permakultur in Deutschland und Frankreich, die Gemeinschaft Schloss Tempelhof und den Hof „Bec Hellouin" in der Normandie, haben Ute Scheub und Stefan Schwarzer ausführlich beschrieben.[36] Wir möchten stattdessen kurz den UmweltKulturPark vorstellen: Er liegt mitten im Stadtgebiet Dortmunds und umfasst etwa 12 Hektar. Er wurde 1986 von einigen Aktiven gegründet, die sich an den Ideen Bill Mollisons begeisterten. Das zentrale Element dieser Anlage ist ein Teich, der nicht nur Wasser speichert und Libellen und Kröten Lebensraum bietet, sondern auch das angrenzende Gewächshaus wärmt, in dem kleine Setzlinge gezogen werden. Vor allem aber werden sich selbst vermehrende Pflanzen kultiviert. Die Gemüsebeete sind dicht bepflanzt. Freier, ungeschützter Boden ist nicht zu sehen. Die Beete sind in Zonen aufgeteilt. Vorne stehen jene Pflanzen, die schnell wachsen und gepflegt werden müssen. Dahinter sind jene angesiedelt, die langsamer wachsen. In die dritte Reihe wurden Stauden gepflanzt, die keine Pflege brauchen. Ein weiteres Prinzip ist die „Stapelung" der Kulturpflanzen: Niedrige stehen vorne und die anderen je nach Höhe weiter hinten. Die Pflanzen wachsen so, dass sie sich gegenseitig unterstützen: Knoblauch gedeiht neben Erdbeeren und schützt sie vor Schimmel. Daneben stehen Gurken. Wildkräuter, Salate und Beerensträucher gedeihen zwischen den anderen Pflanzen.[37]

Bill Mollisons Konzept der Permakultur und die Market-Gardening Bewegung stehen also in einer sehr alten Tradition land- und gartenbaulicher Kleinproduktion. Diese Produktionsformen sind biologisch und wirtschaftlich sehr produktiv, *weil* sie auf schweres Gerät ebenso verzichten wie auf synthetische Düngemittel und Pestizide.

[35] Marietta Schwarz, Market Gardening, Gemüseanbau auf kleinstem Raum, 18.4.2020, https://www.deutschlandfunkkultur.de/market-gardening-gemueseanbau-auf-kleinstem-raum-100.html (Abfrage vom 25.7.2023).

[36] Ute Scheub, Stefan Schwarzer, Die Humusrevolution, S. 97-103, 117-124.

[37] Stephanie Kowalewski, Permakultur. Kann uns naturnahe Landwirtschaft ernähren? 30.4.2019, https://www.deutschlandfunkkultur.de/permakultur-kann-uns-naturnahe-landwirtschaft-ernaehren-100.html (Abfrage vom 25.7.2023).

5.2.3 Zwischenfazit

Die verschiedenen Formen der Mikrolandwirtschaft lösen somit einige der großen Probleme, die durch die industrielle Landwirtschaft entstanden sind: Sie erhalten auf natürliche Weise die Fruchtbarkeit des Bodens, verhindern Bodenerosion, machen Pestizide überflüssig. Wie in der Natur gibt es bei diesen Garten- und Landbausystemen weder Abfälle noch Umweltverschmutzung, weil alles, was nicht als Nahrungsmittel verbraucht wird, wieder in den organischen Zyklus eingespeist wird. Diese Garten- und Landbausysteme können somit helfen, die Ernährung der Bevölkerung zu sichern, die strukturelle Massenarbeitslosigkeit und das Artensterben mindern und durch Humusaufbau im Boden zum Klimaschutz beitragen.

5.3 Regenerative Land- und Gartenwirtschaft

In diesem Unterkapitel stellen wir weitere agrarökologische Formen nachhaltiger Land- und Gartenwirtschaft vor, die zur „Regenerativen Land- und Gartenwirtschaft" gehören. Was ist das Besondere an diesen nachhaltigen Wirtschaftsweisen? In einem ersten Schritt klären wir, was sich hinter dieser Bezeichnung verbirgt. Dann beschreiben wir einige Beispiele Regenerativer Landwirtschaft. Stadtgärten und Gartenstädte sind die letzten beiden Stationen dieses Unterkapitels. Hier gibt es viele Überschneidungen mit den Ansätzen, die wir im vorigen Unterkapitel vorgestellt haben.

5.3.1 Was ist Regenerative Land- und Gartenwirtschaft?

In diesem Abschnitt klären wir zunächst, was „Regenerative Land- und Gartenwirtschaft" ist und fragen nach ihren Methoden und Vorteilen. Dann stellen wir eine ihrer Varianten vor, die nicht immer nachhaltig ist: die „konservierende Bodenbearbeitung".

Anders als beim ökologischen Landbau gibt es für die Regenerative Land- und Gartenwirtschaft keine allgemeingültige Definition. Die Food and Agriculture Organization of the United Nations (FAO) definiert „Regenerative Land- und Gartenwirtschaft" folgendermaßen:

„Regenerative Landwirtschaft beschreibt ganzheitliche Landwirtschaftssysteme, die unter anderem die Wasser- und Luftqualität verbessern, die Artenvielfalt des Ökosystems steigern, nährstoffreiche Lebensmittel produzieren und Kohlenstoff speichern, um die Auswirkungen des Klimawandels abzumildern. Diese landwirtschaftlichen Systeme sind so konzipiert, dass sie im Einklang mit der Natur funktionieren und gleichzeitig die wirtschaftliche Rentabilität erhalten und verbessern.“[38] Da es keine festen Regeln für die Regenerative Landwirtschaft gibt, sondern nur allgemein formulierte Zielsetzungen, lassen sich Methoden der Regenerativen Landwirtschaft auch in die „konventionelle“ Landwirtschaft integrieren. Doch im Wesentlichen zielt sie auf eine nachhaltige Form der Landwirtschaft. Im Zentrum ihrer Bemühungen stehen die Erhaltung der Qualität des Bodens und der Artenvielfalt des Bodenlebens.[39]

Die Definition der FAO wurde ursprünglich von der US-Umweltorganisation Chesapeake Bay Foundation formuliert. Diese nennt weitere Grundsätze, an denen sich die Regenerative Landwirtschaft orientieren soll: Physikalische, biologische und chemische Störungen des Bodens sollen vermieden und Tiere so weitgehend wie möglich in den landwirtschaftlichen Betrieb integriert werden. Der Boden soll mit Vegetation oder natürlichem Material bedeckt bleiben. Die Vielfalt der Pflanzen soll gestärkt werden.[40]

Auch die Deutsche Landwirtschaftsgesellschaft (DLG) hat unter Beteiligung diverser Wissenschaftler eine Einordnung der Regenerativen Landwirtschaft vorgenommen. Darin legt sie dar, dass es sich hierbei um einen Systemansatz handelt, der zum Ziel hat, die Bodengesundheit und -fruchtbarkeit zu stärken, die Biodiversität zu schüt-

[38] „Regenerative agriculture describes holistic farming systems that, among other benefits, improve water and air quality, enhance ecosystem biodiversity, produce nutrient-dense food, and store carbon to help mitigate the effects of climate change. These farm systems are designed to work in harmony with nature, while also maintaining and improving economic viability.“ Food and Agriculture Organization of the United Nations (FAO), Family Farming Knowledge Platform, Regenerative Agriculture, Zitat: ebenda, https://www.fao.org/family-farming/detail/en/c/1512632/ (Abfrage vom 15.6.2023).

[39] Lea Kliem et al., Digitalisierung der Landwirtschaft, S. 14.

[40] Chesapeake Bay Foundation, What Is Regenerative Agriculture? https://www.cbf.org/issues/agriculture/regenerative-agriculture.html (Abfrage vom 15.6.2023).

zen, fossile Inputs in das System zu reduzieren und gleichzeitig die Lebensmittelerzeugung zu verbessern. Damit einher geht ein Wechsel bei den Prioritäten der Landbewirtschaftung: „weg von der Focussierung auf möglichst hohe Erträge hin zur Sicherung der Bodengesundheit als Basis für einen resilienten Ackerbau“. Fünf Prinzipien machen die beteiligten Wissenschaftler dabei aus:

1. Minimaler Bodeneingriff
2. Permanente Bodenbedeckung
3. Vielfältiges Anbausystem
4. Ganzjährig lebende Wurzel
5. Integration von Tieren

Wichtig ist den Autoren, „dass das System Regenerative Landwirtschaft nur zu erreichen ist, wenn die Prinzipien in Summe umgesetzt werden“. Dennoch führen sie aus, dass „Innovationen der regenerativen Landwirtschaft auch die Weiterentwicklung anderer Bewirtschaftungssysteme fördern“.[41]

In der praktischen Umsetzung bedeuten die Prinzipien: Regenerativ wirtschaftende Landwirtinnen und Landwirte verringern die Bodenbearbeitung ihres Kulturlandes oder verzichten ganz auf sie. Sie streben außerdem danach, den Einsatz von Chemikalien wie Pestiziden und chemischen Düngemitteln zu reduzieren oder sie ganz wegzulassen. Regenerative Landwirte mulchen und bauen Zwischenfrüchte an – also Pflanzen, die nicht verkauft werden, aber andere Vorteile bieten, wie z.B. Bodenverbesserung, Wasserspeicherung, Unkrautunterdrückung und Erosionsschutz. Sie erhalten die Flächen, die als Dauerweideland dienen und tragen zum Aufbau gesunder Böden bei, die Wasser und Nährstoffe besser speichern. Ihre Betriebe können die Fruchtfolge variieren, mehrere Arten von Deckfrüchten zusammen anbauen, vielfältiges Futter auf Weiden anbauen und in einigen Bereichen des Betriebs eine dauerhafte Vegetation als Schutzbedeckung aufrechterhalten. Sie belassen möglichst viele lebende Wurzeln im Boden.[42] Die

[41] Ebenda. – Gernot Bodner et al., Regenerative Landwirtschaft – eine Einordnung, in: DLG kompakt, Nr. 2/2024.

[42] Chesapeake Bay Foundation, What Is Regenerative Agriculture? https://www.cbf.org/issues/agriculture/regenerative-agriculture.html (Abfrage vom 15.6.2023).

Regenerative Landwirtschaft kann in verschiedenen klimatischen Verhältnissen angewandt werden. Sie entwickelt sich permanent weiter.[43]

Abschließend möchten wir noch einen wichtigen Aspekt der Regenerativen Landwirtschaft gesondert vorstellen: die „konservierende Bodenbearbeitung“ oder Minimalbodenbearbeitung. „Erfunden“ wurde diese Form des Pflanzenbaus in den 1930er-Jahren als Reaktion auf die gewaltigen Erosionsschäden in den Präriestaaten der USA, die sogenannte „Dust Bowl“.

Weiterentwickelt wurde sie ebenfalls in Nordamerika in den 1970er-Jahren durch die „Streifenbearbeitung“, insbesondere bei Mais, Soja und Baumwolle. Dabei wurde der Boden lediglich in den Saatreihen aufgelockert. Die Bedeckung dazwischen blieb erhalten. Die konservierende Bodenbearbeitung verbreitet sich zunehmend auch in Europa, weil sie erhebliche Vorteile bietet: Sie verstärkt die Fruchtbarkeit der Böden und führt zur „Bodengare“, das heißt, zum optimalen Zustand eines fruchtbaren Bodens.[44] Insbesondere schützt sie die Regenwürmer, die erheblich zur Bodenfruchtbarkeit beitragen. Sie kann die Kosten für Arbeitskräfte, Maschinen, Treibstoffe und Düngemittel senken. Und die permanente Bedeckung des Bodens schützt diesen vor Erosion durch Wind und Wasser. Statt des Pflugs werden Grubber oder Scheibeneggen als nicht-wendende Bodenbearbeitungsgeräte eingesetzt. Inzwischen wird etwa die Hälfte der Äcker in Deutschland nicht mehr gepflügt. Einige Pioniere arbeiten mit Direktsaat und verzichten dabei auf jegliche Bodenbearbeitung vor der Aussaat. Die konservierende Bodenbearbeitung hat aber auch Nachteile: Sie kann zu mehr Unkraut führen, das dann mit Herbiziden bekämpft werden muss. Rückstände der zuvor angebauten Feldfrucht können Krankheiten, insbesondere Pilzkrankheiten, übertragen, die dann mit Fungiziden bekämpft werden müssen. Es können verstärkt Feldmäuse und Schnecken als Schädlinge auftreten. Hier zeigt sich, wie wichtig die gleichzeitige Umsetzung aller Prinzipien der Regenerativen Landwirtschaft ist. Der Pflugverzicht für sich allein führt in der Regel zu einer Erhöhung des Einsatzes von Pestiziden. Dieser Umstand führte dazu, dass die Förderung des

[43] Regenerative Landwirtschaft, Worum geht es? https://www.regenerative-landwirtschaft.de/ (Abfrage vom 15.6.2023). – Dietmar Näser, Regenerative Landwirtschaft – Bodenleben und Pflanzenstoffwechsel verstehen.

[44] Zur Bodengare vgl. Erhard Hennig, Geheimisse der fruchtbaren Böden, S. 48-65.

Verzichts auf das Pflügen im Rahmen von Agrarumweltprogrammen durch die Bundesländer wieder eingestellt wurde.[45]

Abbildung 22: Erde mit Regenwürmern

Foto: pexels.com/Sippakorn Yamkasi-korn

Die Methoden der Regenerativen Landwirtschaft fördern insgesamt eine nachhaltige Land- und Gartenbauwirtschaft. Wenn sie aber nur bei dem Verzicht auf Bodenbearbeitung ansetzt, ist sie nicht im strengen Sinn nachhaltig. Die Regenerative Landwirtschaft kann mit einer nachhaltigen Viehhaltung verbunden sein. Sie arbeitet in Einklang mit natürlichen Abläufen und kann auch betriebswirtschaftlich sehr rentabel sein. Sie schützt den Boden und stärkt die Bodenfruchtbarkeit. Sie schützt das Wasser und umgebende Ökosysteme. Sie stärkt die Artenvielfalt und wirkt der Erwärmung des Weltklimas entgegen, indem sie

[45] Konservierende Bodenbearbeitung, in: Landwirtschaft ohne Pflug. Das Fachmagazin für den professionellen Pflanzenbau, ohne Datum, https://www.pfluglos.de/konservierende_bodenbearbeitung (Abfrage vom 27.7.2023). – Food and Agriculture Organization of the United Nations (FAO), Conservation Agriculture, https://www.fao.org/conservation-agriculture/en/ (Abfrage vom 15.6.2023).

der Atmosphäre durch Humus und Dauerweiden mehr Klimagas entzieht, als sie dorthin abgibt.

5.3.2 Die Praxis Regenerativer Landwirtschaft

Das weite Spektrum unterschiedlicher Formen Regenerativer Landwirtschaft jenseits des ökologischen Landbaus können wir nur an zwei Beispielbetrieben andeuten. Doch verweisen wir darüber hinaus auf den Hof von Irene und Josef Braun in der Nähe von Freising, den Ute Scheub und Stefan Schwarzer beschrieben haben. Sie zeigen an diesem Beispiel, wie gut sich viele Formen nachhaltiger Landwirtschaft wie Agroforsten, ökologischer Landbau, Terra-Preta- und Permakulturen miteinander und zusätzlich mit moderner nachhaltiger Energieerzeugung kombinieren lassen.[46] Auch die beiden Betriebe, die wir im Folgenden vorstellen, arbeiten weitgehend nachhaltig, obwohl sie auf die Einbindung in das Kontrollsystem der Bio-Landwirtschaft verzichten. Uns interessiert vor allem, wie sie die Fruchtbarkeit des Bodens erhalten, Tiere artgerecht halten und dabei wirtschaftlich sind.

Der Betrieb der Familie Kleinschroth liegt südlich von Würzburg in dem kleinen Dorf Fuchsstadt. Die Kleinschroths halten Milchkühe und Ochsen, 60 Puten, 40 Hähnchen und 60 Hühner, die mit Pflanzen gefüttert werden, die auf ihren Feldern wachsen. Nur das Mineralfutter kaufen sie zu. Auf 62 Hektar Ackerfläche bauen sie Feldfrüchte an, darunter ganz ungewöhnliche: Zum Fruchtwechsel gehört morphinarmer Blaumohn, der für Kuchen und Brötchen verwendet wird, die ein Bäckereibetrieb herstellt, mit dem die Kleinschroths zusammenarbeiten. Einen Teil ihrer Mohnernte verarbeiten sie zu wertvollem Öl. Die Mohnpflanzen kommen wegen ihrer ausgeprägten Pfahlwurzel mit Trockenheit gut zurecht. Darüber hinaus macht Helmuth Kleinschroth diesen Zweig seines Betriebs durch eine geschickte Öffentlichkeitsarbeit populär – wie zum Beispiel den „Moon-Day“, an dem er Besucherinnen und Besucher einlädt, auf seinen Feldern zu feiern. Bei dem Anbau von Roggen achtet Kleinschroth auf die Verwendung von Populationssorten. Diese Sorten sind wenig anfällig für Mutterkorn und lassen sich anders als Hybridsorten, immer wieder nachbauen. Der

[46] Ute Scheub, Stefan Schwarzer, Die Humusrevolution, S. 153-155, 158f.

Bäcker, mit dem die Kleinschroths zusammenarbeiten, vermahlt diesen Roggen in einer eigenen Mühle und verwendet ihn für Natursauerteig. Er nimmt ihnen aber auch die anderen „samenfesten“ Getreidearten ab, die sie anbauen: Schwarzemmer sowie Rot- und Gelbweizen. Den Rotweizen verkaufen sie an eine Brauerei. Diese alten Sorten sind sehr robust und benötigen kaum Dünger oder Pestizide. Darüber hinaus kultivieren die Kleinschroths Gerste, Mais, Zuckerrüben und Erbsen. Streuobstwiesen und Beerensträucher diversifizieren die Palette der Erzeugnisse ihres Betriebs weiter. So bleiben sie flexibel: Sie können ihre Produkte als Nahrungsmittel absetzen, als Tierfutter verwenden oder als Rohstoff für die Nahrungsmittelindustrie.[47] Durch Direktvermarktung und enge Zusammenarbeit mit weiterverarbeitenden Betrieben behalten sie auch einige der nachgeordneten Stufen der Wertschöpfung in der Hand, was die Wirtschaftlichkeit ihres Betriebs verbessert. Die Kleinschroths zeigen, dass ein sehr gemischter und flexibler Feldbau- und Tierhaltungsbetrieb mit einem besonderen Angebot und direkter Vermarktung profitabel und zugleich nachhaltig wirtschaften kann.

Ein völlig anderes Konzept verwirklicht die Familie Mörixmann in ihrem Betrieb in Hilter, einem Dorf am Rande des Teutoburger Walds. Hier steht das Tierwohl im Zentrum der Bemühungen um Nachhaltigkeit. Der Kernbereich des Betriebs ist die Schweinezucht. Dafür ist Gabriele Mörixmann zuständig. Sie bemühte sich schon seit 1997, ihre Schweine tierwohlgerecht zu halten. 2012 baute sie ihren Stall nach einem selbst entwickelten Konzept zum „Aktivstall“ um. Diese Konzeption verbindet einige Anforderungen aus der ökologischen Haltung mit konventioneller Haltung. Die Grundidee ist dabei, dass Schweine als intelligente, verspielte und bewegungsfrohe Tiere genug Platz und Beschäftigungsmöglichkeiten benötigen. In den Ställen haben sie doppelt so viel Platz, wie gesetzlich vorgeschrieben ist. Die Ställe sind in unterschiedliche Bereiche aufgeteilt: In Fressbereichen finden sie Kraftfutter, Heu und Maissilage. In anderen Bereichen können sie suhlen und wühlen. Außerdem gibt es Ruhebereiche, einen Außenklimabereich und eine Wühlwiese. In abgetrennten Teilen der Ställe

[47] Hans-Werner Bunz, Helmuth Kleinschroth – Bauer und Bewahrer, ca. 2014, https://www.slowfood.de/netzwerk/vor-ort/mainfranken_hohenlohe/nahrung_fuer_gedanken_2/besondere-produzenten/kleinschroth (Abfrage vom 27.8.2022).

können kranke Tiere ruhen und gepflegt werden. Die Mörixmanns beziehen ihre Ferkel im Alter von etwa vier Wochen bei einem Gewicht von rund 6 kg von einem Sauenbetrieb, der etwa 25 km entfernt ist. Hier zeigt sich auch ein Unterschied zu den Vorschriften der ökologischen Landwirtschaft. Dort dürfen die Ferkel erst nach 40 Tagen von der Muttersau getrennt werden. Insgesamt bleiben die rund 700 Tiere durchschnittlich 200 Tage zur Mast im Betrieb. Wenn sie ihr Schlachtgewicht erreicht haben, werden sie in einem Schlachthof geschlachtet, der in einer Stunde Fahrzeit erreicht wird.[48] Da die Tiere viel Auslauf haben und auch sonst artgerecht leben können, werden sie seltener krank und brauchen viel weniger Medikamente, als es in der industriellen Tierhaltung üblich ist. Ihr Konzept macht Schule: Inzwischen nutzen sieben weitere Betriebe das Konzept „Aktivställe". Die Mörixmanns arbeiten mit einem Schlacht- und Metzgereiunternehmen zusammen, das sich nach eigenen Angaben auf Fleisch aus artgerechter Tierhaltung spezialisiert hat.[49] Stefan und Kirsten Mörixmann, die zu einem anderen Zweig der Familie gehören, haben das bei Schweinen sehr erfolgreiche „Aktivstall"-Konzept auf Hühnerhaltung übertragen. Sie halten in Borgloh 20.000 Legehennen im Freiland und ziehen die Tiere auch auf.[50] Die Betriebe der Mörixmanns zeigen, dass Viehhaltung tierfreundlich, nachhaltig und zugleich profitabel gestaltet werden kann.

Der Hof von Helmuth Kleinschroth ähnelt einem klassischen Gemischtbetrieb des ökologischen Landbaus, ohne sich konsequent dessen Regeln zu unterwerfen. Er zeichnet sich durch die Vielfalt seiner wirtschaftlichen Standbeine aus, setzt synthetische Pestizide und Düngemittel nach eigenen Angaben sehr zurückhaltend ein und versucht, eine Kreislaufwirtschaft zu etablieren. Besonders interessant für die Transformation der industriellen in eine nachhaltige Landwirtschaft sind die beiden Betriebe der Familie Mörixmann, weil sie Massentier-

[48] Kalieber, Hof Mörixmann, https://www.kalieber.de/TIERWOHL/LANDWIRTE-BETRIEBE/HOF-MOERIXMANN/ (Abfrage vom 3.6.2023). – Mein Bauernhof, Familie Mörixmann, 2021, https://www.mein-bauernhof.de/verkaufstelle/familie-moerixmann-aktivstall-fuer-schweine-691547/ (Abfrage vom 21.11.2022).

[49] Ebenda. – Kalieber, Hof Mörixmann.

[50] Landvolk Niedersachsen, Tag des offenen Hofes bei Mörixmanns, 6.6.2022, https://www.landundforst.de/landwirtschaft/tier/tag-offenen-hofes-moerixmanns-aktivstall-fuer-schweine-567460 (Abfrage vom 3.6.2023).

Abbildung 23: Freilandhühner mit Mobilstall

Foto: iStock.com/fotolinchen

haltung praktizieren und zugleich versuchen, die Fehler der industriellen Tierhaltung konsequent zu vermeiden. Kleinschroth und Mörixmann leisten über ihre betrieblichen Aktivitäten hinaus viel Öffentlichkeitsarbeit und sind in ihren Lieferketten breit vernetzt. Die Betriebsleiterinnen und Betriebsleiter nutzen aber auch die Gestaltungsspielräume, die sich ihnen dadurch eröffnen, dass sie ihre Betriebe nicht als ökologischen Landbau zertifizieren lassen.

5.3.3 Stadtgärten und Transition Towns

Im Gegensatz zu diesen Formen nachhaltiger Landwirtschaft ist die „Stadtgärten"-Bewegung ein urbanes Element der Großen Transformation. Woher kommt diese Bewegung? Wie nachhaltig ist diese Form der Garten- und Mikrolandwirtschaft? Über die Berliner Stadtgärten-Bewegung berichtet der Geograph Severin Halder in seiner Dissertation. Er arbeitet mit dem Forschungsansatz des „aktivistischen Forschens" und des „forschenden Aktivismus".[51] Er ist Teil der Be-

[51] Severin Halder, Gemeinsam die Hände schmutzig machen.

wegung, die er analysiert. Diese und andere Arbeiten und Aktivitäten kritischer Geographinnen und Geographen gehören zur Bewegung der „Transition-Towns“. Sie wurde 2005 von dem britischen Permakulturdesigner Rob Hopkins begründet. Den Anfang machte die britische Kleinstadt Totnes im westlichen Cornwall: Sie wurde die erste Transition Town. Mit Billigung der Kommunalverwaltung verwandelten engagierte Bürgerinnen und Bürger Parkplätze in Obstbaumgärten, entwickelten lokale Energie- und Verkehrswendepläne und führten die lokale Währung „Totnes Pound“ ein, die die lokale Wirtschaft förderte. Inzwischen hat sich diese Bewegung in der ganzen Welt verbreitet. In Deutschland arbeiten mindestens 100 solcher Initiativen. Ganz ähnlich ist die Bewegung „Incredible Edible“, die 2008 von Mary Clear und Pam Warhurst in Todmorden (England) gegründet wurde. Auch sie verbreitet sich in England und anderen Ländern. Eine „essbare Stadt“ möchte auch Andernach sein. Dort gründeten Heike Boomgarden und Lutz Kosack 2010 eine „Urban-Gardening“-Initiative: Deren Aktive bepflanzten städtische Grünflächen mit Gemüse, Kräutern und Getreide. Der öffentliche Permakulturgarten bildet Stadtgärtner aus. Ziele dieser Initiative waren Selbstversorgung, gesellschaftliche Schäden heilen und die Beziehung der Menschen zur Natur verbessern. Auf diese Weise lernen Menschen, die in Städten leben, sich selbst mit Lebensmitteln zu versorgen. Vernetzt werden solche Initiativen von der Plattform www.anstiftung.de. Weltweit betrachtet, ist diese Praxis weit verbreitet. Besonders in armen Ländern des Südens ernähren sich die meisten Armen aus Stadtgärten.[52]

Einem anderen Ansatz folgt die Initiative „Neustart Schweiz“: Sie belebt die alte soziale Struktur der „Nachbarschaft“ neu. Mehrere hundert Personen schließen sich zu solch einer Nachbarschaft zusammen, die sich aus der näheren Umgebung und eigenen Gärten und Äckern versorgt. Sie verfügt über Einrichtungen, die alle Mitglieder nutzen können: Restaurants, Bars, ein Bad, eine Bibliothek, einen Reparaturservice, Lebensmittel- und Secondhand-Abgabestellen, eine Wäscherei, einen Geräteverleih oder eine Großküche. Diese Nachbarschaften sollen sich mit möglichst vielen ähnlichen Einrichtungen vernetzen – regional, national und auf europäischer Ebene.[53]

[52] Ute Scheub, Stefan Schwarzer, Die Humusrevolution, S. 200, 202f.
[53] Ebenda, S. 203, 206.

Eine ähnliche Initiative zielt vor allem auf die ländliche Gesellschaft: das regenerative Dorf in Almere, unweit von Amsterdam. Es besteht aus etwa einhundert Häusern, deren Bewohner bei Ernährung und Wasser- und Energieversorgung autark sind. Sie nutzen erneuerbare Energien, Gewächshäuser und die Aquaponik-Technik – das heißt, sie düngen ihre Pflanzen mit den Verdauungsprodukten ihrer Fischzucht. Die Fische wiederum ernähren sich von Soldatenfliegen, die auf biologischem Abfall gedeihen.[54]

Weitere Formen von Stadtgärten sind Gemeinschaftsgärten und Internationale Gärten. Unter Gemeinschaftsgärten versteht die Forschung „gemeinschaftlich und durch freiwilliges Engagement geschaffene und betriebene Gärten, Grünanlagen und Parks mit Ausrichtung auf eine allgemeine Öffentlichkeit".[55] In ärmeren Ländern sind Gemeinschaftsgärten seit jeher eine weitverbreitete Form der Subsistenzwirtschaft in ärmeren Teilen der Bevölkerung. In den 1970er-Jahren entstanden auch in New York solche Gärten. Auch hier wurde diese Bewegung getragen von benachteiligten armen Bevölkerungsgruppen – überwiegend Schwarzen und Hispanics. Sie kultivierten gemeinsam städtische Brachflächen in ihrer Nachbarschaft und bauten dort Nahrungsmittel an. Bald schon wurde diese Bewegung von der Stadtverwaltung unterstützt. Vielfach legalisierte sie die Landbesetzungen durch reguläre Pachtverträge.[56]

In Deutschland hat sich, ausgehend von Göttingen, seit Mitte der 1990er Jahre eine Gemeinschaftsgärtenbewegung entwickelt.[57] Sie wurde

[54] Ebenda, S. 206.

[55] Zitat: Marit Rosol, Gemeinschaftsgärten in Berlin: Eine qualitative Untersuchung zu Potenzialen und Risiken bürgerschaftlichen Engagements im Grünflächenbereich vor dem Hintergrund des Wandels von Staat und Planung. Dissertation geogr. Humboldt-Universität zu Berlin 2006, S. 7, https://www.agrar.hu-berlin.de/de/institut/departments/daoe/bk/forschung/klimagaerten/weiterfuehrende-materialien-1/2005_dissertation-zu-gemeinschaftsgaerten-in-berlin.pdf (Abfrage vom 28.1.2025).

[56] Annick Eimer, Community Gardens in New York. Frisches Gemüse für alle https://www.deutschlandfunk.de/community-gardens-in-new-york-frisches-gemuese-fuer-alle-100.html (Abfrage vom 28.1.2025).

[57] Christa Müller, Urban-Gardening-Bewegung: Auf der Suche nach einem neuen Natur-Kultur-Verhältnis, S. 394, https://www.oekom.de/_files_media/titel/leseproben/9783865818522.pdf (Abfrage vom 30.9.2024).

teilweise von den Kommunen initiiert oder unterstützt. Teilweise entstand sie auch völlig unabhängig von der öffentlichen Verwaltung. Viele Betreiberinnen und Betreiber dieser Gärten haben politisch-kulturelle Motive für ihre Tätigkeit. Zumeist macht ihnen diese Arbeit einfach Freude. Viele möchten ihre Umgebung aktiv mitgestalten und engere Kontakte zu ihren Nachbarinnen und Nachbarn pflegen. Manche Gärten sind auf ein bestimmtes Thema ausgerichtet, andere sind thematisch offen.[58] Eine weitere Form von Stadtgärten sind die Internationalen Gärten. Der erste dieser Gärten entstand 1996 in einer Göttinger Flüchtlingsinitiative. Migrantinnen und Migranten sollten hier gemeinsam mit Einheimischen arbeiten und Nahrungsmittel erzeugen. Besonders bekannt sind auch die Internationalen Gärten in Marburg und Dietzenbach. Insgesamt gibt es heute in Deutschland über 800 Initiativen von Gemeinschaftsgärten, darunter zahlreiche Internationale Gärten.[59]

Viele Initiativen engagieren sich dafür, dass Städte grüner werden – durch Dachgärten, Gründächer, begrünte Seitenstreifen, Innenhöfe und Brachflächen. Öffentliche Parkanlagen sollten vermehrt mit Bäumen und Sträuchern bepflanzt werden, die essbare Früchte, Nüsse oder Beeren tragen. Die Berliner Initiative „Mundraub" macht seit 2009 auf öffentlich zugängliche Nahrungspflanzen in Europa aufmerksam: Obst- oder Nussbäume, Beerensträucher, Lindenblätter, Hopfen, Sauerampfer, Sanddorn oder Hagebutten. Ein wichtiges Ziel der Initiative ist, die Versiegelung kostbaren Ackerlandes, von Grün- und Waldflächen rasch zu beenden. Neubauten sollen nur noch auf Flächen errichtet werden, die bereits versiegelt sind. Hierzu lief bis Ende 2016 ein Projekt des Umweltbundesamtes, das mit entsprechenden „Flächenzertifikaten" arbeitete. Städte sollen dezentraler gestaltet und damit mensch- und naturgerechter werden.[60]

Die Stadtgärtenbewegung ist also sehr vielgestaltig: Stadtgärten, Transition-Towns, Urban Gardening, öffentliche Permakulturgärten,

[58] Marit Rosol, Gemeinschaftsgärten in Berlin, S. 123, 217. – Philipp Stierand, Stadt und Lebensmittel. Die Bedeutung des Ernährungssystems für die Stadtentwicklung, Diss. rer. pol. Univ. Dortmund 2008, S. 166.

[59] Philipp Stierand, Stadt und Lebensmittel, S. 167-177. – Urbane Gemeinschaftsgärten, Gärten und Netzwerke, https://urbane-gaerten.de/netzwerk-news/104374-bundesweites-gemeinschaftsgartennetzwerk-schon-700-g%C3%A4rten-dabei-2 (Abfrage vom 2.3.2021).

[60] Ute Scheub, Stefan Schwarzer, Die Humusrevolution, S. 202, 208.

Nachbarschaften, regenerative Dörfer, Gemeinschaftsgärten, Internationale Gärten, Dachgärten, Gründächer, Begrünung ehemals versiegelter Flächen, öffentliche Parks mit essbaren Baumfrüchten und anderen Nahrungspflanzen. All diese Ansätze sind Wege hin zur Nachhaltigkeit in Städten, zur Wiederbelebung der Stadtflächen im wörtlichen Sinn, auch in neuen Vergemeinschaftungsformen.

5.3.4 Zwischenfazit

Die Ausprägungen Regenerativer Land- und Gartenwirtschaft sind somit sehr vielfältig. Da der Begriff „Regenerative Land- und Gartenwirtschaft" nicht klar definiert oder geschützt ist, sind die einzelnen Varianten nicht einfach voneinander abzugrenzen. Sie arbeiten mit Elementen des ökologischen Landbaus, sie erscheinen als Stadtgärten und oder Gartenstädte, als Produktions- und Siedlungsformen. In der Regel hat die Regenerative Landwirtschaft mehrere wirtschaftliche und ökologische Standbeine. Sie versucht, in ökologischen Kreisläufen zu arbeiten, stützt sich auf erneuerbare Energien und erreicht ein hohes Maß an Tierwohl auch dort, wo die Zahl der gehaltenen Tiere an Größenordnungen der Massentierhaltung heranreicht. Diese Betriebe sind oft energetisch autonom und vermarkten ihre Erzeugnisse in der Regel direkt. Sie sind zumeist mit lokalen und regionalen Betrieben gut vernetzt, betreiben oft einen Hofladen und versuchen in ihrer Öffentlichkeitsarbeit, die Kundinnen und Kunden auf den gesellschaftlichen Mehrwert ihrer Produkte aufmerksam zu machen.

5.4 Agroforsten und nachhaltige Weidewirtschaft

Gehölze können zu einem landwirtschaftlichen System gehören. „Agroforsten" sind jedoch selbst ein nachhaltiges System des Landbaus. Mit Agroforsten häufig verbunden ist die nachhaltige Weidewirtschaft, die aber oft auch unabhängig betrieben wird. Denn: Etwa vier Zehntel der gesamten Landfläche der Erde sind mit Grünland unterschiedlichster Form bedeckt, das sich für nachhaltige Weidewirtschaft eignet.[61] Wir

[61] Ebenda, S. 170.

fragen im Folgenden nach der aktuellen und historischen Bedeutung von Agroforsten und nachhaltiger Weidewirtschaft. Was können diese Formen der Landwirtschaft zur Erhaltung und Steigerung der Bodenfruchtbarkeit, des Humusgehalts und der Speicherung von Kohlenstoff in den Böden beitragen?

5.4.1 Agroforstsysteme

Agroforstsysteme sind eine der ältesten Landnutzungsformen. Welche Bedeutung hatten sie in der Vergangenheit, wie wichtig sind sie heute? Zunächst: Was ist ein Agroforstsystem? Die „Innovationsgruppe Aufwerten" hat 2020 eine Studie vorgelegt, die für die verstärkte Nutzung der Möglichkeiten der Agroforstsysteme argumentiert. Sie definiert Agroforstwirtschaft als „eine multifunktionale Form der Landnutzung, bei der Gehölze zusammen mit landwirtschaftlichen oder gärtnerischen Kulturen auf einer Bewirtschaftungsfläche angebaut und genutzt bzw. verwertet werden. Dies kann auch in Kombination mit der Nutztierhaltung erfolgen. Grundlegend differenziert werden Agroforstsysteme nach der Kombination des Gehölzanbaus mit der Pflanzenproduktion, also dem klassischen Acker- und Futterbau (‚Agrisilvicultural'), und jenen mit Beweidung in der Tierhaltung (‚Silvipastoral'). Eine Kombination der drei Komponenten (‚Agrisilvipastoral') ist ebenfalls möglich." Typisch für Agroforstsysteme sind die Wechselwirkungen zwischen Gehölzen, Grünland, Feldfrüchten und Nutztieren.[62]

Kombinierte Land- und Waldwirtschaft wird in Mitteleuropa schon sehr lange praktiziert. Spezielle Agrargehölze wurden gepflanzt, um die Grenzen der landwirtschaftlichen „Schläge" zu kennzeichnen. Sie dienten der Einzäunung von Tierweiden und sollten Wind- und Wasser-

[62] Christian Böhm, Rico Hübner (Hgg.), Bäume als Bereicherung für landwirtschaftliche Flächen. Ein Innovationskonzept für die verstärkte Umsetzung der Agroforstwirtschaft in Deutschland. Cottbus 2020, S. 9f, Zitat: S. 9, https://agroforst-info.de/innovationskonzept-agroforstwirtschaft/ (Abfrage vom 26.7. 2023). – Rico Hübner, Julia Günzel, Agroforstwirtschaft. Die Kunst Bäume und Landwirtschaft zu verbinden (Deutscher Verband für Agroforstwirtschaft (Hg.), Cottbus 2020, S. 3, https://www.researchgate.net/publication/346790386_Agroforstwirtschaft_Die_Kunst_Baume_und_Landwirtschaft_zu_verbinden (Abfrage vom 28.1.2025).

Abbildung 24: Streuobstwiese – eine traditionelle Form von Agroforst

© Christopher Morhart, Freiburg

erosion vermeiden. Streuobstwiesen kombinieren bis heute Obstanbau und Weide. Darüber hinaus wurden sie als Brenn- und Bauholz genutzt, ihre Früchte wurden verwertet und ihre Blätter als Streu in den Ställen verwendet.[63] In Mittelalter und früher Neuzeit waren die Waldungen in die Landwirtschaft integriert. Waldlichtungen dienten als Viehweide. Die Bauern mästeten in den Wäldern ihre Schweine mit Pilzen, Eicheln und Bucheckern. Die Wälder lieferten nicht nur Holz, sondern auch wilden Honig und Früchte. Das Holz diente als Werkstoff für den Hausbau, für Werkzeuge, Pfähle, Zäune, Befestigungen und Fassdauben. Bauern nutzten den Wald vor allem als „Niederwald“. Bei dieser Betriebsform teilten sie ein Waldstück in mindestens 18 und maximal 20 gleich große Teile auf. Jedes Jahr ernteten sie die Bäume auf einem dieser Teile, allerdings so, dass der Wurzelstock im Boden blieb. Aus diesem Stock entwickelten sich innerhalb kürzester Zeit kräftige neue Triebe, die die Bauern nach knapp zwei Jahrzehnten

[63] Bundesinformationszentrum Landwirtschaft, Kohlenstoffsenken in der Landwirtschaft. Agroforstwirtschaft – ökologisch und ökonomisch vielversprechend, https://www.praxis-agrar.de/pflanze/ackerbau/agroforstwirtschaft/ (Abfrage vom 28.7.2023). – Christian Böhm, Rico Hübner (Hgg.), Bäume als Bereicherung für landwirtschaftliche Flächen.

erneut ernten konnten. Nach der Holzernte ließen sie Vieh auf den betroffenen Waldstücken weiden, oder sie brannten die Gehölze ab, die darauf wuchsen. Durch die Pflanzenkohle wurden diese Flächen sehr fruchtbar, sodass die Bauern dort einige Jahre Roggen oder Buchweizen anbauen konnten und dabei gute Ernten erzielten. Eine Sonderform des Niederwalds waren die Lohhecken. Dabei gewannen die Bauern Holz und Eichenrinde, die zur Herstellung von Gerberlohe diente – ein wichtiger Grundstoff der Ledererzeugung. Häufig wurde der Wald auch in einer Mischform als sogenannter „Mittelwald" bewirtschaftet. Das heißt, in den Niederwaldflächen standen immer wieder Bäume, bei denen nur ein Stamm aus einem Wurzelstock wuchs – wie wir das heute als Normalzustand in unseren Wäldern kennen. Diese Betriebsform nennt man „Hochwald". Diese Bäume wurden erst geerntet, wenn sie ausgewachsen waren.[64]

Diese traditionellen Waldwirtschaftsformen sind von der modernen Forstwirtschaft, die sich auf die Holzproduktion konzentriert, weitgehend verdrängt worden. In der industriellen Landwirtschaft werden verbliebene Agrargehölze wie Hecken oder Streuobstwiesen als Störfaktoren für den großflächigen Maschineneinsatz wahrgenommen. Einer Nutzung als Agroforstsysteme stand überdies lange eine Gesetzgebung entgegen, die verbliebene Waldbestände schützt. Auch das Agrarförderrecht ist auf die getrennten Bereiche Ackerland, Dauergrünland, Dauerkulturen und Sonderkulturen ausgerichtet. Mischsysteme, in denen auch Gehölze eine wichtige Funktion haben, wie eben Agroforsten, waren hier lange nicht vorgesehen. Erst seit Anfang 2023 besteht die Möglichkeit, dass Agroforstsysteme durch Mittel der Gemeinsamen Agrarpolitik gefördert werden können.[65]

[64] Edith Ennen, Walter Janssen, Deutsche Agrargeschichte, S. 134. – Alois Seidl, Deutsche Agrargeschichte, S. 90. – Hansjörg Küster, Geschichte der Landschaft in Mitteleuropa, S. 175, 238f. – Christoph Ernst, Norbert Franz, Waldreformen im 18. Jahrhundert, S. 47-73.

[65] Christian Böhm, Rico Hübner (Hgg.), Bäume als Bereicherung für landwirtschaftliche Flächen, S. 28. – Karl Bockholt, Agroforstwirtschaft: Ab 2023 gibt's dafür nur schlappe EU-Förderung, 20.8.2022, https://www.agrarheute.com/pflanze/getreide/agroforstwirtschaft-ab-2023-gibts-dafuer-nur-schlappe-eu-foerderung-596922 (Abfrage vom 28.7.2023).

Abbildung 25: Eicheln für die Schweine ernten

Quelle: Kalenderblatt für November aus dem Breviarium Grimani, um 1515

Traditionell sind Agroforstsysteme bis heute im Mittelmeerraum weit verbreitet, während Gehölze in West- und Mitteleuropa seit den 1950er-Jahren weitgehend aus den Agrarflächen entfernt wurden, um diese maschinengerecht zu machen. Doch ist inzwischen ein Wandel zu beobachten. So setzen britische und südfranzösische Landwirte seit vier Jahrzehnten erneut auf Agroforsten. Auch in Deutschland ist dieser Trend zu beobachten. Dabei geht es darum, die Wechselwirkungen zwischen Bäumen, Sträuchern und landwirtschaftlichen Kulturen zu einem ökonomischen und ökologischen Nutzen zusammenzuführen. Das geschieht beispielsweise, wenn Baumreihen Erosionsschutz für Ackerkulturen bieten und gleichzeitig ihre Früchte wie Nüsse und Obst geerntet werden können. Baumreihen können auch eine Barriere für die Verbreitung diverser Pflanzenkrankheiten sein und dabei helfen, Pestizide einzusparen. Bei Streuobstwiesen fördern die Weidetiere die Gesundheit der Pflanzen, indem sie heruntergefallenes Obst fressen und damit Kreisläufe von Schädlingen unterbrechen. Die Möglichkeiten, durch Agroforstsysteme die Landnutzung nachhaltiger zu gestalten, sind vielfältig und haben ein großes Potenzial.[66]

Abbildung 26: Agroforst mit Ackerbau

© Christopher Morhart, Freiburg

Heute werden Agroforstsysteme in der Landwirtschaft auch als Energieholzstreifen angelegt. Dabei handelt es sich um dichte Niederwaldpflanzungen aus Balsampappeln, Weiden, Aspen, Linden, Eichen, Hainbuchen oder Ahorn. Ihre „Umtriebszeit“, das heißt, die Zeitspanne von einer Ernte zu nächsten, ist mit fünf bis zehn Jahren sehr kurz.

[66] Christian Böhm, Rico Hübner (Hgg.), Bäume als Bereicherung für landwirtschaftliche Flächen, S. 84-93.

Aus den vitalen großen Wurzelstöcken treiben nach der Ernte sehr rasch neue Triebe aus. Eine weitere Betriebsform der Agroforstsysteme sind Wertholzstreifen aus wilden Obst- oder Walnussbäumen oder auch Robinien. Diese Bäume werden erst nach 50 bis 70 Jahren geerntet. Grundsätzlich sind Agroforstsysteme Lebensraum für viele Tiere: für Vögel, Käfer oder Fledermäuse. Diese wiederum tragen zur natürlichen Dezimierung von Schadinsekten bei. Agroforsten speichern Wasser, vermeiden die Versalzung der Böden und vermindern ihre Versauerung. Und sie bringen – etwa in Südfrankreich auf schlechten oder mittleren Bodenqualitäten – höhere Erträge als industrielle Monokulturen. Inzwischen haben sich die deutschen Agroforstbetriebe zu einem Fachverband zusammengeschlossen.[67]

Weltweit betreiben heute eineinhalb Milliarden Menschen Agroforstwirtschaft. Die meisten von ihnen leben als Kleinbauern in tropischen Regionen. Die Fläche, die agroforstwirtschaftlich genutzt wird, ist so groß wie der europäische Subkontinent. Die Formen dieser Nutzung sind sehr vielfältig: Es handelt sich um Felder unter Bäumen, um Waldgärten oder Waldweiden. Sie sind um 30 bis 40 Prozent produktiver als industrielle Monokulturen und speichern sehr viel CO_2.[68]

Agroforstsysteme haben somit große ökologische Vorteile, weil sie Wasser und Kohlenstoff speichern. Sie pflegen und schützen den Boden, indem sie Humus aufbauen sowie Versauerung und Erosion verhindern. Sie bieten Tieren und Pflanzen Lebensraum, darunter auch jenen, die Fressfeinde der Pflanzenschädlinge sind, die zusammen mit den Gehölzen kultiviert werden. Dadurch tragen sie erheblich dazu

[67] Georg Nawroth, Patrick Warth, Christian Böhm (Hgg.), Roadmap Agroforst. Bäume als Bereicherung für landwirtschaftliche Flächen in Deutschland, Stuttgart 2019, https://agroforst-info.de/wp-content/uploads/2020/03/2020_Roadmap_Agroforst.pdf (Abfrage vom 28.1.2025). – Deutscher Fachverband für Agroforstwirtschaft (DeFAF), https://agroforst-info.de/ (Abfrage vom 28.7.2023). – Christian Böhm (Hg), Bäume in der Land(wirt)schaft – von der Theorie zur Praxis. Tagungsband. Mit den Beiträgen des 5. Forums Agroforstsysteme 30.11. bis 01.12.2016 in Senftenberg (OT Brieske) (Brandenburgische Technische Universität Cottbus-Senftenberg), Cottbus 2017, https://agroforst-info.de/wp-content/uploads/2017/03/Tagungsband_5_Forum_Agroforstsysteme_.pdf (Abfrage vom 28.7.2023).

[68] Ute Scheub, Stefan Schwarzer, Die Humusrevolution, S. 161. – Eric Toensmeier, The Carbon Farming Solution, Vermont 2016, S. 100.

bei, dass die Landwirtinnen und Gärtner auf synthetische Düngemittel und Pestizide verzichten können. Agroforstsysteme sind somit ein wichtiges Element nachhaltiger Land- und Gartenwirtschaft. Weltweit werden sie kultiviert, seit es Landwirtschaft gibt. Mit dem Fortschreiten der industriellen Landwirtschaft wurden sie mehr und mehr zurückgedrängt. In Anbetracht der riesigen Umweltprobleme, die durch die industrielle Landwirtschaft entstehen, gewinnen Agroforstsysteme wieder zunehmend an Bedeutung für die landwirtschaftliche Praxis und für die Forschung.

5.4.2 Die Bedeutung der Viehhaltung auf Grasflächen

Ähnlich den Agroforstsystemen wurde die Bedeutung des Grünlands und der Viehhaltung auf diesen Flächen in Wissenschaft, Politik und öffentlicher Debatte lange unterschätzt. Worin besteht der Beitrag der Viehhaltung auf Grünland zur nachhaltigen Landwirtschaft? In welchem Zusammenhang steht diese Haltungsform mit dem Ausstoß von Treibhausgasen und der Klimaerwärmung insgesamt? Wenn wir im Folgenden von Grünland sprechen, meinen wir das sogenannte „Dauergrünland" in Abgrenzung zu Wechselgrünland oder Feldgraswirtschaft, bei denen in bestimmten zeitlichen Abständen ein Umbruch der Grasnarbe erfolgt.

Grünland ist ein sehr guter Kohlenstoffspeicher. Bereits ein Projekt des Grasslands Research Institute in Hurley (England), das von 1955 bis 1984 lief, konnte zeigen, dass mit Gerste bebaute Böden ein Drittel Biomasse verloren, während Grünlandflächen die Hälfte hinzugewannen. Der Kohlenstoffgehalt stieg jährlich um eine Tonne pro Hektar.[69] Doch diese Ergebnisse wurden in Forschung und Politik weitgehend ignoriert. Das Interesse der meisten Forscherinnen und Forscher richtete sich vielmehr auf schnell wachsende Gräser, die auf intensive Düngung ansprechen und sich als energiereiche Futterpflanzen oder in Biogasanlagen verwerten lassen. In jüngster Zeit mehren sich allerdings die Stimmen in der Forschung, die das Potenzial des Grünlands hervor-

[69] K. Tyson, D. H. Roberts, E. A. Garwood, Comparison of crop yields and soil conditions during 30 years under annual tillage or grazed pasture, in: Journal of Agricultural Sciences (1990), https://www.semanticscholar.org/paper/Comparison-of-crop-yields-and-soil-conditions-30-or-Tyson-Roberts/eaa19215e9006780c95 8c79e8c6cb2fbfe97068c (Abfrage vom 11.6.2024).

heben. So verwiesen die Agrarwissenschaftler Friedhelm Taube und Alois Heißenhuber auf die Humusbildung des Grünlands und dessen Funktion als CO_2-Senke.[70] Benjamin Wolf, Klaus Butterbach-Bahl und andere zeigten in ihren Arbeiten über die Steppen der Inneren Mongolei, dass eine nachhaltige Beweidung von Grünland die Abgabe von Lachgas an die Atmosphäre reduziert.[71] Auch die Verpflichtung zum Erhalt der Grünlandflächen als Folge der EU-Agrarreform von 2013 würdigt die vielfältigen Leistungen des Grünlands für unser Klima und die Biodiversität.[72]

Rund eine Milliarde Menschen leben von der Viehhaltung auf den riesigen Grasflächen dieser Erde, häufig in traditionellen Viehhalterkulturen, die ihre Lebensweise schon seit Jahrtausenden pflegen. Viele sind Nomaden, die ständig mit ihren Herden unterwegs sind und in Zelten oder Hütten wohnen, die rasch wieder abgebaut werden können. Andere betreiben Wanderweidewirtschaft oder „Transhumanz". Im Unterschied zu Nomaden haben sie feste Wohnsitze und treiben gelegentlich Ackerbau oder andere Gewerbe. Ihre Herden weiden auf nicht eingezäunten Flächen, relativ weit entfernt von den Dörfern der Viehhalter. Heute ist die Existenz der Nomaden- und Wanderhirtenkulturen gefährdet – nicht zuletzt durch Staatsgrenzen, die ihre über Jahrtausende bestehenden Triften unterbrechen. Gefährdet sind sie auch durch das Vordringen des Ackerbaus auf Flächen, die vormals Grasland waren. Zugleich trocknen viele Brunnen und Wasserstellen aus. Wo zuvor Vieh weiden konnte, dehnt sich die Wüste aus – in der Sahelzone und Ostafrika, in West-, Süd- und Ostasien oder in Australien. Viele politische und ökonomische Probleme unserer Zeit sind auf diese Krise der Weidekulturen zurückzuführen. Denn die Hirten üben Druck auf die Ackerbauern aus, die mit ihnen um Flächen konkurrieren. Dies kann auch militärische Formen annehmen und die Fluchtbe-

[70] Anita Idel, Die Kuh ist kein Klima-Killer, S. 50.

[71] Wolf, B.; Zheng, X.; Brüggemann, N.; Chen, W.; Dannenmann, M.; Han, X.; Sutton, M. A.; Wu, H.; Yao, Z.; Butterbach-Bahl, K., Grazing-induced reduction of natural nitrous oxide release from continental steppe, in: Nature 464 (2010), S. 881-884, https://publikationen.bibliothek.kit.edu/110079087 (Abfrage vom 11.6.2024).

[72] Umweltbundesamt, GAP-Reform 2013: Wenig Umweltwirkung, teuer erkauft, 27.4.2019, https://www.umweltbundesamt.de/themen/gap-reform-2013-wenig-umweltwirkung-teuer-erkauft (Abfrage vom 27.11.2024).

wegung vieler Millionen Menschen in die Städte Afrikas und Asiens verstärken. Ein kleiner Teil von ihnen wendet sich nach Europa.[73]

Zugleich ist die Viehhaltung selbst in Verruf geraten. So wird Rindern der Vorwurf gemacht, dass sie „Klima-Killer" seien, weil ihre Verdauungsprozesse große Mengen Methan an die Atmosphäre abgäben.[74] Das ist richtig insofern, als die 950 Mio. Rinder, die in den 2010er-Jahren weltweit gehalten wurden, durch ihre Methanemissionen die Atmosphäre jährlich mit rund 5 Mrd. Tonnen CO_2-Äquivalenten belasteten. Das machte damals etwa ein Zehntel aller Klimagasemissionen aus.[75] Die Methanemissionen der Viehhaltung in Deutschland verursachten nach Angaben des Bundesumweltamtes 2023 über 68 Prozent der Treibhausgasemissionen der Landwirtschaft, die wiederum für einen Anteil von 5,3 Prozent an den Gesamtemissionen Deutschlands in diesem Jahr verantwortlich war. Methan entsteht bei den Verdauungsprozessen der Tiere, insbesondere der Rinder, sowie bei der Lagerung und Ausbringung von Gülle und Festmist. Lachgas, das vor allem durch die Verwendung von synthetischem Dünger entsteht, hatte einen Anteil von annähernd 40 Prozent an den Klimagasemissionen der deutschen Landwirtschaft. Auch dieses Gas ist zu überwiegenden Teilen der Viehhaltung zuzurechnen, weil auf dem größten Teil der deutschen Ackerflächen unter Verwendung von synthetischen Stickstoffdüngemitteln Futtermittel für die Tierhaltung produziert werden.[76] Diese Sachverhalte betreffen im Wesentlichen die industrielle Tierhaltung, die sich nicht zuletzt dadurch auszeichnet, dass sie in der Regel mehr Tiere hält, als sie mit Futtermitteln, die im eigenen Betrieb

[73] Ute Scheub, Stefan Schwarzer, Die Humusrevolution, S. 51.

[74] Eine Kuh ist in etwa so klimaschädlich wie ein Kleinwagen – „Die Welt"-Video vom 31.8.2019, https://www.welt.de/wissenschaft/video199492382/Klimakiller-Eine-Kuh-ist-in-etwa-so-klimaschaedlich-wie-ein-Kleinwagen.html (Abfrage vom 23.2.2021). – Zur Gegenthese vgl. Anita Idel, Die Kuh ist kein Klima-Killer.

[75] Christoph Behrens, Tierhaltung: Wie Rindfleisch dem Klima schadet, 2017, https://www.sueddeutsche.de/wissen/tierhaltung-wie-rindfleisch-dem-klima-schadet-1.3763891 (Abfrage vom 18.1.2023).

[76] Umweltbundesamt, Beitrag der Landwirtschaft zu den Treibhausgas-Emissionen, 6.5.2024, https://www.umweltbundesamt.de/daten/land-forstwirtschaft/beitrag-der-landwirtschaft-zu-den-treibhausgas#klimagase-aus-der-viehhaltung (Abfrage vom 28.1.2025).

produziert wurden, ernähren könnte. Der größte Teil dieser Futtermittel ist Kraftfutter – Getreide oder Soja – das auch der menschlichen Ernährung dienen könnte. Diese Form der Viehhaltung steht somit in Konkurrenz zur menschlichen Ernährung und belastet Klima und Ökosysteme erheblich.

Abbildung 27: Weidehaltung mit Milchkühen

Foto: iStock.com/Frizi

All dies gilt nicht für die *nachhaltige* Weidewirtschaft! Denn Wiederkäuer eignen sich sehr gut für eine reine Weidewirtschaft, die völlig ohne Kraftfutter auskommt. Und dafür steht der größte Teil der landwirtschaftlichen Nutzfläche der Welt zur Verfügung: Etwa zwei Fünftel der Erdoberfläche, die nicht von den Ozeanen bedeckt ist – die Eisflächen Grönlands und der Antarktis ausgenommen – bestehen aus Grasflächen. Sie umfassen etwa 70 Prozent der gesamten landwirtschaftlich genutzten Fläche. Dabei handelt es sich überwiegend um Grassteppen der gemäßigten Zonen der Nord- und der Südhalbkugel und um Savannen der subtropischen Zonen. Diese Räume sind für Bäume zu trocken und eignen sich teilweise auch nicht für den Ackerbau. Hier wächst überwiegend Gras. Etwa ein Drittel des Kohlenstoffs weltweit ist in diesen Pflanzen gespeichert und in den Böden, auf denen sie wachsen. Pferde oder auch Wiederkäuer wie Rinder oder Schafe sind in der Lage, sich von den Gräsern zu ernähren, die auf diesen Flächen wachsen. Aber auch für landwirtschaftliches Geflügel und Schweine kann Gras eine sinnvolle Ergänzung auf dem Futtertisch sein.[77]

Die Weidetiere sorgen zugleich dafür, dass auf diesen Flächen weiter Gras wächst. Wenn sie das Gras nicht abweiden, werden Grassteppen zu Buschland und Savannen zu Wüste. Durch ihre Ausscheidungen fördern die Tiere zugleich die Humusbildung und binden dadurch dauerhaft Kohlenstoff. Ein Tonne Humus bindet 1,8 Tonnen Kohlenstoffgas aus der Atmosphäre. Eine solche nachhaltige Weidewirtschaft bremst also die Erwärmung des Weltklimas. Und soweit diese Tiere kein Kraftfutter bekommen, sind sie für die Menschen auch keine Nahrungskonkurrenten: Sie sind in der Lage, die im Gras enthaltene Zellulose mithilfe von Mikroorganismen zu verdauen und dabei Milch und Fleisch zu produzieren. Besonders effektiv machen das die Wiederkäuer unter den landwirtschaftlichen Nutztieren mit ihrem mehrteiligen Magensystem. Dazu zählen Rinder, Schafe und Ziegen. Aber auch „Monogastrier" wie Pferde, Schweine und Hühner, die nur einen Magen haben, können Zellulose mithilfe von Mikroorganismen im Dickdarm verdauen, wenn auch weniger effizient.[78]

Heute werden auf riesigen ehemaligen Grünlandflächen Monokulturen von Weizen, Mais oder Soja angepflanzt. Dies scheint auf den ersten Blick wirtschaftlich und energetisch sinnvoll, wenn die eingesetzte

[77] Anita Idel, Die Kuh ist kein Klima-Killer, S. 36. – „Grasslands in the wider sense are among the largest ecosystems in the world (Figure 1.1); their area is estimated at 52.5 million square kilometres, or 40.5 percent of the terrestrial area excluding Greenland and Antarctica (World Resources Institute, 2000, based on IGBP data). In contrast, 13.8 percent of the global land area (excluding Greenland and Antarctica) is woody savannah and savannah; 12.7 percent is open and closed shrub; 8.3 percent is non-woody grassland; and 5.7 percent is tundra." S.G. Reynolds et al., Grasslands of the World (FAO), Rom 2005, https://www.fao.org/3/y8344e/y8344e05.htm (Abfrage vom 18.1.2023): Zitat ebenda.

[78] Anita Idel, Die Kuh ist kein Klima-Killer, S. 15, 17. – Agrarpower. Regionalbauernverband Starkenburg e. V., Die Verwertung von Zellulose mit Hilfe bakterieller Symbiose, 20.7.2020, https://www.agrarpower.de/die-verwertung-von-zellulose-mit-hilfe-bakterieller-symbiose/ (Abfrage vom 28.1.2025).

Energie und die externalisierten Kosten *nicht* berücksichtigt werden, die als Schäden an Natur und Mensch nicht in die betriebswirtschaftlichen Rechnungen einfließen. Dagegen bringt nachhaltig genutztes Grünland mehr Energie hervor als Monokulturen von Nahrungs-, Energie- und Futterpflanzen. Langzeitversuche in den USA haben gezeigt, dass die Erträge des Grünlands mehr als zweimal so hoch sind wie jene der industriell bewirtschafteten Flächen. Es ist also häufig nicht sinnvoll, Grünland in Ackerland zu verwandeln. Schädlich ist aber auch die Übernutzung von Grünland – wenn zu viele Tiere diese Flächen beweiden – und, was weniger bekannt ist, die zu geringe Nutzung. Dabei geht ebenso Humus verloren wie bei der Zufuhr von zu großen Mengen von industriellem Stickstoffdünger oder Gülle.[79] Anders als Weizen oder Mais muss Gras nach einem Jahr der Nutzung nicht erneut ausgesät werden. Die Graspflanze kann viele Jahre leben. Auch wenn sie abgeweidet wurde, bleiben Teile ihres Pflanzenkörpers übrig. Vor allem aber reichen ihre Wurzeln tief in den Boden hinein. Deshalb überlebt sie Kälte und Trockenheit und schlägt bei günstigen Bedingungen rasch wieder aus. Dennoch sterben Teile der Wurzeln laufend ab und bleiben im Boden, wo Regenwürmer und andere Bodenlebewesen sie zu Humus verarbeiten. Das heißt, allein durch den Verlauf des Lebenszyklus von Gras trägt eine permanente Grasbedeckung des Bodens zur Humusbildung bei. Wenn die Beweidung nachhaltig ist, bleibt mehr atmosphärischer Kohlenstoff im Boden, als an die Atmosphäre abgegeben wird.[80]

Aber welche Rolle spielt die Beweidung in diesem Zusammenhang? Rinder weiden immer nur einen Teil der Graspflanze ab. Die Wurzeln bleiben erhalten und ebenso ein Teil des Grasstängels. Die Beweidung löst einen Wachstumsimpuls aus. Wenn ihr an der Oberfläche noch genug Pflanzengrün geblieben ist, dass sie die Photosynthese sofort wieder aufnehmen kann, nimmt die Pflanze weiter CO_2 aus der Luft auf. Dabei nutzt sie die Energie der Sonne. Den Kohlenstoff gibt sie zum Teil an die Wurzeln ab, die dadurch weiterwachsen. Zugleich bildet sie neues Pflanzengrün. Auf diese Weise erreicht die Pflanze nach einiger Zeit wieder mindestens dieselbe Größe, die sie vor der Beweidung hatte. Die andere Möglichkeit ist, dass die Energie im Pflanzengrün nicht ausreicht, um die Photosynthese wieder aufzuneh-

[79] Anita Idel, Die Kuh ist kein Klima-Killer, S. 36f.

[80] Ebenda, S. 36, 38.

men. Dann muss die Pflanze aus ihren Wurzeln Kohlenstoff gewinnen und ihm so viel Energie entnehmen, dass die Photosynthese wieder einsetzen kann. Dann stärkt sie erneut ihre Wurzeln. Erst danach beginnt sie wieder zu wachsen. Wenn die Pflanze nicht genug Zeit hat, sich zu regenerieren, wird sie schwächer, weil sich die Kraft der Wurzeln aufbraucht. Schließlich stirbt sie ab. Wenn sie jedoch nicht beweidet oder abgemäht wird, entwickelt sie Samen, aus denen unter günstigen Bedingungen weitere Graspflanzen hervorgehen. Zugleich könnten aber auch kleine Baumpflanzen oder Büsche ungestört höher wachsen als das Gras. Sie würden ihm Licht und Bodennährstoffe vorenthalten und es allmählich verdrängen. Aus Grünland würde in unseren Breiten Wald werden, in Trockengebieten Buschland oder Wüste. Entscheidend ist daher zum einen, wie viel Zeit der Graspflanze bleibt, bis sie erneut abgeweidet wird. Für die Erhaltung des Graslandes ist es andererseits aber absolut notwendig, *dass* es beweidet wird.[81]

Abbildung 28: Mutterkuhhaltung

Foto: iStock.com/reidecki

[81] Ebenda, S. 39f, 44f.

Die entscheidende Rolle für die Entstehung der riesigen Grünlandflächen der Welt spielte nicht der Mensch, sondern große Pflanzenfresser wie Mammut, Nashorn, Wasserbüffel, Pferd und große Wiederkäuer wie Auerochse, Wisent oder Bison. Sie sind heute in Europa und Nordamerika weitgehend ausgerottet. Die großen Wildrinder traten häufig in riesigen Herden auf. Auf diese Weise schützten sie sich vor Raubtieren und zogen über die weiten Flächen der Steppen. Sie weideten das Gras ab und bissen auch die kleinen Baumschösslinge ab. Wenn sie dieselbe Fläche erneut aufsuchten, hatte sich das Gras erholt. Und wieder wurden die kleinen Bäume abgefressen. Auf diese Weise schufen und erhielten sie die riesigen Grasflächen der Erde. Neben den Graswurzeln trug der Kot der Tiere erheblich dazu bei, dass die Humusdecke dieser Flächen immer stärker wurde. So entstanden die fruchtbaren Böden der Steppen. Heute setzten Landwirte und Naturschützer in den USA, Deutschland und anderen Ländern große Graser wie Wisente, Heckrinder, Taurusrinder oder Bisons ein, um degradierte Böden wiederherzustellen. Nachhaltige Weidewirtschaft ist somit heilsam für geschädigte Böden. Mit dem holistischen Weidemanagement nach Allan Savory, auch bekannt unter dem Namen „mopGrazing“, verbreitet sich eine theoretisch ausgereifte und praktisch erprobte nachhaltige Grünlandnutzung immer mehr. Diese Methode der Beweidung ahmt die natürlichen Gegebenheiten bei der Entstehung von Graslandschaften nach. Dabei folgt auf eine kurze intensive Beweidung eine längere Ruhephase für das Grünland. Bewirtschaftete Beweidung könnte bis 2050 über 20 Gigatonnen Kohlendioxidäquivalente – etwa die Hälfte des weltweiten Ausstoßes von klimawirksamen Gasen im Jahr 2020 – dauerhaft in den Böden binden, wenn die nachhaltig bewirtschaftete Fläche in dieser Zeit von rund 70 Mio. auf etwa 700 Mio. Hektar vergrößert werden würde. Angesichts einer weltweiten Weidelandfläche von 3,2 Mrd. Hektar erscheint das bei entsprechenden Anstrengungen durchaus realisierbar.[82]

[82] Solify, Was heißt holistisches Weidemanagement? https://soilify.org/holistisches-weidemanagement/ (Abfrage vom 27.6.2023). – Project Drawdown, Managed Grazing, https://www.drawdown.org/solutions/managed-grazing (Abfrage vom 27.6.2023). – Anita Idel, Die Kuh ist kein Klima-Killer, S. 40, 43-45. – Statista, Entwicklung der globalen Ackerfläche und Weidelandfläche in den Jahren 1961 bis 2022, https://de.statista.com/statistik/daten/studie/1196555/umfrage/anbauflaechen-und-weideflaechen-weltweit/ (Abfrage vom 27.11.2024). Die Ackerfläche betrug 2022 1,56 Mrd. Hektar, die Weidefläche 3,21 Mrd. Hektar.

Die besonderen Fähigkeiten der Wiederkäuer und anderer Weidetiere sind somit für Entstehung und Gestaltung des Grünlands verantwortlich, das große Teile der Landoberfläche der Erde bedeckt. Diese Flächen sind durch das Zusammenwirken von Wiederkäuern und Gras entstanden. Ehemalige Grünlandflächen wie die Schwarzerdegebiete Russlands, der Ukraine oder die ehemaligen Prärien Nordamerikas gehören heute zu den fruchtbarsten Ackerflächen der Welt. Nachhaltige Weidewirtschaft kann – in globaler Perspektive – zur Lösung mehrerer Probleme beitragen: der Erwärmung des Weltklimas, der Ausdehnung der Wüsten in die Steppen und Savannen hinein, des Verlusts von Arbeitsplätzen in der Weidewirtschaft und der großen Migrationsbewegungen aus den Regionen, die von Weidewirtschaft geprägt sind.

5.4.3 Fallbeispiel Scheuerhof

Dass holistisches Weidemanagement auch in Deutschland erfolgreich sein kann, möchten wir am Beispiel des Scheuerhofs bei Wittlich zeigen. Hier leben Viviane Theby und ihr Mann Karl Reißner mit ihren drei erwachsenen Kindern. Bis 2016 führte Landwirtschaftsmeister Reißner den Hof als konventionellen Milchviehbetrieb. Da dies nicht mehr rentabel war, verkaufte er die Kühe und stellte den Betrieb auf nachhaltige Weidewirtschaft um, kombiniert mit Ackerbau und Agroforstsystemen. Heute halten die Theby-Reißners auf 80 Hektar Weideflächen etwa 100 robuste Glan-Rinder. Hinzu kommen 70 Hühner sowie einige Pferde, Ziegen und Bienenvölker. Die Schweine haben sie wegen der Afrikanischen Schweinepest vor kurzem vorsorglich abgeschafft. Die Ziegen weiden auf einer umzäunten Fläche am Berghang Pflanzen ab, die die Rinder nicht fressen würden. Die Hühner leben neben dem Hauptgebäude des Hofes im „Hühnerwald“, einer eingefriedeten Fläche, auf der alte Obstbäume und Sträucher wachsen. Sie können sich frei bewegen. Schutz finden sie in einem großen Zelt, in dem hohe Stangen angebracht sind, auf denen sie schlafen. Die Bienen bestäuben die Pflanzen und geben Honig. Die Pferde stehen auf einer Koppel in Hofnähe.[83]

[83] Auskunft Viviane Thebys und Karl Reißners bei einer Begehung des Betriebs mit Norbert Franz am 23. Oktober 2024.

Das Herzstück des Betriebs sind die Glan-Rinder – eine Rinder-Rasse, die vom Aussterben bedroht war, weil im Zuge der Industrialisierung der Landwirtschaft überwiegend Hochleistungsmilchvieh gehalten wurde. Die Glan-Rinder sind robust und kräftig und leben den größten Teil des Jahres auf den Weiden – die Kühe mit ihrem Nachwuchs, die Bullen separat. Ab Silvester werden sie im Stall untergebracht, wo sie drei bis vier Monate bleiben. Gemäß den Prinzipien nachhaltiger Weidewirtschaft ahmen die Theby-Reißners das natürliche Verhalten wilder Rinder nach, indem sie ihre Rinder nur kurz auf relativ kleinen Koppeln weiden lassen und den Standort zweimal am Tag wechseln. Die Koppeln werden in der Regel durch einen Elektrozaun begrenzt. Diese Form der Beweidung bewirkt, dass die Pflanzendecke der Weiden immer dichter und vielfältiger wird. Das Bodenleben wird gestärkt, der Boden kann immer mehr Wasser aufnehmen und speichert dauerhaft Kohlenstoff. Die Pflanzen bleiben lange grün. Die Tiere sind sehr gesund und machen den Boden immer fruchtbarer.[84]

Auf 40 Hektar treibt Karl Reißner Ackerbau. „Den Acker versuchen wir auch so ganzheitlich wie möglich zu bewirtschaften. Wir arbeiten mit Zwischenfrüchten. Wenn es das Wetter zulässt, werden die schon vor der Ernte gesät, damit der Bestand schon grün ist, wenn das Getreide gedroschen wird. Wenn es passt, sähen wir Untersaaten. Wo wir mit der Herde gut hinkommen, wird auf dem Acker Feldfutter angebaut, damit die Beweidung hilft, den Boden gesund zu halten. Wir erhöhen den Artenreichtum durch eine größere Fruchtfolge oder z.B. auch den Agroforststreifen. Wenn es geht, verzichten wir aufs Pflügen. Mit Komposttee ergänzen wir das Bodenleben“,[85] so Viviane Theby Ende Oktober 2024. Besonders sorgfältig bewirtschaftet sie zwei dynamische Agroforstsysteme.[86] Das ältere hat große Ähnlichkeit mit einem Permakulturgarten und ist bereits sehr produktiv.

Gleich neben ihrem Hof haben die Theby-Reißners einen halben Hektar Land an einen Mikrolandwirtschaftsbetrieb verpachtet, mit

[84] Website des Scheuerhofs, https://www.permakultur-scheuerhof.de/fortbildungen-und-kurse-in-ganzheitllichem-management-nach-allan-savory/ (Abfrage vom 22.10. 2024).

[85] Zitat: E-Mail von Viviane Theby an Norbert Franz, 31.10.2024.

[86] Naturefund, Was ist dynamischer Agroforst? https://www.naturefund.de/projekte/dynamischer_agroforst/was_ist_dynamischer_agroforst (Abfrage vom 23.10. 2024).

dem sie eng zusammenarbeiten. Ihre Produkte – Fleisch und Wurst – vermarkten sie im eigenen Hofladen. Viviane Theby gibt Kurse und hält Vorträge über Permakultur und ganzheitliches Weidemanagement. Und als Tierärztin kümmert sie sich um erkrankte Tiere. Da diese artgerecht gehalten werden und sehr gesund sind, kommt das eher selten vor. Der Betrieb wird von der Europäischen Union und dem Land Rheinland-Pfalz im Rahmen der Entwicklung des ländlichen Raumes (ELER) gefördert.[87]

Der Scheuerhof ist ein Beispiel für eine sehr rasch gelingende Transformation eines vormals „konventionell" wirtschaftenden Betriebs hin zur Nachhaltigkeit: Ein mit öffentlichen Mitteln geförderter Betrieb verbindet die Prinzipien von Permakultur und ganzheitlichem Management – nachhaltig und zugleich jenseits des ökologischen Landbaus.

5.4.4 Zwischenfazit

Agroforstsysteme und nachhaltige Weidewirtschaft sind somit hervorragend geeignet, die ökonomischen, ökologischen und klimapolitischen Potenziale der Wald- und Grünlandflächen dieser Erde zu mobilisieren. Sie verbinden Humusaufbau und Regeneration degradierter Flächen mit einer erheblichen CO_2-Speicherung. Die nachhaltige Weidewirtschaft ist eine artgerechte Form der Tierhaltung. Beide Landwirtschaftssysteme fördern die Artenvielfalt und leisten einen bedeutenden Beitrag zur Ernährungssicherheit der Menschen. Nachhaltige Weidewirtschaft nutzt eine einzigartige Fähigkeit von Wiederkäuern und anderen grasfressenden Tieren: Sie können Pflanzen fressen und verwerten, die von Menschen nicht verzehrt werden können, und erzeugen dabei menschliche Nahrung – in Form von Milch und Fleisch. Und sie sorgen dafür, dass in Pflanzen und Böden des Graslandes riesige Mengen von atmosphärischem Kohlenstoff dauerhaft gebunden werden.

[87] Website des Scheuerhofs, https://www.permakultur-scheuerhof.de/fortbildungen-und-kurse-in-ganzheitllichem-management-nach-allan-savory/ (Abfrage vom 22.10. 2024), Zitat: ebenda.

5.5 Fazit des 5. Kapitels

Es gab und gibt also zahlreiche Formen nachhaltigen Land- und Gartenbaus sowie der nachhaltigen Weidewirtschaft. Sie alle können wesentlich dazu beitragen, die Probleme zu lösen, die von der industriellen Landwirtschaft geschaffen wurden und immer noch geschaffen werden. Grundlage für die von uns vorgestellten verschiedenen Formen nachhaltiger Landwirtschaft jenseits des ökologischen Landbaus sind Erfahrungen, die Menschen in verschiedenen Teilen der Welt gemacht haben und die von Generation zu Generation weitergegeben wurden. So haben Landwirtinnen und Landwirte schon vor der Agrarindustrialisierung eine Kombination von Fruchtwechselwirtschaft und gezieltem Einsatz von tierischem Dünger entwickelt, die in hohem Maße nachhaltig war. Weitere Lösungen wurden in anderen Weltregionen gefunden: Terra-Preta-Techniken können auch in Mitteleuropa Flächen äußerst fruchtbar machen – auch solche, die sich ursprünglich nicht für Garten- und Landbau eignen. Große Problemlösungspotenziale hat die Permakultur. Sie nutzt zyklische Nährstoffsysteme und kann auf Pestizide weitestgehend verzichten, weil sie Tiere, Kultur- und Wildpflanzen so einsetzt, dass sie Fressfeinde der Schädlinge bekämpfen und Nützlinge fördern. Ähnliche Potenziale haben Kleinbauernhöfe und Marktgärten. Hier sind die Übergänge zur Regenerativen Land- und Gartenwirtschaft fließend. Diese Form des Land- und Gartenbaus arbeitet mit ökologischen Kreisläufen, stützt sich auf erneuerbare Energien und achtet bei den Nutztieren auf ein Höchstmaß an Tierwohl. Auch Agroforstsysteme sind schon seit vielen Generationen bekannt. Sie können Erosion verhindern, Wasser speichern, Humus aufbauen und natürlichen Feinden von Pflanzenschädlingen Lebensraum bieten und die Artenvielfalt stärken. Und nachhaltige Weidewirtschaft kann nicht nur in Mitteleuropa die industrielle Tierhaltung ersetzen und geschädigte Böden regenerieren, sondern auch in weiten Teilen der Welt verhindern, dass sich Wüsten ausbreiten. Die verschiedenen Landnutzungssysteme sind nicht klar voneinander abzugrenzen. Oft trifft man in der Praxis auf einen Mix aus den von uns vorgestellten nachhaltigen Landbausystemen. Sie arbeiten meistens ökonomisch effizient, was nicht zuletzt auf den besonderen Einsatz der jeweiligen Akteure zurückzuführen ist. Da es kein staatliches Logo oder Gütezeichen für Produkte aus nachhaltiger Landwirtschaft gibt, findet man Produkte aus nachhaltiger Landwirtschaft oft in der Direktvermarktung, bei der sich der Kunde selbst ein Bild von den Produktionsbedingungen machen kann. Die Potenziale der in diesem Kapitel vorgestellten Landbausysteme sind riesig und zunehmend auch für die Forschung von großem Interesse.

6. Kapitel: Eine nachhaltigere industrielle Landwirtschaft?

Warum halten die meisten deutschen Landwirtinnen und Landwirte an der industriellen Wirtschaftsweise fest trotz aller Probleme, die sie nach sich zieht? Das mag daran liegen, dass sie viel Geld in Maschinen und Anlagen investiert haben, unter starkem wirtschaftlichem Druck stehen oder einfach von der Art, wie sie ihren Beruf ausüben, überzeugt sind. Daher fragen wir in diesem Kapitel, wie man die industrielle Landwirtschaft so verändern kann, dass ein großer Teil der Schäden, die wir im dritten Kapitel unseres Buchs beschrieben haben, gar nicht erst entsteht. Die Forschung nennt diesen Ansatz „Ökologisierung". Eine „ökologisierte konventionelle Landwirtschaft zeichnet sich aus durch eine weitgehend klimaschonende Bewirtschaftung, eine deutliche Erhöhung der biologischen Vielfalt in der Agrarlandschaft, signifikant verringerte Schadstoffeinträge, eine im Sinne des Tierwohls verbesserte Nutztierhaltung und eine gentechnikfreie und schadstofffreie Erzeugung von hochwertigen Lebensmitteln, Futtermitteln und – falls erforderlich und möglich – von Biomasse."[1]

Wir beginnen dieses Kapitel mit grundsätzlichen Möglichkeiten, Schäden an Böden und Wasser zu vermeiden und zu reparieren. Danach prüfen wir, ob „Gute fachliche Praxis" und ein „Integrierter Landbau" dazu beitragen, dass Boden und Wasser durch die Eingriffe der Landwirtschaft weniger geschädigt werden. Im Anschluss daran befassen wir uns mit den Möglichkeiten der „Präzisionslandwirtschaft". Im letzten Unterkapitel untersuchen wir Formen einer Ökologisierung im engeren Sinn. Dazu gehören das „Vertical Farming" und die Mög-

[1] Axel Wirz, Nadja Kasperczyk, Frieder Thomas, Kursbuch Agrarwende 2050, Zitat: S. 7, https://www.greenpeace.de/agrarwende2050 (Abfrage vom 28.5.2021). – Allgemeiner: Deutsches eLearning Studieninstitut (DeLSt), Lexikon, Stichwort Ökologisierung, https://www.delst.de/de/lexikon/oekologisierung/ (Abfrage vom 19.6.2023).

lichkeiten einer am Tierwohl orientierten artgerechteren Tierhaltung im Rahmen einer moderaten industriellen Landwirtschaft. Abschließend stellen wir eine besonders wirksame Variante der Ökologisierung vor: die „Hybrid-Landwirtschaft".

6.1 Boden und Wasser schützen und sanieren

Bereits 1984 stellte Bundespräsident Richard von Weizsäcker in seiner Antrittsrede vor dem Deutschen Bundestag fest: „Den Ertrag des Bodens kurzfristig zu steigern, haben wir gelernt. Können wir aber auch verhindern, dass der Boden auf diese Weise langfristig abstirbt? Werden wir angesichts unserer angewachsenen Macht, die Zukunft schon heute zu verbrauchen, auch in unseren Enkeln unseren Nächsten erkennen lernen?"[2]

Wie können wir den fruchtbaren Boden unter den Bedingungen der industriellen Landwirtschaft bewahren und das Wasser schützen? Wir beginnen mit der Minderung und Vermeidung von Erosion und fahren fort mit Möglichkeiten, die bereits an Boden und Wasser angerichteten Schäden zu reparieren. Danach skizzieren wir einige Methoden, neuen fruchtbaren Boden zu gewinnen sowie eine angepasste Landwirtschaft, die Gewässer schützt. Und schließlich schildern wir kurz, wie der Umgang mit Boden und Wasser in der jüngsten Vergangenheit reguliert wurde.

6.1.1 Minderung und Vermeidung von Erosion

Bereits im dritten Kapitel unseres Buchs haben wir gezeigt, dass Bodenerosion eine der schwersten Schädigungen unserer Lebensgrundlagen ist, die von der überwiegend industriellen Landwirtschaft verursacht werden. Daher ist es ein wichtiger Schritt der Schadensvermeidung, dieser Art von Erosion vorzubeugen. Welche landwirtschaftlichen Maßnahmen der Erosionsvermeidung gibt es?

[2] Richard von Weizsäcker, Antrittsrede bei seiner Vereidigung im Deutschen Bundestag, 1.7.1984, https://www.bundespraesident.de/SharedDocs/Reden/DE/Richard-von-Weizsaecker/Reden/1984/07/19840701_Rede.html (Abfrage vom 20.6.2023).

Agrarexpertinnen und -experten raten dazu, gegen Erosion bewährte Methoden des Pflanzenbaus einzusetzen. So sollten die Zeiträume, in denen die Felder nicht von Pflanzen bedeckt sind, möglichst kurz sein, denn in dieser Phase der Kultivierung sind sie besonders anfällig für Erosion durch Wind und Wasser. Erosionsmindernd wirken deshalb Zwischenfrüchte, die vor und nach den hauptsächlich kultivierten Pflanzen auf den Äckern wachsen. Sie halten den Boden bedeckt und binden überschüssige Nährstoffe für die nächste Hauptfrucht. Ähnlich wirken sogenannte „Untersaaten". Das sind Feldfrüchte, die gleichzeitig neben der Hauptfrucht auf Äckern, in Agroforsten, Baumschulen, Gärten oder Weingärten gesät werden. Zwischenfrüchte und Untersaaten sollen möglichst keine Konkurrenten der Hauptfrucht sein. Im besten Fall tragen sie sogar zur Ertragsstabilität der Hauptfrucht bei. Sie schützen den Boden vor Wind- und Wassererosion, vor allem in der Phase der Aussaat sowie vor und nach der Ernte der Hauptfrucht, wenn der Ackerboden von der Hauptfrucht nicht geschützt wird. Sie halten den Boden feucht und sorgen für ein gesundes Bodenleben.[3]

Abbildung 29: Unbedeckter Boden eines abgeernteten Maisfelds

Foto: pixabay.com/Joe Plenio

[3] Hans-Peter Hug, Ein wichtiges Element im nachhaltigen Ackerbau, 12.1.2020, https://www.ufarevue.ch/pflanzenbau/untersaaten (Abfrage vom 8.9.2022).

Darüber hinaus empfehlen Expertinnen und Experten des sächsischen Landesamts für Umwelt, Landwirtschaft und Geologie auch das Mulchen mit Stroh als erosionshemmende Maßnahme. Neben Stroh kommen in der Praxis auch noch andere Materialien infrage. Wenn das Mulchmaterial auf einer anderen Fläche gewonnen wird, spricht man von Transfermulch. Dieses eher aufwendige Mulchverfahren wird heute schon in Intensivkulturen wie Gemüse oder Kartoffeln eingesetzt. Der Mulch schützt den Boden vor aufprallenden Regentropfen und Winderosion. Zudem führt er bei starker Sonneneinstrahlung zu einer Absenkung der Bodentemperatur. Das schützt das Bodenleben und schont den Wasserhaushalt. Zur Stabilisierung des Bodens raten die Experten, die Böden zu kalken und für eine möglichst große biologische Aktivität zu sorgen. Hilfreich ist es auch, Bodenverdichtungen zu beseitigen, die das Wasser daran hindern, in den Boden einzudringen. Das gilt besonders für hangabwärts gerichtete Fahrspuren, die sich bei starkem Regen in reißende Sturzbäche verwandeln.[4] Besonders gefährdet sind Fahrgassen, die für Dünge- und Pflanzenschutzmaßnahmen in den Kulturen angelegt und im Jahresverlauf mehrfach befahren und verdichtet wurden.

Vor Erosion schützt auch die Anlage paralleler Ackerstreifen, die quer zum Gefälle verlaufen. Dabei ist es ratsam, die Fruchtart zu wechseln und Grasstreifen anzulegen, die den Abfluss des Regenwassers hemmen. Günstig ist auch die Unterteilung der Kulturflächen durch Gehölze und Feldraine, die als Erosionsschutzstreifen dienen. Sie verkürzen die Hanglänge und schützen die Flächen vor Wind- und Wassererosion. Die Verringerung der Bodenerosion durch Wasser bewahrt nicht nur fruchtbaren Boden, sie dient auch dem Gewässerschutz, weil auf diese Weise weniger Schlamm und Nähr- und Schadstoffe in die Oberflächengewässer geschwemmt werden.[5] Eine weitere Maßnahme zur Verringerung der Erosion ist die Erhöhung des Humusgehalts im Ackerboden. Je höher der Humusgehalt, desto größer ist die Wasser-

[4] Sächsisches Landesamt für Umwelt, Landwirtschaft und Geologie, https://www.boden.sachsen.de/bodenerosion-19040.html (Abfrage vom 8.9.2022).

[5] Ebenda.

haltekapazität des Bodens. Gleichzeitig entsteht ein Klimaschutzeffekt durch die Speicherung von CO_2.[6]

Es gibt also ein ganzes Bündel von Maßnahmen, die Wind- und Wassererosion reduzieren oder ganz vermeiden helfen. Häufig sind sie „nur“ Elemente einer guten landwirtschaftlichen Praxis, wie etwa die Zwischen- und Untersaaten oder die Begrünung von Abflussflächen. Sie lassen sich mit einer ansonsten eher industriell orientierten Form des Landbaus vereinbaren. Eine dieser Maßnahmen hat vor kurzem Eingang in die landwirtschaftliche Förderpraxis gefunden: Seit der letzten Reform der Gemeinsamen Agrarpolitik können Agroforstanlagen durch Direktzahlungen gefördert werden. Andere Maßnahmen werden von den Bundesländern bei bestimmten Hanglagen durch Erosionsverordnungen vorgeschrieben. Das gilt auch für die Anlage von parallelen Ackerstreifen.[7] Mulchen und Mulchsaat, insbesondere in Verbindung mit einer konservierenden Bodenbearbeitung und die Anlage von Gehölzstreifen und Feldrainen sind Praktiken eines dezidiert nachhaltigen Landbaus und können zur Ökologisierung industriell arbeitender Betriebe beitragen.

6.1.2 Stärkung des Bodenlebens und Wiedervernässung von Mooren

Man kann nicht nur Erosion vermeiden, sondern auch Schädigungen des Bodens reparieren, die bereits eingetreten sind. Wir betrachten im Folgenden, wie das Bodenleben und damit die Fruchtbarkeit des Bodens gestärkt werden und Belastungen des Bodens durch eingebrachte Schwermetalle und andere toxische Stoffe, die das Bodenleben schädigen, gemindert werden können. Ein besonderes Augenmerk richten wir dabei auf die Moore. Sie enthalten sehr viel organische Substanz und sind daher besonders wirkungsvolle Kohlenstoff- und Methanspeicher – allerdings nur in vernässtem Zustand.

[6] Axel Don, Win, win, win – Stickstoff, Erosionsschutz, Humusaufbau, Thünen-Institut für Agrarklimaschutz, 13.7.2022, https://www.kws.com/de/de/produkte/getreide/blickpunkt-kundenzeitschrift/bp_02-2022_04-zwischenfruechte-stickstoff-erosionsschutz-humusaufbau/ (Abfrage vom 23.8.2023).

[7] STMELF Bayern, Erosionsgefährdung – neue Einstufung maßgeblich ab Ernte 2023, https://www.stmelf.bayern.de/landwirtschaft/klima/erosionsgefaehrdungskataster/index.html (Abfrage vom 23.8.2023).

Eine grundsätzliche Möglichkeit, die Fruchtbarkeit des Bodens und seine Fähigkeit, Wasser aufzunehmen, zu verbessern, ist die Stärkung des Bodenlebens. Auch dies kann Teil einer „Ökologisierung" der industriellen Landwirtschaft sein. Grundlage für das Bodenleben ist die organische Substanz des Bodens – vor allem in Form von Nähr- und Dauerhumus. Der Humusgehalt hängt vom Bodentyp ab und wird von der Fruchtfolge, der organischen Düngung, der Intensität der Bodenbearbeitung und vielen weiteren Faktoren beeinflusst. Ein hoher Humusgehalt wirkt Erosion und Bodenverdichtung entgegen. Besonders negative Auswirkungen auf den Humusgehalt unserer Ackerböden hat der Anbau des humuszehrenden Mais in der Fruchtfolge. Als besonders wirkungsvoll bei der Erhöhung des Humusgehalts hat sich hingegen der Anbau von Mischungen aus mehrjährigem Klee- und Luzernegras mit ihrer riesigen unterirdischen Wurzelmasse erwiesen.[8] Deshalb wird ein solcher Anbau in Bayern und Hessen durch Agrarumweltprogramme besonders gefördert. Bei einer Erhöhung des Humusgehalts um 0,1 Prozent können pro Hektar drei bis sechs Tonnen CO_2 im Boden gebunden werden. So könnte beispielsweise die bayerische Landwirtschaft auf den 3,1 Mio. Hektar, die sie bearbeitet, so viele Klimagase speichern, wie 2,2 Mio. Menschen in einem Jahr verursachen.[9] Es ist aber zu berücksichtigen, dass der Humusgehalt nicht grenzenlos gesteigert werden kann. Jeder Bodentyp hat irgendwann ein Maximum erreicht, das mit herkömmlichen Anbaumethoden nicht überschritten werden kann.

Hohe Schwermetallgehalte können negative Auswirkungen auf das Bodenleben haben. Alle landwirtschaftlichen Betriebe, auch „konventionelle", können biologische Methoden einsetzen, um belastete Böden auf natürlichem Wege zu entgiften. So hat eine Arbeitsgruppe der Universitäten Bochum und Bayreuth unter der Leitung von Ute Krämer

[8] Florian Schwinn, Rettet den Boden, S. 244. – Axel Wirz, Nadja Kasperczyk, Frieder Thomas, Kursbuch Agrarwende 2050, S. 32. – LHH berät über Klimaschutz und Klimaanpassung. Maßnahmen im Pflanzenbau und in der Tierhaltung, Landwirtschaftliches Wochenblatt, 30/2019, https://www.lw-heute.de/odenwaelder-schaefer-bereichern-beerfelder-pferdemarkt (Abfrage vom 29.1.2025).

[9] Ulrich Graf, Landwirtschaft bindet Kohlenstoff. Klimaschutz: Humus als riesiger Kohlenstoffspeicher, Bayerisches Landwirtschaftliches Wochenblatt, 2.12.2019, https://www.wochenblatt-dlv.de/politik/klimaschutz-humus-riesiger-co2-speicher-560017 (Abfrage vom 24.8.2023).

und Stephan Clemens herausgefunden, dass die „Hallersche Schaumkresse“ auf stark belasteten Böden gut gedeiht. Diese variantenreiche Pflanze nimmt Zink, Kupfer, Blei oder Cadmium auf und wehrt damit Fressfeinde ab, die diese Metalle nicht vertragen. Erntet man sie, entfernt man zugleich auch die Schwermetalle, die sie aufgenommen hat. Danach kann man die Kresse verbrennen und aus den Rückständen das wertvolle Metall wiedergewinnen. Die Forschung bezeichnet diese Form des Recyclings als „Phytomining“ – als Gewinnung von Metallen mithilfe von Pflanzen.[10] Auch andere Pflanzen, etwa das „Gebirgshellerkraut“, sind für diese Methode der Bodensanierung und des Recyclings geeignet. Bei ölverschmutzten Böden können Bakterien helfen, die Erdöl und Kohlenwasserstoffe fressen. Der Boden muss dabei feucht sein.[11]

Ein besonderer Ansatz im Kampf gegen die Klimaerwärmung ist beim Umgang mit Mooren geboten. Moore bestehen aus Torf, der sich aus abgestorbenen Pflanzen und Tieren unter dem Einfluss von Vernässung gebildet hat. Viele Moore wurden im Zuge der Agrarreformen der Neuzeit und der Industrialisierung der Landwirtschaft trockengelegt. Nach der Trockenlegung verbindet sich Sauerstoff mit der ursprünglich durch Nässe geschützten organischen Substanz und die Moore geben den Kohlenstoff als CO_2 an die Atmosphäre ab. Moore sind wichtige Kohlenstoffspeicher, wenn sie vernässt bleiben. Eine Wiedervernässung bereits trockengelegter Moore ist technisch möglich. Auf dieses Weise könnte die industrielle Landwirtschaft ihren Anteil an dem Ausstoß klimaschädlicher Gase erheblich senken. Die Autorin und die Autoren des „Kursbuchs Agrarwende“ schlugen 2017

[10] Ricardo J. Stein, Stephan Höreth, J. Romário F. Melo, Lara Syllwasschy, Gwonjin Lee, Mário L. Garbin, Stephan Clemens, Ute Krämer: Relationships between soil and leaf mineral composition are element-specific, environment-dependent and geographically structured in the emerging model Arabidopsis halleri, in: New Phytologist, 13.10.2016, in: https://nph.onlinelibrary.wiley.com/doi/full/10.1111/nph.14219 (Abfrage vom 13.5.2023).

[11] Julia Zange, Diese „Superpflanzen“ reinigen den Boden von Schwermetallen, 6.8.2019, https://www.myhomebook.de/gardening/pflanzen-gegen-schwermetalle (Abfrage vom 13.5.2023). – Fabian Schmidt, Phytomining: Die Pflanze als Bergmann und Umweltsanierer, Deutsche Welle, 5.5.2017, https://www.dw.com/de/phytomining-die-pflanze-als-bergmann-und-umweltsanierer/a-38715311 (Abfrage vom 13.5.2023).

vor, dass bis 2050 eine halbe Million Hektar Ackerflächen, die auf früheren Niedermooren liegen, erneut vernässt und renaturiert werden sollten. Das ist dort möglich, wo es noch Reste des ursprünglichen Moores gibt, wie zum Beispiel im Biosphärenreservat Schorfheide-Chorin in Brandenburg. Trotz Vernässung ist dort eine extensive landwirtschaftliche Nutzung möglich. So können auf diesen Flächen über das ganze Jahr hinweg Rinder leben. Eine andere Möglichkeit, vernässte Moore zu bewirtschaften, ist der Schilfanbau. Schilf wird immer stärker für traditionelle Dachbauweisen nachgefragt. Die Ernte des Schilfrohrs setzt allerdings voraus, dass die Böden gefroren sind – was durch die Erwärmung des Klimas immer seltener vorkommt.[12] Eine weitere Möglichkeit nachhaltiger Nutzung von wiedervernässten Mooren bieten Photovoltaikanlagen, die auf geeignete Ständer montiert werden.[13]

Wir haben in diesem Abschnitt gezeigt, dass sich durch die Förderung von Bodenleben die Fruchtbarkeit der Böden verbessern lässt. Dazu gehört auch der Anbau von humusmehrenden Pflanzen und Fruchtfolgen. In Fällen von starken Belastungen durch Schwermetalle und andere toxische Stoffe können Sanierungen mit biologischen Methoden Abhilfe schaffen. Und wir haben aufgezeigt, dass erneut vernässte Moorflächen nicht zwangsläufig für eine wirtschaftliche Nutzung verloren gehen. Doch lassen sich durch die Wiedervernässung große Mengen atmosphärischen Kohlenstoffs dauerhaft im Boden binden, was die Klimaerwärmung bremst. All dies hilft dem Boden und der Umwelt, doch verursachen diese Methoden den Betrieben, die sie anwenden, zusätzliche Kosten. Da es sich hier um gesellschaftliche Leistungen im Interesse des Gemeinwohls handelt, sollte die öffentliche Hand diese Kosten erstatten.

[12] Florian Schwinn, Rettet den Boden, S. 245-247. – Axel Wirz, Nadja Kasperczyk, Frieder Thomas, Kursbuch Agrarwende 2050, S. 17. – Franziska Tanneberger, Vera Schroeder (Mitarbeit), Das Moor.

[13] Tobias Keinath, Photovoltaik auf wiedervernässten Moor-Böden, Fraunhofer-Institut für Solare Energiesysteme, Freiburg, ohne Datum, https://www.ise.fraunhofer.de/de/leitthemen/integrierte-photovoltaik/moor-pv.html (Abfrage vom 24.8.2023).

6.1.3 Neuen fruchtbaren Boden schaffen

Es gibt noch weitere Möglichkeiten, den Boden zu schützen und zu stärken. Einige können wir von anderen Weltregionen lernen. Dabei spielt Wald eine zentrale Rolle.

Beginnen wir bei uns allen: Bodenschutz betrifft nicht nur Landwirte und Gärtnerinnen, sondern auch jede „Normalbürgerin" und jeden „Normalbürger" mit Einfluss auf den Zustand von Grund und Boden. So verpflichtet das deutsche Bodenschutzgesetz alle Menschen, die in Deutschland leben, den Boden zu schützen. Das können Grundstückseigentümer beispielsweise bei der Gestaltung ihrer unbebauten Grundstücke tun, indem sie möglichst wenige Flächen mit Schotter und Steinen versiegeln und in ihren Grünanlagen und Gärten auf Gifte und synthetische Düngemittel verzichten.[14]

Eine weitere Möglichkeit, fruchtbaren Boden zu schützen oder sogar neuen zu gewinnen, ist die Aufforstung. Im Laufe des 18. Jahrhunderts wurden die deutschen Wälder besonders stark genutzt, teilweise bis zur gänzlichen Abholzung. In der Folge entstanden oft Heideflächen wie die Lüneburger Heide in Norddeutschland. Durch den Abbau von Dauerhumus und die Verlagerung von Nährstoffen in tiefere Schichten wurden diese Flächen stark degradiert. Sie wurden von den Forstverwaltungen im 19. und frühen 20. Jahrhundert im großen Stil wieder aufgeforstet – vorzugsweise mit schnell wachsenden Fichten und besonders anspruchslosen Kiefern.[15] Dadurch entsteht allerdings unter Nadelbäumen lediglich eine Rohhumusauflage, die für das Bodenleben nicht besonders wertvoll ist. Unter anderem auch deshalb bauen die Forstbetriebe die Fichten- und Kiefernmonokulturen seit einigen Jahrzehnten in ökologisch stabilere Misch- und Laubwälder um.[16]

Angesichts der zunehmenden Waldschäden in Folge der Klimaerwärmung lohnt sich ein Blick auf andere Weltregionen. Aus den Erfah-

[14] Peter Laufmann, Boden, S. 177f.

[15] Bernd-Stephan Grewe, Der versperrte Wald. – Christoph Ernst, Den Wald entwickeln; zur Degradierung der Böden, vgl. ebenda, S. 158f.

[16] Ministerium für Umwelt, Landwirtschaft und Energie Sachsen-Anhalt, Waldschutz und forstwirtschaftliche Nachhaltigkeit 2.0, https://mwl.sachsen-anhalt.de/fileadmin/Bibliothek/Politik_und_Verwaltung/MW/MWL/01_Bilder/05_Forsten/Forst/Zukunft_des_Waldes/210210_Flyer_Waldschutz_und_forstwirtschaftliche_Nachhaltigkeit_bf.pdf (Abfrage vom 12.1.2025).

rungen, die man dort unter Bedingungen großer Hitze und Trockenheit gemacht hat, können wir in Europa lernen. So wird in Afrika und in China im großen Stil Bodenrettung durch Aufforstung praktiziert. In Westafrika wird systematisch aus Wüstenboden fruchtbarer Boden geschaffen. Dabei werden Löcher in den harten und trockenen Wüstenboden gehackt und mit Laub, Mist und Asche gefüllt. Die geringen Regenmengen, die dort fallen, fließen nun nicht mehr so schnell ab, sondern sammeln sich zu beachtlichen Teilen in diesen Löchern. Den nächsten Arbeitsgang übernehmen Termiten: Sie machen aus der Mischung von Asche, Mist und Laub neuen fruchtbaren Boden. In diesen Boden pflanzen die Bäuerinnen und Bauern Bäume und Feldfrüchte. Dies wiederum verändert das lokale Mikroklima und sorgt dafür, dass wieder mehr Regen fällt. 2007 begründete die Afrikanische Union die Initiative „Große Grüne Mauer des Sahel und der Sahara“. Ein 15 km breiter Grüngürtel sollte sich auf einer Länge von über 7.700 km durch ganz Afrika ziehen, von Dschibuti nach Dakar. 21 Staaten beteiligten sich an dieser Initiative. Seit 2021 streben sie auch klimapolitische Ziele an. Bis Anfang der 2020er-Jahre wurden 20 Mio. neue Bäume gepflanzt. Das ist ein großer Erfolg, auch wenn es Lücken in dem Waldstreifen gibt. Es handelt es sich dabei weniger um eine „Mauer“ als um eine mosaikartige Neubepflanzung. Hinzu kommen die Pflege bereits vorhandenen Waldes und der Ausbau von Waldresten. Im Niger wird eine Methode erfolgreich angewandt, die der Australier Tony Rinaudo entwickelt hat. Dort betreiben die Bäuerinnen und Bauern Wiederaufforstung, indem sie aus Baumwurzeln, Baumstümpfen und Samen Bäume kultivieren. Sie schützen sie vor dem Abfraß durch Ziegen und vor der Vernichtung durch Feuer. Ansonsten müssen sie die Bäume lediglich beschneiden, was sie bei ihrer Feldarbeit ohne großen Aufwand nebenbei machen können. Bereits nach drei bis vier Jahren bilden sich auf diese Weise Gehölze heraus, die an die Gegebenheiten im Sahel sehr gut angepasst sind. Innerhalb von 30 Jahren verbesserte sich das Mikroklima und der Ackerbau lieferte höhere Erträge. Die Anzahl der Bäume im südlichen Niger wuchs auf diese Weise um den Faktor 40 auf 280 Millionen.[17]

[17] Lorenz Hübner, Der grüne Rettungsring. – Hanns-J. Neubert, Aufforstung: Wie es um die grünen Mauern in Afrika und China steht, MIT Technology Review, 8.4.2022, https://www.heise.de/hintergrund/Aufforstung-Wie-es-um-die-gruenen-

In Nordalgerien wird seit den 1970er-Jahren ein ähnliches Projekt durchgeführt: das „Barrage Vert-Projekt“. Lange stagnierte es, aber in den 2000er-Jahren wurde es erneut aufgegriffen. In Kenia heißt ein ähnliches Vorhaben „Grüngürtel“-Bewegung. Es ist Teil der „African Forest Landscape Restoration Initiative“, einer Arbeitsgemeinschaft mehrerer afrikanischer Staaten mit internationalen Organisationen, die bis 2030 100 Mio. Hektar Boden wiederherstellen will.[18] Mit ähnlichen Methoden kann man auch in Mitteleuropa auf degradierten Böden neuen Boden gewinnen. Darüber hinaus kann der Land- und Gartenbau durch den Einsatz von Terra Preta geschädigte Böden verbessern und neuen Boden schaffen.

Unser kurzer Blick über den Tellerrand europäischer Verhältnisse hinaus zeigt also, dass bereits einfache Maßnahmen sehr erfolgreich sein können, wenn sie an die lokalen Verhältnisse angepasst sind und von der einheimischen Bevölkerung getragen werden. Auch in Deutschland, das dicht besiedelt und von der industriellen Landwirtschaft geprägt ist, kann man verloren gegangenen fruchtbaren Boden wiedergewinnen und neuen schaffen: durch den Aufbau vitaler Haus- und Kleingärten und den Einsatz von Terra Preta, durch Aufforstung und durch nachhaltige Weidewirtschaft auf wiedervernässten Mooren.

Mauern-in-Afrika-und-China-steht-6665752.html (Abfrage vom 16.5.2023). – Silja Fröhlich, Wüstenbildung. Die große, grüne Mauer: Wie steht es um Afrikas Vorzeigeprojekt? 31.3.2020, https://www.dw.com/de/die-gro%C3%9Fe-gr%C3%BCne-mauer-wie-steht-es-um-afrikas-vorzeigeprojekt/a-52970906 (Abfrage vom 16.5.2023). – Thomas Kruchem, Der Waldmacher – wie Wiederaufforstung in Afrika funktioniert, 3.6.2020, https://www.swr.de/swr2/wissen/der-waldmacher-wie-wiederaufforstung-in-afrika-funktioniert-swr2-wissen-2020-06-09-100.html (Abfrage vom 16.5.2023).

[18] Algerie Eco, La retauration du barrage vert lancée officiellement le 17 juin, 16.6.2021, https://www.algerie-eco.com/2021/06/16/la-restauration-du-barrage-vert-lancee-officiellement-le-17-juin/ (Abfrage vom 29.1.2025). – African Forest Landscape Restoration Initiative (AFR100), https://www.wri.org/our-work/project/african-restoration-100 (Abfrage vom 16.5.2023).

6.1.4 Gewässerschutz durch angepasste Landwirtschaft

Neben dem Boden ist das Wasser die zweite Grundbedingung für die Existenz von Lebewesen und somit auch für die Landwirtschaft. Was kann die Landwirtschaft tun, um die Schäden zu vermeiden oder wenigstens zu mindern, die wir im dritten Kapitel unseres Buchs beschrieben haben?

Das Umweltbundesamt setzt an bei der Tatsache, dass vielfach mehr Dünger ausgebracht wird, als die Pflanzen benötigen. Die Landwirte düngen in der Regel mit dem Ziel, das Ertragsmaximum am jeweiligen Standort zu erreichen. Ist die Witterung während der Wachstumszeit nicht optimal, entstehen Nährstoffüberschüsse, die nicht in Pflanzenwachstum überführt werden. Im Zentrum steht dabei der Nitratüberschuss, weil Nitrat das Düngemittel mit dem höchsten Wachstumseffekt ist und deshalb in besonders großen Mengen ausgebracht wird. Daher ist vor allem dieser Stoff für die Nährstoffüberlastung insbesondere des Grundwassers verantwortlich. In einer Studie der Justus-Liebig-Universität in Gießen im Auftrag des Hessischen Ministeriums für Umwelt, Klimaschutz, Landwirtschaft und Verbraucherschutz aus dem Jahr 2021 bilanzierten die Wissenschaftler den Nitratüberschuss in Hessen mit etwa 61 kg Nitrat pro Hektar landwirtschaftlich genutzter Fläche und Jahr.[19] Das Umweltbundesamt schlägt vor, dass die Betriebe ihre Düngung bedarfsorientiert planen und den Bedarf an Nährstoffen mithilfe der Analyse von Boden und Pflanzen sowie Schlagkarteien und Schlagbilanzen genauer ermitteln als bisher. Dabei können die Landwirtinnen und Landwirte die Hilfe von externen Beratern und Internet-Portalen in Anspruch nehmen. Aber auch die Digitalisierung bietet neue Möglichkeiten für die Bestimmung des Nährstoffbedarfs. So können moderne Erntemaschinen wechselnde Ernteerträge innerhalb eines Feldes ermitteln und auf einer digitalen Karte verzeichnen. Dadurch bilden sich für die Folgefrucht sehr genaue, wechselnde Düngeempfehlungen innerhalb eines Feldes ab, die wiederum

[19] Martin Bach, Lukas Knoll, Joachim Kilian, Lutz Breuer, Agrarbedingte und nicht-agrarbedingte Nitrateintragungen in das Grundwasser in Hessen, Oktober 2021, S. 1, https://jlupub.ub.uni-giessen.de/bitstream/handle/jlupub/254/Nicht_agrarbedingte_Vergleich_agrarbedingte_Einflussfaktoren_Nitratbelastung_Grundwasserkoerper_Hessen_Studie_HMUKLV.pdf?sequence=1&isAllowed=y (Abfrage vom 28.11.2023).

mit einer modernen, digital unterstützten Düngetechnik auch verwirklicht werden können. Ziel dieser Bemühungen ist eine standortgerechte Düngung, die sich am tatsächlichen Bedarf orientiert.[20]

Eine weitere Quelle der Nitratbelastung ist die flächenunabhängige Tierhaltung, die sich in vielen Teilen der Welt etabliert hat. Dabei wird mit Futtermitteln, die aus anderen Regionen importiert wurden, Nutztierhaltung betrieben. Eine Folge ist, dass durch die tierischen Exkremente ein regionaler Nährstoffüberschuss entsteht, der in Form von Gülle auf die umliegenden Felder ausgebracht wird. In Deutschland ist diese Art der Tierhaltung und „Gülleentsorgung" besonders in Teilen von Nordwest-Niedersachsen sehr stark verbreitet. Punktuell gibt es dieses Problem aber auch in anderen Bundesländern und in Regionen mit stark ausgeprägter Tierhaltung. Ökologisch wirtschaftende Betriebe sind an der Belastung des Grundwassers mit Nitrat so gut wie nicht beteiligt, da hier systembedingt in der Regel kein Nitratüberschuss entsteht. Zudem ist im Ökolandbau eine flächenunabhängige Tierhaltung verboten. Es gilt dabei, dass je Großvieheinheit (GV) mindestens 1,4 Hektar Fläche zur Verfügung stehen müssen. Das Bundesumweltamt fordert darüber hinaus, dass die Belastung insbesondere der Fließgewässer mit Phosphor und Schwermetallen vermindert wird. Anders als Nitrat werden diese Stoffe besonders durch Niederschläge und anschließende Erosion in die Fließgewässer gespült. Auch hier gilt es aber zunächst, eine Überdüngung zu vermeiden und prinzipiell die Erosion von Wasser und Bodenbestandteilen zu mindern.[21]

Auch durch eine Fruchtfolge, die an die Standorte angepasst ist, können Landwirte für eine ausgeglichene Humusbilanz und eine möglichst ganzjährige Bodenbedeckung sorgen und die Qualität der Gewässer verbessern. Hilfreich ist auch eine konservierende Bodenbearbeitung, weil intensive tiefe Bodenbearbeitung je nach Jahreszeit die Mineralisierung von Stickstoff und möglicherweise die Auswaschung fördert. Der Anbau von Zwischenfrüchten und Untersaaten bindet

[20] Umweltbundesamt, Gewässerschutz mit der Landwirtschaft, Dessau-Roßlau 2010, S. 20-22, https://www.umweltbundesamt.de/sites/default/files/medien/publikation/long/3894.pdf (Abfrage vom 29.1.2025).

[21] Ebenda. – Infodienst Landwirtschaft, Öko-Regelungen (ÖR), https://foerderung.landwirtschaft-bw.de/,Lde/Startseite/Agrarpolitik/Oeko-Regelungen (Abfrage vom 29.1.2025).

Nährstoffe und verhindert Erosion, wenn Haupt- und Zwischensaat richtig aufeinander abgestimmt sind. Blühstreifen, Schonflächen und Uferrandstreifen können verhindern, dass Nährstoffe in benachbarte Gewässer gelangen. Dauergrünland sollte nicht in Ackerland umgewandelt werden, weil auf diese Weise Humus sehr rasch abgebaut wird und dabei große Mengen Nitrat ausgewaschen werden.[22]

Eine weitere Ursache der Wasserverschmutzung sind Tierarzneien. Hierfür hat das Umweltbundesamt ein eigenes Portal eingerichtet, das sich an Landwirtinnen und Tierärzte richtet.[23] Tierarzneien gelangen vor allem über die Gülle von Rindern, Schweinen und Hühnern in Boden, Oberflächen- und Grundwasser. Die meisten dieser Arzneien sind Antibiotika. Hier kann die Landwirtschaft vorbeugend aktiv werden, indem sie die Bedingungen verbessert, unter denen die Tiere gehalten werden. Dann erkranken sie seltener. Hygienische Maßnahmen verringern den Keimdruck und damit auch die Häufigkeit von Erkrankungen. Artgerechte Tierhaltung und eine entsprechende Ernährung fördern die Gesundheit der Tiere.[24] Darüber hinaus hat das seit einigen Jahren etablierte Monitoring geholfen, die Medikamentengaben zu reduzieren.[25]

Die industrielle Landwirtschaft hat also viele Möglichkeiten, Wasserverschmutzung durch Düngemittel und Medikamente zu verringern oder ganz zu vermeiden. Doch diese Methoden verursachen den Betrieben einen höheren Aufwand. Die Wasserverschmutzung zu min-

[22] Umweltbundesamt, Gewässerschutz mit der Landwirtschaft, Dessau-Roßlau 2010, S. 23f.

[23] Umweltbundesamt, Tierarzneimittel, https://www.umweltbundesamt.de/tierarzneimittel-in-der-umwelt-startseite (Abfrage vom 16.5.2023).

[24] Yvonne Ilg, Julia Steinhoff-Wagner, Brigitte Petersen, Präventive Maßnahmen zur Verbesserung der Tiergesundheit, S. 72-84. – Stephan Hannappel, Claudia Köpp, Sebastian Zühlke, Aufklärung der Ursachen von Tierarzneimittelfunden im Grundwasser – Untersuchung eintragsgefährdeter Standorte in Norddeutschland (Bundesforschungsplan des Bundesministeriums für Umwelt, Naturschutz, Bau und Reaktorsicherheit, Texte 54/2016), Dessau-Roßlau 2016, insbesondere S. 22-24, https://www.umweltbundesamt.de/publikationen/aufklaerung-der-ursachen-von-tierarzneimittelfunden (Abfrage vom 21.9.2022).

[25] QS, Leitfaden Antibiotikamonitoring Schwein, 1.1.2025, https://www.q-s.de/services/files/downloadcenter/g-antibiotikamonitoring/2025/leitfaeden/deutsch/Leitfaden_Antibiotikamonitoring_Schwein_01_01.2025.pdf (Abfrage vom 29.1.2025).

dern, ist eine zusätzliche Anforderung mit finanziellen Belastungen für industriell arbeitende Betriebe. Dies erklärt, warum diese Empfehlungen bislang nicht zu grundlegenden Verbesserungen der Situation geführt haben.

6.1.5 Die Regulierung des Umgangs mit Boden und Wasser

Trotz all dieser Möglichkeiten sind Boden und Wasser in Deutschland seit Jahrzehnten hoch belastet. Wir fragen daher im folgenden Abschnitt nach den Versuchen des Staates, den Umgang der Landwirtschaft mit Boden und Wasser so zu regulieren, dass die Belastungen zurückgehen.

Bodenschutz hat eine lange Tradition.[26] Als der Naturverbrauch im Zuge der Industrialisierung zunahm und die Welt „voller"[27] wurde, verstärkten Staat und Zivilgesellschaft ihre Bemühungen, die Natur nicht mehr ungehemmt auszubeuten. 1877 wurde in Deutschland der „Internationale Verein gegen Verunreinigung der Flüsse, des Bodens und der Luft"[28] gegründet. Der erste demokratische deutsche Staat – die Weimarer Republik – schrieb den Schutz der Natur erstmals in seine Verfassung.[29] Unter der Herrschaft der Nationalsozialisten wurde 1935 das erste deutsche Naturschutzgesetz verabschiedet.[30]

Seit den 1960er- und 1970er-Jahren erstarkte die Natur- und Umweltschutzbewegung. Das wegweisende Buch von Rachel Carson warnte

[26] Christoph Ernst, Norbert Franz, Waldreformen im 18. Jahrhundert, S. 51-53.

[27] Ernst-Ulrich v. Weizsäcker, Anders Wijkman et al., Wir sind dran. Was wir ändern müssen, wenn wir bleiben wollen.

[28] Verhandlungen des Internationalen Vereines gegen Verunreinigung der Flüsse, des Bodens und der Luft, 1. 1877, Berlin, Leipzig 1877, https://services.ub.uni-koeln.de/cdm/compoundobject/collection/_RHPER2/id/318765/rec/1 (Abfrage vom 29.1.2025).

[29] Artikel 150. Die Denkmäler der Kunst, der Geschichte und der Natur sowie der Landschaft genießen den Schutz und die Pflege des Staates, in: Die Verfassung des Deutschen Reiches, 11. August 1919, https://www.verfassungen.de/de19-33/verf19-i.htm (Abfrage vom 20.9.2023).

[30] Reichsnaturschutzgesetz vom 26. Juni 1935, in: Deutsches Reichsgesetzblatt, Bd. 1935 Teil I, Nr. 68, S. 821-825, https://alex.onb.ac.at/cgi-content/alex?aid=dra&datum=19350004&seite=00000821 (Abfrage vom 29.1.2025).

davor, dass Pestizide die Böden vergiften.[31] Staatliche Akteure reagierten auf diese Bewegung mit zahlreichen Gesetzen, Vorschriften, Konventionen und Programmen: In Westdeutschland war der Schutz des Bodens Teil des Umweltschutzprogramms der ersten Regierung Brandt-Scheel aus dem Jahr 1969. 1976 ersetzte das Bundesnaturschutzgesetz das Reichsnaturschutzgesetz von 1935.[32] Es forderte von der Landwirtschaft, dass sie Regeln „Guter fachlicher Praxis“ im Umgang mit der Natur formulieren und naturschutzverträgliche Methoden anwenden solle. Unter der ersten Regierung Schröder-Fischer verabschiedete der Deutsche Bundestag 1998 das Bundes-Bodenschutzgesetz. Sein Ziel war es, die Funktionen des Bodens zu sichern oder wiederherzustellen. Schädliche Bodenveränderungen sollten abgewehrt sowie Boden, Altlasten und Gewässerverunreinigungen saniert werden.[33] 1999 folgte die Bundesbodenschutzverordnung mit konkreten Ausführungsbestimmungen des Gesetzes, die auf die Gefahrenabwehr und die Vermeidung von schädlichen Bodenveränderungen zielten.[34]

Darüber hinaus berühren zahlreiche andere Vorschriften den Umgang mit dem Boden. Paragraf 1a Absatz 2 des Baugesetzbuchs fordert einen sparsamen und schonenden Umgang mit dem Boden, weniger Versiegelung und Verbrauch des Bodens und stattdessen die Nachverdichtung und erneute Nutzung bereits bebauter Flächen. Landwirtschaftliche oder Waldflächen sollen als solche erhalten bleiben.[35] Die

[31] Rachel Carson, Silent Spring.

[32] Gesetz über Naturschutz und Landschaftspflege (Bundesnaturschutzgesetz) vom 20. Dezember 1976, in: Bundesgesetzblatt, Teil I, S. 3573-3582, https://www.bgbl.de/xaver/bgbl/start.xav?start=//*[@attr_id='bgbl176147.pdf']#__bgbl__//*[@attr_id='bgbl176147.pdf']__1738164561608 (Abfrage vom 29.1.2025).

[33] Gesetz zum Schutz des Bodens vom 17. März 1998, in: Bundesgesetzblatt, Jahrgang 1998, Teil I Nr. 16 vom 24. März 1998, S. 502-510, https://www.bgbl.de/xaver/bgbl/start.xav?start=//*[@attr_id='bgbl198s0502.pdf']#__bgbl__//*[@attr_id='bgbl198s0502.pdf']__1738164760278 (Abfrage vom 29.1.2025).

[34] Bundesbodenschutz- und Altlastenverordnung, in: Bundesgesetzblatt, Jahrgang, 1999, Teil I Nr. 36. vom 16. Juli 1999, S. 1554-1582, https://www.bgbl.de/xaver/bgbl/start.xav?start=//*[@attr_id='bgbl199s1554.pdf']#__bgbl__//*[@attr_id='bgbl199s1554.pdf']__1738217538072 (Abfrage vom 30.1.2025).

[35] Baugesetzbuch in der Fassung der Bekanntmachung vom 3. November 2017 (BGBl. I S. 3634), das zuletzt durch Artikel 2 des Gesetzes vom 4. Januar 2023 (BGBl. 2023 I Nr. 6) geändert worden ist, in: https://www.gesetze-im-internet.de/bbaug/__1a.html (Abfrage vom 30.1.2025).

Bemühungen des Bundesgesetzgebers waren insofern erfolgreich, als der Bodenverbrauch von 120 Hektar täglich im Jahr 2000 auf 56 Hektar täglich im Jahr 2020 zurückgegangen ist. Doch noch immer liegt er deutlich über dem Ziel der Nachhaltigkeitsstrategie der Bundesregierung von Anfang 2018, bis 2030 weniger als 30 Hektar Boden täglich zu verbrauchen.[36] Vorschriften beim Umgang mit dem Boden enthalten darüber hinaus das Kreislaufwirtschaftsgesetz von 2012, die Klärschlammverordnung und die Bioabfallverordnung.[37] Einschlägig sind auch das Wasserhaushaltsgesetz und die Vorschriften zum Pflanzenschutz.[38]

Die Gesetzgebung der Europäischen Union regelt den Umgang mit dem Boden in mehreren Richtlinien und Verordnungen: der Richtlinie über Industrieemissionen (IED), der Abfallrahmenrichtlinie und der REACH-Verordnung.[39] Die Bodenstrategie der Europäischen Kommission für 2030 vom November 2021 hat das Ziel, dass bis 2050 alle Bodenökosysteme in der EU in einem gesunden Zustand sein sollen – chemisch, biologisch und physikalisch. Zugleich sollen sie möglichst viele Ökosystemdienstleistungen oder Bodenfunktionen erfüllen.[40]

Völkerrechtlich gilt in Mitteleuropa das Protokoll zur Durchführung der Alpenkonvention aus dem Jahre 1991. Dieser Übereinkunft sind alle Alpenstaaten und die Europäische Union beigetreten.[41] Global gelten die Programme und Konventionen der Vereinten Nationen:

[36] Bundesministerium für Umwelt, Naturschutz, nukleare Sicherheit und Verbraucherschutz, Flächenverbrauch – Worum geht es? 22.2.2023, https://www.bmuv.de/themen/nachhaltigkeit/strategie-und-umsetzung/reduzierung-des-flaechenverbrauchs (Abfrage vom 11.9.2023).

[37] Umweltbundesamt, Boden, Landwirtschaft, https://www.umweltbundesamt.de/themen/boden-landwirtschaft/boden-schuetzen/bodenschutzrecht#europaisches-recht (Abfrage vom 13.9.2023).

[38] Peter Laufmann, Boden, S. 167.

[39] Umweltbundesamt, Boden, Landwirtschaft, https://www.umweltbundesamt.de/themen/boden-landwirtschaft/boden-schuetzen/bodenschutzrecht#europaisches-recht (Abfrage vom 13.9.2023).

[40] Bundesministerium für Umwelt, Naturschutz, nukleare Sicherheit und Verbraucherschutz, Europäische Bodenschutzpolitik, https://www.bmuv.de/themen/bodenschutz/europaeische-bodenschutzpolitik (Abfrage vom 10.12.2024).

[41] Die Alpenkonvention, Konvention und Protokoll, in: https://www.alpconv.org/de/startseite/themen/bodenschutz/#c1211 (Abfrage vom 30.1.2025).

Seit 1972 läuft das Umweltprogramm (UNEP).[42] 1992 formulierte der Gipfel in Rio de Janeiro die Klimarahmenkonvention. 1993 folgte die Biodiversitätskonvention zum Schutz der Artenvielfalt, der genetischen Vielfalt innerhalb der Arten und der Vielfalt der Ökosysteme.[43] 1994 wurde die UNO-Konvention zur Bekämpfung der Wüstenbildung (UNCCD) verabschiedet.[44] Bei all diesen staatlichen und interstaatlichen Umweltschutzanstrengungen ist der Schutz des Bodens allerdings eher nachrangig. Lediglich die Kompensationskonferenz der Vereinten Nationen in Genf (UNCCD) bemüht sich seit 2012 gezielt darum, die Zerstörungen und Verluste an Boden bis 2030 durch Neulandgewinnung auszugleichen. Die Struktur der Böden soll gewahrt bleiben. Sie sollen möglichst nicht überbaut, gegen Erosion geschützt und von Giften freigehalten werden.[45]

Eng verflochten mit dem Schutz des Bodens vor Verschmutzung durch die Landwirtschaft ist der Umgang mit dem Wasser: Den Schutz des Wassers und die Verbesserung seiner Qualität regelt die Wasserrahmenrichtlinie der Europäischen Union. Sie wurde im Dezember 2000 rechtskräftig und gab den Mitgliedsstaaten das Ziel vor, bis 2015 für einen guten Zustand aller Gewässer zu sorgen – ökologisch und chemisch. Ein ähnliches Ziel hat die Meeresstrategierichtlinie der EU bis 2020 für die Meeresumwelt festgelegt. Deutschland hat diese Vorgaben nicht eingehalten und um Verlängerung der Fristen gebeten. Die Meereswasserkörper, für die Deutschland verantwortlich ist, leiden unter Eutrophierung. Sie enthalten zu viele Nährstoffe, sodass die Lebensbedingungen für Meerestiere und -pflanzen gestört werden. Algenblüten sind eine Folge dieser Nährstoffüberschüsse. Deren Ursache wiederum sind zu hohe Einträge von Nitrat und Phosphor, die aus Siedlungsabwässern und aus der Landwirtschaft stammen. Wegen der Verstöße Deutschlands gegen die Nitrat-Richtlinie von 1991 eröff-

[42] Umweltprogramm der UNO, UN environment programme, https://www.unep.org/ (Abfrage vom 13.9.2023).

[43] Der englische Text: https://www.cbd.int/convention/text/, der deutschsprachige Text auf der Website der Schweizer Regierung: https://www.admin.ch/opc/de/classified-compilation/19920136/index.html (Abfragen vom 13.9.2023).

[44] United Nations Convention to Combat Desertification, https://www.unccd.int/ (Abfrage vom 7.9.2023).

[45] Peter Laufmann, Boden, S. 166-168.

nete die EU-Kommission ein Vertragsverletzungsverfahren, in dessen Folge die Düngeverordnung geändert wurde.[46]

Darüber hinaus machte ein Forschungsteam, das für das Umweltbundesamt arbeitete, den Vorschlag, dass nicht mehr als 1,5 Großvieheinheiten pro Hektar Betriebsfläche gehalten werden sollten. Die zuständigen wissenschaftlichen Fachbeiräte der Bundesregierung unterstützten diesen Vorschlag. Derzeit gelten zwei Großvieheinheiten pro Hektar in der konventionellen Landwirtschaft noch als extensive Bewirtschaftung.[47] Im ökologischen Landbau sind maximal 1,4 Großvieheinheiten pro Hektar erlaubt.[48] In den viehstarken Gebieten Nordwest-

[46] Richtlinie 2000/60/EG des Europäischen Parlaments und des Rates vom 23. Oktober 2000 zur Schaffung eines Ordnungsrahmens für Maßnahmen der Gemeinschaft im Bereich der Wasserpolitik, in: Amtsblatt der Europäischen Gemeinschaften, 22.12.2000, L 327/1-72, https://eur-lex.europa.eu/resource.html?uri=cellar:5c835afb-2ec6-4577-bdf8-756d3d694eeb.0003.02/DOC_1&format=PDF (Abfrage vom 30.1.2025). – Richtlinie 2008/56/EG des Europäischen Parlaments und des Rates vom 17. Juni 2008 zur Schaffung eines Ordnungsrahmens für Maßnahmen der Gemeinschaft im Bereich der Meeresumwelt (Meeresstrategie-Rahmenrichtlinie), in: Amtsblatt der Europäischen Union, 25.6.2008, L 164/19-40, https://eur-lex.europa.eu/legal-content/DE/TXT/PDF/?uri=CELEX:32008L0056 (Abfrage vom 30.1.2025). – Markus Geupel, Jakob Frommer, Reaktiver Stickstoff in Deutschland. Ursachen, Wirkungen, Maßnahmen, 2015, https://www.umweltbundesamt.de/publikationen/reaktiver-stickstoff-in-deutschland (Abfrage vom 7.6.2021).

[47] Malte Oehlmann et al., Maßnahmenvorschläge für ein Aktionsprogramm zur integrierten Stickstoffminderung (Resortforschungsplan des Bundesministeriums für Umwelt, Naturschutz und nukleare Sicherheit, Texte 78/2021), S. 124f, https://www.umweltbundesamt.de/sites/default/files/medien/5750/publikationen/2021-05-26_texte_78-2021_aktionsprogramm_stickstoff_fin.pdf (Abfrage vom 30.1.2025). – Wissenschaftlicher Beirat für Düngungsfragen beim Bundesministerium für Ernährung und Landwirtschaft (WBD), Standpunkt: „Anwendung von organischen Düngern und organischen Reststoffen in der Landwirtschaft", https://www.bmel.de/SharedDocs/Downloads/DE/_Ministerium/Beiraete/duengung/OrgDuengung.pdf?__blob=publicationFile&v=3 8 (Abfrage vom 30.1.2025). – Bundesministerium für Umwelt, Naturschutz und nukleare Sicherheit (BMU), Bürger*innenratschlag: Stickstoff: Zuviel des Guten, Berlin 2020, https://www.bmuv.de/fileadmin/Daten_BMU/Download_PDF/Luft/buergerinnenratschlag_stickstoff_bf.pdf (Abfrage vom 30.1.2025).

[48] Ministerium für Ernährung, Ländlichen Raum und Verbraucherschutz, Infodienst Landwirtschaft Ernährung, Öko-Regelungen, https://foerderung.landwirtschaft-bw.de/pb/,Lde/Startseite/Agrarpolitik/Oeko-Regelungen (Abfrage vom 28.11.2023).

deutschlands sind 3 Großvieheinheiten pro Hektar und mehr üblich.[49] Die Versuche, die EU-Nitrat-Richtlinie auf nationaler Ebene durchzusetzen, riefen bei den betroffenen Landwirtinnen und Landwirten erbitterte Proteste hervor, die in zahlreichen Aktionen und Demonstrationen vorgetragen wurden.[50]

Somit führt die mit staatlichen Sanktionen bewehrte Forderung nach einer deutlichen Reduzierung insbesondere der ausgebrachten Wirtschaftsdünger die industriell arbeitenden Tierhaltungsbetriebe in ein Dilemma zwischen sinkender Produktivität und mehr oder weniger großen Rechtsverstößen. Gegen eine wirksame Reduzierung der überschüssigen Düngereinträge in Boden und Wasser stehen ökonomische Zwänge der Betriebe. Daher hat die Bundesregierung lange gezögert, die Vorgaben der EU umzusetzen. Die EU-Kommission musste sie durch ein Vertragsverletzungsverfahren zur Verschärfung der Düngemittelverordnung zwingen. Auch interstaatliche Abkommen auf europäischer und UN-Ebene werden nicht eingehalten.

6.1.6 Zwischenfazit

Es gibt also sehr viele Möglichkeiten, Schädigungen von Boden und Wasser zu reduzieren und sogar zu reparieren, die durch die industrielle Landwirtschaft entstanden sind. Doch werden sie nicht konsequent angewandt. Der Bodenverbrauch geht zwar zurück, ist aber immer noch viel zu hoch. Die Verschmutzung der Böden und des Wassers geht ebenfalls zurück. Doch auch hier haben die verschärften Bestimmungen nicht dazu geführt, dass sich die Situation grundlegend verbessert hätte. Nicht die Zielvorgaben von Politik und Verwaltung sind der entscheidende Faktor beim Schutz der Böden und Gewässer, sondern

[49] Agrarheute, Bildergalerie, Viehdichte in Deutschland: So viele Tiere kommen auf einen Hektar, https://www.agrarheute.com/bilder/viehdichte-deutschland-so-viele-tiere-kommen-hektar-539862 (Abfrage vom 28.11.2023).

[50] Christoph Link, Streit um Düngemittelverordnung, Stuttgarter Zeitung, 5.12. 2019, https://www.stuttgarter-zeitung.de/inhalt.duengemittelverordnung-bauern-fuehlen-sich-unfair-behandelt.dbf76a35-8209-4333-b4ed-3147e09b668e.html (Abfrage vom 17.5.2023). – Simon Michel-Berger, Düngeverordnung 2021: Die neue Drohkulisse, 27.7.2021, https://www.agrarheute.com/politik/duengeverordnung-2021-neue-drohkulisse-583757 (Abfrage vom 17.5.2023).

deren Umsetzung durch die betroffenen Menschen. Der Grundkonflikt zwischen industrieller Tierhaltung und Boden- und Wasserschutz ist offenbar im System der seit den 1950er-Jahren entwickelten industriellen Landwirtschaft nicht einfach zu lösen. Es bedarf offensichtlich weiterer Anstrengungen, um zumindest die schädlichsten Auswirkungen der industriellen Landwirtschaft zu reduzieren. Diesen Möglichkeiten wenden wir uns in den folgenden drei Unterkapiteln zu.

6.2 Regeln achten: „Gute fachliche Praxis" und Integrierter Landbau

Die – scheinbar – einfachste Möglichkeit, eine Landwirtschaft zu betreiben, die möglichst wenig Schäden an Mensch, Tier und Umwelt anrichtet, besteht darin, dass die Landwirtinnen und Landwirte sich in ihrer täglichen Arbeit an den Regeln ihres Berufs orientieren. Wir fragen im Folgenden, was „Gute fachliche Praxis" und „Integrierte Landwirtschaft" bedeutet, welches Potenzial sie haben und wie erfolgreich sie die Schäden verringert haben, die von der industriellen Landwirtschaft ausgehen. Wir behandeln zunächst die Bedeutung von „Guter fachlicher Praxis" und „Integrierter Landwirtschaft". Dann skizzieren wir ihre gesetzliche Verankerung, stellen einige praktische Beispiele vor und diskutieren schließlich die Erfahrungen mit dieser Form der Landwirtschaft.

6.2.1 Was ist „Gute fachliche Praxis"?

Es gehört zum professionellen Selbstverständnis der deutschen Landwirtinnen und Landwirte, dass sie dem Boden, der im wörtlichen Sinn die Grundlage ihrer Existenz ist, nicht mutwillig schaden.[51] Diese Grundeinstellung hat ihren Ausdruck in der „Guten fachlichen Praxis" in der Landwirtschaft gefunden. Was ist darunter zu verstehen?

Eine Studie, die der Wissenschaftliche Dienst des Deutschen Bundestags Anfang 2020 für die drei Bundesministerien für Wirtschaft, für Verkehr sowie für Ernährung, Landwirtschaft und Verbraucher-

[51] Peter Laufmann, Boden, S. 169.

schutz ausgearbeitet hat, folgt der Definition einer Studie des Agrarwissenschaftlers Manfred Gustav Raup und des Naturwissenschaftlers Peter Hartmann: Die „Gute fachliche Praxis" ist ein „zentraler Begriff" der konventionellen Landwirtschaft, der besagt, „dass z.B. die Anwendung von Dünge- und Pflanzenschutzmitteln nur in Übereinstimmung mit geltendem Recht, den neuesten und anerkannten Anwendungsregeln sowie unter Beachtung der Grundsätze des integrierten Landbaus erfolgen darf."[52] „Gute fachliche Praxis" und Integrierter Landbau werden hier also verbunden. In der deutschen Umweltgesetzgebung hatte im Laufe der 1980er-Jahre die Bezeichnung „Gute fachliche Praxis" die Bezeichnung „Ordnungsgemäße Landwirtschaft" abgelöst. Diese wiederum definiert das Bürgerliche Gesetzbuch in den Paragraphen 586 und 596 sehr allgemein: Sie muss im Einklang mit den Regeln stehen, die nach allgemeiner Auffassung unter Land- und Forstwirten einzuhalten sind. Dabei ist die Bewirtschaftung von gepachteten Flächen gemeint. Die Pächter sollen sie in einem guten Zustand erhalten.[53] Die „Ordnungsgemäße Landwirtschaft" steht, wie die „Gute fachliche Praxis", für öffentlich-rechtliche Verhaltensstandards. Diese sind in vier Fachgesetzen geregelt: dem Pflanzenschutzgesetz, dem Düngegesetz, dem Bundes-Bodenschutzgesetz und dem Bundesnaturschutzgesetz. Hinzu kommen Verordnungen wie die Pflanzenschutz-Anwendungs-, die Dünge- oder die Stoffstrombilanzverordnung.[54]

„Gute fachliche Praxis" orientiert sich also an Rechtssetzungen des Bundes und der Länder. Darüber hinaus beachtet sie aber auch die neuesten fachlichen und wissenschaftlichen Erkenntnisse, Standards und Anwendungsregeln. Von dem älteren Konzept der „Ordnungsge-

[52] Wissenschaftliche Dienste, Deutscher Bundestag, Gute fachliche Praxis in der Landwirtschaft, S. 4, Zitat: ebenda, https://www.bundestag.de/resource/blob/689794/f9a81939f03094a07ff4dfc2e492085a/WD-5-020-20-pdf.pdf (Abfrage vom 30.1.2025).

[53] Lexikon des Agrarraums, Ordnungsgemäße Landwirtschaft/Landbewirtschaftung, https://www.agrarraum.info/lexikon/ordnungsgemaesse_landwirtschaft (Abfrage vom 30.1.2025). – Bundesamt für Justiz, Bürgerliches Gesetzbuch (BGB), § 586. Vertragstypische Pflichten beim Landpachtvertrag, https://www.gesetze-im-internet.de/bgb/__586.html. – Ebenda, § 596 Rückgabe der Pachtsache, https://www.gesetze-im-internet.de/bgb/__596.html (Abfragen vom 30.1.2025).

[54] Wissenschaftliche Dienste, Deutscher Bundestag, Gute fachliche Praxis in der Landwirtschaft.

mäßen Landwirtschaft“ unterscheidet sie sich durch ihre Koppelung an die „Integrierte Landwirtschaft“.

6.2.2 Integrierte Landwirtschaft

Was ist „Integrierte Landwirtschaft“?

Seit der Jahrtausendwende versucht die Bundesregierung mit mehr oder weniger großem Einsatz, die Agrarpolitik so zu gestalten, dass die größten Schäden gemindert werden, die Düngemittel und Pestizide der Landwirtschaft anrichten. Dabei wurde zunächst das Konzept eines „integrierten Pflanzenschutzes“ entwickelt und in einem weiteren Schritt die „Integrierte Landwirtschaft“. Von dieser werden „vorzugsweise Methoden und Bewirtschaftungsmaßnahmen (Sortenwahl, Fruchtfolge, Anbautechnik, Düngung und Pflanzenschutz) verwendet, die möglichst geringe Auswirkungen auf die Umwelt haben.“ Anders als der Begriff „ökologischer Landbau“ ist die Bezeichnung „Integrierte Landwirtschaft“ nicht gesetzlich geregelt. Solange die Grundsätze der „Integrierten Landwirtschaft“ betriebsindividuell frei interpretierbar bleiben, entzieht sich dieses System einer nachvollziehbaren Kontrolle.[55]

Trotzdem hat sich in Großbritannien eine Zertifizierungsorganisation für Integrierten Landbau mit dem Namen „LEAF-Marque“ entwickelt. Hinter dieser Organisation steht ein gemeinnütziger Verein. Sie zertifiziert und kontrolliert etwa die Hälfte der britischen Landwirtschaft sowie viele Firmen außerhalb Großbritanniens. Nach erfolgter Zertifizierung kann ein privates Siegel genutzt werden, das in Großbritannien bei der Vermarktung eine gewisse Rolle spielt, weil die Lebensmittelkette TESCO diese Zertifizierung einfordert.[56]

Als Lobbyorganisation der „Integrierten Landwirtschaft“ wurde 2001 die „Europäische Initiative für nachhaltige Entwicklung in der Land-

[55] Bundesinformationszentrum Landwirtschaft, Integrierter, ökologischer, kontrollierter Anbau: Was sind die Unterschiede? 16. Januar 2024, https://www.landwirtschaft.de/tier-und-pflanze/pflanze/nutzpflanzen-allgemein/integrierter-oekologischer-kontrollierter-anbau-was-sind-die-unterschiede (Abfrage vom 30.1.2025). Zitate: ebenda. – Lexikon der Geographie, https://www.spektrum.de/lexikon/geographie/integrierter-landbau/3816 (Abfrage vom 28.6.2021).

[56] Die Aussagen zur LEAF-Marque beruhen teilweise auf mündlichen Informationen von Thomas Damm, Vorstand der ABCert AG, für Hans-Jürgen Müller.

wirtschaft“ gegründet. Vollmitglieder sind Organisationen aus Frankreich, Deutschland, Ungarn, Schweden, den Niederlanden und Luxemburg, die sich in ihren Ländern für Nachhaltigkeit in der Landwirtschaft einsetzen. Assoziiert sind dem Verein weitere Lobbyorganisationen, die auf europäischer Ebene aktiv sind.[57]

Insgesamt steht die Integrierte Landwirtschaft zwischen einer industriellen Landwirtschaft, die verschwenderisch mit den natürlichen Ressourcen umgeht und ausschließlich die Gewinnmaximierung des Unternehmens verfolgt, wie sie noch im ausgehenden 20. Jahrhundert dominierte, und dem ökologischen Landbau oder anderen nachhaltigen Formen der Landwirtschaft. Sie setzt synthetische Pestizide für den Pflanzenschutz nur dann ein, wenn eine bestimmte „Schwelle“ des Befalls überschritten ist. Sie versucht, Menge und Art der eingesetzten Pestizide und Düngemittel so präzise wie möglich dem Bedarf der Pflanzen anzunähern. Dazu können auch die Abkehr von Monokulturen und die Hinwendung zu vielfältigen Fruchtfolgen gehören. Die Integrierte Landwirtschaft hat anders als der gesetzlich definierte ökologische Landbau keine eigenen nachprüfbaren Regeln, sondern überlässt es den Landwirtinnen und Landwirten, bei den Bewirtschaftungsmaßnahmen einen Ausgleich zu finden zwischen dem Schutz der Umwelt, sozialen Aspekten und der eigenen betrieblichen Ökonomie. Wenn wir der Darstellung ihrer Befürworter folgen würden, kämen wir zu dem Schluss, dass diese „Integrierte Landwirtschaft“ genau das ist, wonach wir in diesem Kapitel suchen: eine Strategie für die industrielle Landwirtschaft, die die gravierendsten Schädigungen von Boden, Wasser, Umwelt, Tier und Mensch erheblich mindert.

6.2.3 Rechtsgrundlagen

Bevor wir dies prüfen, müssen wir uns die Rechtsgrundlagen der „Guten fachlichen Praxis“, die im Prinzip auch die Handlungsmaxime der Integrierten Landwirtschaft ist, etwas genauer ansehen. Dabei ziehen wir

[57] EISA – European Initiative for Sustainable Development in Agriculture, Integrierte Landwirtschaft. Intgrated Farming (IF). effizient – intelligent – nachhaltig, 27.6.2012, https://www.eesc.europa.eu/sites/default/files/resources/docs/frangenberg.pdf (Abfrage vom 30.1.2025).

Quellen heran, die wir bereits genutzt haben: das Pflanzenschutzgesetz, das Düngegesetz, das Bundes-Bodenschutzgesetz und das Bundesnaturschutzgesetz. Darüber hinaus stellen wir einschlägige Richtlinien der EU vor. Wir fragen nach den politischen Zielen dieser Gesetzgebung und nach den Gestaltungsspielräumen in der landwirtschaftlichen Praxis.

Die deutsche Gesetzgebung und ihre Ausführungsverordnungen zur „Guten fachlichen Praxis" in der Landwirtschaft bewegen sich im Rahmen der Richtlinien der Europäischen Union. Ein wesentliches Element „Guter fachlicher Praxis" und des „Integrierten Landbaus" ist der „Pflanzenschutz". Diesen regelt im Allgemeinen und als „integrierten Pflanzenschutz" im Besonderen das Pflanzenschutzgesetz. Dabei orientiert es sich an den Vorgaben der EU-Richtlinie „2009/128/EU".[58] Das Gesetz definiert „integrierten Pflanzenschutz" als „eine Kombination von Verfahren, bei denen unter vorrangiger Berücksichtigung biologischer, biotechnischer, pflanzenzüchterischer sowie anbau- und kulturtechnischer Maßnahmen die Anwendung chemischer Pflanzenschutzmittel auf das notwendige Maß beschränkt wird".[59] Die Kulturpflanzen und ihre Erzeugnisse sollen gesund erhalten und ihre Qualität gesichert werden. Dieses Ziel sollen die Landwirtinnen und Landwirte erreichen, indem sie Organismen bekämpfen, die den Pflanzen schaden, oder natürliche Mechanismen fördern, die die Schädlinge abwehren.[60] Die Landwirte sollen möglichst wenig Pestizide einsetzen – nur als *letztes* Mittel, das dann angewandt wird, wenn alle anderen Maßnahmen zum Schutz der Kulturpflanzen vor Schädlingen nicht wirken. Zu „Guter fachlicher Praxis" gehört auch die Abwehr von Gefahren für Menschen, Tiere oder – ganz allgemein – für die Natur, die bei der Verwendung oder Lagerung von Pestiziden entstehen.[61]

Obwohl der Bund in diesem Bereich die Regelungskompetenz hat, räumt er auch den Ländern Befugnisse ein: Sie können die Bedingungen der Anwendung von Pflanzenschutzmitteln in Wasser- und Natur-

[58] Pflanzenschutzgesetz vom 6. Februar 2012 (BGBl. I S. 148, 1281), das zuletzt durch Artikel 278 der Verordnung vom 19. Juni 2020 (BGBl. I S. 1328) geändert worden ist, https://www.gesetze-im-internet.de/pflschg_2012/PflSchG.pdf (Abfrage vom 30.1.2025).

[59] Pflanzenschutzgesetz § 2 Nr. 2, Zitat: ebenda.

[60] Pflanzenschutzgesetz § 3 Absatz 1.

[61] Pflanzenschutzgesetz § 3 Absatz 1, §§ 9, 12, 13.

schutzgebieten und an oberirdischen und Küstengewässern gestalten sowie bestimmte Verfahren und Geräte verbieten. Generell umfasse die „Gute fachliche Praxis“, so der Wissenschaftliche Dienst des Bundestags, „den aktuellen, bekannten und bewährten Stand der Erfahrungen und Ergebnisse von Praxis und Wissenschaft“. Es werde von Naturschützern und Politikern immer wieder kritisiert, dass die Regelungen für den Pflanzenschutz keine „fest vorgeschriebenen Handlungsanweisungen“ seien. Dies sei fachlich nicht möglich, weil die unterschiedlichen Situationen flexible Handlungsmöglichkeiten erforderten.[62]

Das zweite Bundesgesetz, das die „Gute fachliche Praxis“ regelt, ist das Düngegesetz. Es zielt darauf, „die Ernährung von Nutzpflanzen“ sicherzustellen, die „Fruchtbarkeit des Bodens, insbesondere den standort- und nutzungstypischen Humusgehalt“ zu erhalten oder bleibend zu verbessern und „Gefahren für die Gesundheit von Menschen und Tieren sowie für den Naturhaushalt“ vorzubeugen oder abzuwenden, die durch „Maßnahmen des Düngens entstehen können“. Es soll „einen nachhaltigen und ressourceneffizienten Umgang mit Nährstoffen bei der landwirtschaftlichen Erzeugung“ sicherstellen und vor allem „Nährstoffverluste in die Umwelt so weit wie möglich“ vermeiden. Wie das Pflanzenschutzgesetz führt auch das Düngegesetz Richtlinien der Europäischen Union aus. Die Durchführung des Gesetzes in Deutschland regelt die Düngeverordnung.[63]

[62] Wissenschaftliche Dienste, Deutscher Bundestag, Gute fachliche Praxis in der Landwirtschaft, S. 8f, Zitate ebenda, https://www.bundestag.de/resource/blob/689794/f9a81939f03094a07ff4dfc2e492085a/WD-5-020-20-pdf.pdf (Abfrage vom 30.1.2025). – Stefan Möckel, Landesrechtliche Regelungsspielräume für ordnungs- und planungsrechtliche Anforderungen an die landwirtschaftliche Bodennutzung (DÖV 2017), S. 192, https://www.doev.de/ausgaben/5-2017/ (Abfrage vom 30.1.2025). – Zu den Regelungskompetenzen der Bundesländer vgl. § 22 Pflanzenschutzgesetz.

[63] Düngegesetz vom 9. Januar 2009 (BGBl. I S. 54, 136), das zuletzt durch Artikel 277 der Verordnung vom 19. Juni 2020 (BGBl. I S. 1328) geändert worden ist. – Zum Zweck des Gesetzes, ebenda, § 1. – Düngeverordnung vom 26. Mai 2017 (BGBl. I S. 1305), die durch Artikel 1 der Verordnung vom 28. April 2020 (BGBl. I S. 846) geändert worden ist. – Richtlinie 91/676/EWG des Rates vom 12. Dezember 1991 zum Schutz der Gewässer vor Verunreinigung durch Nitrat aus landwirtschaftlichen Quellen, Amtsblatt Nr. L 375 vom 31/12/1991 S. 0001-0008, https://eur-lex.europa.eu/legal-content/DE/TXT/HTML/?uri=CELEX:31991L0676&from=DE (Abfrage vom 30.1.2025).

Das Düngegesetz fordert, dass die Düngung dem Bedarf der Pflanzen entsprechen soll: „Düngung nach guter fachlicher Praxis dient der Versorgung der Pflanzen mit notwendigen Nährstoffen sowie der Erhaltung und Förderung der Bodenfruchtbarkeit, um insbesondere die Versorgung der Bevölkerung mit qualitativ hochwertigen Erzeugnissen zu sichern. Zur guten fachlichen Praxis gehört, dass Art, Menge und Zeitpunkt der Anwendung am Bedarf der Pflanzen und des Bodens ausgerichtet werden [… und] dass bei der landwirtschaftlichen Erzeugung ein nachhaltiger und ressourceneffizienter Umgang mit Nährstoffen im Betrieb sichergestellt und hierbei Nährstoffverluste in die Umwelt so weit wie möglich vermieden werden.“ Wie groß die jeweils angemessene Menge ausgebrachten Düngers sein soll, hängt von der Situation ab. Die Düngeverordnung präzisiert diese unscharfe Regelung etwas: „Die Anwendung von Düngemitteln, Bodenhilfsstoffen, Kultursubstraten und Pflanzenhilfsmitteln ist unter Berücksichtigung der Standortbedingungen auf ein Gleichgewicht zwischen dem voraussichtlichen Nährstoffbedarf der Pflanzen einerseits und der Nährstoffversorgung aus dem Boden und aus der Düngung andererseits auszurichten. Aufbringungszeitpunkt und -menge sind […] so zu wählen, dass verfügbare oder verfügbar werdende Nährstoffe den Pflanzen zeitgerecht in einer dem Nährstoffbedarf der Pflanzen entsprechenden Menge zur Verfügung stehen und Einträge in oberirdische Gewässer und das Grundwasser vermieden werden. Hierbei sollen auch die Ergebnisse regionaler Feldversuche zur Validierung herangezogen werden. Erfordernisse für die Erhaltung der standortbezogenen Bodenfruchtbarkeit sind zusätzlich zu berücksichtigen.“ Die Europäische Kommission hatte die Anpassung der Düngeverordnung an die europäischen Richtlinien über ein Vertragsverletzungsverfahren gegen Deutschland durchgesetzt.[64] Entscheidend für die Beurteilung des Erfolgs dieser rechtlichen Regelungen ist, ob, wie gefordert, die eingesetzten Nährstoffe dem Bedarf der Pflanzen entsprechen und keine

[64] Zitate: Düngegesetz, § 3, 2; Düngegesetz § 11a Abs. 1 Satz 2, https://www.gesetze-im-internet.de/d_ngg/__11a.html (Abfrage vom 30.1.2025); Düngeverordnung § 3, 1. – Umsetzung der Nitratrichtlinie – bekommt Deutschland die Nitratbelastung des Grundwassers mit der Düngeverordnung in den Griff? 26.5. 2021, https://www.euwid-wasser.de/news/politik/einzelansicht/Artikel/dossier-umsetzung-der-nitratrichtlinie-bekommt-deutschland-die-nitratbelastung-des-grund wassers.html (Abfrage vom 15.6.2021).

Überschüsse in Boden und Wasser gelangen. Dies würde einen Mess- und Kontrollaufwand erfordern, der bislang nicht geleistet werden kann. Eine Lösung böte eine betriebsindividuelle Stoffstrombilanz, die alle eingehenden Nährstoffe mit allen erzielten Ernteerträgen bilanziert, die den Betrieb verlassen und auf diese Weise die Nährstoffströme eines Betriebes offenlegt. Eine solche Stärkung des Verursacherprinzips sah die vom Bundestag zuletzt verabschiedete Änderung des Düngegesetzes vor. Allerdings hat der Bundesrat am 5. Juli 2024 dieser Änderung seine Zustimmung versagt.[65]

Das dritte Bundesgesetz, das „Gute fachliche Praxis" in der Landwirtschaft regelt, ist das Bundes-Bodenschutzgesetz. Es soll dazu dienen, „nachhaltig die Funktionen des Bodens zu sichern oder wiederherzustellen" und trat bereits 1998 in Kraft. Schädliche Bodenveränderungen sollen abgewehrt werden. Boden und Altlasten sowie Gewässerverunreinigungen müssen saniert werden. Es muss Vorsorge gegen nachteilige Einwirkungen auf den Boden getroffen werden. „Bei Einwirkungen auf den Boden sollen Beeinträchtigungen seiner natürlichen Funktionen sowie seiner Funktion als Archiv der Natur- und Kulturgeschichte so weit wie möglich vermieden werden."[66] Das bedeutet, dass Schädigungen und Verlust von Boden vermieden und rückgängig gemacht werden sollen. Der Boden soll in einem Zustand bewahrt oder in einen Zustand gebracht werden, der ihm erlaubt, seine lebenswichtigen Funktionen zu erfüllen.

Was genau für die Erhaltung, Sanierung und Verbesserung der Böden getan werden soll, legt § 17 des Bodenschutzgesetzes fest. Zunächst sind die Bundesländer verpflichtet, die im Gesetz formulierten Grundsätze und Normen der „Guten fachlichen Praxis" der Bodennutzung den Landwirtinnen und Landwirten über ihre Beratungsstellen zu vermitteln. Es sollen nicht nur Schäden wie Erosion und Bodenverdichtung oder die Belastung von Gewässern vermieden, sondern auch Humusgehalt, biologische Aktivität und Struktur des Bodens gefördert werden. Die Landwirtinnen und Landwirte sollen den Boden so bear-

[65] Vermittlungsausschuss, Zweites Gesetz zur Änderung des Düngegesetzes, 2.10.2024, https://www.vermittlungsausschuss.de/SharedDocs/beratungsvorgaengeva/DE/20wp/290-24.html (Abfrage vom 10.12.2024).

[66] Bundes-Bodenschutzgesetz vom 17. März 1998 (BGBl. I S. 502), das zuletzt durch Artikel 2 Absatz 5 des Gesetzes vom 20. Juli 2017 (BGBl. I S. 2808) geändert worden ist, Zitat: §1.

beiten, wie es zu dem jeweiligen Standort passt. Sie sollen Verdichtungen und Erosion vermeiden. Sie sollen Hecken, Gehölze, Raine und Terrassen erhalten, die den Boden schützen. Durch eine angemessene Fruchtfolge sollen sie die biologische Aktivität und den Humusgehalt des Bodens erhalten und fördern.[67]

Das vierte Bundesgesetz, das die „Gute fachliche Praxis" regelt, ist das Bundesnaturschutzgesetz von 2009.[68] Es fordert, dass die Bewirtschaftung den jeweiligen Standorten angepasst sein und die langfristige Nutzbarkeit und Bodenfruchtbarkeit der Flächen gesichert werden müsse; dass Boden, Wasser, Flora und Fauna der genutzten Flächen schonend behandelt werden sollen; dass die Flächen so genutzt werden, dass sich Biotope vernetzen können; dass Tierhaltung und Pflanzenbau ausgewogen sind und Umweltschäden vermieden werden sollen und dass Grünland auf Hängen, die erosionsgefährdet sind sowie auf Flächen mit einem hohen Grundwasserstand, auf Überschwemmungsflächen und in Mooren nicht zu Ackerland umgebrochen wird.[69]

Das Bundeslandwirtschaftsministerium stellte 2010 fest: „Die Gute fachliche Praxis ist kein statischer Zustand, sondern ein dynamisches System, das sich auf der Grundlage neuer Erkenntnisse und praktikabler Verfahren ständig weiterentwickelt."[70] Diese Regulierungen auf nationaler Ebene ergänzen die Anforderungen der Gemeinsamen Agrarpolitik, die ebenfalls in die Gesetzgebung des Bundes und der Länder einfließen. Wir haben sie im 2. Kapitel dieses Buchs vorgestellt.

Die Bindung der finanziellen Förderung an Umweltauflagen dürfte erheblichen Einfluss auf die Gestaltung der „Guten fachlichen Praxis" haben. Das Nebeneinander von freiwilligen staatlichen Transferleistungen, die an die Einhaltung bestimmter Umweltauflagen gebunden sind, und gesetzlichen Rahmenbedingen, die in jedem Fall einzuhalten sind,

[67] Bundes-Bodenschutzgesetz, § 17.

[68] Gesetz zur Neuregelung des Rechts des Naturschutzes und der Landschaftspflege vom 29. Juli 2009, in: Bundesgesetzblatt Jahrgang 2009 Teil I Nr. 51, ausgegeben zu Bonn am 6. August 2009, S. 2542-2579.

[69] Ebenda, § 5.

[70] Bundesanstalt für Landwirtschaft und Ernährung, GAP kompakt 2023, BMELV, Gute fachliche Praxis im Pflanzenschutz. Grundsätze für die Durchführung, 2010, Zitat: ebenda, S. 4, https://www.lfl.bayern.de/mam/cms07/ips/dateien/ips_1a_-_gute_fachliche_praxis_im_pflanzenschutz.pdf (Abfrage vom 30.1.2025).

ist ein wichtiger Teil des aktuellen agrarpolitischen Diskurses. Warum sollte die Einhaltung der gesetzlichen Umweltauflagen besonders gefördert werden? Andererseits liegt es nahe, erfolgreiche freiwillige Maßnahmen in der Folge auch zu einem gesetzlichen Standard zu machen.

Insgesamt sind die Zielsetzungen der Gesetze und Verordnungen, die den rechtlichen Rahmen der „Guten fachlichen Praxis" in der deutschen Landwirtschaft gestalten, sehr ambitioniert. Sie zielen darauf, den Einsatz von Düngemitteln und Pestiziden zu verringern, von dem die größten Gefahren für Mensch und Umwelt ausgehen. Hinzu kommen die Erhaltung und Verbesserung des fruchtbaren Bodens, die Vermeidung von Erosion durch Wind und Wasser und Maßnahmen zur Erhaltung der biologischen Vielfalt. Den Rahmen dieser nationalen Regelungen setzen Richtlinien und Verordnungen der Europäischen Union. In entscheidenden Formulierungen lassen die Gesetzgeberinnen und Gesetzgeber jedoch erhebliche Unschärfen zu. So ist das „notwendige Maß" des Einsatzes von Pestiziden ebenso schwer zu ermitteln wie das unumgängliche Minimum an Nährstoffverlusten an die Umgebung beim Düngen. Auch die Formulierungen des Bundes-Bodenschutzgesetzes und des Bundesnaturschutzgesetzes lassen den Landwirten große Handlungsspielräume, die in der Regel für die betriebliche Gewinnmaximierung genutzt werden.

6.2.4 Der begrenzte Ökologisierungsfortschritt der Integrierten Landwirtschaft

Die entscheidende Frage ist, wie wirksam diese Regelungen sind. Was hat die „Integrierte Landwirtschaft" in ihrem Bemühen um eine nachhaltigere Wirtschaftsweise erreicht? Tatsächlich gibt es Fortschritte bei der Ökologisierung der industriellen Landwirtschaft: So ist der durchschnittliche Stickstoffüberschuss in Deutschland zwischen 1992 und 2020 um mehr als 31 Prozent gesunken – von etwa 117 auf 77 kg pro Hektar und Jahr. Doch ist dies noch immer zu viel. Deshalb hatte die Europäische Kommission, wie erwähnt, ein Vertragsverletzungsverfahren gegen Deutschland angestoßen. Es wurde inzwischen gestoppt, weil die EU-Kommission den deutschen Vorschlag für die Düngeverordnung akzeptiert hat. Nach Auffassung des Bundeslandwirtschaftsministeriums könnte die EU das Vertragsverletzungsverfahren wiederaufnehmen, da der Bundesrat, wie erwähnt, die letzte Änderung des Düngegesetzes abgelehnt hat. Auf der Grundlage der überarbeiteten Düngegesetzgebung strebte die Bundesregierung bis 2030 eine weitere Reduzierung des Nitratüberschusses auf 70 kg pro Hektar und Jahr an.[71] Dies alles sind jedoch Durchschnittswerte, die in den Gebieten im Nordwesten und Süden Deutschlands, wo sich die Massentierhaltung konzentriert, weit übertroffen werden.[72]

Auch technische Verbesserungen sind als Erfolge im Bemühen um eine nachhaltige Wirtschaftsweise zu verzeichnen: So erzielen viele neue Maschinen und Geräte hervorragende Ergebnisse bei der mechanischen Unkrautbekämpfung. Andere ermöglichen eine flache Bodenbearbeitung, die Bodenstruktur und Vielfalt der Bodenlebewesen schont. Bei der mechanischen Beikrautbekämpfung erweist sich der ökologische Landbau als Innovationstreiber für die Integrierte Landwirtschaft. Weitere Innovationen sind besonders breite Reifen, die das Gewicht der Landmaschinenfahrzeuge pro Flächeneinheit verringern. Wobei diese Erfolge durch immer schwerere Landmaschinen wieder zunichtegemacht werden. Die Vorschrift, die Äcker dort, wo das Gelände abschüssig ist, quer zum Gefälle zu bearbeiten, wurde auch in die Erosionsschutzverordnungen der Bundesländer übernommen.[73] Es gibt also einige Fortschritte bei der Ökologisierung der Integrierten Landwirtschaft.

Wie dies aus der Perspektive der Praktiker aussieht, möchten wir am Beispiel eines Betriebs beleuchten, der Schweinehaltung im Rahmen einer weiterentwickelten Integrierten Landwirtschaft betreibt: Der

[71] Umweltbundesamt, Grafik: Saldo der landwirtschaftlichen Stickstoff-Gesamtbilanz in Bezug auf die landwirtschaftlich genutzte Fläche, https://www.umweltbundesamt.de/daten/land-forstwirtschaft/stickstoffeintrag-aus-der-landwirtschaft#stickstoffuberschuss-der-landwirtschaft (Abfrage vom 30.1.2025).

[72] Umweltbundesamt, Stickstoffüberschuss in Deutschland regional verteilt, https://www.umweltbundesamt.de/umweltatlas/reaktiver-stickstoff/verursacher/landwirtschaft/wie-ist-der-stickstoffueberschuss-in-deutschland (Abfrage vom 10.8.2023).

[73] Margret Binot-Hafke et al., Artenschutz im Lichte modernisierter Agrartechniken. Auswirkungen von modernisierter Agrartechnik auf ausgewählte im Ackerland vorkommende Arten(-gruppen) sowie Entwicklung potentieller Vermeidungsmaßnahmen – Ergebnisse einer Literatur- und Internetrecherche, Bonn, Frankfurt am Main, Potsdam ohne Jahr, https://projekttraeger.dlr.de/sites/default/files/2024-04/documents/BfN_Artenschutz_im_Licht_modernisierter_Landtechniken.pdf (Abfrage vom 30.1.2025). – Peter Laufmann, Boden, S. 169.

Wirtshäuserhof in Hünfelden-Dauborn gehört der Familie Hepp. Mareike und Marco Hepp leben dort mit ihren drei Kindern und den Eltern des Betriebsleiters. Neben Marco Hepp arbeiten eine Angestellte und zwei Auszubildende im Betrieb. Mareike Hepp arbeitet als Informatikerin in einem anderen Unternehmen. Die Familie bewirtschaftet ihren Hof, der seit 1968 auf Schweinezucht spezialisiert ist, in der fünften Generation. Die Hepps begannen damals mit 25 Muttersauen, 2023 waren es 450. Pro Jahr ziehen sie etwa 12.000 Ferkel auf. Die meisten werden an spezialisierte Mastbetriebe verkauft. Nur etwa 1.000 Ferkel mästen sie selbst. Dafür haben sie 330 Mastplätze. Neben der Schweinezucht betreibt die Familie Hepp auf 110 Hektar Ackerbau mit Weizen, Gerste und Raps. Das Getreide dient als Schweinefutter, der Raps wird verkauft. Das Fleisch ihrer Tiere wird regional und überregional vermarktet. Bei aller Begeisterung für den Beruf ist der zunehmende Verwaltungsaufwand ein Problem.[74]

Lange Zeit erzielte der Betrieb der Familie Hepp gute Preise für seine Ferkel. Doch wegen des Ausbruchs der Afrikanischen Schweinepest brachen die Exporte von Schweinefleisch nach China massiv ein – und mit ihnen die Preise: Anfang März 2020 kostete ein Ferkel mit einem Gewicht von 28 kg 83 Euro. Im Dezember desselben Jahres war der Preis auf 23 Euro gefallen. Im September 2021 erhielt die Familie Hepp für ein solches Ferkel etwa 45 Euro. Um es aufzuziehen, musste sie dagegen etwa 60 Euro investieren.[75] Bis Ende des Jahres waren die Preise für 25 kg schwere Ferkel wieder auf ca. 61 Euro gestiegen. Anfang Juli 2023 erreichten sie die Marke von 93 Euro. Die Schweinepreiskrise war überwunden.[76]

[74] Hessens Bauern, Familienbetrieb Hepp (ohne Datum), https://www.hessens-bauern.de/unsere-hoefe/betriebsreportagen/familienbetrieb-hepp (Abfrage vom 5.7.2023). – Heike Lachnit, Landwirte wünschen sich mehr Planungssicherheit für die Zukunft, 14.9.2021, hl-Journal. Nachrichten aus dem Landkreis Limburg, Hünfelden, https://hl-journal.de/landwirte-wuenschen-sich-mehr-planungssicher heit-fuer-die-zukunft/ (Abfrage vom 5.7.2023, Artikel abgelegt im Privatarchiv von Norbert Franz. Im Internet nicht mehr auffindbar).

[75] Ebenda.

[76] Raiffeisen Viehverbund (RVV), Preistabelle Ferkel, bis KW 27/2023, https://www.rvv-verbund.de/preisnotierungen/preistabelle-ferkel.html (Abfrage vom 5.7.2023).

Auf die Frage, warum er seinen Betrieb auf diese beachtliche Größenordnung ausgebaut habe, verwies Marco Hepp auf die notwendigen Erträge, die er erwirtschaften müsse, um eine hochqualifizierte Arbeitskraft zu bezahlen. Diese könne ihn ersetzen, wenn er durch Krankheit, Urlaub oder Ehrenamt nicht präsent sein könne. Seine Tiere hat er mit Blick auf das Tierwohl genetisch so ausgewählt, dass die Sauen zwar nicht so viele Ferkel bekommen wie andere Schweinerassen, dafür aber besonders viele Ferkel überleben. Die Medikamentengaben sind inzwischen deutlich reduziert und werden durch ein Monitoring streng kontrolliert.[77] Hepp sieht seinen Betrieb dennoch in einer Zwickmühle zwischen zunehmenden Anforderungen von Staat und Öffentlichkeit an Tierwohl und Umweltschutz einerseits und wirtschaftlichen Zwängen andererseits. Er begrüßt die Ergebnisse der Zukunftskommission Landwirtschaft, die der damalige Vizepräsident des Bauernverbands, Werner Schwarz, mit ausgehandelt hat. Doch sei die Finanzierung des angestrebten Umbaus der Landwirtschaft noch immer nicht geklärt. Häufig hätten die Landwirte die Kosten von Umweltleistungen alleine zu tragen. Dabei seien das gesamtgesellschaftliche Aufgaben. Die freiwilligen Leistungen im Rahmen der „Eco-Schemes" der EU, so Marko Hepp, seien unwirtschaftlich. Aus seiner Sicht funktioniert dieses Instrument nicht. Seine Idee: Umweltleistungen der Landwirtschaft müssen ein „Preisschild" bekommen. Der reine Kostenausgleich genügt nicht. Die Agrarpolitik muss diese Leistungen für die Landwirte wirtschaftlich interessant machen.[78]

Obwohl die Preise wieder stiegen, ging daher auch 2023 die Zahl der Betriebe, die in Deutschland Schweine züchten, weiter zurück. Weniger rasch sank dagegen die Zahl der gehaltenen Schweine, was auf einen anhaltenden Konzentrationsprozess verweist.[79] Nur die größeren Betriebe können mit den erheblich schwankenden Preisen über-

[77] QS Qualität und Sicherheit GmbH, Leitfaden Antibiotikamonitoring Schwein, https://www.q-s.de/downloadcenter-de/attachment-13295-2094-de.html (Abfrage vom 30.1.2025).

[78] Interview von Norbert Franz mit Marko Hepp vom 7. August 2023.

[79] 2024 hielten etwa 15.600 Betriebe Schweine, 2010 waren es noch 37.000. Die Zahl der Schweine ging im selben Zeitraum von über 26 Mio. auf 21 Mio. zurück, vgl. Bundesministerium für Ernährung und Landwirtschaft, Schweinehaltung, 2023, Diagramm Entwicklung des Schweinebestandes, https://www.bmel-statistik.de/landwirtschaft/tierhaltung/schweinehaltung (Abfrage vom 30.1.2025).

leben, die lange unter Kostenniveau bleiben. Doch auch sie sind der Preisgestaltung der wenigen Schlachtkonzerne ausgeliefert, die den deutschen Markt beherrschen – wie Westfleisch oder Tönnies.[80]

Auch andere Probleme rund um die Landwirtschaft haben sich trotz aller Bemühungen der Integrierten Landwirtschaft weiter verschärft: Die Belastung von Mensch und Umwelt durch Pestizide hat weiter zugenommen.[81] Das Artensterben ist weiter fortgeschritten.[82] Die Bodenschäden sind nicht wesentlich geringer geworden[83], ebenso wenig die Belastung der Ökosysteme und des Klimas.

Trotz aller Anstrengungen von Gesetzgebern, Verwaltern und Praktikern arbeitet die integrierte industrielle Landwirtschaft daher nicht hinreichend nachhaltig. Die Nitratbelastung ist noch immer zu hoch. Offenbar haben weder die Empfehlungen des Integrierten Landbaus noch die Bemühungen der landwirtschaftlichen Praktikerinnen und Praktiker in ihrer täglichen Arbeit dazu geführt, dass die negativen Auswirkungen der industriellen Landwirtschaft schnell genug auf ein für Mensch und Umwelt verträgliches Maß reduziert wurden.

6.2.5 Zwischenfazit

Im Ergebnis haben daher die „Gute fachliche Praxis“, die „Integrierte Landwirtschaft“ und die Rechtsvorschriften, auf denen sie beruhen,

[80] Sonja Koller, Das sind die größten deutschen Fleischkonzerne, 30.6.2023, https://www.capital.de/wirtschaft-politik/das-sind-die-groessten-deutschen-fleisch konzerne (Abfrage vom 14.9.2023).

[81] Johann G. Zaller, Unser täglich Gift, S. 102f. – Zur Belastung der Böden durch Pestizide vgl. die Ergebnisse des Projekts RECARE von 2018, http://recare-hub.eu/media-centre/news/257-high-levels-of-glyphosate-found-in-european-soils (Abfrage vom 22.6.2023) sowie Vera Silva et al., Distribution of glyphosate and aminomethylphosphonic acid (AMPA) in agricultural topsoils of the European Union, S. 1352-1359, https://www.sciencedirect.com/science/article/pii/S00489 69717327973 (Abfrage vom 22.6.2023).

[82] Umweltbundesamt, Daten zur Umwelt. Umweltmonitor 2024, S. 10, Dessau-Roßlau 2024, https://www.umweltbundesamt.de/sites/default/files/medien/479/publika tionen/daten-zur-umwelt-umweltmonitor-2024.pdf (Abfrage vom 30.1.2025).

[83] Vgl. beispielsweise die Ergebnisse des „RECARE“-Projekts, das von der EU finanziert und 2018 abgeschlossen wurde: https://www.ecologic.eu/de/15866 (Abfrage vom 30.1.2025).

die Aufgabe, eine deutlich nachhaltigere Variante der industriellen Landwirtschaft zu schaffen, nur ansatzweise gelöst. Ein Vierteljahrhundert Erfahrung mit der „Integrierten Landwirtschaft" hat gezeigt, dass es stärkerer Instrumente bedarf, um eine hinreichende Ökologisierung der industriellen Landwirtschaft zu erreichen. Dies zeigen die fortgesetzten Schädigungen von Mensch und Umwelt durch die industrielle Landwirtschaft. Der Druck auf die Landwirtinnen und Gärtner, die industriell arbeiten, hat sich allerdings erhöht. Sie sind gefangen in einem Dilemma von ambitionierten Regelungen einerseits und den ökonomischen Realitäten andererseits. Noch immer tragen sie zu große Mengen an Düngemitteln und synthetischen Pestiziden in Boden und Wasser ein. Ebenso wenig gelöst sind die Folgeprobleme der Massentierhaltung. Die Aktiven der industriellen Land- und Gartenbauwirtschaft leiden an einer Politik, die industrielle Produktion mit Nachhaltigkeit verbinden möchte, ohne die Voraussetzungen für diese Verbindung zu schaffen.

6.3 Genauer arbeiten: Präzisionslandwirtschaft

Zumindest in Teilen soll dieses Problem eine neue Entwicklung des Landbaus lösen, die sich ebenfalls um eine Ökologisierung der industriellen Landwirtschaft bemüht: die „Präzisionslandwirtschaft". Eines ihrer Ziele ist, synthetische Dünger und Pestizide mithilfe technischer Lösungen so bedarfsgerecht und so sparsam wie irgend möglich auszubringen. Damit sollen Überdüngung und unnötiger Pestizideinsatz möglichst vermieden oder zumindest reduziert werden. In der Viehhaltung wird sie bei einer bedarfsgerechten Fütterung eingesetzt oder um Krankheiten der landwirtschaftlichen Nutztiere aufzuspüren und zu behandeln. Sie ist Teil des Trends hin zu einer Digitalisierung der Landwirtschaft – mit einem „Internet of Things", mit maschinellem Lernen und digitalen Plattformen. Auch sie wird in der Forschung als Element der Transformation der Landwirtschaft hin zur Nachhaltigkeit diskutiert.[84]

[84] Lea Kliem et al., Digitalisierung der Landwirtschaft, S. 15-23.

6.3.1 Definition und Teilbereiche

„Präzisionslandwirtschaft" wird auch „Precision Farming", „Smart Farming", „Digital Farming", „Farming 4.0", „Präzisions-Ackerbau" oder „Landwirtschaft 4.0" genannt.[85] Was zeichnet diese neue Variante der Landwirtschaft aus, wann entstand sie? Welche Probleme, die die industrielle Landwirtschaft verursacht, lassen sich durch „Präzisionslandwirtschaft" lösen oder zumindest verringern?

Diese Ausrichtung des Landbaus wird von der EU-Kommission als eine der Maßnahmen zur Ökologisierung der Landwirtschaft empfohlen und über Länderprogramme auch finanziell gefördert. Sie erfordert eine hoch entwickelte Digitalisierung, die eine „teilflächenspezifische Bewirtschaftung" ermöglicht.[86] Das heißt, die einzelnen „Schläge" oder Felder oder bestimmte Bereiche eines Schlages werden ihrem Düngemittelbedarf entsprechend bewirtschaftet. Das System kann auch bei der Anwendung von Pestiziden, beim Einsatz von Hack- und Striegeltechnik oder bei der Tiefenführung von Bodenbearbeitungsgeräten zum Einsatz kommen. Die Präzisionslandwirtschaft kam in den späten 1980er-Jahren auf, als auf Mähdreschern GPS-Empfänger und „Durchsatzmesssysteme" installiert wurden.[87] Patrick Ole Noack, einer der wichtigsten Forscher zu diesem Thema, definiert Präzisionslandwirtschaft als eine Form der Landwirtschaft, die „Werkzeuge und Methoden [nutzt], mit denen Landwirte bei der Pflanzenproduktion durch Steuerungs- und Regelsysteme bei Entscheidungen und der Durchführung von Tätigkeiten unterstützt werden."[88] Sie wird aber auch in der Tierhaltung eingesetzt. Beispielsweise kann auf diesem Weg die Fütterung von Milchkühen mit Kraftfutter für jedes einzelne Tier bedarfsgerecht über Computersysteme gesteuert werden.

[85] Ebenda, S. 15.

[86] BDI, Zwischen Hightech und Landidylle, https://bdi.eu/themenfelder/wirtschaft-und-gesellschaft/superlative-made-in-germany/der-groesste-landmaschinenhersteller-deutschlands/ (Abfrage vom 25.7.2022). – European Agricultural Machinery Association (CEMA), Smart Agricultural Solutions support EU Eco Schemes. A CEMA Contribution to sustainable agriculture, Juli 2021, https://cema-agri.org/publication/position-papers/834-smart-agriculture-solutions-support-eu-eco-schemes (Abfrage vom 25.5.2023).

[87] Patrick Ole Noack, Precision Farming, S. 17.

[88] Zitat: ebenda.

Warum aber wird diese Ausrichtung der Landwirtschaft insbesondere im Ackerbau immer wichtiger? Angesichts des großen Investitionsaufwands für immer größere und komplexere Maschinen und Fahrzeuge konnten sich immer weniger Betriebe eine komplette Ausstattung mit eigenem Gerät leisten. Immer häufiger wurden daher zentrale Arbeiten auf dem Acker an spezialisierte Lohnunternehmen vergeben. Der Umsatz dieser Branche stieg infolgedessen erheblich an: zwischen 2004 und 2023 von 1,4 auf 3 Mrd. Euro.[89] Die Lohnunternehmen hatten allerdings nicht das Erfahrungswissen über die besonderen Eigenschaften und den jeweiligen Bedarf der Teilflächen oder „Schläge", die sie bearbeiteten. Tradiertes Wissen ging aber auch durch die Aufgabe kleinerer Betriebe und die Bewirtschaftung ihrer Flächen durch größere Betriebe verloren. Dieses Wissen sollen digitale Einsatztechniken der Präzisionslandwirtschaft ersetzen und zugleich die Arbeitseffizienz steigern.[90]

Dabei geht sie in der Regel folgendermaßen vor: Zunächst werden die Erträge der Ackerflächen mithilfe digitaler Methoden kartiert. Die unterschiedlich ertragreichen Teilflächen oder auch „Teilschläge" werden dann nach ihren spezifischen Bedürfnissen bewirtschaftet. Das gilt vor allem für den Einsatz von Düngemitteln und Pestiziden, aber zunehmend auch bei der Bodenbearbeitung. Führungssysteme mit GPS und LED-Lichtbalken erlaubten eine vergleichsweise präzise Bewirtschaftung, sparten Kosten und erleichterten die Arbeit der Landwirtinnen und Landwirte erheblich. Einen weiteren technischen Fortschritt bedeutete die Einführung von automatischen Lenksystemen, die jede Abweichung von der Fahrspur automatisch korrigierten und damit eine präzise Bearbeitung ohne Überlappung ermöglichten. Es folgten weitere technische Verbesserungen wie Stickstoff-Sensoren, die Aufschluss über den Stickstoffbedarf der einzelnen Pflanze oder Pflanzreihen geben sollen.[91]

89 Sandra Ahrens, Umsatz von Lohnunternehmen in der Landwirtschaft in Deutschland in den Jahren 2004 bis 2021, 9.12.2022, https://de.statista.com/statistik/daten/studie/163392/umfrage/umsatz-von-lohnunternehmen-in-der-landwirtschaft-seit-2004/ (Abfrage vom 15.9.2023).

90 Lea Kliem et al., Digitalisierung der Landwirtschaft, S. 15-17. – Patrick Ole Noack, Precision Farming, S. 6f, 17-22.

91 Ebenda. – DLG-Ausschuss Arbeitswirtschaft und Prozesstechnik, Patrick Ole Noack, Satellitenortungssysteme (GNSS) in der Landwirtschaft.

Die Anwendungen der Präzisionslandwirtschaft lassen sich in vier Teilbereiche untergliedern: Das *Betriebsmanagement* mit automatischer Datenerfassung hilft, den Gesamtbetrieb zu leiten und zu verwalten. Das *Bestandsmanagement* auf der Grundlage der Teilschlagtechnik ermöglicht eine Bodenbearbeitung, Bestellung, Düngung, Ausbringung von Pestiziden und Beregnung, die den konkreten Bedingungen auf den jeweiligen Abschnitten der Felder angepasst sind. Auch die Entscheidung, wann geerntet wird, erfolgt online. Das *Maschinenmanagement* überwacht die Standorte der Maschinen und steuert sie. Es plant die Routen, gestaltet autonome und zentral gesteuerte Abläufe und signalisiert Gefahren. Das *Arbeitsmanagement* lenkt mithilfe der Feld-Robotik die Fahrzeuge und Geräte – entweder mit oder ohne Fahrer. Es steuert die Geräte und automatischen Lenkungen, die bemannten Führungsfahrzeuge und die unbemannten Satellitenfahrzeuge sowie herkömmliche unbemannte Fahrzeuge.[92]

All diese Anwendungen können auch auf die Viehhaltung übertragen werden. Auch bei der Tierhaltung kann man bei digital vernetzten oder gesteuerten Produktionssystemen von Präzisionslandwirtschaft sprechen. Bei der landwirtschaftlichen Nutztierhaltung sind nicht Lohnunternehmer Akteure der Spezialisierung und Arbeitsteilung, sondern besonders spezialisierte Tierhaltungsbetriebe, die oftmals nur ein Segment der Tierhaltung in ihrem Betrieb durchführen. Das kann die Aufzucht von Milchkühen, Geflügel oder Schweinen beinhalten oder auch Teile der jeweiligen Mastzeit. Man spricht dann beispielsweise in der Schweinehaltung von Ferkelaufzucht, Vormast oder Endmast, die jeweils in spezialisierten Betrieben durchgeführt werden. Die Spezialisierung in großen Einheiten war die Grundlage für den Einzug von digitalen Techniken in der Tierhaltung. Eine der augenfälligsten Entwicklungen ist der zunehmende Einsatz von automatischen Melksystemen (AMS), auch Melkroboter genannt. Sie sind Stand der Technik und wurden 2024 bereits bei knapp 19 Prozent der Milchviehbetriebe in Deutschland eingesetzt – mit steigender Tendenz.[93]

[92] Patrick Ole Noack, Precision Farming, S. 20. – Systematik nach Hermann Auernhammer, Informationstechnologie (IT) im Ackerbau, TU München 2002, http:/mediatum.ub.tum.de/?id=733800 (Abfrage vom 29.6.2021).

[93] Ylsabe-Friederike Rawe, Melkrobotter auf dem Vormarsch: Landwirte setzen auf Automatik im Stall, Agrarheute, 28.8.2024, https://www.agrarheute.com/tier/melkroboter-vormarsch-landwirte-setzen-automatik-stall-625405 (Abfrage vom 11.12.2024).

Diese Entwicklung lohnt es sich besonders zu betrachten, weil sie das Konfliktfeld zwischen Tierwohl, Ökonomie, sozialen Aspekten und Umweltschutz besonders gut markiert. Der Einsatz von Melkrobotern fördert das Tierwohl, weil die Milchkühe dadurch deutlich mehr als die üblichen zwei Melkzeiten zur Verfügung haben. Das entspricht in hohem Maße ihrem Naturell. Gleichzeitig entlasten sie die Landwirtsfamilien bei der täglichen Arbeit erheblich. Dieses System passt aber nicht ohne Weiteres zu Weidehaltung, die für die Umwelt besonders vorteilhaft ist. Melkroboter lassen sich nur mit Weidegang kombinieren, wenn dies gründlich geplant wird.[94]

Weitere Möglichkeiten bietet der Einsatz digitaler Techniken bei der Ermittlung der wahren Kosten der jeweiligen Anbaumethoden. Digitale Technologie kann helfen, externalisierte Kosten zu ermitteln, die auf Mensch und Umwelt abgewälzt wurden. Dazu gehören die Emissionen von Klimagasen, der Verbrauch von Wasser, Energie und Mineraldünger, die genutzte Fläche oder auch die Formen von Tierhaltung und Anbau.[95] Aus diesen Daten können Handlungsempfehlungen für Landwirtinnen und Landwirte, Handel, Verbraucher und für die politische Rahmensetzung gewonnen werden.

Die vier Teilbereiche der Präzisionslandwirtschaft versprechen somit eine optimale Steuerung der betrieblichen Abläufe entlang der Bedürfnisse der Kulturpflanzen oder Nutztiere – immer bezogen auf klar definierte Einheiten. Diese Abläufe sind hochgradig digitalisiert und automatisiert. Sie vollziehen sich weitgehend ohne menschliche Eingriffe.

[94] Christine Endres, Management: Melkroboter – der Boom lässt nicht nach, in: Fleckvieh, 19.12.2017, https://www.agrarheute.com/fleckvieh/heft/management-melkroboter-boom-laesst-541240 (Abfrage vom 29.11.2023). – Livestock research, Roboter & Weide. Fünf Konzepte für die Kombination von Melkroboter und Weide, https://www.gruenlandzentrum.org/wp-content/uploads/2024/07/Roboter_Weide_Philipsen.pdf (Abfrage vom 31.1.2025).

[95] Tobias Gaugler, Christian Reichel, Christine Tretter, Claudia Bieling, Digitalisierung und Nachhaltigkeit: smart farming und resiliente Ernährungsökologie. Bericht über eine Tagung der Deutschen Gesellschaft für Humanökologie, in: GAIA 29/3 (2020), S. 201f, https://docserver.ingentaconnect.com/deliver/connect/oekom/09405550/v29n3/s16.pdf?expires=1738312610&id=0000&titleid=6690&checksum=6F8364BD862B2DB3126058B303DE85B0&host=https://www.ingentaconnect.com.

6.3.2 Präzisionslandwirtschaft in der Praxis

Wie funktioniert Präzisionslandwirtschaft in der Praxis? Wie verbindet sie sich mit anderen Agrartechniken? Wir betrachten im Folgenden vor allem den Einsatz im Ackerbau, jedoch lassen sich viele Erkenntnisse auch auf die Nutztierhaltung übertragen.

Wie Präzisionslandwirtschaft gegenwärtig in der Praxis funktioniert und Ökologisierung zugleich durch die EU gefördert wird, soll ein Beispiel aus Hessen erläutern: Der Landwirt Torsten Reim spart in seinem Betrieb, dem Zweilindenhof in Holzhausen über Aar im Taunus, seit vielen Jahren Düngemittel durch Präzisionslandwirtschaft. Damit erfüllt er die Anforderungen der Gülleverordnung. Doch hat er weitergehende Ziele: Gemeinsam mit dem Institut für landwirtschaftliche Produktionsökonomik der Universität Gießen und zwei weiteren Höfen in Westerwald und Rhön beteiligt er sich an dem Projekt „Deep Farming". Dieses Projekt wird von der EU im Rahmen der „Europäischen Innovations-Partnerschaften für Landwirtschaftliche Produktivität und Nachhaltigkeit" (EIP-AGRI) gefördert. Diese Partnerschaften sollen dafür sorgen, dass wissenschaftlich-technische Innovationen schneller als bisher in der landwirtschaftlichen Praxis eingesetzt werden. In Deutschland werden sie von den Landesregierungen unterstützt.[96]

Reims Projekt soll herausfinden, wie sich das Düngen auf die Qualität des angebauten Weizens auswirkt und ob er höchste Qualität – Backqualität – erreicht. Das entscheidende Kriterium ist dabei, ob der Weizen einen Eiweißgehalt von mindestens 11,5 Prozent aufweist. Voraussetzung hierfür wiederum ist die ausreichende Versorgung der Pflanze mit Stickstoff. Da sich in den Ackerböden sehr unterschiedliche Stickstoffmengen befinden, sind die Landwirte schon seit vielen Jahren verpflichtet, den tatsächlichen Stickstoffbedarf zu ermitteln. Üblicherweise verteilen die Landwirte den ermittelten Bedarf auf der gesamten Ackerfläche. Diese Methode ist aber nicht präzise genug, denn auch innerhalb der einzelnen Ackerflächen (den „Schlägen") schwanken

[96] European Commission, EIP-AGRI, https://ec.europa.eu/eip/agriculture/en/node (Abfrage vom 21.7.2022). – landwirtschaft.hessen.de, EIP-Agri 2014-2020. Europäische Innovationspartnerschaft, https://umwelt.hessen.de/landwirtschaft/foerderungen/innovation-und-zusammenarbeit/eip-agri (Abfrage vom 21.7.2022). – Hannelore Wiedermann, Angepasste Düngung mit Hightech, in: Wiesbadener Kurier, 21.7.2022, S. 18.

der Stickstoffgehalt der Böden und der Bedarf der Pflanzen erheblich. Der tatsächliche Bedarf an Nährstoffen wird durch eine Kombination unterschiedlicher Methoden ermittelt: Satellitengestützte Karten geben Auskunft über die Biomasse und den Nährstoffbedarf. Mithilfe eines Sensors, der die Gammastrahlung der Böden misst, werden Informationen über Verteilung und Größe der Bodenkörner gewonnen, über die Nährstoffe, die organische Substanz und den pH-Wert der Böden. Diese Datenbasis bildet die Grundlage für das Düngen. Unmittelbar bei der Ernte des Getreides, das auf den gedüngten Flächen wächst, wird durch Sensoren der Eiweißgehalt der Körner ermittelt. Dann werden Torsten Reim und seine Projektpartnerin Manuela Bilz vom Institut für landwirtschaftliche Produktionsökonomik der Universität Gießen beurteilen können, ob ihre Methode erfolgreich war.[97]

Die Präzisionslandwirtschaft verbessert die Datenbasis für wissenschaftliche Fragestellungen und politische Entscheidungen, insbesondere bei der Ermittlung externalisierter Kosten. Sie verspricht eine deutliche Verbesserung der landwirtschaftlichen Betriebsabläufe im Umgang mit Düngemitteln und Pestiziden. Und sie ist besonders effizient, wenn man sie mit bewährten alten Agrartechniken verbindet, wie zum Beispiel der Fruchtfolge.

6.3.3 Die Debatte über die Präzisionslandwirtschaft

Doch wird die Frage, wie die Präzisionslandwirtschaft insgesamt zu bewerten ist, in Landwirtschaft, Wissenschaft und Öffentlichkeit kontrovers diskutiert. Uns interessiert in dieser Debatte besonders, welche Rolle der Aspekt der Nachhaltigkeit spielt.

Nach Auffassung ihrer Befürworter steht die Präzisionslandwirtschaft gleichrangig neben Pflanzenzüchtung und Gentechnik für eine „Dritte Grüne Revolution“. Sie unterstützt die Landwirtschaft durch den kombinierten Einsatz des „Internets der Dinge“, von Sensoren, Aktoren, Systemen zur Bestimmung der geographischen Position, von riesigen Datenmengen, Drohnen oder Robotern. Ihr Ziel ist eine Landwirtschaft, die präziser arbeitet und effizienter mit den natürlichen Ressourcen umgeht. Verbreitung und Anwendung der Präzisionslandwirtschaft

[97] Ebenda.

werden durch die Plattform „Smart AKIS“ gefördert.[98] Darüber hinaus bietet die Gemeinsame Agrarpolitik im Rahmen des „Green Deal“ an, die Präzisionslandwirtschaft durch „Eco-Schemes“ zu fördern, weil sie nach Auffassung der Gemeinschaft eine Technologie ist, die dazu dienen kann, die Nachhaltigkeitsziele von EU und UNO zu erreichen.[99]

Peer Leifhold, Geschäftsführer des Präzisionslandwirtschaftsunternehmens Agricon, verwies Ende Januar 2022 in einem Vortrag auf die Vorzüge der Präzisionslandwirtschaft. Angesichts rückläufiger Erträge bei Winterweizen, Winterraps oder Körnermais könne die Präzisionslandwirtschaft die Effizienz der Arbeit der Landwirtinnen und Landwirte steigern und die negativen Umwelteinwirkungen der Landwirtschaft mindern. Etwa 10.000 Betriebe in Deutschland, die eine landwirtschaftliche Nutzfläche von über 200 Hektar bewirtschafteten, seien für die Präzisionslandwirtschaft geeignet. Leifholds Firma Agricon hilft ihren Kunden bei der Planung, liefert die notwendige Technik, installiert sie, entwickelt ein Datenmanagementsystem und schult die Arbeitskräfte bei der Anwendung.[100]

Andere Befürworter der Präzisionslandwirtschaft verweisen auf die Möglichkeiten der Automatisierung der Betriebsabläufe auf dem Feld. Kleine Agroroboter könnten die Tendenz zu immer größeren Maschinen brechen und wieder kleinere Flächen gezielt bearbeiten. Dann könnten auch wieder mehr Hecken und Baumstreifen für größere Artenvielfalt und besseren Erosionsschutz sorgen. Realität ist darüber

[98] Smart AKIS Smart Farming Thematic Network (gefördert von der Europäischen Union), Was ist Smart Farming? https://eu-cap-network.ec.europa.eu/projects/smart-akis-european-agricultural-knowledge-and-innovation-systems-akis-towards-innovation_de (Abfrage vom 31.1.2025).

[99] Thomas Hainz, Beihilfen zur Modernisierung von landwirtschaftlichen Maschinen zur Einführung von Technologien der Präzisionslandwirtschaft, 22.1.2024, https://www.ausserhofer.info/de/circular/beihilfen-zur-modernisierung-von-landwirtschaftlichen-maschinen-zur-einfuehrung-von-technologien-der-praezisionslandwirtschaft_1582 (Abfrage vom 9.10.2024).

[100] Peer Leithold, Ist Präzisionslandwirtschaft die Zukunft oder ein teurer Irrweg? Agricon 28.1.2022, https://www.agricon.de/aktuelles/blog/2022/01/28/ist-praezisionslandwirtschaft-die-zukunft-oder-ein-teurer-irrweg (Abfrage vom 26.5.2023). – Precision Farming mit Agricon, https://www.agricon.de/ (Abfrage vom 26.5.2023).

hinaus der Einsatz von Drohnen, die Schadpflanzen gezielt entfernen.[101] Der Bauernverband hat ermittelt, dass bereits jeder zweite landwirtschaftliche Betrieb mit derartigen technischen Lösungen arbeitet. Konsequent eingesetzt, so der Forstwissenschaftler Peter Laufmann, könnten die Böden mit Präzisionslandwirtschaft von der Hälfte der aktuellen Nitratüberschüsse entlastet werden. Und gleichzeitig könnten die Landwirte über 80 Prozent der Pestizide einsparen.[102] Auch Steffen Pingen, der beim Deutschen Bauernverband für Umwelt und Nachhaltigkeit zuständig ist, beurteilt die Präzisionslandwirtschaft positiv. Ende 2021 wies er darauf hin, dass die Präzisionslandwirtschaft ein richtiger Schritt bei der Verbesserung der Treibhausgasbilanz sei. Darüber hinaus verwies er darauf, dass die Landwirtschaft die Treibhausgasbilanz seit den 1990er-Jahren verbessert habe.[103] Ein großer Teil der Verbesserung der Treibhausgasbilanz ist allerdings auf den Rückgang der Tierhaltung in den ostdeutschen Bundesländern nach der Wiedervereinigung zurückzuführen. Rechnet man diese heraus, bleibt von der verbesserten Bilanz nicht viel übrig.[104]

Kritisch wurde der Einsatz digitaler Technologien in der Landwirtschaft auf einer Tagung der Deutschen Gesellschaft für Humanökologie beurteilt, deren Ergebnisse im Frühjahr 2020 publiziert wurden.[105] Claudia Bieling, Professorin für Gesellschaftliche Transformation und Landwirtschaft an der Universität Hohenheim, fasste ihre Positionen

[101] PricewaterhouseCoopers, Quo vadis, agricola? Smart Farming: Nachhaltigkeit und Effizienz durch den Einsatz digitaler Technologien, Frankfurt am Main 2016, https://www.pwc.de/de/handel-und-konsumguter/assets/smart-farming-studie-2016.pdf (Abfrage vom 31.1.2025).

[102] Peter Laufmann, Boden, S. 171.

[103] top agrar, Zweifel an Wirksamkeit von Präzisionslandwirtschaft und Carbon Farming, 13.12.2021, https://www.topagrar.com/acker/news/zweifel-an-wirksamkeit-von-praezisionslandwirtschaft-und-carbon-farming-12767961.html (Abfrage vom 26.5.2023).

[104] Umweltbundesamt, Beitrag der Landwirtschaft zu den Treibhausgasemissionen, https://www.umweltbundesamt.de/daten/land-forstwirtschaft/beitrag-der-landwirtschaft-zu-den-treibhausgas#massnahmen-in-der-landwirtschaft-zur-senkung-der-treibhausgas-emissionen, 6.5.2024 (Abfrage vom 31.1.2025).

[105] Tobias Gaugler, Christian Reichel, Christine Tretter, Claudia Bieling, Digitalisierung und Nachhaltigkeit: smart farming und resiliente Ernährungsökologie, in: Deutsche Gesellschaft für Humanökologie, Communications, in: GAIA 29/3 (2020), S. 201-202.

in vier Thesen zusammen: Digitale Technologien leisteten keinen nennenswerten Beitrag für eine Landwirtschaft, die nicht nur Nahrungsmittel produziere, sondern auch zur menschlichen Erholung und dem Umweltschutz beitrage. Auch trügen sie zu dem Ziel des nachhaltigen Umgangs mit den natürlichen Lebensgrundlagen und der Achtung des Tierwohls wenig bei. Zugleich verstärkten sie das Problem des Machtgefälles in der Landwirtschaft. Das Potenzial digitaler Technologien, die gesellschaftliche Akzeptanz der Landwirtschaft und ihre Wirtschaftlichkeit zu verbessern, sei gering. Dagegen könnten sie die Arbeitsbelastung der in der Landwirtschaft Tätigen verringern. Jana Zscheischler vom Leibniz-Zentrum für Agrarlandschaftsforschung (ZALF) in Müncheberg verwies auf einige sinnvolle Anwendungen digitaler Techniken: auf autonome oder GPS-gesteuerte Feldroboter, die gezielt und damit sparsam Pestizide ausbringen können oder auf Sensoren für den Einsatz von Düngemitteln und Saatroboter für eine präzise Aussaat, gerade als Vorbereitung für eine präzise Steuerung anschließender Pflegemaßnahmen. Sie machte allerdings auch auf die Gefahr aufmerksam, dass auf diese Weise die Intensivierung der Landwirtschaft weiter verstärkt werde und die Gefahr drohe, dass die Landwirtinnen und Landwirte die Kontrolle über ihre eigenen Daten verlören.[106]

Die Anwendung von digitalen Techniken in der Landwirtschaft kann aber auch zu nicht beabsichtigten Nebenwirkungen führen. Damit befasste sich Christian Reichel vom Leibniz-Institut für raumbezogene Sozialforschung. Seine These: Ohne eine sozial-ökologische Strategie der Digitalisierung, die strenge Umweltnormen und die Hinweise des „European Green Deal“ beachtet, blieben die bewirkten Veränderungen in den bereits etablierten Bahnen. Den Möglichkeiten, Erfahrungswissen über digitale Techniken weiterzugeben, stehe die zunehmende Abhängigkeit von Informationen gegenüber, die von Algorithmen produziert wurden. Hier drohten Wettbewerbsnachteile für Landwirtinnen und Landwirte, die sich diese Techniken nicht leisten könnten. Präzisionslandwirtschaft stärke, so Reichel, das Höfesterben und den Trend zu immer größeren Betrieben.[107]

Ähnlich sind die Schlussfolgerungen einer Studie, die die Agrarwissenschaftlerin Andrea Beste im Auftrag Martin Häuslings erstellt

[106] Tobias Gaugler et al., Digitalisierung und Nachhaltigkeit, S. 201.

[107] Ebenda, S. 202.

hat. Häusling ist Abgeordneter des Europäischen Parlaments und Mitglied von Bündnis 90/Die Grünen. Beste gründete 2001 das „Büro für Bodenschutz und Ökologische Agrarkultur“ in Mainz. Sie kritisiert, dass die Präzisionslandwirtschaft auf einer unzureichenden Datengrundlage arbeite: So gebe das Blattgrün nur unzureichend Auskunft über die Versorgung einer Pflanze mit Stickstoff. Der Humusgehalt des Bodens sei flächendeckend nicht genau zu erheben und die Menge des Phosphors, über die die Pflanzen im Boden verfügen könnten, könne nicht gemessen werden: Das gelte insbesondere für den organischen Phosphor, der im Boden gebunden sei und 25 bis 65 Prozent des gesamten Phosphors im Boden ausmache. „Wissenschaftlich kann man also bisher von ‚Näherungswerten‘ reden, aber nicht von ‚Präzision‘“. Auch die Einsparungen an Düngemitteln, Pestiziden und Treibstoffen durch die Präzisionslandwirtschaft seien gering. Laut dem Bundesministerium für Ernährung und Landwirtschaft lägen sie im „niedrigen einstelligen Prozentbereich“. Darüber hinaus kritisiert Andrea Beste, dass das Problem der überschüssigen Gülle ungelöst bleibe und auch präzise ausgebrachte Düngemittel den Boden belasteten, wenn Fruchtfolge und hochwertige organische Dünger wie Kompost fehlten. Auch die Einsparpotenziale bei dem umweltschädlichen Pestizideinsatz sieht Andrea Beste noch nicht als Trendumkehr. Die eigentlich sehr erwünschte Artenvielfalt im Bestand, zum Beispiel durch Untersaaten und Mischkulturen, ist für den Einsatz von Präzisionslandwirtschaft eher hinderlich. Damit wird auch die gewünschte biologische Schädlingsabwehr behindert.[108]

Eine Studie des Instituts für ökologische Wirtschaftsforschung und des Leibniz-Zentrums für Agrarlandforschung aus dem Jahr 2022 erkennt dagegen die Vorteile der Präzisionslandwirtschaft an, insbesondere ihr Potenzial, die Nährstoffüberschüsse von Stickstoff im Boden um 30 bis 50 Prozent zu senken. Doch verweist auch sie darauf, dass die Überschussprobleme von Gülle und Gärresten in den Regionen intensiver Tierhaltung zu groß sind, um sie mithilfe der Präzisionslandwirtschaft zu lösen. Groß ist dagegen das Einsparpotenzial bei

[108] Andrea Beste, Greenwashing & viel Gentechnik. Vermeintlich nachhaltige Lösungen für die Landwirtschaft, Wiesbaden 2021, S. 10f. Zitate: S. 10, https://www.gesunde-erde.net/publikationen/publikationen-zu-agrifood-umweltpolitik/ (Abfrage vom 31.1.2025).

Pestiziden durch „Spot-Farming", bei dem der mögliche Behandlungsbedarf jeder einzelnen Pflanze individuell gedeckt wird.[109] Die Studie stellt allerdings fest, „dass der Erhalt von Biodiversität und Ökosystemen aktuell kein primäres Ziel der Digitalisierung der Landwirtschaft ist, sondern lediglich einen möglichen Nebeneffekt darstellt. […] Die Potenziale der Digitalisierung für Biodiversitätsschutz werden tendenziell vernachlässigt und voraussichtlich ungenutzt bleiben, weil sie bisher ökonomisch nicht rentabel sind. Außerdem ergeben sich aus der Digitalisierung wiederum neue, andersgelagerte Herausforderungen und Risiken." Die Forscherinnen und Forscher verstehen daher Präzisionslandwirtschaft und andere digital gesteuerte Methoden des Landbaus als Werkzeuge, die durchaus das Potenzial haben, die Biodiversität zu fördern. Sie kritisieren allerdings, dass diese Technologien „eine größere agrarökologische Transformation" sogar hemmen können und fordern, dass diese digitale Transformation der Landwirtschaft staatlich reguliert wird.[110]

Was die Einsparungen von Düngemitteln und synthetischen Pestiziden betrifft, antwortete die Bundesregierung auf eine kleine Anfrage der Fraktion der Linken im Deutschen Bundestag im Januar 2020, dass bei Winterweizen unter den Bedingungen, die in Deutschland herrschen, lediglich etwa 10 Prozent Stickstoff durch Methoden der Präzisionslandwirtschaft eingespart werden könnten. Bei Pestiziden sind die Vorteile dieser Technologie ausgeprägter: Im Vergleich zu einer einheitlichen Ausbringung auf der Fläche seien hier Einsparungen von 30 bis 70 Prozent möglich.[111]

Bei der Einsparung von Pestiziden ist die Präzisionslandwirtschaft also deutlich effizienter als bei der Einsparung von Düngemitteln. Das ist ein klarer Vorteil dieses Ansatzes in puncto Giftvermeidung. Eine wichtige Rolle könnte digitalen Techniken zukünftig auch noch bei der Evaluierung und Steuerung von Maßnahmen zur Biodiversitätsförderung zukommen, wenn Drohnen mit digitaler Technik zur Pflanzenerkennung eingesetzt werden. Damit ließe sich der Erfolg oder

[109] Lea Kliem et al., Digitalisierung der Landwirtschaft, S. 5.

[110] Ebenda, S. 5.

[111] Deutscher Bundestag, Einsparen durch Präzisionslandwirtschaft, Heute im Bundestag, Antwort 25/2020, 8.1.2020, https://www.bundestag.de/webarchiv/presse/hib/2020_01/676174-676174 (Abfrage vom 6.7.2023).

Misserfolg von durchgeführten biodiversitätsfördernden Maßnahmen leichter ermitteln und honorieren. Doch besteht so die Gefahr, dass die Präzisionslandwirtschaft das industrielle Agrarsystem weiter intensiviert und agrarökologische Ansätze für eine Transformation des Anbausystems behindert. Zudem wird die Abhängigkeit der landwirtschaftlichen Betriebe von außerbetrieblichen Systemen durch die Präzisionslandwirtschaft immer größer. Und schließlich ist damit zu rechnen, dass sie die soziale Spaltung der Landwirtinnen und Landwirte vertieft – zwischen jenen, die über diese Technologien verfügen, und jenen, die ohne sie auskommen müssen. Auf diese Weise wird das Höfesterben weitergehen und der Trend zu immer größeren Betrieben weiter gestärkt.

6.3.4 Zwischenfazit

Die Präzisionslandwirtschaft löst oder minimiert also einige Probleme der industriellen Landwirtschaft. Insbesondere kann sie zu einem sparsameren Einsatz von Düngemitteln und Pestiziden beitragen. Doch in der Praxis sind diese Einsparungen zumindest bei Düngemitteln vergleichsweise gering. Beachtlich sind sie dagegen bei Pestiziden, wenn ansonsten am bisherigen Anbausystem mit Monokulturen festgehalten wird. Aus der Sicht der Europäischen Union überwiegen die Vorteile der Präzisionslandwirtschaft ihre Schwächen so weit, dass sie im Rahmen der Zweiten Säule der Gemeinsamen Agrarpolitik finanziell gefördert wird. Als gravierendes Problem des präzisen Ackerbaus bleibt die unpräzise Datengrundlage für die Ermittlung des Bedarfs an Düngemitteln. Daher ist fraglich, ob die Präzisionslandwirtschaft die in sie gesetzten Erwartungen technisch erfüllen kann. Auch wenn sie komplexe Fruchtfolgen nicht ausschließt, ist sie für Monokulturen besonders gut geeignet. Es besteht die Gefahr, dass sie diese längst als schädlich erkannte Entwicklung der industriellen Landwirtschaft weiter festigt. Die Probleme der Massentierhaltung schließlich werden durch die Präzisionslandwirtschaft ebenso wenig gelöst wie das Problem des Überschusses an Wirtschaftsdünger in den Gebieten mit intensiver Tierhaltung. Insgesamt stellt sie somit im Wesentlichen eine weitere Stufe der landwirtschaftlichen Industrialisierung dar, die zwar im bisherigen System Vorteile durch geringeren Pestizideinsatz bringt, insgesamt aber wenig zum grundlegenden Umbau der Landwirtschaft hin zur Nachhaltigkeit beiträgt.

6.4 Weitere Ansätze ökologisierter Landwirtschaft

In diesem letzten Unterkapitel stellen wir weitere vielversprechende Formen ökologisierter Landwirtschaft vor. Auch hier interessiert uns vor allem die Frage, welchen Grad der Nachhaltigkeit sie erreichen können. Dies ist auch als Argument für den Einsatz staatlicher Fördermittel bedeutsam. Wir beginnen mit der Ökologisierung durch Biogasanlagen und skizzieren dann die Möglichkeiten einer industriellen Landwirtschaft, die sich am Tierwohl orientiert. In zwei weiteren Untersuchungsschritten stellen wir das „Vertical Farming" und die „Hybrid-Landwirtschaft" vor.

6.4.1 Biogasanlagen

Biogasanlagen vergären Gülle, Festmist oder Energiepflanzen, insbesondere Mais, zu Biogas. Dieses Gas besteht zu 50 bis 75 Prozent aus Methan. Damit kann man lokal Stromgeneratoren betreiben, Gebäude heizen oder es zu Erdgasqualität aufbereiten und in das Gasversorgungsnetz einspeisen. Neben dem Gas entsteht bei der Vergärung in Biogasanlagen ein Wärmeüberschuss, der für technische Prozesse wie Trocknungsanlagen oder über Nahwärmenetze zum Heizen von Gebäuden genutzt werden kann. Da der Bau dieser Anlagen im Rahmen des Erneuerbare-Energien-Gesetzes gefördert wurde, stieg ihre Zahl rasch an. 2017 waren in Deutschland etwa 9.000 Biogasanlagen in Betrieb. Sie deckten 5,4 Prozent des Strombedarfs. Darüber hinaus erzeugten Biogasanlagen dreimal so viel Wärmeenergie wie elektrischen Strom.[112]

Außerdem entsteht bei der Vergärung der eingespeisten Gärsubstrate ein „Gärrest", in dem die im Ausgangsmaterial enthaltenen Nähr-

[112] Umweltbundesamt, Erneuerbare Energien in Zahlen, https://www.umweltbundesamt.de/themen/klima-energie/erneuerbare-energien/erneuerbare-energien-in-zahlen#uberblick (Abfrage vom 16.9.2023). – Umweltbundesamt, Biogasanlagen, 1.2.2029, https://www.umweltbundesamt.de/themen/wirtschaft-konsum/industriebranchen/biogasanlagen#einfuhrung (Abfrage vom 16.9.2023).

stoffe leichter Pflanzen verfügbar sind, als es ohne Vergärung der Fall wäre. Die in der Regel flüssigen Gärreste verursachen bei der Ausbringung zudem deutlich weniger Geruchsemissionen als zum Beispiel unvergorene Gülle oder Festmist. Ökologisch sinnvoll sind Biogasanlagen, wenn sie Reststoffe aus dem landwirtschaftlichen Betrieb oder anderen Quellen verwerten. Nicht sinnvoll ist dagegen der großflächige Anbau von Mais, der dann als Maissilage in den Biogasanlagen vergoren wird. Diese Maismonokulturen schädigen den Boden und das Bodenleben durch Pestizide, den Einsatz von synthetisch hergestellten Stickstoffdüngern und durch den Abbau von Humus. Weniger schädlich ist dagegen der Maisanbau mit Untersaat – wenn andere Kulturpflanzen neben und unter dem Mais angebaut werden. Auch ein Ersatz von Mais durch mehrjährig angebautes Klee- oder Luzernegras würde die Klima- und Umweltbilanz von Biogasanlagen deutlich verbessern. Klee und Luzerne sind Leguminosen, die mithilfe von Knöllchenbakterien den benötigten Stickstoff direkt aus der Luft gewinnen. Der Anbau von Klee- oder Luzernegras findet deshalb ohne den Einsatz von Stickstoffdüngern statt. Gleichzeitig werden durch das Wurzelsystem dieser Leguminosenmischungen erhebliche Mengen von Kohlenstoff durch den Aufbau von Humus im Boden gespeichert.[113] Die Politik könnte die Umstellung der Biogasanlagen weg von der Maisvergärung hin zur Vergärung von Klee- und Luzernegras, Mist, Gülle und anderen Reststoffen über eine Änderung des Erneuerbare-Energien-Gesetzes relativ einfach steuern.

Biogasanlagen, die nicht durch Maismonokulturen gespeist werden, können somit erheblich zur Ökologisierung der industriellen Landwirtschaft beitragen: durch die Produktion von elektrischer und Wärmeenergie und wertvollem Dünger. Indem sie die Geruchsbelästigung durch tierische Exkremente vermeiden helfen, verbessern sie auch die Akzeptanz landwirtschaftlicher Betriebsabläufe in der nicht-agrarischen Bevölkerung. Zugleich verfügt die Agrarpolitik über die notwendigen Steuerungsinstrumente, solche Anwendungen dieser Technologie zu fördern, die im Sinne einer nachhaltigeren industriellen Landwirtschaft wirken können.

113 Ebenda.

6.4.2 Tierwohlorientierte „konventionelle“ Landwirtschaft

Weitere Möglichkeiten einer graduellen Ökologisierung eröffnen sich in der „konventionellen“ Tierhaltung. Welche Möglichkeiten gibt es, sie stärker am Tierwohl auszurichten? In der Debatte über das Tierwohl werden zahlreiche Themenkomplexe der industriellen Landwirtschaft berührt, z.B. die verschiedenen Formen nicht-artgerechter Tierhaltung und der hohe Einsatz von Medikamenten, insbesondere von Antibiotika. Auch die Menge des konsumierten Fleischs und deren Folgen für die menschliche Gesundheit werden kritisch diskutiert. Weltweit wächst die Nachfrage nach Fleisch und sonstigen tierischen Produkten, insbesondere in den sogenannten „Schwellenländern“. In der Europäischen Union hat der Fleischkonsum zwischen 2010 und 2020 zwar leicht zugenommen, von 63,4 kg auf 65,8 kg pro Kopf und Jahr, doch ist er in den meisten west- und mitteleuropäischen Mitgliedsstaaten rückläufig. In Deutschland sank er in diesem Zeitraum von 68,9 auf 61,3 kg pro Kopf und Jahr.[114] Angesichts wachsender globaler Fleischmärkte hat sich Deutschland zum wichtigsten Exportland für Schweinefleisch in der EU entwickelt. 2016 erreichten die deutschen Fleischexporte mit rund 5,8 Mio. Tonnen einen Höhepunkt, bis 2022 sanken sie auf rund 5,0 Mio. Tonnen.[115] Besonders schnell hat sich die Geflügelproduktion erhöht, gefolgt von der Schweinehaltung. Über zwei Drittel der landwirtschaftlichen Betriebe in Deutschland halten Nutztiere. Besonders problematisch sind die Konzentration der Tierhaltung in bestimmten Regionen und die große Zahl von Tieren, die in den einzelnen Betrieben gehalten werden, insbesondere dann, wenn sie nicht über ausreichend Futterflächen verfügen, und die Auswirkungen dieser industriellen Form der Tierhaltung auf das Klima.

[114] Entwicklung des jährlichen Fleischkonsums pro Kopf in Europa in den Jahren 2010 bis 2020, https://de.statista.com/statistik/daten/studie/768884/umfrage/entwicklung-des-jaehrlichen-fleischkonsums-pro-kopf-in-europa/ (Abfrage vom 31.1.2025).

[115] Statistisches Bundesamt, Exporte von Fleisch und Fleischwaren, https://www.destatis.de/DE/Presse/Pressemitteilungen/Grafiken/Landwirtschaft-Forstwirtschaft-Fischerei/2023/_Interaktiv/20230317-fleischexport.html (Abfrage vom 31.1.2025). – IKB. Deutsche Industriebank, Fleisch und Fleischwaren. Die Transformation der Branche läuft, 5.8.2021, https://www.ikb-blog.de/fleisch-und-fleischwaren-die-transformation-der-branche-laeuft/ (Abfrage vom 31.1.2025).

Insgesamt wird auf über 60 Prozent der landwirtschaftlichen Nutzfläche in Deutschland Tierfutter angebaut – und dennoch reicht diese Produktion nicht, um die Tiere, die in Deutschland gehalten werden, zu ernähren. Daher wurden 2019/2020 5 Prozent der Futtermittel aus anderen Weltregionen importiert, insbesondere aus den USA und Lateinamerika.[116]

Wie kann eine tierwohlgerechte und gesellschaftlich akzeptable Nutztierhaltung erreicht werden? Diese Frage beantwortet ein Gutachten des Wissenschaftlichen Beirats für Agrarpolitik, das im Auftrag des Bundesministeriums für Ernährung und Landwirtschaft erstellt und im März 2015 veröffentlicht wurde. Der Beirat stellt in seinem Gutachten folgende Leitlinien für die Entwicklung einer zukunftsfähigen, gesellschaftlich akzeptierten Nutztierhaltung auf: Zugang aller Nutztiere zu verschiedenen Klimazonen, vorzugsweise Außenklima, unterschiedliche Funktionsbereiche mit verschiedenen Bodenbelägen, Einrichtungen zur artgemäßen Beschäftigung, ausreichend Platz, Verzicht auf Amputationen, routinemäßige betriebliche Eigenkontrollen, deutlich reduzierter Arzneimitteleinsatz, verbesserter Ausbildungsstand der im Tierbereich arbeitenden Personen, eine stärkere Berücksichtigung funktionaler Merkmale in der Zucht.[117] Das Gutachten enthält zahlreiche Hinweise für die Entscheidungsträger in der Politik und gab damit den Anstoß für die Haltungskennzeichnung für tierische Produkte. Diese ist die Voraussetzung dafür, dass Verbraucherinnen und Verbraucher in den notwendigen Transformationsprozess einbezogen werden können. Nach der Veröffentlichung des Gutachtens entstand eine breite gesellschaftliche Debatte darüber, wer die erstmals genau bezifferten Umbaukosten der Nutztierhaltung bezahlen solle. Diese Debatte dauert bis heute an.

Nicht zuletzt inspiriert von diesem Gutachten rief die damalige Bundeslandwirtschaftsministerin Klöckner im Jahr 2019 das Kompetenznetzwerk Nutztierhaltung ins Leben. In diesem Netzwerk, welches nach seinem Vorsitzenden, dem ehemaligen Bundeslandwirtschaftsminister Borchert, auch „Borchert-Kommission“ genannt wurde, ar-

[116] LAND.SCHAFFT.WERTE, Woher stammen unsere Futtermittel? https://landschafftwerte.de/woher-stammen-unsere-futtermittel/ (Abfrage vom 13.1.2025).

[117] Wissenschaftlicher Beirat für Agrarpolitik (WBA) beim BMEL, Wege zu einer gesellschaftlich akzeptierten Nutztierhaltung, S. ii.

beiteten zahlreiche Verbände aus den Bereichen Umwelt, Tierschutz und Landwirtschaft gemeinsam an Vorschlägen für den Umbau der Tierhaltung. Im Februar 2020 wurden erstmals Empfehlungen vorgelegt. Die Kommission setzte auch unter Landwirtschaftsminister Özdemir ihre Arbeit fort und betrachtete sie im August 2023 als beendet. Vorausgegangen waren Konflikte um die Finanzierungsvorschläge für einen Umbau der Tierhaltung. Die Kommission hatte eine Tierwohlsteuer vorgeschlagen, die 35 Euro Mehrbelastung pro Jahr für die Konsumentinnen und Konsumenten bedeutet hätte. Auch die viel beachtete Zukunftskommission Landwirtschaft unter dem Vorsitz von Peter Strohschneider machte sich in ihrem Abschlussbericht zum Bereich Tierhaltung die Vorschläge der Borchert-Kommission zu eigen.[118]

Doch wie sieht es mit dem Tierwohl in der Praxis des Agrar- und Ernährungssystems aus? Warum ist es so schwierig, die gesellschaftlich breit getragenen Vorschläge in die Praxis umzusetzen? Der Wissenschaftliche Beirat Wege zur gesellschaftlich akzeptieren Nutztierhaltung stellte 2015 fest: „Es wurden große Fortschritte in Bezug auf die Ressourceneffizienz erzielt. Gleichzeitig gibt es erhebliche Defizite vor allem im Bereich Tierschutz, aber auch im Umweltschutz“. Diese Feststellung gilt weiterhin, insbesondere für die Haltung von Geflügel und Schweinen sowie für die Rindermast und teilweise auch für die Haltung von Milchvieh. Der normale Ablauf dieser industriellen Formen der Tierhaltung fügt den Tieren häufig Schmerzen und gesundheitliche Schäden zu. Die Tiere können nicht so leben, wie es ihrer Natur entsprechen würde. Daher verletzen sie sich gegenseitig erheblich.[119] Auch die durch Zucht und Kraftfutter verursachte Höchstleistung bei Milchkühen führt zu leidvollen Krankheiten bei den Tieren. Um Höchstleistungen von mehr als 8.500 Liter Milch und Jahr zu erreichen, muss hochkonzentriertes Kraftfutter verfüttert werden. Die Hochleistungsmilchkühe bekommen dann nicht mehr genug Rohfaser, die für den auf Rohfaserverdauung ausgelegten Pansenmagen not-

[118] top agrar, Themen, Borchert-Kommission, 23.8.2023, https://www.topagrar.com/themen/borchert-kommission-12480034.html (Abfrage vom 9.10.2024). – Zukunftskommission Landwirtschaft, 2021.

[119] Wissenschaftlicher Beirat für Agrarpolitik (WBA) beim BMEL, Wege zu einer gesellschaftlich akzeptierten Nutztierhaltung, Zitat: S. i.

wendig ist. In der Folge kommt es dann oft zu physiologischen Folgeschäden.[120]

Wie ist unter diesen Rahmenbedingungen eine Ökologisierung der industriellen Tierhaltung überhaupt möglich? Normativ hat der Staat klare Zeichen gesetzt: Seit 2002 steht der Tierschutz als eines der Staatsziele Deutschlands im Grundgesetz. Rechtliche Grundlage der landwirtschaftlichen Tierhaltung sind das Tierschutzgesetz und die Tierschutz-Nutztierhaltungsverordnung, die aber noch nicht alle landwirtschaftlichen Nutztiere erfasst. Hier setzt die Ökologisierung an: Seit 2010 dürfen Legehennen nicht mehr in „konventionellen Käfigen“ gehalten werden – bekannter ist die Bezeichnung „Legebatterien“. Seit 2012 dürfen Ferkel nur noch unter Betäubung kastriert werden. Diese Vorschrift wurde erst 2021 in den Betrieben durchgesetzt.[121]

Im Jahr 2015 entschied das Oberverwaltungsgericht Magdeburg in einem Prozess über die Größe von sogenannten Kastenständen bei der Sauenhaltung. Hier gerieten nicht für möglich gehaltene Missstände bei der Sauenhaltung ins Visier der Öffentlichkeit, die bisher nicht ausreichend gesetzlich geregelt waren. Viele Sauenhalter fühlten sich durch die anvisierten Gesetzesänderungen in ihrer Existenz bedroht, während Tierschutzverbänden die Änderungen deutlich zu wenig ambitioniert erschienen. Die Diskussionen, die durch das Urteil des OVG Magdeburg angestoßen wurden, machen das ganze Dilemma klar: Auf der einen Seite stehen starke wirtschaftliche Interessen und auf der anderen Seite gesellschaftliche Ansprüche an eine artgerechtere Tierhaltung, die aber auch zu höheren Preisen führt. In diesem Spannungsfeld findet man trotz allem immer wieder Lösungen in dem Sinne, dass sich konventionelle Tierhalter einer tierwohlorientierteren Haltung öffnen.

Ein Beispiel für einen „konventionellen“ Betrieb mit einer eigenen Nachhaltigkeitsstrategie ist der Hof von Norbert Klapp im hessischen

[120] FiBL, BIOSUISSE, Kraftfutterreduzierte Milchviehfütterung. Ein Leitfaden für mehr Futterautonomie, Merkblatt 2019, Ausgabe Schweiz, Nr. 1095, https://www.fibl.org/fileadmin/documents/shop/1095-kraftfutterreduktion.pdf (Abfrage vom 31.1.2025).

[121] Axel Wirz, Nadja Kasperczyk, Frieder Thomas, Kursbuch Agrarwende 2050, S. 22. – BMEL, Ausstieg aus der betäubungslosen Ferkelkastration, 16. März 2021, https://www.bmel.de/DE/themen/tiere/tierschutz/ferkelkastration201811.html (Abfrage vom 8.6.2021).

Malsfeld.[122] Dort versorgen vier Arbeitskräfte 400 Zuchtsauen und ihre Ferkel sowie 420 Mastschweine. Auf 280 Hektar Ackerland erzeugen sie Futter für die Tiere sowie Zuckerrüben und Silomais. Hinzu kommen Mais, der in der Biogasanlage vergoren wird, und Raps, aus dem Öl gewonnen wird. Der Betriebsleiter setzt sich politisch im Landestierschutzbeirat oder am „Runden Tisch Tierwohl" für eine tierfreundliche Landwirtschaft ein. Daher hat er einen Außenklimastall[123] bauen lassen, in dem 300 Tiere auf Stroh leben. Ferkel und „Strohschweine" werden regional vermarktet. Der Betrieb ist energetisch weitgehend autonom, weil er über Biogas- und auf den Dächern des Hofes montierte Photovoltaik-Anlagen verfügt. Neben dem Tierwohl ist die soziale Nachhaltigkeit ein wichtiges Anliegen des Betriebsleiters. Deshalb engagiert er sich politisch und bietet Ausbildungs- und Praktikumsplätze an.

Dieses Beispiel zeigt, dass auch „konventionell" arbeitende Landwirtinnen und Landwirte eine Ökologisierung ihrer Produktion erreichen können. Das gilt auch für eine Tierhaltung, die artgerecht ist und sich am Wohl der Tiere orientiert. Industriell ist diese Form der Tierhaltung nicht. Die industrielle Tierhaltung wird lediglich punktuelle Verbesserungen für die Tiere erreichen. Sie steckt in einem Dilemma zwischen den Anforderungen des Tierwohls und der Wirtschaftlichkeit der Betriebe. Daher ist hier nur ein schrittweiser Ausstieg aus dem System denkbar, der durch öffentliche Fördermittel erleichtert und durch gesetzliche Rahmenbedingungen begleitet werden sollte.

6.4.3 Vertical Farming

Eine andere Variante der Agrarwirtschaft soll zur Lösung einiger Probleme beitragen, unter denen die Landwirtschaft weltweit leidet. Dies betrifft den Verlust an Anbauflächen und die Zunahme von Wetterextremen. Die Mehrheit der Menschen lebt bereits jetzt in urbanen

122 Landesbetrieb Landwirtschaft Hessen, Nachhaltige Bauernhöfe, Norbert Klapp, https://nachhaltige-bauernhoefe.de/betriebe/norbert-klapp/ (Abfrage vom 31.1.2025).

123 Landwirtschaftskammer Nordrhein-Westfalen, Außenklimaställe, https://www.landwirtschaftskammer.de/landwirtschaft/tierproduktion/schweinehaltung/aussenklima/index.htm (Abfrage vom 9.10.2024).

Ballungsräumen. Hier ist deshalb ein Ansatz des „Urban Farming“[124] interessant, den wir noch nicht behandelt haben, weil er nur in Teilen nachhaltig ist: das „Vertical Farming“. Es wurde seit 1999 von Dickson Despommier entwickelt, der an der Columbia Universität in New York lehrte. Was zeichnet diese Variante der Landwirtschaft aus? Welche wirtschaftlichen und ökologischen Vorteile bietet sie? Wo liegen ihre Nachteile?

„Vertical Farming“ bedeutet mehrstöckigen Pflanzenanbau in Gebäuden – wie Hochhäusern – oder in Containern und Gewächshäusern. Diese Produktion wird intensiv kontrolliert, z.B. mit Sensoren. Sie kommt häufig ohne Boden aus, weil die Pflanzen durch Wasser und Nährlösungen versorgt werden. Sie arbeitet in der Regel mit künstlichem Licht. Und sie hat zahlreiche Vorteile: Ökonomisch interessant für die Hersteller ist der Umstand, dass ihre Produkte eine Qualität haben, die sich gut vermarkten lässt. Aufwand und Erträge sind leicht zu berechnen. Wasser und Nährstoffe sind präzise auf den Bedarf der Pflanzen abgestimmt und werden recycelt. „Vertical Farming“ setzt geringere Mengen an synthetischen Düngemitteln und Pestiziden ein als die konventionell arbeitende industrielle Landwirtschaft. Da nah am städtischen Endverbraucher produziert wird, sind die Transportwege kurz. Das Recycling von Nährstoffen und Wasser sowie der geringere Einsatz synthetischer Pestizide sind nicht nur wirtschaftlich günstig, sondern bieten auch ökologische Vorteile. Es gelangen kaum Nährstoffe oder Pestizide in die Umwelt. Die Ernährungssicherheit wird verbessert. Und es entstehen zahlreiche neue, teilweise hoch qualifizierte Arbeitsplätze. Aktuell werden vor allem Erdbeeren, Kräuter und Blattgemüse angebaut. Diese neue Form der Landwirtschaft erzielte 2021 weltweit einen Umsatz von über 5 Mrd. US-Dollar. Und die Branche wächst um ein Fünftel bis zu einem Viertel jährlich. In Nordamerika, Ost- und Südostasien verbreitet sich diese Landwirtschaftsform sehr schnell. In Deutschland sind die Firmen „Kalera AS“ und „Infarm“ aktiv. Erforscht werden die Möglichkeiten des „Vertical Farming“ an

[124] Marielisa Padilla, Sophie Mok, Himanshu Raj, Vladyslav Latypov, Marta Bescansa, Urban Farming in the City of tomorrow. Assessing the global landscape on urban food and resource production with the focus on indoor plant and microalgae cultivation, Stuttgart 2018, https://publica.fraunhofer.de/entities/publication/f41f0ed3-002e-48b4-b308-19368c149651 (Abfrage vom 31.1.2025).

zahlreichen Hochschulen, in Deutschland an der Hochschule Osnabrück, der Humboldt Universität zu Berlin sowie in verschiedenen Fraunhofer- und Leibniz-Instituten. Problematisch ist, dass diese Form der Landwirtschaft trotz der genannten Vorteile insgesamt eine geringe Rentabilität aufweist. Dies ist auf hohe Investitionen und den großen Energiebedarf zurückzuführen. Hinzu kommt, dass der Nährwert ihrer Produkte möglicherweise eingeschränkt ist, weil den Pflanzen lediglich jene Nährstoffe zugeführt werden, die bisher als notwendig erkannt wurden.[125]

„Vertical Farming" kann somit einige bedeutende Schäden reduzieren, die konventionelle industrielle Landwirtschaft anrichtet. Insbesondere mindert es den Einsatz von synthetischen Düngemitteln und Pestiziden und kann bisher landwirtschaftlich genutzte Flächen freisetzen – zum Beispiel für den Naturschutz. Es praktiziert damit einen „bodenlosen" Pflanzenanbau, der ohne die vielfältigen Bodenlebewesen und anderen bodenbürtigen Ressourcen auskommen muss, die für das natürliche Gedeihen der Pflanzen wichtig sind. Dies könnte ein Nachteil dieses Ansatzes sein, der sich negativ auf die gesundheitliche Qualität und den Geschmack der so erzeugten Lebensmittel auswirkt. Ein weiterer Nachteil des „Vertical Farming" ist sein hoher Energiebedarf. Und ähnlich wie die Präzisionslandwirtschaft treibt „Vertical Farming" die Industrialisierung der Landwirtschaft weiter voran.

6.4.4 Hybrid-Landwirtschaft nach Heißenhuber und Taube

In diesem letzten Abschnitt stellen wir eine besonders aussichtsreiche Variante einer ökologisierten Landwirtschaft vor. Sie wurde von den Agrarwissenschaftlern Alois Heißenhuber und Friedhelm Taube entwickelt. Diesen beiden Forschern zufolge muss eine Ökologisierung der Landwirtschaft bis hin zur Nachhaltigkeit „gleichermaßen sicher-

[125] Lasse Polsfuss, Vertical Farming. Guide. Vertikale Landwirtschaft im Überblick, 4.1.2023, https://pflanzenfabrik.de/vertical-farming-ueberblick/ (Abfrage vom 30.5.2023), die Zahlenangaben ebenda. – Gerhard Radlmayr, Fragen zum Vertical Farming, 6.5.2019, https://www.hswt.de/news-list/detail/expertin-der-hswt-beantwortet-haeufig-gestellte-fragen-zum-thema-vertical-farming-bzw-in door-farming (Abfrage vom 30.5.2023).

stellen, dass die Ökosystemdienstleitungen in den Bereichen Klimaschutz, Wasserschutz und Biodiversität überzeugend erfüllt werden, ohne dabei zu große Ertragsminderungen der landwirtschaftlichen Produktion in Kauf nehmen zu müssen". Die Landwirtschaft müsse daher das Leitbild höchste Intensität und Steigerung der Produktion durch das Leitbild ökologische Intensivierung ersetzen.[126] Sie stellten in diesem Zusammenhang die Frage, ob „dritte Wege" zwischen konventioneller und ökologischer Landwirtschaft als Lösungen infrage kämen. Einen solchen Weg weist ihr Konzept der „Hybrid-Landwirtschaft". Welche Ziele verfolgen sie damit konkret? Warum kann dieses Modell eine Brücke für die Transformation der industriellen in eine nachhaltige Landwirtschaft sein?

Ziel der „Hybrid-Landwirtschaft" ist es, den ökologischen Fußabdruck der Landwirtschaft zu verkleinern. Zugleich soll sie hohe, aber nicht die höchstmöglichen Erträge anstreben. Daher schlagen Heißenhuber und Taube vor, einige Kulturarten verstärkt anzubauen, die relativ hohe Erträge bei geringem Einsatz von Betriebsmitteln bringen: Futterleguminosen, insbesondere Rotklee und Luzerne, die als Tierfutter dienen. Diese Pflanzen verbessern den Boden, indem sie ihn tief durchwurzeln. Zugleich entziehen sie der Atmosphäre CO_2 und binden den Kohlenstoff durch Humusaufbau im Boden. Damit verbessern sie nicht nur die Bodenfruchtbarkeit, sondern leisten auch einen direkten Beitrag zur Reduzierung der Klimaerwärmung. Zugleich entziehen sie der Luft Stickstoff in der Größenordnung von 200 bis 300 Kilogramm pro Hektar und Jahr. Diesen Luftstickstoff bauen sie mithilfe der Knöllchenbakterien in Aminosäuren um, die wiederum als Pflanzennährstoff auch für Folgekulturen zur Verfügung stehen. Aus diesen Gründen ist der Anbau von Klee und Luzerne das tragende Element einer Fruchtfolge in der ökologischen Landwirtschaft. Da sowohl Luzerne als auch Klee weitreichende Wurzelsysteme ausbilden – mit einer Wurzellänge von bis zu 100 km pro Quadratmeter –, nehmen sie so viele Nährstoffe auf, dass die Verschmutzung des Sickerwassers vermieden wird. Gleichzeitig stabilisiert das Wurzelsystem das Bodengefüge und vermindert Erosion durch Wind und Wasser. Gemenge von mehreren Arten Gräsern, Leguminosen und Kräutern sorgen dafür,

[126] Alois Heißenhuber, Friedhelm Taube, Vom Bauernhof zum spezialisierten Agrarindustrieunternehmen … und zurück? S. 307.

dass Insekten zwischen Mai und September Nahrung finden. Klee und Luzerne benötigen auch keinen Pestizideinsatz, und durch die mehrfache Schnittnutzung innerhalb eines Erntejahres werden Problemunkräuter bekämpft. Die beikrautunterdrückende Wirkung ist auch noch in den Folgekulturen spürbar.[127]

Dass Futterleguminosen im konventionellen Anbau trotz ihrer positiven Eigenschaften keine Rolle spielen, erklären Heißenhuber und Taube mit zwei Zusammenhängen. Zum einen würden die zusätzlichen „Dienstleistungen" dieser Kulturen nicht honoriert, weil in dem aktuellen Landwirtschaftssystem ausschließlich der Ertrag der Hauptkultur zähle – im Vergleich zum Mais bringt beispielsweise Kleegras etwa ein Fünftel weniger. Leistungen wie der Humusaufbau und dic damit verbundene und gesellschaftlich gewünschte Kohlenstoffspeicherung werden in unseren Anbausystemen nicht honoriert. Positive Fruchtfolgewirkungen lassen sich zudem in einer Erfolgsrechnung nicht so einfach bilanzieren. Die zweite Ursache sei die Arbeitsteilung in der industriellen Landwirtschaft. Ackerbau und Viehhaltung sind weitgehend getrennt. Ein spezialisierter Ackerbaubetrieb hat für Tierfutter wie das Kleegras keine Verwendung, weil er keine Nutztiere hält. Die Agrarwissenschaftler stellen daher die grundsätzliche Frage, ob man den Schritt vom vielseitigen Bauernhof zu spezialisierten Agrarindustrieunternehmen nicht revidieren sollte. Das würde bedeuten, dass ein wesentliches Merkmal der Agrarindustrialisierung verschwände.[128]

Grundsätzlich kann Klee- und Luzernegras auch in Biogasanlagen sinnvoll verwertet werden. Der Magen des Wiederkäuers wird dabei durch die Biogasanlage ersetzt, die nach einem ähnlichen Wirkprinzip arbeitet. Somit ist der Klee- und Lunzerneanbau auch für den viehlosen Ackerbau eine Alternative. Mit den Gärresten aus den Biogasanlagen steht gleichzeitig auch ein Wirtschaftsdünger mit einer schnell wirkenden Stickstoffkomponente zur Verfügung, die wiederum einen Beitrag zur Reduktion des Einsatzes von chemisch synthetisch hergestellten Stickstoffdüngern leisten kann.[129]

[127] Ebenda, S. 309-312.

[128] Ebenda.

[129] Annemarie Ohlwärter, Biogas aus Klee- und Luzernegras, Dezember 2022, https://www.demonet-kleeluzplus.de/mam/cms15/dateien/kleeluzplus_praxismerkblatt_biogas.pdf (Abfrage vom 30.11.2023).

Abbildung 30: Blühende Luzerne

Foto: iStock.com/Oleg Marchak

Für ihr laufendes Forschungsprojekt nutzen die beiden Agrarwissenschaftler den Versuchsbetrieb Lindhof der Universität Kiel, der nach den Standards der ökologischen Landwirtschaft arbeitet. Dabei gehen sie der Frage nach, wie flächengebundene Tierhaltung und die Re-Integration von Ackerbau und Viehzucht konkurrenzfähig gestaltet werden können. In diesem Betrieb analysieren sie am Beispiel der Milcherzeugung die Vorteile eines Ackerbau-Viehzucht-Gemischtbetriebs. Ziel der Forscher war, eine maximale Ökoeffizienz mit hohen Leistungen bei möglichst geringen „externalisierten" Kosten für die Umwelt zu erreichen. Dieses Ziel galt sowohl für die Milcherzeugung als auch für die Getreideproduktion. Grundlage der Milcherzeugung war Ackerkleegras mit Kräutern, die zwei Jahre hintereinander auf derselben Fläche kultiviert wurden. Diese Flächen wurden von etwa 100 Jersey-Milchkühen intensiv beweidet. Aus diesem Kleegras-Kräuter-Futter zogen die Tiere annähernd so viel Energie und Eiweiß wie aus energiereichem Kraftfutter. Das heißt, die Forschungslandwirtinnen und -landwirte konnten darauf verzichten, importiertes Soja oder in Deutschland erzeugtes Getreide an ihre Tiere zu verfüttern. Die Jersey-Kühe sind mit durchschnittlich 430 kg Masse wesentlich kleiner als die Hochleistungsmilchrasse Holstein Friesian, die etwa 700 kg Masse erreichen. Sie sind an die Weidehaltung angepasst und können auf diese Weise 85 Prozent ihres Futterbedarfs decken.[130]

Um ihre Ergebnisse einzuordnen, führten die Kieler Forscherinnen und Forscher einen Vergleich durch, in dem sie alle wichtigen Leistungs- und Umwelteffekte berücksichtigten. Sie verglichen den Lindhof mit einem Standard-Milchvorzeigebetrieb, dessen Kühe im Durchschnitt 11.000 kg Milch pro Jahr erzeugten. Sie erfassten auf allen Flächen der beiden Betriebe Erträge, Futterqualität, Treibhausgasemissionen sowie die Austräge von Nährstoffen und werteten sie für eine Ökobilanz aus. Bei diesem Vergleich der Ökoeffizienz schnitt der Lindhof deutlich besser ab. Seine Treibhausgasemissionen lagen 40 Prozent unter jenen des Standard-Milchbetriebs, die Stickstoffüberschüsse waren 55 Prozent niedriger. Sein Flächenbedarf lag nur 8 Prozent über dem des Vergleichsbetriebs. Die Forscher erklären dieses Ergebnis folgendermaßen: Das Kleegras erzeugt im Anbau sehr geringe Treibhausgasemissionen. Es ist ein Futter von höchster Qualität, das zu geringeren Methangasemissionen bei den Kühen führt, berechnet auf den Liter erzeugter Milch. Die Überschüsse von Stickstoff und Kohlenstoff aus der Milcherzeugung des Betriebs werden in den Wurzeln des Kleegrases gespeichert und verbessern den Boden, der im Ackerbau-Betriebsteil für die nachfolgende Getreideerzeugung genutzt wird. Die Überschüsse an Kohlenstoff, Stickstoff und Methan dagegen, die der Standardbetrieb erzeugt, werden zumeist nicht so produktiv genutzt, sondern belasten häufig die Umwelt.[131]

Doch wie kommen die Kieler Forscherinnen und Forscher zu dem Ergebnis, dass die beiden Betriebe einen ähnlichen Bedarf an landwirtschaftlicher Fläche haben, um einen Liter Milch zu produzieren? Dies liegt daran, dass importierte Futtermittel Flächenbedarf in anderen Ländern verursachen, der in die Flächenberechnung einfließen muss. Während der Lindhof kaum importiertes Kraftfutter benötigt, verbraucht der Standardbetrieb fast drei Tonnen konzentriertes Kraftfutter jährlich pro Kuh – und benötigt damit entsprechend große landwirtschaftliche Flächen – häufig in anderen Regionen der Welt, wo zumeist unter Bedingungen produziert wird, die für Mensch und Um-

[130] Alois Heißenhuber, Friedhelm Taube, Vom Bauernhof zum spezialisierten Agrarindustrieunternehmen … und zurück? S. 310.
[131] Ebenda, S. 311.

welt belastend sind – wir haben das im dritten Kapitel unseres Buchs beschrieben.[132]

Bedeutsam ist auch die Frage, was gemäß dem Lindhof-Modell in der Fruchtfolge nach dem Kleegras produziert werden soll. Das Ziel ist, die im Boden gespeicherten Nährstoffe jenen Kulturpflanzen nutzbar zu machen, die nach dem Kleegras angebaut werden, und gleichzeitig zu vermeiden, dass Nährstoffe ausgewaschen werden. In Regionen, in denen deutlich mehr als 100 Millimeter Sickerwasser im Jahr anfallen, werden von der ersten Folgefrucht etwa 120 kg Stickstoff pro Hektar verbraucht, sodass z.B. Hafer als Sommerfrucht einen Ertrag von sechs Tonnen pro Hektar erbringen kann, ohne dass zusätzliche Düngung und der Einsatz von Pestiziden nötig werden. Wenn danach jedoch in der Fruchtfolge Winterweizen oder Raps kultiviert wird, bricht der Ertrag im Vergleich zur industriellen Landwirtschaft um etwa die Hälfte ein. Um dieses Problem zu lösen, schlagen Heißenhuber und Taube vor, ein „Hybrid"-System zu entwickeln, das hohe Erträge und zugleich hohe Umweltleistungen erbringt, indem es Elemente der ökologischen und der industriellen Landwirtschaft kombiniert. Diese Hybrid-Betriebe sollen nach dem Vorbild der ökologischen Landwirtschaft zertifiziert und kontrolliert werden. Zusätzlich sollen sie über etwa 10 Prozent „Biodiversitätsflächen" verfügen. Auf diese Weise würden die Anforderungen der Politik – etwa des „Green-Deal" und der „Farm-to-Fork"-Strategie der Europäischen Union oder des Insektenschutzprogramms Deutschlands – sehr weitgehend erfüllt. Das Hybrid-Verfahren bewege sich, so Heißenhuber und Taube, beim Anbau von Futtermitteln und in der Milchproduktion nah an den Standards der ökologischen Landwirtschaft. Und zugleich sichere es hohe Erträge, indem es Weizen und Raps „moderat konventionell" anbaue.[133]

Wie könnte dieses Modell in der Breite wirksam werden? Müssen die industriell wirtschaftenden Betriebe notgedrungen ihre Spezialisierung aufgeben? Um dies zu vermeiden, schlagen die Kieler Forscher vor, dass Futterbau- und Marktfruchtbetriebe kooperieren und ihre Flächen in gemeinsamen Fruchtfolgen bewirtschaften. Zugleich schlagen sie vor, dass diese Umgestaltung der industriellen Landwirtschaft in eine Hybrid-Landwirtschaft politisch so begleitet wird, dass die

[132] Ebenda, S. 311f.

[133] Ebenda, S. 312.

Direktzahlungen von Staat und Suprastaat an die landwirtschaftlichen Betriebe nicht mehr für die bewirtschaftete Fläche geleistet werden, sondern für Zusatzleistungen, die der ökologischen Effizienz dienen. Beispielgebend sei das Modell der Gemeinwohlprämien, das der Deutsche Verband für Landschaftspflege entwickelt habe. Dabei würde „best practice" hohe Umweltstandards bewerten, die durch eine „Gute fachliche Praxis" erreicht würden, sowie Ökosystemdienstleistungen, die nicht mehr zur landwirtschaftlichen Produktion gehören. Dieses praxisreife Modell wird von zahlreichen Experten anerkannt, konnte sich aber bisher gegen den Widerstand der Befürworter der industriellen Landwirtschaft nicht durchsetzen.[134]

Das Modell einer Hybrid-Landwirtschaft, das Alois Heißenhuber und Friedhelm Taube vorschlagen, verbindet somit die Vorteile älterer Agrartechniken und die Fähigkeiten von Kulturpflanzen mit jenen einer industriellen Landwirtschaft, die synthetische Düngemittel und Pestizide zurückhaltend einsetzt. Dabei müssen die spezialisierten Futter- und Marktfruchtbetriebe ihre Ausrichtung nicht ändern. Sie müssen sich lediglich Partnerbetriebe suchen, mit denen sie in einer gemeinsamen Fruchtfolge zusammenarbeiten. Dies wäre eine vergleichsweise geringfügige Umstellung. Auch sie sollte durch Prämien der öffentlichen Hand gefördert werden. Wenn dieses Modell breit verwirklicht werden würde, könnten die schädlichsten Folgen der industriellen Landwirtschaft erheblich gemindert und zugleich die notwendigen Erträge gesichert werden.

6.4.5 Zwischenfazit

Es gibt also zahlreiche Formen ökologisierter Landwirtschaft, die nachhaltiger wirtschaften als die „konventionelle" industrielle Landwirtschaft. So können Biogasanlagen, die nicht mit Mais betrieben werden, der in Monokulturen angebaut wurde, Energie erzeugen und große Stickstoffüberschüsse zu einem Dünger verarbeiten, der von Böden und Pflanzen gut aufgenommen wird. Die Ökologisierung der industriellen Tierhaltung wird dagegen eher an den systemischen Zwängen dieser Produktionsweise scheitern. Hier erscheint eine „konventionelle"

[134] Ebenda.

Tierhaltung im Rahmen einer bäuerlichen Landwirtschaft aussichtsreicher, die auf vielfältige Produkte und hohe Qualität setzt und den Nutztieren ermöglicht, sich ihrer Natur gemäß zu verhalten. Das „Vertical Farming“ dagegen macht einen weiteren Schritt in Richtung Technisierung und Chemisierung der Landwirtschaft. Eine mögliche Schwäche dieses neuen agrarischen Ansatzes besteht darin, dass fruchtbarer Boden und das vielfältige Bodenleben keine Rolle spielen. Hier sind Probleme bei Gesundheit und Nährwert der Pflanzen zu erwarten. Die „Hybrid-Landwirtschaft“ nach Heißenhuber und Taube schließlich ist eine besonders vielversprechende Variante ökologisierter Landwirtschaft, weil sie die Vorteile ökologischer und „konventioneller“ Landwirtschaft verbindet und zugleich die größten Schäden deutlich mindert, die eine industrielle Bewirtschaftung verursacht. Sie weist industriell arbeitenden Agrarbetrieben gangbare Wege der Ökologisierung.

6.5 Fazit des 6. Kapitels

Die industrielle Landwirtschaft verfügt also über eine Fülle von Möglichkeiten, Schäden, die sie verursacht, zu reparieren oder zu mindern. Sie kann Erosion bekämpfen, Böden von Schadstoffen befreien oder neuen Boden gewinnen. Und sie kann Gewässer vor Verunreinigung schützen – insbesondere das Grundwasser, aus dem der Großteil des Trinkwassers stammt. All dies ist durch Gesetze und Verordnungen geregelt, ebenso wie die „Gute fachliche Praxis“, die eng mit dem „Integrierten Landbau“ verknüpft ist. Diesen Ansätzen folgen Agrarpolitik und Bauernverband schon seit gut einem Vierteljahrhundert. Daher lassen sich die Erfolge dieser Bemühungen gut einschätzen: Es gibt einige Verbesserungen, die allerdings die grundlegenden Probleme einer industriellen Wirtschaftsweise nicht lösen. Neue Varianten der industriellen Agrarwirtschaft bieten Lösungen an: die „Präzisionslandwirtschaft“ und das „Vertical Farming“. Sie versprechen mehr Nachhaltigkeit durch präzisere und besser kontrollierte Arbeitsabläufe. Dabei sind auch gewisse Erfolge zu verzeichnen, die allerdings keinen strategischen Fortschritt hin zu einer nachhaltigen Wirtschaftsweise bedeuten. Insbesondere das „Vertical Farming“ orientiert sich an einem chemieorientierten Ansatz und vernachlässigt die biologische Seite der Pflanzenproduktion. Letzteres macht auch die Präzisionslandwirtschaft, soweit sie sich nur auf Düngung und Pestizideinsatz bezieht. Und schließlich bieten beide Formen der Landwirtschaft keine Lösungen für die Probleme der Massentierhaltung. Die „Hybrid-Landwirtschaft“ dagegen, die Alois Heißenhuber und Friedhelm Taube entwickelt haben, ist die aussichtsreichste Variante unter den ökologisierten Landwirtschaftssystemen. Sie weist industriell wirtschaftenden Betrieben einen Ausweg aus ihrem gegenwärtigen Dilemma: Dies besteht darin, dass sie einerseits einen immer größeren Bedarf an synthetischen Düngemitteln, Pestiziden und nährstoffreichen Futtermitteln haben und zugleich immer größere Nährstoffüberschüsse durch Wirtschaftsdünger erzeugen. Andererseits werden ihnen immer strengere Umweltstandards abverlangt, denen sie angesichts der systemischen Zwänge, unter denen sie stehen, nicht genügen können. Überdies eignet sich die „Hybrid-Landwirtschaft“ besonders gut für eine Förderung durch die öffentliche Hand, weil ihre Nachhaltigkeitsfortschritte relativ gut messbar sind. Hier eröffnet sich also eine Möglichkeit, die Agrarpolitik der Europäischen Gemeinschaft auf eine Förderung umzustellen, die zu mehr Nachhaltigkeit bei industriell wirtschaftenden Betrieben führen kann.

Fazit des zweiten Teils

Wir haben in diesem zweiten Teil unseres Buchs gezeigt, dass die große Transformation der Landwirtschaft schon im Gange ist und sich zum Teil in einer Tradition bewegt, die sehr alt ist. Es gibt viele Wege, die wegführen von der rein technisch-chemischen Landwirtschaft, die große Mengen Energie und sonstige Ressourcen verbraucht, hin zu einer Wirtschaftsweise, die biologische Zusammenhänge nutzt, in Kreisläufen funktioniert und Technik ressourcenschonend einsetzt. Zu dieser transformierten Landwirtschaft gehört auch eine Tierhaltung, die das Wohl der Tiere achtet und nicht mit dem Menschen um Nahrungsmittel konkurriert. Die aufgezeigten Möglichkeiten einer umfassenden Transformation der deutschen Landwirtschaft sind gut erprobt und werden bereits erfolgreich praktiziert.

Bereits in den 1920er-Jahren knüpften frühe Formen des ökologischen Landbaus an die nachhaltige Fruchtwechselwirtschaft an, die aus der Agrarrevolution vor der Industrialisierung der Landwirtschaft hervorgegangen war. Sie strebten eine Kreislaufwirtschaft an und bemühten sich, die Fruchtbarkeit des Bodens auf natürlichem Wege zu erhalten. Aus diesen Anfängen entwickelten sich Landbausysteme, die bis heute bestehen. Der „Biologisch-dynamische Landbau" orientierte sich an dem Anthroposophen Rudolf Steiner. Jeder Betrieb sollte sich den lokalen Bedingungen anpassen, in Kreisläufen arbeiten und auf synthetische Düngemittel verzichten. Sie setzte auf die Verbesserung der Bodenfruchtbarkeit durch den Dünger des eigenen Viehs sowie auf Fruchtfolge mit Gründüngung und Kompost und die Anwendung spezieller Präparate natürlichen Ursprungs. Aus diesen Anfängen entwickelte sich jener Zweig des ökologischen Landbaus, der heute unter der Marke Demeter auftritt. Später entstand eine weitere Richtung, die sich heute „Organisch-Biologischer Landbau" nennt und mit der Marke Bioland verbunden ist. Eine frühe Wurzel dieser Variante des ökologischen Landbaus ist der „Natürliche Landbau", der etwa zur gleichen Zeit wie der „Biologisch-dynamische Landbau" entstanden ist, aber auf Tierhaltung weitgehend verzichtete. Wie die anthroposophische

Variante bezieht jedoch der „Organisch-Biologische-Landbau" die Tierhaltung in seine Kreislaufwirtschaft ein. Darüber hinaus gibt es weitere Richtungen und Verbände des ökologischen Landbaus. Die Mindeststandards setzt eine Verordnung der Europäischen Union. Das Hauptmerkmal des ökologischen Landbaus ist bis heute, dass er nachhaltig ist, weil er weder synthetische Düngemittel noch synthetische Pestizide einsetzt, sondern mit biologischen Methoden arbeitet.

Doch es ist nicht zu erwarten, dass alle Landwirte Ökobauern werden und sich den Regeln von Verbänden wie Demeter, Bioland oder Naturland verpflichten. Viele Schäden, die die industrielle Landwirtschaft verursacht, können gemindert werden, wenn „konventionell" wirtschaftende Landwirtinnen und Landwirte sich an ihren eigenen Standards Guter beruflicher Praxis orientieren: weniger und präziser düngen und weniger Pestizide einsetzen. Der sogenannte „Integrierte Landbau" versucht, diesen Weg zu gehen – insbesondere durch stärkere Berücksichtigung von Schadschwellen beim Einsatz von Pestiziden. Ein anderer Zweig der industriellen Landwirtschaft, die „Präzisionslandwirtschaft", versucht dies zu erreichen durch hochkomplexe Sensortechnik in Verbindung mit elektronischer Steuerung und GPS-Systemen, insbesondere durch eine gezieltere Düngung. Das Problem der Massentierhaltung, mit ihren negativen Folgen für Tierwohl, Umwelt und Menschen, wird dabei allerdings weitgehend außer Acht gelassen.

Einen „Dritten Weg" zwischen industrieller und ökologischer Landwirtschaft schlagen die Agrarwissenschaftler Alois Heißenhuber und Friedhelm Taube vor. Eine solche „Hybrid-Landwirtschaft" soll den ökologischen Fußabdruck verkleinern und zugleich hohe Erträge erzielen. Sie setzt auf Maßnahmen, die im Ökolandbau eine tragende Bedeutung haben. Dazu gehört der mehrjährige Anbau von Rotklee und Luzerne im Gemenge mit Gras zur Nutzung als Tierfutter. Diese Pflanzen verbessern den Boden, indem sie ihn tief durchwurzeln und im Boden Stickstoff und Kohlenstoff speichern, den sie zuvor der Atmosphäre entzogen haben. Dies wirkt kräftig gegen die Klimaerwärmung, und zugleich sparen die Landwirte Stickstoffdünger. Werden auf diesen Ackerflächen danach Pflanzen kultiviert, die der menschlichen Ernährung dienen, profitieren diese von den Nährstoffen, die die Luzerne und der Klee in den Boden gebracht haben. Spezialisierte Futtermittelbetriebe sollen diese Pflanzen künftig kultivieren und ihre Produkte an spezialisierte Tierhalter verkaufen, die dadurch weniger Kraftfutter einsetzen müssen. Sie könnten sich auch mit Weizen- und Maisanbauspezialisten zusammentun und ihren Boden gemeinsam mit ihnen in *einer* Fruchtfolge bewirtschaften. Interessant an dieser Variante ist auch, dass Klee- und Luzernegras nicht nur als Viehfutter dienen können, sondern dass man sie auch in Biogasanlagen verwenden kann. Angesichts der gesellschaftlichen Forderung nach einem geringeren Verzehr tierischer Nahrungsmittel ist das eine vielversprechende Option. Die Umsetzung der sogenannten Hybrid-Landwirtschaft lässt sich viel einfacher kontrollieren als der „Integrierte Anbau" und die „Präzisionslandwirtschaft". Sie ist deshalb auch für eine direkte Förderung mit Steuermitteln geeignet. Solche Kooperationen würden den ökologischen Fußabdruck der industriellen Landwirtschaft erheblich mindern und sollten von der Agrarpolitik gefördert werden. Und auch diese Variante einer ökologisierten Landwirtschaft hat den Praxistest bereits bestanden. Es gibt also Möglichkeiten, die schädlichsten Auswirkungen der industriellen Landwirtschaft zu verringern, ohne ganz vom Weg der „konventionellen" Landwirtschaft abzuweichen. Die Hybrid-Landwirtschaft könnte als Brücke dienen hin zur Transformation der gesamten Landwirtschaft zu einer nachhaltigen Wirtschaftsweise.

Doch gibt es auch jenseits von Ökologisierung und ökologischem Landbau nachhaltige Landwirtschafts- und Gartenbausysteme: Stadtgärten, nachhaltige Weidewirtschaft oder Agroforstsysteme. Bei Agroforstbetrieben wird die Baumwirtschaft mit Ackerbau streifenförmig kombiniert. Richtig angewendet ergeben sich starke Synergien sowohl für den Ackerbau als auch für die Baumwirtschaft. Deshalb werden Agroforstanlagen seit 2023 durch die öffentliche Hand gefördert. Es gibt aber auch Beispiele für ganz normale landwirtschaftliche Betriebe, die weitgehend nachhaltig wirtschaften, ohne sich den Kontrollen des ökologischen Landbaus zu unterwerfen. Vielfältige Möglichkeiten bietet auch der Einsatz von „Terra Preta de Indio", beispielsweise anstelle von Torf oder dort, wo Böden völlig ruiniert sind. Eine besonders vielversprechende Form nachhaltiger Landwirtschaft ist die „Permakultur", bei der jede Pflanze und jedes Tier, jedes Gebäude und Gewässer mehrere Aufgaben erfüllt. Dieses Land- und Gartenbausystem kommt mit kleinen Flächen aus, funktioniert in Kreisläufen und braucht wenig Fremdenergie. Es nutzt gezielt symbiotische Wirkungen und Synergien zwischen den Pflanzen- und Tierarten und ist sehr produktiv. Ökologische Intensivierung ähnlich der Permakultur und der ökologische Landbau sind die zentralen Säulen der Großen Transformation der Landwirtschaft.

Dritter Teil: Zivilgesellschaftliche Akteure des Wandels

Wir haben in den ersten beiden Teilen dieses Buchs gezeigt, warum die deutsche Landwirtschaft sich seit dem ausgehenden 19. Jahrhundert zunächst ganz allmählich und seit der Mitte des 20. Jahrhunderts sehr rasch industrialisierte. Wir haben gezeigt, welche Schäden sie anrichtet und welche Wege bei ihrer Transformation hin zur Nachhaltigkeit beschritten werden. Dabei ist klar geworden, dass die industrielle Landwirtschaft in hohem Maße global ausgerichtet ist und von starken wirtschaftlichen Akteuren gestützt wird, die der Landwirtschaft vor- und nachgelagert sind. Weiter haben wir gezeigt, dass diese Form der Landwirtschaft aus systemischen Gründen erhebliche Schäden an Umwelt, Klima und Lebewesen herbeiführt. Dies ist das entscheidende Motiv dafür, die industrielle Landwirtschaft in eine nachhaltige Wirtschaftsweise zu transformieren. Im zweiten Teil unserer Untersuchung haben wir gesehen, wie zahlreich und vielfältig die Wege sind, die von der industriellen Form der Landwirtschaft wegführen. Es gibt alternative Formen des Land- und Gartenbaus, die einen rigorosen Bruch mit der industriellen Landwirtschaft vollziehen. Doch haben wir auch Agrarsysteme kennengelernt, die eine Brücke zwischen industrieller und ökologischer Landwirtschaft darstellen und die schwersten Fehler industrieller Landwirtschaft reduzieren: die überreichliche Verwendung von Pestiziden und synthetischen Düngemitteln.

Im dritten Teil unserer Analyse wenden wir uns den zivilgesellschaftlichen Akteuren dieser Transformation zu: jenen Einzelpersonen, Organisationen und Institutionen, die sie vollziehen. Staatliche und suprastaatliche Akteure der Transformation haben wir bereits in den ersten beiden Teilen unseres Buchs vorgestellt: die politischen Ebenen der Europäischen Union sowie der Bundesrepublik Deutschland mit ihren Ländern und Kommunen. In den zwei folgenden Kapiteln fragen wir danach, welche zivilgesellschaftlichen und wirtschaftlichen Akteure die aufgezeigten Wege der Transformation beschreiten, welche Positionen sie einnehmen, welche Ziele sie verfolgen, welche Bündnisse sie eingehen und wie sie sich vernetzen. Zunächst stellen wir die eher konservativen Reformkräfte vor, die sich um eine Ökologisierung der industriellen Landwirtschaft bemühen und danach jene zivilgesellschaftlichen Kräfte, die sich um eine grundlegende Transformation der deutschen Landwirtschaft hin zu einer nachhaltigen Wirtschaftsweise bemühen.

7. Kapitel: Konservative Agrarreformer

In diesem Kapitel wenden wir uns wieder jenen Reformkräften zu, die sich um eine konservative Reform der industriellen Landwirtschaft bemühen. Wir bezeichnen sie als „konservative Reformer“, weil sie die aktuell dominierende Agrarwirtschaft zwar verbessern möchten – beispielsweise durch eine „Integrierte“ oder eine „Präzisions“-Landwirtschaft –, sie zugleich aber nicht in eine wirklich nachhaltige Wirtschaftsweise umgestalten wollen. Die staatlichen und suprastaatlichen Akteure, die eine konservative Reform der Landwirtschaft anstreben, haben wir bereits behandelt. In diesem Kapitel konzentrieren wir uns daher auf die zivilgesellschaftlichen Akteure dieser Reformströmung. Dabei können wir darauf verzichten, die Wissenschaftlerinnen und Wissenschaftler vorzustellen, die ihr angehören, weil diese noch immer die staatlichen und privaten Forschungseinrichtungen dominieren. Im Folgenden stellen wir daher politische Parteien und Lobbygruppen der Landwirtschaft vor und fragen nach den Positionen, die diese konservativen Reformerinnen und Reformer in der politischen Debatte beziehen. Das entscheidende Kriterium für die Zugehörigkeit zu dieser Strömung ist die Position zur „Neuen Gentechnik“, die von den Anhängern einer grundlegenden Transformation der Agrarwirtschaft in der Regel kategorisch abgelehnt wird.[1]

Wir beginnen mit den „Vorbereitern“ konservativer Agrarreform – einigen politischen Parteien und einer Strömung innerhalb einer weiteren Partei. Dann wenden wir uns den „Aktivisten“ der Reform zu – einigen Lobbyorganisationen und Verbänden der Landwirtschaft. Dem Deutschen Bauernverband, der bereits in den ersten beiden Kapiteln

[1] Eine prominente Ausnahme ist Urs Niggli, der sich für den Einsatz der Neuen Gentechnik aussprach. Vgl. Karl Bockholt, Gentechnik: Darum rät dieser bekannte Bio-Pionier zu Crispr/Cas9, in: agrarheute 30.11.2023, https://www.agrarheute.com/pflanze/getreide/gentechnik-raet-bekannte-bio-pionier-crisprcas9-613669 (Abfrage vom 6.11.2024).

eine große Rolle spielte, widmen wir ein eigenes Unterkapitel. Dann folgen einige Verbände, die mit dem Deutschen Bauernverband konkurrieren oder selbstständig eigene Ziele verfolgen.

7.1 Politische Parteien

Vier der großen demokratischen Parteien in Deutschland treten generell oder in Teilen für konservative Agrarreformen ein. Wir fragen im Folgenden nach den Vorstellungen dieser Parteien, wie dies geschehen soll. Unsere Prüfsteine sind dabei ihre Positionen zum Umgang mit synthetischen Pestiziden, zur „Neuen Gentechnik", dem Tierwohl und technischen Wegen nachhaltiger Entwicklung. Wir untersuchen vor allem Parteiprogramme, vereinzelt aber auch Aktivitäten einzelner Untergliederungen. Wir beginnen mit der Christlich Demokratischen Union und ihrer bayerischen Schwesterpartei, der Christlich Sozialen Union. Danach analysieren wir die Agrarpolitik der Freien demokratischen Partei und einer Strömung in der Sozialdemokratischen Partei Deutschlands, die im Gegensatz zur Gesamtpartei für die konservative Agrarreform steht.

7.1.1 Die Christlich Demokratische Union

Die Christlich Demokratische Union Deutschlands (CDU) hat die deutsche Agrarpolitik seit den Anfängen der Bundesrepublik entscheidend mitgestaltet. Welche programmatischen und politisch-pragmatischen Positionen der Partei zielen auf eine konservative Agrarreform?

Ein wichtiger Schritt der CDU in Richtung einer Nachhaltigen Entwicklung der deutschen Landwirtschaft war das Bekenntnis zum Schutz der Lebensgrundlagen in ihrem Grundsatzprogramm aus dem Jahre 2007: „Das Prinzip der Nachhaltigkeit ist fester Bestandteil christlich-demokratischer Politik: Wir wollen unseren Nachkommen eine Welt bewahren und hinterlassen, die auch morgen noch lebenswert ist."[2] Daher setzt sie sich ein für „eine multifunktionale und unternehmeri-

[2] CDU, Freiheit und Sicherheit: Grundsätze für Deutschland. Das Grundsatzprogramm. Beschlossen vom 21. Parteitag. Hannover, 3.-4. Dezember 2007, S. 74, Zitat: ebenda.

sche Landwirtschaft, die sich zu ihren bäuerlichen Wurzeln bekennt und zugleich Kreativität und Innovationen fördert." Helfen soll dabei das Spiel der Marktkräfte bei fairen Wettbewerbsbedingungen insbesondere in der Europäischen Union. Der Staat soll sich aus der Steuerung der Agrarmärkte „wo möglich" zurückziehen. Doch soll er jenseits der Marktkräfte die Ökosystemdienstleistungen der Landwirtinnen und Landwirte belohnen.[3] Die CDU befürwortet die Nutzung der Gentechnik in der Landwirtschaft.[4]

Deutlicher für eine Nachhaltige Entwicklung positionierte sich der Bundesfachausschuss Landwirtschaft und ländlicher Raum im Februar 2017. „Es geht uns um Nachhaltigkeit, die Ökologie, Ökonomie und Soziales gleichgewichtig betrachtet und miteinander verbindet. Wir setzen dafür auf das Ordnungsprinzip der ökologischen und sozialen Marktwirtschaft."[5] Angesichts zunehmender Resistenzen von Bakterien gegen Antibiotika setzt sich der Bundesfachausschuss dafür ein, diese Medikamente in der Tierhaltung in erheblich geringeren Mengen zu verwenden.[6]

Er hält am Leitbild des bäuerlichen Familienbetriebs fest. Diese Betriebe sollen so gestärkt werden, dass sie internationale Wettbewerbsfähigkeit mit Umwelt- und Tierschutz verbinden können. „Eine anonyme, industrialisierte Agrarproduktion lehnen wir dagegen ab."[7] Der Fachausschuss Landwirtschaft der CDU wendet sich somit gegen die Wirtschaftsweise der großen Tierhaltungsunternehmen. Das ist keine konservativ-reformerische, sondern eine grundlegend transformatorische Haltung. Eine konservative Position bezieht der Fachausschuss dagegen, wenn er es ablehnt, die ökologischen Vorrangflächen über die 5 Prozent hinaus zu erweitern, die damals Beschlusslage in der EU waren. Perspektivisch setzt er sich dafür ein, an dem Modell einer „wirtschaftlich nachhaltige[n] Landbewirtschaftung" festzuhal-

[3] Ebenda, S. 82, Zitat: ebenda.

[4] Ebenda, S. 83.

[5] Bundesfachausschuss Landwirtschaft und ländlicher Raum der CDU, Zukunftsfähige Regionen – nachhaltige Landwirtschaft – gute Ernährung. Programm des BFA Landwirtschaft und ländlicher Raum, Februar 2017, S. 4, Zitat: ebenda, https://archiv.cdu.de/system/tdf/media/dokumente/beschluss-zukunftsfaehige-regionen-februar-2017.pdf?file=1 (Abfrage vom 21.12.2023).

[6] Ebenda, S. 18.

[7] Ebenda, S. 20, Zitat: ebenda.

ten. *Wirtschaftliche* Nachhaltigkeit steht allerdings häufig im Widerspruch zu Nachhaltiger Entwicklung. Doch zeigt sich der Fachausschuss offen dafür, Direktzahlungen „zielgenauer auszurichten“. Investitionen in Maßnahmen für den Umwelt- und Klimaschutz oder den Bau von tiergerechten und umweltfreundlichen Ställen sollen gefördert werden.[8] Der chemische Pflanzenschutz soll sich im Rahmen des integrierten Pflanzenschutzes bewegen. Gefahren für die menschliche Gesundheit müssen dabei ausgeschlossen, Umwelt- und Gewässerschutz, die Erhaltung der Artenvielfalt und der Schutz der Bienen gewährleistet sein.[9]

Der Fachausschuss hält den Einsatz von CRISPR/Cas in der Pflanzenzüchtung für geeignet, Pflanzen mit verbesserten Eigenschaften schneller, effizienter und billiger zu züchten.[10] Große Chancen sieht er in der Präzisionslandwirtschaft – auch für kleine Betriebe.[11] Tierhaltung und Flächenbewirtschaftung sollen wieder mehr zusammengeführt, grausame Eingriffe an Tieren verboten werden.[12] Der Fachausschuss setzt sich dafür ein, dass aktive lokale Landwirte Vorrang beim Zugriff auf landwirtschaftliche Flächen behalten und der Aufkauf von Boden durch Kapitalgesellschaften genehmigt werden muss.[13] Er befürwortet eine konsequente Förderung des ökologischen Landbaus, des Weinbaus, des Gartenbaus und eine nachhaltige Bewirtschaftung der Wälder.[14] Dies sind verhältnismäßig weitgehende Reformpositionen, die bereits transformativen Charakter haben.

In Teilen transformativ sind auch Positionen unseres dritten Beispiels: Das Programm der CDU Hessen für die Landtagswahl 2023 lässt sich bis ins Detail auf die landwirtschaftliche Reformarbeit ein. Die hessische CDU möchte die „Ökomodellregion Hessen“ regional weiterentwickeln. In den Kantinen öffentlicher Einrichtungen sollen mehr regional erzeugte Lebensmittel verarbeitet werden. Die CDU Hessens will die landwirtschaftliche Ausbildung stärken und der Hochschulausbildung mehr Praxisbezug geben sowie Maßnahmen

[8] Ebenda, S. 21f, Zitat: ebenda.
[9] Ebenda, S. 24.
[10] Ebenda, S. 25.
[11] Ebenda, S. 26-29.
[12] Ebenda, S. 32-36.
[13] Ebenda, S. 36f.
[14] Ebenda, S. 37-44.

zum Klimaschutz, klimaschonende Tierhaltung und Düngung fördern. Sie will dazu beitragen, den Humusgehalt der Ackerflächen zu steigern und die Umweltleistungen der landwirtschaftlichen Betriebe ebenso honorieren wie Investitionen in Tierwohl und Insektenschutz. Sie will den Einsatz von Düngemitteln und Pestiziden reduzieren, die Digitalisierung der Landwirtschaft fördern sowie den ökologischen Landbau, sofern er zusätzliche Leistungen für den Schutz von Umwelt, Artenvielfalt, Boden und Wasser erbringt. Damit sich die Betriebe diversifizieren, will die CDU Hessen Agro-Photovoltaik und Agroforstsysteme fördern sowie den Anbau von Nutzhanf und Kräutern. In der Debatte um die Beurteilung von CRISPR/Cas bei der Pflanzenzucht bezieht die hessische CDU Position: „Für uns ist klar, dass durch ‚genome editing' und neue Züchtungsmethoden wie CRISPR/Cas gezüchtete Pflanzen nicht mit gentechnisch veränderten Organismen gleichgesetzt werden dürfen. Wir setzen uns für eine schnelle, nachvollziehbare, ideologiefreie und auf wissenschaftlichen Erkenntnissen beruhende Abgrenzung auf europäischer Ebene ein." Das ist – nach unseren Kriterien – eine konservativ-reformerische Position. Ein Sonderprogramm soll die Vielfalt der angebauten Nutzpflanzen steigern, Gülle und Reststoffe sollen besser genutzt werden. Die CDU Hessen will mehr Tierhaltung im Land. Ein Runder Tisch über das Thema Schweinehaltung soll dazu beitragen, dass wieder mehr Betriebe diese Nutztiere halten. Sie will helfen, die Rinderhaltung zu automatisieren und die Weidehaltung von Schafen und Ziegen ebenso fördern wie Biogasanlagen. Landwirtschaftliche Reststoffe sollen vermehrt für die Energieerzeugung genutzt werden. Die CDU Hessen will die Bewirtschaftung von Streuobstwiesen, den Weinbau und Maßnahmen zur Klimaanpassung fördern, ebenso den Einsatz von Pheromonen anstelle von Pestiziden. Darüber hinaus tritt sie für eine Reduzierung des Flächenverbrauchs ein.[15]

Die CDU ist somit eindeutig eine konservative Agrarreformerin, bezieht aber auch grundlegendere transformative Positionen. Sie setzt auf eine Landwirtschaft, die wirtschaftliche und ökologische Ziele mit dem Tierwohl verbindet und fördert die Diversifizierung der Betriebe und die Verwertung von Restsubstanzen bei der Energiegewinnung. In

[15] CDU Hessen, Programm für die Landtagswahlen 2023, Landwirtschaft, https://www.cduhessen.de/ltw23/programm/landwirtschaft/ (Abfrage vom 2.9.2024).

der Frage, ob CRISPR/Cas als Gentechnik beurteilt werden soll, spricht sie sich klar für diese Form der genetischen Veränderungen von Kulturpflanzen aus. Die hessische CDU diffamiert entgegengesetzte Positionen als „ideologisch“. In ihrem Grundsatzprogramm setzt die CDU Deutschlands vor allem auf eine heilende Wirkung der Marktkräfte und fordert den Abbau staatlicher Regulierung.

7.1.2 Die Christlich-Soziale Union

Die Christlich-Soziale Union in Bayern e. V. (CSU) ist seit ihrer Gründung die dominierende politische Kraft dieses Bundeslandes. Sie tritt nur in Bayern zu Wahlen an und arbeitet eng mit ihrer Schwesterpartei CDU zusammen, die auf die Teilnahme an Wahlen in Bayern verzichtet und mit der CSU eine gemeinsame Fraktion im Deutschen Bundestag bildet. Welche Akzente setzt die CSU bei dem Weg hin zu einer nachhaltigen Landwirtschaft?

Auch sie bekennt sich – in christlicher Tradition – zur Nachhaltigkeit. Sie tritt ein für globale Verantwortung und Generationengerechtigkeit. Und sie will die Soziale Marktwirtschaft zu einer ökosozialen Marktwirtschaft ausbauen: „Nachhaltig handeln heißt, ökonomische, ökologische und soziale Aspekte einzubeziehen. Faires Wirtschaften berücksichtigt nachfolgende Generationen und respektiert die Schöpfung. Faires Wirtschaften weiß um die Herausforderungen globaler Ungleichheiten und denkt an die eigene Verantwortung in der Einen Welt. Wir wollen die Soziale Marktwirtschaft auch zu einer ökosozialen machen.“[16] Im Grundsatz tritt die CSU somit für die Nachhaltige Entwicklung der deutschen Landwirtschaft ein.

Auch die CSU spricht sich für eine multifunktionale Landwirtschaft aus, doch legt sie den Schwerpunkt auf die familiengeführten bäuerlichen Landwirtschaftsbetriebe. „Sie steht insbesondere für die Produktion hochwertiger Nahrungsmittel. Das Tierwohl ist uns dabei ein großes Anliegen: Die Stärke der bäuerlichen Landwirtschaft liegt in

[16] Die Ordnung. Grundsatzprogramm der Christlich-Sozialen Union. Beschluss des CSU-Parteitags am 5.11.2016 in München, S. 74, Zitat: ebenda, https://csu-mak.de/wp-content/uploads/2019/09/CSU-Grundsatzprogramm-ES.pdf (Abfrage vom 21.12.2023).

der artgerechten und bodengebundenen Tierhaltung." Und: „Ökologische und soziale Leistungen der Landwirte, die gesellschaftlich gewünscht sind, müssen angemessen ausgeglichen werden." Auch die CSU möchte somit Ökodienstleistungen der Landwirtschaft honorieren – implizit sind damit öffentliche Mittel gemeint. „Wir wollen das Bewusstsein und die Wertschätzung für unsere gesunden und qualitativ hochwertigen Lebensmittel stärken. Über die Marktpreise sollen unsere heimischen Erzeuger ein sicheres und ausreichendes Einkommen erzielen können. Qualität hat auch bei Lebensmitteln ihren Preis."[17] Dabei wird allerdings nicht angesprochen, wie der Markt dazu gebracht werden kann, diese Qualität im Preis abzubilden und die Arbeit der Landwirtinnen und Landwirte angemessen zu honorieren.

Auch im neuesten Grundsatzprogramm der CSU, das der Parteitag am 6. Mai 2023 verabschiedet hat, geht es der Partei zunächst vor allem um die Wertschätzung der Bäuerinnen und Bauern und ihrer Arbeit sowie um ihren Beitrag zum Erhalt der Kulturlandschaft: „Bayern ist Freistaat und Kulturland. Unsere Kulturlandschaft ist ein wichtiger Teil davon. Die bayerische Landwirtschaft mit ihren bäuerlichen Familienbetrieben pflegt diese Kulturlandschaft und gibt unserer Heimat ein unverwechselbares Gesicht. Bäuerinnen und Bauern sind das Herz und die Seele Bayerns. Sie erzeugen hochwertige Lebensmittel und leisten einen unschätzbaren Beitrag zur Ernährungssicherung sowie zum Umwelt-, Klima-, Arten- und Ressourcenschutz." Im Kampf gegen den Klimawandel sei sie Teil der Lösung, insbesondere bei der Bindung von Kohlenstoff auf natürlichem Weg und in der Energiewirtschaft.[18]

Mit ihrer Betonung der bäuerlichen Landwirtschaft, der Wertschätzung der Lebensmittelqualität und des finanziellen Ausgleichs für sozialökologische Leistungen der Landwirtschaft orientiert sich die CSU in ihrer Programmatik eher noch stärker an der Nachhaltigkeit als ihre Schwesterpartei. Die spezifische Wertschätzung der Landwirtinnen und Landwirte erinnert in der sprachlichen Form des neuesten Grundsatzprogramms an ältere, völkische Traditionen einer Überhö-

[17] Ebenda, S. 68, Zitate: ebenda.

[18] Für ein neues Miteinander. Das Grundsatzprogramm der CSU, 6.5.2023, S. 64, Zitat: ebenda, https://www.csu.de/common/download/CSU-Grundsatzprogramm.pdf (Abfrage vom 21.12.2023).

hung des Bauerntums. Auch die CSU traut dem familiengeführten bäuerlichen Betrieb eine tierwohlorientierte Tierhaltung zu. Mehr noch: Für sie ist die Landwirtschaft Teil der Lösung des Klimaproblems. In ihrer Programmatik erweist sich die CSU somit als konservative Reformkraft mit deutlichen Tendenzen hin zu einer Großen Transformation.

7.1.3 Die Freie demokratische Partei

Die Freie demokratische Partei (FDP) ist die dritte „bürgerliche" Partei, die immer wieder Regierungsverantwortung ausübt und somit auch für die deutsche Agrarpolitik verantwortlich ist. In ihren „Karlsruher Freiheitsthesen" vom April 2012 erwähnt sie die Landwirtschaft nur ein einziges Mal – im Zusammenhang mit dem „Prinzip der Eigenverantwortung und der Verantwortlichkeit".[19]

Doch es gibt weitergehende Verlautbarungen der Partei: So verkündete der Parteivorstand der FDP im Januar 2021, dass Tierschutz und Marktwirtschaft zu vereinbaren seien. Mit Bezug auf die neuen Anforderungen an die Landwirtschaft betont er: „Die Forderungen der Gesellschaft im Bereich des Umwelt- und Naturschutzes sind berechtigt. Gleiches gilt aber auch für die Sorgen der landwirtschaftlichen Betriebe, die von ihrer Arbeit leben müssen. Hier muss ein fairer Lastenausgleich geschaffen werden, wie es ihn in einigen Bereichen, etwa im sogenannten Vertragsnaturschutz bereits gibt. Der Grundgedanke des Vertragsnaturschutzes, wonach besondere ökologische Leistungen auch besonders honoriert werden, kann zu einem Fundament eines neuen, eines fairen Verhältnisses zwischen Gesellschaft und Landwirtschaft werden." Diese Position ist ein wichtiges Element der Großen Transformation der deutschen Landwirtschaft. Die FDP lehnt Anbindehaltung und Kastenstand ebenso ab wie das Schreddern von Küken oder die Kastrierung von Ferkeln ohne Betäubung. Die Veterinärämter sollen ausgebaut werden, damit sie ihre Kontrollen effizient durchführen können. Obwohl die FDP für den Abbau von Subventionen ein-

[19] FDP, Verantwortung für die Freiheit. Karlsruher Freiheitsthesen der FDP für eine offene Bürgergesellschaft. Beschluss des 63. Ordentlichen Bundesparteitags der FDP Karlsruhe, 22. April 2012, S. 82, Zitat: ebenda, https://kriftel.fdpseite.de/karlsruher-freiheitsthesen/ (Abfrage vom 31.1.2025).

tritt, hält sie „finanzielle Unterstützung der landwirtschaftlichen Betriebe solange [für gerechtfertigt], bis der Übergang von staatlichen Subventionen zu einer marktwirtschaftlichen Agrarpolitik geschafft ist.“[20]

Einen anderen Akzent setzte der FDP-Bundesvorstand im Juni 2021 in einem Beschluss zur Stärkung der Unabhängigkeit der Landwirtschaft. Er verwies auf die nach wie vor sehr hohen Kosten der Gemeinsamen Agrarpolitik und die große Abhängigkeit der landwirtschaftlichen Betriebe von den öffentlichen Fördermitteln. Dabei kritisierte er besonders die hohen Verwaltungskosten der Zweiten Säule der Gemeinsamen Agrarpolitik, die nahezu ein Drittel der Fördersummen betrügen. Das „Greening“ der Ersten Säule sei in Deutschland besonders bürokratisch gehandhabt worden und werde von den deutschen Bundesländern unterschiedlich genutzt. Die Agrarinvestitionsförderung solle ausgebaut und zugleich über einen Zeitraum von zwei Jahrzehnten hinweg die gesamte Erste Säule der GAP abgebaut werden. Fördermittel in Form von zinsgünstigen Darlehen und Tilgungszuschüssen sollen nach einem Punktesystem vergeben werden für Investitionen, die sich positiv auswirken auf „betriebliche Diversifizierung, Risikomanagement und Klimafolgenanpassung; Bewirtschaftung topographisch und klimatisch benachteiligter Gebiete; Ressourcen- und Umweltschutz; Energieeffizienz und Klimaschutz; Tierschutz, -wohl und -gesundheit.“ Die Aufnahme der Land- und Forstwirtschaft in das Europäische Emissionshandelssystem solle die Möglichkeit schaffen, „CO_2-Senken (zum Beispiel durch gezielten Humusaufbau) gewinnbringend zu vermarkten.“ Die FDP setzt auf die „Neue Gentechnik“ mit CRISPR/Cas und auf die Präzisionslandwirtschaft.[21]

Der 74. Ordentliche Bundesparteitag der FDP im April 2023 wandte sich gegen den Vorschlag der EU-Kommission für eine Neufassung der Pflanzenschutzmittel-Verordnung, der ein Verbot des Einsatzes von Pestiziden in bestimmten Gebieten vorsah, weil „ein solches Pau-

[20] FDP, Beschluss des Bundesvorstands: Marktwirtschaft kann Tierschutz, 25.1. 2021, Zitate: ebenda, https://www.fdp.de/beschluss/beschluss-des-bundesvorstandes-marktwirtschaft-kann-tierschutz (Abfrage vom 22.12.2023).

[21] FDP, Beschluss des Bundesvorstands, 7.6.2021, S. 2, 4, Zitate: ebenda, https://www.fdp.de/beschluss/beschluss-des-bundesvorstands-unabhaengigkeit-der-landwirtschaft-staerken-buerokratie (Abfrage vom 22.12.2023).

schalverbot jeder wissenschaftlichen Grundlage entbehrt.“ Die Partei befürchtete, dass die Anwendung des geplanten Verbots im Weinbau „eine komplette Stilllegung der Weinberge bedeuten“ würde.

Die FDP fasst ihre aktuellen Positionen auf ihrer zentralen Website zusammen. So will sie „die europaweite Verfügbarkeit wirksamer und moderner Pflanzenschutzmittel sicherstellen“ und setzt sich für ein europaweites Tierwohllabel ein. Sie will „Landwirtinnen und Landwirte unabhängig von Agrarzahlungen machen und sie von überbordender Bürokratie entlasten. […] Wir wollen weg von flächenbezogenen Direktzahlungen und hin zu mehr zukunftssichernder Investitionsförderung sowie Forschung. Wir wollen einheitliche Wettbewerbsstandards in der EU und fordern den sukzessiven Abbau der EU-Agrarsubventionen. Das Genossenschaftsrecht wollen wir reformieren. Nur mit fairen Wettbewerbsbedingungen für alle im gemeinsamen Binnenmarkt können wir die Abwanderung der landwirtschaftlichen Produktion und der Weiterverarbeitung der Lebensmittel ins Ausland verhindern.“ Um auch global für fairen Wettbewerb zu sorgen, verlangt die FDP von der Welthandelsorganisation, „stärker auf Marktwirtschaft und weniger Bürokratie zu setzen, sodass Landwirte weltweit unabhängig von staatlichen Subventionen wettbewerbsfähig wirtschaften können. Bei landwirtschaftlichen Erzeugnissen brauchen wir eine marktwirtschaftliche Preisbildung in der gesamten Wertschöpfungskette vom Acker bis zum Einzelhandel. Die fortschreitende Konzentration von Marktmacht schadet dem Wettbewerb.“ Darüber hinaus fordert die FDP die Förderung von Anpassungen der Land- und Forstwirtschaft an den Klimawandel durch Hilfe zur Selbsthilfe. Diese soll darin bestehen, dass die Betriebe steuerbefreite Risikoausgleichsrücklagen bilden können.[22]

Die Agrarpolitik der FDP setzt somit weniger auf die Stärkung des bäuerlichen Familienbetriebs als auf die positive Wirkung der Marktkräfte, Entbürokratisierung und den Abbau der Agrarsubventionen. Dass die freien Marktkräfte Umweltleistungen der Landwirtschaft nicht honorieren, spielt in ihrer Argumentation keine Rolle. Doch bei Vertragsnaturschutz und Tierschutz weist ihre Programmatik Elemente einer Großen Transformation auf. Wie die konservativ-bürgerlichen

[22] FDP, Landwirtschaft, https://www.fdp.de/position/landwirtschaft (Abfrage vom 22.12.2023).

Parteien setzt sie auf technische Innovationen, insbesondere auf den Einsatz der „Neuen Gentechnik“ bei der Pflanzenzucht sowie auf Digitalisierung und Automatisierung. Insgesamt repräsentiert sie eine besonders marktradikale Variante des konservativen Flügels der Transformation, die dennoch nicht ohne staatliche Steuerung auskommt.

7.1.4 Konservative Agrarreformer in der Sozialdemokratischen Partei Deutschlands

In ihrem Hamburger Programm vom 28. Oktober 2007 setzte sich die Sozialdemokratische Partei Deutschlands (SPD) für eine starke Landwirtschaft ein, die Kulturlandschaften erhält, die natürlichen Lebensgrundlagen schützt und zur nachhaltigen Entwicklung der ländlichen Gesellschaft beiträgt. Zentrale Aufgabe der Landwirtschaft sei es, den Bedarf an gesunden Lebensmitteln zu decken, insbesondere durch ökologische, gentechnikfreie Produktion, „und gleichzeitig die natürlichen Ressourcen“ zu schonen. Umwelt- und tiergerechte Produktion soll sich für sie lohnen.[23] Mit dieser programmatischen Grundlage gehört die SPD zu den Akteuren der Großen Transformation. Doch Teile der SPD unterstützen eine eher konservative Agrarreform. Woran lässt sich das festmachen?

Im November 2016 gründeten engagierte SPD-Mitglieder des Bezirks Hessen-Süd den Arbeitskreis Landwirtschaft und ländlicher Raum. Der Vorsitzende Joachim Diesner war im hessischen Landwirtschaftsministerium in leitender Funktion tätig.[24] Der Arbeitskreis kümmerte sich um die Betroffenen. So berichtete er nach einem Treffen mit Vertreterinnen und Vertretern des Bauernverbands, dass sich viele Landwirtinnen und Landwirte über zunehmende Umweltauflagen beklagten. Diese gefährdeten die Rentabilität vor allem kleiner und mitt-

[23] Hamburger Programm. Grundsatzprogramm der Sozialdemokratischen Partei Deutschlands. Beschlossen auf dem Hamburger Bundesparteitag der SPD am 28. Oktober 2007, S. 50, https://www.spd.de/fileadmin/Dokumente/Beschluesse/Grundsatzprogramme/hamburger_programm.pdf (Abfrage vom 31.1.2025).

[24] SPD Hessen-Süd, Die SPD Hessen-Süd gründet einen neuen Arbeitskreis Landwirtschaft, 4.1.2017, https://www.spdhessensued.de/2017/01/04/die-spd-hessen-sued-gruendet-einen-neuen-arbeitskreis-landwirtschaft/ (Abfrage vom 23.12.2023).

lerer Betriebe.[25] Doch macht sich der Arbeitskreis auch durch seine Expertise innerhalb der Partei nützlich. So kritisierte er im Frühjahr 2021 einen schweren Fehler im Programmentwurf der Bundes-SPD für die Bundestagswahl 2022: „Wir bleiben beim Nein zu genetisch veränderten Pflanzenzüchtungen". Jede Züchtung führt zu genetischen Veränderungen. Der Parteitag der hessischen SPD vom 9. Mai 2021 ersetzte diese Formulierung im „Zukunftsprogramm" der Partei durch „Wir bleiben beim Nein zu gentechnisch veränderten Pflanzen".[26]

Als konservativer Agrarreformer erwies sich der Arbeitskreis, als er am 25. März 2022 in einer Pressemitteilung begrüßte, dass die EU-Kommission ökologische Vorrangflächen für das Jahr 2022 für den Anbau von Feldfrüchten freigegeben hatte. Angesichts der Folgen des Krieges in der Ukraine – insbesondere der stark erhöhten Kosten für landwirtschaftliche Betriebsmittel – forderte er Bundeslandwirtschaftsminister Özdemir auf, sich für eine Verschiebung der aktuellen Ziele des „Green Deal" der GAP ab 2023 um mindestens zwei Jahre einzusetzen: „Angesichts der dramatischen Lage auf den Weltagrarmärkten verbieten sich derzeit Vorschläge zur weiteren Extensivierung wie Halbierung des Pflanzenschutzmitteleinsatzes, Reduzierung der Düngung, 4 Prozent Stilllegung von Ackerflächen sowie aktuell weiterer Ausbau des Ökolandbaus." Der Arbeitskreis verwies auf die großen Ausfälle an Düngemitteln, die in Russland und Weißrussland produziert wurden. Und er argumentierte mit der Tatsache, dass durch die kriegsbedingten Ausfälle in der Getreide- und Sonnenblumenölproduktion der Ukraine 100 Mio. Menschen weltweit zusätzlich von Hunger bedroht seien.[27] Auch diese Positionen sind dem konservativ-reformeri-

[25] SPD Hessen-Süd, Landwirte brauchen Planungssicherheit – Ein Dialog zwischen Politik und Bauernverband, 8.9.2020, https://www.spdhessensued.de/2020/09/08/landwirte-brauchen-planungssicherheit-ein-dialog-zwischen-politik-und-bauernverband/ (Abfrage vom 23.12.2023).

[26] Alfons Deter, SPD uneins: Gentechnik generell verbieten oder nicht? topagrar, 2.4.2021, https://www.topagrar.com/management-und-politik/news/spd-uneins-gentechnik-generell-verbieten-oder-nicht-12521890.html (Abfrage vom 23.12.2023).

[27] SPD Hessen-Süd, Pressemitteilung des Arbeitskreises Landwirtschaft und ländlicher Raum, 25.3.2022, https://www.bauerwilli.com/wp-content/uploads/2022/03/2022-03-25-PM-AK-Landwirtschaft_oekologische-Vorrangflaechen.pdf (Abfrage vom 22.12.2023).

schen Flügel der Transformation zuzuordnen, denn eine Verbesserung der Ernährungssicherheit hätte man beispielsweise auch durch die Reduzierung der deutschen Fleischexporte erreichen können.

Doch gibt es auch Übereinstimmungen mit den Anhängern einer raschen und grundlegenden Nachhaltigen Entwicklung der deutschen Landwirtschaft. So warb Joachim Diesner bei einer Delegation der SPD-Landtags- und Kreisfraktionen mit einer Exkursion zum Erbacher Bauernmarkt am 7. Oktober 2023 für den Beitrag regionaler landwirtschaftlicher Produktion für die Nachhaltigkeit.[28] Und in der Diskussion mit Norbert Franz beim „Forum Klima, Nachhaltige Entwicklung, Europa" der SPD Wiesbaden am 27. Juni 2023 beurteilten die beiden übereinstimmend die Arbeit der „Zukunftskommission Landwirtschaft" ebenso positiv wie das Modell der „Hybrid-Landwirtschaft" der beiden Agrarwissenschaftler Heißenhuber und Taube. Joachim Diesner: „Das ist die Zukunft!"[29] Konservative Agrarreformer und Anhänger einer grundlegenden Transformation der deutschen Landwirtschaft in der hessischen SPD vertreten somit auch ähnliche Positionen.

7.1.5 Zwischenfazit

Es gibt gute Argumente dafür, sowohl die drei etablierten „bürgerlichen" Parteien als auch einen agrarpolitischen Flügel der SPD zu jenen politischen Akteuren zu rechnen, die für eine Nachhaltige Entwicklung der deutschen Landwirtschaft eintreten. Innerhalb dieser Akteurskoalition sind sie einer eher konservativen Reformströmung zuzuordnen. Bis auf die FDP wollen diese Parteien kleine und mittlere – bäuerliche – Betriebe fördern. Die FDP tritt sogar für den völligen Abbau der Agrarsubventionen ein und möchte sie durch ein anders Subventionssystem ersetzen. Bei der CSU ist das Bild „des Bauern" ideologisch überhöht. Entscheidende Kriterien für den konservativ-reformerischen Kurs dieser Parteien und Parteiflügel sind, dass sie

[28] SPD Hessen-Süd, AK Landwirtschaft und ländlicher Raum: Regionalität ist nachhaltig, 27.10.2023, https://www.spdhessensued.de/2022/10/27/ak-landwirtschaft-und-laendlicher-raum-regionalitaet-ist-nachhaltig/ (Abfrage vom 23.12.2023).

[29] Forum Klima, Nachhaltige Entwicklung, Europa der SPD Wiesbaden, Protokoll der Sitzung vom 27.6.2023.

Nachhaltige Entwicklung durch technischen Fortschritt erreichen wollen: durch Digitalisierung, insbesondere Präzisionslandwirtschaft, durch „Neue Gentechnik“ mit CRISPR/Cas und durch Automatisierung. Die FDP betont das Prinzip eines „fairen Wettbewerbs“ – der allerdings wieder Regulierung voraussetzt oder nach sich zieht. Die beiden christlichen Parteien hoffen auf den bäuerlichen Familienbetrieb, der aus ihrer Sicht auch am besten für das Tierwohl sorgen kann.

7.2 Der lange Weg des Deutschen Bauernverbands zur konservativen Agrarreform

Neben den politischen Parteien sind die landwirtschaftlichen Verbände und Lobbygruppen die wichtigsten konservativ-reformerischen Mitglieder der Akteurskoalition für die Große Transformation der deutschen Landwirtschaft. Wir beginnen mit der einflussreichsten Lobbyorganisation der deutschen Landwirtschaft, dem Deutschen Bauernverband. Was spricht dafür, ihn als konservativen Reformer einzuschätzen? Zunächst schildern wir die Anfänge und die Einhegung des DBV. Dann zeigen wir, wie der Verband ein einflussreicher Lobbyist des gesamten Agrarsektors wurde. Und schließlich verfolgen wir die neueste Rollenveränderung hin zu einem in Teilen konservativen Reformer auf dem Weg der Nachhaltigen Entwicklung.

7.2.1 Anfänge und demokratische Einhegung

Nach der Zäsur des Zweiten Weltkriegs und dem Ende der Zwangsvereinigung der Nahrungsmittelproduzenten im „Reichsnährstand“ formierte sich die Agrarlobby in Westdeutschland sehr rasch neu. Wie gelang dies? Wie entwickelte sich das Verhältnis von Landwirtschaftslobby und Bundesregierung?

Der Deutsche Bauernverband wurde 1948 gegründet. Vorsitzender wurde der CDU-Politiker Andreas Hermes. Er war in der Weimarer Republik Reichslandwirtschafts- und Reichsfinanzminister gewesen und repräsentierte jenen kleinen Teil der deutschen Eliten, der sich gegen die NS-Herrschaft gewandt hatte. Er war auch im Widerstand aktiv gewesen.[30] Der Bauernverband vertrat etwa 90 Prozent der westdeutschen Vollerwerbslandwirte. Ein besonderes Anliegen war ihm, die Loyalität der Landwirte gegenüber dem demokratisch gewordenen Westdeutschland zu stärken.[31]

Unter Andreas Hermes begann die enge Zusammenarbeit zwischen Bauernverband und den Bundesregierungen. Der Historiker Kiran Klaus Patel bezeichnete sie als geradezu „symbiotisch".[32] Ziel der Bundesregierung war es, die Entwicklung der Preise für Agrarprodukte an die „landwirtschaftlichen Löhne" zu binden. Voraussetzung dafür sei, dass das landwirtschaftliche Preisniveau „in einer Parität zu den übrigen Preisen der deutschen Wirtschaft" gehalten werde.[33] Der Bauernverband konnte durchsetzen, dass das Landwirtschaftsgesetz von 1955 hinreichende Erzeugerpreise und Einkommen der bäuerlichen Familien als Ziel der Agrarpolitik formulierte – neben dem noch immer vorrangigen Ziel, die Ernährung der Bevölkerung zu sichern.[34]

Doch bereits in den 1950er-Jahren, als die politische Führung Westdeutschlands mit den Regierungen der Benelux-Staaten, Frankreichs und Italiens über eine gemeinsame Agrarpolitik diskutierte, kündigten sich erste Trübungen der guten Beziehungen des DBV zur Bundesregierung an. Obwohl Hermes als Verhandlungsführer der Bundesregierung auftrat, wandte er sich *gegen* den integrativen Kurs, auf den ihn sein Mandat eigentlich festlegte. Im Verband setzten sich die Interessenvertreter der größeren Betriebe durch, die Getreide produzierten und bei einem gemeinsamen Getreidemarkt der Europäischen Wirtschaftsgemeinschaft Preiseinbußen hätten hinnehmen müssen.[35]

Dennoch gelang es der Verbandsführung, die Masse der Mitglieder, die kleinere und mittlere Betriebe bewirtschafteten, weiter an den Verband zu binden. Sehr bedeutsam war hierfür der Wechsel der Verbandsführung im Jahr 1955: Der neue Verbandschef, Edmund Rehwinkel, bediente sich bei seinen öffentlichen Auftritten einer scharfen

[30] Kiran Klaus Patel, Der Deutsche Bauernverband 1945-1990, S. 161-179, hier S. 161-164. – Kiran Klaus Patel, Europäisierung wider Willen, S. 56-59.

[31] Ulrich Kluge, Agrarwirtschaft und ländliche Gesellschaft, S. 39, 42. – Kiran Klaus Patel, Deutscher Bauernverband, S. 164.

[32] Zitat: ebenda, S. 168.

[33] Kiran Klaus Patel, Europäisierung wider Willen, S. 53, Zitat ebenda.

[34] Kiran Klaus Patel, Deutscher Bauernverband, S. 161-168.

[35] Ebenda, S. 168-174.

Rhetorik, die mit Versatzstücken radikaler rechter Ideologien arbeitete. Er stilisierte „den Bauern“ als „Relikt bodenständigen Deutschtums“, das von Modernisierung und Industrialisierung gefährdet werde. Die Bauern Westeuropas seien das letzte Hindernis gegen Kommunismus und sozialistische Landwirtschaft.[36] Trotz dieser zugespitzten Rhetorik gelang es dem DBV unter Rehwinkels Führung, den Protest von Teilen seiner Basis im Rahmen des demokratischen Systems einzuhegen. Zugleich war er eng mit der christlich-demokratischen und der christlich-sozialen Partei verflochten. Gelegentliche Annäherungen Rehwinkels an die NPD blieben Episode.[37] Andererseits beeinflusste Verbandschef Rehwinkel die Politik massiv. Dabei ging er 1955 in einem Brief an Kanzleramtschef Globke so weit, Wahlkampfhilfen des Verbands für die CDU an die Erfüllung von Forderungen des DBV zu knüpfen.[38]

Der Machtwechsel von Konrad Adenauer zu Ludwig Erhard bedeutete für die enge Verbindung des Verbands mit der Bundesregierung einen scharfen Einschnitt. Erhard befürwortete eine Neuausrichtung des Schwerpunkts der landwirtschaftlichen Produktion auf die Veredelungswirtschaft.[39] Trotz gegenteiliger Ankündigungen ließ sich die Bundesregierung bei den Getreidepreisen auf das niedrigere Niveau ein, das die Partner vorgeschlagen hatten. Die versprochenen nationalen Ausgleichszahlungen an die deutschen Landwirte blieben angesichts der „kleinen“ Wirtschaftskrise Mitte der 1960er-Jahre aus.[40]

Mit der Großen Koalition von CDU/CSU und SPD unter Bundeskanzler Kurt Georg Kiesinger verstärkte sich die Distanz zwischen Bundesregierung und Deutschem Bauernverband, da die neue Regierung ihre Agrarpolitik stärker auf die Konsumentinnen und Konsumenten ausrichtete. Doch der DBV erschloss sich auf der europäischen Ebene der Agrarpolitik ein neues Wirkungsfeld.[41]

[36] Gesine Gerhard, Zwischen Systemkonformität und -opposition, S. 129-138, insbesondere 130f, Zitat: S. 130.

[37] Kiran Klaus Patel, Deutscher Bauernverband, S. 172f.

[38] Ebenda, S. 166.

[39] Deutscher Bundestag – 4. Wahlperiode – 90. Sitzung. Bonn, Freitag, den 18. Oktober 1963, S. 4207, https://dserver.bundestag.de/btp/04/04090.pdf (Abfrage vom 22.2.2022).

[40] Kiran Klaus Patel, Deutscher Bauernverband, S. 172.

[41] Ebenda, S. 172f.

Insgesamt zeichnete sich bereits in den Anfängen des Deutschen Bauernverbands ein Trend ab, der sich auch langfristig durchsetzen sollte: Die Verbandsführung handelte eher im Interesse der großen Betriebe als im Interesse der bäuerlichen Klein- und Mittelbetriebe, die ein Großteil der DBV-Mitglieder bewirtschaftete. Trotz der radikalen Rhetorik seines Vorsitzenden gelang es dem DBV, seine Mitglieder in die demokratische Ordnung der Bundesrepublik zu integrieren.

7.2.2 Der Deutsche Bauernverband als Lobbyist des industriellen Agrarsektors

Doch wie wurde der Deutsche Bauernverband zu einem der wichtigsten Vertreter der Lobby des gesamten deutschen Agrarsektors? Mit dem Wechsel zu Constantin Heereman von Zuydtwyk, der den Verband von 1969 bis 1997 führte, verbesserten sich die Beziehungen des DBV zur Bundesregierung wieder. So versuchte die Bundesregierung, auf europäischer Ebene möglichst hohe Preise auszuhandeln. In zahlreichen Protestaktionen zeigten die Landwirte allerdings, dass ihnen dies nicht genügte.[42] Zugleich änderte sich unter Heereman die Ausrichtung des DBV grundlegend. Die Förderung jener landwirtschaftlichen Betriebe, die wachsen konnten – weil sie ohnehin bereits vergleichsweise groß waren, stand nun im Vordergrund seiner Bemühungen.[43]

Zugleich griff der Bauernverband in die Debatten über die Umweltverschmutzung ein, die in dieser Zeit vermehrt geführt wurden. Heereman sah die Ursachen dieser Schäden bei der Industrie, nicht bei der Landwirtschaft.[44] Auf europäischer Ebene verstärkte der DBV seine Zusammenarbeit mit den Agrarverbänden der Partnerstaaten im Rahmen des „Ausschusses der berufsständischen landwirtschaftlichen Organisationen“ (Comité des organisations professionnelles agricoles, COPA). Heereman war zu der Auffassung gekommen, „dass die Zukunft der Landwirtschaft in der Rettung durch Europa lag.“[45]

[42] Kiran Klaus Patel, Europäisierung wider Willen, S. 475-485.

[43] Melanie Kröger, Die Modernisierung der Landwirtschaft, S. 106-112. – Ulrich Kluge, Agrarwirtschaft und ländliche Gesellschaft, S. 42.

[44] Kiran Klaus Patel, Europäisierung wider Willen, S. 486f.

[45] Kiran Klaus Patel, Deutscher Bauernverband, S. 175f, Zitat: S. 176.

Über diese Vernetzung mit den Landwirtschaftsverbänden der übrigen Mitgliedsstaaten der EWG hinaus suchte die Verbandsspitze verstärkt das Bündnis mit Unternehmen und Verbänden der Agroindustrie und der genossenschaftlich organisierten Großabnehmer der landwirtschaftlichen Erzeugnisse. So saß Heereman im Aufsichtsrat der Bayer-AG – einem der weltweit größten Pestizid- und Düngerproduzenten. Auch bei den Raiffeisen- und Molkereigenossenschaften übten Vertreter des Bauernverbands wichtige Funktionen aus. Dies führte dazu, dass die Führung des DBV zunehmend auch im Interesse dieser Großgenossenschaften handelte.[46]

De facto ordnete der Bauernverband somit die Interessen des Großteils seiner Mitglieder – der bäuerlichen Betriebe – den Interessen der Agrar- und Ernährungsindustrie sowie des genossenschaftlichen Landhandels unter. Sein Argument: Man verschaffe sich mit diesen Partnern eine stärkere Position gegenüber den großen Einzelhandelskonzernen. Entsprechend stark vertreten war der Verband in leitenden Positionen des Agrosektors. Den landwirtschaftlichen Betrieben blieb nur noch das „Wachsen oder Weichen" – bis auch diese Strategie in den 1980er-Jahren an Grenzen stieß. Zunehmend wuchsen nur noch die großen Betriebe. Und vermehrt wuchsen die Umweltbelastungen, die durch die Industrialisierung der Landwirtschaft hervorgerufen wurden. Die negativen Folgen der Agrarindustrialisierungspolitik, die der DBV verfolgte, wurden in den 1970er- und 1980er-Jahren immer deutlicher. Neue Bewegungen innerhalb und außerhalb der Landwirtschaft entstanden, die sich gegen diese Politik richteten. Der Anspruch des DBV, die westdeutschen Landwirte als Gesamtverband zu vertreten, wurde zunehmend infrage gestellt.[47]

Nach der deutschen Vereinigung wurde die Lage auch für den Deutschen Bauernverband kompliziert. Heereman arbeitete früh mit dem Bauernverband der alten DDR zusammen, der „Vereinigung der gegenseitigen Bauernhilfe". Dabei nahm er in Kauf, dass die Vertreter der ostdeutschen Agrarindustrie – häufig hoch qualifizierte frühere SED-Kader – nicht nur in Ostdeutschland großen Einfluss auf die Verbandsarbeit erhielten, sondern auch die Politik des Gesamtverbands maß-

[46] Eckehard Niemann, Interessengeflecht des Agrobusiness, S. 189-191.
[47] Ebenda, S. 191f.

geblich beeinflussten. Damit musste sich auch Heeremans Nachfolger Gerhard Sonnleitner abfinden, der seit 1997 als Verbandschef amtierte.[48]

Schwer erschüttert wurde die Position des Deutschen Bauernverbands durch die „BSE"-Krise. Zunächst hatten Bundesagrarminister Karl-Heinz Funke (SPD) und DBV-Vizepräsident Wilhelm Niemeyer das Problem heruntergespielt. Die Tatsache, dass Niemeyer zugleich im Aufsichtsrat der Nordfleisch AG und einiger Futtermittelgenossenschaften saß, schadete dem Ansehen des DBV erheblich.[49] Dennoch festigte sich das Lobbynetz des Agrarsektors unter der Präsidentschaft Gerhard Sonnleitners weiter, der den Deutschen Bauernverband von 1997 bis 2012 führte. Über den „Zentralausschuss der deutschen Landwirtschaft" ist der DBV mit dem Raiffeisenverband verbunden, der ohnehin bereits assoziiertes Mitglied des Bauernverbands ist, aber auch mit dem „Verband der Landwirtschaftskammern" und der „Deutschen Landwirtschaftsgesellschaft" (DLG). Die DLG vertritt unter anderem zahlreiche industriell arbeitende landwirtschaftliche Betriebe. Eng sind auch die personellen Verflechtungen des DBV mit dem „Deutschen Jagdverband", dem „Landwirtschaftlichen Arbeitgeberverband" und den Verbänden der Waldbesitzer.[50]

Aber auch mit anderen Zweigen des Agrarsektors ging der DBV unter Gerhard Sonnleitners Führung Bündnisse ein. So setzte er im Kampf gegen das Preisdumping der Lebensmitteleinzelhandelskonzerne auf das Bündnis der Landwirtschaft mit den vor- und nachgelagerten Industrien. Dabei waren große Unternehmen die mächtigsten Verbündeten. In diesem Sinne befürwortete Wilhelm Niemeyer, Vizepräsident des Bauernverbands und Aufsichtsratsvorsitzender von „Nordfleisch", die Fusion von „Nordfleisch" mit „Westfleisch". Gegen das Monopol bei der Fleischverarbeitung, das durch diese Verbindung drohte, richteten sich Proteste von Schweinezüchtern.[51] Auch in seinem erfolglosen Kampf gegen das Verbot der Käfighaltung und der industriellen

[48] Ebenda, S. 193.

[49] Ebenda, S. 195f. – Zu Niemeyer vgl. Guido Nischwitz et al., Lobbyverflechtungen in der deutschen Landwirtschaft. Beratungswesen, Kammern, Agrobusiness, Bonn o. J. (ca. 2001), S. 64, 66, 82f.

[50] Eckehard Niemann, Interessengeflecht des Agrobusiness, S. 205.

[51] Ebenda, S. 198.

Mast von Puten stand der Deutsche Bauernverband an der Seite der Agroindustrie.[52]

Diese Beispiele zeigen, dass die Leitung des Deutschen Bauernverbands sich in entscheidenden Fragen für die fortgesetzte Industrialisierung der Landwirtschaft einsetzte und sich intensiv mit Lobbyorganisationen des gesamten Agrarsektors vernetzte – einschließlich der vor- und nachgelagerten Industrie und des Handels – zulasten der Mehrheit der eigenen Verbandsmitglieder und der Umwelt.

7.2.3 Ausbau des Netzwerks und langsame Wende zur konservativen Agrarreform

Der Deutsche Bauernverband baute auch in den folgenden Jahrzehnten sein Lobbynetzwerk, in dem er sich für die Agrarindustrialisierung einsetzte, weiter aus. Welche Indizien gibt es dafür, dass der Deutsche Bauernverband in jüngerer Zeit einen Kurswechsel hin zur Nachhaltigen Entwicklung der Landwirtschaft vollzog?

Seit 2012 führt Joachim Rukwied den Verband. Unter ihm arbeitete die DBV-Spitze weiter eng mit gewerblich-industriellen Teilen des Agrarsektors und dem Agrarhandel zusammen und setzte sich nachdrücklich für die Interessen der Agroindustrie ein. Ein Beispiel für die teilweise mit der Industrie verquickte Lobbyarbeit des DBV ist die Aktion „Schau ins Feld". Diese Aktion wird aktiv vom Bauernverband unterstützt und vom Industrieverband Agrar finanziert. Dabei nutzt der Verband seinen Zugang zu aktiven Landwirten, die aufgefordert werden, an gut sichtbarer Stelle am Feldrand „Schaufenster" anzulegen, in denen keine Pflanzenschutzmaßnahmen stattfinden. Damit soll den Betrachtenden vor Augen geführt werden, wie ein Feld aussehen würde, wenn es nicht mit Pflanzenschutz behandelt werden würde. Diese Kampagne wird in den Fachmedien beworben, es ist aber nicht direkt er-

[52] https://www.tierschutzbund.de/information/hintergrund/landwirtschaft/legehennen/chronologie-kampf-um-das-kaefigverbot/#c27610 (Abfrage vom 11.2. 2022). – Zum Widerstand des DBV vgl. z.B. Daniela Kuhr, Aufregung im Hühnerstall. Neuregelung der Käfighaltung, SZ, 2. März 2012, https://www.sueddeutsche.de/wissen/neuregelung-der-kaefighaltung-aufruhr-im-huehnerstall-1.1298060 (Abfrage vom 11.2.2022).

sichtlich, dass hinter der Aktion die chemische Industrie steht. Da in der unmittelbaren Umgebung dieser künstlich angelegten „Schaufenster“ weiterhin Pestizide angewendet werden, entstehen in den Schaufenstern besonders hohe Schädigungen durch Schadinsekten und Pilzkrankheiten. Dies demonstriert die – scheinbare – Notwendigkeit des Pestizideinsatzes.[53]

Auf die Seite der Industrie stellte sich der DBV auch beim Problem des „Nachbaus“ – der Verwendung eines Teils der Ernte für die nächste Aussaat. Die Saatguthersteller verlangten Gebühren für die Aussaat von geernteten Ackerfrüchten, die aus dem von ihnen verkauften Saatgut hervorgegangen waren. Doch betroffene Landwirtinnen und Landwirte begannen eine Kampagne gegen diese Praxis und klagten sich durch die Instanzen. Dabei ging es um die Weitergabe von Daten, die erforderlich waren für die Kontrolle der Betriebe und die Berechnung der Nachbaugebühren, die diese zu zahlen hatten. Vor dem Europäischen Gerichtshof erreichten sie 2019 einen Teilerfolg: Der EUGH entschied, dass die deutschen Bundesländer der „Saatguts-Treuhandverwaltung“, die die Saatgutherstellerfirmen vertrat, diese Daten über den Anbau von Ackerfrüchten *nicht* überlassen dürfen. Der DBV hatte die Weitergabe dieser Daten befürwortet.[54]

Das Ausmaß der Vernetzung des Deutschen Bauernverbands mit der Lobby des gesamten Agrarsektors zeigt eine Studie, die 2019 von der Universität Bremen publiziert wurde.[55] Der Deutsche Bauernverband vertrat zum untersuchten Zeitpunkt neun Zehntel der rund 270.000 landwirtschaftlichen Betriebe in Deutschland. Dem Gesamtverband gehörten achtzehn Landesbauernverbände an, die wiederum rund 300

[53] Deutscher Raiffeisenverband, Schau ins Feld! – Eine Mitmachaktion des IVA, 18.2.2020, https://www.raiffeisen.de/schau-ins-feld-eine-mitmachaktion-des-iva (Abfrage vom 28.12.2023). – Beobachtungen und Interpretationen von Hans-Jürgen Müller.

[54] Karl Bockholdt, Nachbau: EU-Gerichtshof verbietet Herausgabe staatlicher Anbaudaten, 17.10.2019, https://www.agrarheute.com/pflanze/getreide/nachbau-eu-gerichtshof-verbietet-herausgabe-staatlicher-anbaudaten-560273 (Abfrage vom 11.2.2022). – IG Nachbau, https://www.ig-nachbau.de/chronik/ (Abfrage vom 10.2.2022).

[55] Guido Nischwitz, Patrick Chojnowski, Annika Eller, Verflechtungen und Interessen des Deutschen Bauernverbandes (DBV).

Kreisbauernverbände umfassten.[56] Mitglieder oder assoziierte Mitglieder des DBV waren der Deutsche Raiffeisenverband, die R+V Versicherung, die Land-Data GmbH, der Verband der Landwirtschaftskammern und die Deutsche Landwirtschafts-Gesellschaft.[57]

Viele führende Mitglieder des Deutschen Bauernverbands und seiner Landesverbände waren eng mit Unternehmen des Agrobusiness verknüpft. Manche von ihnen waren regelrechte Multifunktionäre. Das gilt insbesondere für Rukwied selbst, oder auch für Johannes Röring, den Obmann der CDU/CSU-Fraktion im Agrarausschuss des Bundestags.[58] Darüber hinaus hatten Vertreter des Landwirtschaftsverbands bedeutende Funktionen in jenen Industrien, die der Landwirtschaft nachgeordnet sind, aber auch im Bereich landwirtschaftlicher Dienstleistungen oder in der Finanzwirtschaft. Sie waren folglich an hohen Umsätzen und Erträgen mit Düngemitteln und Pflanzenschutzgiften interessiert sowie an niedrigen Preisen für Agrarprodukte.[59]

Zentrales Ergebnis der Bremer Studie ist, dass die Netzwerke des Deutschen Bauernverbands im Jahre 2019 alle wichtigen Bereiche des Agrobusiness erfassten: die Industrien, die der Landwirtschaft vor- und nachgelagert sind, die Finanzwirtschaft, das Versicherungswesen und den Agrarhandel. Über Plattformen wie das Forum moderne Landwirtschaft (FML) oder die Verbindungsstelle Landwirtschaft-Industrie (VLI) seien die Lobbyorganisationen der verschiedenen Sektoren des Agrobusiness miteinander verflochten. Besonders einflussreich seien die Vertreter der Agrochemie.[60]

Auch auf europäischer Ebene war der DBV gut vernetzt. Über seine Mitgliedschaft im Europäischen Dachverband der Landwirte, dem Ausschuss der berufsständischen landwirtschaftlichen Organisationen (COPA), hinaus war er mit dem europäischen Allgemeinen Verband der landwirtschaftlichen Genossenschaften (COGECA) verbunden,

56 Ebenda, S. 13.

57 Ebenda, S. 14.

58 Diese Funktion hat er auch in der vorausgegangenen Legislaturperiode, https://www.bundestag.de/webarchiv/abgeordnete/biografien19/R/roering_johannes-522980 (Abfrage vom 10.2.2022).

59 Guido Nischwitz, Patrick Chojnowski, Annika Eller, Verflechtungen und Interessen des Deutschen Bauernverbandes (DBV), S. 55.

60 Ebenda, S. 54.

mit dem sich COPA zusammengeschlossen hatte. Gemeinsam wirkten diese Dachverbände auf die europäische Agrarpolitik ein.[61]

Warum aber blieb angesichts des Interessengegensatzes zwischen der großen Mehrheit der Mitglieder und seiner Führung die Position des DBV auch nach der deutschen Vereinigung noch immer sehr stark? Ein Grund für den fortdauernden Einfluss des DBV ist seine beherrschende Stellung im Bereich der Landwirtschaftszeitungen: So gibt er die Zeitungen „top agrar" heraus, das „dlz-magazin", die „DLG-Mitteilungen", den Nachrichtendienst „agra-europe" sowie die regionalen Landwirtschaftszeitungen.[62] Entscheidend aber für seine Durchschlagskraft war und ist bis heute seine enge Verknüpfung mit Politik und Verwaltung auf EU-, Bundes- und Länderebene. So nahm er weiterhin Einfluss auf die Vorbereitung der Gesetzesvorlagen der Landwirtschaftsministerien des Bundes und der Länder. Umgekehrt waren Politik und Verwaltung nach wie vor auf die Expertise des Verbands angewiesen. Hohe Funktionsträger in Ministerien und Verwaltung kamen häufig aus den Reihen des Bauernverbands.[63]

Vertreter des DBV wirkten in Agrarverwaltungen und Fachministerien, wo sie hohe und höchste Positionen bekleideten. Bis 2001 gehörten die Bundeslandwirtschaftsminister zumeist dem DBV an. Durch außerparlamentarische Proteste, bei denen auch landwirtschaftliche Produkte vernichtet oder Grenzen blockiert wurden, erhöhte der Verband bei Bedarf den Druck auf die Agrarpolitik. Wo es nicht den gegenläufigen Interessen der vor- und nachgelagerten Industrie- und Handelsunternehmen widersprach, blieb sein Kernziel, die Agrarpreise so hoch wie möglich zu halten. Dies bewirkte einen Ausgleich zwischen der klein- und mittelbäuerlichen Mehrheit des Verbandes einerseits und der Großlandwirtschaft andererseits, die dem DBV die Richtung wies. Bei der zu großen Teilen erfolgreichen Abwehr der „Agrarwende" hin zu einer ökologischeren Landwirtschaft, die die Regierung Schröder-Fischer seit 2001 angestrebt hatte, erwies sich die enorme Schlagkraft des Deutschen Bauernverbands.[64]

[61] Ebenda, S. 14.
[62] Eckehard Niemann, Interessengeflecht des Agrobusiness, S. 199.
[63] Ebenda, S. 203.
[64] Gunter Mahlerwein, Agrargeschichte, Bd. 3: Moderne, S. 177f.

Zugleich blieb er intern stabil. Obwohl viele Mitglieder des DBV mit der Arbeit des Verbands nicht zufrieden waren, blieben sie ihm dennoch treu. Wie ist das zu erklären? Bauernfeindliche Positionen in Politik und Medien sowie von Vertretern der Konsumentinnen und Konsumenten oder des Natur- und des Tierschutzes trugen dazu bei, dass sich Landwirte um ihren schlagkräftigen Verband scharten.[65] Vor allem aber war der Bauernverband die Stimme der Landwirtschaft im Kampf gegen Gesetzesvorhaben, die zulasten der Landwirte gingen – so die Gesetze zu Naturschutz, Wasserhaushalt, Immissionsschutz und Waldschäden. Er gestaltete die Förderung des integrierten Pflanzenschutzes mit und eröffnete der Landwirtschaft neue Fördermöglichkeiten für nachwachsende Rohstoffe. Und er brachte Themen an die Öffentlichkeit, die Landwirtinnen und Landwirte bedrückten: ihre große Arbeitsbelastung, ihre Benachteiligung im europäischen Wettbewerb durch Landschafts-, Umwelt-, Tier- und Verbraucherschutzmaßnahmen. Darüber hinaus halfen die lokalen Vertreter und Geschäftsstellen des Bauernverbands den Mitgliedern nach wie vor durch Rechts- und Sozialberatung und beim Umgang mit Verwaltungen. Die Anträge an die Pensionskassen der Landwirtschaft oder von Fördergeldern wurden zu großen Teilen über den Bauernverband abgewickelt. Das führte dazu, dass viele Mitglieder auch nach der Betriebsaufgabe oder dem Übergang in den Nebenerwerb dem Verband treu blieben, um die Dienstleistungen, vor allem die Beratung durch die Kreisbauernverbände, weiter zu nutzen. Vertreter des Bauernverbands saßen auch in den Leitungen der Landwirtschaftskammern sowie in Kommissionen, die über Verkauf und Verpachtung von Land entschieden oder über die Vergabe von Zuschüssen.[66] Der DBV machte sich somit auch für die Masse seiner Mitglieder nützlich, obwohl er ihre Interessen, wie oben gezeigt, in wesentlichen Belangen *nicht* vertrat.

Die eben erwähnte Bremer Studie über das Netzwerk des Deutschen Bauernverbands zeigt, dass die Vernetzung des DBV mit den verschiedenen Ebenen von Politik und Agrarverwaltungen nach wie vor stabil ist.[67] Parlamentsabgeordnete, die dem Deutschen Bauernverband

[65] Eckehard Niemann, Interessengeflecht des Agrobusiness, S. 200.

[66] Ebenda, S. 201f.

[67] Guido Nischwitz, Patrick Chojnowski, Annika Eller, Verflechtungen und Interessen des Deutschen Bauernverbandes (DBV), S. 54.

eng verbunden waren, beeinflussen stetig die deutsche Agrarpolitik. Sie gehören überwiegend der CDU und der CSU an, vereinzelt auch der SPD, sowie – auf europäischer Ebene – der Europäischen Volkspartei. Sie pflegen die Verbindungen der Landwirtschaftsausschüsse der Parlamente mit den Fachbehörden und der Landwirtschaft.[68]

Was also spricht dafür, dass der Deutsche Bauernverband trotz all dieser Positionierungen pro industrielle Landwirtschaft zu den konservativen Agrarreformern zu zählen ist? Es gibt wenige Argumente, aber sie zählen: Zum einen vertritt der DBV die Integrierte Landwirtschaft, die auf eine Ökologisierung abzielt – auch wenn diese nicht hinreichend wirksam ist. Zum anderen spricht die Mitwirkung des DBV in der Zukunftskommission Landwirtschaft für eine Hinwendung zu einer Ökologisierung der deutschen Landwirtschaft, die weit über die Ziele der Integrierten Landwirtschaft hinausgeht.

Insgesamt hat sich der DBV im Verlauf des letzten Jahrzehnts unter seinem Vorsitzenden Rukwied auf europäischer Ebene und innerhalb des Agrarsektors weiter vernetzt und, trotz aller Widerstände, seine Position als wichtigster Vertreter der deutschen Landwirtinnen und Landwirte erfolgreich verteidigt. Zugleich sind Anzeichen einer beginnenden Neuausrichtung des Verbands hin zu einer nachhaltigeren Landwirtschaft zu erkennen. Doch sind die Verbindungen zur agrochemischen Industrie und anderen Teilen des Agrosektors nach wie vor sehr eng.

7.2.4 Das Forum moderne Landwirtschaft

Eng mit dem Deutschen Bauernverband verbunden ist das „Forum moderne Landwirtschaft“. Welche Indizien sprechen dafür, dass auch diese Organisation für eine konservative Agrarreform eintritt?

Das „Forum“ ging aus der Fördergemeinschaft Nachhaltige Landwirtschaft (FNL) hervor, die wiederum im Jahre 2000 die Fördergemeinschaft Integrierter Pflanzenbau (FIP) abgelöst hatte. Zu dieser Organisation gehörten der Bauernverband, die Landwirtschaftskam-

[68] Zur Rolle des Bundeslandwirtschaftsministers Christian Schmidt bei der Zulassung von Glyphosat für weitere fünf Jahre in der EU vgl. https://www.zeit.de/politik/deutschland/2017-11/glyphosat-christian-schmidt-csu-spd-angela-merkel?utm_referrer=https%3A%2F%2Fwww.google.com%2F (Abfrage vom 17.12.2020).

mern und die Unternehmen des Chemieindustrie-Verbands „Agrar" (IVA). Diese stellten Pflanzenschutz- und Düngemittel her sowie Pharmazeutika, die bei Tieren verwendet wurden. Mit dabei waren große Hersteller von Futtermitteln, die bedeutendsten Schlachtunternehmen, die Verbände der Geflügel-, Rinder- und Schweinezüchter sowie der Raiffeisenverband. Den Vorsitz führte der damalige DBV-Präsident Sonnleitner. Die „Fördergemeinschaft *nachhaltige* [!] Landwirtschaft" propagierte die Vorzüge des massenhaften Einsatzes von Agrochemie, die „Kleingruppenhaltung" (Käfighaltung) von Hühnern sowie Spaltenböden in den Rinder- und Schweineställen.[69] Die Verwendung des Wortes „nachhaltig" in ihrem Namen ist somit ein Beispiel für „Greenwashing".[70]

2014 nannte sich die „Fördergemeinschaft" in „Forum moderne Landwirtschaft" um. Den Vorsitz führte Joachim Rukwied.[71] Darüber, was diese Organisation unter „nachhaltiger Landwirtschaft" versteht, gibt die Ausgabe des Fachmagazins „Stadt. Land. Wissen" vom Januar 2023 Auskunft, das die Geschäftsführung des „Forums" herausbringt.[72] Es schildert in Form eines Comics die Entwicklung der Landwirtschaft seit dem Hochmittelalter und stellt zu Recht die erheblichen Produktivitätssteigerungen heraus, die der industriellen Form der Landwirtschaft zu verdanken sind. So erhöhten sich die Erträge bei Weizen zwischen 1950 und 2021 von 2.580 kg auf 7.610 kg pro Hektar. 2021 ernährte ein Landwirt 139 Menschen. 1960 waren es noch 17. Erweiterte Fruchtfolgen und Zwischenfrüchte verbesserten die Bodenqualität und verringerten die notwendigen Mengen von Düngemitteln, die überdies mithilfe emissionsmindernder Techniken, insbesondere der Präzisionslandwirtschaft, ausgebracht werden. Zunehmend setzen die Betriebe Roboter und Drohnen ein, die digital, häufig über Satelliten, gesteuert werden. Erfolgreiche Neuzüchtungen machen Kulturpflan-

[69] Eckehard Niemann, Interessengeflecht des Agrobusiness, S. 197f.

[70] Vgl. u.v.a. Lucia Gatti, Marta Pizzetti, Peter Seele, Green lies and their effect on intention to invest, in: Journal of Business Research, Vol. 127, April 2021, S. 228-240, https://www.sciencedirect.com/science/article/abs/pii/S0148296321000333 (Abfrage vom 11.2.2022).

[71] Forum moderne Landwirtschaft, Wir zeigen moderne Landwirtschaft, wie sie ist, https://www.moderne-landwirtschaft.de/ueber-uns/ (Abfrage vom 10.2.2022).

[72] Forum moderne Landwirtschaft, Magazin: Stadt. Land. Wissen, https://www.moderne-landwirtschaft.de/magazin/# (Abfrage vom 13.9.2023).

zen wie beispielsweise die Kartoffel widerstandsfähiger gegen Krankheiten, was die Erträge erhöht und den Einsatz von Pestiziden mindert. In diese kurze Erfolgsgeschichte der industriellen Landwirtschaft eingebettet, liest man eine These, die wir bereits widerlegt haben: „Ohne den Einsatz von Mineraldünger könnten nur 50 Prozent aller Menschen ernährt werden." Und wie soll der „Green Deal" der Europäischen Union gelingen, dem zufolge bis 2030 der Einsatz von Pestiziden halbiert, ein Fünftel weniger Dünger verwendet und der Anteil des ökologischen Landbaus auf 30 Prozent gesteigert werden soll? Die Antwort des „Forums": Kameragesteuerte Satellitensysteme bestimmen den Bedarf der Pflanzen an Wasser und Düngemitteln. Sie erkennen Schädlingsbefall, Trockenstress und Krankheiten. Neue Züchtungsmethoden, insbesondere CRISPR/Cas, sollen helfen, die Abwehrkraft von Kulturpflanzen zu schützen und dafür sorgen, dass weniger Pestizide und Düngemittel benötigt werden. Kritiker dieser relativ neuen Methode bezweifeln jedoch, dass das Wirklichkeit werden kann. Verlautbarungen potenzieller Hersteller von gentechnisch verändertem Saatgut lassen vermuten, dass es ihnen wesentlich um die Entwicklung neuer herbizidtoleranter Pflanzen geht,[73] und diese haben in der Vergangenheit immer zu einer Erhöhung des Pestizideinsatzes geführt.[74] Demgegenüber ist die mechanische Beikrautregulierung durch Feld- und Hackroboter bereits in der Praxis angekommen. Diese Geräte sind im Vergleich zu herkömmlichen Traktoren eher klein. Sie mindern zudem die Bodenverdichtung und brauchen weniger Energie als die großen Maschinen.[75] Damit liegt das „Forum" auf der Linie einer weiterentwickelten Integrierten Landwirtschaft, die auf technische Lösungen setzt, insbesondere auf die Digitalisierung und die „Neue

[73] So Mathias Berninger von der BAYER AG im Interview mit top agrar, vgl. Christina Selhorst, Landwirtschaft im Dialog. Bayer: Nachhaltige Intensivierung im Fokus, top agrar online, 13.9.2020, https://www.topagrar.com/acker/news/bayer-nachhaltige-intensivierung-im-fokus-12346533.html (Abfrage vom 29.11.2023).

[74] Global 2000, Der Gentechnik-Pestizid-Teufelskreis. Die Belege sind eindeutig: Gentechnik-Pflanzen werden Einsatz von Pestiziden nicht verringern, Briefing Mai 2022, https://www.global2000.at/sites/global/files/Report_Gentechnik-Pestizide-Teufelskreis_DE.pdf (Abfrage vom 29.11.2023).

[75] Forum moderne Landwirtschaft, Green Deal. Die Wende zu mehr Nachhaltigkeit, in: Stadt. Land. Wissen, Ausgabe 1/2023, S. 4f, https://www.moderne-landwirtschaft.de/magazin/# (Abfrage vom 13.9.2023).

Gentechnik“, und bezieht ähnliche konservativ-reformerische Positionen wie die „bürgerlichen“ Parteien.

Als Vizepräsidenten des „Forums“ amtieren Karin Guendel Gonzales von Bayer CropScience, Michael Wagner von BASF und Stefan Streng vom Bundesverband Deutscher Pflanzenzüchter.[76] Letzterer kann als Repräsentant einer Integrierten Landwirtschaft gelten: Stefan Streng ist promovierter Agrarwissenschaftler und führt einen landwirtschaftlichen Betrieb, der im Zuckerrübenanbau engagiert ist. Er ist nicht nur in den Führungen des „Forums moderne Landwirtschaft“ und des Bundesverbands deutscher Pflanzenzüchter tätig, sondern leitet auch den Verband Süddeutscher Zuckerrübenanbauer.[77] Die Zusammensetzung der Führungsspitze des „Forums“ zeigt, dass die Vertreter des agroindustriellen Sektors erheblichen Einfluss ausüben.[78]

Dennoch verweisen die Positionen, die das „Forum“ in den agrarpolitischen Debatten der jüngeren Vergangenheit bezogen hat, darauf, dass es wie der Bauernverband zumindest in Teilen auf einen konservativen Reformkurs eingeschwenkt ist.

7.2.5 Zwischenfazit

Der größte Verband der deutschen Landwirtschaft legte seit seiner Gründung einen weiten Weg zurück: Sein großes Verdienst im ersten Jahrzehnt der Bonner Republik war die Integration seiner Mitgliedschaft in die neue demokratische Ordnung Westdeutschlands. Zugleich setzte er zunächst auf die Förderung der Landwirtschaft durch die Bundesregierung. Dies änderte sich bereits in den frühen 1960er-Jahren und führte zu einer Neuausrichtung auf die Gemeinsame Agrarpolitik der europäischen Partnerstaaten. Zugleich entwickelte sich der Verband zu einer wichtigen Netzwerk- und Lobbyorganisation des

[76] Deutscher Bundestag, Lobbyregister, Forum moderne Landwirtschaft e. V., https://www.lobbyregister.bundestag.de/suche/R002541 (Abfrage vom 3.2.2025).

[77] cropenergies, Dr. Stefan Streng. Lebenslauf und Tätigkeitsübersicht, https://www.cropenergies.com/fileadmin/Resources/CropEnergies/Files/Hauptversammlungen/2022/Lebenslauf_Streng_Stand_Mai_2022.pdf (Abfrage vom 3.2.2025).

[78] Forum moderne Landwirtschaft, CO2-Ausstoß in der Landwirtschaft. Das Klima geht uns alle an, https://blog.moderne-landwirtschaft.de/das-klima-geht-uns-alle-an-co2-aussto%C3%9F-landwirtschaft.

gesamten deutschen Agrarsektors mit besten Beziehungen zur supra-staatlichen Ebene. Bis zum Beginn der Ära Rukwied förderte der Verband den Ausbau der industriellen Landwirtschaft – gegen die Interessen der überwiegenden Mehrheit seiner Mitglieder, die dennoch an ihm festhielt. Erst seit den frühen 2010er-Jahren ist eine moderate Korrektur der Ausrichtung des Verbands zu erkennen – hin zu einem konservativen Reformkurs, der darauf setzte, die neuen Anforderungen insbesondere der Umweltpolitik mit neuen technischen Lösungen zu bewältigen.

7.3 Konkurrierende Landwirtschaftsverbände

Der Deutsche Bauernverband ist zwar die größte und einflussreichste Vertretung der deutschen Landwirtinnen und Landwirte, doch gibt es in diesem Bereich einige weitere wichtige Landwirtschaftsverbände und Lobbyorganisationen, die wir zu jenen Akteuren der Transformation zählen, die für konservative Reformen eintreten. Auch bei dieser Gruppe ist die Haltung zu neuen Technologien das wichtigste Abgrenzungskriterium gegenüber den Befürworterinnen einer grundlegenden Transformation. Wir beginnen mit einigen Konkurrenten des DBV und blicken dabei auch etwas weiter zurück in die Anfänge der Bundesrepublik Deutschland. Danach behandeln wir zwei Fachverbände und schließlich eine relativ junge Organisation, die sich für die Lösung besonders dringlicher Probleme der Landwirtschaft einsetzt.

7.3.1 Die wachsende Konkurrenz unter den Landwirtschaftsverbänden

Bis zur deutschen Vereinigung behauptete der DBV relativ unangefochten seine starke Position als wichtigste Vertretung der deutschen Landwirtschaft. Wir fragen zunächst nach frühen Versuchen, weitere Landwirtschaftsverbände zu etablieren.

Bereits 1956 gründete der SPD-Politiker Reinhold Martin Schmidt-Gellersen die Vereinigung „Deutsche Bauernschaft – Gesamtverband landwirtschaftlicher Familienbetriebe“. Die „Deutsche Bauernschaft“

verstand sich als Vertretung kleinbäuerlicher Interessen.[79] Doch sie hielt sich nicht lange. Das gilt auch für verschiedene oppositionelle Verbände der Landjugend in den 1970er-Jahren. Die „Notgemeinschaft Deutscher Bauern" wurde Ende der 1960er-Jahre gegründet und wandte sich gegen die Agrarpolitik der Europäischen Wirtschaftsgemeinschaft. Über ihren Mitgründer Thies Christophersen stand sie der rechtsradikalen NPD nahe. 1971 nannte sich der Verband in „Bürger- und Bauerninitiative" um. Christophersen führte bis zur Auflösung des Verbands 1990 den Vorsitz.[80] Bestand hatte dagegen die Arbeitsgemeinschaft bäuerliche Landwirtschaft (AbL), die wir im nächsten Kapitel als Akteur der Großen Transformation vorstellen werden. Doch wirklich gefährden konnte auch die AbL die Dominanz des Deutschen Bauernverbands als Interessenvertretung der deutschen Landwirte nicht.

Als Folge der versuchten „Agrarwende" der Bundesregierung Schröder-Fischer gewannen neben dem DBV auch andere Bauernverbände größeren Einfluss auf Politik und Öffentlichkeit: so etwa die AbL, Tier-, Umwelt- und Verbraucherorganisationen, Ökoanbauverbände, die „Interessengemeinschaft der Schweinehalter Nordwestdeutschlands", der Deutsche Bauernbund, der in Ostdeutschland die Interessen privater landwirtschaftlicher Betriebe vertrat, oder der „Verband der Nebenerwerbslandwirte". Der „Deutsche Landfrauenverband" arbeitete zwar weiter eng mit dem Deutschen Bauernverband zusammen, vertrat aber immer häufiger Positionen, die von jenen der DBV-Führung abwichen. 1998 wurde der Bundesverband Deutscher Milchviehhalter (BDM) gegründet, der sich in spektakulären Aktionen für die Interessen jener Landwirte einsetzte, die vor allem Milch produzierten.[81] Wir stellen diesen Verband im übernächsten Abschnitt vor.

Der verstärkte Einfluss der konkurrierenden Verbände zeigte sich daran, dass nun auch sie – und nicht nur der Deutsche Bauernverband –

[79] Deutsche digitale Bibliothek, Gründung der Deutschen Bauernschaft am 15 Mai 1956, https://www.deutsche-digitale-bibliothek.de/item/UJS3Q2XKLDGJOMVOLHRSBWHUKMYCYRSE (Abfrage vom 14.2.2022).

[80] Jens Mecklenburg (Hg.), Handbuch Deutscher Rechtsextremismus, S. 449f, https://www.apabiz.de/archiv/material/Profile/Christophersen,%20Thies.htm (Abfrage vom 24.6.2022).

[81] Der Bundesverband deutscher Milchviehhalter, https://www.bdm-verband.de/ueber-uns/der-bundesverband/ (Abfrage vom 7.2.2022). – Eckehard Niemann, Interessengeflecht des Agrobusiness, S. 196, 206-208.

zu Beratungen im Vorfeld der Gesetzgebung eingeladen wurden. Dadurch konnten sie ebenfalls Lobby-Arbeit für ihre Ziele leisten.[82] Doch nach wie vor wirkte der Deutsche Bauernverband in alle Ebenen des Staates hinein: über die Landwirtschaftskammern, die „Deutsche Landwirtschaftsgesellschaft“ oder den „Zentralausschuss der Deutschen Landwirtschaft“. Auf diese Weise behauptete er seine Position als maßgeblicher Vertreter der deutschen Landwirtschaft. Diese Machtposition nutzte der Bauernverband, um die konkurrierenden Verbände möglichst lange auszugrenzen. In Hessen wehrte sich der Hessische Bauernverband sehr lange erfolgreich dagegen, dass den Ökoanbauverbänden und der AbL Sitz und Stimme in den Gebietsagrarausschüssen, im Landesagrarausschuss und im Kuratorium für das landwirtschaftliche und gartenbauliche Beratungswesen zugestanden wurde. Dies änderte sich erst, als Priska Hinz (Grüne) im Rahmen der schwarz-grünen Koalition die Verantwortung für das zuständige Ministerium übernahm.[83]

Trotz aller Widerstände und neu aufkommender Konkurrenz blieben somit die großen Agrarverbände im deutschsprachigen Mitteleuropa im Bündnis mit den konservativen Parteien maßgebliche Mitgestalter einer konservativen Reform der industriellen Landwirtschaft.

7.3.2 Der Bundesverband Deutscher Pflanzenzüchter

Da die Zucht von Saatgut ein bedeutender Aspekt der Landwirtschaft ist, nimmt der Bundesverband Deutscher Pflanzenzüchter (BDP) unter den Landwirtschaftsverbänden einen ganz besonderen Platz ein. In Deutschland haben sich die meisten Unternehmen, die Saatgut züchten und vermehren, in dieser Organisation zusammengeschlossen. Welche Rolle spielt der BDP in der Akteurskoalition der Großen Transformation? Wir stellen im Folgenden kurz die Geschichte des Verbands und seiner Vorgänger vor und skizzieren im nächsten Schritt seine aktuellen Positionen.

Die Vorläuferorganisation des Bundesverbands deutscher Pflanzenzüchter wurde 1945 in der britischen Besatzungszone als Verband der Pflanzenzüchter (VdP) gegründet. Bis 1965 traten ihm die beiden süd-

82 Ebenda, S. 206.
83 Erfahrungsbericht Hans-Jürgen Müller.

deutschen Pflanzenzüchterverbände bei. Seit 1970 führt er seinen heutigen Namen. 2020 hatte er etwa 130 Mitglieder, die zu diesem Zeitpunkt 115 Pflanzenarten züchteten und mit den mehr als 3.500 Sorten handelten, die in Deutschland zugelassen waren. 57 dieser Unternehmen hatten eigene Zuchtprogramme. Viele Mitgliedsunternehmen des Verbands existieren schon sehr lange. Die meisten sind klein und beschäftigen bis zu 50 Mitarbeiterinnen und Mitarbeiter. Viele sind von mittlerer Größe. Einige sind große Akteure der Saatgutindustrie und gehören zu internationalen Agrochemiekonzernen. So sind die Bayer CropScience AG, die BayWa AG, die Dow AgroSciences GmbH, die Nordic Seed Germany GmbH oder die Syngenta Seeds GmbH Mitglieder des Verbands. Unternehmen, die für den ökologischen Landbau züchten, haben 2022 einen eigenen Verband gegründet.[84]

Seit 2013 steht Stephanie Franck an der Spitze der Organisation. Sie arbeitete in der Zukunftskommission Landwirtschaft mit. Im September 2023 betonte sie in einem Interview mit Norbert Franz, dass sie gute Beziehungen zu den ökologisch arbeitenden Kollegen pflege. Ihr Verband verstehe sich nicht als Lobbyorganisation, sondern als Fachverband einer Branche, die für Land- und Gartenbau von existenzieller Bedeutung sei. Sie verwies darauf, dass Land- und Gartenbau permanent auf neue Züchtungen angewiesen seien. Eine Gefährdung der kleinen und mittleren Unternehmen der Pflanzenzüchterbranche durch die Großunternehmen sah sie eher nicht. Der Zulassung von Methoden der „Neuen Gentechnik“ steht sie aufgeschlossen gegenüber. So hat sich ihr Verband bereits 2014 dafür ausgesprochen, „grüne Gentechnik“ dann einzusetzen, wenn die klassischen Züchtungsmethoden an ihre Grenzen stoßen. Sie selbst hat den jüngsten Vorschlag der EU-Kommission zur Deregulierung der „Neuen Gentechnik“ in einem Interview mit der Fachzeitschrift „topagrar“ ausdrücklich befürwortet.[85] Weiter erkennt der BDP „das öffentliche Interesse an Transparenz und an der Trennung bestimmter Produktionsweisen an und unterstützt die Information über Verwendung dieser Methoden im Sor-

[84] Bundesverband Deutscher Pflanzenzüchter (BDP), 75 Jahre Lebensbasis Pflanze, S. 28f, 172-178.

[85] Stephanie Franck, Züchtung: Ruck nach vorn, Interview in: top agrar 8/2023, S. 76f, https://www.bdp-online.de/de/Presse/Archiv/2023/Zuechtung__Ruck_nach_vorn/Interview_topagrar_8-23_1.pdf (Abfrage vom 3.2.2025).

tenregister." Darüber hinaus forderte der Verband einen „kohärenten Rechtsrahmen" für die Pflanzenzüchtung sowie Nachbesserungen beim EU-Saatgutrecht. Der Geschäftsführer des BDP, Carl-Stephan Schäfer, betonte, dass die Harmonisierung der Vorgaben wünschenswert sei, diese aber nicht zulasten der Qualität des Saatguts erfolgen dürfe. Darüber hinaus plädierte er für eine Einschränkung der Patentierbarkeit von Saatgut und eine Präzisierung der gesetzlichen Bestimmungen zum Nachbau, die dafür sorgen müssten, dass die Bezahlung der Nachbaugebühren flächendeckend sichergestellt sei.[86]

Insgesamt vertritt der Bundesverband Deutscher Pflanzenzüchter Positionen, die für den konservativen Reformflügel der Akteurskoalition in der agrarpolitischen Debatte der 2010er- und 2020er-Jahre charakteristisch sind.

7.3.3 Der Bundesverband Deutscher Milchviehhalter (BDM)

Auch der Bundesverband Deutscher Milchviehhalter ist ein landwirtschaftlicher Spezialverband. Welche Ziele verfolgt er? Wie ist sein Verhältnis zum Deutschen Bauernverband?

Er wurde Anfang 1998 gegründet und schloss sich 2005 mit einem norddeutschen Verband zusammen, der 2004 gegründet worden war. 2023 waren rund 12.500 von 46.600 deutschen Milchviehbetrieben Mitglieder des BDM.[87] Der Verband gibt eine eigene Zeitschrift heraus: BDM-aktuell.[88] Nach eigener Darstellung vertritt er ein Drittel der

[86] Bundesverband deutscher Pflanzenzüchter, Pflanzenzüchtung braucht einen kohärenten Innovationsrahmen, Pressemitteilung, 20.12.2023, https://www.bdp-online.de/de/Presse/Archiv/2023/Pflanzenzuechtung_braucht_einen_kohaerenten_Innovationsrahmen/ (Abfrage vom 3.2.2025).

[87] Deutscher Bundestag, Lobbyregister, https://www.lobbyregister.bundestag.de/suche/R003114 (Abfrage vom 3.2.2025). – Destatis. Statistisches Bundesamt, Agrarstrukturerhebung 2023: Zahl viehhaltender Betriebe zwischen 2020 und 2023 um 4 % gesunken. Pressemitteilung vom 26. März 2023, https://www.destatis.de/DE/Presse/Pressemitteilungen/2024/03/PD24_123_41.html (Abfrage vom 3.2.2025).

[88] Bundesverband Deutscher Milchviehhalter (BDM), Über uns, „BDM aktuell" – Das Sprachrohr der Milchviehhalter, https://www.bdm-verband.de/ueber-uns/verbandszeitschrift-bdm-aktuell/ (Abfrage vom 3.1.2024).

deutschen Milchbetriebe, die etwa 40 Prozent der deutschen Milchproduktion repräsentieren. Die Milcherzeuger gründeten den Verband, „weil wir uns durch den Deutschen Bauernverband nicht vertreten sahen.“[89]

Entscheidendes Motiv für die Neugründung war der Interessenkonflikt mit anderen landwirtschaftlichen Sparten: Die Milcherzeuger setzten auf höhere Preise für ihr Produkt. Die Führung des Bauernverbands versuchte dagegen, die Interessen aller landwirtschaftlichen Sparten zusammenzubringen und unterstützte die Milchproduzenten aus deren Sicht nicht energisch genug. Ziel des BDM war daher eine auch parteipolitisch unabhängige Verbandsarbeit ausschließlich entlang der Interessen der Milchviehhalter. Darüber hinaus strebte der Verband die Unabhängigkeit von staatlichen Transferzahlungen an. Im Verband sollten nur aktive Milchviehhalter mitwirken und mitentscheiden dürfen. Er kritisierte an dem aktuellen Agrarsystem, dass es gelegentlich zu Widersprüchen führe zwischen betriebswirtschaftlichen Entscheidungen und volkswirtschaftlich sinnvollem Handeln. Der BDM „steht für eine gesellschaftsverträgliche, nachhaltige und vielfältige Milchwirtschaft zum Nutzen aller.“ Er betont in diesem Zusammenhang die Wichtigkeit, dass sich die Milchviehbetriebe wirtschaftlich nachhaltig entwickeln können.[90]

Der BDM ist basisdemokratisch organisiert, parteipolitisch unabhängig und vertritt die Interessen aktiver Milchviehhalter. Er ist nicht nur für „konventionell“ arbeitende Betriebe offen, sondern auch für ökologisch ausgerichtete. Mit der europäischen Ebene ist er durch den Dachverband European Milk Board vernetzt, dem 21 Mitgliedsorganisationen aus 16 Staaten angehören. Die zentralen Forderungen des BDM sind: wirtschaftliche Nachhaltigkeit der Milchbetriebe; ihr Einkommen soll künftig grundsätzlich aus dem Verkauf von Milch stammen. Ihre Abhängigkeit von öffentlichen Subventionen soll erheblich reduziert werden, sodass diese Mittel für die „umwelt-, tier- und klima-

[89] Bundesverband deutscher Milchviehhalter (BDM), Über uns, https://www.bdm-verband.de/ueber-uns/der-bundesverband/ (Abfrage vom 3.2.2025), Zitate: ebenda.

[90] Bundesverband Deutscher Milchviehhalter (BDM), Leitlinien des BdM 2018. BdM-Leitlinienpapier. Die Entstehung des BDM – Hintergründe und Kernbotschaften, S. 75-77, Zitat: S. 77, https://www.bdm-verband.de/wp-content/uploads/2020/08/BDM-Leitlinien-2018_neu2020.pdf (Abfrage vom 3.1.2024).

relevanten Ziele“ verwendet werden können. Die soziale Lage der Landwirtinnen und Landwirte, die von Kostendruck und Selbstausbeutung geprägt ist, soll sich so verbessern, dass die Milchviehhalter ihre wichtige Funktion in der ländlichen Gesellschaft auch künftig erfüllen können.[91]

Der BDM fordert einen Mindestpreis von 50 Cent für den Liter Milch. Um Milchmarktpreiskrisen zu vermeiden, verlangt er darüber hinaus ein „effizientes Sicherheitsnetz für den Milchmarkt“, „eine für alle EU-Mitgliedsländer und Marktakteure verbindliche politische Vorgabe zu konkreten Vertragsvereinbarungen über Milcherzeugerpreise, Milchmengen und Vertragsdauer“ sowie „eine wirksame Reduzierung des Marktmachtgefälles zuungunsten der Milcherzeuger“. Und er kritisiert die Ausrichtung der politischen Rahmenbedingungen des Milchmarkts an dem Grundgedanken „Billigmilch zur Eroberung der globalen Märkte“. Die Betriebe sollen sich flächengebunden weiterentwickeln und Nährstoffkreisläufe einhalten. Sie sollen nicht kurzfristigen, sondern langfristigen wirtschaftlichen Erfolg anstreben, auch im Interesse künftiger Generationen. Und sie sollen sich nicht in die vor- und nachgelagerten Teile der Wertschöpfungskette integrieren.[92]

Darüber hinaus ist das Tierwohl ein wichtiges Anliegen des BDM. Für ihn ist die Ausstattung der Betriebe mit geeigneten Ställen und Personal das entscheidende Instrument, in den Betrieben der Milchviehhalter für mehr Tierwohl zu sorgen: „Zwischen Milch- und Fleischpreisen, Kostendruck und Tierwohl besteht ein unmittelbarer Zusammenhang, denn Tierwohl erfordert nicht nur Empathie fürs Tier, sondern auch Know-how, eine ausreichende personelle Ausstattung und Investitionen in Ställe und Personal.“[93]

In den Debatten um die Neue Gentechnik (NGT) grenzt sich der BDM deutlich von der Position des Deutschen Bauernverbands ab, der deren Einsatz begrüßt. Der BDM verweist darauf, dass diese Techno-

[91] Bundesverband deutscher Milchviehhalter (BDM), Über uns, Zitat: ebenda. – Bundesverband deutscher Milchviehhalter (BDM), Startseite, https://www.bdm-verband.de/ (Abfrage vom 3.2.2025).

[92] Bundesverband Deutscher Milchviehhalter (BDM), Leitlinien des BdM 2018, S. 77-82, Zitate: ebenda.

[93] Bundesverband Deutscher Milchviehhalter (BDM), Leitfaden für Tierwohl, März 2021, Zitat: S. 10, https://www.bdm-verband.de/wp-content/uploads/2021/04/Leitfaden-Tierwohlindikatoren-BDM.pdf (Abfrage vom 3.1.2024).

logie zu kaum einschätzbaren Risiken führt, weil die Veränderungen, die durch sie herbeigeführt werden können, weit über die Möglichkeiten von Evolution und bisheriger Züchtung hinausgehen. Darüber hinaus habe der Einsatz dieser Technik zu zahlreichen Veränderungen des Erbguts geführt, die nicht beabsichtigt gewesen waren. Er ist daher gegen eine uneingeschränkte Zulassung mit dieser Methode gezüchteter Pflanzen: „Mit Blick auf die Eingriffstiefe der NGT hält der BDM die Behauptung, es handle sich bei der NGT lediglich um eine Beschleunigung der herkömmlichen Züchtung, für eine bewusste Verharmlosung. Eine Landwirtschaft ohne Gentechnik ist wegen der nicht rückholbaren Auskreuzungen nicht mehr möglich. Durch Patente geraten die Landwirte in Abhängigkeit von den Züchtern. Auf drängende Nachhaltigkeitsprobleme der Landwirtschaft oder Probleme des Naturschutzes ist auch die neue Gentechnik keine Antwort."[94]

Diese Position weicht deutlich von jenen der bisher betrachteten konservativ-reformerischen Akteure der Transformation ab, die sich für den Einsatz der Neuen Gentechnik ausgesprochen haben. Der Bundesverband Deutscher Milchviehhalter teilt die Bedenken der meisten Anhänger einer grundlegenden Großen Transformation, auf die wir im nächsten Kapitel eingehen werden. Ansonsten argumentiert er nah an den Forderungen der FDP für einen Umbau der Agrarpolitik, der zu hinreichend hohen Milchpreisen führen soll, die die Milchviehhalter unabhängiger von staatlichen Subventionen machen.

7.3.4 Land schafft Verbindung Deutschland

Neben dem BDM erregte ein weiterer Landwirtschaftsverband viel Aufmerksamkeit in der Öffentlichkeit: Der Verein „Land schafft Verbindung Deutschland". Wir fragen nach Ausrichtung, Zweck und Zielen dieser Vereinigung.

Im Oktober 2019 gründete Maike Schulz-Broers eine Facebook-Gruppe mit der Bezeichnung „Land schafft Verbindung". Diese Gruppe entwickelte sich rasch zu einer deutschlandweiten Bewegung, die sich

[94] Bundesverband Deutscher Milchviehhalter (BDM), BDM-Position Neue Gentechnik/CRISPR-Cas, 2020, https://www.bdm-verband.de/portfolio/bdm-position-neue-gentechnik-crispr-cas/ (Abfrage vom 3.1.2024).

nach kurzer Zeit in zwei Richtungen spaltete. Die Strömung um Maike Schulz-Broers nannte sich fortan „Land schafft Verbindung – das Original". Sie will „die Anliegen des ländlichen Raums in die Gesellschaft tragen."[95] Am 22. Oktober 2019 organisierte die Gruppe Demonstrationen von Tausenden Landwirtinnen und Landwirten in 18 Orten, bei denen 18.000 Trecker auffuhren. Am 26. November 2019 demonstrierten sie in Berlin vor dem Brandenburger Tor.[96] Ihr Protest richtete sich gegen die Vorhaben der Regierung beim Insektenschutz, gegen das Verbot von Glyphosat, gegen Maßnahmen zum Schutz des Grundwassers vor Nitrat und gegen schärfere Auflagen für die Düngung. Rasch wurde die neue Bewegung zum zweiten wichtigen Gesprächspartner der Agrarpolitik – neben dem Deutschen Bauernverband.[97]

Doch rasch versuchten rechtsradikale Kräfte, diese Bewegung für sich einzuspannen. So kritisierte der Landwirt und Bundestagsabgeordnete Artur Auernhammer (CSU) eine Demonstration am Gedenktag für die Shoah, auf der die schwarz-weiß-rote Landvolkflagge mit Schwert und Pflug gezeigt wurde. Sie steht für rechtsradikale und antisemitische Teile der Bauernbewegung in der Weimarer Republik.[98] Dafür erntete er massive Kritik – über die „Sozialen Medien" bis zu Traktordemonstrationen bei seinen Wahlkampfveranstaltungen.[99]

[95] Patrik Liste, Interview. Maike Schulz-Broers: Das ganze Land im Blick, Wochenblatt für Landwirtschaft und Landleben, Nr. 17, 21.4.2020, Zitat: ebenda, https://app.smarticle.com/html5/f49dc48eb5/N64AuRJi5zZ77/1 (Abfrage vom 3.2.2025).

[96] topagrar, Was ist Land schafft Verbindung? topagrar online, 13.12.2021, https://www.topagrar.com/themen/land-schafft-verbindung-lsv-12624314.html (Abfrage vom 4.1.2024).

[97] Michael Bauchmüller, Landwirtschaft: Wie sich die Protestbewegung der Bauern selbst zerlegt, Süddeutsche Zeitung, 10. Juni 2021, https://www.sueddeutsche.de/wirtschaft/landwirtschaft-bauernproteste-demos-1.5317137 (Abfrage vom 4.1.2024).

[98] Deutschlandfunk Kultur, Landvolk-Fahne bei Bauerndemos. Ein geschichtsvergessenes Symbol. Quinka Stoehr im Gespräch mit Eckhard Roelcke, 5.2.2021, https://www.deutschlandfunkkultur.de/landvolk-fahne-bei-bauerndemos-ein-geschichtsvergessenes-100.html (Abfrage vom 11.11.2024).

[99] Michael Bauchmüller, Landwirtschaft: Wie sich die Protestbewegung der Bauern selbst zerlegt, Süddeutsche Zeitung, 10. Juni 2021, https://www.sueddeutsche.de/wirtschaft/landwirtschaft-bauernproteste-demos-1.5317137 (Abfrage vom 4.1.2024).

2021 wurde für Bayern ein Verband „Landwirtschaft verbindet Bayern“ gegründet, der in den folgenden Jahren auch als „Landwirtschaft verbindet Deutschland“ oder LsV-Deutschland auftrat und eine geordnete Organisation mit Landesverbänden und einem Dachverband aufbaute.[100] In der Debatte um die Abschaffung der Steuerbefreiung auf Dieseltreibstoff, der für landwirtschaftliche Fahrzeuge genutzt wird, bezog „Land schafft Verbindung“ nachdrücklich Stellung. So mobilisierte der Verband zu einer Demonstration, die am 18. Dezember 2023 in Berlin stattfand. Dort sprach auch Bundeslandwirtschaftsminister Cem Özdemir zu den Landwirtinnen und Landwirten. Der LsV-Vorstand Claus Hochrein antwortete dem Minister, „dass er sich ‚wie auf einem türkischen Basar‘ gefühlt habe, als er ihn in den letzten Tagen mit der Presse sprechen gehört habe.“ Dies interpretierte die Tierschutzorganisation PETA als Anspielung auf die Herkunft des Ministers und wertete sie als rassistische Beleidigung. Inhaltlich unterstützte sie die Abschaffung des „Agrardiesels“.[101] Gegen die Aussage Bundesfinanzministers Christian Lindner, bei der Steuerbefreiung für Agrardiesel handle es sich um eine „umweltschädliche Subvention“, argumentierte LsV-Vorstand Claus Hochrein, dies sei die teilweise Rückvergütung von Steuern, die die Landwirte bereits gezahlt hätten.[102] Der Verband forderte, „dass diese Steuerentlastung erhalten bleibt, um eine Ernährungssicherheit in Deutschland zu gewährleisten und die regionale Landwirtschaft sowie die Einkommenssicherheit für die Landwirte zu garantieren.“ Stattdessen forderte er die Einführung eines besonderen Agrardiesels, was auch die Verwaltungen entlasten würde.[103]

[100] Land schafft Verbindung Deutschland, Verein, Vorstand, https://lsvdeutschland.de/vorstand/ (Abfrage vom 3.1.2024).

[101] Peta Deutschland, Bauernfunktionär beleidigt Landwirtschaftsminister Cem Özdemir rassistisch! PETA: „Keine Steuervorteile für Betriebe, die Tiere töten!“ https://www.presseportal.de/pm/12276/5676204 (Abfrage vom 4.1.2024).

[102] Land schafft Verbindung Deutschland, Presseerklärung: Bauernprotest gegen gefährliche Kürzungen im Agrarbereich, 29.12.2023, https://lsvdeutschland.de/2023/12/29/presseerklaerung-bauernprotest-gegen-gefaehrliche-kuerzungen-im-agrarbereich/ (Abfrage vom 3.1.2024).

[103] Land schafft Verbindung Deutschland, Positionspapier zur Agrardieselbeihilfe, https://lsvdeutschland.de/2023/12/27/elementor-2583/ (Abfrage vom 3.1.2024).

Zu Rassismus und anderen Formen der Diskriminierung vertritt der LsV Deutschland folgende Position: „In der Landwirtschaft und im LSV-D ist weder Platz für Rassismus, Sexismus noch für Antisemitismus oder ähnlichen, ein gutes Miteinander ist uns in der Gesellschaft sehr wichtig! Wir wollen andere so behandeln, wie wir selbst behandelt werden wollen.“ Für die Landwirtschaft fordert der Verband, „dass die gesellschaftlichen Wünsche nach mehr Umwelt- und Tierschutz durch die gesamte Gesellschaft finanziell getragen werden“, und dass nicht nur die Landwirtschaft als Verursacher des Insektensterbens benannt wird, sondern auch andere Gründe für dieses Phänomen in die Debatte einfließen. Und schließlich verlangt er, dass auch jene landwirtschaftlichen Flächen, die in Schutzgebieten liegen, ökonomisch erfolgreich bewirtschaftet werden können.[104]

Somit wendet sich „Land schafft Verbindung“ vor allem den jeweils aktuellen Problemen rund um die Landwirtschaft zu. Auf eine grundlegende Beseitigung der Ursachen dieser Probleme zielt die Bewegung nicht. Darüber hinaus ist ihre Diskussionskultur von großer Härte geprägt – nach innen wie nach außen. Inhaltlich tritt sie für die weitere Zulassung von Glyphosat ein. Andererseits hält sie das Tierwohl hoch und bekennt sich zum Arten-, Umwelt- und Klimaschutz, fordert aber zugleich, dass die Kosten dieser gesellschaftlichen Anliegen auch von der Gemeinschaft übernommen werden sollen. Und schließlich fordert sie allgemeinen Respekt für die Landwirtinnen und Landwirte und für die Arbeit, die sie leisten.

7.3.5 Zwischenfazit

Lange hat der Deutsche Bauernverband verhindert, dass eine konkurrierende Organisation an Einfluss gewinnt – bis sich der Bundesverband Deutscher Milchviehhalter und die Arbeitsgemeinschaft bäuerliche Landwirtschaft neben ihm behaupten konnten. Auf Letztere werden wir im nächsten Kapitel näher eingehen. Doch sind nicht alle landwirtschaftlichen Verbände, die wir näher betrachtet haben, Konkurrenten des Deutschen Bauernverbands. Zwei Verbände befassen sich

[104] Land schafft Verbindung Deutschland, Verein, Vorstand, Zitate: ebenda, https://lsvdeutschland.de/vorstand/ (Abfrage vom 3.1.2024).

mit besonderen Bereichen der Landwirtschaft – Saatgut und Milchwirtschaft. Die Milchviehhalter im BDM beziehen eine liberale Position, wenn sie für einen Abbau der Agrarsubventionen plädieren und faire Preise für ihre Produkte fordern. Ein anderer Verband – „Land schafft Verbindung" – versteht sich als Ergänzung der noch immer dominierenden Organisation der deutschen Landwirtinnen und Landwirte bei aktuellen Auseinandersetzungen. Anders als die AbL akzeptieren „Land schafft Verbindung" und der „Bund Deutscher Pflanzenzüchter" die „Neue Gentechnik".

7.4 Fazit des 7. Kapitels

Die christlich-konservativen politischen Parteien, die Liberalen, eine Strömung in der Sozialdemokratie sowie maßgebliche Verbände der deutschen Landwirtschaft bilden zusammen die wesentlichen zivilgesellschaftlichen Kräfte, die in Deutschland für eine konservative Agrarreform eintreten. Gemeinsam ist ihnen, dass sie für Nachhaltige Entwicklung der Landwirtschaft durch technischen Fortschritt eintreten. Vereinzelt befürworten sie den Abbau der Agrarsubventionen – so die Freie demokratische Partei oder der Bundesverband Deutscher Milchviehhalter. Dabei wird allerdings nicht klar, wie auf dem Weltagrarmarkt ein „fairer Wettbewerb" zustande kommen soll oder alternative Förderungen funktionieren könnten. Andere Teile dieser Fraktion der Reformakteure – so die Christlich-Soziale Union – begründen ihre Wertschätzung für die Landwirtinnen und Landwirte und ihre Arbeit mit agrarromantischen oder völkischen Argumenten. Der Deutsche Bauernverband wiederum hat unter der Führung von Joachim Rukwied erste Schritte hin zu einem konservativen Agrarreformer gemacht, der die Nachhaltige Entwicklung der industriellen Landwirtschaft durch eine weiterentwickelte Integrierte Landwirtschaft anstrebt. Die anderen konservativ-agrarreformerischen Verbände der deutschen Landwirtschaft verfolgen sektorale Sonderinteressen oder versuchen, jeweils aktuelle Kampagnen an der Seite des Deutschen Bauernverbands zu verstärken. Insgesamt setzen somit die politischen und gesellschaftlichen Akteure, die eine konservative Reform der industriellen Landwirtschaft befürworten, auf weitere Schritte auf dem Weg hin zu einer intensiveren Technisierung und Industrialisierung der Landwirtschaft. Ihre Bemühungen haben dazu geführt, dass einige Schritte auf dem Weg einer Transformation der deutschen Landwirtschaft hin zur Nachhaltigkeit vollzogen wurden. Gleichzeitig ist offensichtlich, dass diese Fortschritte nicht ausreichen, um eine nachhaltige Landwirtschaft zu schaffen.

8. Kapitel: Akteure einer grundlegenden Transformation

Die zweite Gruppe zivilgesellschaftlicher Akteure, die sich für eine Nachhaltige Entwicklung der deutschen Landwirtschaft einsetzen, tritt nicht für eine Weiterentwicklung und Ökologisierung der industriellen Landwirtschaft ein, sondern für einen grundlegenden Umbau des Landwirtschaftssystems. Sie arbeitet für eine *Große* Transformation der deutschen Landwirtschaft. Die industrielle Landwirtschaft halten diese Akteure für einen Irrweg. Aus ihrer Sicht reichen die Korrekturen, die bislang am industriellen Landwirtschaftssystem vorgenommen wurden, nicht annähernd aus, um die existenziellen Probleme zu lösen, die von ihm verursacht werden. Sie arbeiten für eine Landwirtschaft, die in Kreisläufen funktioniert, die Umwelt nicht belastet, das Klima nicht weiter erwärmt, die Vielfalt der Arten erhält, das Wohl ihrer Nutztiere achtet, die Menschen ernährt und ihre Gesundheit fördert. Wir fragen in diesem letzten Kapitel unseres Buchs nach einigen wichtigen Akteuren der Großen Transformation der deutschen Landwirtschaft. Da wir staatliche und suprastaatliche Akteure bereits in den beiden ersten Kapiteln vorgestellt haben, konzentrieren wir uns hier auf Akteure in Zivilgesellschaft und Wirtschaft. Wir fragen nach ihren Interessen und Methoden und stellen sie anhand einiger Beispiele „in Aktion" vor.

Wir beginnen mit den „Vorbereitern" – jenen gesellschaftlichen Akteuren also, die politische Regelungen direkt oder indirekt mitgestalten: mit politischen Parteien und Teilen der Wissenschaft. Im nächsten Schritt betrachten wir jene Teile der Zivilgesellschaft, die als „Aktivisten" auf politische Entscheiderinnen und Entscheider einwirken: die Bewegungen, Netzwerke, Organisationen und Lobbygruppen einer nachhaltigen Entwicklung der deutschen Landwirtschaft. Im letzten Untersuchungsschritt dieses Kapitels wenden wir uns den Abnehmern landwirtschaftlicher Produkte zu: dem Handel und den Konsumentinnen und Konsumenten nachhaltig erzeugter Lebensmittel. Dabei zeigen wir auch, wie sich verschiedene Akteursgruppen untereinander vernetzen und zusammenwirken.

8.1 Vorbereiter: Parteien und Wissenschaft

Den politischen Entscheidern innerhalb des Staatsapparats stehen zwei gesellschaftliche Formationen sehr nahe, die an der Großen Transformation mitwirken: Teile der politischen Parteien und der Wissenschaft. Wir fragen in diesem Unterkapitel, wie Parteien und Parteigliederungen, wissenschaftliche Institutionen und Einzelpersönlichkeiten zur grundlegenden Umgestaltung der Landwirtschaft beitragen. Wir beginnen unsere Analyse mit transformativen Parteien und Parteiflügeln – der SPD und den Grünen. Danach wenden wir uns der transformativen Wissenschaft zu – den Impulsen, die von öffentlichen Forschungseinrichtungen ausgehen, und dann der Forschung, die im Auftrag des Bundes und der Länder durchgeführt wird. Wir schließen dieses Unterkapitel mit einer Skizze freier transformativer Forschung und wissenschaftsorientierter Forschung, die sich als Teil von politischen Kampagnen versteht.

8.1.1 Transformationsarbeit der SPD

Woran lässt sich festmachen, dass die SPD mehrheitlich programmatisch und in der politischen Praxis für eine Große Transformation der deutschen Landwirtschaft arbeitet? Über das Hamburger Programm hinaus, auf das wir im vorausgegangenen Kapitel hingewiesen haben,[1] lässt sich dies an Positionen der Grundwertekommission der SPD zeigen: Mit Blick auf den Zusammenhang von sozialer Ökologie und Markt stellte sie Anfang der 2020er-Jahre fest, dass der Markt allen anderen wirtschaftlichen Koordinierungsformen überlegen sei. Da an-

[1] Hamburger Programm. Grundsatzprogramm der Sozialdemokratischen Partei Deutschlands. Beschlossen auf dem Hamburger Bundesparteitag der SPD am 28. Oktober 2007, S. 50, https://www.spd.de/fileadmin/Dokumente/Beschluesse/Grundsatzprogramme/hamburger_programm.pdf (Abfrage vom 3.2.2025).

dererseits ein sich selbst überlassener Markt sozial und ökologisch blind sei, brauche er Regeln und einen sanktionsfähigen Staat. Nachhaltigkeit sei angesichts der ökologischen Krise „das einzig verantwortbare Grundprinzip politischen und wirtschaftlichen Handelns.“ Das bedeute, langfristig und von der Zukunft her zu denken, gegen die Dominanz der rein betriebswirtschaftlichen Logik. Die Grundwertekommission will soziale und ökonomische mit ökologischer Verantwortung verbinden. Sie will qualitatives Wachstum und zugleich Verbesserung der Lebensqualität und der individuellen Freiheit. Dies soll gelingen durch „Gestaltung der Technik, wissenschaftlichen Fortschritt und verantwortlichen Umgang mit den begrenzten natürlichen Ressourcen und den unbegrenzten Möglichkeiten menschlicher Kreativität.“[2]

Mitformuliert und ausbuchstabiert wurden diese Grundsätze von den Fachleuten der Partei: Im Sommer 2016 gründeten Parteimitglieder, die über große Kompetenzen in der Agrarpolitik verfügten, das „SPD-Netzwerk Agrar- und Ernährungswirtschaft“. In einem Positionspapier vom 22. Februar 2017 setzte es sich für die Stärkung der Bewirtschaftung von Grünland als Beitrag zum Klimaschutz ein. Es will pflanzenbauliche Praxis an der Notwendigkeit einer nachhaltigen Landbewirtschaftung ausrichten. Insbesondere sollen „chemische Pflanzenschutzmaßnahmen“ minimiert und der Aufbau von Humus gefördert werden. Das SPD-Netzwerk will das Artensterben und die Verluste an Artenvielfalt ebenso beenden wie die Verluste von wertvollen Ackerböden. Es fordert eine nationale Pflanzenbaustrategie, die gegen die aktuellen Schäden vorgeht, die die Landwirtschaft bei Klima, Umwelt und Gewässern anrichtet. Insbesondere will es Dauergrünland und Moore schützen und Letztere auch renaturieren. Es will Produktion und Verwertung pflanzlicher Eiweiße fördern und den Einsatz von Düngemitteln effizienter gestalten, vor allem den von Nitrat und Phosphor. Es fordert eine Überarbeitung des Bodenschutzgesetzes und einen nationalen Aktionsplan zur nachhaltigen Anwendung von „Pflanzenschutzmitteln“ und, wo möglich, deren Ersetzung durch andere Maßnahmen. Weiter fordert es eine Stärkung des ökologischen Landbaus, insbesondere in Ausbildung, Beratung und Forschung. Die Digitalisierung der Landwirtschaft wird nur unterstützt, wenn zugleich die

[2] Grundwertekommission der SPD, Grundwerte, Web-Auftritt, Zitat: ebenda, https://grundwertekommission.spd.de/grundwerte/ (Abfrage vom 24.4.2023).

Unabhängigkeit der landwirtschaftlichen Betriebe gewährleistet ist. Es tritt für die Struktur mittelständischer Pflanzenzuchtunternehmen ein und lehnt Patente auf Pflanzen und Tiere ab. Es will ein bundesweites Verbot grüner Gentechnik und die Prüfung und Zulassung von Pflanzenschutzmitteln nach wissenschaftlichen Kriterien. Und es fordert, dass die europäische Agrarpolitik Maßnahmen für Klimaschutz, Umwelt und Tierwohl stärker fördert. Unterzeichnet haben u.a. der Landwirtschaftsminister von Mecklenburg-Vorpommern und ein ehemaliger Landwirtschaftsminister von Niedersachsen sowie Abgeordnete des Europaparlaments, des Bundestags und verschiedener Landtage.[3]

Diese Positionen vertrat auch die SPD-Fraktion des Deutschen Bundestags. Am 17. November 2020 forderte sie „einen grundlegenden Umbau der Gemeinsamen Europäischen Agrarpolitik mit dem Fokus: öffentliches Geld für öffentliche Gemeinwohlleistungen." Für die landwirtschaftlichen Betriebe sollten Anreize geschaffen werden, mit Fruchtfolgen, ganzjähriger Bodenbedeckung, Ackerrandstreifen, ökologischen Vorrangflächen und einer angepassten Grünlandbewirtschaftung den Schutz von Umwelt, Boden und Klima zu gewährleisten. Eine multifunktionale Landwirtschaft solle gesunde Lebensmittel produzieren und Gemeinwohlleistungen für die Gesellschaft erbringen, die Nutztierhaltung an die verfügbaren Flächen angepasst werden. Es sollten regionale Nährstoffkreisläufe einer umweltschonenden und gesellschaftlich akzeptierten Landwirtschaft entstehen. Dazu gehöre ein nationales Nährstoffmanagement, das die häuslichen Abwässer mit einbezieht. Die Bundesfraktion der SPD trat dafür ein, den Preisdruck zu beenden, den die großen Handelskonzerne ausüben, und auch den Handel dem Ziel der Nachhaltigkeit zu unterwerfen. Sie wandte sich gegen das Prinzip eines maximalen Ertrags und forderte, dass der Boden auf biologischem Wege durch Humus und abwechslungsreiche Fruchtfolgen verbessert werde. Sie empfahl Futter- und Nahrungsmittel aus heimischem Anbau und die Förderung des heimischen Garten-

[3] Maria Noichl, SPD-Netzwerk setzt neue Impulse für eine nachhaltige Landbewirtschaftung, 22.2.2017, https://maria-noichl.eu/news/spd-agrarnetzwerk-setzt-neue-impulse-fuer-eine-nachhaltige-landbewirtschaftung-2/ (Abfrage vom 23.12. 2023). – Positionspapier des SPD-Netzwerks „Agrar- und Ernährungswirtschaft", 22.2.2017, https://maria-noichl.eu/workspace/media/static/2017-02-23-spd-netzwerk-positi-58ad7b2098c2a.pdf (Abfrage vom 23.12.2023).

baus und der regionalen Gemüseerzeugung. Agroforste, ganzjährig bodenbedeckende Wirtschaftsweisen sowie der Erhalt von Dauergrünland und Mooren sollen gegen Dürre, Überschwemmungen und Stürme in der Folge der Klimaerwärmung helfen. Die SPD-Fraktion will die Rahmenbedingungen für die ökologische Land- und Lebensmittelwirtschaft so verbessern, dass das EU-Ziel von 25 Prozent Anteil des ökologischen Landbaus erreicht werden kann.[4]

Sie setzt sich ein für eine angemessene Finanzierung des Umbaus der Nutztierhaltung, der zu einer Verbesserung des Wohles und der Gesundheit der Tiere führen soll. Diese sollen sich öfter außerhalb der Ställe aufhalten. Pro Hektar sollen nicht mehr als zwei Großvieheinheiten gehalten werden. Ein verpflichtendes staatliches Tierwohllabel sollte über diese Verbesserungen Auskunft geben. Um die ökologisch wertvolle Haltung von Schafen und Ziegen zu stärken und die niedrigen Einkommen der Halter dieser Tiere zu erhöhen, forderte sie eine Weidetierprämie. Die Zustände bei den Tiertransporten sollen durch digitale Kontrollen verbessert werden. Eine interdisziplinäre Agrar- und Ernährungsforschung und der verstärkte Austausch zwischen Forschungseinrichtungen, landwirtschaftlichen Betrieben und der Ernährungsbranche sollen zu Problemlösungen führen, die durch den aktuellen Forschungsstand begründet sind. Die SPD-Fraktion forderte, dass sich auch arme Menschen, insbesondere arme Kinder, gesund ernähren können. Sie wandte sich gegen Lebensmittelverschwendung, trat für die Transparenz von Wertschöpfung und Lieferketten ein und forderte den Umbau der Wälder zu klimastabilen Mischwäldern.[5]

Auch auf Landesebene folgte die SPD dieser Linie: Ihr Programm zur Landtagswahl 2023 in Hessen forderte beispielsweise, die Landwirtschaft solle „in ökologisch verträglichen Stoffkreisläufen innerhalb der Grenzen der natürlichen Ressourcen“ arbeiten. Sie solle gesunde und gentechnikfreie Lebensmittel produzieren. Sie solle durch eine nachhaltige Wirtschaftsweise ihren Beitrag zum Klimaschutz leisten. Und sie solle die natürlichen Lebensgrundlagen schützen, im

[4] SPD-Bundestagsfraktion, Die SPD bekennt sich zur Landwirtschaft in Deutschland, Beschluss, 17.11.2020, S. 4-7, Zitat: S. 4, https://www.spd.de/fileadmin/Dokumente/Beschluesse/Matrix_2021/SPD_Beschluss_Agrarpolitik.pdf (Abfrage vom 22.12.2023).

[5] Ebenda, S. 7-11.

Einklang mit dem Wohl der Tiere, dem Naturschutz und der Biodiversität wirtschaften und den Landwirtinnen und Landwirten ein gutes und verlässliches Einkommen verschaffen.[6] Maßgeblich mitformuliert hatte diese Positionen der Landtagsabgeordnete Gernot Grumbach, mit dem Norbert Franz kurz vor den hessischen Landtagswahlen am 3. Oktober 2023 ein Gespräch führen konnte. Grumbach stellte sich aus Altersgründen nicht mehr zur Wahl. Er hat die Große Transformation der Landwirtschaft seit Jahrzehnten auf Landesebene vorbereitet und mitgestaltet – als verantwortlicher Mitarbeiter im hessischen Landwirtschaftsministerium, als stellvertretender Landesvorsitzender der SPD und als umweltpolitischer Sprecher der SPD im hessischen Landtag und zuletzt bei der Formulierung des Zukunftsprogramms der hessischen SPD für die Landtagswahl vom 8. Oktober 2023. In dem Gespräch zeigte sich Grumbach als konsequenter und sachkundiger Befürworter des grundlegenden Umbaus der deutschen Landwirtschaft hin zur Nachhaltigkeit. Motiviert wurde er für dieses Thema bereits durch die Umweltschutzbewegung der 1970er-Jahre, in der er mitgewirkt hat. Die Abgeordneten Kerstin Geis und Alexander Hofmann setzen seine Arbeit im Hessischen Landtag fort.

Auch auf kommunaler Ebene tritt die SPD seit Jahrzehnten für die Große Transformation der Landwirtschaft ein. So legte die Wiesbadener SPD 2004 ein „Landschaftsprogramm vor, das „einen Beitrag dazu leisten [sollte], dass […] eine ökologisch möglichst intakte Kulturlandschaft tatsächlich entsteht, bewahrt und verwirklicht wird."[7] Es kritisierte die Veränderungen der Agrarlandschaft durch die Anpassung der Agrarflächen an die industriellen Anbaumethoden, die Belastung von Boden und Wasser durch synthetische Düngemittel und Pestizide. Und es warnte vor den Folgen des Einsatzes gentechnisch veränderter Kulturpflanzen. Das Programm forderte „eine moderne landwirtschaftliche Produktion, die durch Einbeziehung und Anwendung ökologischer Gesetzmäßigkeiten und im bewussten Einklang mit ihnen

[6] SPD Hessen, Unser Zukunftsprogramm für Hessen, S. 69-73, Zitat: S. 69, https://library.fes.de/pdf-files/bibliothek/ltw-programme/spd_hessen_wahlprogramm_2023_v3_7915223.pdf (Abfrage vom 4.2.2025).

[7] Klaus-Ulrich Battefeld et al., Landschaftsprogramm der Wiesbadener SPD, Wiesbaden 2004, Skript, S. 2, Zitat: ebenda. – Dieser Gruppe gehörte auch Jörg Jordan an, der von 1991 bis 1995 Landwirtschaftsminister Hessens war. Er hat Norbert Franz das Typoskript des Landschaftsprogramms überlassen.

eine marktgerechte Erzeugung von Nahrungsmitteln und Rohstoffen zugleich zu einem wesentlichen Beitrag zur Erhaltung der natürlichen Lebensgrundlagen gestaltet.“ Nach Auffassung der Autoren spielt dabei der ökologische Landbau eine zentrale Rolle. In diesem Zusammenhang war für Wiesbaden damals – und ist bis heute – die „Domäne Mechthildshausen“ mit ihren 600 Hektar ökologisch bewirtschafteten Flächen von höchster Bedeutung, ebenso aber die zahlreichen Klein- und Hausgärten, die ohne ökonomischen Druck leicht auf Pestizide oder naturferne Düngemittel verzichten können. Das Programm kritisierte, dass nur etwa ein Viertel der öffentlichen Fördermittel den landwirtschaftlichen Betrieben zugutekomme, während der größte Teil dieser Gelder der „üppigen Förderung des Agrobusiness“ diene: „Im Kern ist die gegenwärtige Agrarpolitik nach den Interessen der chemischen Industrie, der landwirtschaftlichen Maschinen- und Nutzfahrzeughersteller, bestimmter Handelskonzerne, des landwirtschaftlichen Bankensektors und der landwirtschaftlichen Großproduzenten gestaltet, die fern aller tatsächlicher Marktbedürfnisse agieren. Die Verfilzung diese Wirtschaftsbereiche untereinander und mit den Spitzenfunktionären des Deutschen Bauernverbands ist an der Aufsichtsratszusammensetzung in den wichtigsten Unternehmen und Verbänden dieses Agrobusiness gut ablesbar. Deswegen ist die Durchsetzung von Reformen so schwierig, die der Verbesserung der Wirtschaftslage der bäuerlichen Familienbetriebe und zugleich der Ökologie dienen würden, obwohl hierfür genügend öffentliche Mittel zur Verfügung stünden.“[8]

Insgesamt wird in der SPD die Transformation der Landwirtschaft auf allen Ebenen der Partei immer wieder gefordert. In der politischen Praxis der Partei stehen bislang eher andere Themenbereiche im Vordergrund, insbesondere der Ausbau des Sozialstaats.

8.1.2 Bündnis 90/Die Grünen: Entwicklungen der „grünen“ Agrarpolitik

Die Partei Bündnis 90/Die Grünen wurde dagegen 1980 für die Durchsetzung einer ökologischen Politik gegründet, in der eine nachhaltige Landwirtschaft eine zentrale Rolle spielt. Das Grundsatzprogramm der

[8] Ebenda, S. 7f, 88-90.

Grünen vom 22. November 2020 bezeichnet den ökologischen Landbau, die Ökologisierung der konventionellen Landwirtschaft sowie eine naturgerechte Land- und Waldwirtschaft als Instrumente für den Schutz von Umwelt, Artenvielfalt und der Weltmeere. Moore sollen wieder vernässt und Auen renaturiert werden. Eine zukunftsfähige Landwirtschaft arbeite mit der Natur. Sie solle sich aus der Abhängigkeit von Weltmärkten und Großkonzernen, Pestiziden und Patenten für Saatgut lösen. Die Partei lehnt „Patente auf Pflanzen und Tiere sowie deren genetische Anlagen" ab. Sie spricht sich für eine klimafreundliche, kreislauforientierte und regional verwurzelte Landwirtschaft aus, „die altes Erfahrungswissen mit modernen agrarökologischen Anbaumethoden, digitalen Anwendungen und nachhaltigem Wassermanagement kombiniert." Ihr Leitbild ist die ökologische Landwirtschaft, die sich an der Tiergerechtigkeit und der Freiheit von Gentechnik und synthetischen Pestiziden orientiert. Die Grünen kämpfen „für den Erhalt einer vielfältigen Kulturlandschaft und die Vielfalt von Anbausystemen, Nutztierrassen und Pflanzensorten. Die Weidetierhaltung verdient dabei eine besondere Förderung, da sie das ökologisch wertvolle Grünland erhält und sinnvoll nutzt." Sie treten ein für das „Recht auf bezahlbare, gesunde und ausreichende Nahrung", die klima-, umwelt- und sozial gerecht produziert werden soll. Die Grünen erkennen die Leistung der Landwirtschaft für die Versorgung mit Nahrungsmitteln an. Sie treten ein für die Stärkung bäuerlicher Strukturen und solidarische, regionale Wertschöpfungsketten. Sie wenden sich gegen jede Form von Landgrabbing und gegen die Mechanismen des „Wachse oder Weiche". Bäuerinnen und Bauern sollen für ihre Leistungen für das Gemeinwohl entlohnt werden.[9]

Die Grundprinzipien Nachhaltigkeit, Umwelt- und Naturschutz sowie soziale Gerechtigkeit standen stets im Zentrum der agrarpolitischen Agenda der Grünen. Doch hat sie sich seit deren Gründung im Jahr 1980 erheblich weiterentwickelt. In den 1980er-Jahren war sie stark von ihrer grundsätzlichen Systemkritik und einer klaren Opposition zur etablierten Landwirtschaftspolitik geprägt. Diese richtete sich gegen

[9] „... zu achten und zu schützen ..." Veränderung schafft Halt. Grundsatzprogramm Bündnis 90/Die Grünen, 22. November 2020", S. 24-26, Zitate: ebenda https://cms.gruene.de/uploads/assets/20200125_Grundsatzprogramm.pdf (Abfrage vom 4.2.2025).

die industrielle Landwirtschaft, die starke Abhängigkeit von synthetischen Düngemitteln und Pestiziden sowie die wachsende Agrarindustrie. Bereits im Grundsatzprogramm von 1980 wurden die Probleme der industrialisierten Landwirtschaft ausführlich beschrieben. Lösungen sah die Partei in der Förderung der ökologischen sowie einer klein- und mittelbäuerlichen Landwirtschaft.[10]

Mit dem wachsenden politischen Einfluss der Grünen in den 1990er-Jahren, insbesondere durch den Einzug in den Bundestag (1983) und die erste Regierungsbeteiligung auf Landesebene (Hessen 1985), wurde ihre Agrarpolitik pragmatischer. Sie konzentrierte sich stärker auf die Umsetzung konkreter Maßnahmen zur Förderung des ökologischen Landbaus wie das „Ländliche Regionalprogramm" der ersten rot-grünen Koalition in Hessen, das Investitionen in kleinen Direktvermarktungsbetrieben und bei der handwerklichen Lebensmittelverarbeitung unterstützte. Bedeutsam aus heutiger Sicht ist, dass der Fördersatz mit 50 Prozent der Investitionskosten sehr hoch war, aber bei 50.000 DM Fördersumme je Projekt gedeckelt wurde.[11] Bewilligung und Auszahlung waren für heutige Verhältnisse sehr unbürokratisch. Für die Bewilligung wurde beim Hessischen Minister für Landwirtschaft ein Gutachterausschuss eingesetzt. Die Bedeutung des Verbraucherschutzes wuchs, insbesondere nach den Lebensmittelskandalen der 1990er-Jahre wie der BSE-Krise. Dabei wiesen die Grünen regelmäßig auf die Zusammenhänge von industrieller Landwirtschaft und Versäumnissen beim Verbraucherschutz hin. Sie betonten die Notwendigkeit einer transparenten und nachhaltigen Lebensmittelproduktion.[12] Mit der rot-grünen Koalition auf Bundesebene und Renate Künast als Agrarministerin wurde der Begriff der „Agrarwende" geprägt. Die Agrarpolitik

[10] Die GRÜNEN. Das Bundesprogramm von 1980, 2. Auflage 1982, https://www.1000dokumente.de/Dokumente/DIE_GR%C3%9CNEN._Das_Bundesprogramm_von_1980_in_der_zweiten_Fassung (Abfrage vom 4.2.2025).

[11] Der hessische Minister für Landwirtschaft, Forsten und Naturschutz, Richtlinien zur Förderung zusätzlicher Arbeitsplätze für Landwirtschaft, Forsten und Naturschutz vom 30. August 1984, in: Staatsanzeiger für das Land Hessen 1984 Nr. 50, Montag, den 10. Dezember 1984, S. S. 2423f.

[12] Koalitionsvereinbarung für die 14. Wahlperiode des Hessischen Landtags zwischen Bündnis 90/Die Grünen und SPD 1995-1999, Bibliothek des Hessischen Landtags, Ident: 18439, https://starweb.hessen.de/cache/hessen/koalitionsvereinbarung_14.wp_spdgruene.pdf (Abfrage vom 10.9.2024).

sollte nachhaltiger und verbraucherorientierter werden, mit Schwerpunkt auf ökologischer Landwirtschaft, Tierschutz und gesunden Lebensmitteln. Im September 2001 wurde unter Renate Künast das erste staatliche Bio-Siegel eingeführt.[13]

In den 2000er-Jahren rückte der Klimaschutz stärker in den Fokus der Grünen. Sie betonten die Rolle der Landwirtschaft als Mitverursacherin des Klimawandels und zugleich ihren potenziellen Beitrag zur Lösung dieses Problems. Dem Tierwohl dienten Forderungen nach strengeren Haltungsbedingungen, Reduktion des Antibiotikaeinsatzes und Verbot bestimmter Formen der Massentierhaltung. Und die Grünen nahmen die Ernährungspolitik immer stärker in ihre agrarpolitische Agenda auf, insbesondere eine gesunde Ernährung mit regionalen und umweltfreundlich erzeugten Produkten.[14]

Die grüne Agrarpolitik der 2010er-Jahre stand im Zeichen von Nachhaltigkeit und globaler Verantwortung. Deshalb wandten sich die Grünen verstärkt gegen Massentierhaltung und Tierquälerei.[15] Im Vorfeld der Bundestagswahl 2013 forderten sie einen „fleischlosen Tag" in den Kantinen und Großküchen. Diese Forderung wurde, angeheizt durch konservative Medien und parteipolitische Mitbewerber, zum Ziel scharfer öffentlicher Kritik. Den Grünen wurden Bevormundung und Eingriffe in die Privatsphäre der Konsumentinnen und Konsumenten unterstellt. Dieser sogenannte VeggieDay haftet den Grünen noch heute wie ein Trauma an. Viele Mitglieder und Anhängerinnen der Partei

[13] Edgar Wolfrum, Rot-Grün an der Macht, S. 253-259. – Peter H. Feindt, Christiane Ratschow, „Agrarwende". Programm, Maßnahmen und institutionelle Rahmenbedingungen, BIOGUM, Universität Hamburg, Oktober 2003, https://epub.sub.uni-hamburg.de/epub/volltexte/2013/17922/pdf/biogum_fb_2003_07.pdf (Abfrage vom 10.9.2024). – Bio-Sigel. Nachrichten rund um das Bio-Siegel, Ausgabe 3/2003, https://www.oekolandbau.de/fileadmin/redaktion/dokumente/Bio-Siegel/Reports/bio-siegel-report-2003-03_02.pdf (Abfrage vom 10.9.2024).

[14] Edgar Wolfrum, Rot-Grün an der Macht, S. 257-259. – Ludger Volmer, Die Grünen. Von der Protestbewegung zur etablierten Partei, S. 264f.

[15] Zeit für den grünen Wandel. Teilhaben. Einmischen. Zukunft schaffen. Bundestagswahlprogramm 2013 von Bündnis 90/Die Grünen, S. 163-166, https://cms.gruene.de/uploads/assets/BUENDNIS-90-DIE-GRUENEN-Bundestagswahlprogramm-2013.pdf (Abfrage vom 10.9.2024).

machten diese Forderung für den Misserfolg bei der Bundestagswahl im Herbst 2013 mitverantwortlich.[16]

Im weiteren Verlauf setzten sich die Grünen zunehmend auch für eine global gerechte Agrarpolitik ein, die den Klimawandel und die Ernährungssicherheit weltweit berücksichtigte. Themen wie „Landgrabbing“, die Rolle der Landwirtschaft im globalen Süden und der Kampf gegen die Verbreitung gentechnisch veränderter Pflanzen und Tiere rückten in den Fokus. Die Grünen begannen, sich verstärkt für agrarökologische Ansätze einzusetzen, die ökologische, soziale und wirtschaftliche Aspekte der Landwirtschaft verknüpften. Insbesondere verschärften sie die Forderung nach einer drastischen Reduktion des Einsatzes von chemischen Pflanzenschutzmitteln und synthetischen Düngemitteln. Dies sollte die Biodiversität schützen und die Gesundheit von Mensch und Umwelt fördern.[17]

In den 2020er-Jahren orientierten die Grünen ihre agrarpolitische Agenda immer stärker an den großen globalen Herausforderungen. Dabei verstanden sie die Landwirtschaft als Schlüsselbereich im Kampf gegen den Klimawandel. Sie setzten auf Maßnahmen wie die Wiedervernässung von Mooren, die Förderung von Agroforstsystemen und eine verstärkte Kohlenstoffbindung in Böden. Sie strebten an, den Anteil der ökologisch bewirtschafteten Flächen in Deutschland deutlich zu erhöhen, mit dem Ziel von 30 Prozent bis 2030. Die Reduktion des Fleischkonsums und die Verbesserung der Haltungsbedingungen für Nutztiere blieben zentrale Anliegen. Sie forderten eine umfassende Ernährungswende hin zu einer gesünderen, nachhaltigeren und regionaleren Ernährung. Eine Fleischsteuer sollte die Produktionsbedingungen verbessern und den Konsum tierischer Produkte reduzieren.[18]

[16] FAZ, „Veggy Day“: Grüne wollen fleischlosen Tag in Kantinen, 5.8.2024, https://www.faz.net/aktuell/wirtschaft/wirtschaftspolitik/veggie-day-gruene-wollen-fleischlosen-tag-in-kantinen-12397473.html (Abfrage vom 10.9.2024). – Veggie day Konstanz, http://www.veggieday-konstanz.de/hintergruende/geschichte-der-veggieday-idee (Abfrage vom 10.9.2024).

[17] Zeit für den grünen Wandel, S. 153-163, https://cms.gruene.de/uploads/assets/BUENDNIS-90-DIE-GRUENEN-Bundestagswahlprogramm-2013.pdf (Abfrage vom 10.9.2024).

[18] Bündnis 90/Die Grünen, Deutschland. Alles ist drin, Bundestagswahlprogramm 2021, S. 12-55, https://cms.gruene.de/uploads/assets/Wahlprogramm-DIE-GRUENEN-Bundestagswahl-2021_barrierefrei.pdf (Abfrage vom 10.9.2024).

In der konkreten politischen Auseinandersetzung erhoben die Grünen immer wieder Anspruch auf die Führung von Landwirtschaftsministerien. Dabei geht es ihnen nicht nur um die Regulierung der Landwirtschaft: Sie sehen in der Landwirtschaft einen entscheidenden Hebel, um ihre umwelt- und klimapolitischen Ziele zu erreichen. Indem sie die Agrarpolitik kontrollieren, können sie sicherstellen, dass die Landwirtschafts- und Umweltpolitik harmonisch und effektiv zusammenarbeiten, um gemeinsame Ziele wie den Erhalt der Biodiversität, den Schutz von Böden und Wasser sowie den Klimaschutz zu erreichen. Die grüne Agrarpolitik hat durch Regierungsbeteiligungen in Bund und Ländern in den vergangenen Jahren deutliche Spuren in der deutschen Landwirtschaft hinterlassen. Die Betonung von Nachhaltigkeit, Umweltschutz und Tierwohl hat zu konkreten politischen Maßnahmen geführt, die insbesondere in Bundesländern unter grüner Führung umgesetzt wurden. Diese Politik lässt sich festmachen an Persönlichkeiten wie Friedrich Wilhelm Graefe zu Baringdorf, Wolfram Günther, Robert Habeck, Martin Häusling, Priska Hinz, Bärbel Höhn, Anton Hofreiter, Renate Künast, Cem Özdemir, Friedrich Ostendorff oder Axel Vogel.

Ursprünglich als Gegengewicht zur industriellen Landwirtschaft und den damit verbundenen Umweltproblemen konzipiert, hat sich die nachhaltige Landwirtschaft im Laufe der Zeit zu einem Schlüsselelement der europäischen Agrarpolitik entwickelt. Dafür steht die grüne Partei seit ihrer Gründung. Doch trotz der offensichtlichen Übereinstimmung der Ziele – Umweltschutz und Nachhaltigkeit – und dem Willen, Höfe zu erhalten, gibt es eine bemerkenswerte Diskrepanz zwischen den Grünen und einem großen Teil der deutschen Landwirtinnen und Landwirte. Grüne stoßen bei vielen Bäuerinnen und Bauern auf Ablehnung und Kritik.[19]

Dafür gibt es mehrere Ursachen: Die Grünen setzen sich für strenge Umwelt- und Tierschutzstandards ein, die von vielen Landwirten als bürokratische und finanzielle Belastung wahrgenommen werden. Die Anforderungen an Umweltschutzmaßnahmen wie die Reduktion von synthetischen Düngemitteln, die Einhaltung von Naturschutzrichtlinien

[19] DPA, Parteien: Landwirte kritisieren grüne Agrarpolitik, 5.5.2024, https://www.zeit.de/news/2024-05/05/bauernpraesident-kritisiert-gruene-agrarpolitik (Abfrage vom 10.9.2024).

oder die Renaturierung von Mooren stoßen oft auf Widerstand, weil sie die landwirtschaftliche Produktion einschränken können. Die Forderungen der Grünen nach einer „Agrarwende" passen für viele Praktiker nicht zusammen mit dem Credo „wir müssen die Welt ernähren" – und zwar durch *industrielle* Landwirtschaft –, das Landwirten in Ausbildung oder Studium mit großem Nachdruck vermittelt wird.[20] Viele Landwirte sehen sich durch die zunehmenden regulatorischen Anforderungen überfordert und befürchten, dass grüne Politik noch mehr Bürokratie mit sich bringen könnte. Das schon länger proklamierte Konzept „öffentliches Geld für öffentliche Leistung" will diesen Widerspruch auflösen und eher Anreize schaffen. Aber es setzt sich bislang nur schwer durch.[21]

Auch kulturelle Unterschiede und politische Traditionen tragen zur Distanz vieler Landwirtinnen zu den Grünen bei: Viele Landwirte wählen traditionell konservative Parteien wie CDU, CSU oder FDP, die sich seit langem als Interessenvertreter der Landwirtschaft positioniert haben. Diese Parteien propagieren häufig weniger staatliche Eingriffe und mehr Marktliberalität, was vielen Landwirten entgegenkommt. Die Grünen werden dagegen von vielen Landwirten als Partei wahrgenommen, die eher städtische und akademische Wähler anspricht und wenig Verständnis für die Sorgen und Realitäten des ländlichen Raums hat. Das hat zu einer Entfremdung geführt.[22] Und tatsächlich stehen in der „grünen" Partei einige wenige Agrarexpertinnen und -experten vielen städtisch geprägten Mitgliedern gegenüber, denen häufig das Verständnis für die landwirtschaftliche Praxis fehlt.

Aber auch verschiedene Konflikte bei zentralen agrarpolitischen Themen sorgen für Distanz zwischen Grünen und industriell orientierten Landwirten: Die Grünen setzen sich für eine Reduktion der Tierzahlen und des Fleischkonsums ein. Dies betrifft insbesondere Landwirte, die in der Tierproduktion tätig sind, und wird oft als An-

[20] Persönliche Erfahrungen und Interpretationen Hans-Jürgen Müllers.

[21] Bündnis 90/Die Grünen, Faire Landwirtschaft, https://www.gruene.de/themen/faire-landwirtschaft#faire%20preise (Abfrage vom 10.9.2024).

[22] Thereas Martus, Julia Emmrich, Jan Dörner, Dominik Bath, Bauern-Proteste. Welche Parteien die Bauern besänftigen, welche abblocken, Berliner Morgenpost, 15.1.2024, https://www.morgenpost.de/politik/article241423628/Welche-Parteien-die-Bauern-besaenftigen-welche-abblocken.html (Abfrage vom 10.9.2024).

griff auf ihre Existenzgrundlage gesehen.[23] Viele Landwirte nutzen synthetische Düngemittel und chemische Pflanzenschutzmittel, um ihre Erträge zu maximieren. Dass die Grünen den Einsatz synthetischer Düngemittel und Pestizide ablehnen oder zumindest reduzieren wollen, wird von vielen Landwirten als „ideologisch" motiviert empfunden. Die tatsächlichen Gründe dafür, dass die Grünen den Einsatz dieser Stoffe ablehnen, werden dagegen ignoriert. Aber auch eine diffuse Angst vor Veränderung spielt hier eine Rolle: Die Forderung der Grünen und anderer nach einer grundlegenden Transformation der Landwirtschaft bedroht aus der Sicht vieler Landwirtinnen und Landwirte die Existenz ihrer Betriebe.[24] Viele fühlen sich durch schnelle Veränderungen überfordert. Besonders ältere Landwirte sind weniger bereit, grundlegende Änderungen ihrer Betriebsführung vorzunehmen. Der Widerstand gegen Gentechnik in der Landwirtschaft und die Reduzierung von Pestiziden stößt zudem auf einen starken Lobbydruck der Agrarindustrie.[25]

Insgesamt hat sich die agrarpolitische Agenda der Grünen von einer radikalen Systemkritik in den 1980er-Jahren zu einem Ansatz entwickelt, der ökologische, soziale und globale Aspekte verknüpft. Der mühsame Umbau der Tierhaltung zeigt, wie schwer es ist, Änderungen im etablierten agrarindustriellen System zu erzielen, die mit Mehrkosten für Verbraucher oder Betriebe verbunden sind. Die Grünen mussten

[23] Imke Harms, Tierhaltung: Was eine Halbierung der Tierzahlen bedeuten würde, 16.8.2023, https://www.landundforst.de/tier/tierhaltung-halbierung-tierzahlen-bedeuten-wuerde-569491 (Abfrage vom 11.9.2024). – Josef Koch, Neue Ernährungsempfehlungen: Angriff auf Tierhalter, 1.6.2023, https://www.landundforst.de/tier/neue-ernaehrungsempfehlungen-angriff-tierhalter-569445 (Abfrage vom 11.9.2024).

[24] Berhard Krüsken, Standpunkt, Transformation und Realität, März 2022, https://www.bauernverband.de/standpunkte/standpunkt/transformation-und-realitaet (Abfrage vom 11.9.2024). – Gegenposition: Lavinia Roveran, Transformation der Landwirtschaft. Langfristige Ernährungssicherheit setzt nachhaltige Landwirtschaft voraus, Forum und Entwicklung, Rundbrief 2/2022, https://www.forumue.de/wp-content/uploads/2022/07/Rundbrief-2-22-02-Roveran.pdf (Abfrage vom 11.9.2024).

[25] Claire Robinson, Anne-Charlotte Moy, Franziska Achterberg, Behind the Smokescreen. Vested interests of EU scientists lobbying for GMO deregulation, Brüssel 2022, https://extranet.greens-efa.eu/public/media/file/1/7922 (Abfrage vom 11.9.2024).

und müssen weiterhin einen Balanceakt zwischen ökologischen Zielen und pragmatischen Lösungen meistern, um die Unterstützung der breiten Bevölkerung und der landwirtschaftlichen Betriebe zu gewinnen. Obwohl auch die Partei Bündnis 90/Die Grünen nur relativ wenige sachkundige Expertinnen und Experten hat, die das Ziel der Nachhaltigen Entwicklung der deutschen Landwirtschaft in der politischen Auseinandersetzung vertreten können, ist sie bei der Gestaltung der Großen Transformation ein unverzichtbares Bindeglied zwischen Zivilgesellschaft und Politik.

8.1.3 Transformative Impulse aus öffentlichen Forschungseinrichtungen

Ein großer Teil der Forderungen, die von Parteien in die politischen Entscheidungsprozesse eingebracht werden, beruft sich auf wissenschaftliche Forschungen. Daher stellen wir im Folgenden einige wichtige staatliche Einrichtungen und Einzelpersönlichkeiten vor, die über den ökologischen Landbau oder andere Bereiche der Transformation forschten.

Als in den 1980er-Jahren die negativen Folgen der agrarindustriellen Revolution immer sichtbarer wurden, verstärkte sich auch die Erforschung der ökologischen Landwirtschaft, die sich als Alternative anbot.[26] Die Forscherinnen und Forscher konnten sich auf Arbeiten stützen, die in der ersten Hälfte des 20. Jahrhunderts entstanden waren, so etwa auf die Arbeiten von Raoul H. Francé, Johannes Görbing, Franz Sekera, Walter Sauerlandt und Selman Abraham Waksman.[27] In der Schweiz stellte Otto Buess die staatliche Landwirtschaftsschule Ebenrain bereits 1972 auf ökologischen Landbau um.[28] Ein Schwerpunkt

[26] Frank Uekötter, Die Wahrheit ist auf dem Feld, S. 242f.

[27] Raoul Heinrich Francé, Das Leben im Boden. – Johannen Görbing, Die Grundlagen der Gare im praktischen Ackerbau. – Franz Sekera, Gesunder und kranker Boden. – Walter Sauerlandt, Untersuchungen über Bildung und Zersetzung von Humus im Stalldünger und im Boden. – Selman Abraham Waksman, My life with the microbes.

[28] Peter Moser, Otto Buess, Archiv für Agrargeschichte (AfA), Bern, https://www.histoirerurale.ch/pers/personnes/Buess,_Otto_(1919_1997)__DB554.html (Abfrage vom 8.2.2021).

der überwiegend staatlich finanzierten Forschungen über den ökologischen Landbau liegt in Österreich: Bereits in den 1970er-Jahren ergriffen Studierende der Universität für Bodenkultur in Wien die Initiative für Lehrveranstaltungen über ökologische Landwirtschaft. Die langjährigen Bemühungen von Studierenden und Lehrenden führten schließlich zur Gründung des Instituts für Ökologischen Landbau im Jahre 1996, das Bernhard Freyer von 1998 bis 2023 leitete.[29]

Wichtig für die Transformationsforschung ist auch das Helmholtz-Zentrum für Umweltforschung in Leipzig, das Ende 1991 gegründet wurde. Es hat in Halle und Magdeburg weitere Standorte und beschäftigt 1.100 Mitarbeiterinnen und Mitarbeiter.[30] Um die Jahrtausendwende gründete die Bundesforschungsanstalt für Landwirtschaft das Forschungsinstitut für Ökologischen Landbau in Trenthorst, das seit 2008 unter dem Dach des Johann Heinrich von Thünen-Instituts arbeitete. An der Technischen Universität München hat Kurt-Jürgen Hülsbergen eine Professur für Ökologischen Landbau und Pflanzenbausysteme. An der Universität Bonn löste Thomas Döring 2017 auf der Professur für Agrarökologie und Organischen Landbau Ulrich Köpke ab, der sie seit 1986 innehatte. Auch die EU förderte Forschungen zum ökologischen Landbau. 1991 bis 1994 lief z.B. das dritte Forschungsrahmenprogramm mit Langzeitversuchen.[31] Die Hochschule Geisenheim verfügt über ein Institut für allgemeinen und ökologischen Weinbau, das von Manfred Stoll geleitet wird. Hinzu kommt ein Institut für Gemüseanbau unter Leitung von Jana Zinkernagel mit einem Schwerpunkt zum ökologischen Gemüsebau.[32]

[29] BOKU, Geschichte des Instituts für Ökologischen Landbau, https://boku.ac.at/nas/ifoel/geschichte-des-instituts (Abfrage vom 13.11.2023). – Über die BOKU, https://boku.ac.at/ueber-die-boku (Abfrage vom 13.11.2023). – BOKU, Bernhard Freyer, https://boku.ac.at/nas/ifoel/institutsorganisation/mitarbeiterinnen/freyer-bernhard (Abfrage vom 13.11.2023).

[30] UFZ – Helmholtz-Zentrum für Umweltforschung, https://www.ufz.de/index.php?de=34257 (Abfrage vom 8.10.2024).

[31] Heide Inhetveen, Ökologischer Landbau, S. 187. – Helga Willer, Otto Schmid, Geschichte, S. 28. – https://www.oekolandbau.wzw.tum.de/en/mitarbeiter/ (Abfrage vom 1.2.2023).

[32] Hochschule Geisenheim, Prof. Dr. Manfred Stoll, https://www.hs-geisenheim.de/personen/person/313 (Abfrage vom 4.2.2025). – Hochschule Geisenheim, Professur für Gemüsebau, Prof. Dr. Jana Zinkernagel, https://www.hs-geisenheim.de/forschung/institute/gemuesebau/professur-fuer-gemuesebau (Abfrage vom 4.2.2025).

1981 wurde die erste Professur für „Alternative Landbaumethoden" am Standort Witzenhausen der damaligen Gesamthochschule Kassel eingerichtet, auf die Hartmut Vogtmann berufen wurde. Seit 1995 konnte man dort bereits als Vertiefungsrichtung im Schwerpunktstudium den ökologischen Landbau wählen. Unter der Fachgebietsleitung von Jürgen Heß wurde 1998 der noch heute bestehende Versuchsbetrieb auf der Domäne Frankenhausen eingerichtet. Die Entwicklung mündete 2002 in die Umbenennung des gesamten Fachbereichs in „Ökologische Agrarwissenschaften".[33] 2021 waren dort 1.200 Studierende eingeschrieben.[34]

Abbildung 31: Hauptgebäude des Campus Witzenhausen der Universität Kassel

Foto: Sonja Rode

[33] Holger Mittelstraß (Hg.), Mit Wurzeln und Weitblick, S. 21, 49-51, 63-67.

[34] 40 Jahre ökologische Landwirtschaft an der Uni Kassel. Jubiläumsveranstaltung in Witzenhausen, bioPress. Fachmagazin für Naturprodukte, 22.11.2021, https://www.biopress.de/de/inhalte/details/8392/40-jahre-oekologische-landwirtschaft-an-der-uni-kassel.html (Abfrage vom 13.11.2023), der Vortrag von Hans-Jürgen Müller auf dieser Veranstaltung unter https://www.youtube.com/watch?v=UJHIntcXjbs (Abfrage vom 13.11.2023). – Universität Kassel, Standort Witzenhausen, https://www.uni-kassel.de/uni/universitaet/kontakt-und-standorte/standort-witzenhausen/ (Abfrage vom 13.11.2023).

Auch außerhalb der Forschungen über den ökologischen Landbau arbeiten Forscherinnen und Forscher an Themen, die für diese nachhaltige Wirtschaftsweise wichtig sind. Dabei stoßen sie immer wieder auch auf Widerstand interessierter wirtschaftlicher und politischer Kreise. Wir haben bereits beschrieben, dass sich der Ökologe Johannes G. Zaller von der Wiener Universität für Bodenkultur intensiv mit der Toxizität von Pestiziden auseinandergesetzt hat. Er kam zu dem Ergebnis, dass Pestizide nicht hinreichend getestet würden und das Ausmaß ihrer Giftigkeit von Zulassungsbehörden und Öffentlichkeit unterschätzt werde. Nachdem er seine Ergebnisse publiziert hatte, wurde er von Persönlichkeiten, die der agrochemischen Industrie nahestanden, scharf angegriffen.[35]

Ein weiteres Beispiel für derartige Angriffe ist der französische Toxikologe Gilles-Éric Seralini von der Universität Caen. Sein Team hatte schon früh auf die Gefahren hingewiesen, die durch das Monsanto-Produkt „Roundup" drohen. Daraufhin organisierte ein Netzwerk von Lobbyisten, Wissenschaftlerinnen und Wissenschaftlern, Journalistinnen und Firmenvertretern eine Kampagne gegen Seralini und sein Team. Es stellte ihre Methoden, Resultate und ihr wissenschaftliches Ansehen in Frage. Seralini und seine Kolleginnen und Kollegen gewannen mehrere Prozesse gegen diese Angreifer ihrer wissenschaftlichen Reputation. Nachdem Monsanto 2017 den zuständigen Gerichten 2,5 Millionen Seiten umfassendes Aktenmaterial über seine Aktivitäten rund um das Produkt „Roundup" zugänglich gemacht hatte, wurden diese öffentlich und nachweisbar. Monsanto verlor zahlreiche Prozesse und leistete Schadensersatz in Milliardenhöhe. Aus diesen „Monsanto Papers" geht hervor, dass Monsanto Seralinis Forschungen eineinhalb Jahrzehnte lang mithilfe von mehreren Hundert Akteuren verunglimpft hat, insbesondere seit 2012, nachdem Seralinis Team seine wichtigsten Ergebnisse publiziert hatte.[36] Doch auch nach der Affäre um die Monsanto Papers setzten die Netzwerke der Gentechniklobby ihre Aktivitäten fort. Die Übernahme Monsantos durch Bayer war nur scheinbar ein Einschnitt.[37] Die über 48.000 Klagen, mit denen

[35] Johannes G. Zaller, Unser täglich Gift, insbesondere S. 104.

[36] Gilles-Éric Seralini, Jérôme Douzelet, Die Affäre um die Monsanto Papers, S. 110.

[37] Ebenda.

sich Bayer nach der Übernahme konfrontiert sah, versuchte der Konzern mit einem Vergleich beizulegen. Er war bereit, 10 Mrd. US-Dollar Schadensersatz zu bezahlen. Dem stimmten im Juni 2020 125.000 von 160.000 Klägern zu.[38]

Die Beispiele aggressiver Lobbyarbeit gegen eine Forschung, die sich nicht von den Interessen der großen Chemiekonzerne vereinnahmen lässt, könnten zumindest teilweise die Frage beantworten, warum sich die Große Transformation der Landwirtschaft sehr langsam vollzieht. Diese starken wirtschaftlichen Akteure kämpfen gegen die Transformation, weil sie ihre Geschäftsgrundlage gefährdet sehen. Denn die Forschungen Seralinis und anderer stärken die Argumentation gegen den Einsatz von synthetischen Pestiziden in Landwirtschaft und Gartenbau. Sie sind ebenso wichtig wie jene Institutionen und Einzelpersönlichkeiten, die die wissenschaftliche Forschung über die ökologische Landwirtschaft besonders vorangetrieben haben, wie Otto Buess, Bernhard Freyer, Ulrich Köpke oder Hartmut Vogtmann. Dank den wissenschaftlichen Forschungen, die in staatlichen Einrichtungen durchgeführt worden waren, konnten die Befürworter der ökologischen Landwirtschaft immer besser und auf Augenhöhe auf die Argumente eingehen, die die Befürworter der industriellen Landwirtschaft in Politik und Öffentlichkeit vorbrachten.

8.1.4 Transformative Forschung im Regierungsauftrag

Bedeutende Teile der transformativen Forschung werden aber auch im Auftrag des Staates durchgeführt. Darunter sind regelrechte Großprojekte. Wir stellen in diesem Abschnitt zwei Beispiele vor. Dabei interessieren uns besonders die strategischen Ziele dieser Projekte.

Das Bundeslandwirtschaftsministerium hat im Rahmen der Begleitung der Welt-Klimakonferenzen (COP) durch die Wissenschaften von 2017 bis 2022 den Forschungsverbund KlimAgrar gefördert. Die Bundesanstalt für Ernährung und Landwirtschaft begleitete den Verbund

[38] Ebenda, S. 111f. – Johannes G. Zaller, Unser täglich Gift, insbesondere S. 104. – LTO Legal Tribune Online, 25.6.2020, Bayer schließt Milliarden – Vergleich, https://www.lto.de/recht/kanzleien-unternehmen/k/bayer-vergleich-rechtsstreitig keiten-monsanty-glyphosat-usa-roundup (Abfrage vom 4.2.2025).

als dem Ministerium nachgeordnete Behörde. Die über 30 Projekte aus unterschiedlichen Disziplinen forschten über Boden, Pflanzenbau und Tierhaltung. Sie wurden von einer Arbeitsgruppe der Universität Potsdam unter der Leitung von Hubert Wiggering gemanagt. Der Forschungsverbund suchte Maßnahmen in der Landwirtschaft, die gegen die Klimaerwärmung wirken, und forschte nach Möglichkeiten, Landwirtschaft auch unter den Bedingungen der Erderwärmung zu treiben.[39] Evaluiert wurden die einzelnen Projekte themenübergreifend mit Blick auf ihre Bedeutung für die Agenda 2030 der UNO zur Nachhaltigen Entwicklung und die Maßnahmen zum Klimaschutz, auf die sich Deutschland 2015 auf dem Pariser Klimagipfel verpflichtet hatte. Die Ergebnisse stehen für politische Entscheidungsprozesse und die landwirtschaftliche Praxis zur Verfügung. Die Forscherinnen und Forscher zeigten, wie der Kohlenstoffgehalt des Bodens auf einzelnen Standorten räumlich und zeitlich präzise ermittelt werden kann. Das ist für die Fähigkeit der Landwirtschaft, Luftkohlenstoff im Boden zu binden, von höchster Bedeutung. Ein weiteres zentrales Forschungsergebnis betrifft die Fruchtbarkeit des Bodens und die Ernährung der Pflanzen. Die gesamte Prozesskette des Pflanzenbaus müsse als Kreislauf betrachtet werden: vom Pflanzenbau über Fütterung und Tierhaltung, über die Zwischenlagerung und Ausbringung von Gülle zur Pflanzenernährung. Besondere Methoden des Pflanzenbaus und Pflanzenzüchtungen sollen erreichen, dass weniger Stickstoffdünger bei gleichbleibenden Erträgen eingesetzt wird. Pflanzenschutz und Tiergesundheit werden „in größere, systemische Zusammenhänge gestellt“. In der Tierhaltung wird eine effizientere Verwertung des Futters angestrebt.[40]

Unser zweites Fallbeispiel ist eine Studie von Forscherinnen und Forschern, die drei Forschungsorganisationen angehören: dem adelphi

[39] Bundesanstalt für Landwirtschaft und Ernährung (BLE), Projekte in den Förderprogrammen des BMEL, betreut durch den Projektträger BLE, Forschungsbegleitung für COP in der Landwirtschaft (KlimAgrar), https://service.ble.de/ptdb/index2.php?detail_id=413316&ssk=PTDB-alles&site_key=141&stichw=KlimAgrar&zeilenzahl_zaehler=1#newContent (Abfrage vom 14.11.2023).

[40] Bundesanstalt für Landwirtschaft und Ernährung (BLE), Projekte in den Förderprogrammen des BMEL, betreut durch den Projektträger BLE, Forschungsbegleitung für COP in der Landwirtschaft (KlimAgrar), https://service.ble.de/ptdb/index2.php?detail_id=413316&ssk=PTDB-alles&site_key=141&stichw=KlimAgrar&zeilenzahl_zaehler=1#newContent (Abfrage vom 14.11.2023).

Berlin, der Züricher INFRAS und dem Helmholtz-Zentrum für Umweltforschung (UFZ) in Leipzig. Sie wurden vom Bundesumweltministerium um Vorschläge gebeten, wie die Einträge von Stickstoff in Böden und Wasser vermindert werden können. Die Forschungsgruppe nannte ihren Ansatz „Integrierte Stickstoffstrategie“. Sie zeigte, dass nicht einzelne Maßnahmen erfolgversprechend sind, sondern eine Vielzahl von Instrumenten, die aufeinander abgestimmt sind. Insbesondere sollten dabei „möglichst die externen Umweltkosten von zu hohen Stickstoffeinträgen“ den Verursachern angerechnet werden.[41] Für die Landwirtschaft schlugen die Forscherinnen und Forscher eine Abgabe für Stickstoffüberschüsse und Mineraldünger vor sowie verbindliche Vorgaben für den Einsatz von Wirtschaftsdünger. Flüssige Wirtschaftsdünger wie Gülle, Jauche oder Gärreste sowie Festmist von Rindern, Schweinen und Geflügel sollten so ausgebracht werden, dass sie binnen einer Stunde in unbestelltes Ackerland eingearbeitet werden. Bei bewachsenem Ackerland und Grünland sollte das sogenannte „Schlitzverfahren“ angewandt werden, bei dem der Boden leicht aufgeschnitten wird. So kann der Flüssigdünger direkt an die Wurzeln der Pflanzen eingebracht werden. Auch das ähnlich wirksame Schleppschlauchverfahren empfehlen die Autorinnen und Autoren der Studie. Die Sperrfristen, während derer kein organischer Wirtschaftsdünger ausgebracht werden darf, sollen verlängert werden. Generell soll dies vom 15. September bis zum 1. März der Fall sein. Weiter schlagen die Forscherinnen und Forscher vor, dass Ammoniak-Emissionen reduziert werden, indem Gülle abgedeckt im Außenbereich der Höfe gelagert wird und nicht in „Unterflurlagern“. Um zu gewährleisten, dass die Reduktionsziele für Ammoniak-Emissionen aus der Tierhaltung erreicht werden, sollen Gülle neutralisiert und gekühlt, die Güllekanäle verkleinert sowie Harn und Kot getrennt werden.[42]

[41] adelphi, INFRAS, UFZ, Maßnahmenvorschläge für ein Aktionsprogramm zur integrierten Stickstoffminderung. Abschlussbericht. Im Auftrag des Umweltbundesamts (Texte / 78 / 2021), Zitat: S. 138, https://www.umweltbundesamt.de/publikationen/massnahmenvorschlaege-fuer-ein-aktionsprogramm-zur (Abfrage vom 7.6.2021).

[42] Ebenda, S. 123-125, 242. – Zu Schlitz- und Schleppschlauchdüngung vgl. https://www.landwirtschaftskammer.de/landwirtschaft/ackerbau/duengung/guelle/technik/index.htm (Abfrage vom 7.6.2021).

Die wissenschaftliche Transformationsforschung in staatlichem Auftrag kann somit erheblich zur Lösung der Großprobleme beitragen, die von der industriellen Landwirtschaft ausgehen. KlimAgrar hat dies in einer Weise gezeigt, die wissenschaftlich umfassend überprüfbar ist. Regelrechte Handlungsanleitungen für politische Entscheiderinnen und Entscheider sind wiederum die Vorschläge der Forscherinnen und Forscher, die im Auftrag des Bundesumweltministeriums nach Möglichkeiten gesucht haben, die Belastung durch Stickstoffüberschüsse zu mindern.

8.1.5 Zivilgesellschaftliche Transformationsforschung

Einen großen Teil der transformativen Forschung leisten unabhängige Forschungsinstitute und ungebundene Forscherinnen und Forscher. Wir befragen die folgenden Beispiele nach ihren inhaltlichen Schwerpunkten und nach ihrer Vernetzung untereinander, mit staatlichen Forschungseinrichtungen und Praktikerinnen und Praktikern.

Ähnlich den staatlichen Forschungseinrichtungen in Witzenhausen oder Wien leisteten die Protagonisten des „Biologisch-dynamischen Landbaus“ Pionierarbeit bei der Erforschung der wissenschaftlichen Grundlagen der ökologischen Landwirtschaft. Dies gilt insbesondere für das Institut für biologisch-dynamische Forschung (ibdf). Das ibdf war die erste Forschungseinrichtung in Deutschland, die sich mit ökologischem Landbau beschäftigte. Es wurde 1950 gegründet und ist gemeinnützig. Ein Förderverein finanziert es durch Forschungsaufträge, Spenden, Drittmittel und Stiftungen. Es forscht über die Qualität der Nahrung und Pflanzenzüchtung, über Bodenfruchtbarkeit, Düngung und Schädlingskontrolle. Um seine Forschungen auf den sandigen Böden zu ergänzen, die im Raum Darmstadt vorherrschen, übernahm es 1977 den Dottenfelder Hof bei Bad Vilbel. Dort können die Forscherinnen und Forscher des Instituts auf Lehmböden arbeiten. 1999 verband es sich mit anderen Einrichtungen zum „Ökolandbauzentrum Darmstadt“, das 2006 im „Forschungsring für biologisch-dynamische

Wirtschaftsweise“ aufging.[43] Die Lehren Rudolf Steiners übten weiterhin großen Einfluss auf die Forschungsarbeit über den „Biologisch-dynamischen Landbau“ aus. Zunehmend kann sich diese auf wissenschaftliche Argumente stützen, die ihre Methoden, Vorschriften und Standards begründen. So legte Ulf Abele 1973 erstmals eine Doktorarbeit zu diesem Themenbereich vor, Hartmut Spieß 1994 die erste Habilitationsschrift.[44] Spieß wurde an der Universität Kassel in Witzenhausen habilitiert. Wie Abele forschte er auf dem Dottenfelder Hof.[45]

Auch die Ökoanbauverbände, insbesondere Bioland und Naturland betreiben aktiv Forschungsarbeit, oftmals gemeinsam und im Verbund mit universitären Forschungseinrichtungen sowie staatlichen und halbstaatlichen Beratungsorganisationen. Auch Ökokontrollstellen sind manchmal Projektpartner in Forschungsprojekten. Die Forschungsinhalte und -ziele werden im engen Kontakt mit der landwirtschaftlichen Praxis erarbeitet. Die beteiligten Beratungsorganisationen gewährleisten einen schnellen Wissenstransfer der Forschungsergebnisse in die landwirtschaftliche Praxis. Für dieses Vorgehen hat sich auch der Begriff „Praxisforschung“ etabliert. Ein Beispiel dafür ist das Projekt „NutriNet“ zur Verbesserung des Nährstoffmanagements im ökologischen Landbau. „Die Projektbearbeitung erfolgt durch die acht Verbundpartner Bioland Beratung GmbH, Demeter e.V., FiBL Projekte GmbH, Hochschule für nachhaltige Entwicklung Eberswalde (HNEE), Kompetenzzentrum Ökolandbau Niedersachsen (KÖN), Landwirtschaftskammer Nordrhein-Westfalen (LKW NRW), Öko-Beratungs-Gesellschaft mbH – Fachberatung für Naturland und die Universität Kassel (Fachgebiet Betriebswirtschaft, Fachbereich Ökologische Agrarwissenschaften). In der ersten Projektlaufzeit waren zudem der Bund

[43] Stadtlexikon Darmstadt, Institut für biologisch-dynamische Forschung, https://www.darmstadt-stadtlexikon.de/i/institut-fuer-biologisch-dynmische-forschung.html (Abfrage vom 15.11.2023).

[44] Hartmut Spieß, Chronobiologische Untersuchungen mit besonderer Berücksichtigung lunarer Rhythmen im biologisch-dynamischen Pflanzenbau (Institut für Biologisch-Dynamische Forschung. Schriftenreihe, Bd. 3), Darmstadt 1994.

[45] Vgl. die Darstellung auf der Website von Demeter, https://www.demeter.de/geschichte (Abfrage vom 4.2.2025). – Michael Olbrich-Majer, Portrait. Der Forscher im Betrieb. Hartmut Spieß forscht und züchtet auf dem Dottenfelderhof (Demeter), in: Lebendige Erde 5/2003, https://www.lebendigeerde.de/fileadmin/alte_hefte/Ausgaben/portrait_2003-05.html (Abfrage vom 13.11.2023).

Ökologische Lebensmittelwirtschaft (BÖLW) sowie das Kuratorium für Technik und Bauwesen (KTBL) beteiligt. Die Gesamtkoordination liegt bei der Bioland Beratung GmbH. Über Arbeitsgruppen und Runde Tische findet während der gesamten Projektlaufzeit ein enger Austausch mit weiteren relevanten Akteuren statt, z.B. mit anderen Praxisforschungsnetzwerken und laufenden F&E-Vorhaben zum Nährstoffmanagement im gesamten Bundesgebiet. Ein Beirat begleitet das Vorhaben und bereichert es durch fachspezifischen Input. Das Projekt „Kompetenz- und Praxisforschungsnetzwerk zur Weiterentwicklung des Nährstoffmanagements im ökologischen Landbau" wird gefördert durch das Bundesministerium für Ernährung und Landwirtschaft aufgrund eines Beschlusses des Deutschen Bundestages im Rahmen des „Bundesprogramms Ökologischer Landbau". Laufzeit: 2019-2027."[46]

Das Projekt „DemoNetKleeLuzPlus" wiederum erforscht die Potenziale von Klee und Luzerne für Fütterung und Bodenfruchtbarkeit. Dieses Projekt wird unter Beteiligung zahlreicher konventioneller und Ökobetriebe durchgeführt. Im Projekt „VitiFit" geht es mit zahlreichen Projektpartnern um Rebengesundheit im Weinbau.[47] Im Bereich Tierhaltung forscht das Projekt „BioTiGer" zu Tierwohl in der Landwirtschaft und über Möglichkeiten, Tiergerechtigkeit weiterzuentwickeln. Weitere Verbundprojekte erforschen die „kuhgebundene Kälberaufzucht" und dabei besonders den Absetz- und Separationsstress der Kälber und die Kuhgesundheit. Andere Projekte erforschen „Zweinutzungshühner" im ökologischen Landbau, die Weidehaltung von Schafen und Ziegen sowie den Herdenschutz in Österreich, Bayern und Südtirol.[48] Im Bereich „Nachhaltigkeit" werden Methoden erforscht, „mit denen die ökologischen, sozialen und ökonomischen Leistungen der Landwirtschaft bewertet werden können". In diesem Zusammenhang forscht das „HumusKlimaNetz" auf 150 „konventionellen" und ökologischen Betrieben über humusmehrende Maßnahmen.

[46] NutriNet, Das Projekt, Projektbeschreibung, https://www.nutrinet.agrarpraxisforschung.de/das-projekt/projektbeschreibung-nutrinet-2019, Zitat: ebenda (Abfrage vom 14.11.2024).

[47] Bioland, Praxisforschung, Pflanzenbau, https://www.bioland.de/praxisforschung/pflanzenbau (Abfrage vom 14.11.2024).

[48] Bioland, Praxisforschung, Tierhaltung, https://www.bioland.de/praxisforschung/tierhaltung (Abfrage vom 14.11.2024).

Gefördert wird es vom Bundeslandwirtschaftsministerium. Besonders bemerkenswert ist, dass der Deutsche Bauernverband und der Bund für Ökologische Lebensmittelwirtschaft dieses Netzwerk gemeinsam managen.[49] Weitere Projekte erforschen klimafreundliche Maßnahmen in der Landwirtschaft, die Verbesserung der Fachberatung zu Klimaschutz und Anpassung an Klimaveränderungen, ein Konzept zur Honorierung von Umweltleistungen oder ein Handbuch für Hofläden. Besonders wichtig für die Weiterentwicklung der rechtlichen Grundlagen der Großen Transformation ist das Projekt „Blaupause für die Landwirtschaft (NLG)", das sich mit der Vorbereitung eines „Nachhaltigen Lebensmittel Gesetzes" befasst. Analog zum „Erneuerbare-Energien-Gesetz" sieht es vor, „eine feste ‚Einspeisevergütung' für nachhaltig produzierte Lebensmittel zu zahlen und die Kostendifferenz zwischen Marktpreisen und Festpreisen in Form einer Umlage auf alle Produkte zu verteilen."[50]

Neben diesen deutschen Instituten und Forschungsabteilungen der Ökoanbauverbände wurde eine Schweizer Forschungseinrichtung auch für Deutschland sehr wichtig: das Forschungsinstitut für biologischen Landbau (FiBL). Es geht ebenfalls auf private Initiativen zurück, wurde aber von Persönlichkeiten mitgetragen, die in Politik und Hochschulforschung etabliert waren: 1972 gründete eine Gruppe um Heinrich Schalcher die „Schweizerische Stiftung zur Förderung des biologischen Landbaus". Schalcher saß für die Evangelische Volkspartei im Schweizer Bundesparlament, dem Nationalrat. Unterstützt wurde diese Gründung durch den angesehenen Biologen Philippe Matile, der als Professor an der Eidgenössischen Technischen Hochschule Zürich lehrte und sich bereits 1966 mit einem aufsehenerregenden Artikel gegen den Einsatz von chemischen Industriedüngemitteln eingesetzt hatte. Diese Organisation gründete wiederum zwei Jahre später das Forschungsinstitut für biologischen Landbau (FiBL), das sich vor allem der Weiterentwicklung des Bio-Landbaus und der Beratung widmete. Seit 1974 wurde es von Hartmut Vogtmann geleitet, der später nach

49 Bioland, Praxisforschung, Nachhaltigkeit, https://www.bioland.de/praxisforschung/nachhaltigkeit (Abfrage vom 14.11.2024).
50 Ebenda.

Witzenhausen berufen wurde. Das FiBL arbeitet bis heute sehr erfolgreich und hat auch Standorte in Österreich und Deutschland.[51]

Ein weiteres Beispiel für eine freie transformative Forschung ist das Wuppertalinstitut. Es wurde 1991 unter der Leitung von Ernst-Ulrich v. Weizsäcker gegründet und sollte „als Schnittstelle zwischen wissenschaftlicher Erkenntnissuche und praktischer Umsetzung [...] Maßnahmen und Initiativen zur Sicherung der Klimasituation, zur Verbesserung der Umwelt und zur Energieeinsparung" fördern. Über Landwirtschaft arbeitet das Institut nur gelegentlich. So publizierte es 2022 eine Studie über den Beitrag von Digitalisierung zu einem nachhaltigen Ernährungssystem.[52] Ähnliches gilt für die 2020 gegründete Stiftung Klimaneutralität.[53] Das 2023 eingerichtete „Bundesprogramm Ökologischer Landbau" (BÖL) dagegen vernetzt gezielt praxisnahe Forschung über den ökologischen Landbau.[54]

Die intensive Vernetzung untereinander und mit den Praktikerinnen und Praktikern des ökologischen Land- und Gartenbaus zeichnet somit die zivilgesellschaftliche Transformationsforschung ganz besonders aus. Auch die unterschiedlichen ideologischen Ausrichtungen behindern diese Kooperation nicht wesentlich, sondern tragen zur Vielfalt der Lösungsansätze bei. Immer wieder ist ein personeller Austausch der zivilgesellschaftlichen und der staatlichen Forschungseinrichtungen zu beobachten. Thematisch stehen im Zentrum der Forschungen die Erhaltung und Verbesserung der Bodenfruchtbarkeit, eine tierge-

[51] Urs Niggli, 40 Jahre FiBL – Rückblick und Ausblick, https://www.fibl.org/de/standorte/schweiz/ueber-uns-ch/geschichte/40-jahre (Abfrage vom 5.2.2025). – Thomas Alföldi, Zum Tod von Philippe Matile: „Die Knospe ist meine sichtbarste Spur", https://www.fibl.org/de/infothek/meldung/zum-tod-von-philippe-matile-die-knospe-ist-meine-sichtbarste-spur.html (Abfrage vom 4.2.2021).

[52] Lena Hennes, Melanie Speck, Christa Liedke, Digitalisierung für ein nachhaltiges Ernährungssystem: Potenziale zur Gestaltung von Produktion und Konsum.

[53] Harald Grethe, José Martinez, Bernhard Osterburg, Friedhelm Taube, Ferike Thom, Klimaschutz im Agrar- und Ernährungssystem Deutschlands: Die drei zentralen Handlungsfelder auf dem Weg zur Klimaneutralität, Gutachten für die Stiftung Klimaneutralität, 2021, https://www.stiftung-klima.de/app/uploads/2021/06/2021-06-01-Klimaneutralitaet_Landwirtschaft.pdf (Abfrage vom 5.10.2022).

[54] Bundesprogramm Ökologischer Landbau (BÖL), Praxisnahe Forschung. Plattform „ÖLAF" – Ökolandbau trifft Forschung, https://www.bundesprogramm.de/was-wir-tun/wissenstransfer/praxisnahe-forschung/plattform-oelaf-oeko-landbau-trifft-forschung (Abfrage vom 15.11.2023).

rechte Nutztierhaltung, die Erhaltung der Artenvielfalt, die Möglichkeiten der Landwirtschaft, die Klimaerwärmung zu reduzieren, und politische Perspektiven auf die Förderung einer nachhaltigen Landwirtschaft.

8.1.6 Wissenschaftsorientierte Kampagnen

Im letzten Abschnitt dieses Unterkapitels skizzieren wir einige Beispiele jener Akteure der Transformation, deren Tätigkeit wir als „wissenschaftsorientierte Kampagnen" bezeichnen. Dabei fragen wir nach Organisationsformen und Zielen dieser Kampagnen.

So ist die Plattform „Die Landforscher" ein Netzwerk unabhängiger freiberuflicher Forschungsbüros, das mit zahlreichen Partnern zusammenarbeitet. Ziel ist die Stärkung und bessere Vernetzung von Akteuren der Transformation. Die Plattform betreibt das „Büro für Agrarsoziologie und Landwirtschaft" (BAL) unter der Leitung von Karin Jürgens und das Büro für Agrar- und Regionalentwicklung (BAR), das Andrea Fink Kessler leitet. Zu den Kooperationspartnern des Netzwerks gehört auch Hans-Jürgen Müller.[55] Die Tätigkeitsfelder der „Landforscher" sind sehr unterschiedlich: Das Büro für Agrarsoziologie und Landwirtschaft hat z.B. 2021 eine Studie über die Mehrkosten publiziert, die für Veränderungsmaßnahmen für eine deutliche Verbesserung des Tierwohls anfallen wurden. Sie ermittelten eine in diesem Fall nötige Erhöhung der Milchabgabepreise von 30 bis 44 Prozent.[56]

Die „Plattform Ernährungswandel" ist seit September 2018 aktiv und bietet vielfältige Informationen über die Entwicklung nachhaltiger

[55] Die Landforscher, Netzwerk 2022, https://www.landforscher.de/Netzwerk.html (Abfrage vom 27.1.2023), Büro für Agrar- und Regionalentwicklung (BAR), 2022, https://www.landforscher.de/bar.html (Abfrage vom 27.1.2023), Büro für Agrarsoziologie und Landwirtschaft (BAL) 2022, https://www.landforscher.de/bal.html (Abfrage vom 27.1.2023).

[56] Talea Becker, Karin Jürgens, Tierwohl für Kühe – bezahlbar? Analyse der Kosten für mehr Tierwohl in deutschen Milchkuhbetrieben. Eine Studie des Büros für Agrarsoziologie und Landwirtschaft (BAL) im Auftrag der MEG Milch Board (August 2021), Göttingen, Gleichen 2021, https://www.milch-board.de/fileadmin/Milchmarkt/Mehrkosten_Tierwohl/220920_Bericht_Mehrkosten-Tiergerechte_Milchviehhaltung.pdf (Abfrage vom 15.11.2023). – Die Landforscher, Über uns, Projekte, https://landforscher.de/Projekte.html (Abfrage vom 15.11.2023).

Ernährungssysteme an. Sie tritt ein für eine sozial gerechte Herstellung von Lebensmitteln und einen fairen Handel. Sie wirbt für eine gesunde Ernährung auf vermehrt pflanzlicher Grundlage. Und sie verlangt Produktionsweisen, die umwelt- und tierfreundlich sind, sowie einen regionalen, saisonalen und kreislaufförmigen Handel mit Lebensmitteln. Sie möchte dazu beitragen, „dass die Debatte über die Zukunft und Nachhaltigkeit von Landwirtschaft und Ernährung fundiert und wissenschaftsbasiert geführt wird, dabei unterschiedliche, teils gegensätzliche Perspektiven und Stimmen Gehör finden und Kontroversen somit kritisch reflektiert werden [und] Akteure, die sich dabei häufig gegenüberstehen, miteinander in offenen und konstruktiven Dialog treten.“[57]

Die Forschungs- und Kampagnen-Gruppe Corporate Europe Observatory (CEO) deckt die privilegierten Zugänge von einflussreichen Lobbygruppen und Unternehmen zur Politik der EU auf und stellt sie infrage.[58] Ein weiteres Beispiel für aktivistische und zugleich wissenschaftliche Transformationsforschung bietet der Geograph Severin Halder. Er ist sowohl in Südamerika aktiv als auch im Berliner interkulturellen Gemeinschaftsgarten „Almende-Kontor“ auf dem Tempelhofer Feld.[59] Mit den Folgen des Einsatzes von Gentechnik für die Umwelt und insbesondere mit den Auswirkungen der von der EU beabsichtigten Deregulierung der „Neuen Gentechnik“ beschäftigt sich das Forschungsinstitut TEST BIOTECH.[60]

Unsere Beispiele für wissenschaftsbasierte Kampagnen sollten die Vielfalt dieser Akteursgruppe der Großen Transformation beleuchten. Sie alle setzen sich für konkrete Aspekte dieses Wandels ein und praktizieren ihn vereinzelt auch selbst. Einige bemühen sich um die bessere Vernetzung der Akteure, andere liefern Argumente für die politische Debatte oder setzen sich für eine offene Debattenkultur ein, die den

[57] Plattform Ernährungswandel, Ziele und Nutzen, https://www.ernaehrungswandel.org/ueber-die-plattform/ziele-und-nutzen (Abfrage vom 15.11.2023).

[58] Corporate Europe Observatory, What we do, https://corporateeurope.org/en/what-we-do (Abfrage vom 20.2.2023).

[59] Severin Halder, Gemeinsam die Hände schmutzig machen. – Tempelhofer Feld, Projekte auf dem Tempelhofer Feld. Gemeinschaftsgarten Allmende-Kontor, https://www.tempelhoferfeld.de/entdecken-erleben/projekte-buergerschaftlichen-engagements/gemeinschaftsgarten-allmende-kontor/ (Abfrage vom 16.11.2023).

[60] TEST BIOTECH, Über uns, https://www.testbiotech.org/ueber-uns/ (Abfrage vom 18.11.2024).

Austausch von Argumenten aus unterschiedlichen Perspektiven ermöglicht und wertschätzt. Sie sind „aktivistische Forschung", weil sie Kampagnen durchführen und ihre Argumente sich auf wissenschaftliche Ergebnisse stützen, die sie manchmal auch selbst erarbeitet haben.

8.1.7 Zwischenfazit

Insgesamt streben sowohl politische Parteien mit sozialökologischer Ausrichtung als auch bedeutende Teile der Wissenschaft nach einer raschen und grundlegenden Transformation der deutschen Landwirtschaft. Sie sind in hohem Maße an Vorbereitung und Durchführung dieses Wandels beteiligt. Das Ziel dieser Akteure ist politisch-ethisch begründet: Sie wollen eine Landwirtschaft, die unsere Zivilisation nachhaltig ernährt und dabei die Grundlagen ihrer Existenz bewahrt. Die Basis ihrer Argumentation ist die wissenschaftliche Forschung über die Nachhaltige Entwicklung der Landwirtschaft und die schädlichen Auswirkungen der industriellen Landwirtschaft. Dabei kommt es auch vor, dass „konservative" und „progressive" Akteure der Großen Transformation gemeinsam an einem Projekt arbeiten, wie die Zusammenarbeit des Deutschen Bauernverbands und des Bundes Ökologische Lebensmittelwirtschaft im „HumusKlimaNetz" zeigt.

8.2 Bewegungen und Lobbygruppen

Nun wenden wir uns dem Wirken jener Bewegungen und Lobbyorganisationen zu, die für eine grundlegende Transformation der deutschen Landwirtschaft arbeiten. Hier sind nicht nur die Verbände des ökologischen Landbaus aktiv, sondern viele weitere Organisationen und Netzwerke. Da sie sehr zahlreich sind, konzentrieren wir uns wieder auf einige besonders wichtige Beispiele. Wir fragen nach den Themen und Forderungen dieser Gruppierungen. Den Anfang machen Bewegungen und Lobbygruppen, die sich für mehr Umweltschutz einsetzen. Es folgen Verbände des ökologischen Ernährungssektors, Solidargemeinschaften, übergreifende Bündnisse und Foren, spontane und unorganisierte Bewegungen und schließlich die Lobbyorganisationen der Verbraucherinnen und Verbraucher.

8.2.1 Umweltschutzorganisationen

Die ersten kritischen Stimmen gegen eine Industrialisierung der Landwirtschaft seit den 1950er-Jahren kamen von Naturschützerinnen und Naturschützern, später auch aus dem Tierschutz. Besonders wichtig sind heute der Landesbund für Vogelschutz[61], das Umweltinstitut München[62], People for the Ethical Treatment of Animals (PETA)[63], Vier Pfoten[64], die SOKO Tierschutz[65], True Animal Protein Price Coalition (TAPP)[66] oder der World Wide Fund for Nature (WWF)[67]. Wir konzentrieren uns im Folgenden auf einige Positionen der drei wichtigsten Umweltschutzorganisationen in Deutschland.

Die wohl bekannteste von ihnen ist Greenpeace. Diese straff geführte Organisation beteiligte sich an der Kampagne zur Agrarwende und gab hierzu das „Kursbuch Agrarwende" heraus. Sie verwies darauf, dass die industrielle Landwirtschaft zu einer ökologischen und ökonomischen Krise geführt hat und in hohem Maße zum Klimawandel beiträgt. Bei der intensiven Haltung von Nutztieren verstoße sie massiv gegen das Tierwohl. Sie schädige Böden, Wasser und Artenvielfalt. Bei der Durchführung der Großen Transformation folgt Greenpeace einem Ansatz der zunehmenden Ökologisierung: Da die ökologische Landwirtschaft mittelfristig die notwendige Wende hin zur Nachhaltigkeit nicht alleine erreichen könne, sei es notwendig, die konventionelle Landwirtschaft ökologischer auszurichten. Beide Formen der Landwirtschaft sollen sich konsequent an Umweltschutz und Tierwohl orientierten. Moore sollen aus der landwirtschaftlichen Pro-

61 Frank Uekötter, Von Vögeln, Mächten und Bienen, S. 63-74.

62 Umweltinstitut München, https://umweltinstitut.org/ (Abfrage vom 30.1.2023).

63 PETA Deutschland, https://www.peta.de/ (Abfrage vom 5.2.2025).

64 VIER PFOTEN in Deutschland, CEM Özdemir ein Jahr im Amt, https://www.vier-pfoten.de/unseregeschichten/presse/dezember-2022/cem-oezdemir-ein-jahr-im-amt (Abfrage vom 15.12.2022).

65 SOKO Tierschutz, https://www.soko-tierschutz.org/soko-tierschutz (Abfrage vom 9.12.2022).

66 proplanta, Deutsche Umwelthilfe will Fleisch und Milch teurer machen, 28.5. 2023, https://www.proplanta.de/agrar-nachrichten/umweltschutz/28-05-2023deutsche-umwelthilfe-will-fleisch-und-milch-teurer-machen_article1685283050.html (Abfrage vom 30.5.2023).

67 WWF, https://www.wwf.de/themen-projekte/landwirtschaft/internationale-agrarpolitik/agrarpolitik-und-umweltschutz (Abfrage vom 10.1.2021).

duktion herausgenommen, Überdüngung insbesondere mit Stickstoff beendet, die Zahl der gehaltenen Tiere verringert und der synthetische „Pflanzenschutz" beendet werden. Eine Greenpeace-Studie schätzt, dass die deutsche Landwirtschaft bis 2050 konsequent ökologisiert werden könnte. Dieses Ziel kann erreicht werden, wenn die Verluste an Lebensmitteln drastisch verringert werden und die Verbraucherinnen und Verbraucher ihren Konsum von Fleisch und Fleischprodukten um etwa die Hälfte reduzieren – auf etwa 30 kg pro Person und Jahr. Greenpeace zufolge muss die Agrarwende von einer Ernährungswende begleitet werden. Die Politik müsse dies konsequent fördern und steuern.[68]

Auch der Bund Umwelt und Naturschutz Deutschland (BUND) setzt sich für die Große Transformation der deutschen Landwirtschaft ein, insbesondere für eine „ökologische, gentechnikfreie Landwirtschaft". Er verweist darauf, dass ein Viertel aller Ackerflächen Deutschlands unter Bodenerosion leidet und der Flächenverbrauch weiter steigt, dass Überdüngung und Pestizideinsatz in der Landwirtschaft Vögel und Insekten töten, Gewässer und Klima belasten. Auch der BUND fordert eine Agrarwende – hin zu einer ökologischen Landwirtschaft. Zu diesem Zweck sollen Agrarsubventionen von der industriellen auf die ökologische Landwirtschaft umgelenkt, der Flächenverbrauch begrenzt und der Bodenschutz gesetzlich verankert werden. Ein Zehntel der Fläche eines jeden Betriebs sollte dem Artenschutz dienen. Weiter fordert der BUND, dass das Düngerecht verschärft und der Artenschutz verbessert wird, der Einsatz von Pestiziden eingeschränkt und Glyphosat sowie der Anbau von gentechnisch veränderten Pflanzen verboten wird. Der BUND wendet sich auch gegen die Freihandelsabkommen TTIP und CETA, weil sie ein „Einfallstor für die Gentechnik" seien.[69]

Seit seinen Anfängen arbeitet im BUND ein Arbeitskreis Landwirtschaft, der sich für ökologischen Landbau und artgerechte Tierhaltung einsetzt. Die großen Stickstoffüberschüsse in Böden und Gewässern bewertet er als „eines der größten ungelösten Umweltprobleme unserer

68 Axel Wirz, Nadja Kasperczyk, Frieder Thomas, Kursbuch Agrarwende 2050, Zusammenfassung des Auftraggebers.

69 BUND, Für eine ökologische, gentechnikfreie Landwirtschaft, https://www.bund.net/landwirtschaft/ (Abfrage vom 10.1.2022).

Zeit“. Weitere Schwerpunkte seiner Arbeit sind „der Umbau der Nutztierhaltung hin zu einer artgerechten, flächengebunden Tierhaltung, die ohne Importfuttermittel auskommt“. Er schlägt vor, „die Leistungen der Landwirtschaft für eine naturnahe Kulturlandschaft, für eine klima- und biodiversitätsfreundliche Landnutzung durch gezielte Förderungen und bessere Preise für Erzeugerinnen und Erzeuger stärker zu honorieren.“ Das 1988 gegründete „Projekt Neuland“ setzt sich für tiergerechte und umweltschonende Nutztierhaltung ein und wurde vom BUND mit initiiert.[70]

Auch der Naturschutzbund Deutschland (NABU), die dritte große deutsche Umweltschutzorganisation, die wir vorstellen möchten, kämpft für eine umweltverträgliche Landwirtschaft. Die Agrar-Kampagne des NABU läuft seit 2017. Sie hat auf die Neuorientierung der Gemeinsamen Agrarpolitik Einfluss genommen und drängt auf deren Umsetzung in Deutschland. Auch der NABU setzt sich dafür ein, dass im Interesse des Artenschutzes mindestens ein Zehntel der landwirtschaftlichen Betriebsflächen nicht bewirtschaftet werden. Sie sollen als Blühflächen, Brachen oder Hecken der Natur überlassen werden – gegen einen finanziellen Ausgleich für die Betriebe. Der NABU fordert, dass die pauschalen Flächenprämien, die noch immer den größten Teil der Agrarfördermittel der EU ausmachen, bis 2027 in Investitionshilfen und Anreize für den Umweltschutz umgewandelt werden.[71]

Darüber hinaus wirkt der NABU als Vermittler zwischen jenen Teilen der Naturschutzbewegung, die Grundlagenforschung betreiben, und der interessierten Öffentlichkeit. So hat er die Ergebnisse einer Studie zusammengefasst, die im Auftrag des Dachverbands deutscher Avifaunisten (Vogelkundler) entstanden ist und Anfang 2020 in einem angesehenen Fachorgan publiziert wurde. Dabei stellten die Forscherinnen und Forscher nicht nur fest, dass die industrielle Landwirtschaft massiv zur Verringerung der Feldvogelbestände beigetragen hat, sondern sie machten auch Vorschläge, wie dieser Missstand zu beheben sei. So könnten die Bestände von Feldvögeln um 60 Prozent im Vergleich zur Situation im Jahre 2013 anwachsen, wenn die Brachflächen

[70] BUND, Arbeitskreis Landwirtschaft, https://www.bund.net/ueber-uns/organisation/arbeitskreise/landwirtschaft/ (Abfrage vom 10.1.2022), Zitat: ebenda.

[71] NABU, Für eine umweltverträgliche Landwirtschaft, https://www.nabu.de/natur-und-landschaft/landnutzung/landwirtschaft/index.html (Abfrage vom 10.1.2022).

wieder auf etwa ein Zehntel der Landwirtschaftsfläche vergrößert und zugleich die Maisanbaufläche entsprechend verkleinert würde. Wenn die Anteile des Grünlands am landwirtschaftlichen Kulturland um drei Prozent auf 30 Prozent erhöht würden, könnten die Populationen der Feldvögel um weitere 17 Prozent anwachsen. Die Reduktion der Anbaufläche von Raps um 215.000 Hektar oder 1,2 Prozent der deutschen Agrarfläche würde diese Populationen um weitere 14 Prozent vergrößern. Hilfreich für die Erholung der Bestände wäre auch die Erweiterung von Hecken, Hainen oder Waldrändern. Dabei reagierten die Vogelarten unterschiedlich auf die vorgeschlagenen Maßnahmen: Für Turteltaube oder Stieglitz war die Ausweitung von Brach- und Grünlandflächen besonders günstig, für Feldlerche und Kiebitz dagegen die deutliche Reduktion von Mais- und Rapsflächen.[72]

Insgesamt sind somit die Umweltverbände und -organisationen für die Transformation der Landwirtschaft von höchster Bedeutung: durch ihre Kampagnen, als Lobbyorganisationen, als Netzwerke, als Träger von Forschung, Weiterbildung und aktueller Information. Sie richten konkrete Forderungen an die Politik und begegnen anderen Vertretern der Akteurskoalition für eine Transformation der deutschen Landwirtschaft als gut informierte Gesprächspartnerinnen und Gesprächspartner.[73]

[72] Malte Busch, Jakob Katzenberger, Sven Trautmann, Bettina Gerlach, Rainer Dröschmeister, Christoph Sudfeldt, Drivers of population change in common farmland birds in Germany, in: Bird Conservation International, Volume 30, Issue 3, https://www.cambridge.org/core/journals/bird-conservation-international/article/drivers-of-population-change-in-common-farmland-birds-in-germany/260EA53B8C1C032B6A3892A3E7FBC08C/share/7b2db17daf58ebeb7bef9f7e142ede8b7452b598 (Abfrage vom 28.10.2022). – NABU, 2020, So retten wir unsere Agrarvögel, https://www.nabu.de/natur-und-landschaft/landnutzung/landwirtschaft/artenvielfalt/vogelsterben/27542.html (Abfragen vom 28.10.2022).

[73] So etwa bei den Diskussionen auf der Jahrestagung des wissenschaftlichen KlimAgrar-Netzwerks vom 18. November 2021 in Berlin zwischen dem WWF-Vorstand Christoph Heinrich und den Agrarpolitikern Wolfgang Zornbach (Bundesministerium für Ernährung und Landwirtschaft) und Ludwig Theuvsen, Staatssekretär im Ministerium für Ernährung, Landwirtschaft und Verbraucherschutz Niedersachsen).

8.2.2 Verbände des ökologischen Landbaus

Die Verbände der ökologischen Landwirtschaft sind zentrale Akteure der Großen Transformation. Wir fragen im Folgenden nach den wichtigsten Verbänden der verschiedenen Zweige des ökologischen Landbaus und wie sie sich auf nationaler und internationaler Ebene organisieren.

Bereits 1927 schlossen sich in der „Arbeitsgemeinschaft der Förderer des natürlichen Land- und Gartenbaus sowie praktischer Siedlung und ländlicher Heimatpflege“ Menschen zusammen, die sich für den „Natürlichen Landbau“ interessierten.[74] 1925 entstand der Landwirtschaftliche Versuchsring der Anthroposophischen Gesellschaft, 1933 der „Reichsverband für biologisch-dynamische Wirtschaftsweise“. Die biologisch-dynamischen Verbände wurden 1941 verboten. In den 1950er- und frühen 1960er-Jahren gründeten sich in Westdeutschland zwei Organisationen, die biologisch-dynamische Produkte und das Warenzeichen Demeter vermarkteten: der Demeter-Bund und die Arbeitsgemeinschaft für Verarbeitung und Vertrieb von Demeter-Erzeugnissen. 1997 schlossen sich 19 nationale Demeter-Organisationen zum Weltverband „Demeter International“ zusammen.[75]

In den 1970er-Jahren verband sich der „Organisch-Biologische Landbau“ nach Müller und Rusch mit dem „Biologischen Landbau“, der sich aus dem „Natürlichen Landbau“ entwickelt hatte.[76] In dieser Zeit gründete sich auch die „bio gemüse e. V.“ mit dem Warenzeichen „Dr. Müller bio gemüse“. 1981 nannte sich der Verband in Bioland um und beschloss eigene Erzeugerrichtlinien. 1988 war er an der Gründung des Dachverbands Arbeitsgemeinschaft Ökologischer Landbau beteiligt.[77] 2001 trat er der Internationalen Vereinigung der ökologischen Landbaubewegungen Organics International (IFOAM) bei. Und ein Jahr später beteiligte sich Bioland maßgeblich an der Gründung des Bundes Ökologische Lebensmittelwirtschaft (BÖLW). 2015 gründete er gemeinsam mit Demeter die Ökologische Tierzucht GmbH, die sich auf die Züchtung von Geflügel konzentrierte. 2019 beschloss Bioland

[74] Gunter Vogt, Entstehung und Entwicklung des ökologischen Landbaus, S. 90.

[75] Ebenda, S. 127. – Vgl. auch die Darstellung auf der Website von Demeter.

[76] Gunter Vogt, Entstehung und Entwicklung des ökologischen Landbaus, S. 275f.

[77] Bioland, Geschichte, https://www.bioland.de/bioland-geschichte (Abfrage vom 5.3.2021).

eine Richtlinie zur Biodiversität und gründete im folgenden Jahr den Verein Bioland Verarbeitung & Handel, der auch den Geschäftspartnern von Bioland in den weiterverarbeitenden Gewerben und im Handel die Möglichkeit bot, im Verband Bioland mitzuwirken.[78] Bioland umfasste somit den gesamten Sektor ökologisch erzeugter Lebensmittel.

Einen ähnlichen Ansatz verfolgt der Verband Naturland. Das Hauptziel der zehn Landwirte, die Naturland 1982 gründeten, war die Erhaltung und der Ausbau des fruchtbaren Bodens und die Belieferung des Münchener Großbäckereiunternehmens Hofpfisterei mit ökologisch erzeugten Getreideprodukten. International aktiv wurde der Verband erstmals 1987: Im Rahmen seiner Zusammenarbeit mit dem Fair-Trade-Unternehmen GEPA stellte er weltweit den ersten Teegarten auf ökologischen Anbau um. Ein weiterer Meilenstein dieser Initiative war 2006 das Projekt „Faire Partnerschaften": Als besonders fair ausgezeichnet wurden in diesem Jahr die Hofpfisterei, das Neumarkter Lammsbräu und die Milchwerke Berchtesgadener Land. Bis 2009 entwickelte Naturland gemeinsam mit Organisationen des „Fairen Handels" Richtlinien und begann die Kampagne „Öko+Fair ernährt mehr". Bereits 1995 hatte Naturland eine eigene Vermarktungsorganisation gegründet: die „Marktgenossenschaft der Naturland Bauern". Darüber hinaus schloss der Verband sich auch Dachverbänden an wie der Arbeitsgemeinschaft Ökologischer Landbau (AGÖL) und der Internationalen Vereinigung der ökologischen Landbaubewegungen (IFOAM). Und sie gewann die Arbeitsgemeinschaft für naturnahen Obst-, Gemüse- und Feldfruchtanbau (ANOG) für eine Zusammenarbeit. Felix zu Löwenstein, Mitglied des Präsidiums von Naturland, beteiligte sich maßgeblich an der Gründung eines neuen Dachverbands: Dem Bund Ökologische Lebensmittelwirtschaft (BÖLW) gehörten auch Unternehmen an, die ökologisch erzeugte Lebensmittel verarbeiteten und mit ihnen handelten. Seit 2005 ermöglichte Naturland seinen Kundinnen und Kunden im Rahmen der Initiative „Bio mit Gesicht" seine Produkte lückenlos bis zum Hersteller zurückzuverfolgen. Dabei arbeitete der

[78] Ebenda. – ÖZT, Ziele der ÖTZ, https://www.oekotierzucht.de/ueber-uns/ziele/ (Abfrage vom 21.11.2023).

Verband mit dem Forschungsinstitut für biologischen Landbau (FiBL) und der Supermarktkette tegut zusammen.[79]

Bereits 1988 hatten sich die Anbauverbände der verschiedenen Richtungen des ökologischen Landbaus in Westdeutschland in der Arbeitsgemeinschaft Ökologischer Landbau (AGÖL) verbunden. Zu ihr gehörten der organisch-biologische Bioland-Verband, der biologisch-dynamische Demeter-Verband, Naturland, der „Biokreis Ostbayern" oder der Bundesverband Ökologischer Weinbau (ECOVIN). 1999 führte die Arbeitsgemeinschaft ein gemeinsames Öko-Prüfzeichen ein. Um die Jahrtausendwende gehörten zur AGÖL neun Verbände mit 7.500 Betrieben, die über 380.000 Hektar landwirtschaftliche Nutzfläche bewirtschafteten. Die AGÖL entwickelte die Anbaurichtlinien weiter, kontrollierte ihre Umsetzung und vertrat den ökologischen Landbau in Öffentlichkeit und Politik.[80] Nach internen Auseinandersetzungen verließen Bioland und Demeter die AGÖL im Jahr 2001. Diese verlor dadurch etwa 60 Prozent der Biobetriebe und 45 Prozent der Biofläche und löste sich im Folgejahr auf. Daraufhin wurde 2002 der BÖLW gegründet, der viele Aufgaben der AGÖL übernahm. Anders als bei der AGÖL konnten auch Verarbeiter und Händler Mitglied des BÖLW werden. Heute ist der BÖLW die größte Interessenvertretung des ökologischen Landbaus in Deutschland.[81]

Ende 2023 zählten die neun Verbände ökologisch wirtschaftender Landwirtinnen und Landwirte in Deutschland 16.924 Betriebe. Mit 7.881 Betrieben war Bioland der größte von ihnen. Es folgten Naturland mit 4.802 Betrieben und Demeter mit 1.724 Betrieben. An der Spitze der kleineren Verbände stand Biokreis mit 1.255 Betrieben. Dieser Verband wurde 1979 gegründet und war vor allem in Süddeutschland tätig.[82] Der seit 1991 vor allem in Nordostdeutschland aktive Biopark-Verband repräsentierte 488 Betriebe. Sie produzierten vor allem Fleisch. Auch die 398 Betriebe des bereits 1989 gegründeten Verbands Gäa arbeiteten vor allem in Ostdeutschland, ebenso der Ver-

[79] Vgl. hierzu die Website von Naturland, https://naturland.de/de/naturland/wer-wir-sind/historie.html (Abfrage vom 9.3.2021).

[80] Gunter Vogt, Entstehung und Entwicklung des ökologischen Landbaus, S. 276f.

[81] Bund Ökologische Lebensmittelwirtschaft (BÖLW), Wie ist die Ökologische Landwirtschaft entstanden, https://www.boelw.de/service/bio-faq/bio-basics/artikel/wie-ist-die-oekologische-landwirtschaft-entstanden/ (Abfrage vom 14.11.2024).

[82] Uli Zerger, Geschichte, Grundlagen und Organisation, S. 390.

bund Ökohöfe, der 2007 aus einer Abspaltung von Gäa hervorgegangen war und nun 109 Betriebe vertrat. In der Region Hohenlohe arbeitete Ecoland – mit 85 Mitgliedern der kleinste Verband des ökologischen Landbaus. Er bestand seit 1996 und wurde von der Bäuerlichen Erzeugergemeinschaft Schwäbisch-Hall getragen. Ecovin wurde 1985 gegründet und vertrat 2023 239 ökologisch arbeitende Weinbaubetriebe.[83]

Neben den oben genannten Verbänden des ökologischen Landbaus entstanden Spartenverbände des ökologischen Land- und Gartenbaus, wie der Beratungsdienst Ökologischer Obstbau e.V. (BÖO) in Weinsberg,[84] die Fördergemeinschaft ökologischer Obstbau e.V., die aus dem Beratungsdienst Ökologischer Obstbau heraus entstand,[85] oder der Öko-Obstbau Norddeutschland Versuchs- und Beratungsring e.V. (ÖON)[86]. Eine besondere Rolle spielt das Informationsportal Ökolandbau.de mit Informationen und Dienstleistungen rund um den ökologischen Landbau. Seine Redaktion gehört zum Bundesinformationszentrum Landwirtschaft, das wiederum Teil der Bundesanstalt für Landwirtschaft und Ernährung ist. Dort ist auch die Geschäftsstelle des Portals angesiedelt. Finanziert wird es über das „Bundesprogramm Ökologischer Landbau", mit dem das Bundesministerium für Ernährung und Landwirtschaft die nachhaltige Landwirtschaft in Deutschland stärken und ausbauen will.[87]

In Österreich sind Verbände und Betriebe des ökologischen Landbaus seit 2005 im Dachverband „Bio Austria" organisiert.[88] Der Schwei-

[83] Zahlen nach: Bund Ökologische Lebensmittelwirtschaft (BÖLW), Branchenreport 24, Berlin 2024, S. 8f, https://www.boelw.de/fileadmin/user_upload/Dokumente/Zahlen_und_Fakten/Broschuere_2024/BOELW_Branchenreport2024.pdf (Abfrage vom 15.1.2025).

[84] Ebenda. – Beratungsdienst Ökologischer Obstbau, https://www.oekoobstbau.de/ (Abfrage vom 20.4.2023).

[85] Fördergemeinschaft ökologischer Obstbau, https://www.foeko.de/ (Abfrage vom 5.2.2025).

[86] Öko-Obstbau-Norddeutschland, https://oeon.de/ (Abfrage vom 5.2.2025).

[87] Informationsportal Ökolandbau.de, Wir über uns, https://www.oekolandbau.de/service/ueber-uns/ (Abfrage vom 27.4.2023).

[88] Bio Austria, Die Geschichte von Bio Austria, https://www.bio-austria.at/bio-austria/ueber-uns/unsere-leistungen-und-geschichte/#Geschichte (Abfrage vom 14.11.2024).

zer Dachverband des ökologischen Land- und Gartenbaus nennt sich seit 1997 „Bio Suisse – Vereinigung Schweizer Biolandbau-Organisationen“. Er wurde als „Vereinigung schweizerischer biologischer Landbauorganisationen (VSBLO)“ gegründet.[89] Die Bio-Verbände sind weltweit vernetzt: Die bereits erwähnte Internationale Vereinigung der Ökologischen Landbaubewegungen – heute: IFOAM-Organics International – ist ein internationaler Dachverband der Ökoanbauverbände mit Sitz in Bonn. Er hatte Anfang der 2020er-Jahre annähernd 800 Mitgliedsorganisationen aus 117 Staaten und vertritt die Interessen des ökologischen Landbaus weltweit.[90]

Die Verbände des ökologischen Landbaus in Deutschland haben sich somit aus bescheidenen Anfängen zu schlagkräftigen Organisationen entwickelt. Durch den Zweiten Weltkrieg und seine Folgen erlitten sie schwere Rückschläge. Seit den 1950er-Jahren machten sie den langsamen Aufschwung des ökologischen Landbaus mit. Heute ist die nachhaltige Form der Landwirtschaft in Verbänden und Dachverbänden gut organisiert. Sie sind gut vernetzt mit weiterverarbeitenden Betrieben und Handelsunternehmen. Die Verbände des ökologischen Landbaus sind zu einer starken Lobby geworden, die gegenüber Politik und Öffentlichkeit wirksam für die Große Transformation der deutschen Landwirtschaft in Politik und Öffentlichkeit eintritt.

8.2.3 Religiös motivierte Organisationen

Auch kirchliche Einrichtungen und Zusammenschlüsse, die gegen den Hunger in der Welt kämpfen, sind wichtig für die Große Transformation der deutschen Landwirtschaft. Zu ihnen gehören das Evangelische Werk für Diakonie und Entwicklung e. V. (EWDE)[91] oder das katholische Misereor[92]. Wir möchten uns auf eine Organisation kon-

[89] Bio Suisse, Unser Verband, Geschichte, https://www.bio-suisse.ch/de/unser-verband/bio-suisse-portraet/geschichte.html (Abfrage vom 14.11.2024).

[90] IFOAM-Organics International, https://www.ifoam.bio/about-us (Abfrage vom 16.2.2023).

[91] Diakonie Deutschland, https://www.diakonie.de/das-evangelische-werk-fuer-diakonie-und-entwicklung/ (Abfrage vom 13.1.2022).

[92] Misereor, https://www.katholisch.de/artikel/4498-misereor (Abfrage vom 13.1.2022).

zentrieren, deren Forderungen und Praxis mit dem ökologischen Landbau zusammenhängen: das Netzwerk INKOTA.

INKOTA ist ein ökumenisch ausgerichteter Arbeitskreis des „Bundes der Evangelischen Kirchen" in Deutschland. Der Name ist ein Kürzel für „INformation, KOordination, TAgungen". Er trat 1971 die Nachfolge der „Aktionsgemeinschaft für die Hungernden" an, die bereits 1957 gegründet worden war. Zu den Initiatoren gehörten Vertreter der großen Kirchen, wie Präses Lothar Kreyssig und Bischof Kurt Scharf, aber auch Willy Brandt oder Heinz Galinski, der langjährige Vorsitzende des Zentralrats der Juden in Deutschland. INKOTA tritt ein für ein solidarisches Leben, insbesondere von Menschen des globalen Nordens und Südens.[93] Für unser Thema ist dieses Netzwerk wichtig, weil es für den Erhalt des Grünlands eintritt und sich gegen den Export von Pestiziden in Länder des globalen Südens einsetzt, die in der EU längst verboten sind. Es wirft Bayer und der BASF vor, dass sie solche Stoffe exportieren, zulasten von Millionen Menschen, die Vergiftungen erleiden oder an Krebs erkranken. Während Frankreich oder die Schweiz den Export dieser Pestizide bereits verboten haben, blieb die Bundesregierung bislang untätig. Die Kampagne „Giftexporte stoppen", die INKOTA 2020 durchführte, wurde im Deutschen Bundestag, im Europäischen Parlament und in der UNO unterstützt. Anfang 2020 diskutierte der Bundestag den Antrag „Gefährliche Giftexporte stoppen", den die Fraktionen der Grünen und der Linken eingebracht hatten. Der Sonderberichterstatter der UNO, Marcos Orellana, forderte die Abgeordneten auf, die „verabscheuungswürdige Doppelmoral zu beenden, die aus dem Export von verbotenen hochgefährlichen Pestiziden resultiert". Ein weiteres Beispiel für die Aktivitäten von INKOTA ist die Aufklärung über die negativen Auswirkungen der „Allianz für eine Grüne Revolution in Afrika (AGRA)". Diese wurde 2006 von der Bill-und-Melinda-Gates-Stiftung gegründet und wird von zahlreichen Regierungen weltweit unterstützt, darunter auch der deutschen Bundesregierung. Die INKOTA-Studie „Falsche Versprechen" zeigte, dass in den untersuchten Ländern die Zahl der Hungernden seit 2006 um 30 Prozent zugenommen hatte, statt sich, wie AGRA geplant hatte, zu halbieren. Dies lag unter anderem daran, dass die AGRA-Aktivitäten

[93] INKOTA, Über uns, https://www.inkota.de/ueber-uns/ (Abfrage vom 4.5.2021). – Anita Idel, Die Kuh ist kein Klima-Killer, S. 37.

kleinbäuerliche Erzeugerinnen und Erzeuger in die Abhängigkeit von Produkten international operierender Saatgut- und Chemiekonzerne und die damit einhergehende Verschuldung führten. Im Oktober 2020 begann ein Dialog mit dem Bundesministerium für wirtschaftliche Zusammenarbeit und Entwicklung über die deutschen Anteile an diesem Problem.[94]

INKOTA ist somit eine im weiteren Sinne kirchliche Organisation, die sich für Nachhaltige Entwicklung – auch bei Produktion, Verteilung und Verzehr von Lebensmitteln – einsetzt und vor allem im globalen Süden aktiv ist. Doch schärft sie in der breiten Bevölkerung unseres Untersuchungsraums das Bewusstsein für die globalen Zusammenhänge und Verantwortlichkeiten.

8.2.4 Übergreifende Bündnisse und Foren

Viele Gruppierungen, Bündnisse oder Foren vereinigen Akteure der Großen Transformation spartenübergreifend. Wichtige übergreifende Bündnisse sind das Pestizid-Aktions-Netzwerk (PAN)[95], das Online-Magazin „Werde"[96] oder die größte österreichische Umweltschutzorganisation Global2000.[97] Insbesondere mit den Gefahren des Einsatzes von Gentechnik in der Landwirtschaft beschäftigt sich das Gen-ethische Netzwerk e. V.[98] Wir greifen im Folgenden wieder einzelne Beispiele heraus und fragen nach den Arbeitsschwerpunkten und Zielen dieser Organisationen.

[94] INKOTA Jahresbericht 2020, S. 14f, https://webshop.inkota.de/api/download/sites/default/files/2021-09/INKOTA-jahresbericht-2020.pdf (Abfrage vom 14.2.2025).

[95] Pan Germany. Pestizid Aktions-Netzwerk e. V., Über uns, https://pan-germany.org/ueber-uns/wer-wir-sind/ (Abfrage vom 21.11.2023).

[96] Werde, https://werde-magazin.de/blog/2021/07/20/ferme-du-bec-hellouin/ (Abfrage vom 19.7.2023).

[97] https://www.global2000.at (Abfrage vom 20.2.2023). – GLOBAL 2000-Umweltchemiker Helmut Burtscher-Schaden ist Kommunikator des Jahres, 19.4.2018, https://www.ots.at/presseaussendung/OTS_20180419_OTS0195/global-2000-umweltchemiker-helmut-burtscher-schaden-ist-kommunikator-des-jahres (Abfrage vom 20.2.2023).

[98] Gen-ethisches Netzwerk e. V. (GEN), Über uns, https://gen-ethisches-netzwerk.de/ueber-uns (Abfrage vom 18.11.2024).

In den frühen 1970er-Jahren organisierten sich zahlreiche Bäuerinnen und Bauern in der Arbeitsgemeinschaft bäuerliche Landwirtschaft (AbL). Ihr wichtigstes Publikationsorgan war und ist die „Unabhängige Bauernstimme".[99] Zu den Mitgliedern zählten nicht nur ökologisch wirtschaftende Landwirtinnen und Landwirte, sondern auch „konventionell" arbeitende, die ein bäuerliches Selbstverständnis hatten. Hinzu kamen viele Menschen, die rund um die Landwirtschaft verwalteten, handelten, berieten oder forschten, die Interessen der Verbraucherinnen und Verbraucher vertraten oder sich im Tier- oder Umweltschutz engagierten. Die Arbeitsgemeinschaft setzt sich für eine Landwirtschaft ein, die die Umwelt nicht schädigt, artgerecht mit Tieren umgeht und den Menschen gerecht wird, die in dieser Landwirtschaft arbeiten. Sie stehen für einen bäuerlich geprägten ländlichen Raum und für hochwertige Nahrungsmittel, die regional vermarktet werden.[100] Die AbL trägt das „Agrarbündnis" mit, in dem sich ökologisch wirtschaftende Landwirte mit Verbraucher-, Umwelt-, Natur- und Tierschützern und NGOs zusammengeschlossen haben, die sich für die Belange der armen Weltregionen einsetzen. Sie arbeitet auch in der Europäischen Bauernkoordination (CPE) mit und in Via Campesina, einer Interessenvertretung von Kleinbäuerinnen und -bauern.[101]

Auch das Bündnis „Wir haben es satt" ist eine übergreifende Vereinigung. In ihr kämpfen Landwirte, Tier-, Natur- und Umweltschutzverbände gegen die Massentierhaltung und treten für eine Agrarwende ein. Zum Trägerkreis gehören unter anderen der Naturschutzbund Deutschland (NABU), der Bund für Umwelt und Naturschutz Deutschland (BUND), Demeter, Slow Food, INKOTA, Misereor, Brot für die Welt, Oxfam oder die Arbeitsgemeinschaft bäuerliche Landwirtschaft (AbL). Seit 2011 veranstaltet das Bündnis einmal im Jahr zum Zeitpunkt der Internationalen Grünen Woche große Demonstrationen in Berlin. Es fordert ein weltweites Recht auf Nahrung und Zugang zu Land, das für Land- oder Gartenbau geeignet ist, artgerechte Tierhaltung, faire Preise für Landwirte, regionale Futtermittelwirtschaft, Saat-

[99] Gunter Mahlerwein, Agrargeschichte, Bd. 3: Moderne, S. 177. – Arbeitsgemeinschaft bäuerliche Landwirtschaft e. V. (AbL), https://www.abl-ev.de/start (Abfrage vom 5.2.2025).

[100] Ebenda.

[101] Ebenda.

gutfreiheit und eine bienen- und umweltfreundliche Landwirtschaft.[102] Eng mit „Wir haben es satt“ verbunden ist die Kampagne „Meine Landwirtschaft“. Sie wird getragen von fünfzig Organisationen aus Landwirtschaft, Lebensmittelhandwerk oder Imkerei, die sich für Tier-, Umwelt- und Naturschutz einsetzen: für eine Agrar- und Ernährungswende, eine bäuerliche, ökologische Landwirtschaft, für eine sozial gerechte, tier- und umweltfreundliche Lebensmittelproduktion. „Die Stärke unseres Bündnisses ist die Vielfalt und Internationalität – Geflüchtete sind willkommen!“[103]

Abbildung 32: „Wir haben es satt“-Demonstration am 18.1.2025 für eine bäuerliche und ökologischere Landwirtschaft

Foto: Nick Jaus-si/www.wir-haben-es-satt.de

[102] Wir haben Agrarindustrie satt, https://www.wir-haben-es-satt.de/ueber-uns/ (Abfrage vom 24.5.2021).
[103] Meine Landwirtschaft, https://www.meine-landwirtschaft.de/ueber-uns/wer-wir-sind/?L=0 (Abfrage vom 19.3.2021). Die Träger und Förderer sind hier aufgeführt.

Andere Initiativen wenden sich gegen das Oligopol der großen Saatguthersteller.[104] In Anlehnung an Open-Source-Software oder die Open-Source-Pharmaforschung arbeiten diese Initiativen mit Open-Source-Gemüse, -Salat oder -Getreide. Sie züchten neues Saatgut, das sie allen Interessierten zur Aussaat und für die Weiterzucht eigenen Saatguts zur Verfügung stellen. „Open-Source-Seeds" stellt auf seiner Website Informationen für Landwirtinnen und Gärtner zur Verfügung, wie sie an Produzenten von Open-Source-Saatgut für Getreide, Salat oder Gemüse kommen können. Damit sorgen sie für genetische Vielfalt, was für die Erhaltung der Biodiversität bei den Lebensmittelpflanzen von höchster Bedeutung ist. Dieses Saatgut ist kaum geeignet für die industrielle Landwirtschaft, weil diese an Höchsterträgen interessiert ist und nicht an der Zucht neuer Sorten. Aber für kleinere landwirtschaftliche Betriebe, insbesondere in den ärmeren Weltregionen, ist es interessant.[105]

Manche Bündnisse entstehen bei besonderen Anlässen wie dem Wechsel der Bundesregierung – so der „Agrardialog": Im Oktober 2021 richteten die Arbeitsgemeinschaft bäuerliche Landwirtschaft, der Bund deutscher Milchviehhalter, „Freie Bauern", MEG-Milch-Board und „Land schafft Verbindung" an die sich bildende Regierungskoalition gemeinsam folgende Forderungen: Betriebe und Flächen sollten keine reine Geldanlage sein dürfen. Daher sollten ortsansässige Bauern in Erb- und Bodenrecht privilegiert werden. Die Direktzahlungen der EU sollten ausschließlich an Betriebe gehen, die ortsansässigen Landwirten gehören. Die Vermeidung der Grunderwerbssteuer über den Ankauf von Gesellschaftsanteilen solle beendet werden. Gegen den Preisdruck durch Billigimporte sollten Festlegungen in Handelsabkommen wirken, die nur noch Agrarprodukte zulassen, die heimischen sozialen und ökologischen Standards entsprechen. Landwirtschaftliche Flächen sollten vor Versiegelung geschützt und die Verbünde von Biotopen aus Gehölzstreifen und Wasserläufen gestärkt werden. Agrardialog for-

[104] Public Eye, Gefährliche Marktkonzentration, https://www.publiceye.ch/de/themen/saatgut/gefaehrliche-marktkonzentration (Abfrage vom 5.2.2025).

[105] Deutschlandfunk Nova, Initiative fürs Gemeingut. Open-Source-Landwirtschaft: Saatgut für alle, 10. Januar 2019, https://www.deutschlandfunknova.de/beitrag/landwirtschaft-open-source-saatgut-fuer-alle. – Deutschlandfunk Nova, Gegen Monopole. Open-Source-Saatgut: Mehr Diversität auf den Äckern, 9. September 2022, https://www.deutschlandfunknova.de/beitrag/open-source-saatgut.

dert die Stärkung der artgerechten Tierhaltung aus eigener Produktion, die Begrenzung der Stallgrößen, einen Tierseuchenschutz mit Augenmaß und den Schutz weidender Tiere vor Wölfen. Die Wirksamkeit von Düngeverordnung und Pflanzenschutzanwendungsverordnung sollen überprüft werden. Agrardialog fordert freien Zugang zu den genetischen Ressourcen durch Abschaffung der Nachbaugebühren und Patente auf Pflanzen und Tiere. Das Bündnis fordert weiter eine naturnahe Erzeugung von Lebensmitteln und wendet sich gegen eine industrielle Produktion in der Hand von Konzernen, gegen Gentechnik und Laborfleisch.[106]

Wieder andere Gruppierungen versuchen, Produzentinnen und Konsumenten von landwirtschaftlichen Produkten zusammenzubringen. Diese Solidargemeinschaften bewegen sich in einem weiten politisch-kulturellen Spektrum, das traditionell orientierte Milieus ebenso einschließt wie Bevölkerungsgruppen, die sich als alternativ-progressiv verstehen. Ein Beispiel ist das Netzwerk „Unser Land", das in Oberbayern und im bayerischen Schwaben aktiv ist. Es besteht aus zehn Solidargemeinschaften, die durch den Verein „Unser Land e. V." verknüpft sind. Die „Unser Land GmbH" koordiniert Produktion, Verarbeitung und Verkauf. Sie umfasst landwirtschaftliche und Handwerksbetriebe, darunter Bäckereien, eine Futtermittel- und eine Ölmühle, Metzgereien, Molkereien, Käsereien oder eine Senfmanufaktur. Diese fördern den Klimaschutz, indem sie für regionale Produkte und kurze Transportwege sorgen. Die bäuerlichen Mitglieder der Solidargemeinschaften vergeben für eine geringe Pacht sogenannte „Sonnenäcker" an Menschen, die ihr Gemüse, ihre Kräuter und Blumen selbst anbauen möchten. Und sie leiten sie dabei an. Ihre Landwirte schützen die Trinkwasserreservoire Münchens im Tal der Mangfall. Im Gegenzug fördern die Stadtwerke dort den ökologischen Landbau, insbesondere die nachhaltige Weidewirtschaft nach den Richtlinien des bayerischen Bio-Siegels.[107]

[106] Agrardialog, Forderungen der Landwirtschaft an den Koalitionsvertrag 2021-2025, Oktober 2021, https://www.freiebauern.de/images/2110-D-Agrardialog.pdf (Abfragen vom 18.10.2022).

[107] Netzwerk Unser Land, https://www.unserland.info/ueber-uns/netzwerk (Abfrage vom 13.1.2022).

Eine weitere Solidargemeinschaft von Lebensmittelproduzenten, Vertrieb und Verbrauch ist die sogenannte „Solidarische Landwirtschaft“. „Solawi“ bezeichnet eine Kooperation zwischen Erzeugerinnen und Erzeugern und Verbraucherinnen und Verbrauchern, die auf dem Leitprinzip beruht: gemeinschaftliche Finanzierung und Teilen der Ernte. Mehrere private Haushalte kommen gemeinsam für die Kosten eines landwirtschaftlichen Betriebs auf und erhalten dafür dessen Produkte. Erzeugerinnen und Erzeuger stehen in persönlichem Kontakt mit den Verbraucherinnen und Verbrauchern und nutzen die Vorteile einer Landwirtschaft, die von den Agrarmärkten unabhängig ist und nicht industriell arbeitet.[108]

Diese Bewegung umfasste Anfang 2025 mehr als 480 Betriebe und Initiativen.[109] Sie werden untereinander vernetzt durch den gemeinnützigen Verein „Netzwerk Solidarische Landwirtschaft“.[110] Unser Beispiel, die „Solawi Neuenstein-Hohenlohe“, wurde 2019 als eingetragener Verein gegründet. Ihre Mitglieder möchten „selbstbestimmte, nachhaltige und regionale Ernährung und Landwirtschaft umsetzen“ und „gemeinschaftlich saisonales und biologisches Gemüse“ anbauen. Seit 2020 beschäftigt die Solawi eine Gärtnerin und einen Gärtner. Einen solidarischen Ausgleich zwischen den Mitgliedern erreicht sie, indem sie am Anfang eines Jahres den Monatsbeitrag für einen Ernteanteil in einem Bieterwettbewerb festlegt. Dabei bieten die Mitglieder jenen Betrag, den sie sich leisten können. Sie holen sich ihren Anteil an der Gemüseernte wöchentlich im Gewächshaus der Gemeinschaft ab. Alle können mitarbeiten, doch sind sie nicht dazu verpflichtet. Mitglieder sind auch Constanza Piccolo und Heiner Bohnet, die in der Kleinstadt Neuenburg das Traditionslokal „Goldene Sonne“ betreiben. Das Ehepaar hat sich in der französischen Spitzengastronomie kennengelernt und verwirklicht nun die Ideen und Anregungen, die es dort erhalten hat. Einmal die Woche erntet Bohnet in den Gärten der Gemeinschaft. Bei seinen Gerichten geht er nach dem Prinzip vor, mit

[108] Solidarische Landwirtschaft, https://www.solidarische-landwirtschaft.org/startseite (Abfrage vom 7.1.2022), Zitat ebenda.

[109] Solidarische Landwirtschaft, SOLAWIS finden, https://www.solidarische-landwirtschaft.org/solawis-finden/auflistung/solawis/ (Abfrage vom 6.2.2025).

[110] Solidarische Landwirtschaft, Über uns, https://www.solidarische-landwirtschaft.org/das-netzwerk/ueber-uns/ueberblick/ (Abfrage vom 18.11.2024).

den Lebensmitteln zu kochen, die vor Ort vorhanden sind. Da er seine Küche nicht vollständig aus dem Garten der Solawi Neuenburg versorgen kann, arbeitet er auch mit einem großen Bio-Landwirt zusammen, der Gewächshäuser betreibt.[111] Dieses Beispiel steht für ein weites Spektrum von Solidargemeinschaften und branchenübergreifenden Bündnissen, die vielfach auch Produzentinnen und Konsumenten von Lebensmitteln verbinden und sich mit politischen Forderungen zu Wort melden.

8.2.5 Runde Tische

Einen anderen Rahmen für Diskurse über Problemlösungen bieten „Runde Tische", an denen alle relevanten Interessengruppen vertreten sind. Wir möchten im Folgenden je einen nationalen und einen Runden Tisch auf EU-Ebene vorstellen, die im wörtlichen Sinnen zukunftsweisend und an Lösungen orientiert sind, die alle Beteiligten akzeptieren können. Wir fragen dabei, auf welche Formen und welchen Grad von Nachhaltigkeit in der Landwirtschaft sie sich verständigt haben.

Unser Bespiel für einen Runden Tisch auf nationaler Ebene ist die „Zukunftskommission Landwirtschaft", die auf Initiative von Bundeskanzlerin Merkel 2020 einberufen wurde. Die Mitglieder der Kommission vertraten die industrielle Landwirtschaft, den ökologischen Landbau, die Wissenschaft sowie Wirtschafts-, Tierschutz- und Umweltverbände. Den Vorsitz führte der Germanist Peter Strohschneider.[112] Ziel der Bundesregierung war es, die teilweise stark voneinander abweichenden Positionen ihrer Mitglieder zusammenzubringen. Am 6. Juli 2021 überreichte die Kommission der Kanzlerin ihre Ergebnisse. Sie wurde von Landwirtschaftsminister Cem Özdemir gebeten weiter-

[111] Gespräche von Heiner Bohnet mit Gerit Elisabeth Franz und Norbert Franz am 18. August 2023, Exkursion zur Solawi-Neuenburg-Hohenlohe. – Constanza Piccolo und Heiner Bohnet, Goldene Sonne, Menu, https://goldene-sonne.com/ (Abfrage vom 25.8.2023). – Solidarische Landwirtschaft Neuenstein-Hohenlohe, Über uns, https://solawi-neuenstein-hohenlohe.de/ueber-uns, Zitate: ebenda (Abfrage vom 25.8.2023).

[112] Zukunftskommission Landwirtschaft, 2021, S. 11f. – Die berufenen Mitglieder werden im Einsetzungsbeschluss der Bundesregierung aufgeführt. Vgl. ebenda, S. 155f.

zuarbeiten und hat am 25. November 2024 einen weiteren Bericht vorgelegt.[113]

Die Zukunftskommission stellte zunächst fest, dass sich die Landwirtschaft in einer Krise befinde. Den erheblichen Steigerungen von Produktion und Produktivität stehe ein starker Kostendruck gegenüber, der immer mehr familiengeführte Betriebe zur Aufgabe zwinge. Die Landwirtschaft erzeuge erhebliche externe Kosten, weil es ihr kaum noch gelinge, in Stoffkreisläufen zu wirtschaften, die ökologisch verträglich seien und die natürlichen Ressourcen nicht überbelasteten. Daher sei das gegenwärtige Landwirtschafts- und Ernährungssystem ökologisch, tierethisch und wirtschaftlich nicht mehr tragbar. Im Interesse künftiger Generationen sei ein umfassender und rascher Umbau dieses Systems erforderlich. Dieser Umbau sei „eine gesamtgesellschaftliche Aufgabe".[114]

Unter maßgeblicher Beteiligung der Vertreterinnen der „Jugend im Bund für Umwelt und Naturschutz Deutschland" und des „Bundes der Deutschen Landjugend" entwickelte die Kommission eine „Vision für die Zukunft des Landwirtschafts- und Ernährungssystems", die die Bedürfnisse und Interessen von Landwirtinnen und Landwirten berücksichtigt, aber auch die der Verbraucherinnen und Verbraucher, von Natur, Umwelt und zukünftigen Generationen – weltweit. Die Landwirtschaft übernimmt dabei eine große „gesellschaftliche und ökologische Verantwortung". Sie trägt künftig dazu bei, die Artenvielfalt zu erhalten und wirkt positiv auf das Klima ein. Dazu müssen überwiegend regionale Kreisläufe genutzt und ihre Zusammenarbeit mit jenen Bereichen der Wirtschaft, die ihr vor- und nachgelagert sind, fair gestaltet werden. Die Zahl der Betriebe soll nicht weiter absinken, sondern zunehmen. Tiere sollen unter Einhaltung hoher Tierschutzstandards gehalten werden, Verbraucherinnen und Verbraucher über die Qualität von Lebensmitteln gut informiert und bereit sein, einen ange-

[113] Zukunftskommission Landwirtschaft, 2021, S. 12. – Zukunftskommission Landwirtschaft, Zukunft Landwirtschaft. Eine gesamtgesellschaftliche Aufgabe in schwierigen Zeiten. Strategische Leitlinien und Empfehungen der Zukunftskommission Landwirtschaft 2024, https://www.bmel.de/SharedDocs/Downloads/DE/_Landwirtschaft/zukunft-landwirtschaft-bericht-2024.pdf?__blob=publicationFile&v=6 (Abfrage vom 6.2.2025).

[114] Zukunftskommission Landwirtschaft, 2021, S. 3f, 23.

messenen Preis für ihre Nahrung zu bezahlen. Dazu gehört schließlich, dass klimapolitische Vereinbarungen eingehalten und die vielfältigen Möglichkeiten digitaler Techniken genutzt werden. Die Kommission geht davon aus, dass diese neue, nachhaltige Form der Landwirtschaft im unternehmerischen Interesse der landwirtschaftlichen Betriebe ist.[115]

Rechtssetzung, Agrarverwaltung und finanzielle Förderung sollen sich an diesem Ziel orientieren. Eine wichtige Rolle spielt dabei die Förderung, Beratung, Ausbildung und Weiterbildung der Praktikerinnen und Praktiker. Ziel ist, dass die Landwirtschaft ihren Beitrag im Kampf gegen die Klimaerwärmung und für die Artenvielfalt leistet, dass sie Treibhausgassenken wie Moore oder Humus vergrößert und Agrarökosysteme stabilisiert, Biodiversität fördert und regionale Wirtschafts- und betriebliche Nährstoffkreisläufe stärkt. Die Verbraucherinnen und Verbraucher sollen weniger tierische Produkte konsumieren. Zugleich soll die Landwirtschaft das Tierwohl verbessern, die Tierhaltung umweltverträglich räumlich verteilen und die Zahl der Tiere verringern.[116]

Die Landwirtschaft erbringt dabei Leistungen für die gesamte Gesellschaft, die die Gesellschaft öffentlich anerkennen und finanziell honorieren muss: durch öffentliche Fördermittel und Abgaben, aber auch über höhere Preise von Agrarprodukten. Diese höheren Preise sind nicht nur wegen einer nachhaltigeren Produktion gerechtfertigt, sondern auch wegen der höheren Qualität der Agrarprodukte. Auch der Konsum von Lebensmitteln muss nachhaltig werden und bedarf zur Orientierung der Kunden einer deutlich erkennbaren und zuverlässigen Zertifizierung und Kennzeichnung. Auf der anderen Seite werden gesamtgesellschaftlich Kosten eingespart, die durch die derzeitige Form der Landwirtschaft als externe Kosten auf Natur, Umwelt und Gesellschaft abgewälzt werden.[117]

Die Kommission betont die zunehmende Bedeutung des ökologischen Landbaus in Deutschland. Sie begrüßt, dass er sich eng mit anderen nachhaltigen Ansätzen verbunden hat, wie der Direktvermarktung, der Solidarischen Landwirtschaft oder den Initiativen zum Regio-

[115] Ebenda, S. 4f, 24.
[116] Ebenda, S. 5, 28, 42.
[117] Ebenda, S. 5f, 27, 60.

nalwert, dass er eine integrierte Bewirtschaftung, Zertifizierung und Vermarktung aufgebaut hat und einen rasch wachsenden Markt beliefert. Fördermittel aus der Zweiten Säule der Gemeinsamen Agrarpolitik helfen, den ökologischen Landbau weiterzuentwickeln.[118]

Die Kommission fordert, dass die Direktzahlungen an die landwirtschaftlichen Betriebe aus der „1. Säule der GAP im Laufe der nächsten zwei Förderperioden schrittweise und vollständig in Zahlungen umgewandelt werden, die konkrete Leistungen im Sinne gesellschaftlicher Ziele betriebswirtschaftlich attraktiv werden lassen."[119] Da die öffentlichen Haushalte die Kosten, die diese Umstellung den landwirtschaftlichen Betrieben verursacht, nicht vollständig übernehmen können, müssen die landwirtschaftlichen Betriebe auch über einen Markt für nachhaltig erzeugte Nahrungsmittel Einkommen erzielen. Dass die Verbraucherinnen und Verbraucher mehr für ihre Lebensmittel bezahlen müssen, scheint zumutbar: 2020 gaben sie dafür durchschnittlich 15,5 Prozent ihres Einkommens aus. Menschen mit geringem Einkommen müssen einen sozialen Ausgleich für die höheren Lebensmittelkosten erhalten. Diesen Kosten stehen erhebliche Einsparungen gegenüber: So werden bei gesunder Ernährung Krankheitskosten eingespart. Ebenfalls hinfällig werden die Reparaturkosten von Schäden in der Umwelt. Die gesellschaftlichen Lasten sollen fair verteilt werden und zugleich sollen volkswirtschaftlich erhebliche Einsparungen erreicht werden. Es sei billiger, diese Transformation hin zu einer ökologisierten Landwirtschaft zu vollziehen, als sie zu unterlassen.[120]

Nach europaweiten Protesten vieler Landwirte richtete die Europäische Kommission im Januar 2024 ein Beratungsgremium ein, das ebenfalls alle Gruppen des agrarpolitischen Diskurses ausgewogen repräsentierte: Den „Strategischen Dialog" führten Vertreterinnen und Vertreter des Agrar- und Ernährungssektors, der Zivilgesellschaft, des ländlichen Raums und der Wissenschaft. Das Gremium sollte die EU-Kommission agrarpolitisch beraten. Den Vorsitz führte der ehemalige Vorsitzende der Zukunftskommission Landwirtschaft, Peter Strohschneider. Ende August 2024 legte er den einstimmig beschlossenen Abschluss-

118 Ebenda, S. 35f.

119 Ebenda, S. 7, Zitat: ebenda.

120 Ebenda, S. 7f, 33.

bericht des „Strategischen Dialogs“ vor.[121] Er „dient als Orientierungshilfe für Maßnahmen zur Schaffung sozial verantwortungsvoller, wirtschaftlich rentabler und ökologisch nachhaltiger Agrar- und Ernährungssysteme“[122] und schlägt für die kommenden eineinhalb Jahrzehnte vierzehn Maßnahmen vor: (1) Gestärkt werden soll die Position der Landwirtinnen und Landwirte in der Wertschöpfungskette für Lebensmittel durch verbesserte Kooperation innerhalb der Kette, durch geringere Kosten, höhere Marktpreise und bessere Einkommen. (2) Produktion und Dienstleistungen des Ernährungssektors sollen europaweit auf einheitlichen Kriterien beruhen, um auf diese Weise prüfen zu können, ob die Nachhaltigkeitsziele erreicht wurden. (3) Die Gemeinsame Agrarpolitik soll künftig jene landwirtschaftlichen Betriebe unterstützen, die das am dringendsten brauchen. Sie soll stärker Leistungen für Umwelt, Soziales und Tierwohl fördern. Sie soll lebenswerte ländliche Räume ermöglichen. Vermehrt erreichen soll ihre Förderung aktive Landwirtinnen und Landwirte, insbesondere kleine und gemischte Betriebe und jene, die auf naturbedingt benachteiligtem Land

[121] European Commission, A shared prospect for farming and food in Europe. The final report of the Strategic Dialogue on the future of EU agriculture, 4.9.2024, https://agriculture.ec.europa.eu/common-agricultural-policy/cap-overview/main-initiatives-strategic-dialogue-future-eu-agriculture_en (Abfrage vom 7.9.2024). – Der Bericht fand viel Zustimmung, aber auch Kritik: Deutscher Naturschutzring, Strategischer Dialog zur EU-Landwirtschaft liefert wichtige Impulse für eine zukunftsfähige Agrarpolitik, 4.9.2024, https://www.dnr.de/presse/pressemitteilungen/strategischer-dialog-zur-eu-landwirtschaft-liefert-wichtige-impulse-fuer (Abfrage vom 7.9.2024). – Maria Simon Arboleas, Interessenvertreter-Forum deutet Revolution bei EU-Agrarsubventionen an, 4.9.2024, https://www.euractiv.de/section/landwirtschaft-und-ernahrung/news/interessenvertreter-forum-deutet-revolution-bei-eu-agrarsubventionen-an/ (Abfrage vom 7.9.2024). – topagrar, EU-Agrardialog spricht sich für mehr Geld für Öko-Regelungen aus, 4.9.2024, https://www.topagrar.com/management-und-politik/news/eu-agrardialog-spricht-sich-fur-mehr-geld-fur-oko-regelungen-aus-20006644.html (Abfrage vom 7.9.2024). – Spiegel, Ärger über Agrardialog. Streit zwischen EU und deutschen Bauern, 5.9.2024, https://www.spiegel.de/wirtschaft/eu-agrardialog-peter-strohschneider-kontert-kritik-von-bauernpraesident-joachim-rukwied-a-c0fad757-e0e1-4164-819f-2d0cded5aaa4 (Abfrage vom 7.9.2024).

[122] European Commission, A shared prospect for farming and food in Europe, S. 9-15, 37-53, zitiert nach der deutschsprachigen Zusammenfassung, S. 2, Zitat: ebenda.

wirtschaften sowie Junglandwirtinnen und Neueinsteiger. (4) Dies soll nicht nur aus öffentlichen Mitteln finanziert werden, sondern auch durch einen befristen Agrarfonds für faire Weiterentwicklung des Agrar- und Ernährungssystems und durch die Mobilisierung von privatem Kapital. (5) Die EU soll ihre Handelspolitik ihrer Nachhaltigkeitspolitik anpassen und sich international für eine Reform der Handelspolitik einsetzen. (6) Die Politik soll nachhaltig erzeugte Nahrungsmittel steuerlich begünstigen und auch sozial schlechtgestellten Bevölkerungsgruppen ermöglichen, sich mit diesen Lebensmitteln zu ernähren. (7) Die Mitglieder des Strategischen Dialogs fordern, dass ein gut ausgestatteter Fonds geschaffen wird, der die Landwirtschaft bei der Nutzung natürlicher Lebensräume unterstützt und (8) eine Verringerung des Treibhausgasausstoßes durch die Landwirtschaft. Der Strategische Dialog fordert, dass (9) insbesondere in Regionen mit starker Tierhaltung Wege gefunden werden, in Kreisläufen zu wirtschaften und die Emissionen zu verringern, eine Verbesserung der Vorschriften über das Tierwohl und ein EU-Tierwohlkennzeichnungssystem. (10) Der „Dialog" fordert ein Ende des Verbrauchs landwirtschaftlicher Flächen bis 2050 und Anpassungen an den Klimawandel, insbesondere eine stabile Wasserwirtschaft. Mit Blick auf die aktuellen weltpolitischen Krisen fordert der „Dialog" (11) ein „robustes" Risiko- und Krisenmanagement. Er verlangt, dass (12) der Agrar- und Ernährungsbereich attraktiv und vielfältig werden soll, dass (13) Wissen und Innovationen leichter zugänglich sein und besser genutzt werden sollen, und schließlich (14) eine „neue Kultur der Zusammenarbeit, des Vertrauens und der Partizipation verschiedener Interessengruppen".[123]

Diese beiden Formate des „Runden Tisches" auf den Ebenen der deutschen und der gemeinsamen Agrarpolitik zeigen auf der Grundlage eines Konsenses aller beteiligten gesellschaftlichen Gruppen gangbare Wege der Transformation auf, die für Vertreter einer konservativen Reform und Vertreter eines grundlegenden Umbaus des Agrar- und Ernährungssystems gleichermaßen akzeptabel sind.

[123] European Commission, A shared prospect for farming and food in Europe, S. 9-15, 37-53, nach der deutschsprachigen Zusammenfassung, S. 3-8, Zitat: S. 8.

8.2.6 Zwischenfazit

Die meisten Akteure unter den „Aktivisten" der Großen Transformation konzentrieren sich auf bestimmte Bereiche des Wandels hin zur Nachhaltigkeit: Die Umweltschutzverbände und -organisationen verknüpfen Anliegen der Landwirtschaft mit jenen des allgemeinen Umweltschutzes. Die Organisationen und Verbände des ökologischen Landbaus und Ernährungssektors stärken diesen Kernbereich der Großen Transformation in Praxis, Forschung, Politik und Öffentlichkeit. Religiös motivierte Organisationen verweisen besonders auf die globale ethische Verantwortung der Akteure, diesen Wandel herbeizuführen. Übergreifende Bündnisse und Foren schließlich vernetzen einzelne Sektoren und Fraktionen der aktivistischen Kräfte der Akteurskoalition. Und die „Runden Tische" bilden auf nationaler und europäischer Ebene die Vielfalt der Akteure ab, die die Große Transformation der Landwirtschaft vorantreiben. Sie beweisen, dass sich alle gesellschaftlichen Gruppen, die an der Wertschöpfungskette von Nahrungsmitteln mitwirken, darauf verständigen können, wie der Agrar- und Ernährungssektor hin zur Nachhaltigkeit umgebaut werden kann.

8.3 Abnehmer: Einzelhandel und Konsum

Wie alle anderen produzierenden Gewerbe ist auch die Landwirtschaft abhängig von der Nachfrage nach ihren Produkten. Dabei spielen die Gründe der Verbraucherinnen und Verbraucher für ihre Kaufentscheidungen eine besonders wichtige Rolle. Während im Zeitalter der Weltkriege vielfach extremer Mangel an Nahrungsmitteln herrschte, wurden die Lebensmittelkonsumentinnen und -konsumenten seit der Jahrhundertmitte mit immer billigeren Nahrungsmitteln in immer reicherer Auswahl regelrecht überhäuft. Sie trafen ihre Kaufentscheidungen nicht länger in einer Mangelgesellschaft, sondern im Zeichen des Überflusses.[124] Wir fragen in diesem Unterkapitel zunächst nach den wichtigsten Akteuren des Handels mit nachhaltig erzeugten Lebensmitteln und nach dem Wandel im Verbraucherinnenverhalten. In einem dritten

[124] Hans Jürgen Teuteberg (Hg.), Durchbruch zum modernen Massenkonsum. – Gunther Hirschfelder, Europäische Esskultur. – Uwe Spiekermann, Künstliche Kost: Ernährung in Deutschland, 1840 bis heute.

Schritt wenden wir uns den Organisationen zu, die sich für die Interessen der Konsumentinnen und Konsumenten einsetzen.

8.3.1 Einzelhandel mit nachhaltig erzeugten Lebensmitteln

In der Regel werden Lebensmittel von den Verbraucherinnen und Verbrauchern im Einzelhandel gekauft. Seit der Jahrtausendwende haben die zum Teil sehr großen Unternehmen dieser Branche auf die zunehmende Sensibilität ihrer Kundschaft für die Nachhaltigkeit ihrer Produkte reagiert. Damit wuchs der Einfluss dieser Unternehmen auf die Wende hin zu einer nachhaltigen Landwirtschaft. Hinzu kommen andere Formate des Handels mit Lebensmitteln: Neben den klassischen Bioläden, Bio-Hofläden und Bioständen auf Wochenmärkten entstanden große Bio-Lebensmittelketten. Wir fragen im Folgenden nach den Entwicklungswegen einiger großer Einzelhandelsunternehmen für ökologisch erzeugte Lebensmittel.

Das Gewicht des Bio-Segments im Lebensmitteleinzelhandel nahm in den letzten Jahren relativ schnell zu: Machte der Lebensmitteleinzelhandel 2010 noch 3,7 Prozent seines Umsatzes mit Bio-Lebensmitteln, waren es 2023 bereits 6,3 Prozent.[125] Nach Angaben des Bio-Branchenverbands BÖLW wuchs der Gesamtumsatz mit Bio-Lebensmitteln auch im Krisenjahr 2021 um annähernd 6 Prozent auf rund 16 Mrd. Euro. Daran hatte der Lebensmitteleinzelhandel im engeren Sinne einen Anteil von annähernd 10 Mrd. Euro, der damit allein in diesem Jahr um 9 Prozent wuchs. Für dieses rasche Wachstum waren vor allem die „Vollsortimenter" verantwortlich – große Supermarktketten wie EDEKA, REWE sowie die großen Discounter wie Aldi oder Lidl. Auch Drogeriekettenunternehmen hatten daran einen bedeutenden Anteil. Bei den Discountern wurde der Zuwachs im Wesentlichen von frischen Lebensmitteln getragen, bei Vollsortimentern und Drogerieketten eher von Trockenprodukten. Der Anteil des Naturkostfachhandels schrumpfte dagegen leicht, obwohl zwei große Fachhändler – Denn's und Alnatura – Zuwächse ver-

[125] Statista, 4.12.2024, https://de.statista.com/statistik/daten/studie/360581/umfrage/marktanteil-von-biolebensmitteln-in-deutschland/ (Abfrage vom 6.2.2025).

zeichnen konnten.[126] Wie beim „konventionellen“ Lebensmitteleinzelhandel und auch in allen übrigen anderen Teilen des Agrarsektors ist somit auch im Einzelhandel mit Bio-Lebensmitteln ein Trend zur Konzentration festzustellen. Darüber hinaus wächst der Anteil des Bio-Segments innerhalb des Lebensmitteleinzelhandels stark an und verliert innerhalb des Sortiments allmählich seinen Status als ökologische Nische.

Auch die großen Lebensmitteleinzelhändler Deutschlands sind im Bio-Lebensmittelsegment stark engagiert. So ging beispielsweise EDEKA eine Partnerschaft mit dem World Wide Fond of Nature (WWF) und dem Bioland-Verband ein. 2021 löste EDEKA den Discounter Aldi an der Spitze der größten Händler von Bio-Lebensmitteln ab. EDEKA hat zum einen Bio-Produkte im Angebot, die von Verbänden des ökologischen Landbaus zertifiziert wurden, zum anderen hat es Bio-Eigenmarken. Darüber hinaus führte EDEKA die Bio-Fachmarke „Naturkind“ im Sortiment. Einige regionale EDEKA-Händler räumten darüber hinaus „Naturkind“ eigene Flächen in ihren Läden ein. Damit reagierte der Konzern auf die vermehrte Nachfrage nach Lebensmitteln, die regional und tierwohlorientiert produziert wurden.[127] Eine ganz ähnliche Bio-Strategie verfolgte Aldi: Von 2020 bis 2023 steigerte Aldi-Süd seinen Umsatz mit Bio-Lebensmitteln um 30 Prozent.[128]

Die – nach Umsatzvolumen – bedeutendste Unternehmensgruppe des Fachhandels mit Bio-Lebensmitteln ist Dennree. 2023 betrieb dieser Bio-Lebensmittelkonzern 355 Läden in eigener Regie.[129] Gegründet wurde Dennree 1975 von Thomas Grein, der in Moosach bei Mün-

[126] Manfred Stockburger, Annette C. Müller, Edeka erhöht Druck auf Bio-Handel, 17. Februar 2022, https://www.lebensmittelzeitung.net/handel/nachrichten/marktentwicklung-edeka-erhoeht-druck-auf-bio-handel-163888 (Abfrage vom 28.9.2022).

[127] Ebenda. – Manfred Stockburger, Annette C. Müller, Ökoware wird für EDEKA zum Wachstumsmotor, 13. August 2021, https://www.lebensmittelzeitung.net/handel/nachrichten/marktanteile-edeka-erobert-bio-thron-160959?crefresh=1m (Abfrage vom 27.9.2022).

[128] Florian Kolf, Özdemirs Biostrategie beschert Diskountern Milliardenumsätze, Handelsblatt 7.6.2024, https://www.handelsblatt.com/unternehmen/handel-konsumgueter/aldi-lidl-netto-bio-strategie-des-bunds-beschert-discountern-milliarden-umsaetze/100041690.html (Abfrage vom 6.2.2025).

[129] Anzahl der Filialen ausgewählter Bio-Supermarktketten in Deutschland im Jahr 2023, https://de.statista.com/statistik/daten/studie/70300/umfrage/filialen-der-fuehrenden-bio-supermarktketten-in-deutschland/ (Abfrage vom 19.11.2024).

chen einen ökologischen Landwirtschaftsbetrieb bewirtschaftete. Das Unternehmen vertrieb zunächst vor allem Erzeugnisse des „biologisch-dynamischen Landbaus“ und später auch andere Bioerzeugnisse im europäischen Großhandel. In den frühen 1990er-Jahren kam der Bio-Einzelhandel hinzu – anfangs in Zusammenarbeit mit selbstständigen Einzelhändlern, seit 2009 als besonderer „Biomarkt-Partner“-Verbund. Bekannt ist seine Tochtergesellschaft, die Bio-Supermarktkette Denn's. 2020 vereinigten sich 450 Bio-Märkte und Denn's BioMärkte in Deutschland und Österreich formell zum „Bio-Markt-Verbund“.[130] 2021 machte Dennree einen Umsatz von rund 1,5 Mrd. Euro. Konzern-Chef Thomas Grein brachte die Strategie seiner Gruppe so auf den Punkt: „Die erfolgreiche Zukunft des Bio-Facheinzelhandels wird darin liegen, unsere Werte als Gemeinschaft glaubhaft zu vermitteln, unsere Vorreiterrolle in Sachen Qualität zu unterstreichen und an Agilität zu gewinnen“.[131] Gegen den Trend steigerten 2021 sowohl Dennree insgesamt als auch seine Bio-Lebensmittelkette Denn's ihren Umsatz.[132] Einen Schatten auf diese Erfolgsgeschichte werfen die kritischen Diskussionen über den Umgang des Konzerns mit der Einrichtung von Betriebsräten und über die Bezahlung seiner Mitarbeiterinnen und Mitarbeitern.[133] Weiteres Aufsehen erregte das Unternehmen, als es 2015 den bis dahin konventionell bewirtschafteten landwirtschaftlichen Betrieb Agrofarm 2000 GmbH im sächsischen Vogtland kaufte und mit der Umstellung auf Ökolandbau bei dem Anbauverband Bioland Mitglied wurde. Der Biolandverband hat lange mit sich gerungen, ob ein Betrieb dieser Größenordnung und Struktur mit den Grundprinzipien von Bioland vereinbar ist. Heute bewirtschaftet der Konzern 3.200 Hektar in Sachsen und 800 Hektar in Tschechien.[134]

[130] Denree, Entstanden aus den Anfängen der Bio-Bewegung, ca. 2020, https://www.dennree-biohandelshaus.de/unternehmen/geschichte (Abfrage vom 1.12.2023).

[131] Manfred Stockburger, Annette C. Müller, Edeka erhöht Druck auf Bio-Handel, Zitat: ebenda.

[132] Ebenda.

[133] Tina Groll, Biosupermärkte: Betriebsrat unerwünscht, 23.4.2019, https://www.zeit.de/wirtschaft/unternehmen/2019-04/biosupermaerkte-dennree-alnatura-betriebsrat-arbeitgeber-lebensmitteleinzelhandel/komplettansicht (Abfrage vom 1.12.2023).

[134] BioHandel, Dennree übernimmt Agrar Holding im Vogtland, 4.8.2015, https://biohandel.de/bio-branche/dennree-uebernimmt-agrar-holding-im-vogtland (Abfrage vom 19.11.2024).

Debatten über den Umgang mit den Mitarbeitenden gab es auch bei der zweitgrößten Bio-Lebensmittel-Supermarktkette Deutschlands „Alnatura“.[135] Dieses Unternehmen wurde 1984 von Götz E. Rehn gegründet, der bis heute an seiner Spitze steht. Es hat seinen Hauptsitz in Darmstadt. Seit 1986 arbeitet es mit dem Supermarktunternehmen „Tegut“ und der Drogeriekette „dm“ eng zusammen. 1987 eröffnete Alnatura in Mannheim seinen ersten Bio-Supermarkt. Das Unternehmen wuchs rasch. 2011 wurde Alnatura der deutsche Nachhaltigkeitspreis verliehen. 2018 beendete Alnatura seine langjährige Zusammenarbeit mit dm, das eine eigene Bio-Marke aufgebaut hatte. Doch arbeitete es bereits seit 2016 mit dessen Konkurrenten Rossmann und Müller zusammen.[136] Von 2006 bis 2023 steigerte Alnatura seinen europaweiten Umsatz von 185 Mio. auf 1,2 Mrd. Euro. 2023 beschäftigte das Unternehmen 3.590 Mitarbeiterinnen und Mitarbeiter.[137]

„Bio Company“, der drittgrößte Bio-Lebensmittelfachhändler Deutschlands, wurde 1999 gegründet und machte 2021 einen Umsatz von 239 Mio. Euro. Schwerpunkte waren Berlin, Brandenburg, Hamburg, Dresden und Leipzig. Anfang 2023 hatte das Unternehmen 67 Filialen und beschäftigte über 1.640 Menschen. Auch diese Bio-Lebensmittel-Kette wurde – insbesondere von der Gewerkschaft ver.di – wegen ihrer niedrigen Löhne und ihres Widerstands gegen die Bildung von Betriebsräten kritisiert. Nachdem ein Bio-Schlachthof in Neu-Ruppin wegen Verstößen gegen den Tierschutz aufgefallen war, beendete Bio Company diese Zusammenarbeit.[138]

135 Tina Groll, Biosupermärkte: Betriebsrat unerwünscht.

136 Alnatura, Geschichte, 2023, https://www.alnatura.de/de-de/ueber-uns/alnatura-geschichte/ (Abfrage vom 1.12.2023).

137 Statista, Nettoumsatz von Alnatura, https://de.statista.com/statistik/daten/studie/218414/umfrage/umsatz-von-alnatura/ Abfrage vom 6.2.2025). – Statista, Anzahl der Mitarbeiter von Alnatura in Deutschland in den Geschäftsjahren 2006/7 bis 2023/24, https://de.statista.com/statistik/daten/studie/372372/umfrage/mitarbeiter-von-alnatura-in-deutschland/ (Abfrage vom 6.2.2025).

138 Bio Company, Fact-Sheet, https://www.biocompany.de/downloads/Bio_Company_Factsheet_2023.pdf (Abfrage vom 1.12.2023). – Bio Company, Die Geschichte der Bio Company, 2023, https://www.biocompany.de/ueber-uns/geschichte.html (Abfrage vom 1.12.2023). – Gudrun Giese, Bio ist nicht automatisch fair, ver.di publik, 04/2019, 18.6.2019, https://publik.verdi.de/ausgabe-2019-04/bio-ist-nicht-automatisch-fair/ (Abfrage vom 1.12.2023).

Neben diesen drei großen Fachhändlern mit Bio-Lebensmitteln gibt es noch eine Vielzahl von kleineren, selbstständigen Bioläden und Naturkostfachgeschäften. Beliefert werden diese Betriebe, die zum Naturkostfachhandel gehören, von regionalen landwirtschaftlichen Biobetrieben und einem bundesweiten Netzwerk von 12 regional tätigen Bio-Großhändlern. Diese haben sich zu dem Netzwerk „Die Regionalen“ zusammengeschlossen und beliefern nach eigenen Angaben über 2.000 Bioläden, Hofläden, Naturkostfachgeschäfte, Bio-Supermärkte und Großküchen in ganz Deutschland. Nebenbei unterstützen „Die Regionalen“ auch Initiativen, die sich für die Weiterentwicklung einer nachhaltigen ökologischen Landwirtschaft einsetzen. Dazu gehören beispielsweise Saatgutinitiativen wie die Kultursaat e.V. und Tierzuchtprojekte wie die Ökologische Tierzucht gGmbH.[139]

Der Einzelhandel mit Bio-Lebensmitteln hat somit eine durchaus gemischte Erfolgsgeschichte. Zwar bieten die großen Einzelhandelskonzerne inzwischen in ihren Verkaufsstellen auch Bio-Lebensmittel an. Überdies haben sich einige Pionierunternehmen des Lebensmitteleinzelhandels, die zumeist von engagierten Unternehmerpersönlichkeiten gegründet wurden, zu großen Firmen entwickelt, die regional oder europaweit tätig sind. Doch hat das Beispiel der Bio Company gezeigt, dass auch in dieser Branche Lebensmittelskandale vorkommen. Problematisch sind darüber hinaus Berichte über schlechte Arbeitsbedingungen der Mitarbeiterinnen und Mitarbeiter und ihre Bezahlung, die in der Regel lange unter dem Tariflohn lag. Auch die Widerstände einiger Firmenleitungen gegen die Bemühungen von Beschäftigten, einen Betriebsrat einzurichten, widersprechen der sozialen Dimension des Nachhaltigkeitsmodells. Dies zeigt, dass auch der Bio-Einzelhandel den Marktkräften unterliegt und diesen Druck an seine Beschäftigten weitergibt.

[139] Die Regionalen. Naturhändler für Naturkost, https://www.die-regionalen.de/ (Abfrage vom 19.11.2024). – Kultursaat e.V., Der Verein Kultursaat e.V, https://www.kultursaat.org/index.html (Abfrage vom 19.11.2024) (Abfrage vom 19.11.2024). – Ökologische Tierzucht, Über uns, https://www.oekotierzucht.de/ueber-uns/ (Abfrage vom 19.11.2024).

8.3.2 Lebensmittelkonsum im Wandel

Welche Möglichkeiten haben Verbraucherinnen und Verbraucher, den Wandel hin zu einer nachhaltigen Landwirtschaft mit herbeizuführen?

Auf die Hungerjahre nach dem Zweiten Weltkrieg folgte die „Fresswelle" der 1950er-Jahre. Nun verzehrten die Menschen immer mehr tierische Produkte sowie Obst, Gemüse und Zucker. Der Verbrauch von Getreide und Kartoffeln ging dagegen zurück.[140] Andererseits wurde bereits in den Nachkriegsjahren über die Folgen der industriellen Produktion von Nahrungsmitteln diskutiert – besonders kritisch über den Einsatz von Pestiziden und anderen Chemikalien. Dies führte zu Regelungen zum Verbraucherschutz. 1958 schränkte eine Neufassung des Lebensmittelgesetzes die Verwendung von Zusatzstoffen bei der Lebensmittelherstellung erheblich ein. Auch die Lebensmittelkontrollen wurden verstärkt. Nach der Gründung der EWG normierte sich das Lebensmittelangebot zunehmend.[141]

In den 1960er- und 1970er-Jahren setzte eine Internationalisierung des Lebensmittelkonsums ein. Insbesondere aßen die Konsumentinnen und Konsumenten Westdeutschlands nach dem Vorbild der USA immer mehr Fertigprodukte und „Fast food". Möglich wurde dies durch die Weiterentwicklung der Kühltechnik. Nahezu jeder Haushalt besaß nun einen Kühlschrank oder sogar einen Gefrierschrank. Zugleich entwickelten aber auch viele Menschen gegenüber Lebensmitteln eine kritische und gesundheitsbewusste Einstellung. Daher sank der Konsum von Eiern, Butter sowie Rinder- und Schweinefleisch. Geflügel wurde dagegen häufiger verzehrt, weil es als gesünder galt und von der spezialisierten Gastronomie verstärkt beworben wurde. Auch der Konsum von Obst, Gemüse und Getreide stieg. Der Trend hin zum verstärkten Zuckerkonsum wurde gebrochen.[142] In Ostdeutschland verlief die Entwicklung des Massenkonsums von Lebensmitteln teilweise ganz ähnlich. Es wurde nicht ganz so viel Rindfleisch verzehrt, dafür standen aber doppelt so viele Kartoffeln wie im Westen, aber deutlich

[140] Gunter Mahlerwein, Grundzüge der Agrargeschichte, Bd. 3, S. 156. – Michael Wildt, Am Beginn der „Konsumgesellschaft".

[141] Gunter Hirschfelder, Europäische Esskultur, S. 251.

[142] Gunter Mahlerwein, Grundzüge der Agrargeschichte, Bd. 3, S. 155f. – Zu Luxemburg vgl. Rachel Reckinger, „Gutes" Essen. Politische Ernährungsempfehlungen und individuelle Selbstverständnisse, S. 24-26.

weniger Obst auf dem Speiseplan. Im Westen verstärkte sich in den 1970er-Jahren die Gegenbewegung zur industriellen Landwirtschaft und zu den Lebensmitteln, die sie erzeugte. Im Laufe der 1980er-Jahre vermehrten sich die Einzelhandelsgeschäfte, die sich mit ihren ökologischen Produkten an kritische Lebensmittelverbraucher wandten. Während sich diese Bewegung langsam, aber stetig verstärkte, nahm die Politik diese neuen Impulse nur sehr zurückhaltend auf.[143]

Gleichzeitig wurden immer mehr industriell verarbeitete Produkte angeboten. Neben den traditionellen Imbissbuden, die kleine Gerichte wie Bratwurst und Pommes frites verkauften, verbreitete sich eine neue Kultur von Schnellrestaurants. Sie kam aus den USA nach Westeuropa: Große Ketten wie McDonald's oder Burger King eröffneten immer mehr Filialen. Diese neue Variante der Esskultur wurde nur sehr langsam angenommen. Dank der Finanzkraft der Schnellrestaurant-Konzerne setzte sie sich schließlich doch durch. Hinzu kamen die Esskulturen der Einwanderer aus Italien, Jugoslawien, Griechenland, der Türkei, aus arabischen Ländern, China, Thailand oder Vietnam. Ihre Gaststätten vergrößerten die Vielfalt der Esskultur in Westdeutschland. Ostdeutschland blieb von diesen Entwicklungen bis zum Ende der Sowjetunion weitgehend unberührt.[144] Im Westen konsumierte die große Mehrheit der Verbraucherinnen und Verbraucher die Produkte der industriellen Landwirtschaft und der Nahrungsmittelindustrie. „Light"-Produkte, die weniger Fett oder Zucker aufwiesen, begründeten einen neuen Trend.[145] In den 1990er-Jahren kamen Lebensmittel hinzu, die über die Ernährung hinaus weiteren Nutzen für den Menschen haben sollten. Diesem „Functional Food" wurden Vitamine zugesetzt oder Mineralien, ungesättigte Fettsäuren oder Bakterienkulturen. Ökologisch erzeugte Nahrungsmittel fragte dagegen nur eine kleine Minderheit nach.[146]

Um die Jahrtausendwende hatte sich eine sehr vielfältige Esskultur herausgebildet, die regionale und globale, ökologische und industrielle Elemente aufwies. Hunger als Massenphänomen war in Europa über-

[143] Gunter Mahlerwein, Grundzüge der Agrargeschichte, Bd. 3, S. 155f. – Gunter Hirschfelder, Europäische Esskultur, S. 252.

[144] Ebenda, S. 252f.

[145] Ebenda, S. 253f.

[146] Ebenda, S. 254.

wunden, aber es verbreiteten sich neue Formen des Mangels: Viele hungerten freiwillig, um den eigenen Körper an eine Idealvorstellung anzupassen. Noch mehr Menschen litten unter Mangelerscheinungen und Krankheiten wie Adipositas, die von Fehlernährung verursacht worden waren. Andererseits nahm tendenziell der Konsum von Fleisch und Alkohol ab. Bemerkenswert war ein Mentalitätswandel der Lebensmittelkonsumentinnen und -konsumenten: Das Massenangebot ständig verfügbarer und vielfältigster Nahrungsmittel zu sehr niedrigen Preisen hatte zu einer Haltung geführt, die vor allem auf den niedrigen Preis möglichst hochwertiger Lebensmittel setzte – insbesondere von Fleisch und Fleischprodukten.[147]

Gegen den Massenkonsum von billigen und scheinbar hochwertigen Lebensmitteln entwickelte sich eine immer stärkere gesellschaftliche Bewegung, die auf ökologisch erzeugte Lebensmittel setzte. Diese wurden zunächst vor allem in kleinen Einzelhandelsgeschäften angeboten, später in regelrechten Bio-Supermarktketten und konventionellen Supermärkten – wir haben das beschrieben. Im Vergleich zu industriell hergestellten Lebensmitteln hatte dieses Marktsegment zunächst nur wenig Gewicht. 2018 erreichte es in Deutschland 5,3 Prozent des Gesamtumsatzes mit Lebensmitteln, in Österreich 8,9 Prozent und in der Schweiz 9,9 Prozent.[148] Die Gegenbewegung zur industrialisierten Landwirtschaft und zum Massenkonsum möglichst billiger Lebensmittel war also, gemessen an ihren Anteilen am gesamten Lebensmittelhandel, vergleichsweise schwach. Dies hatte mit dem Verhalten der Verbraucher zu tun, die sich zumeist stärker am Preis als an der Qualität und der nachhaltigen Produktion von Lebensmitteln orientierten, obwohl bei Umfragen immer mehr Menschen angaben, dass sie

[147] Ebenda, S. 254f. – Bundesamt für Gesundheit (Schweizerische Eidgenossenschaft), Sechster Schweizerischer Ernährungsbericht, Bern 2012, file:///C:/Users/Franz/Downloads/gesamtbericht.pdf (Abfrage vom 6.2.2025). – Verena Hasenegger, Jürgen König, Petra Rust (Hgg.), Österreichischer Ernährungsbericht 2017, Wien 2017, https://broschuerenservice.sozialministerium.at/Home/Download?publicationId=528 (Abfrage vom 6.2.2025).

[148] BÖLW-Branchenreport 2020, S. 29, https://www.boelw.de/news/die-bio-branche-2020/ (Abfrage vom 6.2.2025).

beim Kauf von Lebensmitteln auf Klimaschutz und Tierwohl achteten.[149]

So berichtete ein Artikel der „Welt" auf der Grundlage einer Studie der Gesellschaft für Konsumforschung (GfK) am 4. Oktober 2015 vom Einkaufsverhalten der Menschen in Deutschland. Demnach sprach sich jeder Zweite für eine rücksichtsvolle Tierhaltung aus. Etwa 60 Prozent der Befragten waren gegen Massentierhaltung. Doch diese Aussagen schlugen sich nicht im Kaufverhalten nieder: Der Anteil von Bio-Fleisch stagnierte bei einem Marktanteil von 2 Prozent. Insgesamt gaben die Deutschen damals rund 8 Mrd. Euro für Bio-Lebensmittel aus, 86 Euro pro Person und Jahr. Zum Vergleich: In Luxemburg lag dieser Wert bei 140 Euro, in Dänemark bei annähernd 160 Euro und in der Schweiz bei fast 190 Euro.[150] Die GfK zeigt aber auch, dass sich der Trend hin zu mehr Bio-Lebensmitteln in den letzten Jahren deutlich verstärkt hat. So verdoppelte sich der Anteil von Bio-Lebensmitteln an den Haushaltsausgaben zwischen 2009 und 2019 auf rund 6 Prozent.[151] Von 2000 bis 2023 stieg der Umsatz mit ökologisch erzeugten Lebensmitteln in Deutschland von 2,1 auf 16 Mrd. Euro. Das entsprach 2023 einem Anteil von 6,3 Prozent des gesamten Umsatzes mit Lebensmitteln.[152]

Es sind also mehrere Faktoren, die Konsumentscheidungen beeinflussen: Die Agrarpolitik hat die Verbraucherinnen und Verbraucher mithilfe ihrer Subventionspolitik seit den 1950er-Jahren daran gewöhnt,

149 Silke Thiele, Tierwohl und Klimaschutz beim Lebensmittelkonsum – Verbraucherverhalten und politische Maßnahmen, in: Wirtschaftsdienst. Zeitschrift für Wirtschaftspolitik, 99. Jahrgang, Oktober 2019, Heft 10, S. 679-682, hier S. 679, https://www.wirtschaftsdienst.eu/inhalt/jahr/2019/heft/10/beitrag/eine-moderne-umweltfreundliche-und-ethische-agrarpolitik-ziele-und-instrumente.html (Abfrage vom 3.5.2021).

150 Michael Gassmann, Frank Stocker, Einkaufsverhalten. Deutsche wollen faire Produkte – aber bitte billig, 4.10.2015, https://www.welt.de/finanzen/verbraucher/article147168433/Deutsche-wollen-faire-Produkte-aber-bitte-billig.html (Abfrage vom 12.1.2022).

151 https://cdn2.hubspot.net/hubfs/2405078/cms-pdfs/fileadmin/user_upload/dyna_content/de/documents/press_releases/2020/20200212_pm_bio-produkte_dfin.pdf (Abfrage vom 12.1.2022).

152 Statista, Umsatz mit Bio-Lebensmitteln in Deutschland in den Jahren 2000 bis 2023, https://de.statista.com/statistik/daten/studie/4109/umfrage/bio-lebensmittel-umsatz-zeitreihe/ (Abfrage vom 5.9.2024).

dass Lebensmittel nicht nur im Überfluss vorhanden, sondern auch sehr billig sind. Eine wichtige Rolle spielten daher die großen Einzelhandelskonzerne, die mithilfe ihrer Marktmacht immer niedrigere Preise durchsetzten und die Kaufentscheidungen ihrer Kundinnen und Kunden durch Werbung beeinflussten. Auch wenn bis zur jüngsten Vergangenheit nach wie vor nicht-nachhaltig hergestellte Lebensmittel auf den Märkten dominieren, ist die Gegenbewegung jener Verbraucherinnen und Verbraucher, die durch ihr Kaufverhalten als Akteure der Großen Transformation wirken, in den letzten Jahrzehnten stärker geworden. Das hat auch damit zu tun, das sich durch politische Aufklärungsarbeit über die wahren Kosten industriell erzeugter „billiger" Lebensmittel mehr Konsumentinnen und Konsumenten für den Kauf nachhaltig erzeugter Lebensmittel entscheiden.

8.3.3 Lobbyorganisationen der Verbraucherinnen und Verbraucher

Dass der Verbrauch nachhaltig erzeugter Lebensmittel allmählich zunimmt, liegt auch daran, dass sich Verbraucherinnen und Verbraucher von Nahrungsmitteln zunehmend in Verbänden und „Denkfabriken" organisieren, die ihre Interessen in Öffentlichkeit und Politik repräsentieren. Diese wiederum arbeiten in Vereinen, Firmen, Kampagnen und Bündnissen zusammen, die gemeinsame Ziele verfolgen. Der US-amerikanische Genetiker und Mediziner Jonathan Latham spricht von einer weltweiten „Ernährungsbewegung", die „nicht mehr aufzuhalten" sei.[153] Die Organisationsformen der Lobbyorganisationen, die sich für die Interessen von Lebensmittelverbraucherinnen und -verbrauchern engagieren, unterscheiden sich erheblich. Wir differenzieren drei Gruppen: Es gibt Organisationen, die einen Schwerpunkt in der direkten Beratung der Verbraucherinnen haben. Zur zweiten Gruppe gehören Kampagnenorganisationen, die sich in rhetorisch zugespitzten Kampagnen für ihre Ziele einsetzen. Sie sind zugleich Teil einer Aufmerksamkeitsökonomie, die ihren eigenen Dynamiken folgt. Eine dritte Gruppe bilden Organisationen, bei denen Forschung und Vernetzung mit dem Ziel der Information und Politikberatung im Mittelpunkt ste-

[153] Jonathan Latham, Food Liberation.

hen. Im Folgenden möchten wir einige dieser Organisationen vorstellen. Dabei fragen wir nach ihren Zielen und Methoden.

Zur ersten Gruppe zählen wir die „Verbraucherzentralen". Das sind gemeinnützige Vereine, die sich in der Verbraucherpolitik engagieren und sehr beratungsorientiert sind. Sie haben sich 2000 zum Verbraucherzentrale Bundesverband (vzbv) zusammengeschlossen. 2023 gehörten dem Bundesverband 16 Landesverbraucherzentralen sowie 27 weitere Verbände an, die sich in der Verbraucherpolitik engagieren, sowie neun Fördermitglieder.[154] Die Verbraucherzentralen setzen sich für die Rechte der Verbraucherinnen und Verbraucher ein, für faire Märkte und für unbedenkliche Produkte und Dienstleistungen.[155] Ein wichtiges Arbeitsfeld der Verbraucherzentralen ist gesunde Ernährung. So forderte Ramona Popp, die Vorsitzende der Verbraucherzentrale Bundesverband, am 21. Dezember 2022 in der Debatte um die neue Ernährungsstrategie der Bundesregierung „die Abschaffung der Mehrwertsteuer auf pflanzliche Lebensmittel wie Gemüse, Obst oder Hülsenfrüchte. Die Bundesregierung ist am Zug, für ein gesünderes und nachhaltigeres Lebensmittelangebot zu sorgen."[156] Darüber hinaus fordert der Verband gemeinsam mit dem Europäischen Verbraucherverband (BEUC) eine sofortige Ernährungswende, die Nachhaltigkeit bei Lebensmitteln zum Standard macht.[157]

Dieser Dachverband der unabhängigen Verbraucherorganisationen (Bureau Européen des Unions de Consommateurs, The European Consumer Organisation) bündelt deren Aktivitäten auf EU-Ebene. Er wurde 1962 gegründet und hatte 2016 41 Mitgliedsverbände, darunter auch die Verbraucherschutzorganisation der frankophonen Schweiz, aus Deutsch-

[154] Verbraucherzentrale Bundesverband, Jahresbericht 2021, https://www.vzbv.de/publikationen/vzbv-legt-jahresbericht-2021-vor (Abfrage vom 16.2.2023).

[155] Verbraucherzentrale Bundesverband, https://www.vzbv.de – sowie weitere Unterverzeichnisse dieser Website (Abfrage vom 16.2.2023).

[156] Ramona Popp, Verbraucherzentrale Bundesverband, Gesündere und nachhaltige Ernährung ermöglichen, Pressemitteilung vom 21.12.2023, https://www.vzbv.de/pressemitteilungen/gesuendere-und-nachhaltigere-ernaehrung-ermoeglichen (Abfrage vom 16.2.2023).

[157] Verbraucherzentrale Bundesverband, Nachhaltige Ernährungswende jetzt. Forderungen der europäischen Verbraucherorganisation BEUC zur EU-Initiative zu nachhaltigen Lebensmittelsystemen, 24.10.2022, https://www.vzbv.de/meldungen/nachhaltige-ernaehrungswende-jetzt (Abfrage vom 16.2.2023).

land die Stiftung Warentest und der Verbraucherzentale Bundesverband, aus Österreich die Arbeiterkammer und den Verein für Konsumenteninformation.[158] Zur Gruppe mit Beratungsschwerpunkt zählen auch die Ernährungsräte in Deutschland. Seit dem Jahr 2016 haben sich im deutschsprachigen Raum über 40 Ernährungsräte gegründet, die teilweise mit öffentlichen Fördermitteln unterstützt wurden und sich als partnerschaftliches Netzwerk zwischen Politik, Verwaltung, Landwirten, Händlern, Verbrauchern und Gastronomen verstehen. Sie setzen sich für ganzheitliche Strategien ein, die die nachhaltige und lokale Lebensmittelversorgung in den Städten verbessern sollen. Dafür sammeln sie Informationen vor Ort und unterstützen lokale Lieferbeziehungen durch Beratung.[159]

Von den Kampagnenorganisationen, unserer zweiten Gruppe, ist „foodwatch die essensretter" die wohl bekannteste im deutschsprachigen Raum. Dieser gemeinnützige Verein mit Hauptsitz in Berlin wurde 2002 von dem Journalisten Thilo Bode gegründet, der zuvor Geschäftsführer von Greenpeace gewesen war. Zweck des Vereins ist, Verbraucherberatung, Verbraucher-, Umwelt- und Tierschutz und das öffentliche Gesundheitswesen zu fördern. Er befasst sich mit Lebensmittelproduktion, -handel und -dienstleistungen. Und er warnt vor Risiken und Gefahren, die von Lebensmitteln ausgehen. Darüber hinaus will er die Verbraucherrechte stärken und den Verbraucherschutz verbessern. Er kämpft für die Verbesserung der Tiergesundheit bei der Nutztierhaltung und für eine höhere Ernährungsqualität beispielsweise durch eine bessere Kennzeichnung der Produkte. Er leistet auf nationaler, internationaler und europäischer Ebene Lobbyarbeit in Parlamenten und Behörden.[160]

„Slow Food" wiederum ist eine Bewegung, die sich schon durch die Namensgebung gegen industriell produziertes „Fastfood" richtet

[158] Sustainable food made easy. The consumer perspective on the EU Sustainable Food System Framework Initiative, Brüssel 2022, file:///C:/Users/Franz/Downloads/BEUC-X-2022-108_Sustainable_Food_Made_Easy-2.pdf (Abfrage vom 6.2.2025).

[159] Stefan Kreuzberger, Nachhaltiger Konsum, Ernährungsräte, Bundeszentrum für Ernährung (BZfE), 21.8.2019, www.bzfe.de/nachhaltiger-konsum/netzwerke-bilden/ernaehrungsraete/ (Abfrage vom 20.11.2024).

[160] Foodwatch, Über uns, https://www.foodwatch.org/de/ueber-uns/unsere-satzung/ (Abfrage vom 12.1.2022).

und sich für Produktion und bewussten Konsum nachhaltig, regional und in traditioneller Weise erzeugter Lebensmittel einsetzt. Das Leitmotiv ihres Gründers und internationalen Leiters Carlo Petrini lautet: „Gut, sauber, fair". „Slow Food hat sich zum Ziel gesetzt, eine Ernährungswelt zu schaffen, die auf fairen Beziehungen basiert, die biologische Vielfalt, das Klima und die Gesundheit fördert und es allen Menschen ermöglicht, ein Leben in Würde und Freude zu führen. Als globales Netzwerk mit Millionen von Menschen setzt sich Slow Food für gutes, sauberes und faires Essen für alle ein." Die Vielfalt von Menschen, Kulturen und Lebensmitteln soll die Stabilität menschlicher Gesellschaften fördern. Lokale Lebensmittelsysteme sollen die natürlichen Ressourcen schonen, Ökosysteme und Vielfalt der Arten schützen und die Klimaerwärmung verlangsamen. Partnerschaftliche und faire Wirtschaftskreisläufe sollen für mehr soziale Gerechtigkeit sorgen und für gleichberechtigten Zugang der Menschen zu Lebensmitteln, Wasser und Boden. Die 1986 in Nordwestitalien gegründete Organisation hatte Anfang der 2020er-Jahre weltweit etwa 47.000 Mitglieder, drei Viertel von ihnen in Europa, in Deutschland 12.000. Die Bezeichnung „Slow Food" ist als Wort-Bild-Marke geschützt.[161]

Das „Institut für Welternährung" gehört zum dritten Organisationstyp. Es ist eine „Denkfabrik", in der sich Menschen aus unterschiedlichen Bereichen zusammengeschlossen haben, die sich für die Ernährungswende einsetzen: Journalisten, Wissenschaftlerinnen, Praktikerinnen oder interessierte Laien. Es hat keine kommerziellen Interessen, sondern finanziert sich durch Mitgliedsbeiträge, Spenden und Zuwendungen der öffentlichen Hand. Seine Mitglieder haben im Jahr 2013 eine Vision für Ziele formuliert, die in einer Generation – also 2049 – erreicht sein sollen: Dann soll das Menschenrecht auf Nahrung und Trinkwasser in der ganzen Welt verwirklicht und auch für die zukünftigen Generationen gesichert sein. Dabei sollen folgende Grundsätze gewahrt werden: Ernährungssicherheit, Regionalität, Saisonali-

[161] Slow Food Deutschland, Wer wir sind, https://www.slowfood.de/wer-wir-sind/unsere-philosophie (Abfrage vom 5.12.2023), Zitat: ebenda. – Slow Food, Unsere Geschichte, https://www.slowfood.com/de/wir-ueber-uns/unsere-geschichte/ (Abfrage vom 5.12.2023). – Slow Food Deutschland: Ziele, Zahlen und Tätigkeitsfelder auf einen Blick, https://www.slowfood.de/wer-wir-sind/sfd-auf-einen-blick (Abfrage vom 5.12.2023).

tät, Transparenz, Ökologie, nachhaltige Ökonomie, Dauerhaftigkeit, Wertschätzung. Vorzugsweise regional erzeugte Lebensmittel werden auf kurzen Nahrungsketten ohne große Verluste verteilt. Über alle Zusätze bei der Verarbeitung von Lebensmitteln wird informiert. Fleisch und Fisch sind Delikatessen, die aus artgerechter Tierhaltung hervorgehen. Lebensmittel werden so wertgeschätzt, dass kaum noch Lebensmittelabfälle entstehen und krankmachendes Essverhalten nur noch selten praktiziert wird. Die Versorgung mit Lebensmitteln wird vor allem von Gemeinschaftsgärten, Genossenschaften von Erzeugern und Verbrauchern und durch Solidarische Landwirtschaft getragen. Wegen dieser Verknüpfungen ist das Verhältnis von Erzeugern und Verbrauchern von Verantwortung, Respekt und Vertrauen geprägt. Durch die agrarökologische Form des Landbaus und der Viehhaltung will das Institut für Welternährung die Wasserversorgung, die Artenvielfalt und die Fruchtbarkeit des Bodens sichern und die weitere Erwärmung des Weltklimas verhindern. Es erkennt an, dass kleinbäuerliche Betriebe Grundpfeiler der Landwirtschaft sind und eine urbane Landwirtschaft einen wichtigen Teil zur Ernährung der Stadtbevölkerung beiträgt, insbesondere im globalen Süden. Und es tritt dafür ein, dass die Arbeit der Bäuerinnen und Bauern in der Gesellschaft respektiert und gut bezahlt wird.[162]

Ebenfalls, aber nicht nur, als „Denkfabrik" versteht sich die Umweltschutzorganisation „Germanwatch". Dieser gemeinnützige Verein wurde 1991 gegründet und hat seinen Sitz in Bonn. Er setzt sich ein für globale Gerechtigkeit und den Erhalt der Lebensgrundlagen. Schwerpunkte seiner Tätigkeit sind Klimapolitik, Welternährung, Landnutzung, Handel, Unternehmensverantwortung und Nachhaltige Entwicklung. Auf der Grundlage wissenschaftlicher Studien vernetzt Germanwatch die globale und nationale Ebene der Großen Transformation sowie Politik und Zivilgesellschaft.[163]

Die Organisationsformen, die sich für die Interessen von Lebensmittelverbraucherinnen und -verbrauchern engagieren, unterscheiden sich somit erheblich: Kampagnenorganisationen wie Foodwatch oder

[162] Institut für Welternährung, über uns, https://institut-fuer-welternaehrung.org/wir-ueber-uns/vision-und-mission (Abfrage vom 12.1.2022).

[163] Germanwatch, Über uns, https://www.germanwatch.org/de/ueber-uns (Abfrage vom 5.12.2023).

Germanwatch engagieren sich in rhetorisch zugespitzten Kampagnen für ihre Ziele. Sie sind zugleich Teil einer Aufmerksamkeitsökonomie, die ihren eigenen Dynamiken folgt. Dies gilt zwar auch für das Institut für Welternährung, doch stehen hier Forschung und Vernetzung im Zentrum der Arbeit, weniger die maximale Aufmerksamkeit für die eigene Tätigkeit.

8.3.4 Zwischenfazit

Wir haben in diesem Unterkapitel gesehen, dass der Einzelhandel mit ökologisch erzeugten Lebensmitteln in den vergangenen drei Jahrzehnten weit über die ökonomische Nische der Bioläden hinausgewachsen ist. Neben den großen Bio-Supermarktketten führen inzwischen auch die meisten Supermarkt- und Discounterketten Bio-Lebensmittel. Wenn nachhaltig erzeugte Lebensmittel auf geringe Sozialstandards im Vertrieb treffen, fällt dies bei Bio-Supermärkten besonders auf, weil viele ihrer Kundinnen und Kunden bei diesen Akteuren der Transformation auch ein sozial nachhaltiges Geschäftsgebaren erwarten. Doch auch in den 2020er-Jahren entscheiden sich die meisten Verbraucherinnen und Verbraucher von Lebensmitteln für das billigere Produkt. Dies ist zur Mentalität geworden. Jedoch setzen sich auch viele Organisationen und Bewegungen, von denen wir nur einige beispielhaft vorgestellt haben, für einen Wandel der Mentalität der Verbraucherinnen und Verbraucher ein hin zum Konsum nachhaltig erzeugter Lebensmittel.

8.4 Fazit des 8. Kapitels

In diesem letzten Kapitel unseres Buchs haben wir drei Akteursgruppen der deutschen Zivilgesellschaft betrachtet, die sich für eine konsequente Große Transformation der deutschen Landwirtschaft einsetzen: Parteien und Wissenschaft als Vorbereiter, Bewegungen und Lobbygruppen als Aktivisten sowie Einzelhandel und Konsumentinnen, die als Abnehmer landwirtschaftlicher Erzeugnisse den Wandel mitgestalten.

Vorbereitet wird die Transformation durch politische Parteien und Teile der Wissenschaft. Diese streben aus politisch-ethischen Gründen eine nachhaltige Landwirtschaft an und argumentieren mit den Ergebnissen wissenschaftlicher Forschung. Besonders aussichtsreich sind jene transformativen Projekte, in denen beide Fraktionen der Akteurskoalition – konservative Reformer und Anhänger einer grundlegenden Transformation – zusammenarbeiten.

Eng vernetzt mit den „Vorbereitern" der Transformationsarbeit sind die „Aktivisten". Viele dieser Bewegungen und Lobbygruppen konzentrieren sich auf bestimmte Bereiche der Transformation wie Umweltschutz, Tierschutz oder ökologische Landwirtschaft. Andere folgen einer globalen ethischen Verantwortung oder vernetzen einzelne Sektoren und Fraktionen der aktivistischen Kräfte. Eine besondere Rolle unter den „Aktivisten" spielen „Runde Tische" wie die „Zukunftskommission Landwirtschaft" oder der „Strategische Dialog": Sie bringen Vertreterinnen und Vertreter aller beteiligten Akteure zusammen und richten sie auf das gemeinsame Ziel der Großen Transformation der deutschen Landwirtschaft aus – einschließlich der konservativen Reformer.

Alle diese Aktivitäten haben die Nachfrage nach ökologisch erzeugten Lebensmitteln so verstärkt, dass in den frühen 2020er-Jahren ökonomisch starke Akteure im Bio-Lebensmitteleinzelhandel entstanden und sich auch die großen Konzerne der Branche für dieses Segment geöffnet haben. Die vielfältigen Bemühungen jener Organisationen und Bewegungen, die sich für den Konsum nachhaltiger Lebensmittel einsetzen, haben allerdings die Vorherrschaft einer eher preisorientierten Käufermentalität nicht beenden können. Hierzu wären weitere politische Entscheidungen nötig, die ökologisch erzeugte Lebensmittel wirtschaftlich begünstigen und die externalisierten Kosten der industriell erzeugten Lebensmittel berücksichtigen. Doch insgesamt haben die Befürworter und Akteure der Großen Transformation seit den 1990er-Jahren erhebliche Erfolge erzielt und die Grundlage dafür geschaffen, dass die Nachhaltige Entwicklung der deutschen Landwirtschaft zu einem unumkehrbaren gesellschaftlichen Prozess wird.

Fazit des dritten Teils

Im dritten und letzten Teil unserer Analyse haben wir die beiden zivilgesellschaftlichen Grundströmungen der laufenden Transformation der deutschen Landwirtschaft vorgestellt: Die erste dieser beiden Strömungen bilden die eher konservativen Reformer, die an der Verbesserung der industriellen Landwirtschaft arbeiten und dabei nachhaltigere Formen der Landwirtschaft nicht nur zulassen, sondern auch fördern. Die zweite Grundströmung besteht aus jenen gesellschaftlichen Kräften, die an einem grundlegenden Umbau der Landwirtschaft hin zur Nachhaltigkeit arbeiten: Sie sind die Akteure einer Großen Transformation der deutschen Landwirtschaft. Die beiden Flügel der Transformation unterscheiden sich im Wesentlichen darin, wie sie zu den zentralen Instrumenten der industriellen Landwirtschaft stehen: dem massenhaften Einsatz von Pestiziden, von Wirtschaftsdünger aus Massentierhaltung und synthetischen Düngemitteln. Hinzu kommt in jüngerer Zeit die Frage, ob man die Zulassung der „Neuen Gentechnik" in der Landwirtschaft befürwortet oder nicht. Tendenziell setzen die konservativen Agrarreformerinnen und -reformer eher auf technologische und chemische Problemlösungen. Die Befürworter einer Großen Transformation folgen dagegen eher biologischen Ansätzen. Doch nutzen auch sie technische Innovationen sowie geeignete Geräte und Maschinen.

Unter den politischen Parteien gehören die Christlich-Konservativen, die Liberalen und ein Teil der Sozialdemokratie zu den konservativen Agrarreformern. Sie wollen die industrielle Landwirtschaft verbessern und weisen nachhaltigeren Formen des Land- und Gartenbaus eine Nebenrolle zu. Die liberalen Teile dieses Flügels der Akteurskoalition sind für den Abbau öffentlicher Subventionen für die Landwirtschaft und streben nach fairem Wettbewerb auf dem Weltagrarmarkt. Auch christlich-konservative Kräfte der Parteienlandschaft orientieren sich an idealisierten Zielvorstellungen sowie an agrarromantischen, mitunter auch völkischen Positionen. Doch sind alle diese konservativen Kräfte als Agrarreformer einzuschätzen, weil sie die Probleme, die von der industriellen Landwirtschaft ausgehen, nicht leugnen und zu ihrer

Lösung beitragen wollen. Das gilt auch für die Verbände der Landwirtschaft selbst, insbesondere für den Deutschen Bauernverband, obwohl dieser jenseits von „Runden Tischen“ bei konkreten politischen Entscheidungen in der Regel für ein Fortschreiten auf den Wegen der industriellen Agrarwirtschaft eintritt. Ebenso gilt das für jene Landwirtschaftsverbände, die sektorale Interessen verfolgen oder die Aktionen des Deutschen Bauernverbands unterstützen, wie bei den Demonstrationen der Landwirtinnen und Landwirte Anfang der 2020er Jahre.

Vielfältiger ist das Spektrum der zivilgesellschaftlichen Förderer einer Großen Transformation der deutschen Landwirtschaft: Politische Parteien – SPD und Bündnis 90/Die Grünen – bereiten die politisch-administrative Steuerung der Transformation vor. Unterschiedliche Gruppen von Aktivisten wirken aus verschiedensten Perspektiven in Politik und Öffentlichkeit hinein, informieren über die Große Transformation der Landwirtschaft und propagieren sie. Der Lebensmitteleinzelhandel, der die Produkte nachhaltiger Landwirtschaft und jener Stufen der Wertschöpfungskette vertreibt, die ihr nachgeordnet sind, muss sich auf den Märkten behaupten. Und die Konsumentinnen und Konsumenten nachhaltig erzeugter Lebensmittel treffen ihre Kaufentscheidungen bewusst und zahlen die höheren Preise dieser Produkte.

Ganz besonders konstruktive Akteure der Transformation sind die „Runden Tische“ auf nationaler und europäischer Ebene – die „Zukunftskommission Landwirtschaft“ und der „Strategische Dialog“. Bei dieser Form der Zusammenarbeit haben alle relevanten zivilgesellschaftlichen Akteure der Transformation gemeinsame Lösungsansätze gefunden. Sie wurden zwar von der Politik eingesetzt und berichten an sie, doch werden diese Lösungsansätze nur dann verwirklicht werden, wenn ihr Zusammenwirken in den jeweiligen Verbänden gewollt wird und in der tagespolitischen Praxis funktioniert. Die „Große Transformation“ der deutschen Landwirtschaft gelingt immer dann, wenn alle Beteiligten sie entlang der gemeinsam gefundenen Lösungen vorantreiben – allen voran die Landwirtinnen und Landwirte selbst.

Schlussfazit: Sichere Ernährung durch nachhaltige Landwirtschaft

Wir haben in diesem Buch Lösungen für die Probleme gesucht, die von der industriellen Landwirtschaft ausgehen. Dabei haben wir uns an vier Fragen orientiert, die wir nun in einer komprimierten Form beantworten.

I. Warum ist die industrielle Form der Landwirtschaft in Deutschland entstanden und welchen Interessen dient sie?

Thesen

Die industrielle Landwirtschaft ist die Antwort auf die Globalisierung der Agrarmärkte. Sie wird getragen vom Glauben an die Beherrschbarkeit biologischer Prozesse der Nahrungsmittelproduktion. Sie setzt sich ab von den biologischen Methoden älterer Landwirtschaftssysteme und den ökologisch ausgerichteten Formen des Land- und Gartenbaus, die als Antwort auf die Agrarindustrialisierung entstanden sind. Sie dient den Interessen großer Unternehmen – der Industrien des Agrarsektors, insbesondere der chemischen und landtechnischen Industrie, und des Lebensmittelhandels. Und sie dient den Interessen jener Verbraucherinnen und Verbraucher, die möglichst billige Lebensmittel aus aller Welt verzehren wollen.

1. Ernährung, Globalisierung und Politik

Die industrielle Landwirtschaft entstand, um die Ernährung einer rasch wachsenden Bevölkerung durch den Einsatz von Agrarchemie und -technik zu sichern. Und sie entstand, weil wichtige Lebensmittel, insbesondere Getreide, seit der zweiten Hälfte des 19. Jahrhunderts weltweit gehandelt werden konnten. Früh verband sie sich mit der Politik: Die Schutzzollpolitik des Deutschen Reiches folgte den Interessen der vor allem ostelbischen Weizenproduzenten und richtete sich gegen die billigen Getreideimporte aus Übersee, Rumänien oder Russland. Im Zeitalter der Weltkriege wurde die staatliche Lenkung der Landwirtschaft umfassend, wenn sie auch nicht verhindern konnte, dass zu wenig Lebensmittel produziert wurden, um die Bevölkerung des Deutschen Reiches und der Habsburger Monarchie zu ernähren. Im Zweiten Weltkrieg nahm die staatliche Kontrolle totalitäre Formen an. Die Nationalsozialisten überhöhten das Bauerntum im Sinne ihrer rassistischen und völkischen Ideologie, zwangen die Landwirte aber dennoch in ein umfassendes System von Planung und Kontrolle. Die enge Bindung von Politik und Landwirtschaft setzte sich seither fort als staatliche und suprastaatliche Subventionspolitik. Oberstes Ziel dieser Politik war und ist es, die Ernährung der heimischen Bevölkerung zu sichern. Dabei setzte sie zunächst auf eine konsequente Industrialisierung der Landwirtschaft. Erst seit den 1990er-Jahren fördert sie auch ökologischen Land- und Gartenbau.

2. Gewerbliche und kommerzielle Akteure des Agrarsektors als Förderer der industriellen Landwirtschaft

Aber auch wirtschaftliche Akteure, die keine Landwirtschaft betrieben, prägten die Agrarindustrialisierung in hohem Maße: die großen Produktions- und Handelsunternehmen, die der Landwirtschaft vor- und nachgelagert sind. Ihre Marktmacht und ihre Lobbyarbeit sorgten für den fortgesetzten Zufluss öffentlicher Finanzmittel in den Agrarsektor und die mit ihm verbundenen außeragrarischen Betriebe. Die industrielle Landwirtschaft und die Industrie- und Handelskonzerne, die sie förderten, übten auch einen starken Einfluss auf die agrarwissenschaftliche Forschung und die Ausbildung des landwirtschaftlichen Nachwuchses aus. Auf diese Weise wurde die industrielle Landwirtschaft zur dominierenden, zur „konventionellen" Form der Landwirtschaft.

3. Die Rolle der Konsumentinnen und Konsumenten

Die Verbraucherinnen und Verbraucher von Nahrungsmitteln gewöhnten sich seit den 1960er-Jahren an immer billigere und zugleich scheinbar hochwertige Lebensmittel. Für die niedrigen Preise sorgten die planmäßig herbeigeführte Überproduktion, die Selbstausbeutung der Landwirtinnen und Landwirte sowie der Preiskampf der Großkonzerne des Lebensmittel- und Landhandels. Erst nach zahlreichen Nahrungsmittel- und Tierwohlskandalen und angesichts der wachsenden Kritik weiter Teile der Zivilgesellschaft an den schädlichen Folgen der industriellen Landwirtschaft für Umwelt, Tier und Mensch rückten die politischen Entscheiderinnen und Entscheider von ihrer einseitigen Agrarindustrialisierungspolitik etwas ab und förderten auch nachhaltige Formen der Landwirtschaft und Maßnahmen des Umwelt- und Naturschutzes.

Resümee

Die industrielle Form der Landwirtschaft entstand somit als Reaktion auf die große Nachfrage einer wachsenden Bevölkerung nach Lebensmitteln und auf die erste Globalisierung der Getreidemärkte. Sie dient dem Interesse zahlreicher Konsumentinnen und Konsumenten an billigen Lebensmitteln, den Interessen jener Unternehmen, die die Landwirtschaft mit Betriebsmitteln versorgen, und anderer, die ihre Erzeugnisse weiterverarbeiten und vermarkten. Und sie dient den Interessen einer Minderheit der Landwirtinnen und Landwirte, deren Betriebe strukturell die Voraussetzungen für eine Industrialisierung der Produktion am besten erfüllen. Seit Mitte des 20. Jahrhunderts wurde sie politisch gewollt. Ihr Motor sind die exzessive Nutzung fossiler Energien und andere Formen des Raubbaus an natürlichen und gesellschaftlichen Ressourcen sowie ein freier Bodenmarkt mit unregulierten Wachstumsmöglichkeiten für Großbetriebe.

II. Welche Schäden richtet die industrielle Landwirtschaft an?

Thesen

Die industrielle Landwirtschaft schädigt die Lebensgrundlagen Wasser, Boden, vielfältige Ökosysteme und ein für Menschen erträgliches Klima. Sie schädigt ihre Nutztiere, die menschliche Gesundheit und den sozialen Zusammenhalt der ländlichen Gesellschaft.

1. Lebensgrundlagen

Die industrielle Landwirtschaft verschwendet und verschmutzt Wasser im großen Stil. Dabei ist Wasser die grundlegende Voraussetzung dafür, dass Leben überhaupt existieren kann – und ist daher manchen Kulturen heilig. Sie schädigt die Fähigkeit der Ackerböden, Wasser zu speichern und zerstört fruchtbare Böden durch Erosion, Überdüngung, Bodenverdichtung und synthetische Pestizide. Sie schädigt das Bodenleben und schwächt dadurch die natürliche Fruchtbarkeit des Bodens. Die industrielle Landwirtschaft bedroht die Vielfalt der Kulturpflanzen und Nutztiere und damit ihre Widerstandskraft gegen Schädlinge und Krankheiten. Sie schädigt zahlreiche Ökosysteme, die für das Überleben der Menschen unverzichtbar sind und dezimiert viele Arten von Lebewesen. Und sie gefährdet die menschliche Zivilisation, indem sie maßgeblich zur raschen Erwärmung des Weltklimas beiträgt.

2. Gesundheit von Nutztieren und Menschen

Die industrielle Landwirtschaft fügt vielen ihrer Nutztiere durch nichtartgerechte Haltungsformen unvorstellbare Qualen zu. Da ihnen systembedingt große Mengen Antibiotika verabreicht werden, verlieren diese Medikamente zunehmend ihre Wirksamkeit, weil sich resistente und multiresistente Keime entwickeln. Besonders die multiresistenten Keime werden zu einer Bedrohung für die menschliche Gesundheit. Rückstände dieser und weiterer Arzneimittel, die in der industriellen Tierhaltung eingesetzt werden, sowie synthetischer Pestizide und Düngemittel in Wasser, Nahrungspflanzen und tierischen Produkten schädigen die Gesundheit der Menschen.

3. Soziale, wirtschaftliche und kulturelle Schäden

Gravierend sind auch die negativen gesellschaftlichen Folgen der Agrarindustrialisierung: Die ländlichen Räume sind sozial, wirtschaftlich und kulturell verarmt. Die Siedlungen haben ihren bäuerlichen Charakter und ihre ökonomisch-kulturelle Vielfalt verloren. Die industrielle Landwirtschaft ist nur deshalb betriebswirtschaftlich erfolgreich, weil sie nicht nur von Staat und Europäischer Gemeinschaft hoch subventioniert wird, sondern auch die Kosten für die Bereinigung der Schäden, die sie verursacht, auf Umwelt, Klima und andere Weltregionen abwälzt. Die Landwirtinnen und Landwirte selbst erleiden gesundheitliche Schäden durch hohen Arbeitsdruck, Existenznöte und den Umgang mit gefährlichen Stoffen. Die meisten von ihnen haben bereits ihre wirtschaftliche Existenz verloren. Immer mehr geben auf.

Von den hohen Summen, die Staaten und der Suprastaat EWG-EG-EU für die Landwirtschaft aufbrachten, profitierten vor allem relativ wenige große landwirtschaftliche Betriebe. Dies verstärkte den Prozess der Verdrängung kleinerer und mittlerer Betriebe. Der Deutsche Bauernverband vertrat die Interessen dieser Mehrheit seiner Mitglieder nur sehr eingeschränkt, er stärkte vielmehr den politischen Kurs einer Agrarindustrialisierung im Interesse der Großlandwirtschaft und der Industrie- und Handelsunternehmen, die mit ihr verbunden sind.

Resümee

Die Transformation der industriellen Landwirtschaft hin zu einer nachhaltigen Wirtschaftsweise ist unbedingt nötig, weil sie große Schäden anrichtet. Sie zerstört die Grundlagen der menschlichen Zivilisation und ihrer eigenen Existenz. Damit bedroht die fortschreitende Industrialisierung der Landwirtschaft auch die Ernährungssicherheit und tragende Gesellschaftsstrukturen im ländlichen Raum.

III. Welche Wege werden beschritten, um die überwiegend industrielle in eine nachhaltige Agrarwirtschaft umzubauen?

Thesen

Viele Wege werden beschritten, um die Landwirtschaft nachhaltig zu entwickeln und die Versorgung mit Nahrung auch langfristig zu sichern. Dabei gibt es drei Hauptrichtungen: die Ökologisierung der industriellen Landwirtschaft; den ökologischen Land- und Gartenbau; die nachhaltige Land- und Gartenwirtschaft jenseits des ökologischen Landbaus.

1. Ökologisierung der industriellen Landwirtschaft

Der einfachste erste Schritt der Transformation ist die Ökologisierung der industriellen Landwirtschaft. Dabei brauchen die Betriebe das System, in dem sie arbeiten, nicht grundlegend zu ändern. Sie setzen auf die weitere Verbesserung der Agrartechnik und nehmen lediglich ein paar besonders wirksame Veränderungen ihrer bisherigen Arbeitsweise vor: Sie wenden die „Gute fachliche Praxis“ ihres Berufs konsequent an, zu der sie gesetzlich verpflichtet sind. Sie setzen dort Präzisionslandwirtschaft ein, wo es ressourcenschonend und ökologisch sinnvoll ist. Sie betreiben eine artgerechtere Tierhaltung mit großzügigen Ställen, viel Auslauf und selbst erzeugtem Futter. Dadurch sind ihre Tiere gesünder, und die Betriebe sparen zudem hohe Kosten für tiermedizinische Behandlungen. Zur Rettung der Böden und zum Schutz des Wassers können zurückhaltende Düngung und stark reduzierter Pestizideinsatz erheblich beitragen. Besonders konsequent bei der Ökologisierung ist die „Hybrid-Landwirtschaft". Sie verbindet mit dem Anbau von Kleegras als Dünge- und Futtermittel ein wichtiges Element des ökologischen Landbaus mit industrieller Landwirtschaft. Europäische Union, Bund und Länder könnten derartige Maßnahmen mit den bewährten Instrumenten der Förderung des Ökolandbaus ohne großen Verwaltungs- und Kontrollaufwand gezielt fördern.

2. Ökologischer Land- und Gartenbau

Entscheidend aber wird die rasche Ausweitung nachhaltiger Landwirtschaftssysteme sein, die konsequent auf Natur- und Umweltschutz setzen und ihre Anbautechniken ständig weiterentwickeln. Eine zentrale Rolle spielt dabei der ökologische Landbau. Er ist bereits in der Anfangszeit der Agrarindustrialisierung entstanden, als Gegenbewegung zur technisch und chemisch ausgerichteten industriellen Landwirtschaft. Die verschiedenen Varianten des ökologischen Landbaus nutzen biologische Kreisläufe, pflegen die Böden und erhalten ihre Fruchtbarkeit. Sie halten Nutztiere artgerecht und füttern sie vorwiegend mit Pflanzen, die im eigenen Betrieb angebaut werden. Sie verzichten auf synthetisch hergestellte Mineraldünger und synthetische Pestizide. Durch ihre Wirtschaftsweise fördern sie die Vielfalt der Arten und den Reichtum genetischer Varianten von Nutztieren und Kulturpflanzen. Der Ökolandbau ist auch ein Innovationstreiber für eine Ökologisierung der konventionellen Landwirtschaft, denn für den Ökolandbau entwickelte Verfahrens- und Anbautechniken werden auch in Betrieben angewandt, die bisher ausschließlich auf eine weitere Industrialisierung ihrer Produktion gesetzt haben. Beispielhaft seien hier der biologische Pflanzenschutz und die Entwicklung modernster Hack- und Striegeltechnik für die Unkrautregulierung genannt, die schon jetzt zur Minderung des Pestizideinsatzes in der konventionellen Landwirtschaft beitragen. Ihre Produkte sind besonders gesund, weil sie weniger schädliche Rückstände enthalten. Den Mindeststandard ökologischer Landwirtschaft gibt die Europäische Union vor. Die Standards einzelner Verbände sind strenger und werden konsequent kontrolliert.

3. Nachhaltige Land- und Gartenwirtschaft jenseits des ökologischen Landbaus

Auf weitere Lösungen der aktuellen Probleme der Landwirtschaft verweist ein Blick auf 12.000 Jahre organische Landwirtschaft und die nachhaltigen Landbausysteme, die unsere Vorfahren weltweit hervorgebracht haben.[1] Ihnen ist es gelungen, eine stark wachsende Bevölkerung zu ernähren und zugleich die Bodenfruchtbarkeit nicht nur zu erhalten, sondern sogar zu verbessern. Zu diesen historischen Formen der organischen Landwirtschaft gehört nicht zuletzt die „Terra Preta de Indio“. Diese Böden werden von Menschen mithilfe von Pflanzenkohle, Pflanzenresten und organischem Dünger erzeugt und sind sehr fruchtbar. Sie können in der Regenerativen Landwirtschaft eingesetzt werden und dabei helfen, degenerierte Böden wieder fruchtbar zu machen. Eine Land- und Gartenbauwirtschaft, die diese Böden nutzt, ist sehr produktiv und sorgt dafür, dass große Mengen Kohlenstoff auf Dauer in den Böden gespeichert bleiben.

Auf nachhaltige Weise erzeugen auch Agroforstsysteme Nahrungsmittel. Sie nutzen die positiven Wechselwirkungen zwischen Bäumen und landwirtschaftlichen und gartenbaulichen Kulturen. Die nachhaltige Weidewirtschaft produziert Fleisch und Milch. Sie erhöht die Fruchtbarkeit des Bodens und bremst zugleich die Klimaerwärmung, indem sie mehr Klimagase im Boden speichert, als Tiere und Böden in die Atmosphäre entlassen. In noch stärkerem Maße gilt dies für die Paludikultur – die landwirtschaftliche Nutzung wiedervernässter Moore. Sie leistet darüber hinaus einen großen Beitrag zur Stärkung der Artenvielfalt. Wiedervernässte Moore stoppen die starken Emissionen von CO_2, die von trockengelegten Moorböden ausgehen und wirken auf diese Weise gegen Dürren und Hochwassergefahr zugleich. Eine Vielzahl von gärtnerischen und landwirtschaftlichen Produktionsmethoden

[1] Markus Cerman, Ilja Steffelbauer, Sven Tost (Hgg.), Agrarrevolutionen. Verhältnisse in der Landwirtschaft vom Neolithikum zur Globalisierung.

kombiniert schließlich die vor einigen Jahrzehnten entwickelte „Permakultur“ und die Regenerative Land- und Gartenwirtschaft. Sie verbinden verschiedene Formen ökologischen Land-, Garten- und Waldbaus sowie artgerechter Tierhaltung in Kreislaufsystemen, die sich wechselseitig stützen. Alle diese Agrar- und Gartensysteme, zu denen auch Markt- und Stadtgärten gehören, sind biologisch sehr produktiv, häufig deutlich mehr als die industrielle Landwirtschaft. Sie sind nachhaltig und wirken gegen Wasserverlust, Bodenzerstörung, Erderwärmung und Artensterben.

Resümee

Nachhaltig wirtschaften somit der ökologische Landbau und solche Betriebe, die außerhalb von dessen Kontrollsystemen ökologisch arbeiten. Agroforstsysteme und nachhaltige Weidewirtschaft sind ökologisch und ökonomisch sehr effizient und erfordern einen geringen Einsatz von Arbeitskraft und Betriebsmitteln. Für besonders hohe Produktivität sorgen der Einsatz von Terra Preta oder einfach nur von Pflanzenkohle in allen denkbaren land- und gartenbaulichen Bereichen sowie Stadt- und Marktgärten und die Permakultur.

IV. Wer setzt sich für die Transformation der deutschen Landwirtschaft hin zur Nachhaltigkeit ein?

Thesen

Die meisten Akteure der Agrarwirtschaft behaupten, sich zumindest im Prinzip für eine nachhaltige Wirtschaftsweise einzusetzen. Nicht immer hält diese Selbsteinschätzung einer kritischen Bestandsaufnahme stand. Wie bei den Wegen der Transformation kann man auch bei jenen, die diesen Wandel vollziehen, fördern und propagieren, zwei Richtungen unterscheiden: Konservative Reformkräfte setzen auf technische Verbesserungen der industriellen Landwirtschaft. Förderer einer grundlegenden Transformation der Landwirtschaft hin zur Nachhaltigkeit nutzen die vielfältigen biologischen Wirkungszusammenhänge.

1. Staat und Suprastaat als konservative Reformer und als Förderer der Transformation

Der deutsche Nationalstaat und die Staatengemeinschaft Europäische Union sind zentrale Akteure von Reform und Transformation der Landwirtschaft. Sie setzen den rechtlichen Rahmen, in dem sie stattfindet und stellen finanzielle Förderung zur Verfügung. Seit der Mitte des 20. Jahrhunderts förderten sie jahrzehntelang die industrielle Landwirtschaft mit dem Fokus auf die Herstellung möglichst billiger Nahrungsmittel für die Bevölkerung. Doch mit dem steigenden gesellschaftlichen Bewusstsein für Umweltschutz und gesunde Ernährung in den 1990er-Jahren wurden sie zunehmend zu Akteuren einer konservativen Reform der Agrarwirtschaft. Beispiele auf EU-Ebene sind der Green Deal und die Farm-to-Fork-Strategie. Die Zukunftskommission Landwirtschaft zeigte, dass sich alle wichtigen Akteure beider Richtungen der Transformation auf Wege nachhaltiger Entwicklung einigen können. Angesichts weltpolitischer und wirtschaftlicher Krisen wurden Schritte hin zur Nachhaltigkeit dort wieder zurückgenommen, wo die Verfechter der industriellen Landwirtschaft hinreichend öffentlichen Druck für ihre Interessen aufbauten. Insgesamt bleibt es dennoch im Wesentlichen bei den inzwischen erreichten Standards landwirtschaftlicher Ökologisierung, die allerdings nach wie vor dem Ausmaß der Problemlagen, mit denen die Landwirtschaft belastet ist, nicht gerecht werden.

2. Konservative Reformkräfte

Zu den konservativen Reformkräften in Deutschland gehören verschiedene politische Parteien. CDU und CSU setzen auf den wettbewerbsfähigen bäuerlichen Familienbetrieb und zugleich auf eine weitere Technisierung der Landwirtschaft. Insbesondere befürworten sie die Anwendung der „Neuen Gentechnik" und der Präzisionslandwirtschaft. Auch die FDP und Teile der SPD vertreten diese Positionen. Die Programme der AfD wenden sich dagegen grundsätzlich gegen die Gemeinsame Agrarpolitik und die Nachhaltige Entwicklung der Landwirtschaft. Wichtige Akteure der konservativen „Kleinen" Transformation sind die Verbände der Landwirtschaft, allen voran der Deutsche Bauernverband, in dem nach wie vor die überwältigende Mehrheit der deutschen Landwirtinnen und Landwirte organisiert ist, aber auch kleinere Verbände, die sich zum Teil mit Spezialthemen befassen. Der DBV hat die deutsche Agrarpolitik seit seinen Anfängen maßgeblich begleitet und sich für konservative Reformen geöffnet. Letzteres gilt auch für kleinere Verbände wie den Bund deutscher Milchviehhalter.

3. Akteure einer grundlegenden Transformation der Landwirtschaft

Für eine grundlegende Große Transformation der Agrarwirtschaft hin zur Nachhaltigkeit, die über Versuche, die industrielle Landwirtschaft zu verbessern, weit hinausgeht, arbeiten neben vielen engagierten Landwirtinnen und Gärtnern vor allem drei zivilgesellschaftliche Akteursgruppen: Vorbereiter, zu denen wir Teile der Parteienlandschaft und transformative Forschungseinrichtungen zählen, Aktivisten in Bewegungen und Lobbygruppen und die Abnehmerseite mit dem Einzelhandel und den Konsumentinnen. In der Parteienlandschaft finden wir Befürworter einer grundlegenden Transformation vor allem bei Bündnis90/Die Grünen und bei großen Teilen der SPD. Besonders die Grünen zeigen in ihrer agrarpolitischen Ausrichtung, dass sie ihre Wurzeln in der deutschen Umweltbewegung haben. Auch öffentliche Forschungseinrichtungen gewinnen immer mehr an Bedeutung für eine grundlegende Transformation. Besonders deutlich zeigt sich das an der Entwicklung des Fachbereichs Ökologische Agrarwissenschaften der Universität Kassel am Standort Witzenhausen. Neue zivilgesellschaftliche Forschungseinrichtungen wie der Ableger des Forschungsinstituts für biologischen Landbau in Deutschland unterstützen die Transformation ebenso wie viele zivilgesellschaftlich organisierte wissenschaftsorientierte Kampagnen. Auch die Befürworter einer grundlegenden Transformation der Landwirtschaft haben inzwischen Lobbygruppen für ihre Ziele gegründet. Diese verfügen zwar nicht über die finanziellen Möglichkeiten der Lobbyisten der Agrarindustrie und der von ihr unterstützen Verbände, doch entfalten sie inzwischen auch eine gewisse Wirkmächtigkeit. Wir zählen dazu die Verbände des Ökolandbaus, Umweltschutz und Naturschutzorganisationen, aber auch religiös motivierte Gruppen und übergreifende Bündnisse und Foren.

Und schließlich sind alle Menschen, die Nahrungsmittel benötigen und sich täglich für den Kauf gesunder und nachhaltig erzeugter Lebensmittel entscheiden, eine bedeutende Gruppe, die die Große Transformation der Landwirtschaft vorantreibt. Sie tun das, obwohl nachhaltig erzeugte Lebensmittel am Markt in der Regel teurer sind als die Produkte aus der industriellen Landwirtschaft. Mehrfach haben wir in unserer Untersuchung darauf hingewiesen, dass die Ursachen für die Preisunterschiede durch die Vergesellschaftung der Folgekosten der industrialisierten Landwirtschaft hervorgerufen werden. Bei einer volkswirtschaftlichen Vollkostenberechnung sind nachhaltig erzeugte Lebensmittel günstiger.

Resümee

Die Nachhaltige Entwicklung der deutschen Landwirtschaft gelingt, wenn alle Akteursgruppen der Transformation zusammenwirken: die Praktikerinnen und Praktiker in den Betrieben, die Akteure in Staat und Suprastaat, die Lobbyorganisationen der verschiedenen Akteursgruppen und die Konsumentinnen und Konsumenten. In der Zukunftskommission Landwirtschaft haben sie sich zusammengefunden und Lösungen erarbeitet, die allen Akteuren des Agrarsektors und den Konsumentinnen und Konsumenten gerecht werden und den Agrarsektor so umgestalten können, dass die Lebensgrundlagen erhalten bleiben und gestärkt werden. Dabei ist es wichtig, dass die volkswirtschaftlichen Kosten der industrialisierten Landwirtschaft offengelegt und transparent gemacht werden.

Schlusswort

Damit sind wir am Ende unserer Analyse angekommen und halten fest: Es gibt viele Argumente für die Prognose, dass industrielle Landwirtschaft die Ernährung der Bevölkerung nicht mehr lange wird sichern können. Aus unserer Sicht werden auch die Versuche der konservativ-reformerischen Akteure des Wandels, die schädlichen Auswirkungen der industriellen Landwirtschaft deutlich zu mindern, nicht hinreichend erfolgreich sein. Erfolgversprechend sind dagegen die zahlreichen erprobten Formen nachhaltiger Landwirtschaft, die wir in unserem Buch vorgestellt haben. Deren biologische und wirtschaftliche Effizienz ist erwiesen. Sie sollten die industrielle Landwirtschaft rasch ersetzen. Die Hybrid-Landwirtschaft und andere Mischformen von ökologischer und industrieller Landwirtschaft können hier als Brücke dienen. Jenseits der ökologischen Landwirtschaft wirtschaften bereits in unserer Gegenwart viele Kleinbauern und Gärtnerinnen nachhaltig – in Deutschland, auf das wir in diesem Buch unser Hauptaugenmerk gerichtet haben, vor allem aber in anderen Weltregionen, in Asien, Afrika und Lateinamerika. Nur eine nachhaltige Landwirtschaft sichert langfristig Ernährung und Lebensgrundlagen der kommenden Generationen.

Politische Agenda

Was ist nun zu tun? Welche politischen Schlussfolgerungen ziehen wir aus den Ergebnissen unserer Analyse? In den wissenschaftlichen Teilen unseres Buchs haben wir begründet, warum der Umbau der industriellen Landwirtschaft hin zur Nachhaltigkeit geboten ist: Weltweit ist der Agrarsektor für den Ausstoß von etwa einem Drittel der klimaschädlichen Emissionen verantwortlich, wenn man alle wichtigen Wertschöpfungsketten berücksichtigt, mit denen die Landwirtschaft verbunden ist. Die schädliche Wirkung trockengelegter Moore auf Klima, Wasserhaushalt und Artenvielfalt ist vielen nicht bewusst. In Deutschland werden sie in der Regel landwirtschaftlich genutzt. Darüber hinaus schädigt die industrielle Landwirtschaft massiv Böden, Wasser und die lebensnotwendige Vielfalt der Arten. Aus all diesen Gründen müssen politische Entscheidungsträger ihre Möglichkeiten nutzen, die Ökologisierung der Landwirtschaft zu stärken und immer wieder neu zu justieren. In diesem kurzen politischen Abschnitt unseres Buchs formulieren wir deshalb einige Forderungen an die Politik, die ihr helfen sollen, ihren Beitrag für die notwendige Transformation des Agrarsektors zu leisten. Dies kann durch Gesetze und Verordnungen geschehen, aber auch durch öffentliche Finanzmittel, Information, Ausbildung, Forschung und Lehre.

Daher machen wir im Folgenden Politik und Öffentlichkeit einige Vorschläge, wie die nächsten Schritte der Großen Transformation der deutschen Landwirtschaft hin zur Nachhaltigkeit aus unserer Sicht aussehen sollten. Dabei gehen wir in vier Schritten vor: Wir müssen weitere Erkenntnisse sammeln. Auf der Grundlage unserer Erkenntnisse müssen wir das Regelwerk für die Landwirtschaft ständig weiterentwickeln. Dann müssen wir kontrollieren, ob diese Regeln eingehalten werden. Und schließlich müssen wir alle Arbeitsweisen und Verfahren in der Landwirtschaft fördern, die den Prozess der ökologischen Transformation voranbringen.

I. Weitere Erkenntnisse sammeln

Wir brauchen mehr Wissen über nachhaltige Land- und Gartenwirtschaft, über die nachhaltige Weiterverarbeitung von Lebensmitteln, gesunde Ernährung, die Wechselwirkungen von Landwirtschaft, Ökosystemen, Böden, Wasserhaushalten, Wetter und Klima. Und diese Erkenntnisse müssen gelehrt und verbreitet werden, bis sie zum Allgemeingut werden.

1. Forschung und Lehre verbessern

Um die allgemeinen Kenntnisse über nachhaltige Garten- und Landwirtschaft sowie gesunde Ernährung zu verbessern, sollten Deutschland und die Europäische Union die Forschung und die Ausbildung von Expertinnen und Experten sowie die Lehre und den breiten Unterricht auf diesen Gebieten viel stärker fördern als bisher. Dabei sollten systemische und fachübergreifende Ansätze aus Agrar-, Ernährungs- und Sozialwissenschaften besonders beachtet werden. Für die Allgemeinbildung geeignete Grundkenntnisse sollten bereits in Kindergärten, allgemeinbildenden Schulen und in der Erwachsenenbildung anschaulich und praktisch vermittelt werden. Neue Erkenntnisse über nachhaltige Land- und Gartenbausysteme müssen rasch in den Lehrplänen von Hoch-, Fach- und Berufsschulen verankert werden. Die einschlägigen staatlichen Forschungsinstitute müssen finanziell so ausgestattet werden, dass sie auf Forschungsgelder der chemischen und pharmazeutischen Industrie nicht mehr angewiesen sind. Die Auswirkungen von Pestiziden und synthetischen Düngemitteln auf die menschliche Gesundheit müssen systematisch und unabhängig von den Herstellern erforscht werden.

2. Erkenntnisse und Handlungsoptionen gemeinsam mit betroffenen Landwirtinnen und Landwirten entwickeln und verwirklichen

Ohne die betroffenen Landwirtinnen und Gärtner wird die Transformation der deutschen Landwirtschaft hin zur Nachhaltigkeit in ihren Anfängen steckenbleiben. Neue Erkenntnisse, die in ihrem Sinne wirken sollen, müssen daher nicht nur mit den Betroffenen beraten, sondern auch gemeinsam mit ihnen entwickelt werden. Dies entspricht – nun in nationaler Perspektive – dem Ansatz, den der Weltagrarbericht des

Weltagrarrats und der Weltbiodiversitätsrat global verfolgen. Es gibt in Deutschland mittlerweile sehr erfolgreiche Projekte wie das Praxisforschungsnetzwerk für ökologischen Land- und Gartenbau in Hessen oder das Netzwerk der Leitbetriebe Ökologischer Landbau in Nordrhein-Westfalen, bei denen Landwirtinnen und Landwirte gemeinsam mit Beratungsinstitutionen und Forschungseinrichtungen an wichtigen Fragestellungen arbeiten und forschen. Durch die Einbeziehung der Praxis schon bei der Ermittlung von wichtigen Fragestellungen und die Verlagerung von Forschung direkt auf landwirtschaftliche Praxisbetriebe wird der Wissenstransfer in die Praxis beschleunigt. Beispielhaft nennen wir an dieser Stelle zwei Projekte aus dem Praxisforschungsnetzwerk (PFN) in Hessen: Im Projekt „Ökoboden4Resilienz" geht es um die Auswirkung von Kompost in Kombination mit Zwischenfrüchten auf die Wasserhaltekapazität des Bodens und den Humusaufbau. In einem weiteren Projekt mit Namen „Umkreis" geht es um den Einfluss von Umbruchverfahren bei verschiedenen Zwischenfruchtmischungen auf den Humusaufbau und die Bewahrung des Stickstoffs im System Boden-Pflanze. Praxisforschungsnetzwerke brauchen besonders in der Anfangsphase finanzielle Unterstützung durch die öffentliche Hand.

Auch bei dem Bemühen um eine Wiedervernässung und Neunutzung von Mooren wurden mit der Einbeziehung der Praxis in Deutschland erste gute Erfahrungen gemacht. Um betroffene Landwirtinnen und Landwirte bei der Wiedervernässung von Mooren mitzunehmen, ist es entscheidend, dass die Betroffenen bei der Entwicklung von geeigneten Maßnahmen beteiligt werden. Beispiele für eine angepasste Moorbewirtschaftung sind: Wasserbüffelhaltung für die Fleisch- und Milchproduktion, Torfmoose können Torf für den Gartenbau ersetzen, Heu von nassen Mooren kann als Tierfutter dienen, Moorgräser als Brennstoff, Schilf und Reet als Baumaterial, Rohrkolben für nachhaltiges Verpackungsmaterial verwendet werden. Entscheidend für eine erfolgreiche Transformation ist aber auch, dass für Mindereinnahmen bei der Nutzungsumstellung ein finanzieller Ausgleich garantiert wird.

3. Externalisierte Kosten ermitteln

Wir haben immer wieder darauf hingewiesen, dass die Preisgestaltung der Märkte im Bereich der Ernährungswirtschaft und der Landwirtschaft nicht die tatsächlichen Kosten für die Gesellschaft abbilden. Dazu gibt es zwar bereits vielfältige Studien und Hinweise, doch müssen weitere folgen, damit der jeweils aktuelle Stand der Forschung bei den Rahmensetzungen durch die Politik berücksichtigt werden kann. Bisher werden die Umweltschäden, die durch die industrielle Landwirtschaft verursacht werden, in der Regel von der Gemeinschaft oder überhaupt nicht bezahlt. Das führt zu einem Preisvorteil für Produkte, die unter diesen Bedingungen erzeugt wurden und entsprechend billig am Markt angeboten werden. Im Umkehrschluss entsteht dabei ein Nachteil für umweltfreundlich erzeugte Produkte. Ein Durchsetzen des Verursacherprinzips könnte hier Abhilfe schaffen, erfordert aber das entsprechende Wissen und eine möglichst aktuelle Datenlage. Auch in einer Marktwirtschaft verfügt die Politik über Möglichkeiten, den Wettbewerb zwischen den Anbaumethoden gerechter zu machen. Mögliche Instrumente sind eine Pestizidsteuer oder Pestizidabgabe, gestaffelt nach dem möglichen Risiko einer negativen Umweltbeeinflussung. Auch eine Stickstoffsteuer oder Stickstoffabgabe führt mit hoher Sicherheit zu einem Rückgang der Düngungsintensität. Der Punkt, ab dem ein höherer Nitrat-Düngereinsatz keinen wirtschaftlichen Nutzen mehr einbringt, wäre dann entsprechend früher erreicht. In Dänemark sind auf diese Weise schon erste Erfolge zu verzeichnen. Ähnliche Maßnahmen könnte man für den Schutz von Boden, Wasser, Artenvielfalt und eines erträglichen Klimas ergreifen.

4. Verbraucherinnen und Verbraucher in den Transformationsprozess einbeziehen

Verbraucher müssen in den Transformationsprozess unbedingt einbezogen werden. Ihr Einfluss, diesen Prozess über das Kauf- und Konsumverhalten zu beschleunigen, wird allerdings oft überschätzt. Viele Untersuchungen belegen, dass Konsumentinnen und Konsumenten durchaus eine hohe Bereitschaft haben, den Transformationsprozess durch ihren Einkauf zu unterstützen. In der Praxis zeigt sich jedoch, dass die tatsächliche Umsetzung hinter diesen Bekundungen deutlich zurückbleibt. Man nennt das auch die „Bürger-Konsumenten-Lücke". Die Gründe dafür sind vielfältig, aber einige können durch politische Maßnahmen verändert werden. Da der Preis am Einkaufsort, egal ob Lebensmitteleinzelhandel, Restaurant oder Kantine, ein wesentlicher

Entscheidungsgrund ist, wird immer wieder auf die günstigeren Produkte zugegriffen. Wir haben mehrfach darauf hingewiesen, dass dort, wo ein Großteil der entstandenen Kosten auf Umwelt, Klima und Gesellschaft abgewälzt wird, keine faire Preisgestaltung stattfindet. Wo es nicht möglich ist, alle tatsächlichen Kosten zu berücksichtigen, kann der Staat in die Preisgestaltung eingreifen – indem er beispielsweise eine Pestizid- und Stickstoffsteuer erhebt. Eine Verteuerung dieser Produktionsmittel führt zu einem Rückgang des Verbrauchs und einer Verteuerung des Endproduktes. Eine andere Möglichkeit wäre, die Umsatzsteuer für besonders umweltfreundlich produzierte Lebensmittel zu senken. Generell könnten Abgaben auf Produkte erhoben werden, deren Produktion besondere Umweltbelastungen verursacht. Diese Maßnahmen haben keine hohe Akzeptanz bei den politischen Entscheidungsträgern und Konsumentinnen und Konsumenten. Die zähen Diskussionen um die Verbrauchssteuer für Fleischprodukte im Rahmen der Vorschläge der Borchert-Kommission zeigen exemplarisch, welche Widerstände es hier in Politik und Gesellschaft gibt. Daher müssen sie von einer wissenschaftlich fundierten Aufklärung der Bevölkerung begleitet werden.

II. Regeln

Erkennen kann gesellschaftlichen Wandel bewirken, wenn es zu verändertem Handeln führt. Aufgabe und Kompetenz der Politik ist es, im Interesse des Gemeinwesens Erkenntnis in allgemeingültige Regeln zu fassen, in Gesetze, Verordnungen, Verwaltungsabläufe, um auf diese Weise das Handeln der Menschen im Sinn der neu gewonnenen Erkenntnisse zu ändern.

1. Den Handel mit Agrarprodukten im Sinn nachhaltiger Landwirtschaft regulieren

Der Handel muss im Interesse einer nachhaltigen Entwicklung in zwei Bereichen besser reguliert werden:

(a) Häufig werden neue Vorschriften für den Einsatz von Pestiziden oder die Anwendung von Düngemitteln durch den Import von Nahrungs- und Futtermitteln aus Regionen ohne derartige Vorschriften unterlaufen. Dies gilt sowohl im Verhältnis zwischen EU und Weltmarkt als auch im Verhältnis der EU-Staaten untereinander. In den Gesprächen mit Landwirtinnen und Landwirten wurde uns immer wieder die Bereitschaft zu einer umweltfreundlicheren Wirtschaftsweise signalisiert, wenn die entsprechenden Vorschriften auch für Importprodukte gelten würden. Ansonsten würden Wettbewerbsnachteile für die heimische Landwirtschaft entstehen. Neben den Anwendungsvorschriften für Düngemittel und Pestizide müsste man auch soziale Bedingungen einbeziehen. Auch wenn völlige Chancengleichheit durch eine weltweit geltende strenge Umweltgesetzgebung nicht erreichbar erscheint, könnte allein schon der Einstieg in diese Maßnahmen Akzeptanzprobleme lösen helfen. Außerdem würden auf diesem Weg auch in anderen Regionen Anreize entstehen, Regeln zum Schutz der Umwelt zu übernehmen. Als Hindernis für derartige Regelungen vermuten einige unserer Gesprächspartner, dass Wirtschaftspolitiker aus Deutschland und der EU eine große Bereitschaft haben, unter niedrigeren Standards erzeugten landwirtschaftlichen Produkten Zugang zu den heimischen Binnenmärkten zu gewähren. Im Gegenzug werden dann hochwertige Industriegüter aus Deutschland oder der EU in die Exportländer von Agrarprodukten eingeführt. Ein aktuelles Beispiel ist das von der EU angestrebte Freihandelsabkommen mit den Mercosur-Staaten Südamerikas. Gegen das Abkommen sprechen sich Landwirtschaftsverbände in ganz Europa aus, weil sie befürchten, an den Agrarmärkten mit Produkten aus den Mercosur-Staaten konkurrieren zu müssen, die unter geringeren Umwelt- und Sozialstandards produziert werden.

(b) Ein neues Agrarprodukt wäre der Handel mit CO_2-Zertifikaten, die den Zuwachs und das Abschmelzen von Humus im Boden berücksichtigen, mit dem sich zurzeit auch EU-Gremien beschäftigen. Gelänge es, die Speicherung von CO_2 im Boden durch Humus einfach messbar zu machen, könnte Auf- oder Abbau von Humus einen Marktpreis bekommen und sich dem Wettbewerb mit anderen Wirtschaftsgütern stellen, die einen CO_2-Preis haben. In der Ökoregion Kaindorf in Österreich gibt es für Landwirtinnen und Landwirte die Möglichkeit, über einen Zertifikate-Handel ihre nachgewiesene CO_2-Speicherung an Unternehmen zu veräußern. Damit können sie ihren eigenen CO_2-Fußabdruck verkleinern. Über einen möglichen Handel mit derartigen CO_2-Zertifikaten wird noch geforscht. Er ist mit diversen Risiken verbunden. So müsste beispielsweise garantiert werden, dass der positive Effekt auch dauerhaft erhalten bleibt. Zudem variiert der Humusgehalt bei landwirtschaftlichen Böden auch innerhalb eines Feldes sehr stark, was die Genauigkeit von Messungen beeinträchtigt.

2. Für eine vielfältige Bodenbesitzstruktur sorgen

Die Besitzstruktur und die Eigentumsverhältnisse bezüglich des knappen Produktionsfaktors Boden spielten bei der Entwicklung der Landwirtschaft immer eine große Rolle. Am Ende bestimmt der Eigentümer, wie im Einzelfall die Bewirtschaftung erfolgt. Ganz aktuell erleben wir einen dramatischen Zuwachs an Pachtflächen. Hohe Bodenpreise, getrieben durch Geldanleger, machen den käuflichen Erwerb von Landwirtschaftsflächen für die Bewirtschafterinnen und Bewirtschafter betriebswirtschaftlich unattraktiv. Die Pacht ist dann der Ausweg, über den Landwirtinnen und Landwirte an die benötigten Flächen kommen. Aktuell erleben wir einen „Run" auf sichere Geldanlagen. Zum Gegensteuern gibt es schon jetzt Instrumente wie das Grundstücksverkehrsgesetz, das Landwirtinnen und Landwirten ein Vorkaufsrecht einräumt. Dieses können sie aber nur ausüben, wenn sie bereit sind, den bereits mit einem Nicht-Landwirt ausgehandelten Kaufpreis zu akzeptieren. Daneben gibt es auch noch Umgehungstatbestände, wenn mithilfe von „Share Deals" nicht das landwirtschaftliche Grundstück, sondern ein Anteil an einer Kapitalgesellschaft gekauft wird. Weitere gesetzliche Regelungen finden sich im Reichsiedlungsgesetz und im Landpachtverkehrsgesetz. Alle diese Gesetze werden den heutigen Anforderungen nicht mehr gerecht und müssten dringend nachgeschärft werden, damit sie für eine vielfältige Besitzstruktur sorgen und eine „Refeudalisierung" der landwirtschaftlichen Flächen wirksam verhindern können. Weitere Möglichkeiten der Einflussnahme sind die Verpachtung von Landwirtschaftsflächen, die sich im Eigentum des Staates oder einer Gebietskörperschaft befinden, nach Gemeinwohlkriterien.

3. Boden schützen, Wasserabfluss verlangsamen und Moore wiedervernässen

Angesichts stark zunehmender Wetterextreme mit Dürren und Überflutung weiter Flächen, die zum größten Teil landwirtschaftlich genutzt werden, brauchen wir ein zeitgemäßes Boden- und Wassermanagement. Der Bodenerosion durch Wind und Wasser muss durch zeitgemäße Bewirtschaftungsvorschriften begegnet werden. Jahrhundertelang hat unsere Zivilisation sich tendenziell darum bemüht, Wasser so schnell wie möglich abzuleiten. Nun muss sie sich darum bemühen, es so lange wie möglich in Böden und Gewässern zu halten. Das beste Mittel, dies zu erreichen und Überschwemmungen wie Dürrekatastrophen vorzubeugen oder sie abzumildern, ist die Renaturierung der Flüsse, wie es beispielsweise in Hessen mit dem Programm „100 wilde Bäche“ geschehen ist. Darüber hinaus ist ein sparsamer Umgang mit Trinkwasser geboten, zumal das in den menschlichen Abwässern enthaltene kostbare Phosphat aufgefangen werden muss. Sowohl gegen Dürren als auch gegen Überschwemmungen sind der Erhalt und die breite Wiedervernässung von Mooren ein probates Mittel. Moore können sehr viel Wasser speichern, das sie bei Starkregen aufnehmen und bei Dürre abgeben. Zugleich wird die Wiedervernässung verhindern, dass bei der „leisen“ Verbrennung von Torf weiterhin riesige Mengen CO_2 in die Atmosphäre steigen. Auf diese Weise verursachen die trockengelegten Moore einen bedeutenden Teil der Klimagasemissionen Deutschlands. Die Politik muss die gesamte Gesetzgebung zur Wasserwirtschaft, zum Bodenmanagement und zur Moorerhaltung rasch den neuen Verhältnissen anpassen.

4. Eine nachhaltige Ernährungskultur schaffen

Wir müssen eine Ernährungskultur einwickeln, die in zweierlei Hinsicht nachhaltig ist: Sie muss nach innen sozial gerecht sein und zugleich globale Verantwortung wahrnehmen.

Damit sich *alle* Menschen nachhaltig erzeugte Nahrungsmittel leisten können, sollten unser Staat und die Europäische Union gesunde Lebensmittel bezahlbar machen – durch Abgaben auf Pestizide und synthetische Düngemittel, durch Steuererlass für ökologisch erzeugte Lebensmittel und durch Zuschüsse und Beihilfen für ökologische Produktion. Bisher externalisierte Kosten der industriellen Produktion von Lebensmitteln müssen gemäß dem Verursacherprinzip auf die Produktpreise umgelegt werden.

Landwirtschaftliche Produzenten und die Menschen, die ihre Produkte konsumieren, tragen eine globale Verantwortung. Es ist erwiesen, dass die fleischlastige Ernährungskultur von Ländern wie Deutschland Klima, Umwelt und Menschen in anderen Weltregionen massiv schädigt. Unsere Ernährungskultur muss nachhaltiger werden. Auf eine Möglichkeit hat der Historiker Ernst Langthaler hingewiesen[1]: Kanadische Umweltwissenschaftler haben vor einigen Jahren gezeigt, wie sich die weltweite Fleischproduktion entwickeln müsste, um deutliche Fortschritte bei der nachhaltigen Entwicklung der Landwirtschaft und der Esskulturen zu ermöglichen. Ihnen zufolge wurden beispielsweise im Jahre 2013 durch nachhaltige Tierhaltung, insbesondere Weidewirtschaft, bis zu 200 Megatonnen Fleisch (Schlachtgewicht) produziert. Wenn man den weltweiten Fleischkonsum auf das japanische Niveau senken würde – 48 Kilogramm Fleisch pro Kopf und Jahr – benötigte man etwa 280 Megatonnen Fleisch. Die Differenz – 80 bis 100 Megatonnen – könnte nach Meinung der Wissenschaftlerinnen und Wissenschaftler besonders effizient geschlossen werden durch Fleisch von Hühnern, an die etwa 170 Megatonnen Futtermittel verfüttert werden müssten – in der Regel Getreide und Ölsaaten. Dies wäre nur knapp ein Fünftel der aktuellen Menge an Futtermitteln – ein enormer Schritt in Richtung nachhaltiger Land- und Ernährungswirtschaft. Dies wäre möglich durch einen Mittelweg zwischen den Extremen des aktuellen Fleischkonsums und dem – völlig unrealistischen – weltweiten Verzicht auf Fleisch für die menschliche Ernährung.

III. Kontrollieren

In einer idealen Demokratie halten sich die Menschen an die allgemeinen Gesetze und Regeln, die sie mitgestaltet haben. Das ist ihre Freiheit.[2] In einer realen Demokratie ist das erfahrungsgemäß nicht immer der Fall. Daher muss kontrolliert werden, ob die Regeln, die das Gemeinwesen für den Umbau der Landwirtschaft hin zur Nachhaltigkeit geschaffen hat, auch eingehalten werden. Das ist vor allem Aufgabe staatlicher Stellen.

[1] Ernst Langthaler, Tiere mästen und essen, S. 33-48, hier S. 46. – Vaclav Smill, Should We Eat Meat? S. 33-51.

[2] Axel Honneth, Das Recht der Freiheit.

1. Vollzugsdefizite bei der Dünge- und Pflanzenschutzgesetzgebung beseitigen

Bereits heute gibt es weitgehende Vorgaben der verschiedenen Verordnungs- und Gesetzgebungsorgane für eine umweltfreundlichere Landwirtschaft. Wir haben sie in anderen Abschnitten dieses Buches vorgestellt und diskutiert. Diese allgemeingültigen Regeln, zu denen auch die „Gute fachliche Praxis" gehört, werden nicht immer eingehalten. Für ihre Umsetzung braucht es neben Beratung eine funktionierende sanktionsbewehrte Kontrolle der Maßnahmen. Beispielhaft sei angeführt, dass es bisher kein EU-einheitliches Verfahren gibt, mit dem Landwirtinnen und Landwirte Düngungs- und Pflanzenschutzmaßnahmen dokumentieren müssen. Das ist aber für einen kostengünstigen Vollzug der Kontrolle notwendig. Die fortschreitende Digitalisierung bietet hier viele bisher ungenutzte Möglichkeiten. Wichtig ist dabei ein einheitliches System, welches ständig weiterentwickelt werden kann. Diese Dokumentationen könnten u.a. helfen, Erfolge oder Misserfolge bestimmter politischer Maßnahmen messbar zu machen. Das würde auch die Akzeptanz von gesetzlichen Regulierungen bei den Anwendern erhöhen.

2. „Ökologische Landwirtschaft" muss als gesetzlich geschützter Begriff erhalten bleiben

Wir haben in unserem Buch Möglichkeiten einer Ökologisierung der industriellen Landwirtschaft beschrieben. Derartige Schritte hin zur Nachhaltigkeit dürfen aber nicht dazu führen, dass sich die Unterschiede zwischen einer ökologisierten „konventionellen" Landwirtschaft und der ökologischen Landwirtschaft auf Basis der geltenden gesetzlichen Grundlage (EU-Ökoverordnung) auflösen oder unkenntlich werden. Der Ökolandbau hat sich als Innovationstreiber für eine ökologisierte industrielle Landwirtschaft erwiesen. Das lässt sich an einigen Beispielen darstellen. Bei der Unkrautregulierung halten Fachleute schon heute einen gänzlichen Verzicht auf Herbizide für möglich. „Konventionell" wirtschaftende Landwirtinnen und Landwirte nutzen schon heute im großen Stil Geräte zur mechanischen Unkraut- und Ungrasbekämpfung. Die Entwicklung entsprechender hoch spezialisierter Technik wurde in den Betrieben der ökologischen Landwirtschaft vorangetrieben, weil dort der Einsatz von Herbiziden gänzlich untersagt ist. Weitere Innovationen aus dem Ökolandbau mit Potenzial für überwiegend industriell arbeitende Betriebe sind biologische Pflanzenschutzmaßnahmen, Fruchtfolgewirtschaft und Maßnahmen aus dem Bereich artgerechter Tierhaltung. Ökobetriebe und indirekt die Käufer von Ökoprodukten tragen dadurch wesentlich auch zu einer Ökologisierung der gesamten Landwirtschaft bei. Eine weitere Ursache ist der durchaus produktive Wettbewerb zwischen ökologischer Landwirtschaft auf der einen Seite und der konventionellen Landwirtschaft andererseits um gesellschaftliche Akzeptanz. Bei diesem Wettbewerb geht es um die Wirkung auf den Schutz der Umwelt, aber auch um die Höhe und Qualität der erzielten Erträge als Basis für eine sichere Ernährung der Bevölkerung. Die Grundlage dieser Erfolge ist der gesetzliche Schutz der Begriffe „Ökolandbau“ und „Biologische Landwirtschaft“ auf EU-Ebene.

3. Bei Pestiziden das Vorsorgeprinzip durchsetzen

Da zahlreiche synthetische Pestizide Artenvielfalt und menschliche Gesundheit schädigen, sollte ihre Verwendung nur dann erlaubt sein, wenn unabhängige Expertinnen und Experten auf der Grundlage umfassender Untersuchungen zu dem Ergebnis kommen, dass sie ungefährlich sind. Dabei müssen ihre Abbauprodukte und die Wechselwirkungen zwischen den Pestiziden sowie die Tatsache berücksichtigt werden, dass die tatsächlich verwendeten Produkte wesentlich toxischer sein können als die deklarierten Wirkstoffe. Es gibt fundierte Hinweise darauf, dass diese Stoffe viel größere Schäden bei Umwelt und menschlicher Gesundheit anrichten, als eine Mehrheit in Politik und Öffentlichkeit bislang wahrgenommen hat. Unbedingt erforderlich ist, dass die Hersteller überzeugend und wissenschaftlich nachprüfbar beweisen, dass ihre Produkte Mensch und Umwelt nicht schaden. Überzeugend kann dies nur sein, wenn sie sich nicht länger hinter dem Prinzip des Betriebsgeheimnisses verbergen dürfen, sondern alle durchgeführten Untersuchungen unabhängigen Wissenschaftlerinnen und Wissenschaftlern offenlegen müssen. Dies ist auch bei Wahrung von Firmengeheimnissen möglich. Generell müssen Deutschland und die EU das im Prinzip schon lange geltende Vorsorgeprinzip endlich konsequent durchsetzen.

4. *Die Unabhängigkeit staatlicher und suprastaatlicher Instanzen schützen*

Jede relevante gesellschaftliche Gruppe versucht, ihre Standpunkte und Interessen bei den politischen Akteuren zu erklären und durchzusetzen. Das ist im besten Sinne Lobbyarbeit. Schlecht ist derartige Lobbyarbeit dagegen, wenn diese Partikularinteressen dem Gemeinwohl entgegenstehen. So gelingt es den Lobbyisten mächtiger wirtschaftlicher Akteure immer wieder, Politik, Verwaltungen und Kontrollinstanzen auch dann in ihrem Sinne zu beeinflussen, wenn ihnen selbst die Schädlichkeit ihrer Produkte bekannt ist. Die Affären um den früheren Monsanto-Konzern sind das bekannteste Beispiel für diese Tatsache. Es hat gezeigt, wie umfassend mächtige wirtschaftliche Akteure auf Fachverwaltungen, Genehmigungs- und Kontrollbehörden einwirken. Daher müssen Politik und Öffentlichkeit dafür sorgen, dass die Menschen, die in diesen Instanzen wirken, unbeeinflusst von diesen Lobbyisten ihre Pflicht tun können. Strikt unterbinden müssen sie darüber hinaus den Personalaustausch – den sogenannten „Drehtüreffekt" – zwischen Firmen und Lobbyorganisationen einerseits und Kontrollinstanzen ihrer Produkte andererseits.

IV. Fördern

Kontrolle ist unbedingt erforderlich. Aber sehr wichtig ist auch, dass sich als richtig erkanntes Handeln für die Betriebe wirtschaftlich lohnt. Staat und Suprastaat können positive Anreize setzen und die Handelnden des Agrarsektors und des Vertriebs von Nahrungsmitteln zu nachhaltigem Wirtschaften durch Förderung ermuntern. Das gilt für den Bereich von Forschung und Ausbildung ebenso wie für die Betriebe: Nachhaltige Wirtschaftsweise muss genug einbringen. Das gilt für alle Akteure des Agrarsektors und des Lebensmittelhandels.

1. *Ausreichend öffentliche Forschungsmittel für den ökologischen Landbau bereitstellen*

Forschung im Agrarbereich ist oft ganz wesentlich bestimmt von Unternehmen, die sich durch diese Forschung einen Absatzzuwachs ihrer Produkte erhoffen. Im ökologischen Landbau werden wesentlich weniger externe Produktionsmittel eingesetzt. Zudem trifft man bei der Entwicklung von speziellen Maschinen auf einen deutlich kleineren Absatzmarkt. Gerade weil die Marktkräfte hier gegen das Gemeinwohlinteresse wirken, ist es wichtig, öffentliche Forschungsmittel verstärkt in den ökologischen Landbau zu lenken. Eine besondere Stellung nehmen sogenannte Praxisforschungsnetzwerke ein. Diese Organisationen arbeiten in der betrieblichen Praxis an Problemlösungen. Dabei entscheiden die beteiligten Betriebe mit, welche dieser Probleme als besonders wichtig angesehen werden. In diese Netzwerke sind in der Regel universitäre Forschungseinrichtungen sowie staatliche, halbstaatliche oder private Beratungseinrichtungen einbezogen. Zu den privaten gehören auch die Berufsverbände der Landwirtinnen und Landwirte. Beispiele für eine erfolgreiche Praxisforschung in diesem Sinne sind die „Leitbetriebe Ökolandbau“ in Nordrhein-Westfalen oder das noch relativ neue „Praxisforschungsnetzwerk“ in Hessen, auf die wir auch an anderer Stelle hingewiesen haben.

2. Junglandwirte- und Existenzgründerförderung als Innovationstreiber

Junglandwirtinnen und Junglandwirte sowie Existenzgründerinnen und Existenzgründer stehen grundlegenden Veränderungen einer Arbeitsweise hin zur Nachhaltigkeit häufig aufgeschlossener gegenüber als jene ihrer Kolleginnen und Kollegen, die ihre Betriebe schon seit Jahrzehnten bewirtschaften. Doch noch immer wird auch bei der Förderung dieser Personengruppe die große Masse der finanziellen Mittel für die Größe der bewirtschafteten Fläche vergeben statt als Prämie für besonders innovatives und zugleich nachhaltiges Wirtschaften. Bund und Länder sollten die Möglichkeiten, die die gemeinsame Agrarpolitik hier bereits bietet, ausschöpfen und auf EU-Ebene darauf hinwirken, dass neue Förderformen entwickelt werden, die gezielt Neugründungen oder Betriebsübernahmen in der Landwirtschaft fördern. Gerade für junge Menschen, die weder Hof noch Flächen erben, stellt die hohe Kapitalintensität in der Landwirtschaft eine große Hürde dar. Eine qualifizierte Existenzgründungsförderung, wie sie in anderen Branchen üblich ist, kann der Überalterung in der Landwirtschaft und dem Höfesterben entgegenwirken. Der Zugang zu Land und Kapital ist für die meist sehr gut ausgebildeten und motivierten Neueinsteigerinnen notwendig, um überhaupt eine Existenz aufbauen zu können. Neben einer finanziellen Unterstützung durch Investitionsförderungen und Staatsbürgschaften, zugeschnitten auf genau diese Personengruppe, würde eine Informationsplattform sowie kostenlose Beratung den Start in die Landwirtschaft erleichtern.

3. *Nicht den Ausgleich für entgangene Erträge, sondern den Mehrwert für nachhaltige Wirtschaftsweise honorieren*

Wir haben aufgezeigt, wie sich die heutige industrielle Wirtschaftsweise in der Landwirtschaft entwickelt hat. Zugespitzt könnte man sagen, dass sie im Wesentlichen dem Weg der einzelbetrieblichen Gewinnmaximierung folgt. Der Staat hat mit Fördermaßnahmen versucht, dem entgegenzuwirken. Diese folgten dem Prinzip, dass der finanzielle Nachteil ausgeglichen wird, den die Betriebe bei der Durchführung von Maßnahmen erleiden, die dem Schutz der Umwelt und dem Tierwohl dienen. In der Regel handelt es sich dabei um entgangenen Gewinn. Mit aufwendigen Berechnungsverfahren wurde versucht zu ermitteln, wie hoch dabei der Rückgang des Gewinns tatsächlich ausfällt. Mitnahmeeffekte sollten hier weitestgehend vermieden werden. Diese entstehen, wenn etwas gefördert wird, was in der Praxis schon geschieht. Auf diese Weise wird keine substanzielle Veränderung hin zur Nachhaltigkeit erreicht, da ein Ausgleich möglicher entgangener Gewinne keinen Anreiz darstellt, von der bisherigen Praxis abzuweichen. Ausgleich genügt nicht – die Maßnahmen müssen für die Betriebe einen Mehrwert bringen und sich wirklich lohnen. Aus diesen Gründen müssen die Förderungen grundsätzlich anders gedacht werden. Und sie müssen auf eine dauerhafte Akzeptanz angelegt sein. Durch die Umstellung von einem „Verlustausgleich“ zu einer „Anreizkomponente“ würde der gesellschaftliche Wert, der von der Landwirtschaft als Umweltleistung erbracht wird, eine höhere Anerkennung erfahren. Dies würde erheblich zur Stärkung des sozialen Friedens beitragen. Völlig absurd ist es, wenn landwirtschaftlich genutzte Moorflächen, die wiedervernässt wurden, nicht mehr durch EU, Bund und Land gefördert werden. Das Gegenteil ist richtig: Die betroffenen Betriebe müssen besonders nachdrücklich unterstützt werden, weil sie ein hohes wirtschaftliches Risiko eingehen und zugleich einen großen Beitrag für den Schutz von Klima und Umwelt leisten.

4. Nachhaltige Wirtschaftsweisen in der ganzen Wertschöpfungskette stärken

Nicht nur die Landwirtschaft alleine, sondern der gesamte Agrarsektor sowie Verarbeitung, Vertrieb und Konsum von Lebensmitteln müssen nachhaltig werden. Die Fortschritte, die eine nachhaltige landwirtschaftliche Produktion erreicht hat, werden geschmälert oder ganz zunichtegemacht, wenn ihre Produkte über weite Strecken transportiert oder bei Verarbeitung und Lagerung Nachhaltigkeitskriterien nicht eingehalten werden. Auch hier kann die Politik an verschiedenen Stellen einwirken. Eine möglichst regionale Versorgung mit Lebensmitteln wird konkurrenzfähiger, wenn der Preis für den Gütertransport, die externalisierten Kosten wie Straßenbau, Umwelt- und Klimaschutz und Verlust an Artenvielfalt durch Verkehrsinfrastruktur beinhaltet. Transportkosten müssen die ökologische Wahrheit sagen. Dort, wo der Staat unmittelbar oder mittelbar als Beschaffer von Lebensmitteln auftritt, muss er Vorbild sein. Zu einer regionalen Lebensmittelversorgung gehört auch die regionale Lebensmittelverarbeitung, denn die wenigsten Nahrungsmittel werden in ihrem Urzustand konsumiert. Auch hier kann der Staat durch Förderprogramme und Kostenübernahme bei Gebühren für Lebensmittelüberwachung und Kontrolle Wettbewerbsnachteile von kleinen regionalen Lebensmittelverarbeitungsbetrieben ausgleichen. Eine Vielzahl von regionalen Schlachtstätten oder eine hofnahe Schlachtung verhindern lange qualvolle Lebendtiertransporte zu Großschlachthöfen. Auch die Lebensmittelverschwendung und der Verderb von Lebensmitteln auf allen Stufen der Wertschöpfungskette, einschließlich des privaten Endverbrauchers, muss in den Blick genommen werden. Für diesen gesamten Bereich gibt es eine große Schnittmenge mit der Forschung, denn für die gesamte Wertschöpfungskette müssen belastbare Nachhaltigkeitskriterien entwickelt werden.

Schlussbemerkung

Nehmen wir unsere globale Verantwortung ernst und gestalten unsere Ernährungskultur nachhaltiger. Lassen wir nicht weiter zu, dass Kosten, die bei der Produktion von Lebensmitteln anfallen, einfach auf Natur, Umwelt und Mensch abgewälzt werden. Sorgen wir dafür, dass wir besser verstehen, wie unsere Lebensmittel nachhaltig produziert werden können. Verankern wir dieses Wissen breit in der Bevölkerung.

Sorgen wir dafür, dass Betrieben, die Humus und damit Kohlenstoff im Boden speichern, diese gesellschaftliche Leistung finanziell vergütet wird. Importe von Lebensmitteln müssen die Standards erfüllen, die im Inland gelten. Unterbinden wir die Spekulation mit Agrarflächen und schaffen wir eine nachhaltige Ernährungskultur, die unserer sozialen und globalen Verantwortung gerecht wird: Essen wir weniger Fleisch und möglichst nur solches, das nachhaltig erzeugt wurde. Und sorgen wir gleichzeitig dafür, dass sich auch die Ärmeren unter uns gesunde Lebensmittel leisten können.

Setzen wir die rechtlichen Vorschriften durch, die die Nachhaltigkeit der Landwirtschaft stärken sollen. Lassen wir nicht zu, dass das hohe Niveau, das die ökologische Landwirtschaft vielfach erreicht hat, durch Etikettenschwindel unterlaufen wird. Setzen wir das geltende Vorsorgeprinzip durch, insbesondere bei Pestiziden. Schützen wir die Unabhängigkeit staatlicher und suprastaatlicher Kontrollinstanzen vor jenen interessengeleiteten Einflüssen, die sich gegen Nachhaltigkeit und Gemeinwohl richten.

Wir fördern unsere Landwirtschaft und Teile ihrer Wertschöpfungskette seit vielen Jahrzehnten mit öffentlichen Mitteln. Kaum ein landwirtschaftlicher Betrieb könnte ohne diese Hilfen existieren. Und unsere Ernährung ist es auch *wert*, dass wir sie mit Steuergeldern fördern. Doch sollte die Agrarpolitik im Interesse von Ernährungssicherheit, Gesundheit und Umwelt künftig nur noch solche Betriebe und Wirtschaftszweige materiell unterstützen, die nachhaltig wirtschaften und nachhaltig erzeugte Produkte verkaufen.

Öffentlich finanzierte Forschung, staatliche Regulierung sowie Kontrolle und Förderung sind die wichtigsten Steuerungselemente der Politik. Klar ist, dass politische Maßnahmen nicht immer ihre Ziele erreichen. Fehlende wissenschaftliche Grundlagen, Irrtümer, Nebeneffekte und andere nicht vorhersehbare Einflüsse erschweren die Arbeit von Politik und interessierter Öffentlichkeit. Manchmal müssen wir Maßnahmen überdenken, verändern oder beenden. Und manchmal müssen wir über die geeigneten Maßnahmen streiten. Aber die Hauptziele sollten immer klar sein: Höchste Priorität haben der Schutz unserer Umwelt und eines erträglichen Klimas sowie das friedliche und konstruktive soziale Miteinander – in unserem Land und international.

Dass diese existenziellen Ziele erreicht werden, liegt nicht nur in der Verantwortung der Politikerinnen und Politiker. Verantwortlich sind *alle* Menschen, die in unserem Land leben. Wir *alle* entscheiden mit, ob die Große Transformation der Landwirtschaft und aller anderen Sektoren von Wirtschaft und Gesellschaft gelingt – durch unser Konsumverhalten, durch unser zivilgesellschaftliches Wirken und an der Wahlurne. Es ist *unsere* Aufgabe, gemeinsam mit den Menschen in anderen Weltregionen die Große Transformation so zu gestalten, dass unsere Zivilisation noch viele Generationen weiterbestehen kann.

Anhang

Gedruckte Forschungsliteratur und Quellen[1]

Achilles, Walter: Deutsche Agrargeschichte im Zeitalter der Reformen und der Industrialisierung, Stuttgart 1993

Adler, Nicole et al.: Umweltschutz in der Landwirtschaft, Dessau-Roßlau 2017

Albrecht, Stephan; Engel, Albert: International Assessment of Agricultural Knowledge, Science and Technologie for Development (IAASTD). Weltagrarbericht. Synthesebericht, Hamburg 2009

Amelung, Wulf et al.: Scheffer, Schachtschabel, Lehrbuch der Bodenkunde, 17., überarbeitete und ergänzte Auflage, Berlin 2018, S. 105-126

Auderset, Juri; Moser, Peter: Metamorphosen der Züchterblicke. Zur Interaktion bäuerlicher und wissenschaftlicher Paradigmen in der Getreidezüchtung der agrarisch-industriellen Wissensgesellschaft, 1850-1920, in: Simona Boscani Leoni, Martin Stuber (Hgg.), Wer das Gras wachsen hört. Wissensgeschichte(n) der pflanzlichen Ressourcen vom Mittelalter bis ins 20. Jahrhundert (Jahrbuch für Geschichte des ländlichen Raumes 2017), Innsbruck, Wien, Bozen 2017, S. 185-198

Bauer, Alfred: Ländliche Gesellschaft und Agrarwirtschaft im Hunsrück zwischen Tradition und Innovation (1870-1914) (Trierer Historische Forschungen, Bd. 64), Trier 2009

Baumann, Werner; Moser, Peter: Bauern im Industriestaat. Agrarpolitische Konzeptionen und bäuerliche Bewegungen in der Schweiz 1918-1968, Zürich 1999

Becks, Friedrich: Die räumliche Entwicklung der Landwirtschaft in Westfalen seit den siebziger Jahren des 20. Jahrhunderts – Gründe und ökologische Folgen, in: Karl Ditt, Rita Gudermann, Norwich Rüße (Hgg.), Agrarmodernisierung und ökologische Folgen. Westfalen vom 18. Bis zum 20. Jahrhundert (Forschungen zur Regionalgeschichte, Bd. 40), Paderborn, München, Wien, Zürich 2001, S. 451-477, v. a. S. 471-477

[1] In diesem Verzeichnis werden nur jene Titel aufgeführt, die nicht im Internet gelesen werden können. Alle anderen Angaben zu Forschungsliteratur und Quellen sind in den Fußnoten aufgeführt.

Blackbourn, David: Die Eroberung der Natur. Eine Geschichte der deutschen Landschaft, 4. Aufl., München 2008

Bommert, Wilfried: Zukunftsallianz Ökolandbau. Deutsche Forschung sucht gemeinsamen Boden für die Weiterentwicklung des Systems Ökolandbau, in: Der kritische Agrarbericht 2015, S. 118-122

Bruckmüller, Ernst: Eine „Grüne Revolution" (18.-19. Jahrhundert), in: Markus Cerman, Ilja Steffelbauer, Sven Tost (Hgg.), Agrarrevolutionen. Verhältnisse in der Landwirtschaft vom Neolithikum zur Globalisierung (Querschnitte, Bd. 24), S. 206-226.

Bundesverband Deutscher Pflanzenzüchter (BDP), 75 Jahre Lebensbasis Pflanze, Bonn 2020

Burtscher-Schaden, Helmut: Die Akte Glyphosat. Wie Konzerne die Schwächen des Systems nutzen und damit unsere Gesundheit gefährden, Wien 2017

Busse, Tanja; Grefe, Christiane: Der Grund. Die neuen Konflikte um unsere Böden – und wie sie gelöst werden können, München 2024

Carson, Rachel: Silent Spring, Boston 1962

Cerman, Markus; Steffelbauer, Ilja; Tost, Sven (Hgg.): Agrarrevolutionen. Verhältnisse in der Landwirtschaft vom Neolithikum zur Globalisierung (Querschnitte, Bd. 24), Innsbruck, Wien, Bozen 2008

Dipper, Christof: Die Bauernbefreiung in Deutschland 1790-1850, Stuttgart, Berlin, Köln, Mainz 1980

DLG-Ausschuss Arbeitswirtschaft und Prozesstechnik, Patrick Ole Noack, Satellitenortungssysteme (GNSS) in der Landwirtschaft, 3. Auflage, Frankfurt am Main 2016

Dohrn, Susanne: Der Boden. Bedrohter Helfer gegen den Klimawandel, Berlin 2019

Dunger, Wolfram: Tiere im Boden (Die neue Brehm-Bücherei, Bd. 327), Originalausgabe 1968, Nachdruck der 3. Auflage von 1968, Magdeburg 2013

Ebert, Jens; Kinzel, Tanja; Pieschel, Meggi; Witte, Kristin: Die Versuchsanstalt. Landwirtschaftliche Forschung und Praxis der SS in Konzentrationslagern und eroberten Gebieten (Forschungsbeiträge und Materialien der Stiftung Brandenburgische Gedenkstätten, Bd. 29), Berlin 2021

Eckhart, Karl: Agrargeographie Deutschlands. Agrarraum und Agrarwirtschaft Deutschlands im 20. Jahrhundert, Gotha und Stuttgart 1998

Elmadfa, Ibrahim; Leitzmann, Claus: Ernährung des Menschen, 6., überarbeitete und aktualisierte Auflage, Stuttgart 2019

Ennen, Edith; Janssen, Walter: Deutsche Agrargeschichte. Vom Neolithikum bis zur Schwelle des Industriezeitalters (Wissenschaftliche Paperbacks 12 Sozial- und Wirtschaftsgeschichte), Wiesbaden 1979

Ernst, Christoph; Franz, Norbert: Waldreformen im 18. Jahrhundert. Die Anfänge der nachhaltigen Forstwirtschaft im „Baumbusch“ und im „Kondelwald“ im überregionalen Vergleich, in: Aufklärung. Interdisziplinäre Halbjahresschrift zur Erforschung des 18. Jahrhunderts und seiner Wirkungsgeschichte. Band 9 (1996), Heft 1. S. 47-73

Ernst, Christoph: Den Wald entwickeln. Ein Politik- und Konfliktfeld in Hunsrück und Eifel im 18. Jahrhundert (Ancien Régime, Aufklärung und Revolution, Bd. 32), München 2000

Exner, Peter: Ländliche Gesellschaft und Landwirtschaft in Westfalen 1919-1969 (Forschungen zur Regionalgeschichte, Bd. 20), Paderborn 1997

Flessa, Heinz et al.: Humus in landwirtschaftlich genutzten Böden Deutschlands. Ausgewählte Ergebnisse der Bodenzustandserhebung, herausgegeben vom Bundesministerium für Ernährung und Landwirtschaft, Bonn 2018

Francé, Raoul Heinrich: Das Leben im Boden. Das Edaphon, nach der 2. Auflage 1922 durchgesehene Auflage, Kevelaer 2022

Führer, Karl Christian: Das Fleisch der Republik. Ein Lebensmittel und die Entstehung der modernen Landwirtschaft in Westdeutschland 1950-1990 (Quellen und Darstellungen zur Zeitgeschichte, Bd. 133), Berlin 2022

Geier, Uwe; Fritz, Jürgen; Greiner, Ramona; Olbrich-Majer, Michael: Biologisch-dynamische Landwirtschaft, in: Bernhard Freyer (Hg.), Ökologischer Landbau. Grundlagen, Wissensstand und Herausforderungen, Bern 2016, S. 101-123

Gerhard, Gesine: Zwischen Systemkonformität und -opposition. Der Deutsche Bauernverband und die politische Eingliederung der Bauernschaft in die Bundesrepublik in den fünfziger Jahren, in: Österreichische Zeitschrift für Geschichtswissenschaften 13 (2002), S. 129-138

Gerlach, Christian: Krieg Ernährung, Völkermord. Forschungen zur deutschen Vernichtungspolitik im Zweiten Weltkrieg, Hamburg 1998

Glaser, Bruno: Terra Preta – Entstehung und Rolle für Klimaschutz und Stoffkreisläufe, in: Jozé L. Lozán, Siegmar W. Breckle, Hartmut Graßl, Dieter Kasang (Hgg.), Warnsignal Klima: Boden & Landnutzung, Hamburg 2021, S. 380-387

Görbing, Johannen: Die Grundlagen der Gare im praktischen Ackerbau, 2 Bde., Hannover 1948

Gottschall, Ralf: Einsatz von Biogutkomposten im ökologischen Landbau – Stand und Perspektiven, in: Michael Kern, Thomas Raussen (Hgg.), Weiterentwicklung der Bioabfallwirtschaft (Witzenhausen-Institut für Abfall, Umwelt und Energie), Witzenhausen 2018

Grewe, Bernd-Stephan: Der versperrte Wald. Ressourcenmangel in der bayerischen Pfalz (1814-1870) (Umwelthistorische Forschungen, Bd. 1), Köln, Weimar, Wien 2004

Gudermann, Rita: Morastwelt und Paradies. Ökonomie und Ökologie in der Landwirtschaft am Beispiel der Meliorationen in Westfalen und Brandenburg (1830-1880) (Forschungen zur Regionalgeschichte, Bd. 35), Paderborn, München, Wien, Zürich 2000

Halder, Severin: Gemeinsam die Hände schmutzig machen. Aktionsforschungen im aktivistischen Kontext urbaner Gärten und kollektiver Kartierungen, Bielefeld 2018 (zugl. Diss. geogr. Freie Universität Berlin 2017)

Heißenhuber, Alois; Taube, Friedhelm: Vom Bauernhof zum spezialisierten Agrarindustrieunternehmen … und zurück? in: J.L. Lozán, S.-W. Breckle, H. Graßl, D. Kasang (Hgg.), Warnsignal Klima: Boden und Landnutzung, 2021, S. 298-309

Hennes, Lena; Speck, Melanie; Liedke, Christa: Digitalisierung für ein nachhaltiges Ernährungssystem: Potenziale zur Gestaltung von Produktion und Konsum (Wuppertal Institut für Umwelt, Klima, Energie, Hg.), Wuppertal 2022

Hennig, Erhard: Geheimisse der fruchtbaren Böden. Die Humuswirtschaft als Bewahrerin unserer natürlichen Lebensgrundlagen, 7., durchgesehene Auflage, Kevelaer 2021

Herbert, Ulrich: Geschichte Deutschlands im 20. Jahrhundert, München 2014

Hirschfelder, Gunter: Europäische Esskultur. Eine Geschichte der Ernährung von der Steinzeit bis heute, Frankfurt am Main, New York 2001

Hofmann, Uwe (Hg.): unter Mitarbeit von Paulin Köpfer, Hartmut Spie, Arndt Werner, Biologischer Weinbau, Stuttgart 2014

Honneth, Axel: Das Recht der Freiheit. Grundriss einer demokratischen Sittlichkeit, Berlin 2011

Hübner, Lorenz: Der grüne Rettungsring. Mit vernetzter Steppenbegrünung der Klimakrise global begegnen, München 2019

Hülsbergen, Karl-Jürgen; Schmid, Harald; Chmelikova, Lucie; Rahmann, Gerold; Paulsen, Hans Marten; Köpke, Ulrich: Umwelt- und Klimawirkungen des ökologischen Landbaus (Weihenstephaner Schriften Ökologischer Landbau und Pflanzenbausysteme, Bd. 16), Berlin 2023

Idel, Anita: Die Kuh ist kein Klima-Killer. Wie die Agrarindustrie die Erde verwüstet und was wir dagegen tun können (Agrarkultur im 21. Jahrhundert), Marburg 2010

Ilg, Yvonne; Steinhoff-Wagner, Julia; Petersen, Brigitte: Präventive Maßnahmen zur Verbesserung der Tiergesundheit, in: Umweltbundesamt, Konzepte zur Minderung von Arzneimitteleinträgen aus der landwirtschaftlichen Tierhaltung in die Umwelt, Dessau-Roßlaug 2016

Inhetveen, Heide: Ökologischer Landbau, in: Stephan Beetz, Kai Brauer, Claudia Neu (Hgg.), Handwörterbuch zur ländlichen Gesellschaft, Wiesbaden 2005, S. 184-193

Jonas, Hans: Das Prinzip Verantwortung. Versuch einer Ethik für die technologische Zivilisation, 6. Auflage Frankfurt am Main 2017

Kennan, George F.: The Decline of Bismarck's European Order. Franco-Russian Relations, Princeton 1979

Kliem, Lea; Wagner, Josephin; Olk, Christopher; Keßler, Luisa; Lange, Steffen; Krachunova, Tsvetelina; Bellingrath-Kimura, Sonoko: Digitalisierung der Landwirtschaft. Chancen und Risiken für den Natur- und Umweltschutz (Schriftenreihe des Instituts für ökologische Wirtschaftsforschung 222/22), Berlin 2022

Kluge, Arnd Holger: Geschichte der deutschen Bankgenossenschaften (Schriftenreihe des Instituts für Bankhistorische Forschung, Bd. 17, Frankfurt am Main 1991 (zugl. Diss. Univ. Bonn)

Kluge, Ulrich: Ökowende. Agrarpolitik zwischen Reform und Rinderwahnsinn, Berlin 2001

Kluge, Ulrich: Agrarwirtschaft und ländliche Gesellschaft im 20. Jahrhundert (Enzyklopädie deutscher Geschichte, Bd. 73), München 2005

Koch, Peter: Versicherungswirtschaft. Ein einführender Überblick, Karlsruhe 2005

Könemann, Ewald: Biologische Bodenkultur und Düngewirtschaft, 2. Auflage, Tutzing 1939

König, Wolfgang: Geschichte der Konsumgesellschaft (Vierteljahrsschrift für Sozial- und Wirtschaftsgeschichte, Beihefte Nr. 154), Stuttgart 2000

Kröger, Melanie: Die Modernisierung der Landwirtschaft. Eine vergleichende Untersuchung der Agrarpolitik Deutschlands und Österreichs nach 1945, Berlin 2006 (zugl. Diss. rer. pol. RWTH Aachen 2005)

Künast, Renate: Klasse statt Masse – Die Erde schätzen, den Verbraucher schützen, München 2002

Langthaler, Ernst: Tiere mästen und essen. Die Fabrikation des globalen Fleisch-Komplexes, in: Lukasz Nieradzik, Brigitta Schmidt-Lauber (Hgg.), Ökonomien tierischer Produktion in der Moderne (Jahrbuch für Geschichte des ländlichen Raumes 2016), Innsbruck 2016, S. 33-48

Latham, Jonathan: Food Liberation. Why the Food Movement Is Unstoppable, Truthout 2016

Laufmann, Peter: Der Boden. Das Universum zu unseren Füßen, München 2020

Lehmann, Johannes; Kern, Dirse C.; Glaser, Bruno; Woods, William I.: Amazonian Dark Earths: Origin, Properties, and Management, Dordrecht (Niederlande) 2003

Lessenich, Stephan: Neben uns die Sintflut. Die Externalisierungsgesellschaft und ihr Preis, 5. Aufl., Berlin 2016 (Originalausgabe Berlin 2016)

Leu, André: Die Pestizidlüge. Wie die Industrie die Gesundheit unserer Kinder aufs Spiel setzt, München 2022

Liebig, Justus: Die Chemie in ihrer Anwendung auf Agrikultur und Physiologie, Braunschweig 1840

Löwenstein, Felix zu: Es ist genug da. Für alle. Wenn wir den Hunger bekämpfen, nicht die Natur, München 2015

Löwenstein, Felix zu: Food Crash. Wir werden uns ökologisch ernähren oder gar nicht mehr, München 2017

Loth, Wilfried: Europas Einigung. Eine unvollendete Geschichte, Frankfurt am Main, New York 2014

Lozán, Jozé L.; Breckle, Siegmar W.; Graßl, Hartmut; Kasang, Dieter (Hgg.): Warnsignal Klima. Boden und Landnutzung (Geo Wissenschaftliche Auswertungen), Hamburg 2021

Lützenkirchen, Heike: Lebensmittelhändler im Bergischen Land. Vom Ausgang des 19. Jahrhunderts bis in die 70er Jahre des 20. Jahrhunderts, Diss. phil. Universität Münster 2010

Mahlerwein, Gunter: Die Herren im Dorf. Bäuerliche Oberschicht und ländliche Elitenbildung in Rheinhessen 1700-1850 (Veröffentlichungen des Instituts für europäische Geschichte Mainz, Abteilung für Universalgeschichte, Bd. 189), Mainz 2001

Mahlerwein, Gunter: Grundzüge der Agrargeschichte. Bd. 3: Die Moderne (1880-2010), Köln, Weimar, Wien 2016

Mesnage, Robin; Defarge, Nicolas; Spiroux de Vendômois, Joël; Seralini, Gilles-Eric: Major Pesticides Are More Toxic to Human Cells Than Their Declared Active Principles, in: BioMed Research International (2014): 179691

Mittelstraß, Holger (Hg.): Mit Wurzeln und Weitblick. Zur Geschichte der Ökologischen Agrarwissenschaften in Witzenhausen, Kassel 2022

Mooser, Josef: Einführung: Moderne Landwirtschaft. Bemerkungen zu langfristigen Weichenstellungen und Phasen der agrarischen Modernisierung seit dem 18. Jahrhundert, in: Karl Ditt, Rita Gudermann, Norwich Rüße (Hgg.), Agrarmodernisierung und ökologische Folgen. Westfalen vom 18. bis zum 20. Jahrhundert (Forschungen zur Regionalgeschichte, Bd. 40), Paderborn, München, Wien, Zürich 2001, S. 15-22

Mooser, Josef: Das Verschwinden der Bauern. Überlegungen zur Sozialgeschichte der „Entagrarisierung“ und Modernisierung der Landwirtschaft im 20. Jahrhundert, in: Daniela Münkel (Hg.), Der lange Abschied vom Agrarland. Agrarpolitik, Landwirtschaft und ländliche Gesellschaft zwischen Weimar und Bonn, Göttingen 2000, S. 23-35

Müller, Christa: Urban Gardening. Über die Rückkehr der Gärten in die Stadt, München 2011

Näser, Dietmar: Regenerative Landwirtschaft – Bodenleben und Pflanzenstoffwechsel verstehen, 2., erweiterte Auflage, Stuttgart 2021

Nagel, Manuel: Erfolgreich ökologisch wirtschaften mit biointensiver Landwirtschaft, in: Der kritische Agrarbericht 2021

Niemann, Eckehard: Das Interessengeflecht des Agrobusiness, in: Thomas Leif, Rudolf Speth (Hgg.), Die stille Macht. Lobbyismus in Deutschland, Wiesbaden 2003, S. 186-212

Niestroy, Ingeborg; Garcia Schmidt, Armando; Esche, Andreas: Bhutan: Ein Leitbild der Nachhaltigkeitspolitik, in: Bertelsmann Stiftung (Hg.), Erfolgreiche Strategien für eine nachhaltige Zukunft, Gütersloh 2013, S. 61-90

Nischwitz, Guido; Chojnowski, Patrick (unter Mitarbeit von Annika Eller): Verflechtungen und Interessen des Deutschen Bauernverbandes (DBV) (Studie des Instituts Arbeit und Wirtschaft der Universität und der Arbeitnehmerkammer Bremen im Auftrag des Naturschutzbundes Deutschland), Bremen 2019

Nkonya, Ephraim; Mirzhabaev, Alisher; von Braun, Joachim (Hgg.): Economics of Land Degradation and Improvement. – A global Assessment for Sustainable Devellopment, Berlin 2016

Noack, Patrick Ole: Precision Farming. Smart Farming. Digital Farming. Grundlagen und Anwendungsfelder, Berlin 2019

Ober, Steffi: Agrarforschung in Deutschland (Im Auftrag der Zukunftsstiftung Landwirtschaft), Berlin 2003

Oevermann, Nele: Potenziale im Lebensmitteleinzelhandel. Leistungsmerkmale und Entwicklungsmöglichkeiten aus Verbrauchersicht auf Basis einer empirischen Untersuchung, Diss. oec. troph. Univ. Gießen 2008

Osterhammel, Jürgen (Hg.): Deagrarisierung, Geschichte und Gesellschaft, 33. Jg. 2007, Heft 4

Padilla, Marielisa; Mok, Sophie; Raj, Himanshu; Latypov, Vladyslav; Bescansa, Marta: Urban Farming in the City of tomorrow. Assessing the global landscape on urban food and resource production with the focus on indoor plant and microalgae cultivation (Fraunhofer Institute for Industrial Engineering IAO), Stuttgart 2018

Patel, Kiran Klaus: Der Deutsche Bauernverband 1945-1990. Vom Gestus des Unbedingten zur Rettung durch Europa, in: Vierteljahrshefte für Zeitgeschichte 2/2010, Heft 3, S. 161-179

Patel, Kiran Klaus: Europäisierung wider Willen. Die Bundesrepublik Deutschland in der Agrarintegration der EWG 1955-1973 (Studien zur Internationalen Geschichte, Bd. 23), München 2009

Pfister, Ulrich: Einführung: Agrarmodernisierung, in: Karl Ditt, Rita Gudermann, Norwich Rüße (Hgg.), Agrarmodernisierung und ökologische Folgen. Westfalen vom 18. bis zum 20. Jahrhundert (Forschungen zur Regionalgeschichte, Bd. 40), Paderborn, München, Wien, Zürich 2001, S. 129-133

Pflanzenforschung, Was ist Hybridzüchtung? 29.1.2024

Polič, Alexandra: Terra Preta: Das Geheimnis liegt im Boden, in: National Geographic, 24.7.2019

Poppinga, Onno; Hamel, Peter; Eiter, Andrea; Reimund, Silke: Jahr eins mit der novellierten Düngeverordnung. Erste praktische Erfahrungen und eine Übersicht der Stellungnahmen, in: Kritischer Agrarbericht 2019, S. 171-181

Prass, Rainer: Grundzüge der Agrargeschichte, Bd. 2. Vom Dreißigjährigen Krieg bis zum Beginn der Moderne (1650-1880), Köln, Weimar, Wien 2016

Prümers, Heiko; Betancourt, Carla Jaimes; Iriarte, José; Robinson, Mark; Schaich, Martin: Lidar reveals pre-Hispanic low-density urbanism in the Bolivian Amazon, in: Nature, Volume 606, S. 325-328 (2022), 25.5.2022

Radkau, Joachim: Natur und Macht. Eine Weltgeschichte der Umwelt, 2. Auflage, München 2012 (Originalausgabe 2000)

Rautenberg, Marius: Vertical-Farming: High-Tech-Gemüse aus der Großstadt, 10.2.2022

Reckinger, Rachel: „Gutes“ Essen. Politische Ernährungsempfehlungen und individuelle Selbstverständnisse, in: Forum für Politik, Gesellschaft und Kultur, Nr. 342, Juli 2014, S. 24-26

Robin, Marie-Monique: Mit Gift und Genen. Wie der Biotech-Konzern Monsanto unsere Welt verändert, München 2009 (Originalausgabe 2008)

Röder, Norbert: Greening: Wie weiter? Überlegungen zur Effizienz des Greenings, in: Joachim Lange (Hg.), Auf dem Weg zur Reform der Gemeinsamen Agrarpolitik? (Loccumer Protokolle Band 13/17), Rehburg-Loccum 2018, S. 101-109

Rosol, Marit: Gemeinschaftsgärten in Berlin: Eine qualitative Untersuchung zu Potenzialen und Risiken bürgerschaftlichen Engagements im Grünflächenbereich vor dem Hintergrund des Wandels von Staat und Planung. Dissertation geogr. Humboldt-Universität zu Berlin 2006

O'Rourke, Kevin: The European Grain Invasion, 1870-1923, in: Journal of Economic History 57 (1997), S. 775-801

Sauerlandt, Walter: Untersuchungen über Bildung und Zersetzung von Humus im Stalldünger und im Boden, Diss. phil. Univ. Leipzig 1929

Schaumann, Wolfgang: Rudolf Steiners Kurs für Landwirte, Bad Dürkheim 1996

Scheub, Ute; Schwarzer, Stefan: Die Humusrevolution. Wie wir den Boden heilen, das Klima retten und die Ernährungswende schaffen, 3. Auflage, München 2017

Schneider, Manuel (Hg.): Den Tieren gerecht werden. Zur Ethik und Kultur der Mensch-Tier-Beziehung, Kassel 2001

Schneidewind, Uwe; Singer-Brodowski, Mandy: Transformative Wissenschaft. Klimawandel im deutschen Wissenschafts- und Hochschulsystem, 2., verbesserte und aktualisierte Aufl., Marburg 2014 (Erstausgabe 2013)

Schneidewind, Uwe: Die große Transformation. Eine Einführung in die Kunst gesellschaftlichen Wandels, Frankfurt am Main 2018

Schulze, Eberhard: Deutsche Agrargeschichte. 7500 Jahre Landwirtschaft in Deutschland. Ein kurzer Abriss, 3. durchgesehene, verbesserte und ergänzte Auflage, Aachen 2014

Schwaneck, Stefan: Lobbyismus und Transparenz. Eine vergleichende Studie einer komplexen Beziehung, Wiesbaden 2019

Schwinn, Florian: Rettet den Boden! Warum wir um das Leben unter unseren Füßen kämpfen müssen, Frankfurt am Main 2019

Seidl, Alois: Deutsche Agrargeschichte, 2. Auflage, Frankfurt am Main 2014

Sekera, Franz: Gesunder und kranker Boden. Ein praktischer Wegweiser zur Gesunderhaltung des Ackers, Wien 1943

Seralini, Gilles-Éric; Douzelet, Jérôme: Die Affäre um die Monsanto Papers. Wie ein Weltkonzern unsere Gesundheit gefährdet und die Freiheit der Wissenschaft bedroht, Bielefeld 2022

Settele, Veronika: Deutsche Fleischarbeit. Geschichte der Massentierhaltung von den Anfängen bis heute, München 2022

Silva, Vera et al.: Distribution of glyphosate and aminomethylphosphonic acid (AMPA) in agricultural topsoils of the European Union, in: Science of the Total Environment 621 (2018), S. 1352-1359

Simon, Monika: Auch in Deutschland 20 Prozent Ökolandbau? Welche Faktoren waren hinderlich? Ein Blick aus Österreich nach Bayern, Masterarbeit Universität für Bodenkultur, Wien 2012

Smill, Vaclav: Should We Eat Meat? Evolution and Consequences of Modern Carnivory, Chichester 2013

Spiekermann, Uwe: Künstliche Kost: Ernährung in Deutschland, 1840 bis heute, Göttingen 2018

Spieß, Hartmut: Chronobiologische Untersuchungen mit besonderer Berücksichtigung lunarer Rhythmen im biologisch-dynamischen Pflanzenbau (Schriftenreihe IBDF, Bd. 3) Darmstadt 1994 (Habil. Schrift Universität Kassel)

Spiller, Achim; Schulze, Birgit: Vorwort, in: dies. (Hgg.), Zukunftsperspektiven der Fleischwirtschaft. Verbraucher, Märkte, Geschäftsbeziehungen, Göttingen 2008, S. V-VII

Staudenmeyer, Peter: Between Occultism and Fascism: Anthroposophy and the Politics of Race in the Fascist Era, Leiden, Boston 2014 (Diss. 2010)

Stierand, Philipp: Stadt und Lebensmittel. Die Bedeutung des Ernährungssystems für die Stadtentwicklung, Diss. rer. pol. Univ. Dortmund 2008

Tanneberger, Franziska; Schroeder, Vera (Mitarbeit): Das Moor. Über eine faszinierende Welt zwischen Wasser und Land und warum sie für unser Klima so wichtig ist, München 2023

Taube, Friedhelm; Herrmann, Antje; Loges, Ralf: Reichen die Regeln zur guten fachlichen Praxis im Pflanzenbau aus? in: Vorträge zur Hochschultagung 2012 der Agrar- und Ernährungswissenschaftlichen Fakultät der Christian-Albrechts-Universität zu Kiel, S. 23-43

Teuteberg, Hans-Jürgen: Zum Problemfeld Urbanisierung und Ernährung im 19. Jahrhundert, in: ders. (Hg.), Durchbruch zum modernen Massenkonsum. Lebensmittelmärkte und Lebensmittelqualität im Städtewachstum des Industriezeitalters (Studien zur Geschichte des Alltags, Bd. 8), Münster 1987, S. 11-21

Toensmeier, Eric: The Carbon Farming Solution, Vermont 2016

Tropea, Francesco: Europäisches Parlament, Gemeinsame Agrarpolitik 2014-2020. Direktzahlungen (Wissenschaftlicher Dienst des Europäischen Parlaments), Dezember 2016

Frank Uekötter, Die Wahrheit ist auf dem Feld. Eine Wissensgeschichte der deutschen Landwirtschaft (Umwelt und Gesellschaft, Bd. 1), Göttingen 2010

Uekötter, Frank: Im Strudel. Eine Umweltgeschichte der modernen Welt, Frankfurt am Main, New York 2020

Uekötter, Frank: Von Vögeln, Mächten und Bienen. Die Geschichte des Landesbunds für Vogelschutz in Bayern, Göttingen 2020

Urff, Winfried von: Agrarmarkt und Struktur des ländlichen Raums in der Europäischen Union, in: Werner Weidenfeld (Hg.), Die Europäische Union. Politisches System und Politikbereiche (Bundeszentrale für Politische Bildung, Schriftenreihe Bd. 689, Bonn 2008, S. 209-226

Vallianatos, Evaggellos; Jenkins, McKay: Poison Spring: The Secret History of Pollution and die EPA, London 2014

Veil, Winfried: Volkssouveränität und Völkersouveränität in der EU. Mit direkter Demokratie gegen das Demokratiedefizit (Interdisziplinäre Studien zu Recht und Staat, Bd. 42), Baden-Baden 2007

Vogt, Gunter: Entstehung und Entwicklung des ökologischen Landbaus im deutschsprachigen Raum (Ökologische Konzepte, Bd. 99), Bad Dürkheim 2000

Volmer, Ludger: Die Grünen. Von der Protestbewegung zur etablierten Partei – eine Bilanz, München 2009

Waksman, Selman Abraham: My life with the microbes, New York 1954

Warbeck, Johannes: Die Umwandlung der DDR-Landwirtschaft im Prozess der deutschen Wiedervereinigung. Ökonomische Zwänge – Politische Entscheidungen (Analysen zum Wandel politisch-ökonomischer Systeme, Bd. 14), Frankfurt am Main u.a. 2001 (zugl. Diss. Univ. München 2000)

Wehler, Hans-Ulrich: Deutsche Gesellschaftsgeschichte. Dritter Band. Von der „Deutschen Doppelrevolution" bis zum Beginn des Ersten Weltkrieges 1849-1914, München 1995

Wehler, Hans-Ulrich: Deutsche Gesellschaftsgeschichte. Vierter Band. Vom Beginn des Ersten Weltkriegs bis zur Gründung der beiden deutschen Staaten 1914-1949, München 2003

Wehler, Hans-Ulrich: Deutsche Gesellschaftsgeschichte. Fünfter Band. Bundesrepublik und DDR 1949-1990, München 2008

Weidenfeld, Werner (Hg.): Die Europäische Union. Politisches System und Politikbereiche (Bundeszentrale für Politische Bildung, Schriftenreihe Bd. 689), Bonn 2008

Weizsäcker, Ernst-Ulrich von; Wijkman, Anders et al.: Wir sind dran. Was wir ändern müssen, wenn wir bleiben wollen, Gütersloh 2017

Wildt, Michael: Am Beginn der „Konsumgesellschaft". Mangelerfahrung, Lebenshaltung, Wohlstandshoffnung in Westdeutschland in den fünfziger Jahren (Forum Zeitgeschichte, Bd. 3), Hamburg 1994

Willer, Helga; Schmid, Otto: Geschichte, in: Bernhard Freyer (Hg.), Ökologischer Landbau. Grundlagen, Wissensstand und Herausforderungen (UTB Bd. 4639), Bern 2016, S. 22-43

Wirz, Axel; Kasperczyk, Nadja; Thomas, Frieder: Kursbuch Agrarwende 2050 – ökologisierte Landwirtschaft in Deutschland, Zusammenfassung des Auftraggebers (Erstellt im Auftrag von Greenpeace durch das Forschungsinstitut für biologischen Landbau (FiBL), Frankfurt am Main 2017

Wissenschaftliche Dienste, Deutscher Bundestag, Gute fachliche Praxis in der Landwirtschaft, Ausarbeitung WD 5 – 3000 – 020/20, Februar 2020

Wissenschaftlicher Beirat für Düngungsfragen beim Bundesministerium für Ernährung und Landwirtschaft (WBD), Standpunkt: „Anwendung von organischen Düngern und organischen Reststoffen in der Landwirtschaft", verabschiedet auf der 153. Sitzung des Wissenschaftlichen Beirats für Düngungsfragen, 2015

Wissenschaftlicher Beirat für Agrarpolitik (WBA) beim BMEL, Wege zu einer gesellschaftlich akzeptierten Nutztierhaltung. Gutachten, 2015

Wolfrum, Edgar: Rot-Grün an der Macht. Deutschland 1998-2005, München 2013

Zaller, Johannes G.: Unser täglich Gift. Pestizide. Die unterschätzte Gefahr, 3. Auflage Wien 2019 (Originalausgabe 2018)

Zerger, Uli: Geschichte, Grundlagen und Organisation, in: Michael Wachendorf, Andreas Bürkert, Rüdiger Graß (Hgg.), ökologische Landwirtschaft (UTB Bd. 4863), Stuttgart 2018, S. 383-390

Zukunftskommission Landwirtschaft, Zukunft Landwirtschaft. Eine gesamtgesellschaftliche Aufgabe, Empfehlungen der Zukunftskommission Landwirtschaft, Rangsdorf 2021

Verzeichnis der Abbildungen

Ausführliches Inhaltsverzeichnis

Anhang

Dank

Vor fünf Jahren begannen wir mit der Arbeit an diesem Buch. Viele Menschen haben uns geholfen, diese Arbeit zu Ende zu bringen.

Den Anstoß, dieses Buch zu schreiben, gab Jörg Jordan, der frühere Landwirtschaftsminister Hessens. Clelia Caruso, Christof Dipper, Andreas Gestrich, Lena Jacobi, Ursula Latif, Lutz Raphael und Constanze Tyrell haben Teile früher Fassungen gelesen und wertvolle Anregungen gegeben. Wichtige Einsichten und einige Fallbeispiele verdanken wir Stephanie Franck, Simone und Rainer Franz, Gernot Grumbach, Ulrike Hasenmaier-Reimer und Wolfgang Reimer, Marco Hepp, Silke Langer, Gebhard Rossmanith, Andreas Springer-Heinze, Werner Schneider, Viviane Theby und Karl Reißner. Gerit Elisabeth Franz und Ulrike Nobiling-Raphael verdanken wir kritische Rückmeldungen und wichtige Kontakte.

Gelegenheit zu Vortrag und Diskussion über unser Thema gaben uns der Verein Lebensalter, Gliederungen der SPD Wiesbaden, Gabriele Clemens von der Universität des Saarlandes, das Theologische Quartett Trier e. V. und der Förderverein Autobahnkirche Wittlich. Sarah Thullner hat den größten Teil des Skripts mit großer fachlicher Kompetenz lektoriert und geeignete Bilder ausgesucht.

Sehr herzlich danken wir Isabell Kieser für das sorgfältige abschließende Lektorat und Hubert Hoffmann für die Aufnahme unseres Buchs in das Programm von Metropolis.

Wir widmen dieses Buch Ursula Latif und Sabine Marten, die uns mit klugem Rat und solidarischer Kritik in allen Phasen seiner Entstehung liebevoll unterstützt haben.

Wiesbaden und Witzenhausen im März 2025,
Norbert Franz und Hans-Jürgen Müller